U0323572

编审委员会

主　任　侯建国

副主任　窦贤康　刘　斌　李晓光

委　员（按姓氏笔画排序）

方兆本　史济怀　叶向东　伍小平
刘　斌　刘　兢　孙立广　汤书昆
吴　刚　李晓光　李曙光　苏　淳
何世平　陈初升　陈国良　周先意
侯建国　俞书勤　施蕴渝　胡友秋
徐善驾　郭光灿　郭庆祥　钱逸泰
龚　立　程福臻　窦贤康　褚家如
滕脉坤　霍剑青　戴蓓蒨

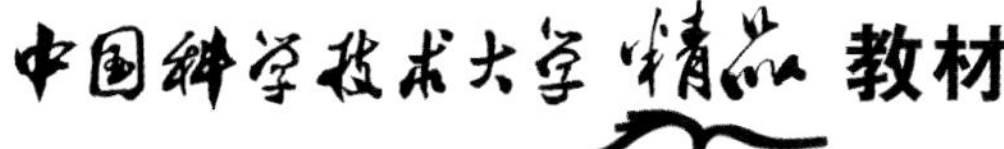

核与粒子物理导论

HE YU LIZI WULI DAOLUN

许咨宗　编著

中国科学技术大学出版社

内 容 简 介

本书讲述近代物理学中的原子核物理和粒子物理的基础知识，内容包括研究核与粒子的基本实验方法（第 1,2,4,12 章），核与粒子的基本性质（第 3 章）、结构（第 7,9 章）、相互作用（第 8,10 章）以及不同相互作用过程遵循的守恒定律（第 5,6 章），并简要讨论了与宇宙学相关的一些核与粒子物理问题（第 11 章）. 本书侧重对基本物理定律、基本物理概念的介绍，为实验物理的学生提供简要的理论背景知识，为理论物理的学生提供简要的实验背景知识.

本书适合作为物理系近代物理专业本科生和研究生的教材，也可供相关研究人员参考.

图书在版编目(CIP)数据

核与粒子物理导论/许咨宗编著. —合肥：中国科学技术大学出版社，2009.8（2022.7 重印）

（中国科学技术大学精品教材）

"十一五"国家重点图书

ISBN 978-7-312-02310-1

Ⅰ.核…　Ⅱ.许…　Ⅲ.①核物理学—高等学校—教材 ②基本粒子—物理学—高等学校—教材　Ⅳ.O57

中国版本图书馆 CIP 数据核字(2009)第 121151 号

中国科学技术大学出版社出版发行

安徽省合肥市金寨路 96 号，邮编：230026

http://press.ustc.edu.cn

https://zgkxjsdxcbs.tmall.com

安徽省瑞隆印务有限公司印刷

全国新华书店经销

开本：710 mm×960 mm　1/16　印张：28.75　字数：547 千

2009 年 8 月第 1 版　2022 年 7 月第 3 次印刷

定价：69.00 元

总　　序

2008年是中国科学技术大学建校五十周年。为了反映五十年来办学理念和特色，集中展示教材建设的成果，学校决定组织编写出版代表中国科学技术大学教学水平的精品教材系列。在各方的共同努力下，共组织选题281种，经过多轮、严格的评审，最后确定50种入选精品教材系列。

1958年学校成立之时，教员大部分都来自中国科学院的各个研究所。作为各个研究所的科研人员，他们到学校后保持了教学的同时又作研究的传统。同时，根据“全院办校，所系结合”的原则，科学院各个研究所在科研第一线工作的杰出科学家也参与学校的教学，为本科生授课，将最新的科研成果融入到教学中。五十年来，外界环境和内在条件都发生了很大变化，但学校以教学为主、教学与科研相结合的方针没有变。正因为坚持了科学与技术相结合、理论与实践相结合、教学与科研相结合的方针，并形成了优良的传统，才培养出了一批又一批高质量的人才。

学校非常重视基础课和专业基础课教学的传统，也是她特别成功的原因之一。当今社会，科技发展突飞猛进、科技成果日新月异，没有扎实的基础知识，很难在科学技术研究中作出重大贡献。建校之初，华罗庚、吴有训、严济慈等老一辈科学家、教育家就身体力行，亲自为本科生讲授基础课。他们以渊博的学识、精湛的讲课艺术、高尚的师德，带出一批又一批杰出的年轻教员，培养了一届又一届优秀学生。这次入选校庆精品教材的绝大部分是本科生基础课或专业基础课的教材，其作者大多直接或间接受到过这些老一辈科学家、教育家的教诲和影响，因此在教材中也贯穿着这些先辈的教育教学理念与科学探索精神。

改革开放之初，学校最先选派青年骨干教师赴西方国家交流、学习，他们在带回先进科学技术的同时，也把西方先进的教育理念、教学方法、教学内容等带回到中国科学技术大学，并以极大的热情进行教学实践，使“科学与技术相结合、理论与实践相结合、教学与科研相结合”的方针得到进一步深化，取得了非常好的效果，培养的学生得到全社会的认可。这些教学改革影响深远，直到今天仍然受到学生的欢迎，并辐射到其他高校。在入选的精品教材中，这种理念与尝试也都有充分的体现。

中国科学技术大学自建校以来就形成的又一传统是根据学生的特点，用创新的精神编写教材。五十年来，进入我校学习的都是基础扎实、学业优秀、求知欲强、勇于探索和追求的学生，针对他们的具体情况编写教材，才能更加有利于培养他们的创新精神。教师们坚持教学与科研的结合，根据自己的科研体会，借鉴目前国外相关专业有关课程的经验，注意理论与实际应用的结合，基础知识与最新发展的结合，课堂教学与课外实践的结合，精心组织材料、认真编写教材，使学生在掌握扎实的理论基础的同时，了解最新的研究方法，掌握实际应用的技术。

这次入选的50种精品教材，既是教学一线教师长期教学积累的成果，也是学校五十年教学传统的体现，反映了中国科学技术大学的教学理念、教学特色和教学改革成果。该系列精品教材的出版，既是向学校五十周年校庆的献礼，也是对那些在学校发展历史中留下宝贵财富的老一代科学家、教育家的最好纪念。

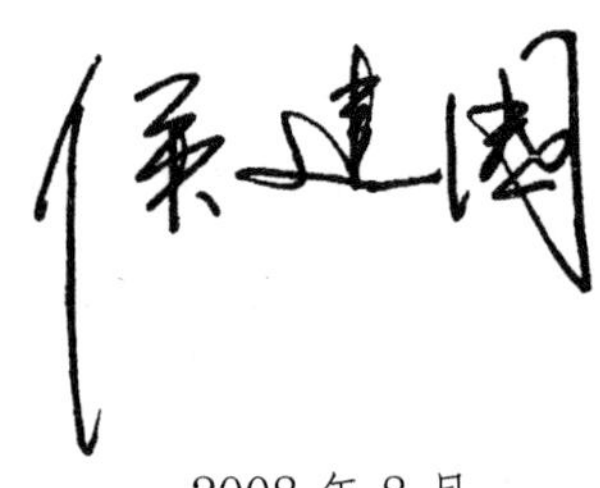

2008年8月

序

在过去和将来,核与粒子"小宇宙实验室"都是人们研究自然界基本相互作用及其统一的一个理想的实验室,人类认识自然的很多突破和飞跃是在其中发生的.例如,从汤姆逊原子模型到科学的玻尔原子模型的飞跃;从"物质是由不可分割的原子构成"到今天的"物质是由'夸克'组成"的观念的突破;从电弱分离到电弱统一的飞跃;弱作用宇称不守恒引发的人们对物理学基本对称性的新的认识等等.

核与粒子"小宇宙实验室"不仅是孕育新思想、新观念的"苗圃",同时也是发明新技术新方法的"温床".核与粒子物理发展的理论、方法和技术不断渗透和传播到自然科学和社会科学的许多方面.核与粒子物理学的发展需要材料科学和技术、计算机科学和技术、电子通信科学和技术等各个门类的科学技术发展的支撑,同时也推动相关科学技术的发展,为相关学科的发展提供重要的支持.如质谱技术、磁共振技术和正电子湮灭技术(凝聚态物理中的正电子谱学、医学中的PET技术)等已成为其他学科的一种重要研究手段.

随着人们对自然认识的深化,很多基本问题,例如宇宙起源、演化和暗物质等,需要核与粒子物理领域的研究人员和宇宙学、天体物理领域的研究人员的通力协作来攻克.社会发展中基本问题,例如,能源问题和国家安全问题等,也需要不同领域内的专家和核与粒子物理领域的专家合作.因此核与粒子物理涉及的一些基本概念、基本规律和对一些基本过程和现象的理解,不仅是从事核与粒子物理本学科研究和应用的人们的入门知识,也是从事相关学科研究和应用的人们需要具备的基本知识.

中国科学技术大学近代物理系许咨宗教授为讲授原子核与粒子物理学课程和写作教材,进行了二十多年的辛勤劳动.本书是经过27届本科教学实践和教育改革试验而完成的高质量的著作.相信列入“普通高等教育‘十一五’国家级规划教材”和“中国科学技术大学精品教材”而出版的《核与粒子物理导论》会是一本获取该领域基本知识的好参考书.

唐孝威

2008年10月10日

前　言

原子核与粒子物理学是探索物质结构的前沿科学，是近代物理学的重要组成部分.《核与粒子物理导论》是经过中国科学技术大学近代物理系27届本科教学实践和教育改革试验所形成的教材.自1982年(77级本科)起，从讲稿的多次修改到讲义的5次修订和重印，作为近代物理系本科生专业基础课教材.近十年来，同时兼为硕士研究生学位课教材.本书的特点是：

一、《核与粒子物理导论》侧重于该学科所涉及的基本物理定律、基本物理概念的描述.书中避免繁琐的数学推导，对重要的理论公式只介绍其隐含的物理图像和重要物理量的含义，使读者可以正确运用该理论公式来理解实验现象和实验规律；对重要的物理实验避免繁琐的实验技术细节叙述，只介绍其实验的物理动机和设计思想及如何从实验引出重要的物理结论.本教材适合作为近代物理的基础教材，为实验物理的学生提供简要的理论背景知识，为理论物理的学生提供简单的实验背景知识.各自获得的背景知识有利于双方今后研究工作中的沟通和理解.

二、基于核与粒子物理的实验技术和方法大体相同或相近，它们涉及的作用力(强、弱和电)类型相同，理论上处理的方法有很多相似之处.因此《核与粒子物理导论》把核与粒子作为亚原子的一个层次来讨论，把它们有机组合在一起，可以有利于知识的连贯性、统一性，避免不必要的重复.

三、《核与粒子物理导论》重点突出核与粒子物理的基本物理规律的描述，同时注意介绍该学科近十几年的实验和理论的发展.讲稿在多年教学过程中随着该学科研究工作的发展而不断地更新，包括上世纪末、本世纪初的一些重要实验的介绍和新实验数据的引用，使学生和读者对当前该学科的热点、发展方向有大致了解，为他们参与该学科的学术交流作铺垫，有益于他们参与相关学科领域的研究.

《核与粒子物理导论》全书分12章.1～6章介绍核与粒子物理的共同部分——

基本实验方法及核与粒子相互作用过程应该服从的守恒定律.后面6章分别介绍粒子的结构和粒子相互作用(7,8两章),核素的核子结构和核素的相互作用(9,10两章),第11章是天体物理学中的核与粒子物理,第12章介绍相对论粒子碰撞运动学.把12章进行不同的组合,可以作为不同的需要的教学班级的教材或者参考书.例如1~6,加上9,10和11章可作为原子核物理导论教材;1~8外加11和12章可作为粒子物理导论的教材;第1和第2章可以独立作为高能物理或者核物理实验的培训班的教材.每章附有一些习题.书后有部分习题解答.

本教材的形成和出版要感谢近三十年参与本课程教学的老师.特别是中科院院士唐孝威教授,他非常关心本课程的教学,对课程的安排和内容提出宝贵建议,并多次登上本课程的讲台为本科生做专题讲座,讲课内容也无形中融入本教材;范扬眉老师,她曾多次主讲《导论》中的核物理部分并编写过部分的讲义,对整个教学体系和教材的形成做出贡献;伍健老师在后期参加部分教学工作,并为本书的第11章提供了部分材料.还要感谢修本门课的历届本科生和研究生,他们的提问和质疑是本教材改进、提高和精练的动力.部分研究生为本书的很多图片的制作做出贡献.在此对所有帮助本书出版的同事、朋友们表示衷心的感谢.

由于本人水平所限本书存在的不足之处在所难免,希望读者批评指正.

作　者

2008年9月2日

目　　次

绪 论

0.1 探索物质微观结构的前沿科学

0.1.1 探索“无限”

20 世纪物理学沿着两条主航线拓宽人类对自然的认识.第一条航线是利用各种望远镜(从 1609 年 Galileo 发明的第一台天文望远镜到今天的各种先进的太空望远镜观测系统)向大宇宙的广度搜索.第二条航线是利用各种显微设备(从 1683 年 Anton van Leeuwenhoek 发明的第一台显微镜到现代的 STM 以及强有力的粒子显微系统——大型加速器和各种大型的粒子谱仪),向小宇宙——原子及亚原子的深度探索.

1. 大宇宙(Cosmos)

宇宙有多大?宇宙无限大,在目前可及的宇宙尺度约为 10^{26} m.现已知,宇宙中约有 10^{11} 个星系.其中我们所在的星系——银河系的尺度约为 5×10^{17} m.约有 10^{11} 个星体.与银河系近邻的星系——仙女座(Andromeda)与我们相距为 2×10^{22} m.

2. 亚原子(Micro Cosmos)

这里指的是原子以下的层次:原子核和粒子.人类对微宇宙的探索是与各种显微装置的发明和应用分不开的,下表列出其联系.

显微装置	探索对象	对象尺度(m)
光学显微镜	细菌(Bacteria)	10^{-5}
电子显微镜	病毒(Viruses)	10^{-7}

（续表）

显微装置	探 索 对 象	对象尺度(m)
现代电子显微镜	分子结构	10^{-9}
STM-扫描隧道显微镜	单原子	10^{-10}
加速器粒子显微探针	核与粒子结构	$10^{-14}\sim10^{-17}$

0.1.2 探索物质微观结构的前沿科学

1. 古哲学和“原子”(纪元前)

Democritus 是纪元前有代表性的哲学家.他的哲理是:所有物质都是由“看不见的而且是不能分割的粒子”(称为“Atoms”)组成的.“Atom”.希腊文意思为“Uncuttable”.原子有不同的类型(Form)、形状(Shape)、重量(Weight).原子在空间运动的不同形态构成不同的物质.这是古希腊哲学家对古神学的挑战.人类首次提出“世界是由什么构成的”这样一个重大科学课题.这一人类思想上的革命,导致了自然科学的诞生.古希腊哲学成为了纪元前探索物质微观结构的前沿学科.

2. 科学的原子分子学说的创立

18,19 世纪,随着生产力的发展和科学实验的深入,人们用各种科学仪器来研究物质的生成和转化.发现了物质的基本组分“Element”.著名的化学家 John Dalton(1766～1844)1803 年提出:每种不同的 Element(元素)有自己的原子,原子被认为是“Hard and indestructible rather like billiard ball”.“Atoms clustered together into what the Italian Amadeo Avogadro later called molecules”.原子结团成为分子,人们可以数出一定重量(每克原子,每克分子)的物质所含的原子或分子数目($N_A=6.023\times10^{23}\cdot \mathrm{mole}^{-1}$),从而能精确地称量原子的重量.人们对构成复杂的物质世界的元素的物理和化学性质进行了研究,希望找到众多的元素(当时有几十种元素被发现)遵循的规律.1869 年,俄国科学家 D. I. Mendeleyev 按元素原子的原子序数排序,建立了元素周期表.它的出现标志着科学的原子论的形成.我们可以说,物性学、物理化学是 18 世纪探索物质微观结构的前沿科学.

0.1.3 亚原子物理的曙光,物理学的一个新纪元

1. 一批有重大科学意义的实验和发现

- 1895 年 W.K.Rontgen 发现了 X 射线.
- 1896 年 H.Becquerel, M.Curie 发现放射性.
- 1895 年 J.J. Thomson 确认了第一个亚原子粒子——电子.
- 光电效应的实验研究及黑体辐射和光谱的研究.
- 1911 年 Rutherford 的 α 粒子散射,有核原子.

2. 新的观念和新的理论的诞生

- 量子革命(Quantum Revolution)

1900 年,Max Planck 认为辐射和吸收的能量交换是不连续的,而是以"量子" $h\nu$ 为单位,h 是 Planck 常数.

1905 年,Albert Einstein 认为光的行为如同一簇称为"Photon"的粒子流,正确揭示了光电效应的物理过程.

- 20 世纪初量子力学的建立

实验发现的大量新现象为一批年轻有为、富有创新精神的物理学家提供了机遇.他们提出了新观念、创立了新理论.有代表性的是:L.de Broglie(1892～1987)提出物质(粒子)的波动性.一束能动量为 E、P 的粒子流,其行为就像一列波长为 $\lambda = h/P$、频率为 $\nu = E/h$ 的波(1924);W.K. Heisenberg(1901～1976)建立了矩阵力学和不确定性原理(1921);P. A.M. Dirac(1902～1984)建立了相对论量子力学(1928); W. E. Pauli(1900～1958)提出了 Pauli 不相容原理(1925); E. Schrödinger(1887～1961)建立了波动力学(1925).

除 Schrödinger 和 de Broglie 外,其他几位物理学家建立上述理论时都只有二十几岁.量子力学在亚原子世界取代了牛顿力学.

- 相对论时空观的建立

1905 年 Albert Einstein(1879～1955)发表了三篇具有里程碑意义的科学论文:光电效应——光的粒子性;对 Brown 运动的物理解释;狭义相对论.1921 年他因对光电效应做出物理解释和光子新观念的引入而获 Nobel 物理奖.实际上他建立的相对论时空观在物理学上的影响更为深远.相对论时空观对大宇宙和亚原子的"小宇宙"的探索都具有十分重要的意义.

原子物理,原子核物理和粒子物理分别是 20 世纪各个时期探索物质结构的前沿科学.

0.2 核及粒子物理研究的对象及内容

核与粒子物理研究原子层次以下的微观客体，包括核素和各类粒子.

1. 核素(Z, A)

由A个核子(N个中子和Z个质子)构成的束缚体系称为核素${}^{A}_{Z}X$. 例如${}^{11}_{6}C$, ${}^{12}_{6}C$, ${}^{13}_{6}C$, ${}^{14}_{6}C$是4种不同的核素. 人们发现和制备的核素已有两千多种.

2. 粒子

包括几十种“稳定”的粒子，例如电子(e^-)、μ子、中微子ν以及稳定的强子. 还有几百种称为共振态的不稳定粒子.

核与粒子物理研究核素、粒子的基本特性，相互作用和相互转化的规律；研究它们的内部结构，组成方式——组分和相互作用力的性质.

0.3 核及粒子物理学研究对象的基本特征

0.3.1 对象尺度小，探针粒子能量高

核素的尺度$10^{-13} \sim 10^{-14}$ m，粒子的尺度为10^{-15} m. 为了研究核和粒子的尺度，探明它们的相互作用“荷”的分布，人们必须用足够短波长的探针粒子. 为了改变核素或者粒子的内部状态，揭示结构组成，人们必须用足够高能量的粒子，把能量传递给被研究的核素或者粒子. 图0.1给出物质结构不同层次涉及的尺度和能标.

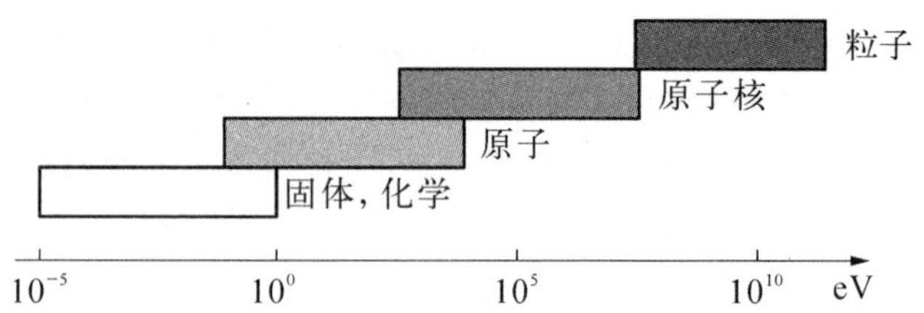

图0.1 不同物质结构层次物理过程覆盖的能量范围

● 剥离原子的电子或者改变原子的状态，需要提供 $1\sim10^3$ eV 的能量.

● 剥离核的一个核子或者改变核素的状态，要提供 $10^5\sim10^7$ eV 的能量. eV 和 J 的换算关系是

$$1\ \mathrm{eV} = 1.602\times10^{-19}\ \mathrm{J}$$

● 粒子的产生需要高能粒子碰撞，如下表所示：

过　　程	所需最小能量
$e^+ + e^- \to J/\psi$	3.1×10^9 eV
$e^+ + e^- \to Z^0$	9.1×10^{10} eV

0.3.2　亚原子世界涉及相互作用种类多，是研究各种相互作用力的一个理想的场所

亚原子世界涉及自然界中的四种基本相互作用，它们是：电磁相互作用、弱相互作用、强相互作用和引力相互作用. 其中引力相互作用在亚原子世界可以忽略.

0.3.3　量子场论是描述粒子及其相互作用的基本理论

正如前面所述，粒子的尺度小，其行为必须用量子力学来描述；粒子能量高，其速度往往和光速相近，其运动方式服从相对论规律. 粒子可以产生和湮灭，在相互作用过程中粒子数量是变化的. 描述系统的自由度可以在相当大的范围内变化. 量子场论是描述微观、高速、多自由度系统的一个最好的理论. 量子场论中的粒子及其相互作用的图像是：

● 粒子本身是一种场，场可以具有无穷多的自由度. 粒子的产生实质是相应的场由其基态变成激发态. 对应的场所处的激发态不同，其相应的粒子数目和运动状态就不同. 粒子的湮灭，表明该粒子的场从激发态回到基态.

● 一般来说，场用复量描写，互为复共轭的两种场的激发态对应它们的粒子和反粒子.

● 场论中的“真空”是充满相互重叠的各种粒子的场和相互作用的复共轭场，它们都处于场的基态.

● 粒子的相互作用表现为场与场之间的相互作用.

例如：μ 子的衰变

$$\mu^- \to \nu_\mu + e^- + \bar{\nu}_e$$

初态的 μ^- 粒子衰变为末态的 μ 中微子 ν_μ、电子和电子反中微子.按场论的观点，"真空"充满了各种粒子和反粒子对应的场及其共轭场.在我们研究的过程中，初态涉及 μ^- 子场的某一激发态与 μ 中微子场的基态、电子场的基态和电子中微子场的共轭场$\bar{\nu}_e$ 的基态.通过相互作用(场之间的相互作用)μ^- 子的场由激发态跳回基态，ν_μ、e^- 场以及 ν_e 共轭场($\bar{\nu}_e$)跃迁到相应的场的激发态.可以用图 0.2 来表示.

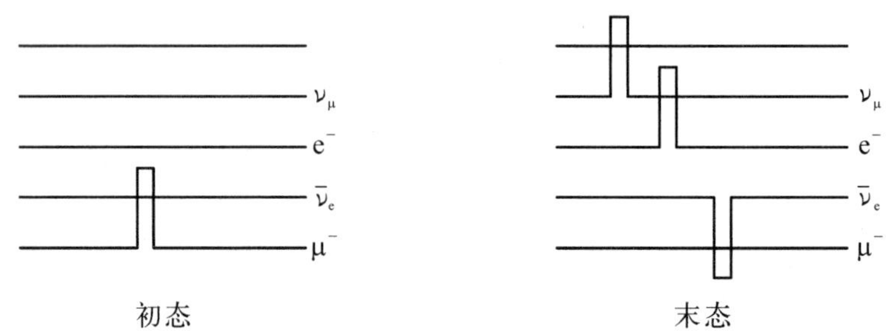

图 0.2　μ^- 的衰变示意图

水平线表示场的基态，水平线隆起表示单粒子(凸)和反粒子(凹)的激发态.

0.4　自然单位制

物理学中，最基本的物理量是质量、电荷、长度和时间.这些基本物理量的量度单位选择不同，构成不同的单位制.最常用的单位制有克、厘米、秒、静电单位制和千克、米、秒、安培制.单位制不同，基本物理量的取值不同.与它们相关的物理量的取值和单位(量纲)也不同.

0.4.1　亚原子物理学的基本常数

亚原子世界是一个微观、高速的世界.描述这样一种系统的物理量都可以直接或间接地与这些基本常数相联系：光速 c，普朗克常数 $\hbar = h/2\pi$. 玻尔兹曼常数 k 和电荷 e.它们的数值和量纲如下

$$\left.\begin{aligned} c &= 2.997\,924\,58 \times 10^{8}[\mathrm{m \cdot s^{-1}}] \\ \hbar &= 1.054\,571\,596 \times 10^{-34}[\mathrm{J \cdot s}] \\ k &= 1.380\,650\,3 \times 10^{-23}[\mathrm{J \cdot K^{-1}}] \\ e &= 1.602\,176\,462 \times 10^{-19}[\mathrm{C}] \end{aligned}\right\} \tag{0.1}$$

上述基本常数是用千克、米、秒、安培制量度而得到的值.若把能量的单位选取为eV,上述的基本常数可写为

$$\left.\begin{aligned} \hbar &= 6.582\,118\,89 \times 10^{-16}[\mathrm{eV \cdot s}] \\ k &= 8.617\,342 \times 10^{-5}[\mathrm{eV \cdot K^{-1}}] \end{aligned}\right\} \tag{0.2}$$

e 和 c 保持不变.

在亚原子物理学中,很多重要的物理量,如作用截面、衰变率等都可以用上述基本常数的幂次来表示,当代入具体数值(0.1)或(0.2)后,运算过程很不方便,容易出错.因此,在亚原子物理,特别是在粒子物理学中,人们选用一种特殊的单位制——自然单位制.

0.4.2 自然单位制

在这种单位制中,选择

$$\hbar = c = k = 1[\mathrm{eV^0}] \tag{0.3}$$

在这样选取的单位制中,$k[\mathrm{eV \cdot K^{-1}}] \equiv 1[\mathrm{eV^0}]$,于是有

$$1\ \mathrm{K} \Rightarrow 8.617\,342 \times 10^{-5}\ \mathrm{eV} = 8.617\,342 \times 10^{-11}\ \mathrm{MeV} \tag{0.4}$$

温度的量纲为[eV]或[MeV],普通单位制中的1 K,相当于一个自由度为2的分子温度升高1 K所获得的动能

$$\hbar[\mathrm{eV \cdot s}] \equiv 1[\mathrm{eV^0}]$$

$$[\mathrm{s}] \Rightarrow [\mathrm{eV^{-1}}]$$

时间的量纲为$[\mathrm{eV^{-1}}]$或$[\mathrm{MeV^{-1}}]$,由$\hbar$的数值得

$$1\ \mathrm{s} \Rightarrow 1.519\,267\,6 \times 10^{15}\ \mathrm{eV^{-1}} = 1.519\,267\,6 \times 10^{21}\ \mathrm{MeV^{-1}} \tag{0.5}$$

普通单位制中的1秒相当于一个能级宽度为 $\Gamma = 1$ eV 的粒子的平均寿命的 $1.519\,267\,6 \times 10^{15}$ 倍,或者是相当于一个能级宽度为1 MeV的粒子的平均寿命的 $1.519\,267\,6 \times 10^{21}$ 倍.因此,自然单位制中的时间是以能级宽度为1 eV(1 MeV)的粒子的平均寿命来量度的.

复合基本常数$\hbar c$ 的取值为

$$\hbar c = 197.326\,960 \times 10^{-9}\ \mathrm{eV \cdot m} = 197.326\,960 \times 10^{-15}\ \mathrm{MeV \cdot m} \tag{0.6}$$

自然单位制中，$\hbar c[\mathrm{eV \cdot m}] \equiv 1[\mathrm{eV}^0]$.

自然单位制中,长度的量纲为$[\mathrm{eV}^{-1}]$或者$[\mathrm{MeV}^{-1}]$. 由$\hbar c$ 的数值和自然单位制的定义,直接找到普通单位制中的 1 m 和自然单位制中 1 eV^{-1},或 1 MeV^{-1} 之间的联系

$$1\ \mathrm{m} \Rightarrow 5.067\,731\,2 \times 10^{6}\ \mathrm{eV}^{-1} = 5.067\,731\,2 \times 10^{12}\ \mathrm{MeV}^{-1} \tag{0.7}$$

1 m 相当于一个质量 $M = 1$ eV 的粒子康普顿波长的 $5.067\,731\,2\times10^{6}$ 倍,或者是一个质量 $M = 1$ MeV 的粒子的康普顿波长的 $5.067\,731\,2\times10^{12}$倍. 在这个单位制中一些重要物理量的表达式都不包含$\hbar$, c, k 基本参数. 粒子的总能量的平方为

$$E^2 = M^2 c^4 + c^2 P^2 \Rightarrow E^2 = M^2 + P^2 \tag{0.8}$$

粒子的质量、动量和能量的量纲一样,均为 eV 或 MeV. 普通单位制中的质量量纲为$[\mathrm{eV}/c^2]$,动量量纲为$[\mathrm{eV}/c]$.

- 粒子的相对论速度：$\beta = \dfrac{v}{c} \Rightarrow \beta = v[\mathrm{MeV}^0]$.
- 质量为 m 的粒子的康普顿波长：$\lambda\!\!\!^{-}_c = \dfrac{\hbar}{mc} \Rightarrow \lambda\!\!\!^{-}_c = \dfrac{1}{m}[\mathrm{MeV}^{-1}]$.
- 能级宽度为 Γ 的粒子态的平均寿命：$\tau = \dfrac{\hbar}{\Gamma} \Rightarrow \tau = \dfrac{1}{\Gamma}[\mathrm{MeV}^{-1}]$.

0.4.3 关于电荷的基本常数

电荷是电磁作用的源,是电磁作用强弱的一个度量,实验观测到的亚原子系统所涉及的粒子或者粒子系统所带的电荷均是基本电量 e 的整数倍.

讨论一个质量为 m 带有一个基本电荷 e 的粒子,在一个具有无限大质量的单位电荷的库仑场中,当粒子 m 和单点电荷距离为$\lambda\!\!\!^{-}_c = \dfrac{\hbar}{mc}$ 时,其库仑能和粒子的静止能量比为

$$R = \frac{e^2}{4\pi\varepsilon_0\, \lambda\!\!\!^{-}_c m c^2} = \frac{e^2}{4\pi\varepsilon_0\, \hbar c}$$

是一个普适常数,与粒子的质量 m 无关,这个参数正是电磁相互作用的精细结构常数

$$\alpha = \frac{e^2}{4\pi\varepsilon_0\, \hbar c} = \frac{1}{137.035\,989\,5} \tag{0.9}$$

是一个无量纲的量或者说其量纲为$[\mathrm{MeV}^0]$. 因此用基本物理量 α 来定义基本电荷

是方便的

$$\left.\begin{aligned} e^2 = 4\pi\alpha \quad \varepsilon_0 = 1 \quad \hbar = c = 1 \\ e^2 = \alpha \quad \varepsilon_0 = 1/4\pi \quad \hbar = c = 1 \end{aligned}\right\} \tag{0.10}$$

在自然单位制中，按式(0.10)的约定，电荷是一个无量纲的量或者说电荷的量纲为$[\mathrm{MeV}^0]$，表0.1列出从自然单位制到普通单位制(千克、米、秒、安培制)物理量的量纲的转换.

表0.1　自然单位制到千克、米、秒、安培制的转换

物理量	自然单位制	转换系数	千克、米、秒、安培制
速　度	$[\mathrm{MeV}^0]$	c	$\mathrm{m\cdot s^{-1}}$
角动量	$[\mathrm{MeV}^0]$	$\hbar$	$\mathrm{J\cdot s}$
电　荷	$[\mathrm{MeV}^0]$	$(\varepsilon_0\hbar c)^{\frac{1}{2}}$或$(4\pi\varepsilon_0\hbar c)^{\frac{1}{2}}$	C
质　量	$[\mathrm{MeV}]$	$\dfrac{1.602\times10^{-13}}{c^2}$或1	kg或$\left(\dfrac{\mathrm{MeV}}{c^2}\right)$
能　量	$[\mathrm{MeV}]$	1	MeV
动　量	$[\mathrm{MeV}]$	$\dfrac{1.602\times10^{-13}}{c}$或1	$\mathrm{kg\cdot m\cdot s^{-1}}$或$\left(\dfrac{\mathrm{MeV}}{c}\right)$
温　度	$[\mathrm{MeV}]$	$\dfrac{1}{k}$	K
长　度	$[\mathrm{MeV}^{-1}]$	$\hbar c$	m
时　间	$[\mathrm{MeV}^{-1}]$	$\hbar$	s
截　面	$[\mathrm{MeV}^{-2}]$	$(\hbar c)^2$	$\mathrm{m^2}$

在亚原子物理中，很多物理量都可以用一些具有特征性的基本常数和更基本的物理量来表示.例如氢原子系统的一些描述状态的物理量，可以用该系统的特征粒子的质量及其康普顿波长和描述电磁相互作用的精细结构常数来表示.下面是一个带负电荷$(-e)$的粒子与一个带正电为Ze的无限重的粒子构成一个类氢原子系统.其K壳层结合能为E_{K}，第一玻尔半径为a_0，以及粒子m的轨道运动的速度均可以简单地表示为

$$\left.\begin{aligned} E_K &= \frac{1}{2}mZ^2\alpha^2 \\ a_0 &= \lambda\!\!\!^{-}_m(Z\alpha)^{-1} = \left(\frac{1}{mZ\alpha}\right) \\ v &= Z\alpha \end{aligned}\right\} \tag{0.11}$$

这里的带负电的粒子可能是电子,也可以是 μ^-,π^-,$\bar{p}$(反质子),K^-. 前者就是普通的类氢原子,后者称为奇特原子. 由于绕核旋转的粒子质量比电子重($m_\mu \sim 200m_e$,$m_\pi \sim 274m_e$),因此奇特原子的第一玻尔轨道很接近于原子核.

习　题

0-1 计算下列粒子的约化康普顿波长,以 m 和 MeV^{-1} 做单位.

粒子名称及符号	质量(MeV/c^2)	$\lambda\!\!\!^{-}_c$(m)	$\lambda\!\!\!^{-}_c$(MeV^{-1})
电子 e^-	0.511		
μ^- 子	105.7		
π^- 介子	139.6		
K^- 介子	493.7		

0-2 写出上述粒子在核电荷为 Ze 的库仑场中的库仑势能的表达式,当它们相距正好是上述粒子的约化康普顿波长时,写出库仑势能与粒子静止能量的比值的表达式.

0-3 计算氢原子的电子和质子的万有引力势能和库仑能的比值.

0-4 氢原子外的电子被习题 0-1 中的粒子取代,构成一个新的原子系统,称为奇特原子. 计算上述三种奇特原子的第一玻尔半径和各自的 K 壳层结合能.

0-5 在自然单位制中下列物理量

σ(作用截面)$=0.2\times10^{-6}[\mathrm{MeV}]^{-2}$

τ(粒子平均寿命)$=10^{-2}[\mathrm{MeV}]^{-1}$

$\lambda\!\!\!^{-}_c$(粒子约化康普顿波长)$=10^{-3}[\mathrm{MeV}]^{-1}$

计算它们在普通单位制(m^2),(s),(m)相应的值.

第 1 章　粒子束的获得

研究和观测线度为 10^{-15} m(fm)量级的亚原子系统，需要探针粒子的波长$\lambda\!\!\!^-$与亚原子的线度相近或者更短. 由 $\lambda\!\!\!^- = \dfrac{\hbar}{p}$ 可得粒子的 $cp = \dfrac{\hbar c}{\lambda\!\!\!^-} = \dfrac{197.33\ \text{fm}\cdot\text{MeV}}{1\ \text{fm}} \sim$ 200 MeV.

为了获得亚原子系统的各种状态，为从真空状态(各种粒子，反粒子场的基态)产生各种粒子，需要携带足够动量(能量)的投弹粒子. 例如，为把束缚在核素中的一个质子或者中子释放出来，平均要提供给核素几至十几 MeV 的能量；要从量子“真空”态产生电子和正电子对，要给量子“真空”态至少提供～1.02 MeV 的能量；要产生 J/ψ 粒子至少要消耗 3.1 GeV 的能量；要产生 Z^0 粒子($m = 91$ GeV)，需要能量为～46 GeV 正电子和负电子束对碰撞. 人们可以从放射性物质、宇宙线、反应堆和加速器获得不同种类，不同能量的粒子束.

1.1　放 射 源

放射性物质提供的粒子束为人类揭开亚原子的秘密建立过功勋，随着加速器的产生和发展，放射性粒子束在亚原子物理的学科发展上，其重要性让位于加速器粒子束. 但是放射性粒子束对其他学科的发展依然起着不可取代的“特殊探针”的作用. 到目前为止，我们可以制造和产生两千多种放射性核素. 它们大部分可以提供 α、β、γ 粒子束.

1.11　同位素

它指的是这样一群特定的核素，它们包含的质子数都一样，而质量数 A(或者说中子数)不一样.例如,氢的同位素有${}_{1}^{1}\mathrm{H}$,${}_{1}^{2}\mathrm{H}$ 和${}_{1}^{3}\mathrm{H}$.钴的同位素:${}_{27}^{54}\mathrm{Co}$,${}_{27}^{55}\mathrm{Co}$,${}_{27}^{56}\mathrm{Co}$,${}_{27}^{57}\mathrm{Co}$,${}_{27}^{58}\mathrm{Co}$,${}_{27}^{59}\mathrm{Co}$,${}_{27}^{60}\mathrm{Co}$,${}_{27}^{61}\mathrm{Co}$,${}_{27}^{62}\mathrm{Co}$,${}_{27}^{63}\mathrm{Co}$,${}_{27}^{64}\mathrm{Co}$.它们当中,${}_{1}^{3}\mathrm{H}$(氚)是具有放射性的,${}_{1}^{1}\mathrm{H}$,${}_{1}^{2}\mathrm{H}$ 都是稳定的核素.钴的同位素中,除${}^{59}\mathrm{Co}$ 是稳定的以外(它在自然界中的同位素丰度 $A=100.0$),其他的同位素都是放射性的.后者的天然同位素丰度均为零(即自然界开采出来的钴都是${}^{59}\mathrm{Co}$,没有放射性的钴同位素${}^{60}\mathrm{Co}$ 等).

1.1.2 放射性衰变的基本规律

放射性核素的数目随时间的衰减服从指数规律

$$N(t) = N_0 e^{-\lambda t} \tag{1.1}$$

$N(t)$是在 t 时刻放射性核素的数目.N_0 为 $t=0$ 时放射性核素的数目.λ 称为衰变常数.对(1.1)两边取微分得

$$\mathrm{d}N = -\lambda N_0 e^{-\lambda t}\mathrm{d}t = -\lambda N(t)\mathrm{d}t$$

即

$$\frac{|\mathrm{d}N|}{N(t)} = \lambda\,\mathrm{d}t \tag{1.2}$$

上式左边表示在 $t\to t+\mathrm{d}t$ 的时间隔 $\mathrm{d}t$ 内,核素发生衰变的几率.因此 λ 表示单位时间核素发生衰变的几率.λ 的量纲为(s^{-1}).$\mathrm{d}N(t)$代表在 $t\to t+\mathrm{d}t$ 间隔内发生衰变的核的数目,或者说,存活时间为 t 的核素数目为$|\mathrm{d}N|=\lambda N(t)\mathrm{d}t$,按平均寿命的定义

$$\tau = \frac{\int_{N_0}^{0} t\,|\mathrm{d}N|}{\int_{N_0}^{0} |\mathrm{d}N|}$$

$\mathrm{d}N$ 用式(1.2)的右边代入,t 的积分限由 0 到∞,得

$$\tau = \frac{1}{\lambda} \tag{1.3}$$

由(1.1)可见,若 $t=0$ 时,放射性核素的数目为 N_0,经过平均寿命 τ 后,余下的核素数目 $N(\tau)$只占 N_0 的 e^{-1}的份额.通常用半衰期 $T_{1/2}$来描述放射性核素的衰变特性,它表示 $t=0$时核素数目为 N_0,经过时间 $T_{1/2}$核素的数目减少为 $N_0/2$.由式(1.1)得

$$T_{1/2} = \frac{\ln 2}{\lambda} = \tau\ln 2 \tag{1.4}$$

λ(τ, $T_{1/2}$)是描述放射性核素内部固有特性(由核素的结构和相互作用性质决定)的参数,和核素的多少无关,一般来讲和核素所处的环境无关.图 1.1 描述放射性的基本衰变规律以及两个重要物理量 τ, $T_{1/2}$的关系.

1.1.3 放射性活度 A 和放射性强度 I

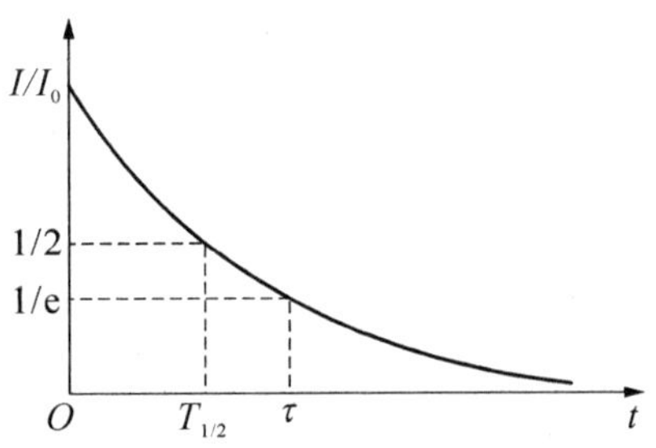

图 1.1 放射性衰变的指数规律

放射性活度(Activity)A 定义为

$$A \equiv \left|\frac{\mathrm{d}N}{\mathrm{d}t}\right| = \lambda N(t) = \lambda N_0 \mathrm{e}^{-\lambda t} \qquad (1.5)$$

其物理含义为,一个放射源在 t 时刻的放射性活度是:在 t 时刻,单位时间内放射性核素发生衰变的数目. A 依赖于该放射性核素的衰变常数,同时依赖于 t 时刻该放射性核素的数目 $N(t)$. $N(t)=0$,表明该放射源"死"了.一个放射源的活度随时间的衰减,完全取决于该放射源所包含的放射性核素的数目随时间衰减,由式(1.5)表示.放射性活度的单位用"贝克勒尔"Bq 作单位

$$1\ \mathrm{Bq} \equiv 1\ 次衰变 / 秒(\mathrm{s}^{-1})$$

早先的活度单位为居里(Curie)

$$1\ \mathrm{Ci} \equiv 3.7 \times 10^{10}\ \ \mathrm{Bq} \qquad (1.6)$$

放射性强度,一般指的是单位时间内放射源发出的某种特定的射线的数目.例如 ^{60}Co 放射源,每一次核衰变伴随有 1 粒 β^- 粒子和两粒不同能量的 γ 光子(能量分别为 1.33 MeV, 1.17 MeV)发射.因此,1 个活度为 A 的 ^{60}Co 源,其 β^- 放射的强度为

$$I(\beta^-) = A$$

而其 γ 放射性强度

$$I(\gamma) = 2A$$

1.1.4 递次衰变和分支衰变

一种核素 1 以衰变常数 λ_1 衰变,到达子体核素 2.核素 2 又以衰变常数 λ_2 发生衰变到达子体核素 3.核素 3 再继续下去,构成如下的衰变链

$$(1)_{N_{10}} \xrightarrow{\lambda_1} (2)_{N_{20}=0} \xrightarrow{\lambda_2} (3)_{N_{30}=0} \xrightarrow{\lambda_3} \cdots (n)_{N_{n0}=0} \xrightarrow{\lambda_n} \cdots$$

括号右下标表示该核素在 $t=0$ 时刻相应核素的数目.衰变链中任一核素数目的变化只与它自身及其前代核素的衰变特性有关,而与其后代的核素无关.核素(1)按规律(1.1)衰变.建立核素(2)的衰变微分方程

$$\mathrm{d}N_2 = \lambda_1 N_{10} \mathrm{e}^{-\lambda_1 t} \mathrm{d}t - \lambda_2 N_2 \mathrm{d}t$$

在假定的初始条件下,解上面的方程得

$$N_2(t) = \frac{\lambda_1}{\lambda_2 - \lambda_1} N_{10}(e^{-\lambda_1 t} - e^{-\lambda_2 t}) \tag{1.7}$$

接着建立核素(3)的衰变方程

$$dN_3 = \lambda_2 N_2 dt - \lambda_3 N_3 dt$$

将式(1.7)的 $N_2(t)$带入上面的方程，求得 $N_3(t)$. 依次可求得

$$N_n(t) = N_{10}(h_1 e^{-\lambda_1 t} + h_2 e^{-\lambda_2 t} + h_3 e^{-\lambda_3 t} + \cdots + h_n e^{-\lambda_n t})$$

$$h_1 = \frac{\lambda_1 \lambda_2 \lambda_3 \cdots \lambda_{n-1}}{(\lambda_2 - \lambda_1)(\lambda_3 - \lambda_1)\cdots(\lambda_n - \lambda_1)}$$

$$h_2 = \frac{\lambda_1 \lambda_2 \lambda_3 \cdots \lambda_{n-1}}{(\lambda_1 - \lambda_2)(\lambda_3 - \lambda_2)\cdots(\lambda_n - \lambda_2)}$$

$$\vdots$$

$$h_n = \frac{\lambda_1 \lambda_2 \lambda_3 \cdots \lambda_{n-1}}{(\lambda_1 - \lambda_n)(\lambda_2 - \lambda_n)\cdots(\lambda_{n-1} - \lambda_n)}$$

在一个衰变链中只要领头的核素存在，它的后续的核素一定存在，无论后续核素半衰期有多短. 在放射性同位素应用中，例如，医用放射性同位素应用，为了得到可多次使用的合适的短半衰期的放射性同位素，常常采用称为“母牛”的放射性同位素链，锡－铟“母牛”就是其中的一例. 母体为 ^{113}Sn，其半衰期为 115.1 天($\lambda_1 = 4.182 \times 10^{-6}\ \text{min}^{-1}$)，通过轨道电子俘获(EC)衰变到子体铟－113 的第一激发态 ^{113}In*，其半衰期为 99.5 分钟($\lambda_2 = 6.996\,8 \times 10^{-3}\ \text{min}^{-1}$)，发射 391.69 keV 的 γ 射线. 从半衰期和发射的射线看，^{113}In* 是一种理想的用于医学诊断的示踪的放射性同位素. 但是孤立存在的 ^{113}In* 因半衰期短不便于运输和保存. 与母体 ^{113}Sn 共存的 ^{113}In* 其活度 $\lambda_2 N_2$ 按式(1.7)的规律增减. 如图 1.2 所示，$t = 0$ 时刻，母体活度为 A_{10}，子体活度 $A_{20} = 0$. 随着时间的推移，子体活度开始累积增长. 在时刻

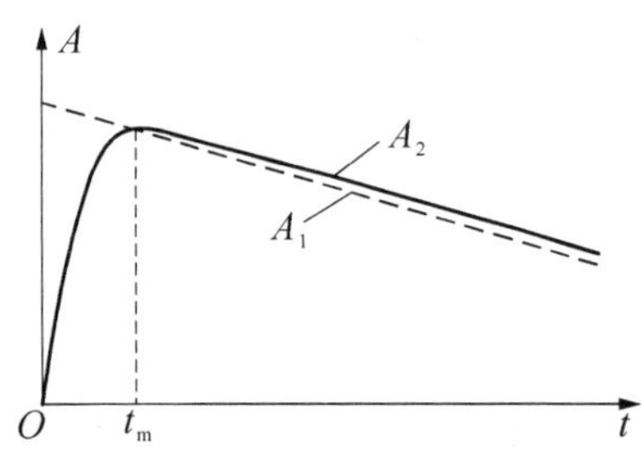

图 1.2 “母牛”放射性活度的增减和平衡

$$t_m = \frac{1}{\lambda_1 - \lambda_2} \ln\left(\frac{\lambda_1}{\lambda_2}\right) \tag{1.8}$$

$A_1(t_m) = A_2(t_m)$. 过了极大值后，子体的活度按母体的半衰期衰减. 通常在子体活度达到极大值时，通过放射化学方法把子体分离出来供使用. 子体一旦和母体分离，它即按它自己的半衰期衰减. 分离后的母牛开始下一周期的子体累积.

1.1.5 天然放射性

自然界存在着三个天然放射性系列. 由于这三个系列的领头放射性核素的

半衰期与地球形成的年龄(～10^9 年)相当.因此,若系列的领头核素在地球形成时“寄生”于地壳中,在今天的地壳中就能找到这三个系列的放射性核素,它们是:

● 钍系

$$^{232}_{90}\mathrm{Th}(T_{1/2}=1.4\times10^{10}\text{年}),\quad A(\text{同位素丰度})=100\%$$

$$^{232}_{90}\mathrm{Th}\xrightarrow{\alpha}{}^{228}_{88}\mathrm{Ra}\xrightarrow{\beta^-}{}^{228}_{89}\mathrm{Ac}\xrightarrow{\beta^-}{}^{228}_{90}\mathrm{Th}\xrightarrow{\alpha}{}^{224}_{88}\mathrm{Ra}\xrightarrow{\alpha}{}^{220}_{86}\mathrm{Rn}\xrightarrow{\alpha}{}^{216}_{84}\mathrm{Po}\xrightarrow{\alpha}{}^{212}_{82}\mathrm{Pb}\xrightarrow{\beta^-}{}^{212}_{83}\mathrm{Bi}$$

$$^{212}_{83}\mathrm{Bi}\xrightarrow{\alpha}{}^{208}_{81}\mathrm{Tl}\xrightarrow{\beta^-}{}^{208}_{82}\mathrm{Pb}$$

$$^{212}_{83}\mathrm{Bi}\xrightarrow{\beta^-}{}^{212}_{84}\mathrm{Po}\xrightarrow{\alpha}{}^{208}_{82}\mathrm{Pb}$$

● 锕系

$$^{235}_{92}\mathrm{U}(T_{1/2}=7.04\times10^{8}\ \text{年})\quad A=72.0\%$$

$$^{235}_{92}\mathrm{U}\xrightarrow{\alpha}{}^{231}_{90}\mathrm{Th}\xrightarrow{\beta^-}{}^{231}_{91}\mathrm{Pa}\xrightarrow{\alpha}{}^{227}_{89}\mathrm{Ac}$$

$$^{227}_{89}\mathrm{Ac}\xrightarrow{\alpha}{}^{223}_{87}\mathrm{Fr}\xrightarrow{\beta^-}{}^{223}_{88}\mathrm{Ra}$$

$$^{227}_{89}\mathrm{Ac}\xrightarrow{\beta^-}{}^{227}_{90}\mathrm{Th}\xrightarrow{\alpha}{}^{223}_{88}\mathrm{Ra}\xrightarrow{\alpha}{}^{219}_{86}\mathrm{Rn}\xrightarrow{\alpha}{}^{215}_{84}\mathrm{Po}\xrightarrow{\alpha}{}^{211}_{82}\mathrm{Pb}\xrightarrow{\beta^-}{}^{211}_{83}\mathrm{Bi}$$

$$^{211}_{83}\mathrm{Bi}\xrightarrow{\alpha}{}^{207}_{81}\mathrm{Tl}\xrightarrow{\beta^-}{}^{207}_{82}\mathrm{Pb}$$

$$^{211}_{83}\mathrm{Bi}\xrightarrow{\beta^-}{}^{211}_{84}\mathrm{Po}\xrightarrow{\alpha}{}^{207}_{82}\mathrm{Pb}$$

● 铀系

$$^{238}_{92}U(T_{1/2}=4.5\times10^9\text{ 年})\quad A=99.28\%$$

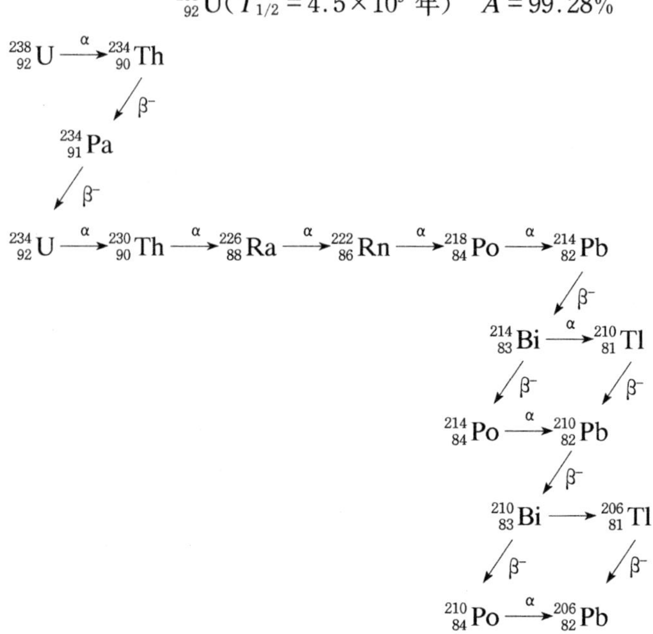

所有上述三组天然放射性系列通过 α 和 β⁻ 衰变分别到达稳定的核素$^{208}_{82}Pb$、$^{207}_{82}Pb$和$^{206}_{82}Pb$.衰变系列是由一些递次衰变和分支衰变构成的,例如$^{238}_{92}U\rightarrow{}^{206}_{82}Pb$ 系列包含有16 种核素.各核素的半衰期相差很大,长的达 4.5×10^9 年($^{238}U\rightarrow{}^{234}Th$),短的只有几分钟($^{210}Tl\rightarrow{}^{210}Pb$, $T_{1/2}=1.3$ 分);除 α 放射性($^{226}Ra\rightarrow{}^{222}Rn\rightarrow{}^{218}Po$)外,还有 β⁻ 放射性核素($^{210}Tl\rightarrow{}^{210}Pb\rightarrow{}^{210}Bi\rightarrow{}^{210}Po$).在地球上,我们可以找到系列中的任一种放射性核素,尽管它们的寿命很短.这里特别指出系列中的两个成员^{226}Ra 和^{222}Rn.19 世纪和 20 世纪之交的年代里,Marie Curie 的卓越的研究工作之一就是从铀矿中提取^{226}Ra.1911 年她制备的第一个国际标准源,其中含有 16.74 mg ^{226}Ra.人们曾用1 g^{226}Ra的放射性活度定义为活度的基本单位——居里(Ci).^{222}Rn 核素(另外两个系列中的^{220}Rn,^{219}Rn)是以气态存在于自然界.通过对环境氡的测量,可以提取地壳运动的一些重要信息.在自然界中还存在着若干独立于上述三个系列的天然放射性核素,如

$$^{40}K(A=0.012, T_{1/2}=1.3\times10^9\text{ 年});\quad {}^{14}C\left(T_{1/2}=5\,730\text{ 年}, \frac{^{12}C}{^{14}C}=\frac{10^{12}}{1.2}\right)$$

等.

1.1.6 人造放射源

天然放射性系列提供的放射源有限,制备困难.随着加速器和反应堆的建造和

运行以及人们对各种核反应过程的认识的深入,人们可以用各种粒子束引起的核反应来制备一批新的放射源.下列的核反应可以制造出相应的放射性核素,^{60}Co,^{58}Co,^{57}Co

$$\begin{array}{ll} n + {}^{59}Co \rightarrow \gamma + {}^{60}Co & {}^{59}Co(n,\ \gamma)\,{}^{60}Co \\ p + {}^{59}Co \rightarrow d + {}^{58}Co & {}^{59}Co(p,\ d)\,{}^{58}Co \\ \alpha + {}^{55}Mn \rightarrow n + {}^{58}Co & {}^{55}Mn(\alpha,\ n)\,{}^{58}Co \\ \gamma + {}^{58}Ni \rightarrow p + {}^{57}Co & {}^{58}Ni(\gamma,\ p)\,{}^{57}Co \\ \alpha + {}^{55}Mn \rightarrow 2n + {}^{57}Co & {}^{55}Mn(\alpha,\ 2n)\,{}^{57}Co \end{array}$$

以^{60}Co 的生长为例

$$n \xrightarrow{\phi} {}^{59}Co(N_0) \xrightarrow{P(t)dt} {}^{60}Co(N(t)) + \gamma, \qquad {}^{60}Co \xrightarrow{-\lambda N dt} {}^{60}Ni$$

在 $t = 0$ 时刻投入的靶核的数目 N_0,在 t 时刻^{59}Co 的数目变为 $N_1(t)$.此时由于^{59}Co俘获中子转变为^{60}Co,^{59}Co 的数目减少量为

$$dN_1 = -\sigma\phi N_1 dt$$

从而有

$$N_1(t) = N_0 e^{-\sigma\phi t}$$

$\sigma(cm^2)$为^{59}Co(n,γ)^{60}Co 的反应截面;$\phi(cm^{-2}\cdot s^{-1})$为投射在^{59}Co 样品上的中子通量.对于^{60}Co,$N(t=0)=0$,在间隔 t 到 $t+dt$,^{60}Co 核素的变化量为

$$dN = \sigma\phi N_0 e^{-\sigma\phi t}dt - \lambda N dt \tag{1.9}$$

求解微分方程,得

$$N = \frac{\sigma\phi}{\lambda - \sigma\phi}N_0(e^{-\sigma\phi t} - e^{-\lambda t}) \tag{1.10}$$

λ 为^{60}Co 的衰变常数.放射性活度 $A = \lambda N$ 按式(1.10)随照射时间增长.当 $\sigma\phi \ll \lambda$,式(1.10)变成

$$N \approx \frac{P}{\lambda}(1 - e^{-\lambda t})$$

其中 $P \equiv \sigma\phi N_0$ 称为生产率.放射源为我们提供粒子束种类为:

- α 粒子,能量为几个 MeV 的单能粒子束

例如,常用的$^{239}_{94}$Pu(钚),$T_{1/2} = 2.4 \times 10^4$ 年.主要获取方式为:^{238}U 俘获中子后,经两次级联 β^- 衰变获得^{239}Pu,可从天然铀反应堆的燃烧过的核燃料中提取.提供两种能量的 α 粒子束

$$E_{\alpha 1} = 5.143\ \text{MeV} \qquad 15.1\%$$

$$E_{\alpha 2} = 5.155 \text{ MeV} \qquad 73.3\%$$

● β^- 粒子束

例如$^{137}_{55}$Cs，$T_{1/2} = 30.17$ 年. 主要获取方式：裂变产物的分离. β^- 粒子束为能量连续分布的电子流，最大能量为 0.511 6 MeV.

● β^+ 粒子束

例如$^{22}_{11}$Na，$T_{1/2} = 2.062$ 年. 主要获取方式为：^{19}F(α，n)^{22}Na；^{24}Mg(d，α)^{22}Na 反应，提供能量从 0→0.546 MeV 的连续分布的正电子束.

● γ 射线源

如^{60}Co，$T_{1/2} = 5.27$ 年. 主要获取方式：^{59}Co(n，γ)^{60}Co. 其通过递次衰变，主要提供两种不同能量的 γ 粒子束

$$E_{\gamma 1} = 1.17 \text{ MeV}$$
$$E_{\gamma 2} = 1.33 \text{ MeV}$$

还可以提供 0→0.318 MeV 的电子. 另外，$^{137}_{55}$Cs 除提供电子束以外，它还可以作为 γ 射线源，提供能量为 0.662 MeV 的单能光子和 0.624 MeV 的单能的内转换电子. 一些实验室常用的放射源参见附录 A 的表 A.2.

1.1.7 射线剂量

下面简要介绍吸收剂量和当量剂量. 射线通过生物体与生物体发生相互作用，把能量沉积在生物体中. 吸收剂量是度量生物体吸收射线能量的多少. 单位称为格雷(Gray). 1 Gy 定义为质量 1 kg 的生物体吸收 1 J 的能量，即

$$1 \text{ Gy} = 1 \text{ J} \cdot \text{kg}^{-1}$$

或者 $1 \text{ Gy} = 6.24 \times 10^{12} \text{ MeV} \cdot \text{kg}^{-1}$ 的能量沉积. 为了正确评价吸收剂量对生物体的效应，人们引入当量剂量

$$\text{当量剂量(Sv)} = \text{吸收剂量(Gy)} \times W_R$$

式中 W_R 是辐射权重因子.

表 1.1 一些射线的辐射权重因子

辐　　射	W_R
各种能量的 X 和 γ 射线	1
各种能量的电子和 μ 子	1
中子　<10 keV	5

（续表）

辐　　射	W_R
10 keV～100 keV	10
>100 keV 直到 2 MeV	20
2 MeV 到 20 MeV	10
>20 MeV	5
质子(不包括反冲)>2 MeV	5
α粒子、裂变碎片和重核	20

不同国家、实验室对于放射性工作人员建议年当量剂量(全身)限制为[1]：

- 欧洲核子中心(CERN)：20 mSv.
- 英国　　　(UK)：20 mSv.
- 美国　　　(USA)：50 mSv.

此外，还有致死剂量，是指全身受穿透性电离辐射，在30天内不经治疗，导致50%的被辐照者死亡的剂量.致死剂量为2.5～4.5 Gy.

1.2　反应堆

反应堆指的是可控裂变反应装置.

1.2.1　主要组成部分

1. 裂变物质——核燃料

裂变物质有^{235}U，^{239}Pu等，它们被制成特定形状的核燃料组件.

反应 $n + {}^{235}U \rightarrow {}^{236}U^* \rightarrow {}^{139}Ba + {}^{94}Kr + 3n + \sim 200$ MeV 是反应堆的基本反应过程，如果核燃料堆叠得足够多且布局合理.一次裂变提供的中子"漏失"量适中，一个裂变反应净得的中子数比消耗的中子数多，上述裂变反应可以自持地进行.

2. 慢化剂

将裂变产生的中子慢化，使上述裂变反应有效进行.通常慢化剂有水、重水和石墨.

3. 冷却剂

将裂变产物和中子的动能从反应器中带出.通常用水做冷却剂.分为两个冷却回路,一回路冷却剂通常由慢化剂来承担;二回路冷却剂是用来冷却一回路的冷却剂用的.

4. 控制棒

用来控制反应堆的反应"活性".通常用一种对中子(热中子)吸收截面很大的材料制成,如镉(Cd)棒,它对热中子的吸收截面为 2 500 b($1\ \text{b} = 10^{-24}\ \text{cm}^2$).通过控制棒插入堆芯的程度来控制中子的通量,从而控制链式反应的快慢.

5. 安全棒

用于紧急情况下关闭(熄灭)反应堆,其使用材料与控制棒相同.图 1.3 是反应堆构造的简图.

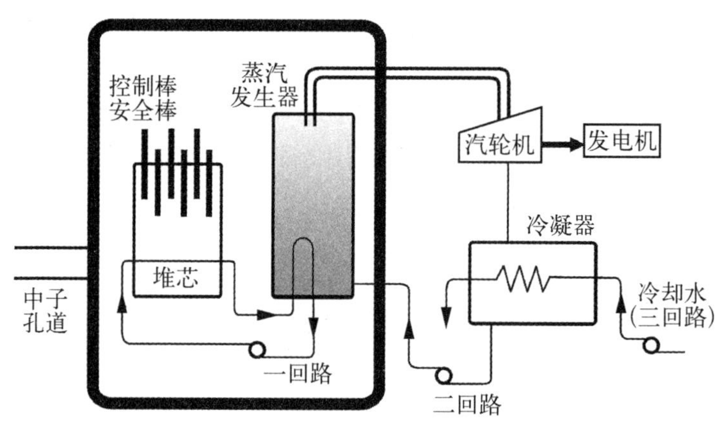

图 1.3 裂变反应堆结构示意图

1.2.2 反应堆提供的粒子束

1. 高通量的中子

裂变过程产生过剩中子,将它们从反应堆引出供实验和研究用.中子通量由反应堆运行的功率决定,不同运行目的的反应堆,引出中子通量不同.裂变中子的能谱如图 1.4 所示.

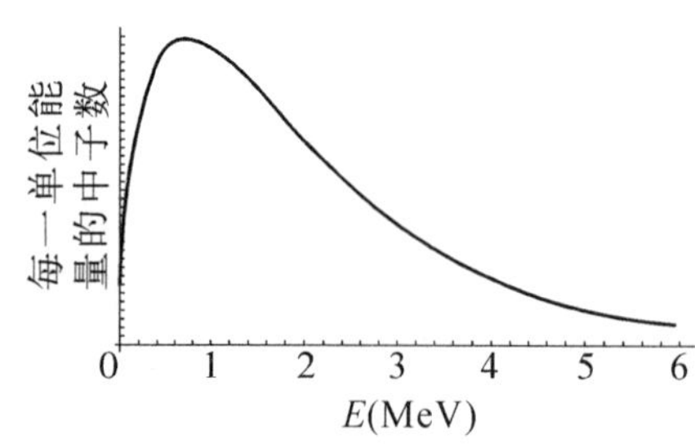

图 1.4 典型的裂变中子能谱

热中子通量通常可达 $10^{14}\ \text{cm}^{-2}\cdot\text{s}^{-1}$,

依赖于反应堆运行功率.

2. 高通量的电子型反中微子

裂变产物多数是丰中子的核素,它们都通过 β^- 衰变过渡到稳定的核素,伴随电子型反中微子的发射.因此,所有的反应堆都可以提供高通量的电子型反中微子束.据估算,裂变反应堆每发生一次裂变平均发射 6.1 个反中微子.从反应堆的功率可估算它每秒的裂变数,从而估算反应堆的反中微子的通量.例如,对于以 ^{235}U 为燃料的反应堆,估算向四面八方发射的反中微子强度高达 $1.9\times10^{20}\cdot \mathrm{GW}^{-1}\cdot \mathrm{s}^{-1}$.反中微子的能谱可根据测量 $\mathrm{p}(\bar{\nu}_e, \beta^+)\mathrm{n}$ 反应出射的正电子的能谱来推出,有经验公式[2]:

$$E_{\bar{\nu}_e} = 3.53 + E_{\beta^+} \quad (m_e c^2 \text{ 为单位})$$

图 1.5 为反应堆引出的典型的反中微子的能谱[3].

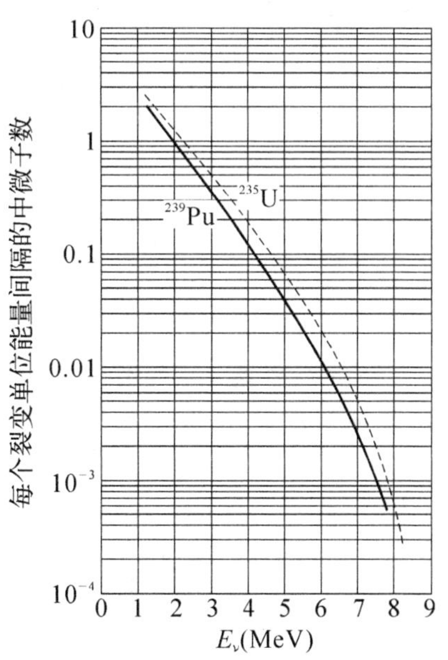

图 1.5　反应堆电子反中微子能谱

3. 各种放射性核素的生产"车间"

正如前面提及的很多放射源,如 ^{60}Co, ^{137}Cs, ^{239}Pu…都是从反应堆中制备出来的.

1.3　粒子加速器

带电粒子(包括各种原子核)在电磁场作用下获得能量.这是粒子加速器依据的物理基础.一般加速器应包括如下几个主要部分:① 离子源(电子枪);② 加速系统:静电场,射频电磁场,微波加速腔;③ 离子、电子光学系统;④ 粒子输运系统;⑤ 真空系统.

1.3.1　静电加速器

- Van de Graaff 加速器

能量(单电荷粒子)： 1 MeV～10 MeV
流强： 几百微安～毫安
能散度： 几 keV

● 串行加速器

能量(单电荷粒子)： 20～30 MeV
流强： ～100 μA
能散度： ～±10 keV

它们多数用于核分析技术. 图 1.6 为静电加速器(a)和串行加速器(b)的结构原理图. 后者相当于两个静电加速器串联起来，它们共享一个高压头. 右端的粒子源引出的负离子(例如 H^-)经偏转磁铁(处于地电位)选择并注入加速管，向具有正高压的头部(高压为 V_0)加速. 获得动能 eV_0 的负离子(H^-)经过剥离器，在高压头内转换为正离子(H^+). 正离子经过会聚后进入左边加速管继续加速到达出口处的分析磁铁(处于地电位)，引出的质子的能量为 $2eV_0$.

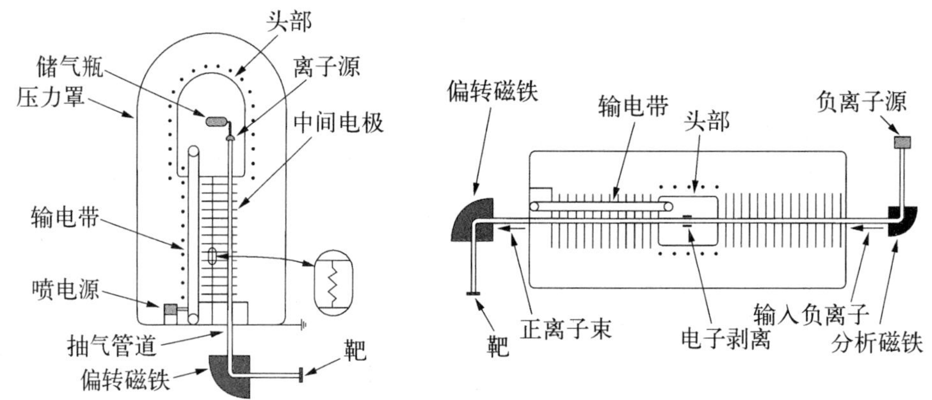

图 1.6 静电加速器(a)和串行加速器(b)的结构原理图

1.3.2 直线加速器

带电粒子运行轨道是“直线”，它们在一个“直线段”上经过周期的电磁场被周期地加速. 典型的有：

● 运行在斯坦福(美国)的电子直线加速器 SLAC，直线段总长度 3 km，加速电子最高能量为 22 GeV.

● 运行在美国的 Los Alamos 质子直线加速器，能量为 800 MeV 的质子，流强为 mA 量级,用于产生各种介子束,称为介子工厂.

1.3.3 环形加速器

被加速粒子运行轨道为环形,在运行过程中周期地被加速.

1. 回旋加速器及其变种

回旋加速器是 1932 年 E.O.Lawrence 发明的一种粒子加速器. 两个 D-型真空盒构成带电粒子运行的轨道平面,真空盒置于一个强度为 B 的均匀磁场中,磁场的方向与粒子的轨道垂直. 如图 1.7 所示. 置于 D-型电极中间的离子源,射出的电荷为 q 的粒子以周期(高斯单位制)

$$T = \frac{2\pi\rho}{v} = \frac{2\pi mc}{qB} \tag{1.11}$$

在两 D-型电极间回旋. ρ 为粒子的回旋半径,m 为粒子质量,c 为光速.

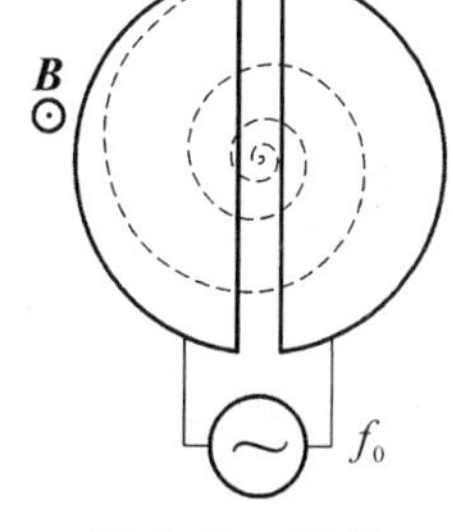

图 1.7 回旋加速器原理

随着粒子在两个 D-型电极间的交变场中加速,粒子的速度增加,相应的轨道半径也膨胀,(轨道半径也是磁场引起粒子回旋的半径). 因此,粒子的回旋周期保持为常数. 当交变场的频率 $f_0 = 1/T_\rho = qB/(2\pi mc)$ 时,粒子经过 D-型盒的间隙时都可以得到能量. 由于磁铁大小限制,对一个特定的回旋加速器,其最大粒子回旋半径和可达到的磁场都有一个限值 $R_{\max}$ 和 $B_{\max}$. 该加速器加速的粒子的最大动能被限定在(非相对论近似下)

$$E_{\max} = \frac{1}{2}\frac{q^2 B_{\max}^2 R_{\max}^2}{mc^2} \tag{1.12}$$

m 为被加速的粒子的质量. 对于质子,$E_{\max} = 0.479 B_{\max}^2 R_{\max}^2$,式中各物理量的单位为:$B$(kG),$R$(m),$E$(MeV). 普通的回旋加速器,加速能量可达到的值不仅受磁铁的建造尺寸和可达到的场强的限制,还受因为快速粒子的相对论效应造成粒子加速失去同步的限制. 对于相对论性粒子,粒子的回旋周期(1.11)应为

$$T = \frac{2\pi\gamma m_0 c}{qB} \tag{1.13}$$

式中

$$\gamma = \frac{1}{\sqrt{1-\beta^2}},\ \beta = \frac{v}{c}$$

随着被加速的带电粒子速度增大,其回旋周期变长. 若 D-型电极的交变电场频率固定,就会出现"迟到"带电粒子不能有效地被加速. 为了保持同步,就有回旋加速

器的变种出现:

● 同步回旋加速器(Synchrocyclotron)

例如,Lawrence-Berkley 实验室(LBL)的加速器就是属于这类加速器.随着粒子能量的提高,相应的交变电场的频率同步变低($f = qB/2\pi\gamma m_0 c$),粒子束按交变电场的调制周期注入.这类加速器只提供脉冲束,平均流强低(μA).该加速器的主要参数如下:

磁体直径	7.4 m(184 英寸)
磁场	23.4 kG
铁总重	3 900 t
加速质子能量	730 MeV
平均电流	15 μA

● 扇形聚焦回旋加速器(Sector Focused Cyclotron)

同步回旋加速器只能运行在脉冲方式,即一个频率调制周期对应于一个粒子束团的加速,因此平均流强弱.另一种保持加速"同步"的办法是:保持 D-型电极间加速的交变电场频率为常数.建立一个特殊构形的磁场 B,让它随回旋半径的膨胀而增强.如式(1.13)所示,当粒子能量增高,γ 因子加大,对应的粒子轨道区的磁场 B 也按比例增强以保持粒子的回旋周期不变.这种特殊构形的磁场可以由若干扇形磁极构成.除磁场 B 随径向增强以外,相邻的两扇区的磁场形成特定的梯度,梯度磁场与粒子的径向速度分量相互作用产生轴向聚焦的能力.图 1.8 是这种加速器的一种磁场构形示意图.由于射频腔的交变电场频率恒定,粒子可以连续的被加速.这是一种连续束流的机器,可以获得高的平均束流强度.这种机器的典型代表是瑞士 PSI 的一台加速器.它的参数如下:

装置直径		9.2 m
分离扇段		8 个
磁场		20 kG
总重		2 000 t
射频	50 MHz	4⊗500 kV 每个腔
质子能量		580 MeV
束流		100 μA

我国兰州近代物理所的重离子加速器实验室(HIRFL)的重离子加速系统,包括一台

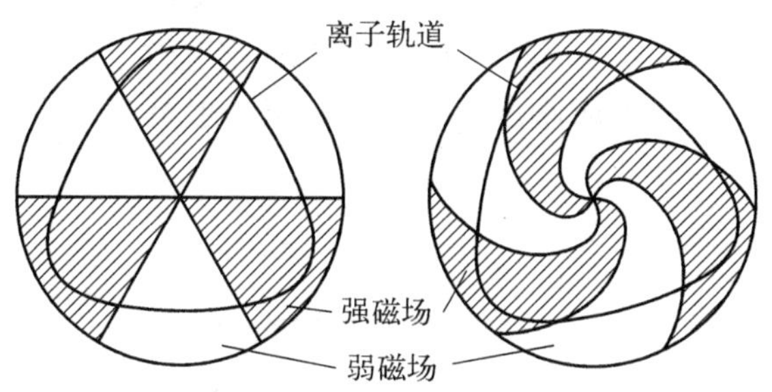

图 1.8 扇形聚焦回旋加速器磁场

扇形聚焦回旋加速器(SFC)作为注入器和一台分离扇形回旋加速器(SSC)作为主加速器.它可以把^{12}C核加速到1.2 GeV(~100 MeV/核子).

2. 同步加速器

它是一个轨道半径为 R 的圆环.具有一定动量的带电粒子被一系列的二极磁铁(其中心轨道的曲率半径为 ρ)约束在固定的真空室围成的轨道上.一系列的四极铁和多极铁穿插其中,对带电粒子起聚焦作用.如图1.9所示.

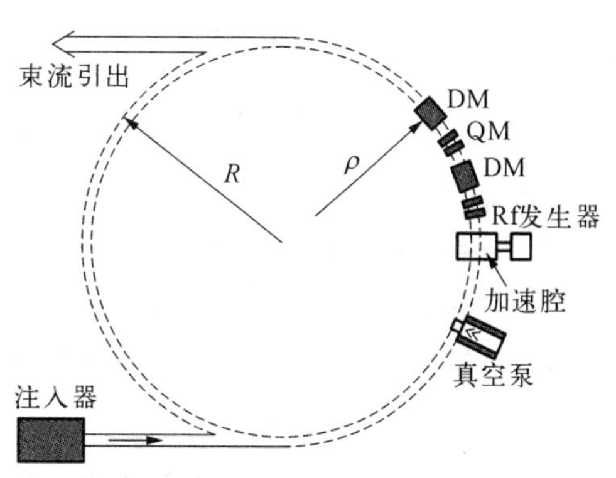

图 1.9 同步加速器的原理框图

在带电粒子运行的轨道的若干弧段,插入若干加速站.粒子可以得到周期性的加速.对于动量为 P_i,能量为 E_i 的粒子,其运行周期为

$$T_i = \frac{2\pi R}{v_i} = \frac{2\pi R}{\beta_i c} \qquad \beta_i = \frac{cP_i}{E_i} \tag{1.14a}$$

回旋角频率为

$$\Omega_i = \frac{\beta_i c}{R} \tag{1.14b}$$

在加速过程中,粒子的回旋周期是变化的,例如,欧洲核子中心(CERN)的质子同步加速器(PS)要把来自直线加速器的动能为50 MeV的质子加速到28 000 MeV.质子在环的若干射频腔中不断获得能量(50 keV/周).因此,质子逐渐地提高速度,回旋频率也逐步提高.为保证粒子被同步地加速,射频腔的频率必须同步跟上变化.通常选择射频场的圆频率为回旋频率的整数倍,$\omega_i = k\Omega_i$.当能量达到足够

高,例如,50 MeV 的电子,$\beta_i = 0.99995 \sim 1$,Ω_i 基本不变.射频场的 ω_i 也固定下来.由于粒子能量(动量)在不断增加,为了保证带电粒子能按曲率半径 ρ 运动,所加磁场要同步增加.同步加速器的偏铁的磁场一般具有一定的时间结构,如图 1.10 所示.

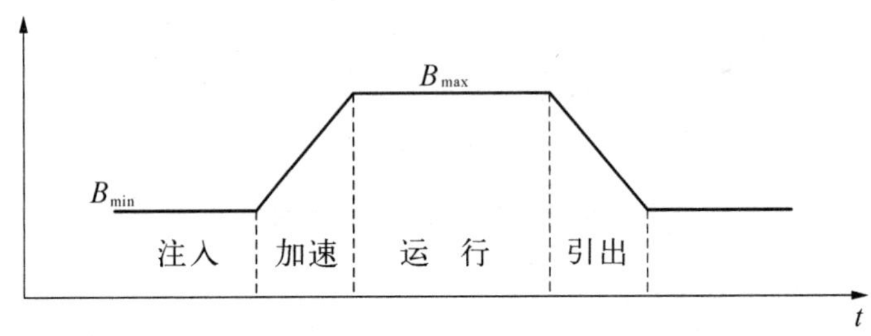

图 1.10　同步加速器二极铁磁场的时间结构

以 CERN/PS 为例,初始注入时($E_{\min} = 50$ MeV),$B_{\min} \sim 0.13$ kG,经过一个加速期(约 750 ms),偏铁的磁场 B 升至 12 kG,质子能量达到 ~28 GeV(维持~200 ms),根据实验需要,束团被引出,磁场回到初始值,等待下一个束团的注入.表 1.2 列出 CERN/PS 质子同步加速器的特征参数和结构参数.

表 1.2　CERN 质子同步加速器

环的直径	200 m	射频频率	2.9~9.55 MHz
最大束流能量	28.5 GeV	射频功率	80 kW
磁铁直流功率	2.8 MW	每脉冲质子数	10^{12}
磁铁单元数	100	重复周期	1.9~3 s
最大磁场	14 kG	环内真空度	10^{-6} mmHg
加速腔数目	16	输出束直径	~7 mm

3. 电子同步加速器

与质子同步加速器的主要区别在于:① 电子的速度在其能量为几十 MeV 时,其速度 $\beta_i \sim 1$.因此,射频加速腔的频率可以设定为 $\omega = k\dfrac{c}{R}$.② 电子的辐射损失比质子大得多.当电子的总能量 E_e 与质子总能量 E_p 相等,在同一个环中回旋的电子和质子的辐射损失比为

$$\left(\frac{\delta E_e}{\delta E_p}\right)\sim\left(\frac{\gamma_e}{\gamma_p}\right)^4=\left(\frac{m_p}{m_e}\right)^4\sim 10^{13} \tag{1.15}$$

对相对论性电子，在半径为 R(m)的轨道上回旋，每圈损失的能量可以表示为

$$-\delta E_e(\text{MeV})=8.85\times10^{-2}\frac{E^4}{R}$$

E(GeV)是回旋电子的总能量.例如，欧洲核子中心的 SPS 用来做为 LEP 正负电子对撞机的预加速级.它把电子(正电子)能量预加速到 20 GeV.其轨道半径 $R\sim$ 1 000 m，20 GeV 的电子(正电子)每转一圈由辐射造成能量损失为 $|\delta E|=$ 14 MeV. LEP 运行的最高能量~100 GeV，其轨道半径~4.5 km.为了维持电子(正电子)在周长为 27 km 的 LEP 环中稳定的运行，超导射频加速腔每圈要提供电子的能量补充~2 GeV.

4. 对撞机

把两束粒子(投弹粒子和靶粒子)都加速到一定的能量，使它们发生对头碰或几乎是对头碰，从而提高有效能量的利用.这种对撞机通常是粒子和反粒子对撞，它们可以在同一个同步加速器环中被加速.粒子和反粒子在环中逆向运动，它们在轨道的某几个点交叉对撞.粒子和反粒子具有相同的能量，动量中心系的有效能量为 $\sqrt{s}=2E_b$，E_b 为单束团的能量.典型的电子-正电子对撞机有：

对　撞　机	质心系能量($\sqrt{s}$)(GeV)	亮度($\text{cm}^{-2}\cdot\text{s}^{-1}$)
CERN：LEP	~200(max)	5×10^{31}
CORNELL：CESR	~12	4.7×10^{32}
BEIJING：BEPC Ⅰ	~4.4	1×10^{31}
FRASCATI：DAΦNE	~1.02	1.35×10^{32}

典型的质子-反质子对撞机有：

对　撞　机	质心系能量($\sqrt{s}$)(GeV)	亮度($\text{cm}^{-2}\cdot\text{s}^{-1}$)
CERN：SPS	900	6×10^{30}
Fermi-Lab：Tevatron	2 000	2.1×10^{32}

另一类对撞机其投弹粒子和靶粒子不是互为反粒子，或者是它们虽然是互为反粒子，但是束团的能量不一样.它们不可能用同一套加速系统，只能采

用两个分离的加速环，在某几个确定的位置交叉．被加速的投弹粒子和靶粒子在交叉区发生对撞．CERN 的 ISR 是最早的质子–质子对撞机（现已退役）．两个储存环有 8 个交叉，每一个交叉点可设立相应的实验装置，来观察 28 GeV 质子和 28 GeV 质子碰撞产生的末态．现在正在运行和正在筹建的这类对撞机有：

对撞机	粒子束	束的能量(GeV)	亮度($cm^{-2}\cdot s^{-1}$)	开始运行
HERA	$e^-\otimes p$	$30\otimes 820$	1.4×10^{31}	1992
KEKB	$e^+\otimes e^-$	$3.5\otimes 8$	1×10^{34}	1999
BEPCⅡ	$e^+\otimes e^-$	$1.89\otimes 1.89$	3×10^{32}	2009
LHC	$p\otimes p$	$7k\otimes 7k$	1×10^{34}	2009
	$Pb\otimes Pb$	2 760 每核子	2×10^{27}	～2010

图 1.11 是一个典型的粒子加速器的群，LEP 对撞机系统．LINAC－Ⅰ产生 200 MeV 电子束，直接注入 LINAC－Ⅱ或者交替打靶产生(e^+，e^-)，将 e^+ 引入 LINAC－Ⅱ，LINAC－Ⅱ分别把 e^+ 和 e^- 加速到 600 MeV，先后注入 EPA(电子，正电子累积环)，累积到一定的流强后，先后将 e^+ 和 e^- 注入到 PS 环(周长 1256 m)．

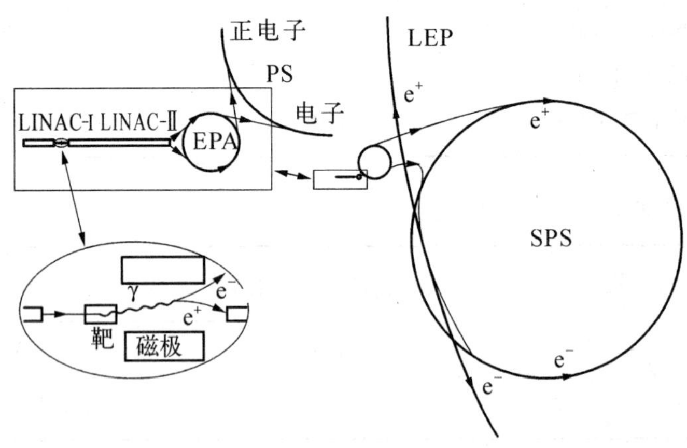

图 1.11　LEP 的加速器系统

PS将电子和正电子分别加速到3.5 GeV并注入到SPS(周长9.11 km).SPS将电子和正电子加速到22 GeV,再注入到LEP(周长27 km).LEP环安置在瑞士(日内瓦)和法国交界的Jura山区的坑道内.LEP环的大部分(22 km)被长度为6 m的偏转磁铁覆盖.LHC就是利用LEP的坑道安置两个质子环,偏转磁铁全改为超导磁铁.加速质子束能量为7 TeV.粒子加速器除了提供能量不同的被直接加速的粒子(e, p)和各种原子核素以外,还可提供各种次级粒子束.后者是通过前者(初级束)打靶获得的.现在由于研究工作的需要,加速器加速放射性核素开始建造和运行.

1.4　宇宙线

很长时间以来,人类观察宇宙只限于一个很窄的光学窗口,自从1912年通过载人气球上的静电计,观察到空间存在某种电离辐射.此后,人们凭借各种手段,把观测窗口不断扩大.从长波(射电,微波背景辐射)到短波(γ天文学)电磁辐射的观测;从只观测电磁辐射到观测各种带电粒子、重原子核;从带电粒子的观测到中微子的观测;现已发展成全波段、全粒子的观测.

粒子物理迈出的重要一步始于宇宙线实验.1932年,安德逊(Carl Anderson)在观察宇宙线的云雾室中发现了正电子,1937年,还是Anderson等人在宇宙线中首先发现了μ子.1947年C. F. Powell在宇宙线中找到了Yukawa核力理论中预期的π介子.以后奇异粒子等也是首先在宇宙线中发现的.

1.4.1　电离辐射随海拔高度分布

图1.12给出,围绕地球空间电离辐射相对强度随海拔高度(下横坐标)或大气压强(上横坐标)的变化.随着海拔高度增加(大气变稀薄)电离辐射增大,约在海拔20 km高度处,由大气顶到该处的大气的物质厚度(称为相应的大气厚度)为54.5 g·cm^{-2},电离辐射达到极大值.继续升高,电离辐射的相对强度反而下降.在海拔50 km(大气厚度为~0.97 g·cm^{-2})向上,直到100 km高空电离辐射强度趋于不变值.这种特征分布预示着电离辐射源自大气层外面,由太空向地球不断发射的致电离辐射粒子,人们称这种在太空中传播的射线为宇宙线.

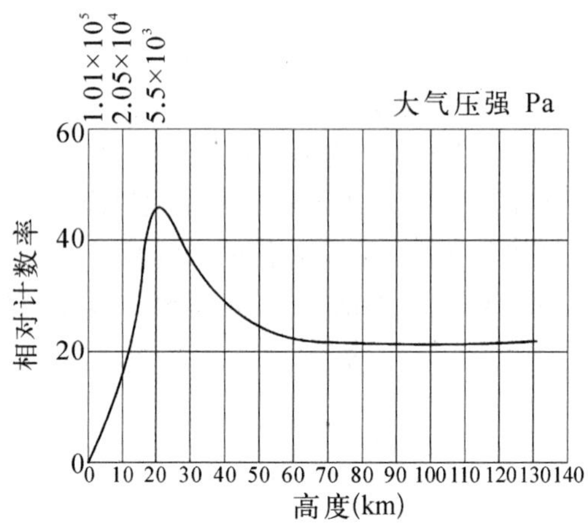

图 1.12　电离辐射的相对强度随海拔高度变化

1.4.2　原初宇宙线

1. 原初宇宙线的成分

大量的测量和分析表明，原初宇宙线包含从质子、轻核到重核的几乎各种核素.其相对强度列于表 1.3(在太阳活动极小时，人们在地球纬度 40°大气顶部测量的结果).

表 1.3　原初宇宙线的成分和强度

电荷 Z	积分强度$(m^2 \cdot s \cdot sr)^{-1}$	数目百分比	质量百分比	总能量百分比
1	610±30	86.0	54.6	70.7
2	90±2	12.7	32.2	21.0
3～5	2±0.2	1.3	13.2	8.5
6～9	5.6±0.2			
10～19	1.4±0.2			
20～29	0.4±0.1			

与太阳系的元素丰度相比，宇宙线含的元素丰度显著不同，表现为：① 元素

Li、Be 和 B 比太阳系中相应元素丰度约高 10^5 倍；② $^3He/^4He$ 比值，比太阳系的相应丰度比值高出 300 倍；③ 很重的元素也比太阳系的丰度高；④ 在相同能量间隔中，电子丰度只有原子核丰度的 1%，电子中有 10%是正电子.

原初宇宙线包含的元素丰度明显不同于太阳系的元素丰度说明原初宇宙线不是起源太阳系.

2. *原初宇宙线的强度*

由于荷电粒子在星际空间中受太阳风（太阳耀斑出现的膨胀的磁化等离子体）调制，所以能量低的带电原初宇宙线的观测强度也随太阳风的变化而呈现反关联地变化. 太阳活动有一个 11 年的变化周期，所以人们观察的原初宇宙线强度也有一个 11 年周期的变化. 对于能量高于 10^{12} eV 的宇宙线粒子，星际磁场的调制不显著，能量高于 10^{15} eV 的原初宇宙线强度近似是：$\Phi = 5 \times 10^{-10}\ (\mathrm{cm}^2 \cdot \mathrm{s} \cdot \mathrm{sr})^{-1}$.

除星际磁场对我们观测原初宇宙线强度的影响以外，地磁场也将影响原初宇宙线到达地球大气层，地球是一个偶极磁场，它对进入地球磁场的原初宇宙线的动量有一个截断下限 $P_{\min}$，动量小于 $P_{\min}$ 的粒子，将被地球磁场推回太空. 由于地磁的水平分量随地磁纬度 λ 的增高而变小（近似为 $B_{\mathrm{horiz}} \sim \cos\lambda$），因此，截断动量必然依赖于地磁纬度. 根据地磁极的形态和地磁的分布，推导得到，从天顶入射的宇宙线截断动量为

$$P_{\mathrm{m}}(\mathrm{GeV}) = 14.92Z(1 + 0.018\sin\lambda)^2\cos^4\lambda \tag{1.16}$$

Z 为原初宇宙线粒子的电荷数. 根据上式，$\lambda = 90°$（极区），各种动量的宇宙线都可以进入地球大气层. $\lambda = 0$，动量低于 15 GeV/c 的质子都因地磁的作用而被推回太空. 只有动量高于此限的质子才可以进入地球大气层而被地面观察站测量. 正是由于地磁场的作用，高纬度区比低纬度区受到更多的宇宙线的辐照，极区的通量比赤道区约高 14%.

3. *原初宇宙线的能谱*

多年来，人们利用各种探测方法分析宇宙线的能谱 $N(E)$. 能量在 10^{12} eV 以下的宇宙线能谱是在大气层外直接测量得到的. 更高能区的能谱采用原初高能宇宙线和地球大气层作用产生的次级效应（广延大气簇射——EAS）来测定. 图 1.13 是目前给出的原初宇宙线的能谱. 观察的原初宇宙线的微分能谱可以近似用下面式子表示

$$I(E) \approx 1.8E^{-\alpha}\ \text{nucleons} \cdot (\mathrm{cm}^2 \cdot \mathrm{s} \cdot \mathrm{sr} \cdot \mathrm{GeV})^{-1} \tag{1.17}$$

E 是以（GeV/核子）为单位的原初宇宙线粒子（核）的能量. $\alpha = 2.7$. 约有 79%

的核子是以自由质子形式出现.其余21%的核子是以氦核形式出现.在 $E\sim3\times10^{15}$ eV/核子,谱的指数由2.7变为3.2,谱曲线表现类“膝”特性(见图1.13右). $E<3\times10^{15}$ eV的宇宙线粒子可以用“河内”起源来解释,它认为,由于超新星爆发产生的激波对星际介质中的核粒子的加速,激波加速的能量上限为 $E=3\times10^{15}$ eV.这能量以上的粒子只能源于“河外”.近几年观测发现在 $E>10^{19}$ eV,能谱指数有变小的趋势,能谱曲线呈“踝”状.这给宇宙模型和宇宙演化等重大课题提出新的挑战.宇宙线的观察已成为宇宙学家和粒子物理学家十分关注的一个领域.除带电的宇宙线粒子以外,宇宙线中还包括,X、γ射线和中微子.X、γ射线天文学也称高能天体物理.X、γ射线的发射是与很多高能天体过程相联系的,也是带电粒子(主要是高能电子)在星际磁场中的运动引起的辐射的直接产物,因此,X、γ射线的观察将给我们带来高能天体过程的重要信息.人们观察到在X和γ波段的各向同性的弥散辐射.直到~100 MeV的弥散辐射也被人们观察到.来自银河系中心的辐射强度可达 $N_\gamma=1.2\times10^{-4}(\mathrm{cm}^2\cdot\mathrm{s}\cdot\mathrm{sr})^{-1}$.除弥散辐射以外,人们还观察到来自于某一天区,具有一定的时间结构的分立辐射源.

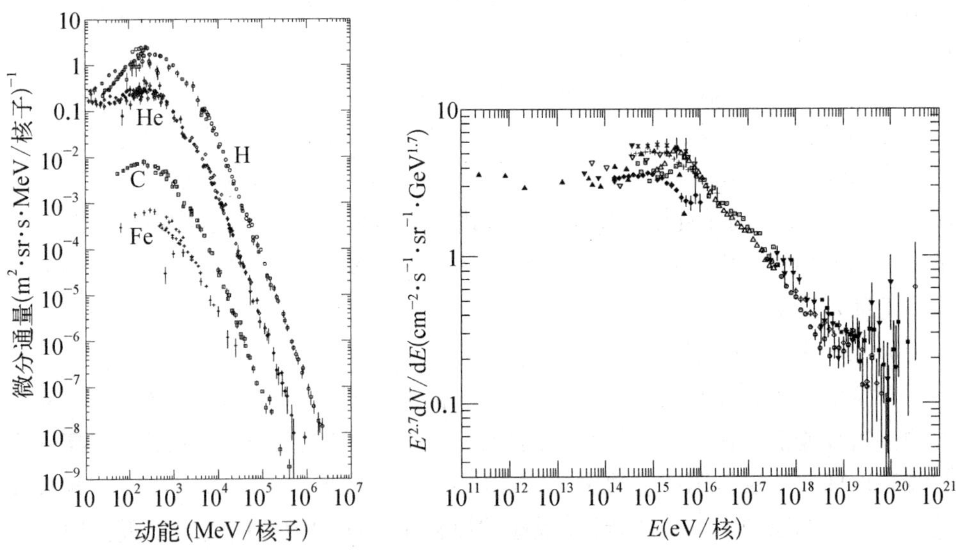

图1.13 目前给出的原初宇宙线的能谱[4]

左图为主要成分粒子谱,右图为全粒子谱.

各种星体的核过程都伴随有中微子的发射，太阳中微子是地球上观察到的主要中微子源，它们是电子中微子.根据太阳的动力学模型，太阳内部的核聚变过程中每秒向四方发射的中微子个数为10^{36}，它们携带的功率达3.86×10^{26} W.表1.4列出到达地球的不同过程产生电子中微子的能量和通量.

表1.4 太阳中微子[5]

来　　源	能区(MeV)	地球通量$(cm^2\cdot s)^{-1}$
$p+p\to d+e^++\nu_e$	0→0.42	6.0×10^{10}
$p+e^-+p\to d+\nu_e$	1.44	1.5×10^{8}
^{7}Be衰变	0.86	4.5×10^{9}
^{8}B率变	0→14.06	5.4×10^{6}
^{13}N衰变	0→1.19	3.3×10^{8}
^{15}O衰变	0→1.24	3.7×10^{8}

此外，由于宇宙线与星际物质地球大气层相互作用产生的各种次级介子的衰变，如

$$\pi^+\to\mu^++\nu_\mu \qquad \pi^-\to\mu^-+\bar{\nu}_\mu$$

它们是地球上观察到的μ子型中微子的主要来源.$E_{\nu_\mu}\geqslant1$ GeV的这类中微子通量约为

$$\Phi_\nu=2\times10^{-6}(cm^2\cdot s\cdot sr)^{-1} \tag{1.18}$$

作为宇宙大爆炸的遗迹的各种类型中微子也随超新星爆发“访问”地球.

1.4.3 次级宇宙线

原初宇宙线从太空(平均物质密度为10^{-23} $g\cdot cm^{-3}$ (1原子$\cdot cm^{-3}$)进入地球大气层(总厚度为1030 $g\cdot cm^{-2}$)与大气原子核发生核作用或电磁作用，引发了大气簇射，其过程如图1.14所示.

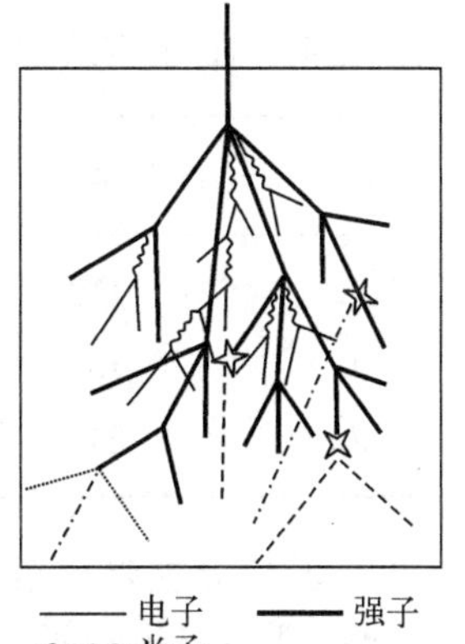

图1.14 原初宇宙线在大气中引发的大气簇射

过程包括电磁级联和强子级联，产生的次级粒子中有各种介子($\pi^\pm,\pi^0$)、核子(中子，质子)，次级粒子向大气的深度和广度发展，粒子数从大气顶部向底部不

断增殖，在约数百 g · cm^{-2}大气厚度，约 5～6 km 的高空（随原初宇宙线的能量而缓慢变化），次级粒子数达到极大.簇射的横向可以展开几平方公里，故称为广延大气簇射（Extensive Air Shower）.实验研究和模拟表明，簇射产生的次级粒子最大数目，与原初宇宙线的粒子能量成正比.实验上，在接近簇射发展的极大值处测量粒子的总数，从而推出入射原初宇宙线的能量.

海平面所观察到的宇宙线多数是次级宇宙线，它们主要是穿透力强的 μ 子（占 75%），其他带电成分为质子，其比例为

$$(p/\mu)_{1\ \mathrm{GeV}} \sim 3.5\%;(p/\mu)_{10\ \mathrm{GeV}} \sim 0.5\%;(\mu+/\mu-) \sim (1.25 \sim 1.30).$$

μ 子的平均能量为 4 GeV，μ 子的天顶角分布近似为：

$$\sim \cos^2\theta \quad E_\mu < \mathrm{TeV}$$
$$\sim \sec\theta \quad E_\mu > \mathrm{TeV}$$

关于海平面宇宙线通量做如下定义：单位立体角内，单位时间内从天顶（$\theta=0$）入射在单位水平面积内的宇宙线粒子数用 I_v 表示：

$$I_v \equiv j\,(\theta = 0,\ \phi) \qquad (\mathrm{m}^2 \cdot \mathrm{s} \cdot \mathrm{sr})^{-1}$$

从上方投射到单位面积上的总宇宙线粒子数用 J_1 表示：

$$J_1 \equiv \int_{\theta \leqslant \frac{\pi}{2}} j(\theta,\ \phi)\cos\theta \mathrm{d}\Omega \quad (\mathrm{m}^2 \cdot \mathrm{s})^{-1}$$

从上半球入射到一个单位面积球上的总宇宙线粒子数用 J_2 表示：

$$J_2 \equiv \int_{\theta \leqslant \frac{\pi}{2}} j(\theta,\ \phi)\mathrm{d}\Omega \quad (\mathrm{m}^2 \cdot \mathrm{s})^{-1}$$

下面列出海平面宇宙线通量的不同分量的观测值.

	总强度	硬	软	单　位
I_v	110	80	30	$(\mathrm{m}^2 \cdot \mathrm{s} \cdot \mathrm{sr})^{-1}$
J_1	180	130	50	$(\mathrm{m}^2 \cdot \mathrm{s})^{-1}$
J_2	240	170	70	$(\mathrm{m}^2 \cdot \mathrm{s})^{-1}$

表中的“硬”成分主要是指穿透力强的 $\mu^\pm$ 子，“软”成分主要是指容易被吸收的电子、质子一类的带电粒子.

参考文献：

[1] Particle Data Group. Radioactivity and Radiation Protection[J]. J. Phys., 2006, G33: 293.

[2] Reines F, Cowan C L. Free Antineutrino Absorption Cross Section. I. Measurement of the Free Antineutrino Absorption Cross Section by Protons[J]. Phys. Rev., 1959, 113: 27.

[3] von Feilitzsch F, Hahn A A, Schreckenbach K. Experimental beta-spectra from 239Pu and 235U thermal neutron fission products and their correlated antineutrino spectra[J]. Phys. Lett., 1982, B118: 162.

[4] Particle Data Group. Review of Particle Physics[J]. Eur. Phys. J., 1998, C3: 133, 137.

[5] Bahcall J N, Ulrich R K. Solar models, neutrino experiments, and helioseismology[J]. Rev. Mod. Phys., 1988, 60: 297.

Bahcall J N. Neutrino Astrophysics[M]. Cambridge: Cambridge University Press, 1989.

习　题

1-1　1911 年居里夫人制备的第一个国际标准镭放射源，含^{226}Ra 16.74 mg. 求当时源的放射性活度以及目前该标准源还含有多少 mg 的^{226}Ra，放射性活度是多大. ^{226}Ra 的半衰期为 1 600 年.

1-2　由于宇宙线的轰击，地球环境中含有痕量放射性核素，^{14}C 和^{40}K. 它们的特性列表如下：

核　素	丰 度 比	$T_{1/2}$(年)	主要衰变粒子核能量
^{14}C	$\frac{^{14}C}{^{12}C}=\frac{1.2}{10^{12}}$	5 730	β^- (E_{max} = 155 KeV)
^{40}K	$\frac{^{40}K}{^{39}K}=0.011\,8\%$	1.26×10^9	β^- (E_{max} = 1 320 KeV)

研究表明，生存在地球上的人通过新陈代谢人体内含有碳比例 18%，含钾比例 0.2%（均为质量比）. 求一个 75 kg 的活人具有的 β^- 放射性活度为多大？它给人体造成的年吸收剂量为多少？是国际规定的年容许剂量的百分之几？

1-3　假设地球刚形成时^{235}U 和^{238}U 的相对丰度为 1∶2. 目前开采出来的铀矿中

$$^{235}U/^{238}U = 0.720/99.28$$

实验测得 $T_{1/2}(^{235}U) = 7.1\times10^8$ 年；$T_{1/2}(^{238}U) = 4.44\times10^9$ 年. 根据上述资料和假设，估计地

球的年龄?

1-4 用加速器产生的氘粒子来轰击^{55}Mn靶,通过下列反应

$$^{2}_{1}\mathrm{H} + {}^{55}\mathrm{Mn} \rightarrow \mathrm{p} + {}^{56}\mathrm{Mn}$$

来产生放射性核素^{56}Mn,其半衰期 $T_{1/2} = 2.579$ 小时.如果生产率为$5\times10^{8}\cdot \mathrm{s}^{-1}$,求轰击10小时后,^{56}Mn的放射性活度.

1-5 将^{59}Co投入到反应堆的热中子孔道中,根据反应 $\mathrm{n} + {}^{59}\mathrm{Co} \rightarrow {}^{60}\mathrm{Co} + \gamma$, ^{60}Co是βγ放射性,其 $T_{1/2} = 5.3$ 年.为了使被照射样品在出堆时达到饱和活度的10%,照射时间应为多少?

1-6 可以进入我国西藏羊八井宇宙线观察站的原初宇宙线质子的最小动量是多大?(羊八井约在北纬30°)

1-7 根据海平面次级宇宙线 μ 的通量,估算一下生活在地球上的你,每天每夜有多少 μ 子通过你的身体?

1-8 Mo→Tc母牛是由下列递次衰变构成的医用同位素源

$$^{99}\mathrm{Mo} \xrightarrow[\beta^{-}]{T_{1/2} = 66.02\ \mathrm{hr}} {}^{99}\mathrm{Tc}^{*} \xrightarrow[\gamma]{T_{1/2} = 6.02\ \mathrm{hr}} {}^{99}\mathrm{Tc}$$

(1) 设 $t = 0$ 时刻,^{99}Mo的核素数目 $N_1(0) = N_0$,$^{99}\mathrm{Tc}^{*}$ 的数目($N_2(0) = 0$).推导出^{99}Mo的β放射性活度 $A_\beta(t)$和$^{99}\mathrm{Tc}^{*}$ 的γ放射性活度 $A_\gamma(t)$的表达式;

(2) 求$^{99}\mathrm{Tc}^{*}$ 的放射性活度 $A_\gamma(t)$达到极大值的时刻 t_m.

第 2 章　粒子束与物质相互作用和粒子的探测

前一章描述粒子束，其中有光子束、电子束、μ 子束和各种介子束.还有质子、α 粒子和各种被加速的重离子束.人们利用各种粒子束做为研究亚原子的探针，它们和亚原子粒子碰撞，形成末态的各种粒子携带着亚原子内部结构以及亚原子之间相互作用的信息.为了记录和辨认这些末态粒子，了解它们的行为，必须借助于各种各样的粒子探测器.各种探测器的原理是基于对粒子与物质相互作用产生的各种物理或化学效应的观测.例如带电粒子在感光胶片引起的电离效应，进而导致胶片的“感光”.借助于胶片 Becquerel 首先发现了神秘的放射性.随后各种各样的乳胶片成为亚原子物理实验中的一种重要的探测器.带电粒子使验电器箔电极附近空气电离导致验电器的充电.M. Curie 借助于象限静电计发现了比铀具有更强放射性的钋和镭.本章首先介绍各种粒子束与物质相互作用，在这基础上介绍一些重要的粒子探测器和探测器谱仪.

2.1　粒子与物质相互作用

2.1.1　带电粒子的比电离损失

电荷为 ze，质量为 M 的粒子以速度 v 通过介质(原子序数和质量数分别为 Z，A).粒子与介质中的电子(每克物质含的电子数为 $N_A Z/A$)发生库仑碰撞，并将部分动能传递给核外电子，介质原子被电离或者激发.入射的带电粒子损失部分能量.

1. 重带电粒子(质量比电子质量大得多的带电粒子)的比电离损失

用经典方法或者量子力学方法可以求得,重带电粒子穿过厚度为 dx 的介质层,与介质原子电子的碰撞所丢失的能量可以用 Bethe-Bloch 公式来描述[1]

$$-\frac{\mathrm{d}E}{\mathrm{d}x}=Kz^2\frac{Z}{A}\frac{1}{\beta^2}\left[\frac{1}{2}\ln\left(\frac{2m_{\mathrm{e}}c^2\beta^2\gamma^2T_{\max}}{I^2}\right)-\beta^2-\frac{\delta}{2}\right]\tag{2.1}$$

称 dE/dx(MeV · g^{-1} · cm^2)为带电粒子的比电离损失(粒子在单位质量厚度的介质中损失的能量)其前面的负号表示粒子的能量不断减小. $K=4\pi N_{\mathrm{A}}r_{\mathrm{e}}{}^2m_{\mathrm{e}}c^2$,是由普适常数阿伏伽德罗常数 N_{A},电子的经典半径 r_{e},电子的质量 m_{e} 组成,其数值 $K=0.307\ 0$(MeV · mol^{-1} · cm^2);$\beta=v/c$ 是入射带电粒子的相对论速度,$\gamma=(1-\beta^2)^{-1/2}$ 为相对论因子. I 为介质原子的平均激发能,$I\sim10Z$[1],$T_{\max}$为一次碰撞中可能传递给一个自由电子的最大动能

$$T_{\max}=\frac{2m_{\mathrm{e}}c^2\beta^2\gamma^2}{1+2\gamma\dfrac{m_{\mathrm{e}}}{M}+\left(\dfrac{m_{\mathrm{e}}}{M}\right)^2}\tag{2.2}$$

根据式(2.1),比电离损失具有以下几个特点:

● 比电离损失(dE/dx)和入射粒子质量 M 无关,只与入射粒子的速度有关.

● 比电离损失与介质的特性依赖不灵敏(Z/A),与介质有关的参数(如 I 等)包含在对数项内

$$\frac{Z}{A}=1\qquad\text{对氢介质}$$

$$\frac{Z}{A}\sim\frac{1}{2}\qquad\text{对轻介质}$$

$$\frac{Z}{A}<\frac{1}{2}\qquad\text{对重介质}$$

● 在非相对论区,$\dfrac{\mathrm{d}E}{\mathrm{d}x}\sim\dfrac{1}{\beta^2}$,当入射粒子能量增加到一定程度 $\beta\sim1$,$\dfrac{\mathrm{d}E}{\mathrm{d}x}$ 按 $\ln\beta\gamma$规律;随粒子的总能量 $E=\gamma Mc^2$ 而增加,当($\beta\gamma\sim3$)附近,(dE/dx)取极小值. 通常称动量为静止质量三倍的带电粒子为最小电离粒子.(dE/dx)在通过最小值后随 $\ln\beta\gamma$ 上升,是因为带电粒子在垂直于运动方向的电场的相对论延伸,这种延伸扩大了带电粒子与径迹两边的原子的作用范围,因而有更多的机会把能量传递给周围的介质的电子. 当粒子的能量继续升高,径迹两边的介质原子的极化将形成一个屏蔽壳,限制了粒子横向电场对远程电子的作用,因而(dE/dx)值到达一个"坪区",显然屏蔽效应与介质密度有关,固态和液态介质密度效应更强,气态介质

密度效应较弱.式中(2.1)中的 δ 就是介质密度效应的修正因子.

附录 E 的图 E.1 就是根据式(2.1)计算出的单电荷的带电粒子在几种介质中的($\mathrm{d}E/\mathrm{d}x$)随粒子 $\beta\gamma$ 的变化.根据(2.1),积分 $\mathrm{d}x = \mathrm{d}E/(\mathrm{d}E/\mathrm{d}x)$,可以得到粒子(能量为 E 质量为 M)在介质中的射程.射程 $R(\mathrm{g \cdot cm^{-2}})$ 用其静止质量除,得到普适的 $R/M(\mathrm{g \cdot cm^{-2} \cdot GeV^{-1}})$ 与 $\beta\gamma$ 的关系,如附录 E 的图 E.2 所示.例如,动量为 280 MeV/c 的 π^+ 介子,在碳($\rho = 2.265\ \mathrm{g \cdot cm^{-3}}$) 中的 $R/M = 500$,其相应的射程为 70($\mathrm{g \cdot cm^{-2}}$),即 31 cm.在铁($\rho = 7.8\ \mathrm{g \cdot cm^{-3}}$) 中,$R/M = 600$,其相应的射程 $R = 84(\mathrm{g \cdot cm^{-2}})$.下表列出动能为 100 MeV 的不同带电粒子在石墨中的射程

粒子	质量 MeV	动量 MeV	$\beta\gamma$	R/M	R_ρ $\mathrm{g \cdot cm^{-2}}$	R(cm)
$\mu^\pm$	106	176.6	1.666	～300	31.8	14
$\pi^\pm$	140	194.9	1.392	～200	28	12.4
$K^\pm$	494	329.5	0.668	～30	14.8	6.53
p	938	444.5	0.474	～10	9.4	4.14

2. 低能区的重带电粒子的电离损失

当带电粒子的速度变小时(例如 $\beta\gamma < 0.3$), $\mathrm{d}E/\mathrm{d}x$ 偏离 β^{-2} 关系,而变为 $\beta^{-5/3}$ 的关系,这是由于介质原子的电子所在原子壳的结合能再也不能忽略,即电子不能视为自由的了.在 ICRU 报告[2]中详尽地讨论 Bethe-Bloch 公式的低能修正,用修正后的公式对低速($\beta \sim 0.05$)带电粒子的电离损失计算,精度可达到 1%;当带电粒子速度在区间 ($0.01 < \beta\gamma < 0.05$) 时,没有满意的理论处理可以遵循;当速度在 $\beta \sim 0.01$(接近于介质原子外层电子速度),比电离损失正比于 β;在区间 ($0.01 < \beta\gamma < 0.1$), $\mathrm{d}E/\mathrm{d}x$ 存在一个称为 Bragg 峰的极大.文献[2]给出,低能质子的比电离损失为

质子动能	$\mathrm{d}E/\mathrm{d}x(\mathrm{MeV \cdot cm^2 \cdot g^{-1}})$
10 keV	113
10～150 keV	210
1 MeV	120

当质子动能在 1 MeV 以上,修正后的公式能很好地描述其电离损失.重带电粒子在射程末端的 Bragg 峰为重带电粒子治癌提供了优选的依据.

3. 带电粒子在薄层介质中能量沉积的涨落

入射带电粒子损失能量(电离损失),介质吸收能量(称为能量沉积).如果能量沉积是由很多次互相独立的小能量交换累积而成,其分布服从高斯型;实验观测和理论预期,带电粒子在薄层介质 x 的能量沉积 Δ/x(单位厚度的能量沉积)服从朗道分布.分布在高端有尾巴,平均沉积和最可几沉积不一致.图 2.1 描述 500 MeV的带电 π 通过不同厚度的硅片时单位厚度能量沉积(下:$\mathrm{eV}\cdot\mu\mathrm{m}^{-1}$;上:$\mathrm{MeV}\cdot\mathrm{g}^{-1}\cdot\mathrm{cm}^2$)分布.纵坐标用最可几概率归一的相对概率.随取样厚度 x 增加,单位厚度能量沉积增大,分布向着大能量沉积移动,分布变窄,但高端的朗道尾巴几乎完全一样.

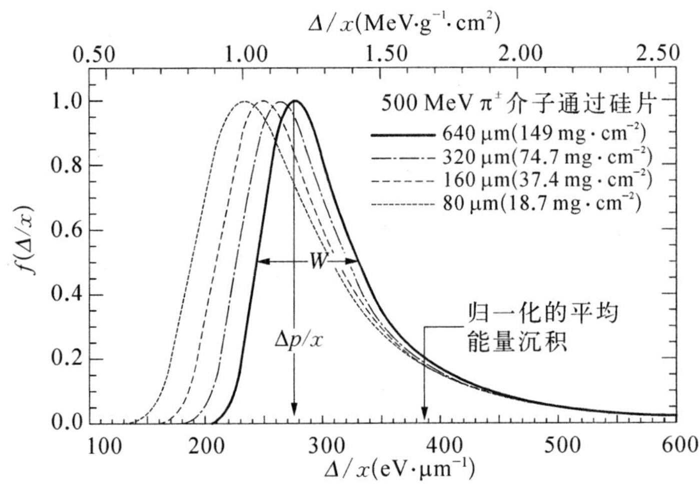

图 2.1 带电粒子通过硅片的能量沉积涨落分布[1]

4. 带电粒子在介质中的多次散射

带电粒子通过介质,运动方向发生偏转,这种偏转是由许多的小角度散射累积而成.这种偏转绝大多数是由于入射带电粒子与介质原子核的库仑散射造成的.库仑散射分布可以用 Moliere 理论[3]来描述.对小偏角,其分布近似为高斯分布.而在较大角度(大于下面定义的 θ_0 的若干倍)分布行为类似于卢瑟福散射,它比高斯分布有更长的尾巴.一些主要参数的定义.设带电粒子沿 z 方向通过厚度为 x 的介质.在介质的出射面,粒子偏离 z 方向与 z 成 θ_{space} 角出射,散射过程的随机性决定了粒子在介质出射面的空间发射角 θ_{space} 是个随机变量.出射角 θ_{space} 在平面 yz(xz)上的投影 θ_{plane} 也是随机变量.多次小角度散射情况下,非投影(space)和投影

(plane)的角分布可近似用高斯分布来描述

$$\left.\begin{aligned}&\frac{1}{2\pi\theta_0^2}\exp\left(-\frac{\theta_{\text{space}}^2}{2\theta_0^2}\right)\mathrm{d}\Omega\\&\frac{1}{\sqrt{2\pi\theta_0^2}}\exp\left(-\frac{\theta_{\text{plane}}^2}{2\theta_0^2}\right)\mathrm{d}\theta_{\text{plane}}\end{aligned}\right\}\tag{2.3}$$

其中

$$\theta_0=\frac{13.6\ \text{MeV}}{\beta cp}z\sqrt{\frac{x}{X_0}}\left(1+0.038\ln\frac{x}{X_0}\right)\tag{2.4}$$

且有

$$\theta_0=\theta_{\text{plane}}^{\text{rms}}=\frac{1}{\sqrt{2}}\theta_{\text{space}}^{\text{rms}}\tag{2.5}$$

θ_0 用来描述介质多次散射引起带电粒子偏离原初入射方向程度的一个量,它通过式(2.5)的定义和随机变量空间出射角、平面出射角的均方根偏差联系. θ_0 通过式(2.4)和入射带电粒子的动量 p(MeV/c),速度 βc 和电荷 z 以及介质参数 x(厚度)、X_0(参见后面定义式(2.7))联系. 上述公式在 $10^{-3}<x/X_0<100$ 区间,其精度~11%左右. 图 2.2 中的定义的参数 Ψ_{plane}(入射点和出射点连线与原初入射方向的夹角)和 y_{plane}(出射点到原初方向的垂直距离)的均方根为

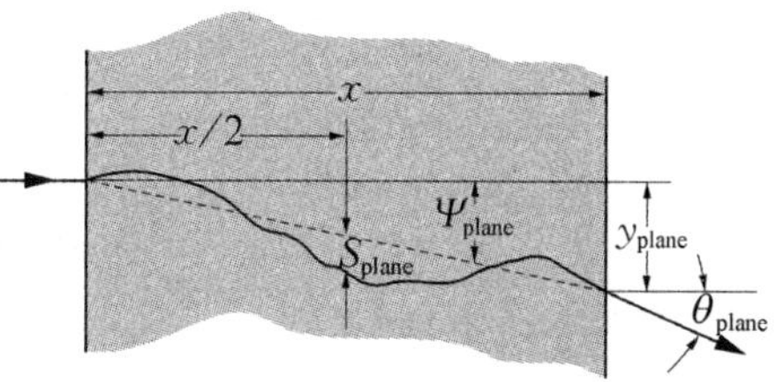

图 2.2 多次散射的一些主要参数定义的图示

$$\left.\begin{aligned}\Psi_{\text{plane}}^{\text{rms}}&=\frac{1}{\sqrt{3}}\theta_{\text{plane}}^{\text{rms}}=\frac{1}{\sqrt{3}}\theta_0\\y_{\text{plane}}^{\text{rms}}&=\frac{1}{\sqrt{3}}x\theta_{\text{plane}}^{\text{rms}}=\frac{1}{\sqrt{3}}x\theta_0\end{aligned}\right\}\tag{2.6}$$

5. 电磁簇射

带电粒子中的电子,由于它的质量小,而且与介质中的电子的不可分辨,电子在介质中的电离损失明显地区别于重带电粒子,不能简单地用式(2.1)来描述. 电子不像重带电粒子有明确的射程. 另一重要差别是电子的质量小,它在介质的原子核库仑场中产生轫致辐射的截面比同样的能量(动量)的重带电粒子(例如 μ 子,$\pi^{\pm}$ 介子等)要大得多. 当电子的能量超过某一临界能量 E_c,电子的辐射损失将超过电离损失. E_c是与介质(Z, A)有关的描述电子辐射损失的一个重要参数. 图 2.3

是根据 Rossi[4] 的定义得到的各种不同介质的 E_c 值的分布.对于固态和液态介质,由于密度效应使电离损失变小,因而在较小的 E_c 时,辐射损失占优势.描述辐射损失的另一个重要参数是介质的辐射长度 X_0.它定义为高能电子在该介质中通过辐射损失,能量从 E 变成 E/e 所通过的平均距离.研究表明,下面的式子以相当好的精度(2.5%)与 Y.S. Tsai[5] 计算的结果一致(除氦的值偏低以外)

$$X_0 = \frac{716.4A(\mathrm{g \cdot cm^{-2}})}{Z(Z+1)\ln\left(\frac{287}{\sqrt{Z}}\right)} \tag{2.7}$$

式中 Z, A 分别为介质的原子序数和原子质量数.

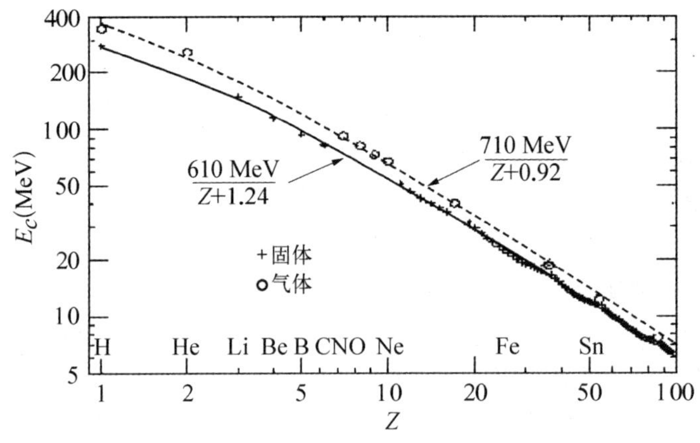

图 2.3 E_c 与 Z 的关系图[1]

高能电子在足够厚的介质中产生的辐射通常诱发一种级联过程,称为电磁簇射.该过程可以用图 2.4 来定性说明.原初高能电子在介质的原子核库仑场中产生韧致辐射,在第一作用点以后,原初粒子生成第一代的次级电子和次级光子,第一代电子和光子继续向介质的深处传播.在第二代的作用顶点,电子辐射生成第二代电子和第二代的光子,光子产生第二代的电子和正电子,只要后代的电子和光子的能量足够高,它们可以继续繁殖新一代的电子和光子,当后代电子能量低于临界能量后,它的辐射损失逐渐失去优势,电离损失逐渐占上风,最后终止在介质中.当后代的光子能量低于电子对产生阈($E_{th} = 1.02$ MeV),光子将通过康普顿散射或光电效应逐渐被吸收.电磁簇射的发展过程可以用计算机程序(EGS4)[6]来模拟.高能光子与高能电子差别仅在第一个作用顶点上,其他发展过程完全相似.

图 2.5 是 EGS4 模拟 30 GeV 电子在铁中引起的簇射的纵向分布.横坐标为纵向深度 $t = x/X_0$,纵坐标(左)为单位辐射长度上能量沉积的比例.纵坐标(右)为

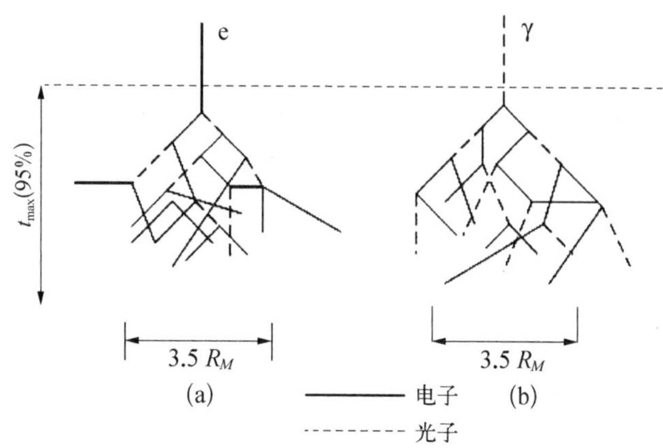

图 2.4　高能电子(a)和光子(b)在介质中的电磁簇射过程

在深度 t 处，穿过厚度为 $X_0/2$ 的层面的次级粒子数. 显然次级粒子（电子和光子）数与设定的截断能量有关（对电子和光子，这里取 $E_{cut}=1.5$ MeV）. 次级电子数下降的速度比能量沉积下降的速度快. 这是因为随着深度增加，电离损失使电子数目的消耗更快，簇射能量的更多部分由光子携带. 对具体的电磁量能器，测量簇射发展的灵敏元件不同，给出的簇射的纵向发展有的更接近于图 2.6 的电子数分布（如用气体探测器做灵敏元件的取样量能器），有的接近于能量沉积分布（例如全灵敏型铅玻璃或晶体电磁量能器）.

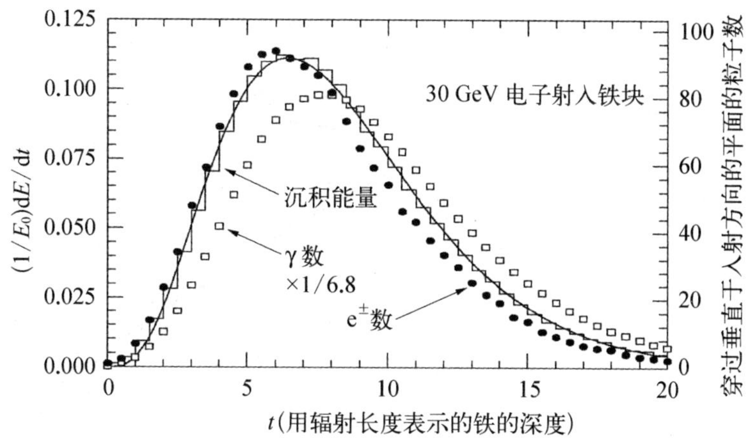

图 2.5　是 EGS 4 模拟 30 GeV 电子在铁中引起的簇射的纵向分布[1]

模拟能量从 1～100 GeV 的电子和光子在从碳到铀的各种不同介质中簇射发展，其纵向发展的能量沉积分布的极大值相应为

$$t_{\max} = 1.0 \times (\ln y + c_j) \qquad j = \mathrm{e} \text{ 或 } \gamma \tag{2.8}$$

$y = E/E_c$. 对电子引起的簇射 $c_e = -0.5$，对光子引起的簇射 $c_\gamma = 0.5$.

簇射的横向展开在文献[7,8]中讨论，平均来讲，10%的簇射能量沉积在以入射原初电子或光子的方向为轴线的半径为 R_M 的圆柱外，约 99%的簇射能量包含在直径为 $3.5R_M$ 的柱体内. Moliere 半径 R_M 可写为

$$R_M = \frac{E_s}{E_c} X_0 \tag{2.9}$$

$E_s = 21$ MeV；E_c 为介质的临界能量.

6. 高能 μ 子的能量损失

μ 子的性质与电子几乎完全相同，它的质量为电子质量的 200 倍左右，自然界存在两种电荷态的 μ 子，在某一临界能量 $E_{\mu c}$ 以下，它们的能量损失可以用式(2.1)很好地描述，超过临界能量的 μ 子，在介质中辐射损失和电子对产生将成为 μ 子能量损失的主要方式. 图 2.6 给出 $E_{\mu c}$(GeV)与介质元素的原子序数的关系. 其行为与电子的临界能量相似，不同之处在于 $E_{\mu c} \gg E_c$. 例如在铁中 $E_c = 22.4$ MeV，而 $E_{\mu c} = 335$ GeV. 也就是说，几百 GeV 以下的 μ 子在介质中的能量损失还是以电离损失为主. 用 μ 子在铁中的输运程序，模拟 1 TeV 的 μ 子通过 3 m 的铁层，得到的出射的动量谱如图 2.7. 由出射谱可见，经 3 m 厚的铁层，最可几的能量损失为 9 GeV/c，动量谱的分布(半高全宽)为 7 GeV/c. 一个长的尾巴是由于朗道涨落和辐射损失造成的.

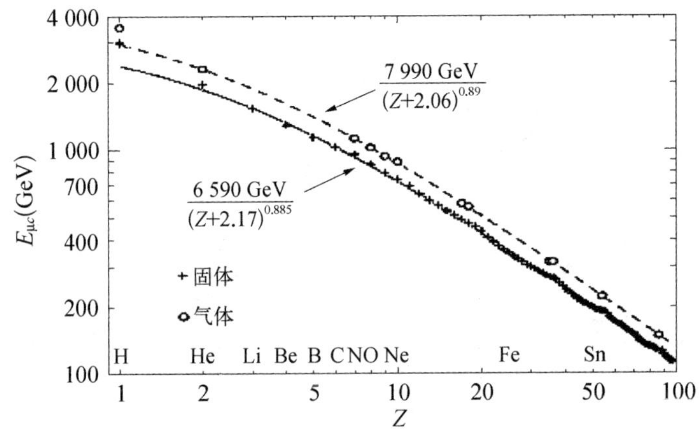

图 2.6 μ 子的临界能量与元素原子序数的关系[1]

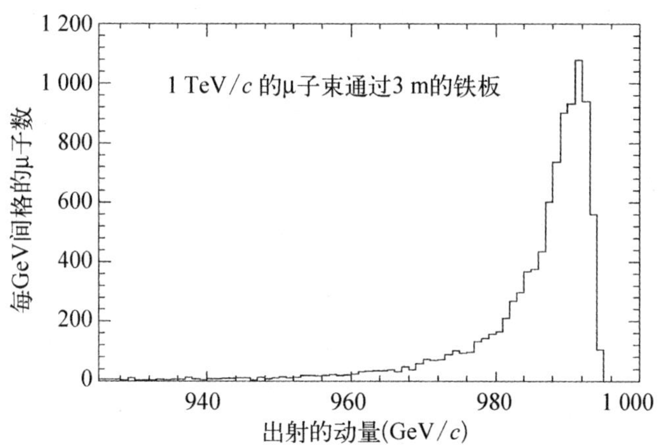

图 2.7　1 TeV 的 μ 子通过 3 m 厚的铁层出射的动量谱[1]

7. 切伦科夫辐射和穿越辐射

● 切伦科夫辐射

如果带电粒子在一个均匀的光学介质(折射系数 n)以速度 v 通过. 当

$$v > \frac{c}{n(\lambda)} \tag{2.10}$$

($c/n(\lambda)$是波长为 λ 的光在介质中的相速度)时,带电粒子在介质中诱导介质产生一种相干辐射. 如图 2.8 所示,粒子沿 AB 的路径上各点产生的辐射沿半顶角 θ 的锥面和粒子同时到达BC面而发生相干. 这种相干辐射以一个特定方向传播,其波阵面的法线方向与粒子的运动方向成角度为

$$\theta_c = \arccos\left(\frac{1}{n\beta}\right) \tag{2.11}$$

当 $n-1 \ll 1$, 例如在气体中的情况

$$\theta_c \approx \sqrt{2\left(1-\frac{1}{n\beta}\right)}$$

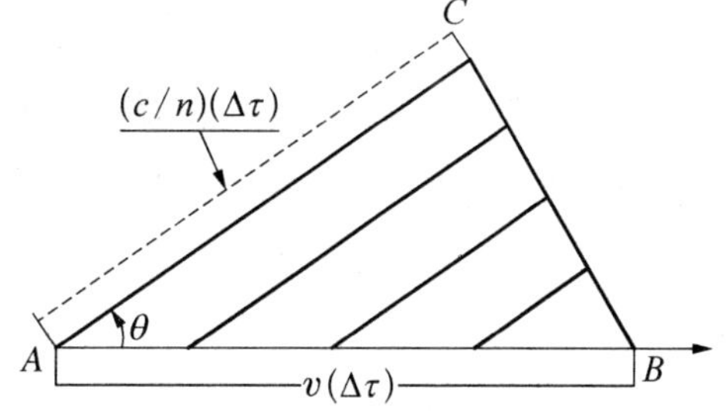

图 2.8　带电粒子在介质中引起的切伦科夫辐射

切伦科夫辐射的阈速度 $\beta_t = \frac{1}{n}$, 即 $(\beta\gamma)_t = (2\delta+\delta^2)^{\frac{1}{2}}$, $\delta = n-1$. 许多常用的气体的 δ 值随气压及波长的变化见文献[9]. 其他一些常用的

切伦科夫辐射介质的数据在文献[10]中给出.粒子在单位路程上产生切伦科夫光的光子数为

$$\frac{d^2N}{dx d\lambda} = \frac{2\pi\alpha z^2}{\lambda^2}\left(1 - \frac{1}{\beta^2 n^2(\lambda)}\right) \tag{2.12a}$$

对于 $z = 1$ 的粒子

$$\frac{d^2N}{dx dE} \approx 370\sin^2\theta_c(E)\ (\text{eV}\cdot\text{cm})^{-1} \tag{2.12b}$$

式中的 E 为辐射光子的能量，$E = h\nu = hc/\lambda$.

在考虑光子探测时,必须将光子探测器的波长响应函数与式(2.12a)相乘后,对 $\beta n(\lambda) > 1$ 的区间积分,由此得到光子探测器测得的光子数.

● 穿越辐射(Transition Radiation)

当高能粒子($\beta\gamma \gg 10$)穿过真空和某种介质的边界时,引起的一种辐射.设介质的等离子体频率 ω_p,由电动力学给出该辐射的强度为

$$I = \frac{1}{3}\alpha z^2 \gamma \hbar\omega_p \tag{2.13}$$

辐射强度正比于粒子的 Lorentz 因子 γ.介质的等离子频率表示为

$$\hbar\omega_p = \frac{m_e c^2}{\alpha}\sqrt{4\pi N_e r_e^3} = 2\times 13.6\ \text{eV}\sqrt{4\pi N_e a_\infty^3} \tag{2.14}$$

N_e，r_e 分别为介质的电子密度和电子的经典半径.对于类聚苯乙烯膜一类辐射体,$\hbar\omega_p \sim 20$ eV. TR 辐射集中在与粒子运动方向成 $1/\gamma$ 的半锥角内. TR 辐射谱在低能端对数发散,在 $\hbar\omega > \gamma\hbar\omega_p$ 以后,谱的强度迅速下降.辐射集中在

$$0.1 \leqslant \frac{\hbar\omega}{\gamma\hbar\omega_p} \leqslant 1 \tag{2.15}$$

的能段.例如，$\gamma = 10^3$ 辐射光子能谱集中在软 X 射线区 2～20 keV,谱的硬度随 γ 而增加.典型的辐射光子能量以及其量子产额/每层个面分别为，$E_{ph} \sim \gamma\hbar\omega_p/4$ 以及

$$N_{ph}E_{ph} \approx \frac{1}{2}\frac{\alpha z^2\gamma\hbar\omega_p}{3};\quad N_{ph} \approx \frac{2}{3}\alpha z^2 \approx 5\times 10^{-3} z^2 \tag{2.16}$$

更精确的每层面的量子产额为

$$N_{ph}(\omega > \omega_0) = \frac{\alpha z^2}{\pi}\left[\left(\ln\frac{\gamma\omega_p}{\omega_0} - 1\right)^2 + \frac{\pi^2}{12}\right] \tag{2.17}$$

ω_0 是光子探测器的探测阈.为提高 TR 的辐射产额,可以用多层辐射箔堆叠而成,气隙和箔的厚度约几十微米.

2.1.2　γ 射线与物质相互作用

γ 射线不带电，它与物质相互作用主要经历了下面三种过程：光电效应、康普顿散射和正负电子对产生.

1. 光电效应

γ 射线与介质的原子的束缚电子之间的相互作用. 光子将全部能量交给原子的束缚电子，电子以确定的动能飞出原子. 原子处于激发态，当激发能为 ε_i（i = K, L, M…）时，飞出电子的动能为 $E_e = E_\gamma - \varepsilon_i$. 计算表明，当 $E_\gamma < \varepsilon_K$ 和 $E_\gamma > \varepsilon_K$ 时，这种过程的作用截面（远离吸收边）为

$$\sigma_K \sim \alpha^4 Z^5 E_\gamma^{-3.5} \tag{2.18}$$

σ_K 为引起 K 壳层电子发射的光电效应截面，α 为精细结构常数，Z 为元素的原子序数.

2. 康普顿散射

光子与介质中电子发生弹性散射. 散射光子偏离原来的方向，电子被反冲. 散射光子的能量与散射角关系为

$$E'_\gamma = E_\gamma\left[1 + \frac{E_\gamma}{m_e c^2}(1 - \cos\theta)\right]^{-1} \tag{2.19}$$

反冲电子的动能为

$$T_e = E_\gamma\left[1 + \frac{m_e c^2}{E_\gamma(1 - \cos\theta)}\right]^{-1} \tag{2.20}$$

计算表明，原子序数为 Z 的原子与光子（能量为 E_γ）的康普顿散射截面为 $\sigma_c \sim ZE_\gamma^{-1}$，与原子序数成正比，与光子能量成反比.

3. 正负电子对产生

当光子的能量超过它在原子核库仑场中产生电子对的阈能（$2m_e c^2$）或者超过它在电子库仑场中产生电子对的阈能（$4m_e c^2$）时，正负电子对产生将逐渐成为高能 γ 射线与介质原子相互作用的主要过程. 它是高能光子在介质中引起电磁簇射的主导过程. 附录 E 的图 E.3 给出碳和铅原子与光子相互作用的各种作用截面随光电子能量的依赖关系.

4. γ 射线的总吸收系数和平均衰减长度

射线通过介质，与介质原子发生各种相互作用，作用的概率由总截面决定：$\sigma_{total} = \sum_i \sigma_i$（cm²）. σ_i 包括光电效应、相干和非相干散射、对产生以及光-核反应等，见附录 E 的图 E.3. 这些作用结果导致入射光子完全被吸收（光电效应、对产生等），即入射原初光子从光子束中消失. 或者光子被散射，散射光子能量或保持不变

(Reyleigh 散射)或能量发生改变(Compton 散射),散射光子离开原始束方向.在介质中,单位质量厚度的介质与光子发生作用而导致光子消失或偏离原始束方向,用下面的吸收系数表示

$$\mu_{\text{total}} = \frac{N_{\text{A}}}{A}\sigma_{\text{total}} \tag{2.21}$$

$N_{\text{A}}/A(\text{g}^{-1})$ 为每克物质的原子数.$\mu_{\text{total}}(\text{g}^{-1}\cdot\text{cm}^2)$ 为该介质的质量吸收系数.通常用 γ 射线平均吸收长度 $\lambda(\text{g}\cdot\text{cm}^{-2})$ 来描述介质对 γ 的吸收能力是方便的

$$\lambda = (\mu_{\text{total}})^{-1}(\text{g}\cdot\text{cm}^{-2})$$

附录 E 的图 E.4 给出几种重要的化学元素的吸收长度随光子能量的依赖关系.低能 γ (几十 eV~100 keV)的平均吸收长度的精细结构,与对应的元素电子的壳结构相关,称为元素的吸收边.混合物或化合物的吸收长度可用下式来求得

$$\lambda_{\text{eff}}^{-1} = \sum_{z}\frac{w_z}{\lambda_z} \tag{2.22}$$

w_z, λ_z 为化合物中元素(Z,A)的质量权重因子和吸收长度.一束准直的射线通过一个物质层厚度,其强度由 I_0 衰减为 I

$$I = I_0\exp(-\mu_{\text{total}}x) \tag{2.23}$$

出射强度为 I 的 γ,是不经过任何作用的 γ,其能量保持为 E_0,方向不发生任何变化.这与高能重带电粒子通过介质的行为很不一样.后者的原初带电粒子束强度 I_0,能量为 E_0,当介质的厚度 $t \ll R$(该能量带电粒子在介质中的平均射程),出射带电粒子束的强度基本不变,但能量变成 $E = E_0 - \Delta E$,出射带电粒子束的方向有一个分散(用 θ_0 来描述,参见式(2.5)).

2.1.3 强子簇射

具有强作用性质的粒子,例如,质子、中子和一系列的介子如 π 介子和 K 介子,这些带电的强子在能量较低的情况下,以电离损失为主,其行为可以很好地用公式(2.1)来描述.当强子(不管是中性的或者带电的)能量足够高时它们和介质中的原子核发生强作用的截面增大,其中多重产生成为主要过程,即一个高能强子与原子核碰撞产生许多次级强子(粒子数第一代增殖),次级强子能量足够高将继续与介质中的原子核发生第二代粒子增殖,一代一代,粒子数不断增加,但平均能量不断减小,增殖能力下降,有些强子由于电离损失逐渐消失在介质中.这种过程称为强子簇射,描述强子簇射的主要参数是介质的平均核作用长度 λ_0

$$\lambda_0 = (N\sigma_a)^{-1} \tag{2.24}$$

σ_a 为原子核对强子的非弹性碰撞截面，N 为单位体积内原子核数.列出一些重要介质的核作用长度如下：

介 质	Fe	Cu	Pb	H_2O
λ_0(cm)	17.1	14.8	18.5	83.6

λ_0很粗略地写成，$\lambda_0 \sim 35A^{1/3}$ ($g \cdot cm^{-2}$).图2.9为铁中 π 介子簇射纵向分布.纵轴是次级粒子数，横轴是铁的纵向深度(以 cm 为单位)，入射 π 介子的能量分别为 15 GeV，50 GeV，140 GeV.与电磁簇射相比，强子簇射的发展比较慢，而且纵向和横向展开尺度要大.例如 5 GeV 的 π 介子在铅中的簇射发展，极大值约在 10 cm 深处，一直延伸到约 40 cm，而电子在铅中的电磁簇射，其极大值约在 2 cm 深度，大致延伸到 10 cm 深处.平均的横向展开为 5 GeV的电子约 1.5 cm，而 5 GeV 的 π 约为1个作用长度.

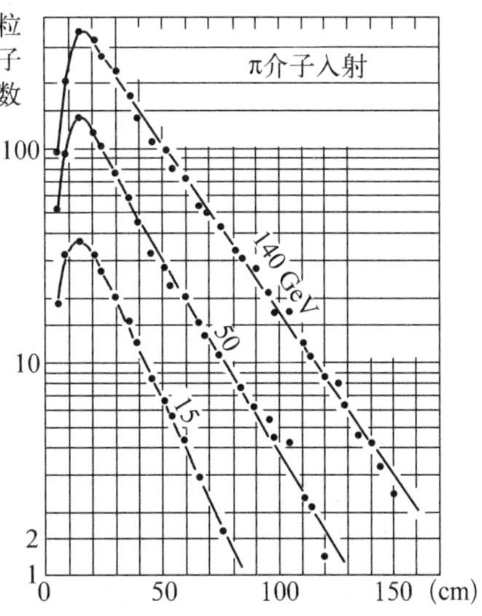

图2.9 铁中 π 介子的簇射的纵向分布[11]

2.2 粒子探测器

粒子与物质相互作用产生各种效应，这种效应通常是很微弱的，人们采用适当的方法，将这种微弱的效应转变成可以观察和记录的信号.用来观察和记录这些信号及其相关的系统称为探测器系统.我们可以将探测器系统分为径迹探测器和电子学计数器两大类.前者是记录粒子通过探测器留下的“足迹”，后者是将粒子通过探测器时产生的各种效应转变为信号，然后由电子学系统将信号读出并进行分析.

2.2.1 径迹探测器

1. 乳胶片、乳胶叠

乳胶片是颗粒度很细的一种特殊的“感光”胶片，当单个带电粒子通过乳胶片时，胶片可以将粒子留下的信息（比电离损失，径迹的形状）储存起来. 1947年，人们将乳胶片放在探空气球上，升上高空，经宇宙线照射以后，在胶片上留下如图2.10的径迹，这就是1947年人们发现了π介子存在的事件. 胶片不能做得很厚，为了探测高能粒子事件，通常将多片叠在一起，这种装置称为乳胶叠，乳胶片或乳胶叠的探测原理是：带电粒子进入乳胶，其电离作用使得在粒子径迹周围形成很多离子对. 在次级离子对作用下，在乳胶中，围绕粒子经过的路径形成很多“潜影中心”，“潜影中心”的数目和带电粒子的比电离损失成正比，经过和一般胶片类似的处理（显影、定影）后，每个“潜影中心”就有相应的银颗粒析出，粒子的径迹在乳胶中固定下来，在显微镜下面，可以测到粒子径迹的黑度以及粒子发生衰变或反应后各种次级粒子的走向，可以研究粒子衰变和反应的各种特性.

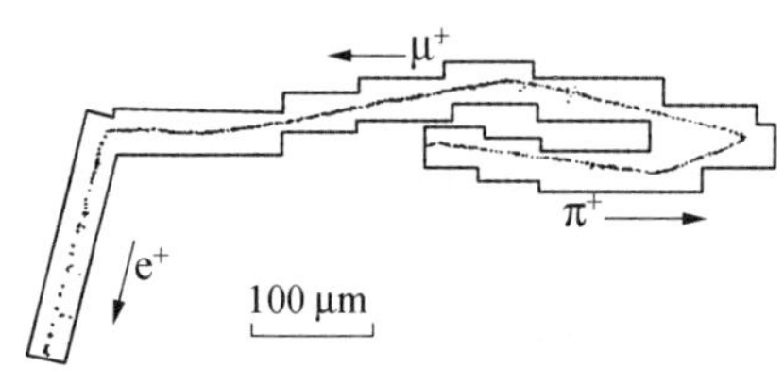

图 2.10 $\pi-\mu-e$ **衰变径迹**

目前乳胶片还是一种很有用的探测工具，乳胶叠在宇宙线物理中还常采用. 1977年，中国科学院在西藏海拔5 500 m的甘巴拉山上建成世界上最高的高山乳胶室. 它是一种轻便的连续灵敏的径迹探测器.

2. 云雾室

它是一个内充某种气体和某种蒸汽的小室（例如，空气+适量的水蒸气），它的工作原理简述如下：小室内的混合气（汽）中，蒸汽处于饱和状态. 当带电粒子进入小室的灵敏区时，触发信号起动膨胀阀门，使小室在绝热条件下膨胀，灵敏区温度骤然下降，饱和蒸汽处于过饱和状态. 带电粒子在其路径周围产生的离子集团，成为雾化的“核心”，过饱和蒸汽以“核心”为中心形成了雾珠，肉眼可见，配合合适的照明，照相机将粒子的径迹拍摄下来. 1932年，Anderson就是用磁场下的云雾室发现了宇宙线中的正电子. 云雾室不是连续灵敏的探测器其灵敏时间～1 s，循环周期～2 min.

3. 泡室

一种液体的沸点是和它处的外界压力有关的. 例如，液氢在一个大气压下的沸点为20.26 K，在5个大气压下它的沸点为27 K. 在沸点附近的液体，如果其中存在有沸腾中心，液体就沸腾起来，如果将外界压力提高到 8 个大气压，而温度还保持在 27 K，即使有沸腾中心，液氢也不会沸腾. 如果高能粒子通过小室，在其路径周围产生的离子对形成的离子集团，当其线度足够大，而且液氢又处于过热状态（如温度为 27 K，压力突然下降至小于 5 个大气压时的状态）. 这时，围绕离子集团发生局部汽化，形成气泡. 气泡密度和粒子在液氢中的比电离成正比，图 2.11(a)为气泡室的结构示意图，图 2.11(b)（是一张典型的粒子径迹的）照片，它展示了粒子的作用过程. 泡室的灵敏时间为几 ms，循环周期约 1 s.

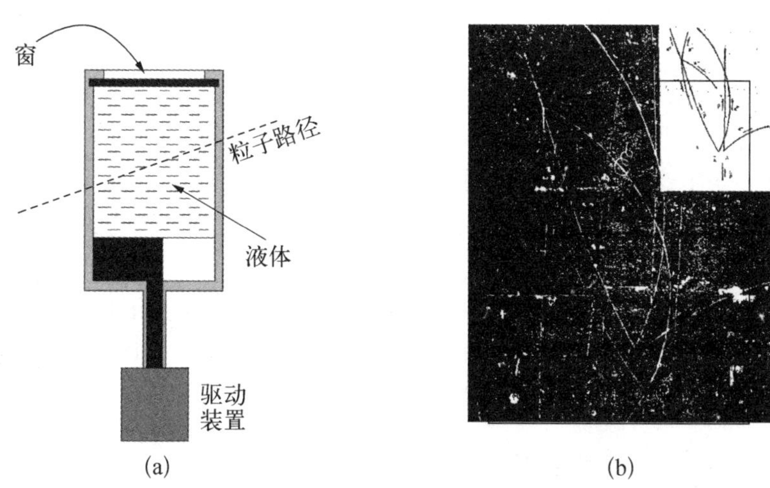

图 2.11　气泡室的结构示意图(a)和粒子的径迹照片(b)

4. 光学火花室

火花室利用在高电场作用下，电击穿沿着电离中心发生的原理. 其结构示意如图 2.12 所示. 小室内充以一定压力（1～1.5 大气压）的惰性气体（如氖或氩）. 室内放置一些平行板电极，当带电粒子通过室的灵敏区时，在其径迹周围形成了一定数量的离子对，若在此时刻，极板之间加上足够高的脉冲电压（典型参数为：

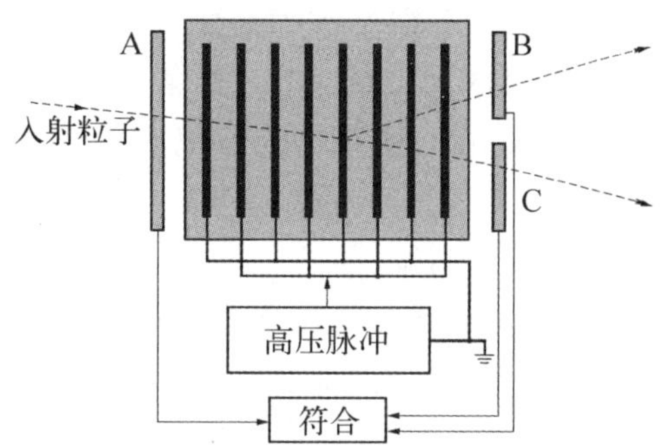

图 2.12　多板火花室结构示意图

A、B、C 为触发计数器.

50 ns宽度,10 kV · cm^{-1}的幅度).由于电场的加速,次级电子获得足够高的动能,和周围气体发生碰撞,再产生次级电子,依次发展下去,称为雪崩,电离雪崩导致局部的电击穿,因此在粒子径迹周围可以观察到电火花,因为高压持续时间约为50 ns,不至于使放电蔓延开来.火花只限制在粒子径迹周围的小区间内,使得粒子的径迹清晰可辨.火花室的灵敏时间为脉冲高压的脉宽.在一个火花径迹过后,必须将间隙中的离子对清扫干净.一个清扫场将产生的离子清扫干净需要一定的时间,脉冲高压源恢复到工作状态还需占用一定时间.这些时间间隔总和为室的死时间,一般约为 10 ms.这种室可以由计数器系统来选择触发、记录所需要的事件.

5. 流光室

其结构类似火花室.区别在于,小室内只放置两个电极板.脉冲高压持续宽度比火花室的脉宽小(～10 ns),但幅度比火花室的高.当脉冲高压加上瞬间,电离雪崩不产生火花放电,而是激发出微弱的"流光","流光"也限制在粒子径迹周围,因此用高灵敏的照相底片可以将粒子径迹拍摄下来,记录下粒子的径迹.

径迹探测器主要优点是能直观地记录下粒子相互作用的图像;它们的主要缺点为:不是连续灵敏(除乳胶外),死时间较长:要花较常的时间对拍下来的径迹照片进行分析.

2.2.2 电子学计数器系统

电子学计数器系统通常包括探测元件和电子学读出电路两部分.探测元件(探头)将粒子与元件介质相互作用产生的效应变成可测量的电信号,如电离室将带电粒子穿过其中形成的初始离子对收集起来,电子学读出电路将收集的电荷量放大读出.有一类探测元件如闪烁计数器等,是根据粒子在介质中引起的荧光发射等效应来记录粒子的.下面简要介绍几种电子学探测器系统.

1. 气体探测器

基于带电粒子与气体原子(分子)的碰撞电离,在粒子经过的路径周围,产生一连串的电子和离子对,带电粒子丢失部分能量 ΔE.形成的离子对数 $n = \Delta E/w$,称为原初总离子对数.w 称为该气体的平均电离能(eV/离子对).表 2.1 列出一些常用的气体探测器的工作气体的有关参数.

表 2.1　气体探测器的一些常用气体的特征参数[11]

气体	Z^*	A	ρ (g · cm^{-3})	激发电位	电离电位 (eV)	平均电离能 (eV/离子对)	$(dE/dx)_{min}$ (MeV · cm^{-2} · g)	$(dEdx)_{min}$ (keV · cm^{-1})	总离子对 (cm^{-1})
H_2	2	2	8.3×10^{-5}	10.8	15.4	37	4.03	0.34	9.2
He	2	4	1.66×10^{-4}	19.8	24.6	41	1.94	0.32	7.8
N_2	14	28	1.17×10^{-3}	8.1	15.5	35	1.68	1.96	56
O_2	16	32	1.33×10^{-3}	7.9	12.2	31	1.69	2.26	73
Ne	10	20	8.39×10^{-4}	16.6	21.6	36	1.68	1.41	39
Ar	18	40	1.66×10^{-3}	11.6	15.8	26	1.47	2.44	94
Kr	36	84	3.49×10^{-3}	10.0	14.0	24	1.32	4.60	192
Xe	54	131	5.49×10^{-3}	8.4	12.1	22	1.23	6.76	307
CO_2	22	44	1.86×10^{-3}	5.2	13.7	33	1.62	3.01	91
CH_4	10	16	6.70×10^{-4}		13.1	28	2.21	1.48	53
C_4H_{10}	34	58	2.42×10^{-3}		10.8	23	1.86	4.50	195

* 多原子分子的 Z 和 A 分别表示组分的总电子数和总质量数

收集或放大收集带电粒子在穿过气体介质时产生的总离子对数及其相应的信号，构成气体粒子探测器的物理基础．验电器（总离子对形成的电子或离子对电极箔片的充电）、GM 计数管（初始电离，导致计数管的雪崩放电）都是人们熟知的最早的气体粒子探测器．它们在宇宙线的发现、放射性物质的研究方面做出了历史性的贡献．

● 电离室

图 2.13 是电离室和电子学读出系统的示意图，两个电极浸泡在工作气体中．通过灵敏区的带电粒子与工作气体中与原子发生碰撞损失能量，产生离子对 N．在外电场作用下，电子和离子分别向阳极和阴极作定向运动，在外电路形成电流脉冲，经放大后，由积分器记录下电流脉冲对应的电荷量，从而定出粒子的比电离损失，即粒子的电离能力，从而分辨粒子．

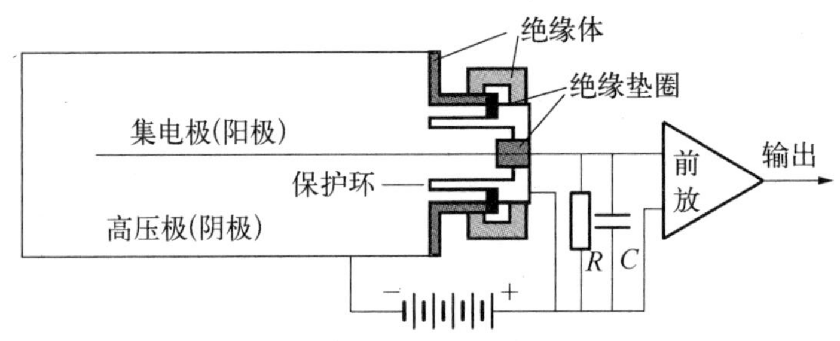

图 2.13　电离室及其前端电子学

● 正比计数器和多丝室

它们的原理如图 2.14．丝附近电场足够强，电子在向阳极丝运动中被加速．初始电子和气体（如氩）碰撞产生次级电离，次级电子再重复上述过程，在阳极丝附近形成电离雪崩过程，次级电子数目急剧增加，在阳极丝上收集的电子数目将为初始电子数目 n_0 的某一倍数 M．M 称为气体放大倍数，M 和气体的成分、压力以及阳极电压有密切的关系．一般正比计数管，M 值可达 10^6，而多丝正比室 M 值约为 $10^4 \sim 10^5$．多丝正比室相当于有很多的正比管的集合．通常丝距为 2 mm．每根阳极丝等效于一个正比计数器．这种结构的室既可以用来测量多次取样粒子的电离（正比于输出信号幅度）还可以用来确定粒子在空间的位置．

随着高能物理实验的发展，种种形式的丝室不断发明和创新，产生各种新的版本，例如，多丝漂移室、时间扩展室、时间投影室（TPC）．图 2.15 是一台磁谱仪中 TPC 室给出的不同动量、不同类型的粒子，其比电离损失的实验数据．

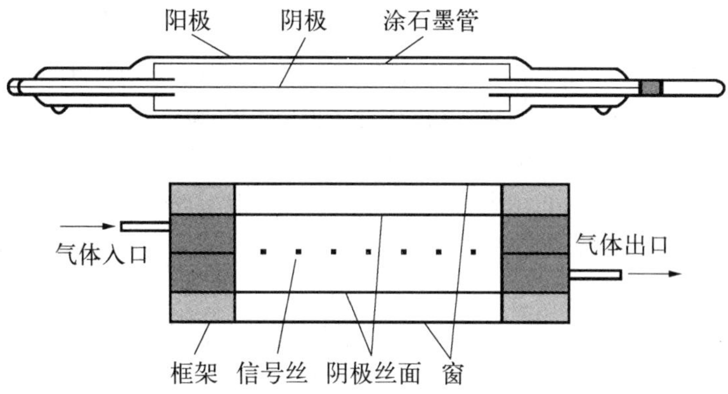

图 2.14　正比计数器和多丝正比室示意图

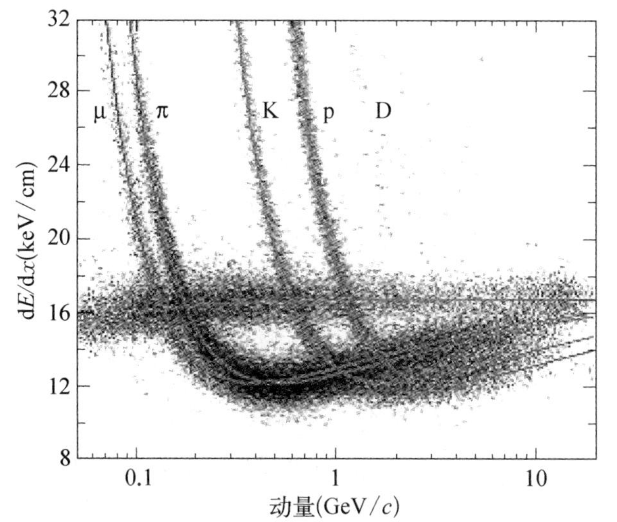

图 2.15　$\mathrm{d}E/\mathrm{d}x$ **随粒子动量的变化**[12]

在 8.5 大气压的 Ar + CH_4 中有 185 次取样测量值.

从图中可以清楚地看出，根据 TPC 所提供的粒子动量的信息和 $\mathrm{d}E/\mathrm{d}x$ 的信息，人们可以分辨不同粒子. 多丝室及其发展的新版本，不仅在粒子物理和核物理实验谱仪中得到十分广泛的应用，对物理学的发展做出了重大的贡献，而且其应用也拓宽到医学等很多领域. Charpak 因多丝室发展方面的贡献，而分享 1991 年 Nobel 物理奖.

2. 闪烁计数器系统

闪烁计数器和闪烁谱仪是核与粒子物理实验中最常用的一种记录和分析系统.它的组成:闪烁体、光电倍增管(或其他荧光探测元件)和电子学读出装置.图2.16(a)是这种系统的示意图.带电粒子或者其他中性粒子在闪烁体中产生的次级带电粒子(例如反冲核或者电子)在闪烁体中电离后获得一定数量的次级电子.这些次级电子在闪烁体,例如在无机晶体的晶格能带中形成荧光发射中心,诱发荧光发射.发射荧光波长和荧光强度的衰减时间随闪烁体而异,常用无机闪烁晶体的特性列于表2.2.

表2.2 一些重要无机闪烁晶体的主要特性[1]

	NaI(Tl)	BGO	BaF_2	CsI(Tl)	CsI	CeF_3	$PbWO_4$
密度($g\cdot cm^{-3}$)	3.67	7.13	4.89	4.53	4.53	6.16	8.28
辐射长度(cm)	2.59	1.12	2.05	1.85	1.85	1.68	0.89
莫利哀半径(cm)	4.5	2.4	3.4	3.8	3.8	3.6	2.2
$(dE/dx)_{min}$($MeV\cdot cm^{-1}$)	4.8	9.2	6.6	5.6	5.6	7.9	13.0
核作用长度(cm)	41.4	22.0	29.9	36.5	36.5	25.9	22.4
发射波长(nm)	410	480	220^f 310^s	565	305^f 480^s	310～340	400～500
折射系数	1.85	2.20	1.56	1.80	1.80	1.68	2.16
相对光产额	1.00	0.15	0.05^f 20^s	0.40	0.10^f 0.02^s	0.10	0.01
潮解程度	严重	不	尚好	稍微	稍微	不	不
荧光衰减特性 τ(ns)	250	300	0.7^f 620^s	1 000	$10,36^f$ $1\ 000^s$	10～30	5～15

一般来讲,入射粒子在闪烁体中的能量沉积将按比例产生荧光量.对于NaI(Tl)闪烁体每MeV的能量沉积其平均荧光产额为40 000荧光光子.荧光衰减时间为250 ns.这些荧光透过光导(常用有机玻璃)或者直接输进光电倍增管,在光电倍增管的光阴极上转换成光电子(通常转换率为10%～20%)光电子经过各级打拿极进行倍增(总倍增系数可达10^7).在光电倍增管的阳极形成一个电流脉冲.相应的电荷量(在阳极输出电路积分后的脉冲幅度)和入射粒子在闪烁体中沉积的能量成正比.后续的读出电子学可以记录脉冲数目(所谓闪烁计数器),也可以对脉冲幅度进行分析(所谓

闪烁谱仪).图 2.16(b)为 NaI(Tl)闪烁谱仪记录的^{137}Cs的0.661 MeV的γ能谱.与V_0相对应的是0.661 MeV的γ射线产生的光电子(～0.628 MeV)在闪烁体内沉积了全部能量所对应的脉冲幅度.连续分布部分是γ射线在晶体内发生康普顿散射的反冲电子贡献的.由于荧光形成至光阴极光电转换过程以及光电子在打拿极之间的倍增过程的随机性,具有同样能量的光电子所诱发的荧光光子数以及荧光在光阴极上转换的光电子数具有泊松分布或高斯分布的形式.因此最后的脉冲幅度分布具有一定的宽度.通常用峰高一半的全宽(FWHM)被V_0除代表谱仪对某一种γ的能量分辨率.通常 NaI(Tl)谱仪对^{137}Csγ的分辨率为8%～9%.

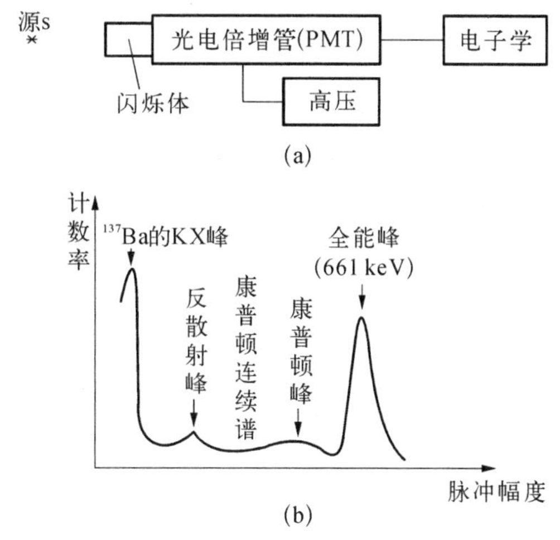

图 2.16 闪烁谱仪原理图(a)和它输出的γ谱(b)

表2.2所列的晶体是无机闪烁体.其中新近发展的重无机闪烁体由于其辐射长度小,例如 BGO 晶体和 $PbWO_4$ 晶体都是大型的谱仪中的电磁量能器的主要候选晶体.除无机闪烁体外,有机闪烁体也是高能物理实验和核物理实验中常用的闪烁体.有机闪烁体通常分为三类:结晶型、液体型和塑料型.结晶型的有机晶体如蒽晶体在核物理实验中起过十分重要的作用.目前在高能物理实验中广泛采用的是塑料闪烁体.

有机闪烁体的密度从 1.03 g · cm^{-3}到 1.20 g · cm^{-3}不等.典型的荧光产额约为 100 eV 的能量沉积产生一个荧光光子.因此,一个单电荷的最小电离粒子通过1 cm厚的塑料闪烁体约可产生～2×10^4 的荧光光子.荧光发射谱的中心波长～400 nm.最后输出的荧光光子数目与塑料闪烁体的几何形状、塑料闪烁体对荧光的衰减特性、光导的匹配形状有重要的依赖关系.有机闪烁体对带电粒子在其中产生的电离密度的响应并非线性,而是服从半径验规律[1]

$$\frac{\mathrm{d}L}{\mathrm{d}x}=L_0\frac{\mathrm{d}E/\mathrm{d}x}{1+k_B\,\mathrm{d}E/\mathrm{d}x} \tag{2.25}$$

L 为发射的荧光量,L_0 是在低比电离损失下的荧光发射量,k_B 为常数,它是描述塑料闪烁体荧光中心的复合和猝灭有关的参数.不同的有机闪烁体的值由实验确定.

塑料闪烁体的荧光衰减时间为纳秒量级.它们具有高的光产额和快的时间响

应特性，使得塑料闪烁体成为具有亚纳秒量级时间分辨的探测元件. 塑料闪烁体荧光衰减时间(决定输出脉冲形状)与激发粒子的类型有关，人们可根据脉冲形状来辨认粒子. 塑料闪烁体制作方便，容易制成所需的形状，这使它成为一种通用的探测元件. 新近发展起来的塑料闪烁光纤已广泛应用于确定带电粒子的径迹，它与铅等簇射介质夹层而构成量能器.

3. 切伦科夫计数器

根据 2.1.1 节讨论的切伦科夫辐射的物理机制，人们建造了各种形式的切伦科夫计数器. 这种计数器通常包括三个主要组成部分：

- 辐射介质

根据 $\cos\theta = 1/(n\beta)$，对不同的速度的带电粒子，必须选择不同折射系数的辐射介质. 辐射介质可以为固体，如有机玻璃($n=1.49$)和铅玻璃($n=1.76$)；液体，如水($n=1.33$)；气体，如 CO_2、He…，气体折射系数随压力和温度而改变，可以通过改变压力来调节折射系数 n 值(1 个大气压至 100 个大气压气体的折射率在 1～1.2).

- 光收集系统

切伦科夫光是沿着以粒子运动方向为轴，半锥角为 θ 的方向传播. 因此，要采用合适的光收集系统(各种反射镜)把微弱的光汇集到光电倍增管. 选用合适的光收集系统，使得发射角 $\theta > \theta_{th} = \arccos(1/n\beta_{th})$ 的切伦科夫光才有可能被记录. 这种计数器称为阈式切伦科夫计数器. 还可设计这样一种光收集系统，它只能把发射方向在 $\theta \to \theta + \Delta\theta$ 范围内的切伦科夫光会聚到光电倍增管上，这种计数器称为微分式切伦科夫计数器. 它只记录速度在 $\beta \to \beta + \Delta\beta$ 区间的粒子.

- 光子探测器

这里常用高灵敏度的紫外光灵敏的光电倍增管，这是因为切伦科夫光很弱，而富紫光成分. 设计合适的光收集系统的型式，并调整光子探测器系统的灵敏阈.

- 环成像切伦科夫计数器

随着位置灵敏的光子探测器的发展，直接记录粒子通过薄层辐射介质形成切伦科夫光锥的环成像探测系统已成为粒子分辨的重要系统. 辐射介质层的材料和厚度的选择应根据对粒子分辨的要求来设定，要有足够的光子产额且带电粒子的比电离损失又尽可能的小. 位置灵敏的光子成像单元通常是具有 UV 灵敏的特殊丝室. 为达到对光子(UV 为主的)的高灵敏度，在普通丝室工作气体中，掺入一些特殊的气体如 TMAE. 采用这种系统，具有相同动量的 π/K/P 粒子将依次在系统的像平面上构成由大到小的环像(图 2.17).

- 穿越辐射探测器(TRD)

穿越辐射探测器对动量在 0.5～100 GeV 区间的电子和介子的分辨上具有特

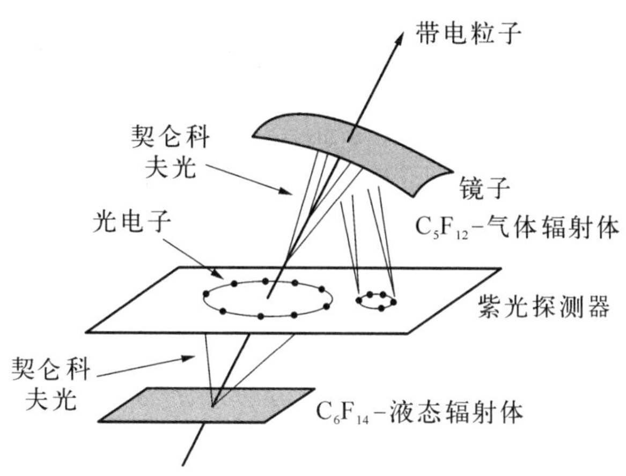

图 2.17　环成像切伦科夫计数器

别的重要性. 在这动量区间，例如，$P_e = P_\pi = 1$ GeV，$(\beta\gamma)_\pi = 7.14$，$\beta_\pi = 0.9903$；$(\beta\gamma)_e = 1957$，$\beta_e \approx 1$. 对它们的分辨，既不能借助于 dE/dx 的测量，又不能借助于切伦科夫辐射. 它们的 γ 值分别为，$\gamma_e = 1957$ 和 $\gamma_\pi = 7.21$. 根据穿越辐射的谱区间(式 2.14)，对电子 TRD 辐射谱集中于 $3.9\ \text{keV} < h\nu < 39\ \text{keV}$；对于 π 介子辐射谱集中于 $0.14\ \text{keV} < h\nu < 1.4\ \text{keV}$.

由若干层的辐射体与空气层相间，后接合适的软 X 射线探测器(如充氙的正比室)构造成一个 TRD 模块. 设置探测器的 X 射线探测阈，就可以对高动量的电子和 π 介子进行分辨. 谱仪中常由多个模块组成一个粒子分辨系统. 图 2.18 给出

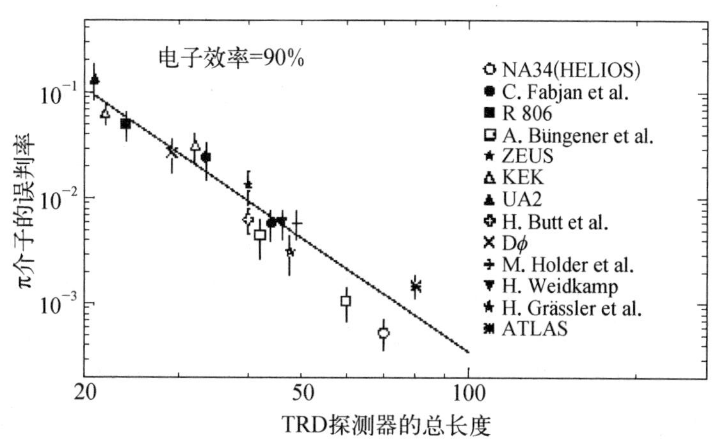

图 2.18　电子测量效率为 90%时，介子混入的百分比随总长度的依赖关系[1]

一些粒子谱仪上的粒子分辨系统的粒子分辨能力与系统的总尺度的依赖性.由图可见,TRD的尺度每增加 20 cm,对 π^- 介子的排斥能力提高一个量级.

表 2.3 几种不同类型粒子探测器的主要特征

探测器类型	空间分辨(rms)	时间分辨	死时间
泡　室	10～150 μm	1 ms	50 ms
流光室	300 μm	2 μs	100 ms
多丝比室	≥300 μm[a, b]	50 ns	200 ns
漂移室	50～300 μm	2 ns[c]	100 ns
闪烁体		150 ps	10 ns
乳　胶	1 μm		
硅微条	3～7 μm[d]	e	e
硅像素面	2 μm[f]	e	e

a—300 μ,丝距为 1 mm
b—延迟线阴极读出可达 150 μm
c—双室情况
d—与硅微条的条距有关,7 μm 是对小条距(≤25 μm)探测器
e—目前主要受读出电子学限制(≤15 ns)
f—像素距为 34 μm 的像素探测器的模拟量读出

2.3 粒子谱仪系统

2.3.1 量能器

随着碰撞能量的提高,研究和分析末态粒子的能量和动量的粒子谱仪越来越离不开量能器.粒子物理实验中的量能器所依据的物理基础是电子和光子的电磁簇射以及强子簇射(参见 2.1 节).量能器的结构形式多种多样,但其基本组成有两部分:(1) 簇射介质,有效地引发高能粒子形成簇射;(2) 探测元件,有效地把簇射次级粒子的能量沉积线性地转换成可探测的信号.对于电子、光子电磁量能器,通常选用辐射长度短,临界能量低的材料(如铅,钨等)做为簇射介质.对于强子量能

器，通常选用核吸收长度短的材料做为簇射介质.铁，铜和铅都具有相近的核吸收长度.但从经济上和方便上看，以及从物理上(铁有较长的辐射长度)，铁常被首选为强子量能器的簇射介质.常用的探测元件有：① 各种丝室和液氩电离室.取样放大和收集簇射次级粒子在室中形成的电子-离子对.② 闪烁探测元件，包括各种新发展的重闪烁体.入射的高能电子或光子，在晶体中引起簇射，产生的次级带电粒子在晶体中产生能量沉积，并产生相应的闪烁荧光，由光电转换元件(光电倍增管，硅光二极管或者雪崩光二极管等)转换成电信号.与闪烁晶体类似的还有一类兼有簇射介质和探测元件功能的切伦科夫辐射体——铅玻璃和氟化铅晶体.电磁簇射在辐射体中有效地展开，次级电子形成切伦科夫辐射光的强度正比于次级电子在簇射介质中的总的径迹长度.光电转换器件把切伦科夫光有效转换成电荷量.第二类探测元件兼有簇射介质的功能.入射高能电子和光子的能量全都转换为簇射次级粒子的能量，次级粒子的能量完全被探测元件包括，且连续地转换成可测量的量，第二类探测元件构成全吸收型的电磁量能器.第一类探测元件的物质厚度(以 X_0 为单位)很薄，不足于引起高能粒子的有效簇射，因此采用探测元件和簇射介质交替组合，构成一种取样型的电磁量能器.簇射主要在簇射介质中展开，探测元件对簇射发展的轮廓进行取样，通过实验的刻度以及借助于软件在计算机上对高能电子或光子在所设计的取样量能器中的物理过程进行模拟.根据刻度参数，人们可以从取样的探测元件输出信息推得入射粒子的能量和它们的入注位置和方向.

1. 电磁量能器

根据前面讨论的电子、光子引起的簇射的发展，实验和理论模拟表明，为了包括簇射次级粒子的 95%，电磁量能器的纵向深度和横向尺度分别为(以 X_0 为单位)

$$L \sim 3\ln\left(\frac{E}{E_c}\right) \tag{2.26}$$

和

$$R_0 \geqslant 2r_M \sim \frac{40}{E_c} \tag{2.27}$$

E_c(MeV)，X_0 分别为簇射介质的临界能量和辐射长度.在 LEP 运行的一台全吸收型的晶体电磁量能器，采用 10 753 根 BGO 晶体.每根晶体在粒子束入射方向的尺度为 24 cm($21.4X_0$)，晶体的横向尺寸为 2×2 cm^2(前端)和 2.6×2.6 cm^2(终端).终端有两只硅光二极管耦合.每根晶体轴线指向正负电子对撞中心.7 680 根晶体组装成环绕对撞轴的圆桶，构成桶部电磁量能器.桶的两个端盖各由 1 536 根晶体构成.晶体的总重达 10 t 以上.

实验对量能器要求有好的能量分辨和适中的空间分辨.对取样型的量能器(包括强子量能器在内),其能量分辨主要由取样的统计涨落决定.因而能量分辨率服从的规律为

$$\frac{\sigma}{E}=\frac{a}{\sqrt{E}} \tag{2.28}$$

σ 是量能器对能量为 E 的入射粒子响应的能量分散(均方偏差),a 是与量能器结构有关的常数(见表 2.4).对全吸收型量能器,不存在采样的统计涨落,但由于噪声、模拟量测量中台基的涨落、非均匀性、标定的误差以及簇射的泄漏等造成能量分辨率与能量依赖关系可能不再服从 $E^{-1/2}$ 关系,有时还引入一个常数项.表 2.4 列出一些典型的电磁量能器的能量百分分辨率.

表 2.4 典型的电磁量能器的分辨率(E 以 MeV 为单位)

量 能 器	分 辨 率
NaI(Tl)晶体球 $20X_0$	$2.7\%E^{-1/4}$
铅玻璃(OPAL)	$5\%E^{-1/2}$
铅一液氩(NA3180 单元:$27X_0$:1.5 mmPb + 0.6 mmAl + 0.8 mmG10 + 4 mm Ar)	$7.5\%E^{-1/2}$
铅-塑闪体夹层(ARGUS,LAPP - LAL)	$9\%E^{-1/2}$
铅-塑闪 spaghetti(CERN 试验模型)	$13\%E^{-1/2}$
多丝正比室(MAC32 单元,$13X_0$:2.5 mm typemetal + 1.6 mmAl)	$23\%E^{-1/2}$

2. 强子量能器

在讨论次级宇宙线一节,我们讨论到大气簇射的图像(参见图 1.14),原初宇宙线(强子为主要成分)在大气中引起的簇射就是强子簇射的例子.强子簇射是强子在簇射介质中的核作用为主导的过程,其几何线度以核作用长度(核吸收长度)λ_I 为标度.强子簇射的次级粒子中的中性 π^0($\tau=0.8\times10^{-16}$ s)转瞬衰变成两个光子,其簇射构成强子簇射中的电磁簇射成分,因此强子簇射能量沉积的纵向发展,在第一个作用顶点后的不深的介质处形成了尖锐的由 π^0 构成的电磁簇射峰.然后逐渐发展到整个簇射的最大值,其深度在

$$t_{\max}=0.2\ln E+0.7 \tag{2.29}$$

$t_{\max}$以 λ_0为单位,E 以 GeV 为单位.强子簇射在经过极大值的能量沉积后,次级粒子数转向衰减,次级粒子数分布呈现一个尾巴.为了包含簇射的 95%以上的能量

沉积,簇射介质的纵向深度 L 和横向宽度 R 分别为

$$L \sim 1.5\ln E + 1.2 \qquad R \sim 1 \tag{2.30}$$

L 和 R 以 λ_0 为单位,E 以 GeV 为单位.由于强子簇射的发展的轮廓明显区别于电子光子簇射,借助于簇射轮廓的分析,可以在量能器中辨认这两类粒子.

2.3.2　粒子物理实验中的磁谱仪

高能粒子碰撞可以产生新的粒子态,可以展现粒子之间相互作用的各种图像.新的粒子态的信息,相互作用的各种信息都由碰撞后产生的各种末态粒子携带.这些末态粒子包括光子、电子、μ 子和各种介子及重子(例如,中子、质子等).为记录和分析这些粒子的全面信息(电荷、质量、动量以及它们的相互关联),用单个探测器是远远不够的,必须用不同类型的许许多多探测器的组合来进行测量.通常把测量高能粒子事例的各种探测器和电子学以及磁体组成的系统称为谱仪.粒子物理实验对谱仪的要求是:谱仪可以测量和分辨多粒子事例,能在很宽的动量区间分析粒子动量、甄别粒子和排除背景.谱仪覆盖的立体角大,这样可以测量产生截面很小(稀有)的事件.下面举三个谱仪来说明:

1. 用于发现反质子的单臂谱仪[13]

反质子的实验寻找是依据下列反应来进行的

$$\begin{aligned} \mathrm{p} + \mathrm{p} &\rightarrow \mathrm{p} + \mathrm{p} + \mathrm{p} + \overline{\mathrm{p}} \\ &\rightarrow \mathrm{p} + \mathrm{p} + n\pi \end{aligned}$$

p 表示质子,p 符号顶部加一短横表示反质子,质子和反质子具有相同的质量相反的电荷.第二个反应产生若干(n)个 π 介子,根据运动学关系,如果靶质子为自由的静止的质子(如氢靶近似如此).要实现第一个反应要求入射质子的阈动量为:$P_{\mathrm{th}} = 6.50$ GeV,要实现第二个反应($n = 2$,$\pi^{\pm}$ 产生),$P_{\mathrm{th}} = 1.22$ GeV. 1955 年 Berkeley 实验室在同步稳相加速器加速的质子最高动量只有6.3 GeV/c.用它来轰击自由质子足以产生介子,但不能产生反质子.如果用束缚在原子核中的质子做靶,由于核中的质子具有费米动量,例如,^{63}Cu 中的质子,其费米动量 $P_{\mathrm{f}} \sim$ 250 MeV/c.这时,实现第一个反应需要的阈动量(入射质子和核中具有费米动量的质子对头相碰撞时),比自由质子靶情况下的阈动量 P_{th}^0 要小一点

$$P_{\mathrm{th}} = P_{\mathrm{th}}^0 \left(1 - \frac{P_{\mathrm{f}}}{M_{\mathrm{p}}}\right) \tag{2.31}$$

用上述 P_{f} 的数字代入求得用质子束轰击铜靶产生反质子的阈动量 $P_{\mathrm{th}} =$ 4.7 GeV/c,因此在该加速器上是可以实现产生反质子的反应的.

● 实验装置和计数器系统

实验安排如图 2.19 所示.加速器的质子束打靶产生的次级束包含质子、反质子和各种介子.装置将次级束中的负粒子束引出，由磁铁 $M1$ 选择动量为 1.2 GeV/c 的负粒子，经过四极磁铁 $Q1$ 的聚焦后，准直的负粒子(π^-，K^-，$\bar{p}$ 等)通过塑料闪烁计数器 $S1$，由 $Q2$ 进一步聚焦，并由 $M2$ 进一步偏转再选一次动量，负粒子进入 $S2$，$C1$，$C2$，$S3$ 和 $C3$ 探测器组合系统.

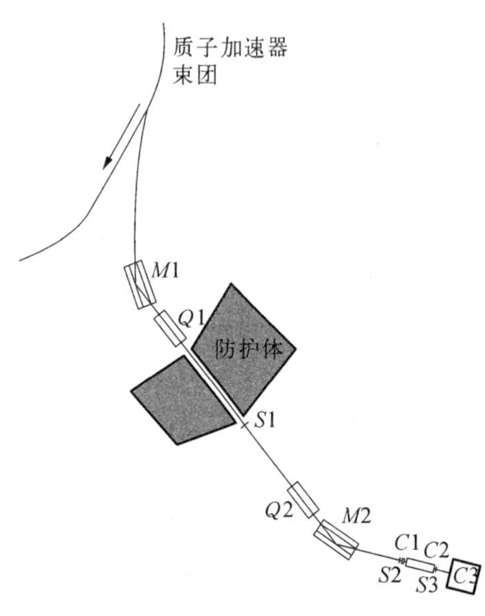

图 2.19　用来发现反质子的实验装置

Q 为四极磁铁；M 为偏转和分析磁铁；S 为闪烁计数器望镜系统；$C1$，$C2$ 为切伦科夫计数器；$C3$ 为全吸收型切伦科夫计数器.

下面分析一下该系统是如何来区分反质子和其他介子(主要为 π^- 介子)的.粒子的速度：$\beta_\pi = 0.99$，$\beta_{\bar{p}} = 0.76$.选择 $C1$ 计数器为阈式切伦科夫计数器，阈值 $\beta_{th} = 0.79$，它只对 π^- 介子灵敏；选择 $C2$ 为微分式切伦科夫计数器，其选择的速度范围 $0.75 < \beta < 0.78$，即 $C2$ 只对反质子灵敏；$C3$ 为全吸收型计数器，反质子在其中湮灭产生很多次级带电介子.因此，反质子在 $C3$ 中给出幅度高的电信号，而 π^- 给出很小信号，根据输出信号大小可以区分它们.同样动量的 π^- 和反质子，速度不同.因此它们从 $S1$ 到 $S2$ 的飞行时间是不一样的，$S1S2$ 之间的距离为 40 英尺，它们的飞行时间

$$\Delta t = \frac{40 \times 30.5}{\beta c} = \begin{cases} 51\ \text{ns} & \text{如果是}\ \bar{p} \\ 40\ \text{ns} & \text{如果是}\ \pi^- \end{cases}$$

根据飞行时间也可以来辨认反质子和 π^-.

● 电子学逻辑设计

先介绍几种逻辑电路的功能.在逻辑电路中，“是”与“否”两种状态是用电平来表示的.“是”用“1”来表示，它对应于某一电平(如 NIM 的“1”电平为 −800 mV).“否”为“0”，它对应另一电平(如 NIM 的“0”电平为 0 mV).实现某一逻辑功能是通过一些逻辑门来进行的，在这实验中主要用两种逻辑门，它们是与门和与非门.图 2.20 给出它们的逻辑功能和逻辑运算示例.采用上述的逻辑门构成的用于寻找反质子实验的逻辑电路如图 2.21 所示.定标器 1 记录的都

是 π^- 介子有关的候选事例数，而定标器2记录的是与反质子有关的候选事例数.再根据ADC(模拟数字转换或幅度数字转换)读数以及TDC(时间-数字转换器)的读数就可以完全确定所选择的负粒子是 π^- 或是反质子.实验结果如图2.22所示.根据所得的负粒子的质量谱(由飞行时间的数据和动量数据得到)和质子的质量谱的一致性表明，测到的负粒子确实为反质子，其产额随入射质子动能的增加而增加，但是产额是相当低的，在 10^5 的 π^- 介子中才能找出1个反质子(当入射质子的动能低于5 GeV时).随着入射质子动能的增加，产额很快上升.

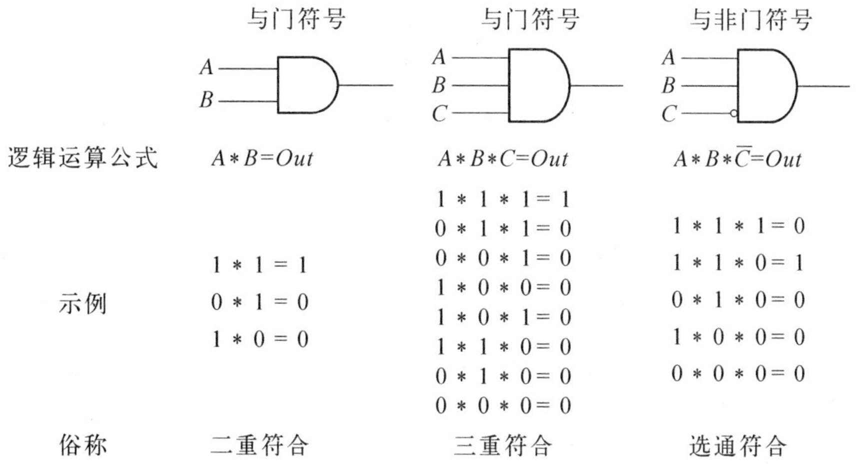

图2.20　与门和与非门的逻辑功能和逻辑运算示意图

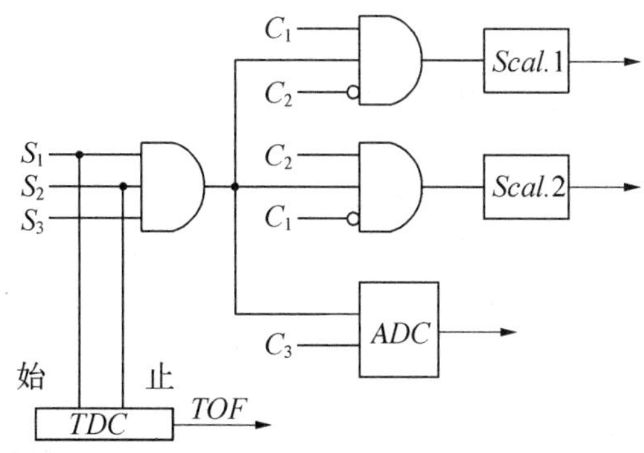

图2.21　用于寻找反质子的逻辑电路框图

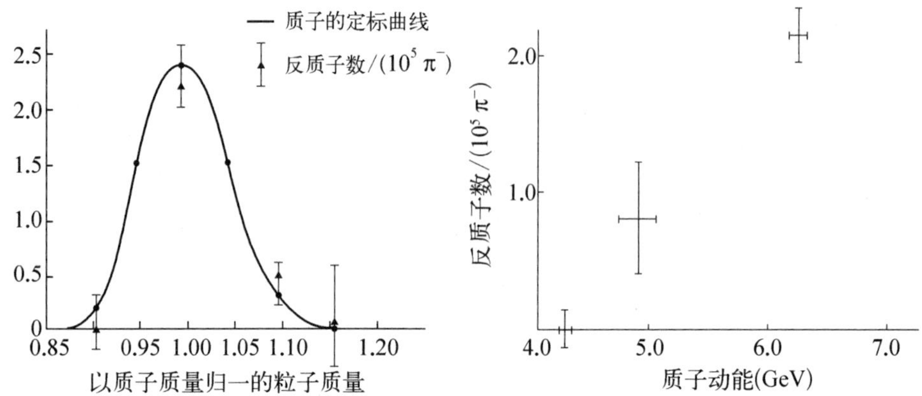

图 2.22　分析得到的反质子事例的质量谱(左),及在不同入射质子动能下,反质子相对于 10^5 的 π^- 介子的产生率(右)

2. 发现 J 粒子的双臂谱仪[14]

为了寻找类似于 ρ, ω, ϕ 的重光子,一台双臂谱仪用于分析下列反应中末态的正负电子对: $p + Be \to J + X$, $J \to e^+ + e^-$,X 代表除 J 以外的所有其他粒子. 入射能量为 28.5 GeV 的质子,打击铍靶,实验专门挑选末态的正负电子对. 如谱仪的顶视图所示(图 2.23),从靶上以角度 ±14.6°附近飞出的正负电子分别进入谱仪的两臂. 谱仪每个臂由偶极磁铁 M_0, M_1, M_2 组成. 它们分别具有 4 kG · m,11 kG · m 及 6 kG · m 的磁偏转能力. 这些磁体使电子(或正电子)发生垂直偏转. 一个能量为 6 GeV 的电子会向上偏转 8.5°. J -谱仪对正负电子对的选择和辨认设定如下:

① 左右臂磁场设置分别选择相反电荷态的粒子,动量选择为(6 ± 1 GeV/c).

② 塑料闪烁计数器描迹仪 E, F 和 G, H 都出现信号表明两臂分别有带电荷相反的粒子通过.

③ 两臂中的阈式切伦科夫计数器,C_0($P_{\pi t}$ = 8.37 GeV/c)和 C_e($P_{\pi t}$ = 9.35 GeV/c)有信号表明带电粒子为电子.

④ 除用符合判定通过的带电粒子为电子(或正电子)外,后面铅玻璃电磁量能器,具有大的信号,再次肯定了穿过量能器的不是 $\pi^\pm$.

由③,④综合判选,使谱仪对 $\pi^\pm$ 的排斥度高达 10^8,即谱仪可以在极高的 $\pi^\pm$ 背景中,挑选出稀有的 $e^\pm$ 信号. 偏转磁体 M_0, M_1, M_2 和多丝室 A_0, A, B, C 构成了对正负电子的动量测量. 谱仪以一定的精度测量动量 $\boldsymbol{P}_{e^-}$, $\boldsymbol{P}_{e^+}$ (P_{e^-} , θ_- ; P_{e^+} , θ_+),以及能量 E_{e^-} , E_{e^+} (量能器 I, J, K). 如果所记录的 $e^- e^+$ 是由一具有质量为 M 的未

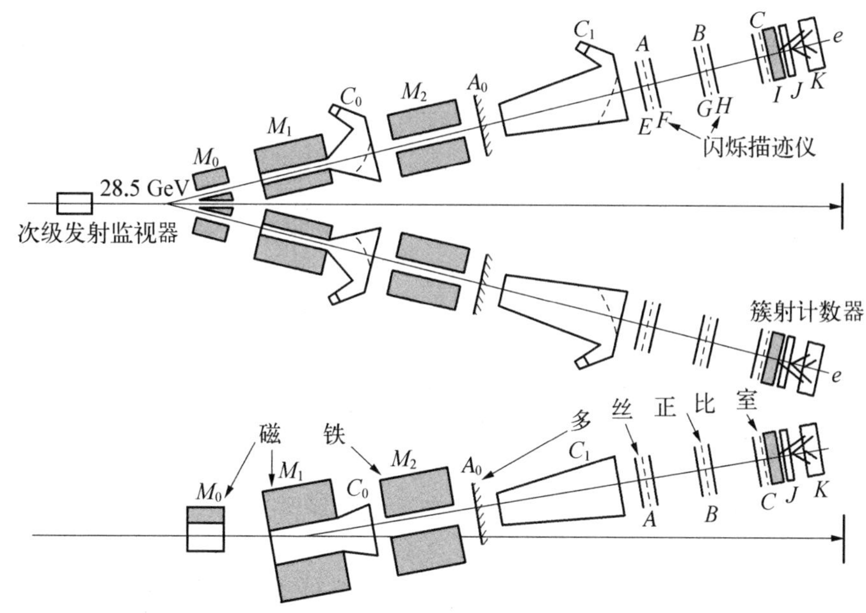

图 2.23 J粒子谱仪的结构顶示(a)和侧示(b)

M_0, M_1, M_2 是磁铁;C_0, C_1 是切伦科夫计数器;A_0, A, B, C 是多丝正比室;E, F, G, H 是闪烁描迹仪;I, J, K 是铅玻璃计数器及簇射计数器.

知粒子产生的.根据能动量守恒,未知粒子动量和总能量 P 和 E 可以求得

$$\left.\begin{aligned} P &= P_{e^-} + P_{e^+} \\ E &= E_{e^-} + E_{e^+} \\ M^2 &= E^2 - P^2 = (E_{e^-} + E_{e^+})^2 - (P_{e^-} + P_{e^+})^2 \\ &= 2m_e^2 + 2(E_{e^-}E_{e^+} - P_{e^-}P_{e^+}\cos(\theta_- + \theta_+)) \end{aligned}\right\}$$

J 粒子谱仪的质量接收度~2 GeV/c^2,质量分辨好于 5 MeV/c^2.图 2.24 谱仪给出的 J 粒子的不变质量谱.

3. 正负电子对撞机谱仪

北京谱仪(Beijing Spectrometer)[16]是一台通用的正负电子对撞磁谱仪,用于分辨和研究质心系总能量在 3.0~5.6 GeV 能区的正负电子对撞产生的末态粒子,在这个能区的正负电子对撞是产生大量 J/ψ 粒子家族以及 τ 轻子对的过程.这些粒子都以很短的寿命在产生点附近(小于~0.1 mm)衰变成一些普通的稳定(寿命长于 10^{-10} s)的粒子:γ, $e^{\pm}$, $\mu^{\pm}$, $\pi^{\pm}$, $K^{\pm}$ 以及质子等.因为是对撞过程(与固定靶实验不同)谱仪围绕着对撞点覆盖尽可能大的立体角,以便尽最大

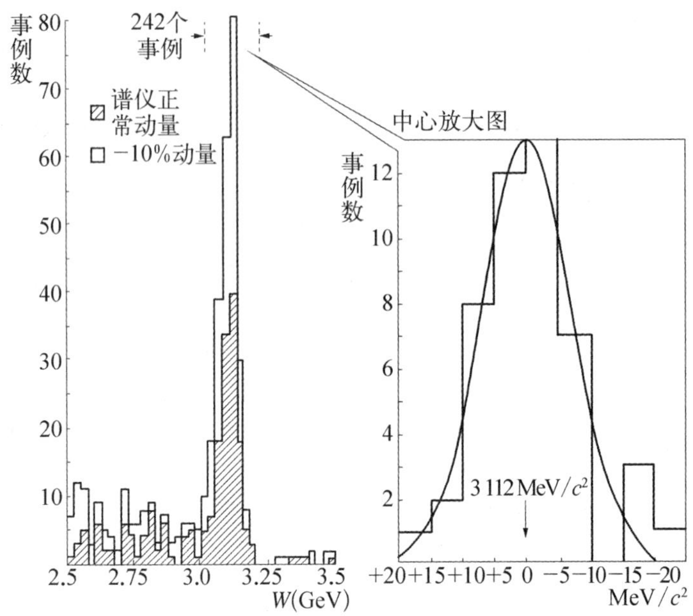

图 2.24 J 粒子的不变质量谱[15]

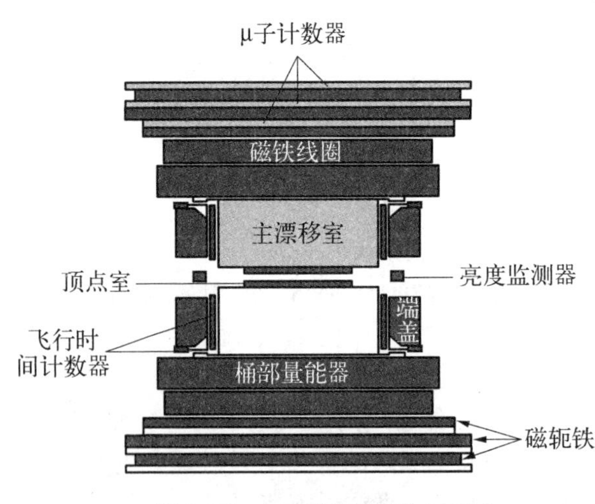

图 2.25 北京谱仪的结构示意图

限度包容末态的各种粒子. 末态粒子携带着 J/ψ 家族以及 τ 轻子衰变的各种信息. 谱仪的功能是:

① 正确地辨认末态粒子的类型;

② 分析和记录粒子的动量值和飞出的方位(θ, ϕ).

图 2.25 为北京谱仪 I 的结构示意图. 从中心向外,包围中心的探测器有:顶点室(CDC)、主漂移室(MDC)、飞行时间计数器(TOF)、桶部量能器(BSC)、端盖量能器(ESC)、μ 子计数器;前后向亮度监测器七大部分. 它们的性能列于表 2.5.

表 2.5 BES 主要子探测器的性能简介[16]

子探测器	测量层	覆盖立体角(4π)	主 要 性 能
CDC	4	96%	$\sigma_{r\phi}=220\ \mu$m(单丝)
MDC	10(×4)	90%(第四层)	$\sigma_\phi=3.1$ mrd $\sigma_\theta=6.2$ mrd $\sigma_P/P=0.017(1+P^2)^{1/2}$ $\sigma_{(dE/dx)}/(dE/dx)=9\%$
BTOF	1	76%	$\sigma_t=330$ ps
ETOF	1	20%	$\sigma_t=330$ ps
BSC	6	80%	$\sigma_E/E=0.22/(E\ \text{GeV})^{1/2}$
ESC	6	13%	$\sigma_E/E=0.22/(E\ \text{GeV})^{1/2}$
MUC	6	65%	$\sigma_{r\phi}=3$ cm $\sigma_z=4.5$ cm

● 顶点室(CDC)

圆柱形的顶点室,紧包围在内径 148 mm,壁厚为 2 mm 的铝的束流管道上.顶点室的内外壁均用碳纤维构成,全室共四层同轴的信号丝面,丝均平行于束流轴线,每层有信号丝 48 根,用电荷分配法读出 Z 击中位置,$r-\phi$ 坐标由丝所在的层面和漂移时间给出.采用气体为 $Ar/CO_2/CH_4$,单丝的位置分辨(漂移时间)为 $\sigma_{r\phi}=200\ \mu$m,沿轴向位置分辨 σ_z~(8~9)cm.顶点室主要用来确定每次事件的相互作用顶点.

● 主漂移室(MDC)

MDC 是位于 BES 中心的一个大型精密漂移室,与 CDC 同轴的包围在其外的一个多层、多单元的圆柱形漂移室.内径和外径分别为 310 mm 和 2 300 mm 轴向丝长度为 2 120 mm,沿圆柱的径向分成 10 环,由若干楔形单元组合成一个圆环,每一个楔形单元有四根引出信号的灵敏丝.10 环总共有 40 层灵敏丝.其中,环号(由中心向外)为 2,4,6,8,10 的灵敏丝与束流轴线平行,环号为 1,3,5,7,9 的灵敏丝有一个 $\Delta\psi$ 约 2.3°~5.0°的倾斜,由奇偶环中不同单元的读出,可以提供粒子的轴向(Z)的位置信息.每个单元的四根灵敏丝交替偏置于单元的中心平面左右3.5 mm,以实现粒子在单元中心的左右分辨,MDC 径向 40 根灵敏丝,可以对穿过的带电粒子的径迹进行多次取样,给出 dE/dx 的多次独立测量,漂移时间给出粒子径迹的空间坐标,从而得出粒子在磁场中的曲率半径.MDC 的工作气体与 CDC 一样,其气体放大倍数约为 10^4,次级电子的漂移速度为 50 mm · μs^{-1},它的总体性能见表 2.5.

● 飞行时间计数器(TOF)

TOF 包括桶部的 TOF(BTOF)和端盖的(ETOF)两部分. BTOF 包括 48 个塑料闪烁计数器,由长 2 840 mm、宽 156 mm、厚 50 mm 的塑料闪烁体(NE110)覆盖在 MDC 的外圈. 每个闪烁体两端经 640 mm 长的鱼尾形光导加上长 490 mm、直径 40 mm 的圆柱形光导与 XP2020 光电倍增管耦合. ETOF 是由 24 块高200 mm、上底 90 mm、下底 274.5 mm、厚为 25 mm 的梯形闪烁体(NE102)合拼成一个内径为 690 mm、外径为 2 200 mm 的环形端盖. 每块由单个光电倍增管耦合读出. TOF 用来测量粒子的飞行时间(从对撞点,到达闪烁体单元),配合 MDC 的动量分析来分辨不同的粒子.

● 桶部量能器(BSC)和端盖量能器(ESC)

BSC 是在 BTOF 之外,螺线管磁场线圈之间的桶部量能器,而 ESC 是在 ETOF 和端部轭铁之间的端盖量能器,BSC 和 ESC 以 24 层铅板作为簇射介质,每两层铅板之间夹入一层由自猝灭流光(SQS)计数管构成的探测元件. 桶部径向厚为 12 辐射长度,端盖量能器的轴向厚为 12.5 辐射长度.

● 磁铁(Magnet Yoke)

北京谱仪采用常规磁铁,由轭铁和励磁螺线管线圈构成. 使得在包括束流管道、CDC、MDC、TOF 和 BSC 的空间中形成一轴向磁场. 在谱仪中心轴处的场强为 0.4 T.

● μ 子计数器(Muon Counter)

μ 子计数器安装在整个谱仪的最外层. 它由三层吸收体和三层正比计数管相间组成. 三层吸收体利用磁铁的八边形轭铁构成,其厚度分别为 12 cm,14 cm 和 14 cm. 正比计数管布置在各层轭铁之外. 除 μ 子以外的其他带电粒子,如电子、π 和其他带电强子,均先后被量能器和轭铁阻挡. 只有 μ 子,因其穿透力强,可以到达 μ 子计数器,引起轭铁后面的正比计数器“点火击中”. μ 子计数器的“点火击中”成为实验中鉴别 μ 子的重要判据. 实验谱仪采用宇宙线的 μ 来刻度谱仪的性能时,也借助于 μ 子计数器的“点火击中”的关联来判定宇宙线是否穿越谱仪.

● 亮度监测器(LUM)

在对撞点两侧,紧贴束流管道处,对称安装四组探测器,每组由一个定义计数器 P,一个辅助探测器 C 和一个量能器 S 组成. P 决定了该组探测器对对撞点所张的立体角,以及对 $e^+ + e^- \to e^+ + e^-$ 过程的物理接收度 $\Delta\sigma$. 它们是由灵敏边界明确的塑料闪烁计数器组成. C 探测器是塑料闪烁计数器跟随 P 之后,对对撞中心所张的立体角略大于 P. 在 C 计数器后是由铅板(5.6 mm)和塑料闪烁体相间构成的取样电磁量能器 S.量能器 S 对对撞中心所张的立体角略大于 C 所张的立体角.P_i，C_i，S_i（$i=1$，2，3，4）构成对对撞中心对称的四个臂.用来选择 $e^+e^- \to e^+e^-$ 末态的两个由对撞中心背靠背发射的正负电子.图2.26是BES上记录的 $e^-e^+ \to J/\psi$，$J/\psi \to$ 强子示例.末态带电强子在主漂移室中形成的径迹清晰展示.

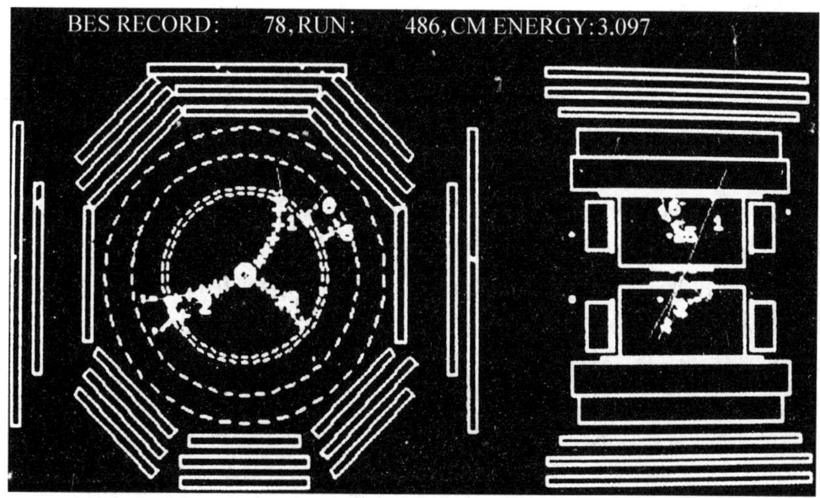

图2.26　BES上记录的 $J/\psi \to$ 强子

参考文献：

[1] Particle Data Group. Passages of Particles Through Matter[J]. J. Phys., 2006, G33: 258-270.

[2] International Commission on Radiation Units. Stopping Powers and Ranges for Protons and Alpha Particles, ICRU report, no. 49[R]. Maryland: ICRU, 1993.

[3] Scott W T. The Theory of Small-Angle Multiple Scattering of Fast Charged Particles[J]. Rev. Mod. Phys., 1963, 35: 231.

[4] Rossi B. High energy particles[M]. Englewood Cliffs, NJ: Prentice-Hall Inc., 1952.

[5] Tsai Y S. Pair production and Bremsstrahlung of charged leptons[J]. Rev. Mod. Phys., 1974, 46: 815.

[6] Nelson W R, Hirayama H, Rogers, D W O. The EGS4 Code System, SLAC-265[R]. California: Stanford Linear Accelerator Center, 1985.

[7] Nelson W R, Jenkins T M, McCall R C, et al. Electron-Induced Cascade Showers in Copper and Lead at 1 GeV[J]. Phys. Rev., 1966, 149: 201.

[8] Bathow G, Freytag E, Köbberling M, et al. Measurements of the longitudinal and lateral development of electromagnetic cascades in lead, copper and aluminum at 6 GeV[J]. Nucl. Phys., 1966, B20: 592.

[9] Hayes E R. ; Schluter, R. A. ; Tamosaitis, A. Index and Dispersion of some Cerenkov counter gases, ANL-6916 [R]. Illinois: Argonne National Laboratory, 1964.

[10] T. Ypsilantis. Particle Identification at Hadron Colliders, CERN-EP/89-150[R]. Geneva: CERN, 1989.

[11] 唐孝威. 粒子物理实验方法[M]. 北京：高等教育出版社，1982.

[12] Marx J N, Nygren D R. The time projection chamber[J]. Phys. Today, 1978, 31, 46.

[13] Chamberlain O, Segrè E, Wiegand C, et al. Observation of Antiprotons[J]. Phys. Rev., 1955, 100: 947.

[14] Ting S C C. The discovery of the J particle[R/OL]. http://nobelprize.org/nobel_prizes/physics/laureates/1976/ting-lecture.pdf.

[15] Aubert J J, Becker U, Biggs P J, et al. Experimental Observation of a Heavy Particle J [J]. Phys. Rev. Lett., 1974, 33: 1404.

[16] 郑志鹏，朱永生. 北京谱仪正负电子物理[M]. 南宁：广西科学技术出版社，1998.

习　题

2-1　计算动量为 50 MeV 的 μ^- 子和 π^- 介子穿过 2 mm 厚的塑料闪烁计数器系统，它们分别在闪烁体中沉积的能量各为多少？如果计数器系统的能量分辨率为 20%，问该系统能否区分这两种粒子？影响能量分辨的主要因素是什么？塑料闪烁体的密度 $\rho = 1.032\ \mathrm{g\cdot cm^{-3}}$，其结构式为（$C_6H_5CH=CH_2$）.

2-2　同样动能的非相对论性的 α 粒子和质子通过 1 cm 厚的充 Ar 的小室.哪一种粒子沉积的能量大？大多少倍？

2-3　能量为 661 keV 的 γ 光子，沿着 z 方向入射和自由电子发生 Compton 散射，求：

(1) 与入射光子成 $\theta=60°$ 的散射光子的能量以及相应的反冲电子的能量；

(2) 求与 $\theta=60°$ 的散射光子对应的反冲电子的出射角；

(3) 证明在 $\theta=90°$ 和 180° 散射光子的波长分别改变为 λ_e 和 $2\lambda_e$（电子康普顿波长）.

2-4　动量为 2 GeV 的 π，μ，e，γ 垂直注入大洋，比较它们在穿过水介质时能量损失的不同特点，估算它们各自效应（产生电离或次级粒子）所及的深度. π 的寿命 $\tau_\pi = 2.6\times10^{-8}$ s，μ^- 子寿命 $\tau_\mu = 2.2\times10^{-6}$ s，水：$X_0 = 36.08\ \mathrm{g\cdot cm^{-2}}$，$\lambda_0 = 83.6\ \mathrm{g\cdot cm^{-2}}$（核作用长度）.

2-5 一个^{55}Fe的放射源，提供5.9 keV的X射线.进入工作气体为氩(Ar)和二氧化碳的混合物(比例80∶20)的多丝正比室，变成一定幅度的电荷脉冲输出，正确叙述从射线进入到电荷输出经过的各个物理过程.

2-6 一个NaI(Tl)闪烁谱仪，将一个0.661 MeV的γ射线变成一个可以探测的电荷量.正确叙述从γ射线到电荷量输出经过的各个物理过程.

2-7 设计一套计数器电子学系统(包括探测器选择和电子逻辑单元)，用来观测宇宙线的东西效应(由于地磁效应，进入地球大气层的宇宙线表现东西入射的宇宙线强度不同).

2-8 一条加速器的次级粒子束线，经动量选择后引出动量为2 GeV/c的π^-，K^-，$\bar{p}$束.设计一套计数器系统用来标记束中的π^-，K^-，$\bar{p}$(选择探测器并给出设计参数，给出电子学的逻辑框图).

下面给出几种介质的特性(折射率)：

水	有机玻璃	N_2(气)	He(气)	丙烷
		(n_0-1)	(n_0-1)	(n_0-1)
1.33	1.49	300×10^{-6}	35×10^{-6}	$1\,005\times10^{-6}$

气体的折射系数随气体压力学改变，满足如下关系：

$$\frac{(n-1)}{P}=\frac{(n_0-1)}{P_0}$$

表中给出$P_0=1$ atm的值.

第3章　核及粒子的基本特性

到目前为止，在亚原子这个大家庭里，有两千多种核素和数百种粒子. 对于如此众多的成员，如何辨认它们呢? 量子力学认为，辨认一个微观系统就是要确定描述该系统的所有的量子数、它们的质量、自旋和电磁多极矩；确定粒子和核素的各种相互作用类型，它们的稳定性，即平均寿命(衰变常数)等.

3.1　核及粒子的质量

质量是引力相互作用的荷. 由于在亚原子世界中，引力是可以略去不计的，质量的更重要的含意是它表示粒子或核素的潜在能量. 一个具有质量为 M(这里均指静止质量)的粒子或者核素，表明它具有能量 $E_0 = Mc^2$ 或者 $E_0 = M$. 在自然单位制中，粒子的静止质量(MeV)就是它的静止能量. 运动的自由粒子，具有总能量 E 动量 $\boldsymbol{P}$，存在一个 Lorentz 不变量 M

$$E^2 - P^2 = M^2 \tag{3.1}$$

M 是自由粒子的静止质量.

3.1.1　稳定粒子(核素)和不稳定粒子(核素)的质量

量子力学告诉人们，一个微观系统(粒子或核素)的哈密顿量 $\hat{H}$，其状态的波函 Ψ，薛定谔方程描述系统状态随时间的演化: $\mathrm{i}\hbar\dfrac{\partial\Psi}{\partial t} = \hat{H}\Psi$. 设 $\hat{H}$ 与时间无关，且系统对应的 $\hat{H}$ 量的一组完备正交的本征态 Ψ_n ($n = 0, 1, 2, \cdots$)，其本征值为 E_n ($n = 0, 1, 2, \cdots$). 即系统可以处于不同的能量状态 E_n，能量最低的态，称为系

统的基态.称基态能量 E_0 为对应的基态的质量.本征态 Ψ_n 可写为

$$\Psi(x,\ t) = \Psi_n(x,\ 0)\mathrm{e}^{-\frac{\mathrm{i}E_n t}{\hbar}} \tag{3.2}$$

在时刻 t,空间位置 x 发现状态 $\Psi_n(x,\ t)$的几率为

$$\Psi^*(x,\ t)\Psi(x,\ t) = \Psi_n^*(x,\ 0)\mathrm{e}^{\frac{\mathrm{i}E_n t}{\hbar}}\Psi(x,\ 0)\mathrm{e}^{-\frac{\mathrm{i}E_n t}{\hbar}} = \Psi^*(x,\ 0)\Psi(x,\ 0)$$

与在时刻 $t=0$ 在空间点 x 发现该状态的几率一样.由这种态构成的一群全同的粒子或核素,假定在 $t=0$ 时刻有 N_0 个粒子,即在 t 时刻,其总的粒子数仍然不变,即:$N(t)=N_0$.为描述不稳定粒子或核素的衰变规律

$$N(t) = N_0\mathrm{e}^{-\lambda t} \tag{3.3}$$

将定态的波函数(3.2)中的 $E_0(n=0)$写成 $E\to E_0-\frac{\mathrm{i}\Gamma}{2}$.具有虚部 $-\frac{\Gamma}{2}$的复数,Γ 具有与E_0 相同的量纲.这时,系统态的波函数变成

$$\Psi(x,\ t) = \Psi(x,\ 0)\mathrm{e}^{-\frac{\Gamma t}{2\hbar}}\mathrm{e}^{-\frac{\mathrm{i}E_0 t}{\hbar}} \tag{3.4}$$

在 t 时刻,在空间 x 处发现该状态存在的几率为:$\Psi^*(x,\ t)\Psi(x,\ t)=\Psi^*(x,\ 0)\Psi(x,\ 0)\mathrm{e}^{-\frac{\Gamma t}{\hbar}}$,因此,若在 $t=0$ 时刻,存在着 N_0 个具有(3.4)式所描述的全同粒子,它们是彼此独立的,那么在 t 时刻,其粒子数 $N(t)$为

$$N(t) = N_0\mathrm{e}^{-\frac{\Gamma t}{\hbar}} \tag{3.5}$$

与(3.3)比较

$$\lambda = \frac{1}{\tau} = \frac{\Gamma}{\hbar} \quad 或 \quad \tau\Gamma = \hbar \tag{3.6}$$

为了展示具有复数能量的态(3.4)的物理意义(下面采用 $\hbar=1$ 的自然单位),将其作 Fourier 的频谱分析

$$g(E) = (2\pi)^{-\frac{1}{2}}\int_0^\infty \mathrm{e}^{\mathrm{i}Et}\Psi(x,\ t)\mathrm{d}t$$

将式(3.4)代入上式得

$$g(E) = \frac{\Psi(x,\ 0)}{(2\pi)^{\frac{1}{2}}}\frac{\mathrm{i}}{(E-E_0)+\frac{\mathrm{i}\Gamma}{2}}$$

$g(E)$代表在态(3.4)式中,具有能量为 E 的几率密度振幅,其几率密度 $P(E)$为

$$P(E) = \mathrm{const}\cdot g^*(E)g(E) = \mathrm{const}\cdot\frac{1}{2\pi}\frac{|\Psi(x,\ 0)|^2}{(E-E_0)^2+\frac{\Gamma^2}{4}}$$

由规一化条件$\int_{-\infty}^{\infty} P(E)\mathrm{d}E = 1$求出 const $= \frac{\Gamma}{|\Psi(x,0)|^2}$，所以

$$P(E) = \frac{\Gamma}{2\pi\left[(E-E_0)^2 + \left(\frac{\Gamma}{2}\right)^2\right]} \tag{3.7}$$

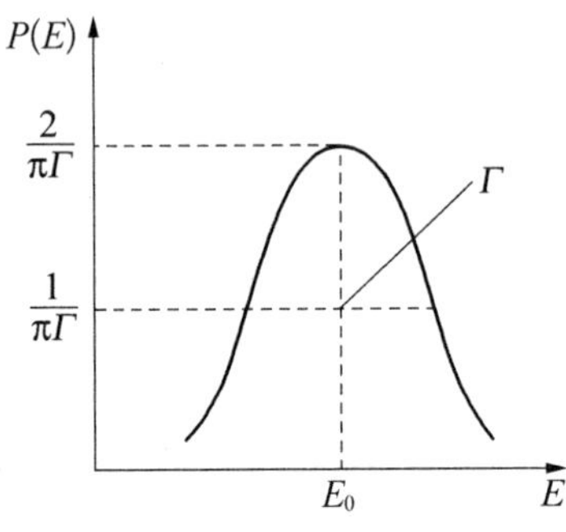

图 3.1　Breit-Wigner 分布

图 3.1 给出式(3.7)的分布

这种分布称为 Breit-Wigner 分布. 其分布的半高全宽为 Γ. 因此，稳定的粒子或者核素，其质量是定值. 而不稳定的粒子(或者核素)，其质量具有 Breit-Wigner 分布，其分布宽度 Γ. 分布的中心极大对应的能量 E_0 为该粒子(或者核素)的质量. Γ 描述其衰变宽度. 由式(3.6)可知，衰变宽度越大，平均寿命越短，例如

	m_0	Γ	τ
ρ	(770.0 ± 0.8) MeV	(150.7 ± 1.1) MeV	4.37×10^{-24} s
η	(547.30 ± 0.12) MeV	(1.18 ± 0.11) keV	5.58×10^{-19} s

3.1.2　核素质量及其测量

1. 质谱法

利用静电偏转分析试样中离子的能量(动能)，再经过垂直于离子运动平面的磁场分析离子的动量. 典型的质谱仪如 Aston 建立的质谱仪，如图 3.2 所示. 几乎所有的稳定核素的质量都是由质谱仪测定的.

设静电分析器(能量选择器)的弯转半径为 R(厘米)，所加的静电场 ε(静电单位电场)，则只有动能满足 $M_i v_i^2 = q_i \varepsilon R$ 的离子可以进入磁分析器(动量分析器)的窄缝. 具有同样动能，不同 M_i/q_i 的粒子(核素)对应着不同的磁刚度(高斯单位制)

$$\frac{M_i}{q_i} = \frac{(B\rho_i)^2}{c^2}(\varepsilon R)^{-1} \tag{3.8}$$

如果磁场 B(高斯)取定值，不同 M/q 的离子将按不同的轨道半径 ρ_i(厘米)投射到胶片上，形成不同的质谱线，这称为质谱计. 如果限定粒子在磁场中的轨道半径，我

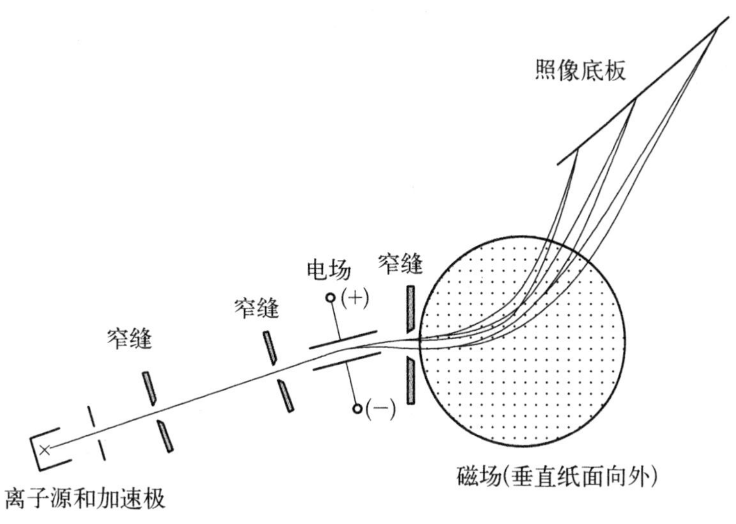

图 3.2　Aston 质谱计

们可以通过改变磁场 B(磁场扫描)在焦平面上的固定的离子收集器上记录与磁场 B_i 对应的$(M/q)_i$ 粒子(核素).后者通常称为质谱仪.

2. *核素的质量 M_a 和质量差额 $\Delta(Z, A)$*

核素的质量,用质谱法测到的质量,实际上是该核素对应的同位素原子的质量.通常选用原子质量单位 amu 来量度核素的质量:amu $= \dfrac{M_a(^{12}\mathrm{C})}{12}$. $M_a(^{12}\mathrm{C})$ 是^{12}C 对应的原子质量,1 amu = 931.494 32 MeV/c^2.

各种核素(Z, A),它们的质量都与 A(amu)相接近,人们常采用质量差额 $\Delta(Z, A)$来描述核素的质量特性

$$\Delta(Z, A) = [M_a(Z, A) - A] \times 931.494\,32\ \mathrm{MeV}/c^2 \tag{3.9}$$

表 3.1　一些核素的 $M_a(Z, A)$和 $\Delta(Z, A)$

核素名称	$M_a(Z, A)$　(amu)	$\Delta(Z, A)$　(MeV/c^2)
$^1_1$H	1.007 825	7.289 22
$^2_1$H	2.014 102	13.136 27
$^3_1$H	3.016 050	14.950 38

(续表)

核素名称	$M_a(Z, A)$ (amu)	$\Delta(Z, A)$ (MeV/c^2)
$^{4}_{2}He$	4.002 603	2.424 94
$^{6}_{3}Li$	6.015 123	14.087 5
$^{7}_{3}Li$	7.016 005	14.908 6
$^{12}_{6}C$	12.000 00	0.000 0
$^{16}_{8}O$	15.994 915	−4.736 68
$^{235}_{92}U$	235.043 994	40.934
$^{238}_{92}U$	238.050 816	47.335

附录 B 列出各种核素的 $\Delta(Z, A)$.

众所周知,在核反应中(中低能核反应)核子数守恒,即反应前后的质量数 A 相等.因此,用 $\Delta(Z, A)$来替代相应的核素的质量是一种方便而且精度很好的办法.

确定核素质量的另一种重要方法是根据反应或者衰变过程中能量动量守恒,通过精确测量投射粒子的动能和反应产物的动能,并根据已知核素的质量数据,来计算出未知核素的质量.例如:$^{4}_{2}He + ^{14}_{7}N \rightarrow ^{17}_{8}O + p$,已知入射 α 粒子的动能,精确测量产生质子的动能和反冲$^{17}_{8}O$ 的动能.利用$^{4}_{2}He$ 和$^{14}_{7}N$ 及质子的质量数据,就可以计算出$^{17}_{8}O$ 的质量.

3.1.3 粒子的质量及其测定

质量的测量是辨认新粒子的一个重要的途径.

1. 稳定粒子质量

精确的粒子质量通常不是由质谱仪来测定的,而是用其他一些精度更高的办法来定的.根据原子质量单位的定义,可以选定$^{12}_{6}C$ 的质谱线作参考线来精确地给出其他核素或者粒子的质量.例如,电子的最精确的质量是比较电子(e/m_e)和$^{12}C^{6+}$ 离子($6e/M_C$)在离子阱中的回旋频率之比来测定的[1].测得

$$m_e = 0.000\,548\,579\,911\,1(12)\ \text{amu}$$

乘以转换系数 931.494 32,从而给出电子的精确质量

$$M_e = (0.510\,999\,07 \pm 0.000\,000\,15)\text{MeV}/c^2$$

通过对奇特(exotic)原子的特征X射线能量的精确测定以及对奇特原子光谱项的各种修正和计算(特别是原子核的有限尺寸对光谱项的修正)从而精确给出π^-，μ^-粒子的质量.奇特原子的轨道半径和光谱项为

$$r(n,\ l) = \frac{\lambda}{Z\alpha}f(n,\ l) \quad E_{nj} = -\frac{\mu c^2}{2}\left(\frac{\alpha Z}{n}\right)^2 f'(n,\ l,\ j) \quad \mu = \frac{m_x M_a}{m_x + M_a} \tag{3.10}$$

$f(n,\ l)$是主量子数n和轨道量子数l的函数,$f'(n,\ l,\ j)$是奇特原子态量子数的复杂函数,由于μ^-和π^-的原子轨道很接近于核的半径,核的有限尺寸使得$f'(n,\ l,\ j)$不能简单用类氢原子(点核)来代入,必须借助于量子力学的计算.不管怎样,光谱项中含有μ^-，π^-粒子的质量(m_x).而且因为特征X射线的发射与特殊能态的跃迁相联系$f'(n,\ l,\ j)$,在两个光谱项相减时有相当一部分相消,使得计算结果较为可靠.1967年,人们用弯晶谱仪测量(π－Ca)的奇特原子的4f～3d跃迁从而计算得到m_{π^-}的质量.1994年Jeckelmann[2]同样用π^-原子X射线方法给出$m_{\pi^-} = (139.569\,95 \pm 0.000\,35)\text{MeV}/c^2$.

还可以在粒子反应过程中来推算未知粒子的质量,例如$\pi^- + p \to \pi^0 + n$的反应,π^-在氢靶中慢化,最后与质子构成奇特的类氢原子,进入类氢原子的轨道,发生上述反应.测量末态中子的能量(动量)和飞行时间,从而求出反冲π^0的动量和总能量(E_π, P_π),由公式,$E_\pi^2 - P_\pi^2 = m_{\pi^0}^2$求得[3]

$$m_{\pi^0} = (134.976\,4 \pm 0.000\,6)\text{MeV}/c^2$$

2. 根据粒子产生阈来确定粒子的质量

以BES上测量τ轻子质量为例[4]：$e^+ + e^- \to \tau^+ + \tau^-$，其产生截面服从下面的公式

$$\sigma(e^+ + e^- \to \tau^+ + \tau^-) = \frac{4\pi\alpha^2}{3W^2}\beta\frac{3-\beta^2}{2} = \frac{4\pi\alpha^2}{3W^5}(W^2 - 4m_\tau^2)^{\frac{1}{2}}(W^2 + 2m_\tau^2) \tag{3.11}$$

β为产生的τ轻子的速度,W为e^+e^-提供的动量中心系中的总能量,对e^+，e^-对撞情况,$E_+ = E_- = E_b$,实验室系就是动量中心系,$W = E_+ + E_- = 2E_b$,m_τ为轻子的质量.τ^+和τ^-具有同样的质量.当$W = 2m_\tau$时,产生阈刚刚开放,$\beta = 0$, $W^2 - 4m_\tau^2 = 0$,即产生截面等于零.随着W的继续增加,产生截面开始上升,实验上寻找的(τ^+，τ^-)产生的事例开始出现,$N_i = \sigma_i L_i$,L_i为对应于W_i时对撞机的亮度.因此,在同样的积分亮度L_i下,上述过程的激发曲线(产生截面随W的变化曲线,或者是$N(\tau^+\tau^-)$随W的变化曲线)如图3.3所示.图中的点

线是由公式(3.11)得到的.在考虑到末态的辐射修正和末态的库仑相互作用修正后的激发曲线的行为如图3.3的划线所示,实线是在上述修正基础上又加入初态辐射修正和束流能散度的修正的激发曲线.可见,在τ轻子对产生阈附近激发曲线的行为对τ轻子的质量m_τ的依赖灵敏.BES的研究人员设计了巧妙的实验方案在阈区的小区间3 552.8～3 568 MeV采用Data-driven方法在10个能量点$W_i(i=1,2,3,\cdots)$对τ轻子对产生进行扫描.采用最大似然拟合法,给出质量的最好的测量值

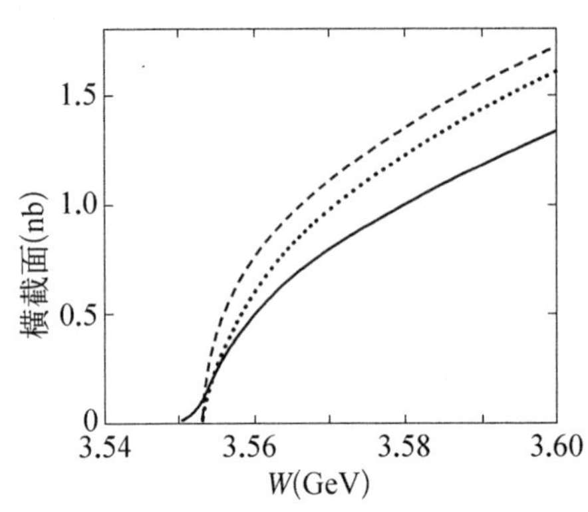

图3.3　τ轻子对产生阈附近的激发曲线

$$m_\tau = 1\,776.96^{+0.18+0.25}_{-0.21-0.17}\ \text{MeV}$$

3. 通过共振态形成的激发曲线,求共振态的质量

LEP在$\sqrt{s}$为88～94 GeV区间逐点扫描,得到了Z^0粒子形成的Breit-Wigner形的共振激发曲线,如图3.4.

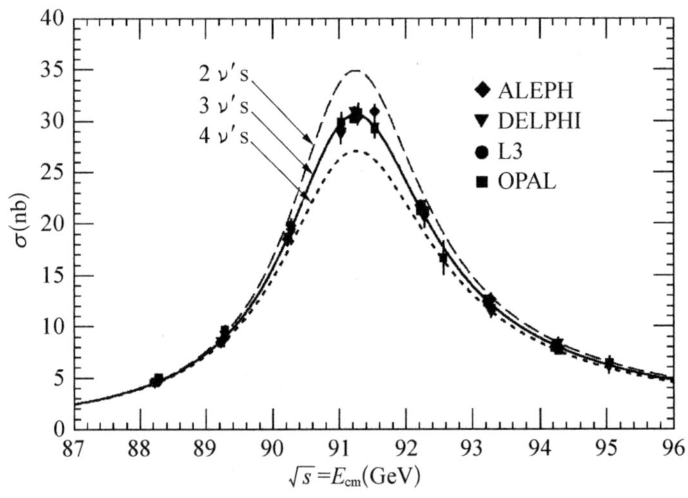

图3.4　Z^0粒子的共振产生[5]

电弱理论可以推导出包括辐射修正在内的$\sigma_{Z^0}(\sqrt{s})$公式.公式中包含参数M_Z和其衰变宽度Γ.将含有理论参数M_Z和Γ的理论公式和实验激发曲线拟合,给出Z^0

粒子的质量参数

$$M_{Z^0} = (91.188 \pm 0.007)\text{GeV},\ \Gamma = (2.491 \pm 0.007)\text{GeV}$$

4. 不变质量法

1974 年，丁肇中领导的实验组用 28 GeV 质子轰击铍靶，找到了一种新粒子. 其衰变末态正负电子对用前向的双臂谱仪(参见图 2.23)精确测定能量和动量($E_+, \boldsymbol{P}_+, E_-, \boldsymbol{P}_-$)，接着计算其不变质量

$$M_{\text{inv}}^2 = (E_+ + E_-)^2 - (\boldsymbol{p}_+ + \boldsymbol{p}_-)^2$$

统计发现其不变质量谱有峰结构(参见图 2.24). 它意味着 e^+e^- 来自于一个中间态粒子的衰变. 中间态粒子的总能量，$E_J = E_+ + E_-$，动量 $\boldsymbol{p}_J = \boldsymbol{p}_+ + \boldsymbol{p}_-$，$M_J^2 = E_J^2 - \boldsymbol{p}_J^2 = M_{inv}^2$. 用产生的方法：$e^+e^- \to \psi \to \mu^+\mu^-$ 在正负电子对撞机上把束流能量调在 1.5 GeV 附近逐点扫描，得到一个典型的 Breit-Wigner 形的分布，如图 3.5 所示，用 M_ψ，Γ_ψ 参数拟合得到，ψ 粒子就是 J 粒子，通常称其为 J/ψ 粒子，质量和衰变宽度为：$m = (3\ 096.88 \pm 0.04)\text{MeV}$，$\Gamma = (87 \pm 5)\text{keV}$.

粒子的质量可参考粒子数据手册[5].

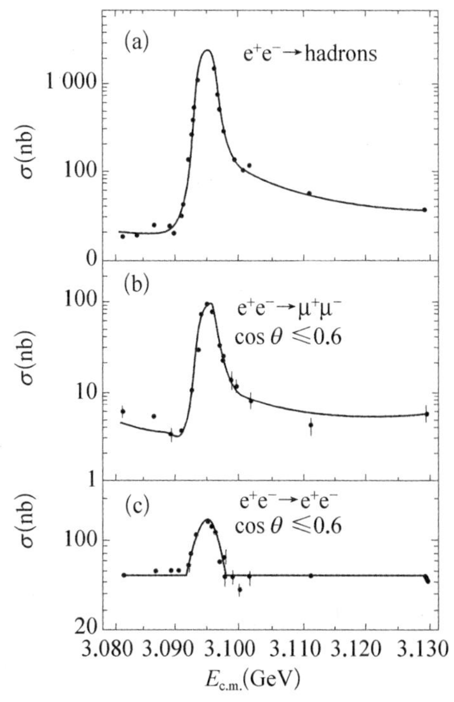

图 3.5　ψ 粒子的形成激发曲线

3.2 粒子自旋

3.2.1 电子自旋

电子存在自旋这样一个内禀自由度是人们对大量的实验资料分析提出的. 最早的实验证据是 1922 年的斯特恩-革拉赫(Stern-Gerlach)实验. 图 3.6 为该实验的示意框图，由原子炉中射出的中性原子(Ag)经准直缝进入一个非均匀磁场后在

探测屏上形成上下的两月牙花纹，这种现象提示人们中性银原子就像一个小磁针 $\boldsymbol{\mu}$，它在一个梯度磁场中受力 $F_z = -\boldsymbol{\mu}\cdot\frac{\partial \boldsymbol{B}}{\partial z}$. 当磁针和外场梯度平行同向时，它将受到和梯度方向相反的力，反之则受到一个同向的力. 因此，中性银原子在非均匀磁场中分成两束的现象可以用它具有磁矩来解释. 原子理论认为，原子实不贡献磁矩. 中性的银原子磁矩基本上是 5S 态上的电子磁矩贡献的. 也就是说，电子像一个小磁针，它在空间的取向有两种.

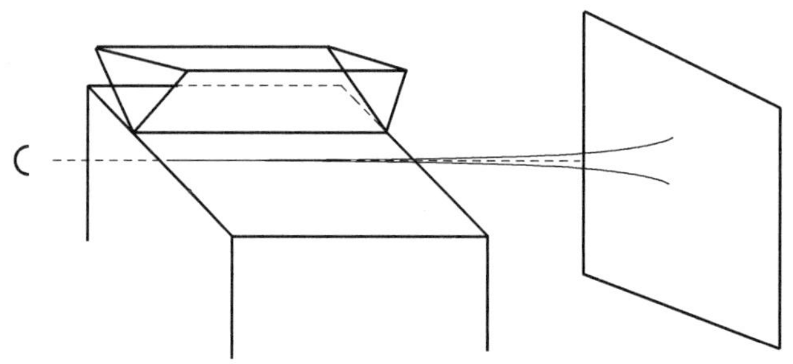

图 3.6　斯特恩-革拉赫实验

电子自旋的大量证据来自于原子光谱的实验. 1925 年实验观察到氢原子和很多碱金属原子（如 Na）的光谱线都有精细分裂现象，这类金属原子的主光谱线是 P 轨道的电子跃迁到 S 轨道. 在精密的光谱仪中，这一谱线劈裂为两条（见后面图 3.7）. 这种劈裂不能简单地用索末菲尔德（Sommerfeld）的相对论效应来解释. 古兹密特和乌伦贝克（S. A. Goudsmit G. E. Uhlenbeck）引入电子的新的自由度——自转角动量 S. P 态电子（$l=1$）的自旋角动量 S 相对于 l 取向不同，相互作用能量不同. S 的可能取向有（$2S+1$）种，它应等于 P 态能级的分裂数，也就是谱线的分裂数. 图 3.7 的钠 3P 态劈裂成 $3P_{3/2}$ 和 $3P_{1/2}$ 两种不同能量态，它们到 3S 态的跃迁得到两条谱线，这种双线结构表明 $2S+1=2$ 即 $S=1/2$. 显然这假设也解释了斯特恩-革拉赫的中性银原子束分成两束的实验现象. 引入的电子自旋角动量正是同年早些时候泡利（Pauli）著名的不兼容原理所要求的原子电子的第四个量子数.

1921 年，康普顿在关于 X 射线和原子散射的文章中也曾提出，也许可以这样认为，电子本像一个小陀螺一样旋转着，它可能是一个非常小的磁性粒子. 康普顿当时只是一种猜想，而且并没有继续坚持他的这种看法. 电子自旋的假设是如何提出的，读一读乌伦贝克当时的一段叙述是很有益处的：

古兹密特和我本人是在研究了泡利的这一篇文章后形成了这一想法的.在泡利文章中,构思了著名的不兼容原理,该原理第一次赋予电子四个量子数,对第四个量子数并没有具体的描绘,而只是形式上引进,对我们来讲,这是一个费解的问题.我们很熟悉这样一个命题,每一个量子数是和一个自由度相对应(即一个独立的坐标),另一方面当时认为电子是一个点粒子,点粒子显然只有三个自由度,因此我们没有提出第四个量子数.我们把电子看成是转动的小球,只是在这个意义上来理解第四个量子数.过一些时间,我们得到阿伯汗(Abraham)的一篇文章,是伊仑法斯特(Ehrenfest)提醒我们的,文章谈到带有面电荷的转动的球,磁矩公式前面要加一个因子2($g_s=2$),这可用经典的方法来说明.这对我们是一个鼓励.但是当我们注意到在电子表面转动的速度要比光速大很多倍.我们的热情又受到很大的挫伤.我记得大部分的想法产生于1925年9月底的一天下午.我们很激动,但是当时并没有想发表什么东西,心里觉得有点玄.好像必定有什么不对的地方,特别是我们伟大权威玻尔,海森堡和泡利还从来没有提出这类假设.当然我们把这事告诉伊仑法斯特,立即引起他的兴趣.我感觉这是因为这个假设很直观,合他的意.他提醒我们注意几点,例如,事实上1921年A.H.康普顿已经建议过旋转电子的构思,用它来解释磁性的自然单位,最后他说这种假设要么意义十分重大,要么完全是无稽之谈.并让我们给*Naturwissenchaften*(一个物理研究杂志)写一个简信,把信交给他.最后他告诉我们:"应去问一下洛伦兹".我们去找洛伦兹,他很热情地接待了我们,他非常有兴趣,虽然我感到他有点怀疑.他答应"考虑考虑".实际上隔了一周,他给我们一份手稿,书法很漂亮,其中有很长的关于旋转电子电磁特性的计算,我们没有完全搞清楚,但是结论很清楚,旋转电子的图像遇到了严重的困难.例如磁能是如此之大,以至于电子的等效的质量比质子的质量还大,或者说,如果你保持电子为已知质量,电子将比整个原子大.无论如何,旋转电子假设好像是荒唐的.古兹密特及我本人都认为,最好简信先不要发表,但是当我们去找伊仑法斯特要回简信时,他回答:"我已经早寄出去了,你们都还年青,允许你们干点蠢事."①

有了电子自旋的假设,泡利的不兼容原理很快被人们接受.电子是服从费米-狄拉克统计的.氦原子S态上两个电子应该是构成自旋交换反对称的波函数.

---

① 选自 Max Jammer, *The Conceptual Development of Quantum Mechanics*; Mc Grraw-H,1966,11.

3.2.2 光子的自旋

按照波动性观点，光具有圆偏振特性. 光的传播可用能流波印庭矢量来表示，$\boldsymbol{S} \sim \boldsymbol{E} \times \boldsymbol{H}$. 圆偏振表示电场矢量在垂直于 $\boldsymbol{S}$ 的平面内旋转，这种旋转产生了相应的角动量. 因此，1935 年比思(Beth)完成了一个实验：一个吸收体吸收了圆偏振光的能量，同时也吸收了它的角动量. 实验和电磁学的计算证明，吸收的能量 ΔE 和角动量 ΔJ_z 满足下列的关系

$$\frac{\Delta E}{\Delta J_Z} = \omega \tag{3.12}$$

后来发展起来的类似实验——微波电动机[6]选用微波，其 ω 小于可见光的频率. 由式(3.12)可见，在同样能量吸收情况下，ω 值越小，光子角动量引起的偶极子的转动越灵敏. 实验也证实了(3.12)式的关系. 光的粒子性认为，一束电磁波被吸收，意味着 N 个光子被吸收，其相应的能量为：$\Delta E = n\hbar\omega$，$\Delta J_Z = nS_Z\hbar$. 用光子观点表示的比思实验关系式为：$\frac{\Delta E}{\Delta J_Z} = \frac{\omega}{S_Z}$. 和式(3.12)比较，则有：$S_Z = 1$. 改变光的圆极化方向，得到 $S_Z = -1$.

光子的自旋相对于其传播方向只有两种取向，和运动方向同向的称为右螺旋光子，$S_z = 1$ 和运动方向反向的称为左螺旋光子，$S_z = -1$. 光的波动学说定义的光的左右圆偏振和上述定义相反. 波动学说中的定义是：光子向你射来，若其电场矢量是自右向左(逆时针)转的称为左旋圆偏振，反之为右旋圆偏振. 光子自旋取为 1，它有三个分量，具有矢量变换特性，和电磁场的矢量特性一致. 根据量子统计理论，光子服从玻色 - 爱因斯坦统计.

自然界原来就安排得如此完美，光子自旋为 1，电子自旋为 1/2，我们才有今天这样一个和谐多彩的生活. 很难想象，如果光子自旋不是 1，而是 1/2，这就意味着用来传递各种信息的电磁波就会变成另外一番情景，此时同一状态只能有一个光子占有，那么电视、微波通讯等也就无法实现了. 同样，如果电子的自旋不是 1/2，而是 1，原子的电子都将填充在最低轨道上，成为一种封闭电子壳的惰性原子、景象将如泡利所说的：

> 如果电子不服从泡利不兼容原理，整个宇宙将完全是另一个样子. 假如没有分子，宇宙中也没有生命!

其他粒子的自旋将在它们参与一些具体相互作用过程中确定. 下面列出一些常见粒子的自旋.

$S=\frac{1}{2}$	电子($e^{\pm}$),μ 子($\mu^{\pm}$),中微子(ν),中子(n) 质子(p),Λ 粒子(Λ),Σ 粒子(Σ),Ξ 粒子(Ξ)
$S=\frac{3}{2}$	Ω 粒子,Δ(1230)粒子……
$S=0$	π 介子,K 介子
$S=1$	γ 光子,ρ 介子,ω, ϕ, J/ψ 等介子
$S=2$	f(1270)介子

括号内的数字是以 MeV/c^2 为单位的粒子质量.

3.2.3 原子核自旋

1. *原子核自旋及其统计特性*

原子核是由自旋为 1/2 的中子和质子(统称为核子)组成的.因为核子之间的结合很紧密,在它们参与一些原子和分子过程或者在低能核-核碰撞过程中,可以将原子核看成是一个“粒子”,因此也称原子核总角动量为原子核自旋.实际上原子核的自旋是由核子自旋以及核子在核中的相对运动的轨道角动量决定的.轨道角动量为整数,因此按照角动量相加的原则,可以推断:奇 A 核的核素其自旋只能取 1/2,3/2, …, $A/2$ 中的某些值,为半整数;偶 A 核的核素只能取 0,1,2, …, $A/2$ 中的某些值,为整数.因此,奇 A 核服从费米-狄拉克统计,偶 A 核服从玻色-爱因斯坦统计.

2. *核素自旋的确定*

如前所述,电子自旋和轨道运动的相互作用引起原子光谱的精细结构.如果原子核存在着自旋,核自旋和原子电子态的总角动量之间的相互作用也将引起原子能级的劈裂.因为这种相互作用(磁相互作用)比电子自旋与轨道运动的相互作用弱得多,即谱线间隔更小,因此称为超精细劈裂.钠 D 线的超精细劈裂如图 3.7 所示.D 线的精细劈裂 $\Delta\lambda = 6$ Å,相应的能隙为:$\Delta E = \frac{hc}{\lambda}\frac{\Delta\lambda}{\lambda} = 2.1\times10^{-3}$ eV.D 线的超精细劈裂 $\Delta\lambda_1 = 0.021$ Å,$\Delta E = \frac{hc}{\lambda}\frac{\Delta\lambda_1}{\lambda} = 7.49\times10^{-6}$ eV.

下面讨论如何根据原子光谱的超精细结构来确定原子核的自旋.假定原子核自旋为 $\boldsymbol{I}$,核外电子态(通常为基态或较低激发态)总角动量为 $\boldsymbol{j}$,$\boldsymbol{I}$ 与 $\boldsymbol{j}$ 之间的耦合

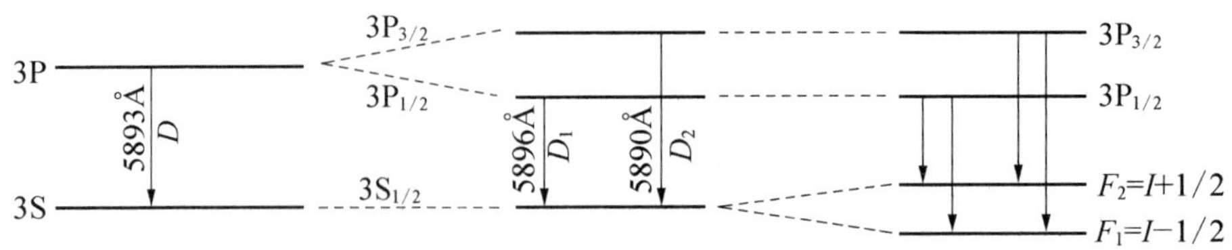

图 3.7　钠光谱 D 线的精细和超精细劈裂

(核磁矩与原子磁矩之间的相互作用)构成了原子态的微扰：$\mathscr{H}_{\text{int}} = A\boldsymbol{I}\cdot\boldsymbol{j}$. 取 $\boldsymbol{I}$，M_I；$\boldsymbol{j}$，M_j 的共同本征态 $|nIjM_IM_j\rangle$ 的线性组合构成总角动量 $\boldsymbol{F}=\boldsymbol{I}+\boldsymbol{j}$ 的本征态 $|nIjFM_f\rangle$. 它是 F^2，M_F 的本征态也是 I^2，j^2 的本征态. 微扰项的引入，导致原子能级的劈裂

$$
\begin{aligned}
E_{jF} &= E_j + \langle\, nIjFM_F \mid \mathscr{H}_{\text{int}} \mid nIjFM_F\,\rangle \\
&= E_j + \frac{1}{2}A[F(F+1) - I(I+1) - j(j+1)]\,\hbar^2
\end{aligned}
\tag{3.13}
$$

F 的取值是原子态能级劈裂的数目，即 F 取值从 $(I+j)$，$I+j-1$，…，$|I-j|$.

● 根据超精细谱线的数目确定核自旋

当 $I<j$，F 的取值个数为 $2I+1$. 由超精细能级劈裂的数目(超精细谱线的条数)可以求出核素的自旋. 例如 ^{243}Am 的原子基态的自旋 $j=7/2$($^8S_{7/2}$)，光谱仪测定 ^{243}Am 原子光谱的超精细谱线有 6 条，小于 $2j+1=8$，说明谱线分裂数目是由 ^{243}Am 核素自旋的取向而定，即 $2I+1=6$，$I=5/2$.

● 根据超精细谱线的强度比来确定核自旋

超精细谱线通常是原子的电子从某一共同初态跃迁到不同 F 值的末态. 其谱线强度是和各末态的密度 ρ_F 成正比

$$
i_F \propto |\langle f \mid T \mid i \rangle|^2 \rho_F \tag{3.14}
$$

因为跃迁是发生在同一初态和不同末态之间，所以初态原子态完全相同，而末态的不同仅是合成总角动量量子数 F 不同. 因此，各超精细谱线强度只取决于 ρ_F 中的 $2F+1$ 因子

$$
\frac{i_{F_1}}{i_{F_2}} = \frac{2F_1+1}{2F_2+1} \tag{3.15}
$$

例如钠 D_1 线的两条超精细谱线 ($F_1=I-1/2$，$F_2=I+1/2$) 的强度之比：

$\frac{i\left(I-\frac{1}{2}\right)}{i\left(I+\frac{1}{2}\right)}=\frac{2I}{2I+2}$. 实验测得谱线强度比为 3/5,从而推断^{23}Na:$I=3/2$.

● 根据超精细能级的间隔和核自旋的关系来确定核素的自旋

由式(3.13)可以计算从同一初态到达不同 F 态之间的跃迁,或者从不同的 F 初态到达同一末态之间跃迁的超精细谱线的能量差(频率差),各个超精细能级劈裂和间隔为

$$\Delta E_F = E_{jF} - E_{jF-1} = AF\hbar^2$$

将 F 的可能取值代入,得到各谱线的能移

$$F = I + j,\ \Delta E_{I+j} = A(I+j)\hbar^2$$

$$F = |I-j|+1,\ \Delta E_{|I-J|+1} = A(|I-j|+1)\hbar^2$$

因而求得各精细谱线的频移之比为

$$\Delta\nu_{F_{\max}} : \Delta\nu_{F_{\max}-1} : \cdots : \Delta_{F_{\min}+1} = (I+j):(I+j-1):\cdots:(|I-j|+1)$$

通过测定各超精细谱线的频率位移 $\Delta\nu_i$ 可以确定核素的自旋,即

$$\Delta\nu_{F_{\max}} : \Delta\nu_{F_{\max}-1} : \Delta\nu_{F_{\max}-2}\cdots\Delta\nu_{F_{\min}+1} = F : F-1 : I+j-2\cdots(|I-j|+1) \tag{3.16}$$

如$^{209}_{83}$Bi 的$^2P^0_{1/2}(6p^3)\rightarrow{}^4S^0_{3/2}(6p^3)$的光谱线[7](461.7 nm)的频移(原子基态自旋3/2和核自旋 I 的耦合引起)测定.结果是

$$\Delta\nu_1 : \Delta\nu_2 : \Delta\nu_3 = 6:5:4$$

$$\left(I+\frac{3}{2}\right):\left(I+\frac{1}{2}\right):\left(I-\frac{1}{2}\right) = 6:5:4$$

从而确定 $I=9/2$.

核素自旋还可以用原子核的波谱学如核磁共振、电四极共振等办法来测量以及通过核的反应和衰变过程来确定.一些核素基态自旋列在附录 B 中.

3.3　核与粒子的电磁矩

3.3.1　电多极矩的一般描述

一个限制在某一个小空间 V 的运动电荷系统,如图 3.8 所示,在远离电荷分

布中心的 R 处($R\gg r$, r 为电荷分布的矢径长度)产生的电势 φ,可以用相对于电荷分布中心的电多极矩的贡献的叠加表示:$\varphi=\varphi_0+\varphi_1+\varphi_2+\cdots+\varphi_L+\cdots$. φ_0 是系统的电单极矩(集中在电荷分布中心系统的总电荷)的贡献;φ_L 是 2^L 极矩贡献的电势.电 2^L 极矩的一般表达式为

$$P_{LM}^{(e)}=\int_V \mathrm{d}\tau r^L\rho(\boldsymbol{r})\mathrm{Y}_{LM}^*(\theta\psi)\sqrt{\frac{4\pi}{2L+1}} \tag{3.17}$$

$\mathrm{Y}_{LM}(\theta\psi)$是球谐函数,可在附录中查到.$\rho(\boldsymbol{r})$表示 $\boldsymbol{r}$ 处的电荷密度,M 表示 2^L 极矩的一个分量(总共有 $2L+1$ 个分量).

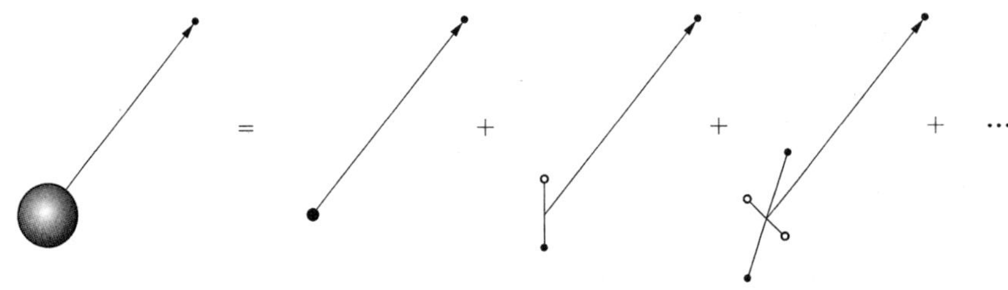

图 3.8 电荷分布系统的电多极矩

1. 核与粒子的电荷——电单极矩

$$L=0,\ \mathrm{Y}_{00}^*(\theta\psi)=\frac{1}{\sqrt{4\pi}},\ P_{00}=\int_v \mathrm{d}\tau\rho(\boldsymbol{r})=q \tag{3.18}$$

2. 核与粒子的电偶极矩

$L=1$, $M=\pm1,0$, $P_{1M}^{(e)}=\int\mathrm{d}\tau r\rho(r)\mathrm{Y}_{1M}^*(\theta\psi)$. 在直角坐标系中,$\boldsymbol{p}=\int\mathrm{d}\tau\boldsymbol{r}\rho(\boldsymbol{r})$. 因为是对电荷分布中心取电偶极矩,所以 $\boldsymbol{P}=0$. 后面将讨论到核与粒子的电偶极矩为 0 是某种对称性的一种必然结果.

3. 核素的电四极矩

下面根据电多极矩的一般表达式讨论一些特殊的电荷分布情况.

● 球对称分布 $\rho(\boldsymbol{r})=\rho(r)$

$$L\neq0,\ P_{LM}^{(e)}=\int\rho(r)r^{L+2}\mathrm{d}r\int\sqrt{\frac{4\pi}{2L+1}}\mathrm{Y}_{LM}^*\mathrm{d}\Omega\sim\int\rho(r)r^{L+2}\mathrm{d}r\int\mathrm{Y}_{00}\mathrm{Y}_{LM}^*\mathrm{d}\Omega\equiv0 \tag{3.19}$$

球对称电荷分布的核素的电多极矩恒为 0,(除 $L=0$ 情况以外).当然也没有电四极矩.

● 轴对称分布 $\rho(r,\theta,\psi)=\rho(r,\theta)$ 与 ψ 无关

$$Y_{LM}^{*}(\theta\psi)=\sqrt{\frac{2L+1}{4\pi}}P_L(\cos\theta)\mathrm{e}^{-\mathrm{i}M\psi},$$

$$P_{LM}^{(e)}=\iint\rho(r\theta)r^{L+2}\sin\theta P_L(\cos\theta)\mathrm{d}\theta\,\mathrm{d}r\int_0^{2\pi}\mathrm{e}^{-\mathrm{i}M\psi}\mathrm{d}\psi=0,\ (M\neq 0)$$

(3.20)

轴对称分布的核素的电多板矩只有 $M=0$ 的分量.下面只讨论轴对称分布的核素的电四极矩.设想核素是一个均匀带电的旋转椭球体,如图 3.9 所示.

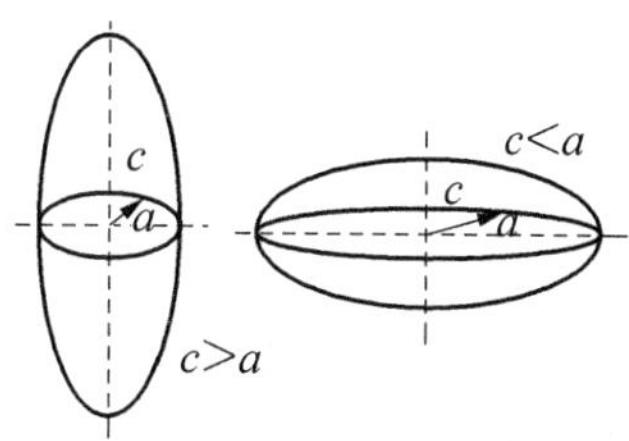

图 3.9　均匀带电的放置对称椭球形核

设核内密度为 ρ_0,核外为 $\rho(r,\theta)=0$, $P_{20}^{(e)}=\frac{1}{2}\int_v\rho(r,\theta)r^2(3\cos^2\theta-1)\mathrm{d}\tau$,定义核素的电四极矩 $Q=\frac{1}{e}P_{20}^{(e)}$,则: $Q=\frac{\rho_0}{e}\int_V\frac{1}{2}r^4(3\cos^2\theta-1)\sin\theta\mathrm{d}\theta\mathrm{d}\psi\mathrm{d}r=\frac{\rho_0}{e}(c^2-a^2)\frac{8}{15}\pi a^2c$, c 为旋转对称轴重合的半轴,a 为与 c 垂直的另外一个半轴.将椭球体积 $V=\frac{4}{3}\pi a^2c$ 和总电荷 $\rho_0V=Ze$ 代入上式,得 $Q=\frac{2}{5}Z(c^2-a^2)$. 若核具有长轴旋转对称椭球形状, $c>a$, $Q>0$;若为扁旋转椭球, $c<a$, $Q<0$. 引入核的形变参数 $\xi=\frac{\Delta R}{R}$, R 为和椭球体等体积的球半径

$$\Delta R=c-R\quad c=R(1+\xi)\quad a=\frac{R}{\sqrt{1+\xi}}\tag{3.21}$$

用形变参数表示的电四极矩为 $Q=\frac{6}{5}ZR^2\xi$.

核素的电四极矩是量度其电荷分布偏离球对称分布的一个量,它的量纲为 $[L]^2$.上面用经典图像讨论了核素的电四极矩.量子力学的处理,是求电四极矩算符 $\hat{Q}$ 在核素态 $|nJM_z=J\rangle$ 的期望值: $\langle\hat{Q}\rangle_{nJJ}=\langle nJJ|\hat{Q}|nJJ\rangle\sim\langle nJJ|Y_{20}|nJJ\rangle$. 只有当 $\Delta(J,2,J)$关系满足时, $\langle nJJ|Y_{20}|nJJ\rangle\neq 0$. $\langle 00|\hat{Q}|00\rangle$和$\left\langle\frac{1}{2}\frac{1}{2}\middle|\hat{Q}\middle|\frac{1}{2}\frac{1}{2}\right\rangle$都违背 $\Delta(J,2,J)$的关系,它们都为零,所以自旋为 0 和$\frac{1}{2}$的核素的电四极矩为零.

3.3.2　核与粒子的磁矩

经典电磁理论认为,最低阶的磁矩为磁偶极矩,它是由环形电流产生的,不存在磁单极矩.1931 年 Dirac 从分析量子系统波函数相位的不确定性出发指出,现有理论允许磁单极子存在,即可以有磁荷 m(磁南极荷或磁北极荷独立存在),并给出磁荷 m 和电荷 e 应满足

$$em = \frac{\hbar c}{2} n \quad (n = 1, 2, \cdots) \tag{3.22}$$

这样电荷量子化就可以得到说明,$n=1$ 表示最小的基本电荷为 $e = \frac{\hbar c}{2m}$,最小的基本磁荷为 $m = \frac{\hbar c}{2e}$. 其他带电粒子的电荷一定是基本电荷的整数倍,磁荷粒子的磁荷一定是基本磁荷的整数倍.但到目前为止,实验还没有证实有磁单极子的存在.

下面根据经典电磁理论引入磁偶极矩.一个质量为 M,电荷为 q 的粒子按一定轨道运动.其轨道角动量为 $\boldsymbol{L}$.可以推出由这样一个环形电流产生的磁矩为

$$\boldsymbol{\mu} = \frac{q}{2M}\boldsymbol{L}\ \hbar \tag{3.23}$$

磁矩和运动粒子的角动量成正比. $q>0$, $\boldsymbol{\mu}$ 和 $\boldsymbol{L}$ 平行同向. $q<0$, $\boldsymbol{\mu}$ 和 $\boldsymbol{L}$ 平行反向.将式(3.23)推广到包括自旋在内的总角动量为 $\boldsymbol{J}$ 的系统

$$\boldsymbol{\mu} = g\frac{e\hbar}{2M}\boldsymbol{J} \tag{3.24}$$

e 为单位正电荷,g 是一个与系统结构性质有关的因子. $\frac{e\hbar}{2M}$ 具有磁矩的量纲.

$$\left.\begin{aligned} &\text{电子构成的系统:}\frac{e\hbar}{2M_e} \equiv \mu_B = 0.5788\times 10^{-14}\ \text{MeV}\cdot\text{G}^{-1} \\ &\text{核子构成的系统:}\frac{e\hbar}{2M_p} \equiv \mu_N = 3.1525\times 10^{-18}\ \text{MeV}\cdot\text{G}^{-1} \end{aligned}\right\} \tag{3.25}$$

μ_B 称为玻尔磁子(Bohr Magneton),μ_N 称为核磁子.若 $\boldsymbol{\mu}$ 用 $\mu_B(\mu_N)$ 作单位,由式(3.24)得

$$g = \frac{\boldsymbol{\mu}}{\boldsymbol{J}} \tag{3.26}$$

称为磁旋比.亚原子系统的磁矩完全由 g 因子和角动量决定.自旋为零的核素或粒子,它们的磁偶极矩为零.

对于自旋 S 不为零的带电粒子,如果它与磁场的相互作用满足最小电磁作用原理,则有下列的普遍关系: $S|g|=1$. 因此,类点的无内部结构的电子 $g=-2$.

3.3.3 电磁矩的实验测定

1. 粒子和核素电荷的测定

已知质量粒子的电荷可以通过它在电场和磁场中运动的轨迹来测定 e/m，也可以根据它们在介质中的比电离损失来确定 $-\mathrm{d}E/\mathrm{d}x = Z^2 f(v)$，$Z$ 为粒子的电荷数.核素的电荷是由核素中包含的质子数来确定，$q = Ze$ 可以用化学的方法确定该核素对应的元素在周期表中所处的位置从而确定核素的电荷. 1913 年 Moseley 根据各种元素的特征 X 射线的测定找到一个经验规律

$$\sqrt{\nu} = AZ - B \tag{3.27}$$

ν 是 X 射线的频率，A，B 为经验参数，由 $_{39}$Y～$_{47}$Ag 的 Kα 的 X 射线数据定出 $A \simeq 5.2\times10^7(s^{-\frac{1}{2}})$，$B = 1.5\times10^8(s^{-\frac{1}{2}})$. 该经验规律提供了一个确定核素电荷的物理方法.

2. 核与粒子电磁偶极矩的测定

一个电偶极子 $\boldsymbol{P}$ 在均匀外电场 $\boldsymbol{\xi}$ 中，一个磁偶极矩在均匀的外磁场 $\boldsymbol{B}$ 中，可以获得的附加能量：$\Delta E_e = -\boldsymbol{P}\cdot\boldsymbol{\xi}$，$\Delta E_\mu = -\boldsymbol{\mu}\cdot\boldsymbol{B}$. 在一个具有确定的自旋 $\boldsymbol{J}$ 的粒子或核素中

$$\left.\begin{aligned} \boldsymbol{\mu} = g\boldsymbol{J}\mu^0 \qquad \boldsymbol{P} = P_0\mathbf{J} \\ \langle\Delta E_\mu\rangle_{JM} = -g\langle\boldsymbol{J}\cdot B\rangle\mu^0 = -gMB\mu^0 \end{aligned}\right\} \tag{3.28}$$

μ^0 是该粒子相对应的磁子.在外电场 $\boldsymbol{\xi}$ 中，$\boldsymbol{J}$ 相对于 $\boldsymbol{\xi}$ 可能的取向有 $2J+1$ 种，意味着电偶极矩相对于 $\boldsymbol{\xi}$ 取向也取 $2J+1$ 种状态，其附加能量为

$$\langle\Delta E_e\rangle_{JM} = -P_0\xi M \tag{3.29}$$

M 是分离值. 因此，具有电磁偶极矩的核或粒子在外加均匀的恒定电磁场中其能量状态发生劈裂，能级劈裂形如图 3.10 所示.

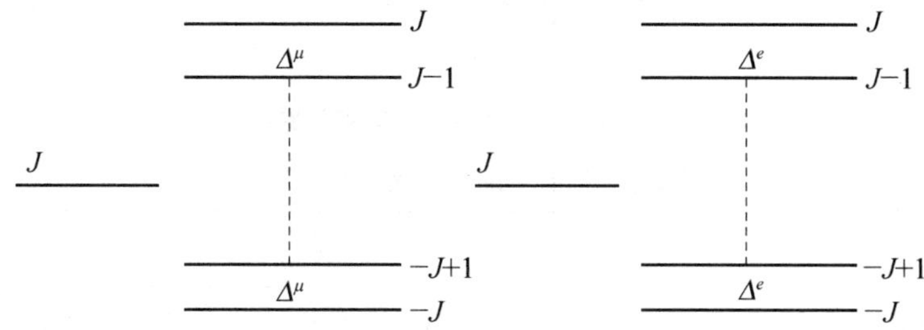

图 3.10 具有磁矩和电偶极矩的粒子态在外场中的劈裂

它们的能级间隔 Δ^{μ}，Δ^{e} 可由下面计算得到（当 $g<0$，$P_0<0$）

$$E_M^{\mu} = E_J - g\mu^0 MB \qquad E_M^{e} = E_J - P_0\xi M$$

$$\Delta^{\mu} = |g\mu^0 B| \qquad \Delta^{e} = P_0\xi$$

通过测定能级间隔，可以推出核及粒子的磁 g - 因子和电偶极因子 P_0.

3. 中子磁矩和电偶极矩的测定

其装置如图 3.11，一束未极化的中子（热中子）经极化器后，变成极化（例如，自旋向上）的中子，射入场区. 如果 $\boldsymbol{\xi}=0$，中子获得附加能量：$\Delta E_{\mu}^{\uparrow} = -g_n\mu_N SB = -\frac{1}{2}g_n\mu_N B$，存在着中子的另一能量状态 $\Delta E_{\mu}^{\downarrow} = \frac{1}{2}g_n\mu_N B$，无磁场和电场，或者无射频场情况下，中子保持原来的极化状态，因此它不透过分析器（分析器只允许自旋向下的中子透过）. 加一磁场，而且使射频场的频率正好为 ω_0，满足 $\hbar\omega_0 = |g_n|\mu_N B$. 射频场的扰动引起自旋态的共振跃迁，自旋朝上变成自旋朝下. 这种跃迁发生的标志是中子探测器从无计数状态跳到有计数状态. 测定射频场的频率 ω_0 和对应的磁场强度 B 得到 $|g_n| = \frac{\hbar\omega_0}{\mu_N B}$，用这办法测到中子的 $|g_n| = 3.81$.

加上电场，因为中子自旋相对于 $\boldsymbol{\xi}$ 只有两种取向. 若中子存在电偶极矩，即自旋由向上变到向下，引起附加能量变化为：$\hbar\Delta\omega = |P_0\boldsymbol{\xi}|$. 测量射频场共振频率的移动 $\Delta\omega$，就可以定出中子的电偶极矩.

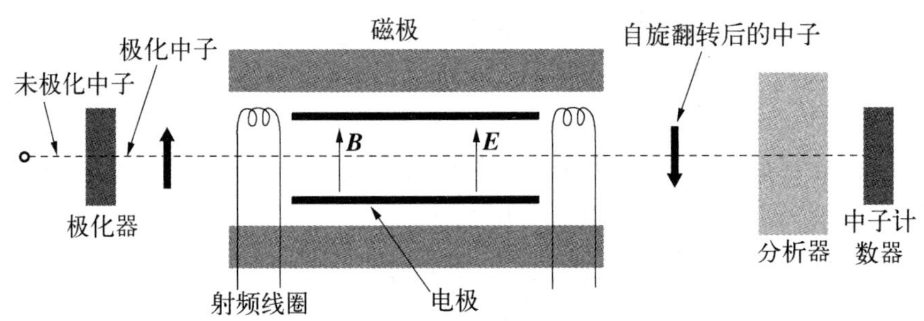

图 3.11　测量中子电偶极矩的实验原理图[9]

表 3.2　一些粒子的电偶极矩的上限值[8]

粒　子	n	p	e^-	e^+	μ
EDM(e · cm)	$<12\times10^{-26}$	-3.7×10^{-23}	$(-2\pm6)\times10^{-23}$	1.5×10^{-13}	$(3.7\pm3.4)\times10^{-19}$

实验给出质子和中子的磁矩分别为

$$\mu_{\mathrm{p}} = 2.79\mu_{\mathrm{N}} \quad \mu_{\mathrm{n}} = -1.91\mu_{\mathrm{N}} \tag{3.30}$$

质子磁矩明显偏离一个核磁子,中子磁矩不为 0,暗示着核子具有内部结构.

4. 核素磁矩和电四极矩的测定

在没有原子的内环境场(称为"自由"核素)的情况下,具有磁矩为 $\boldsymbol{\mu}_m$ 和电偶极矩 P 的核,在均匀外磁场作用下,会引起能级的超精细劈裂,如式(3.28)和图 3.10 所示.一个电四极矩为 Q 的"自由"核素在外电场梯度作用下,根据量子力学的微扰理论,其能量劈裂为

$$E_M = \frac{e\langle Q\rangle V_{zz}}{4J(2J-1)}\left[3M^2 - J(J+1)\right] \tag{3.31}$$

能级的超精细劈裂按核自旋 J 在外场梯度方向上的投影 $|M|$ 来划分,如图 3.12所示.

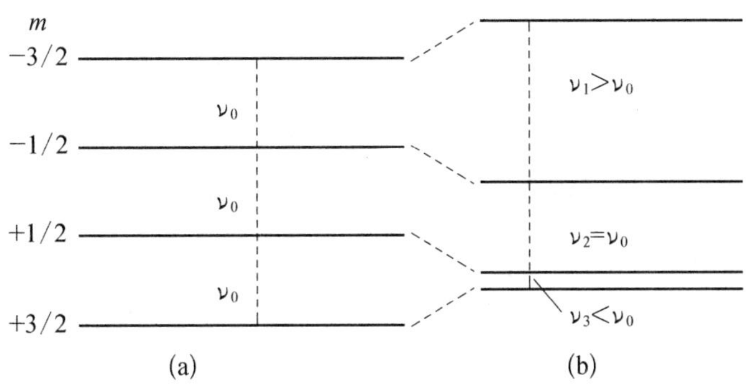

图 3.12 核素的电磁矩在电磁场中的能劈裂

(a) $J=\frac{3}{2}$ 的磁偶极矩在匀磁场中;(b) 电四极矩在梯度电场中的劈裂.

实际上原子核处在周围的精细场中,例如在结晶材料中,晶格原子可以在原子核处形成一个内磁场 $\boldsymbol{H}_i$,核外电子的布局也可以在原子核处形成一定的电场梯度 V_{zz}.因此结晶材料中的核素在周围的精细场中受到超精细相互作用.图 3.13 是金属 ^{169}Tm 在晶格内场 $\boldsymbol{H}_i$ 和电场梯度 V_{zz} 作用下,核的基态($J=1/2$)和第一激发态($J=3/2$)的能级的超精细劈裂,^{169}Tm 的 4f 电子在核 ^{169}Tm 周围形成很强的内场(B_i 和 V_{zz}),^{169}Tm 的基态和第一激发态的磁矩分别为 μ_g 和 μ_a,第一激发态还有电四极矩 $e\langle Q\rangle$.假设 $H_i = V_{ZZ} = 0$, $J_g = \frac{1}{2}$ 和 $J_a = \frac{3}{2}$ 两个能级都是简并的.若存在 H_i,则 $J_g = \frac{1}{2}$ 劈裂为两个能级 $m = \pm\frac{1}{2}$,其间隔为 $\Delta_g = |g_g|\mu_{\mathrm{N}}H_i$,第一激发态则分

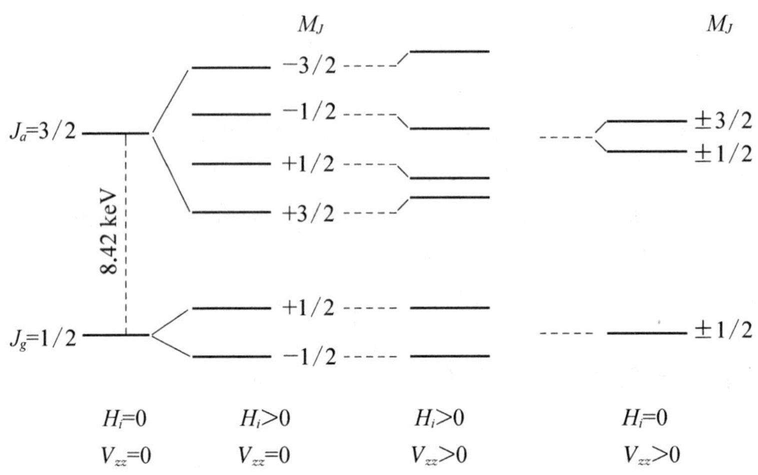

图 3.13　金属$^{169}T_m$的能级在内场中的超精细分裂示意图

裂为四个等间隔的能级 $\Delta_a = |g_a| \mu_N H_i$. 再引入 V_{zz},第一激发态的 $e\langle Q\rangle$ 和 V_{zz} 的相互作用,在磁分裂基础上,引起 $m = \pm\dfrac{1}{2}$ 和 $m = \pm\dfrac{3}{2}$ 的能级移动,由式(3.31)得到 $\Delta_{\pm\frac{1}{2}} = -\dfrac{1}{4}\langle eQ\rangle V_{zz}$. 即的磁分裂能级下移 $\Delta_{\pm\frac{1}{2}}$;$m = \pm\dfrac{3}{2}$ 的磁能级上移 $\Delta_{\pm\frac{3}{2}} = \dfrac{1}{4}\langle eQ\rangle V_{zz}$.

选择非晶态的^{169}Tm, $H_i = 0$,只有电子布局形成的电场梯度 V_{zz},磁分裂消失^{169}Tm 的基态 $J = \dfrac{1}{2}$ 简并为一种能量态.第一激发态存在着由电四极矩引起的劈裂,由四度简并的磁能级劈裂成$\pm\dfrac{1}{2}$下沉量$\left(\Delta_{\pm\frac{1}{2}} = -\dfrac{1}{4}\langle eQ\rangle V_{zz}\right)$, $\pm\dfrac{3}{2}$的磁能级上升一个 $\Delta_{\pm\frac{3}{2}}$ 的量$\left(\Delta_{\pm\frac{3}{2}} = \dfrac{1}{4}\langle eQ\rangle V_{zz}\right)$.

上述超精细劈裂非常之小($\sim 10^{-6}$ eV),人们采用 γ 共振散射方法可以精确地测定 Δ 大小.如果知道外加磁场和电场梯度,把一个自由的核(无内场的影响)置于已知的外磁场 B_0 中,人们可以由超精细劈裂宽度 Δ_a 和Δ_g 的测量(磁共振,或 γ 共振散射),求得核素各态的 g 因子为:$|g| = \dfrac{\Delta}{\mu_N B_0}$(磁矩 $\mu = gJ(\mu_N)$). 若引入外场 V_{zz},通过四极共振或者 γ 共振散射测量 Δ^Q 从而求得 $\langle eQ\rangle = \dfrac{4\Delta^Q}{V_{zz}}$. 核波谱

技术为我们获得大量核素的磁矩和电四极矩的数据(参见附录B).

人们对核素的磁矩和电四极矩的数据充分掌握以后,人们用已知磁矩和电四极矩的核素作为探针,探测它所处的环境和各种状态信息.核波谱学的各种技术,核磁共振技术和电四极共振技术开始应用到凝聚态物理等各个学科领域,应用到医学.核磁共振成像技术,就是用有磁矩的质子作为探针,用来诊断各种生物化学过程引起的电磁环境变化的一种新的技术.

利用^{169}Tm作为探针采用γ共振散射的技术,在不同温度下给出^{169}Tm金属晶格场的值列于下表.

表3.3　^{169}Tm金属中^{169}Tm核能级超精细劈裂和Tm金属的晶格场[10]

T(K)	ΔE_g(10^{-6} eV)	ΔE_e(10^{-6} eV)	$\langle eQ\rangle V_{zz}/4$($10^{-6}$ eV)	B_I(10^6 Os)	μ_a/μ_b
5	9.04	7.00	2.04	6.96	−2.33
21	8.72	6.80	1.96	6.71	−2.34
25	8.43	6.57	1.96	6.49	−2.34

参考文献:

[1] Farnham Dean L, van Dyck R S Jr, Schwinberg P B. Determination of the electron's atomic mass and the proton/electron mass ratio via Penning trap mass spectroscopy[J]. Phys. Rev. Lett. 1995, 75: 3598.

[2] Jeckelmann B, Goudsmit P F A, Leisi H J. The mass of the negative pion[J]. Phys. Lett. 1994, B335: 326.

[3] Crawford J F, Daum M, Frosch R, et al. Precision measurement of the pion mass difference $m_\pi^- - m_\pi^0$[J]. Phys. Rev., 1991, D43: 46.

[4] Bai J Z, Bardon O, Becker-Szendy R A, et al. Measurement of the mass of the τ lepton [J]. Phys. Rev., 1996, D53: 20.

[5] Particle Data Group. Plots of cross sections and related quantities[J]. Eur. Phys. J., 1998, C3: 203.

[6] Allen P J. A Radiation Torque Experiment[J]. Am. J. Phys., 1966, 34: 1185.

[7] NIST Atomic Spectra Database. [DB/OL]http://physics.nist.gov/PhysRefData/ASD/index.html.

[8] Particle Data Group. Particle Physics Summary Tables[J]. J. Phys., 2006, G33: 87.

[9] Dress W B, Baird J K, Miller P D, et al. Upper Limit for the Electric Dipole Moment of the Neutron[J]. Phys. Rev., 1968, 170: 1200.

[10] Hufner S, et al. Proceedings of the Uppsala Meeting on Extranuclear Perturbations in Angular Correlations, 1963[C]. Amsterdam: North-Holland Company, 1964.

习　题

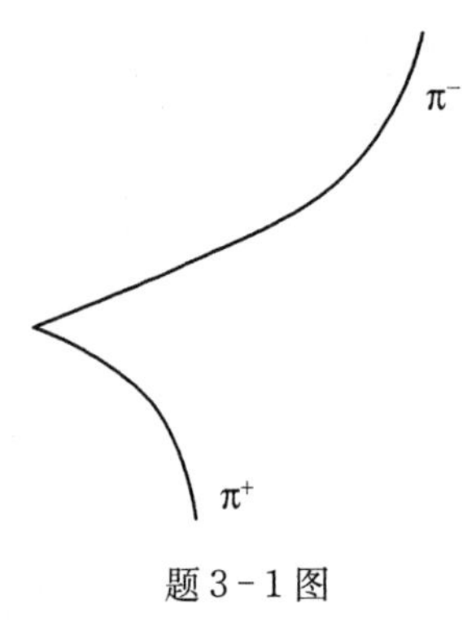

题 3-1 图

3-1　题 3-1 图是一个典型的泡室径迹照片，它描述一个中性粒子的衰变，经测量径迹的气泡密度和相应的磁场偏转半径辨认两个粒子分别为 π^+ 和 π^- 介子，测到的曲率半径分别为 π^-：(79.7 ± 0.8) cm，π^+：(25.3 ± 0.3) cm，两个带电径迹在衰变起点切线方向夹角为：$(90.8\pm1)^\circ$，垂直于径迹平面的磁场为20 kGs，求中性粒子的质量.

3-2　实验测得某元素的特征 K_α 射线的能量为 7.88 keV，试求该元素的核电荷数.

3-3　实验测得^{241}Am 的原子光谱的超精细结构有六条谱线构成，已知相应原子基态能级的组态为($^8S_{7/2}$)，试求^{241}Am 的核自旋.

3-4　在 10 kGs 磁场中，测得^{7}Li 和质子^{1}H 的核磁共振频率分别为：16.6 MHz 和 42.576 MHz. 已知^{7}Li 基态自旋为 3/2，$g>0$，求^{7}Li 的磁矩，并画出^{7}Li 在外磁场作用下基态能级分裂的次序(按 M 排列).

3-5　测得^{181}Ta 的电四极矩 $Q=3.9$ bar. 由该数据可以推得^{181}Ta 的哪些核特性(形变，形变参数，自旋)？设等体积的球形核的半径 $R = r_0 A^{\frac{1}{3}}$，$r_0 = 1.2\times10^{-13}$ cm，1 bar $= 10^{-24}$ cm^2.

3-6　已知 $\eta(547)$ 粒子和 $\omega(782)$ 粒子都是不稳定的粒子，它们的平均寿命分别为：$\tau(\eta)=5.578\times10^{-19}$ s，$\tau(\omega)=7.80\times10^{-23}$ s. 它们的主要衰变道分别为 $\eta\to\gamma\gamma$，$\omega\to\pi^+\pi^-\pi^0$. 通过衰变末态的粒子的能量动量的测量，可以得到末态粒子的不变质量谱.

(1) 证明末态粒子的不变质量就是发生衰变的粒子的质量；

(2) 分别画出它们的不变质量谱的大致形状；

(3) 说明决定不变质量谱宽度的因素.

3-7　氘原子核具有磁偶极矩 $\mu_d = 0.8574(\mu_0)$，电四极矩 $Q_d = 0.2860\times10^{-26}$ cm^2. 计算在外场 $B = 10$ T 时基态能级的劈裂. 如果在存在着一个电场梯度 $V_{zz} = 10^{16}$ V·cm^{-2} 的场作用在氘核上，计算由此引起的氘核基态的超精细劈裂.

第 4 章　核与粒子的非点结构

研究核与粒子的结构,是亚原子物理的主题.亚原子的结构是与构成该系统的各个组成单元之间的相互作用性质分不开的.本章主要讨论亚原子体系尺度特征.其主要信息来自探针粒子与亚原子系统的散射.首先简要地介绍亚原子系统所涉及的几种主要的相互作用类型.接着介绍实验如何研究核与粒子的非点结构.

4.1　相互作用的量子场论的描述

经典场论认为,存在某种作用"荷"的粒子(例如电荷和引力荷——质量),它们在空间形成一个作用势.例如,库仑作用势

$$U_{em}(r) = \frac{q_0}{4\pi r} \tag{4.1a}$$

引力作用势

$$U_G(r) = -\frac{G_N m}{r} \tag{4.1b}$$

$G_N = 6.707\,11 \times 10^{-39}\ \hbar c(\mathrm{GeV}/c^2)^{-2}$,为引力常数.在上述势场中,引入探针电荷或引力荷,并定义在它们相距无限远处,其势能为零,由此得到系统的势能曲线(图 4.1).

1934 年汤川秀树根据核力的短程性,引入一个类似的与核力相关的荷 g_h,在空间产生的势

$$U_N(r) = -\frac{g_h}{r}\mathrm{e}^{-\frac{r}{r_0}} \tag{4.2}$$

r_0 定义为核力的平均作用力程.其势能形式如图 4.1(c).

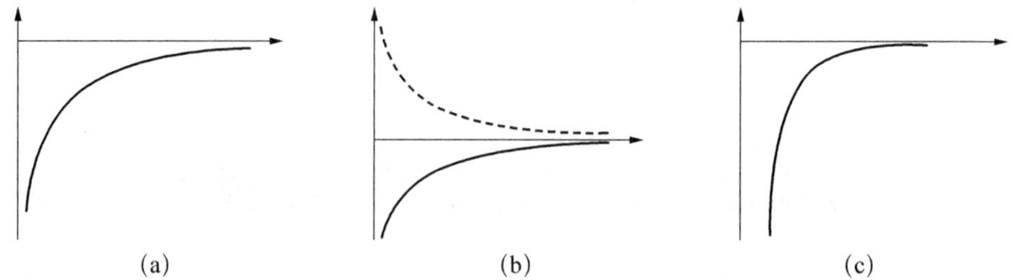

图 4.1 引力势能(a)、库仑势能(b)和核子之间核力势能(c)曲线

4.1.1 作用力程和场的量子

两个荷之间的相互作用是通过动量传递来实现的,如下图所示,荷 1(g_1)和荷 2(g_2)之间的相互作用通过交换动量 q,或者说 g_1,g_2(相距 r)之间存在着动量起伏(动量的不确定性)q.按照量子力学的基本原理

$$qr \sim \hbar \tag{4.3}$$

假如说这种动量的传递是以光速进行,则有 $r = ct$,所以 $q \sim \frac{\hbar}{ct}$,相应的两荷之间存在作用力为

$$F = \frac{\mathrm{d}q}{\mathrm{d}t} = -k\frac{\hbar c}{(ct)^2} = -k\frac{\hbar c}{r^2} \tag{4.4}$$

这种交换动量发生的振幅与两荷的积成正比,上式的比例系数,$k = \frac{g_1 g_2}{4\pi\hbar c}$.若作用荷为电荷 $g_1 = Q_1$,$g_2 = Q_2$.由此得出经典的库仑定律为

$$F = -\frac{Q_1 Q_2}{4\pi r^2} \tag{4.5}$$

在量子场论中,粒子本身是一种场,传播作用荷之间相互作用的场量子也是一种场.粒子之间的相互作用是通过场来进行的.例如荷电粒子 e_1 和 e_2 之间通过电磁场发生电磁相互作用,在动量中心系中,四动量 $\boldsymbol{P}_1 + \boldsymbol{P}_2 = \boldsymbol{P}_3 + \boldsymbol{P}_4 = 0$.粒子 1 在时空点 $a_1(0, 0)$发射一个相互作用的场量子,过渡到其末态粒子 3.因为是弹性散射,所以 1 和 3 完全一样,$E_1 = E_3$,只是运动方向发生改变.粒子 2 在时空点 $a_2(t, r)$吸收了场量子,过渡到其末态粒子 4.也因为是弹性散射,粒子 2 和 4 也完全一样,只是动量方向发生变化.场量子携带着动量 q.根据测不准原理 (4.3),$r \sim \hbar/q$,r 为相互作用的力程.qc 的最小值为传播子的静止能量 $m_B c^2$,即最大的作用力程为

$$r_{\max} = \frac{\hbar}{m_B c} \tag{4.6}$$

$\frac{\hbar}{m_B c}$为传播子的 Compton 波长. 大家知道,传递电磁作用的传播子是光子 $m_\gamma = 0$,因此,电磁力是长程力. 20 世纪 30 年代,通过核子和核子散射的研究表明,核子力是短程力,力程约为 $r_0 \sim 2 \times 10^{-15}$ m. 1934 年,Yukawa 构造了他的核力的介子理论,假设存在一种质量为 100 MeV/c^2 左右的介子. 它传递核子之间的相互作用. 1937 年,人们在宇宙线观测中发现了一种比电子重的带电粒子——μ 子,其质量接近 100 MeV/c^2. 但实验表明它不是所预测的粒子,它不具有核子力的特性. 真正的 Yukawa 介子是 1947 年在宇宙线中发现,它是 π 介子(图 4.2,左侧的双箭号表示过程的时间走向).

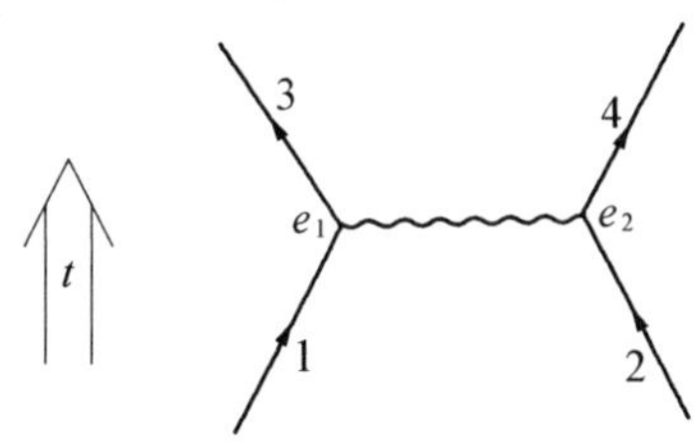

图 4.2　具有电荷 e_1 和 e_2 的粒子之间的电磁散射

4.1.2　散射幅和传播子因子

量子力学给出,一个具有某种相互作用荷 g 的粒子被一个靶粒子(其荷为 g_0)散射,其散射幅 $f(\boldsymbol{q})$. $\boldsymbol{q}$ 是传播子携带的动量. 该过程的微分截面为

$$\frac{\mathrm{d}\sigma}{\mathrm{d}\Omega} = |\, f(\boldsymbol{q})\,|^2$$

其中

$$f(\boldsymbol{q}) \approx g \int U(\boldsymbol{x}) \mathrm{e}^{\mathrm{i}\boldsymbol{q}\cdot\boldsymbol{x}} \mathrm{d}\boldsymbol{x}^3 \tag{4.7}$$

$U(x)$是系统的相互作用势,对有心力场

$$U(x) = \frac{g_0}{4\pi x} \mathrm{e}^{-mx} \qquad m = 1/r_0 \tag{4.8}$$

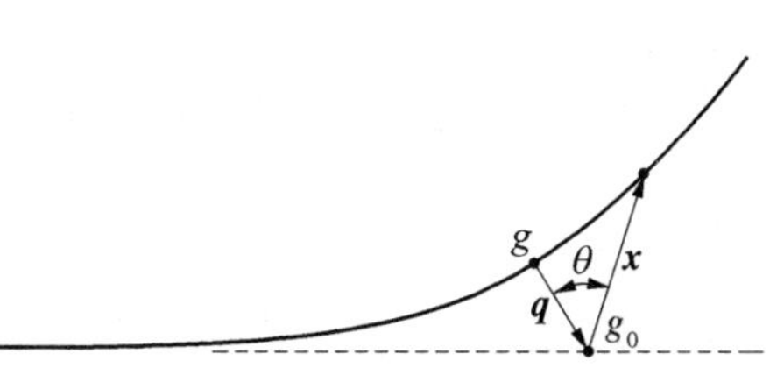

图 4.3　具有荷为 g_0,g 的粒子的散射图示

选择合适的参考系,坐标原点选在散射中心,如图 4.3 所示. 参考系的 Z 轴选为动量传递 $\boldsymbol{q}$ 的方向. 散射粒子所在位置的矢径 $\boldsymbol{x}$ 的极角为θ.

积分体积元,$\mathrm{d}x^3 = x^2 \mathrm{d}x \sin\theta \mathrm{d}\theta \mathrm{d}\phi$; $\boldsymbol{q}\cdot x = qx\cos\theta$. 将上式和式(4.8)代入式(4.7),并对角度积分得到

$$f(q^2)\approx g_0 g\int_0^{\infty}\mathrm{e}^{-mx}\frac{\mathrm{e}^{\mathrm{i}qx}-\mathrm{e}^{-\mathrm{i}qx}}{2\mathrm{i}q}\mathrm{d}x=\frac{g_0 g}{|q^2|+m^2} \tag{4.9}$$

散射幅包括如下两个主要部分：一是作用荷的乘积，可以看成是荷 g 和 g_0 交换传播子的几率振幅；第二部分是$(|q|^2+m^2)^{-1}$，称为传播子因子.

对于电磁作用，$g_0=z_0e$，$g=ze$，$m_\gamma=0$

$$\frac{\mathrm{d}\sigma}{\mathrm{d}\Omega}=|f_{EM}(q^2)|^2\propto\frac{(z_0z)^2\alpha^2}{q^4} \tag{4.10}$$

$\alpha=e^2(4\pi\hbar c)^{-1}=1/137$ 为精细结构常数.

对核子力作用，$g_0=g=g_h$，$m=m_\pi$. g_h 定义为核子力对应的荷，则有

$$\frac{\mathrm{d}\sigma}{\mathrm{d}\Omega}=|f_S(q^2)|^2\propto\frac{\alpha_h^2}{(|q|^2+m_\pi^2)^2},\ \alpha_h\propto 1\sim 10 \tag{4.11}$$

对弱作用，$g_0=g=g_\mathrm{W}$，$m=m_\mathrm{W}$. g_W 为粒子的弱作用荷，m_W 为传递弱力的中间玻色子质量. 例如中子和 μ 子的 β 衰变可表示为如图 4.4 的相互作用过程.

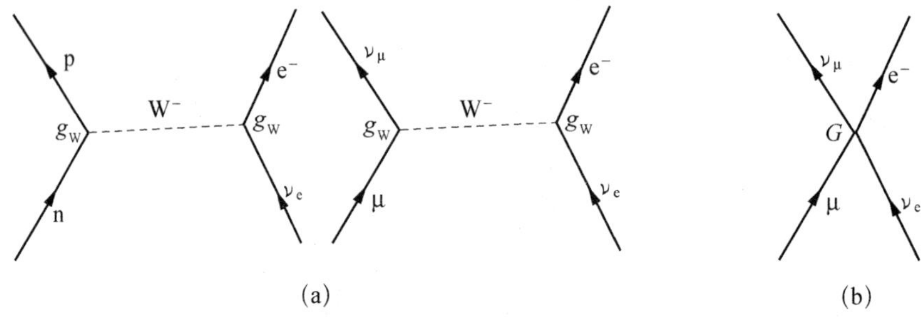

图 4.4　粒子弱荷之间交换中间玻色子的作用图(a)和费米点接触作用(b)

它们之间的散射截面或衰变宽度和弱荷 g_W 以及传播子因子的联系为

$$\Gamma\propto\frac{\mathrm{d}\sigma}{\mathrm{d}\Omega}\propto\left|\frac{g_\mathrm{W}^2}{|q|^2+m_\mathrm{W}^2}\right|^2\xrightarrow{|q|\ll m_\mathrm{W}}\frac{g_\mathrm{W}^4}{m_\mathrm{W}^4} \tag{4.12}$$

费米(Fermi)β 衰变理论认为 β 衰变是四个费米子之间的点接触作用，如图 4.4(b)所示. 理论给出过程的衰变宽度为

$$\Gamma=\lambda\propto E_m^5G^2 \tag{4.13}$$

E_m 为 β 衰变的衰变能，G 称为费米耦合常数. 根据量纲分析，G 的量纲是$(\mathrm{GeV})^{-2}$. 衰变寿命的精确测定，得到费米耦合常数为

$$G=1.166\times10^{-5}(\mathrm{GeV})^{-2} \tag{4.14}$$

通常用 M_N^2G 这样一个无量纲的量来量度弱作用的强度(M_N 为核子质量)

$$M_N^2G = 1\times 10^{-5} \tag{4.15}$$

从数量级考虑,忽略了相空间部分对衰变宽度的影响,由式(4.12)和式(4.13)可得

$$G \approx \frac{g_W^2}{M_W^2} \tag{4.16}$$

电弱统一理论建议,电弱相互作用在某种能标下是统一的.弱荷和电荷具有相同的量级,即 $g_W \sim e \sim \sqrt{4\pi\alpha}$,从而预测

$$M_W \approx \sqrt{\frac{4\pi\alpha}{G}} \sim 90\ \text{GeV} \tag{4.17}$$

1983年发现 $W^\pm$ 传播子,并测得其质量约为80 GeV.

亚原子世界的三种相互作用比较列于下表4.1.

表4.1　基本相互作用特征参数表

相互作用	电磁作用	弱作用	强作用
"荷"	电荷 e	弱荷 $g_W \sim e$	色荷 c
耦合常数	10^{-2}	10^{-5}	$10^{-1}\sim 1$
场量子	光子	Z^0, $W^\pm$	Gluon(胶子)
场量子质量	0	~90,80 GeV	0
力程(m)	长程	10^{-18}	10^{-15} *
典型作用截面(m^2)	10^{-33}	10^{-44}	10^{-30}
典型作用时间(s)	10^{-20}	$10^{-8}\sim 10^{-10}$	10^{-23}

* 色禁闭,超过 10^{-15} m,色中性强子态形成,色力不存在.

4.2　粒子的分类

到目前为止,人们把粒子分为三大类.

1. 规范矢量玻色子和H标量玻色子

表4.2列出矢量玻色子的基本特性.

表4.2 矢量玻色子的基本特性

玻色子	J^P	质量(GeV)	衰变宽度(GeV)
胶子	1^-	0	0
光子	1^-	0	0
$W^\pm$	1^-	80.2	2.08
Z^0	1^-	91.2	2.49

规范矢量玻色子是传递粒子之间相互作用的传播子.H玻色子是标量粒子,它的参与使得电弱规范场玻色子获得质量.当前的理论模型还不能对H粒子的质量给予精确的预言,实验直接寻找给出[1]

$$M_{H^0} > 114.4\ \text{GeV}\ (CL = 95\%) \tag{4.18}$$

2. 轻子

它们的自旋 $S = 1/2$,现在已知的轻子有三代:(ν_e, e^-);(ν_μ, μ^-);(ν_τ, τ^-).电中性的中微子只带有弱作用的"荷",它只参与弱作用.带电的轻子具有电荷和弱荷,它们参与电磁作用和弱作用.它们都不带色荷,所以不参与强相互作用.中微子是否有质量,是粒子物理和宇宙学中的一个重大研究课题.目前由于实验精度的限制,只能给出中微子质量的上限.表4.3给出中微子质量的实验上限.质量限不断的更新,近期的中微子振荡的观察认为中微子是有质量的,给出中微子质量平方差为

$$\Delta(m_\nu^2) \sim (10^{-4} \sim 0.1)\text{eV}^2 \tag{4.19}$$

表4.3 中微子质量的实验上限[1]

ν_e 质量	ν_μ 质量	ν_τ 质量
<2 eV	<0.19 MeV	<18.2 MeV

目前电弱统一理论假定中微子质量为零,中微子具有确定的螺度,用$\mathscr{H}$符号表示

$$\mathscr{H}_\nu = -1 \quad \overset{\Leftarrow}{\longrightarrow} \qquad\qquad \mathscr{H}_{\bar{\nu}} = +1 \quad \overset{\Rightarrow}{\longrightarrow} \tag{4.20}$$

→表示中(反中)微子的动量方向,⇒表示它们的自旋方向.中微子只参与弱相互作

用,图 4.5 是中微子和核子通过交换弱中间玻色子的弹性散射的最低阶过程.由弱作用理论估算出

$$\frac{\sigma(\nu N)}{E_\nu} \sim 0.6 \times 10^{-38}\ \text{cm}^2 \cdot \text{GeV}^{-1} \tag{4.21}$$

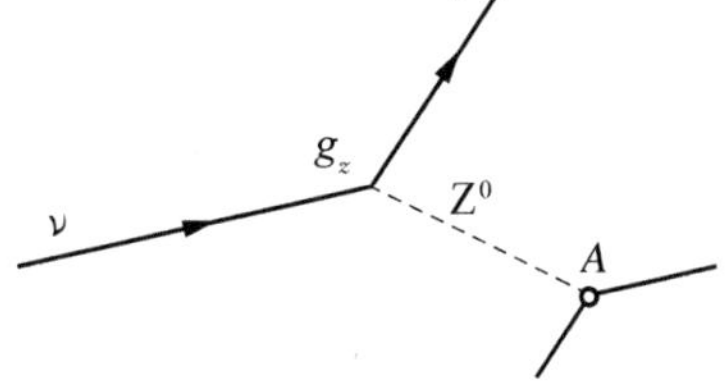

图 4.5　中微子和核子的弹性散射的最低阶过程

根据式(4.21)可以估算 1 GeV 的中微子在物质中的平均自由程为 $\lambda = (N\sigma_{\nu N})^{-1}$, 如果把地球看成是铁的,则

$$N \sim 5 \times 10^{24}(\text{核子数 / 立方厘米})$$

$$\lambda \sim 1/(5 \times 10^{24} \times 10^{-38}) = 2 \times 10^{13}\ \text{cm} = 2 \times 10^{8}\ \text{km}$$

因此,1 GeV 的中微子沿"铁"地球直径来回穿行 1.5 万趟平均才有一次作用.人们在谱仪实验中通常把中微子视为"Invisible"粒子.目前实验观测表明[1]自然界中只有三种轻的中微子.

带电轻子具有电荷和弱荷,它们是电弱荷的携带者,既参与电磁作用也参与弱作用,但是不带色荷,不参与强作用.其主要特性列表如下:

带电轻子	平均寿命(s)	质量(MeV)	衰 变 方 式
e	稳定	0.511	—
μ	2.197×10^{-6}	105.694	$\mu^- \to \nu_\mu + e^- + \bar{\nu}_e$
τ	295.6×10^{-15}	1777.1	$\tau^- \to \nu_\tau + \mu^- + \bar{\nu}_\mu;\ \nu_\tau + e^- + \bar{\nu}_e;\ \nu_\tau h's$

轻子是类点粒子,实验还没有发现它们有更深层次的结构,理论模型处理上也把它们看成为"点"粒子,实验测量其线度小于 10^{-18} m.

3. 强子

强子又分为重子(费米子)和介子(玻色子).一些重子和介子分别列表如下.

重子:

重子符号	中子(n)	质子(p)	Λ 粒子	$\Sigma^+\,\Sigma^-\,\Sigma^0$	$\Xi^0\,\Xi^-$	Ω^-
质量(MeV)	939	938	1116	1190	1321	1672
自 旋	1/2	1/2	1/2	1/2	1/2	3/2

介子：

介子符号	$\pi^{\pm}$	π^{0}	$K^{\pm}$	$K^{0}(\overline{K}_{0})$	η	$\rho^{\pm}$	ρ^{0}
质量(MeV)	140	135	494	497	547.3	769	769
自　旋	0	0	0	0	0	1	1

一些主要重子和介子的衰变方式和各衰变道的分支比参见附录 C.

强子是由夸克组成，夸克带有电弱色三种荷，因此强子参加电弱相互作用和核力相互作用，强子之间的相互作用，归根到底是夸克之间的相互作用.

4.3　弹性散射——探测核与粒子"荷"的分布

4.3.1　类点粒子散射微分截面

4.1 节得知，已知粒子携带的作用荷，根据相互作用的动力学理论写出散射幅式(4.7). 散射微分截面原则上就可以计算得到. 或者从量子场论出发写出相互散射粒子和作用场的拉氏量，计算 Feynman 图来得到. 本书不涉及这方面的理论计算，只对截面公式的物理内涵作简要的讨论.

根据量子力学的黄金定律，过程的散射(反应)率

$$W = \frac{2\pi}{\hbar}\left|M_{if}\right|^{2}\rho_{f} \tag{4.22}$$

式中：$M_{if} = \langle f \mid H_{\text{int}} \mid i\rangle$为通过相互作用 H_{int} 系统由初态 i 跃迁到末态 f 的跃迁矩阵元；$\rho_f = \dfrac{g_f}{g_i}\dfrac{\mathrm{d}n}{\mathrm{d}E_f}$ 为末态态密度；$\mathrm{d}n = \dfrac{p_f^2\mathrm{d}p_f\mathrm{d}\Omega}{(2\pi\hbar)^3}$ 为动量在 $\boldsymbol{p}_f \rightarrow \boldsymbol{p}_f + \mathrm{d}\boldsymbol{p}_f$ 的相空间的态数. 以两体末态为例，由末态粒子的总能量，$E_f = \sqrt{m_3^2 + p_f^2} + \sqrt{m_4^2 + p_f^2}$ 可得

$$\frac{\mathrm{d}p_f}{\mathrm{d}E_f} = \frac{E_3E_4}{E_fp_f} = \frac{1}{v_f} \quad v_f = \left(\frac{p_f}{E_3} + \frac{p_f}{E_4}\right)$$

后面定义实验的微分截面时可知，反应率 $\mathrm{d}N = \varphi N_T\mathrm{d}\sigma$，而黄金定律的 W 指

的是一个投射粒子打一个靶粒子的反应率，即 $W = \mathrm{d}N = v_i\,\mathrm{d}\sigma$. 单个投射粒子的通量就是投射粒子对靶粒子的相对速度 v_i. 所以散射(反应)微分截面可以和 W 联系起来，

$$\frac{\mathrm{d}\sigma}{\mathrm{d}\Omega}(a + A \to b + B) = \frac{W}{v_i\,\mathrm{d}\Omega} = \frac{1}{4\pi^2\,\hbar^4}|M_{if}|^2\,\frac{p_f^2}{v_i v_f} \tag{4.22a}$$

本章以电磁散射为例，来研究核与粒子的电磁作用荷的分布. 图 4.6(a)表示类点的携带电荷 $Z_1 e$ 粒子和携带电荷 $Z_2 e$ 的靶粒子散射的最低阶的 Feynman 图.

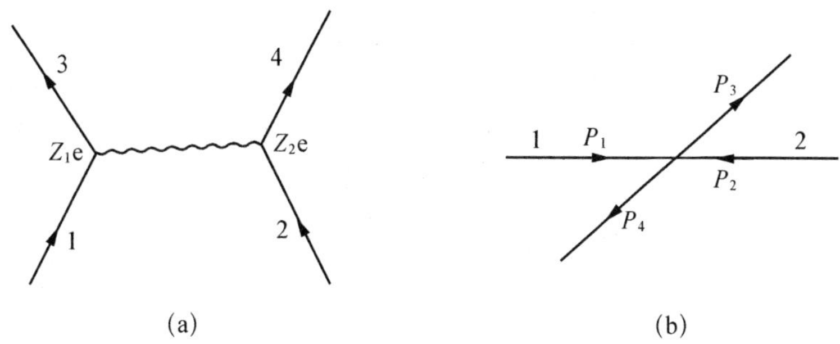

图 4.6　粒子 1($Z_1 e$)和粒子 2($Z_2 e$)散射的低阶 Feynman 图(a)及运动学关系(b)

1. 自旋为零的类点电荷粒子散射的微分截面

m 为投射粒子的质量. 图 4.6(b)表示在动量中心系中初末态粒子的动量之间的关系. 微分截面为

$$\frac{\mathrm{d}\sigma}{\mathrm{d}\Omega} = \frac{4m^2(z_1 z_2 e^2)^2}{q^4} \tag{4.22b}$$

其中

$$q^2 = (E_1 - E_3)^2 - (\boldsymbol{p}_1 - \boldsymbol{p}_3)^2$$

称 q^2 为四动量传递的平方. 对于弹性散射，在动量中心系中，$E_1 = E_3$，$|\boldsymbol{p}_1| = |\boldsymbol{p}_3| = p$，所以 $q^2 = -4p^2\sin^2\dfrac{\theta}{2}$，散射微分截面变为

$$\frac{\mathrm{d}\sigma}{\mathrm{d}\Omega} = \frac{m^2(z_1 z_2 e^2)^2}{4p^4\sin^4\dfrac{\theta}{2}}(\mathrm{GeV^{-2}sr^{-1}}) = \frac{m^2(z_1 z_2 \alpha)^2}{4p^4\sin^4\dfrac{\theta}{2}}(\hbar c)^2(\mathrm{mb\cdot sr^{-1}}) \tag{4.22c}$$

其中 $(\hbar c)^2 = 0.389\,380\ \mathrm{GeV^2\cdot mb}$. 当粒子的总能量 $E \gg m$ 时，式(4.22c)中的 m 用 E 代替.

2. Mott 散射，自旋为 1/2 和 0 的类点粒子散射

例如，电子和自旋为 0 的电荷为 Ze 的类点核素的散射. 推导得到微分截面为

$$\frac{\mathrm{d}\sigma}{\mathrm{d}\Omega} = 4(Ze^2)^2 \frac{E^2}{q^4}\left(1 - \beta^2\sin^2\frac{\theta}{2}\right)(\mathrm{GeV}^{-2}\cdot\mathrm{sr}^{-1})$$

$$= \frac{(Z\alpha)^2 E^2\left(1 - \beta^2\sin^2\dfrac{\theta}{2}\right)}{4p^4\sin^4\dfrac{\theta}{2}}(\hbar c)^2(\mathrm{mb}\cdot\mathrm{sr}^{-1}) \tag{4.23}$$

E, β 为投射粒子的总能量和相对于靶粒子的速度. 由于投射粒子具有自旋 1/2，相应地有磁矩 μ，在投射粒子的静止系中，靶粒子以速度 β 向投射粒子运动，构成电流和投射粒子的磁矩 μ 的相互作用，即磁散射. 其效应由式中的 $(-\beta^2\sin^2\theta/2)$ 表现出来，当 $\beta\to 0$，或者 $\theta\to 0$ 时磁散射效应可以忽略，散射变成式(4.22c)的 Rutherford 散射. $\theta = 180°$ 磁效应表现最明显，即背散射携带着投射粒子自旋的信息.

3. 自旋为 1/2 的类点粒子的散射

如把质子视为类点粒子，ep 的弹性散射的微分截面的公式可写为

$$\left(\frac{\mathrm{d}\sigma}{\mathrm{d}\Omega}\right)_{\mathrm{ep(point)}} = \left(\frac{\mathrm{d}\sigma}{\mathrm{d}\Omega}\right)_{\mathrm{Mott}}\left(1 + 2\tau\tan^2\frac{\theta}{2}\right) \tag{4.24}$$

括号中的第二项是因为靶粒子自旋引起的贡献，$\tau = \dfrac{|q^2|}{4M_{\mathrm{p}}^2}$. 上述公式是把电子和质子分别看成具有磁矩 $\mu_{\mathrm{e}} = \mu_{\mathrm{B}}$ 和 $\mu_{\mathrm{p}} = \mu_{\mathrm{N}}$ 的类点粒子时得到的. 由式(4.24)可见，靶粒子的磁效应也主要表现在 $\theta = 180°$ 区，而且动量传递 $|q^2|$ 越大效应越明显.

4.3.2 具有一定荷分布的靶粒子和类点粒子散射

理想的投射粒子(探针粒子)是类点的带电轻子——电子或 μ 子. 靶粒子是具有一定电荷分布 $\rho(r)$ 的非点粒子，如图 4.7 所示. 可以预见散射微分截面将会偏离类点粒子微分截面公式所预期的行为. 这种偏离完全取决于靶粒子的作用荷的分布. 假设靶粒子的电荷分布为球对称的，散射微分截面可写成

$$\frac{\mathrm{d}\sigma}{\mathrm{d}\Omega} = \left(\frac{\mathrm{d}\sigma}{\mathrm{d}\Omega}\right)_{\mathrm{point}}|F(q^2)|^2 \tag{4.25}$$

$\left(\dfrac{\mathrm{d}\sigma}{\mathrm{d}\Omega}\right)_{\mathrm{point}}$ 为点对点散射的微分截面，若探针粒子是自旋为 0 的类点粒子，取式

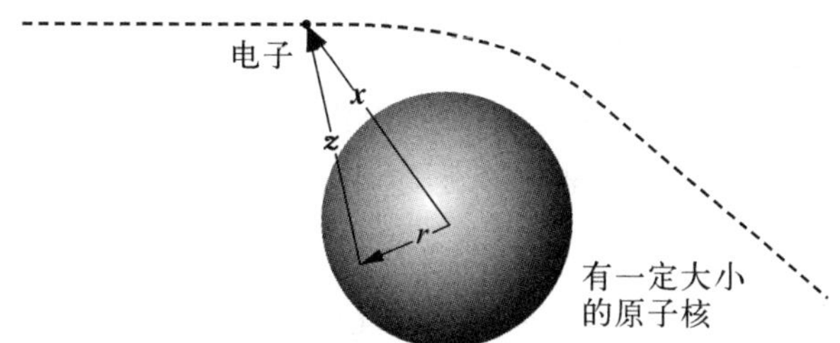

图 4.7　类点粒子与具有一定荷分布的靶粒子的散射

(4.22c)的点卢瑟福公式;若探针粒子是自旋为 1/2 的轻子,取式(4.23)的 Mott 散射公式.$F(q^2)$称为形状因子.它描述投射粒子波与靶粒子各个区的荷的散射波的相干振幅.下面将证明形状因子可写成靶粒子的归一化电荷密度分布 $\rho(r)$在动量空间的展开式

$$F(q^2) = \int d^3 \boldsymbol{r} \rho(r) e^{i\boldsymbol{q}\cdot\boldsymbol{r}} \tag{4.26}$$

为了阐明形状因子的物理内涵,下面用一级玻恩近似来计算假想的无自旋的类点粒子和一个电荷分布均匀的靶核散射,如图 4.7.作用在探针粒子(处于矢径 $\boldsymbol{x}$)上的库仑势 $U(x)$是由分布在球体的各体元 $d^3 \boldsymbol{r}$ 类点电荷产生的点电荷的势 $dU(x) = \dfrac{Ze\rho(\boldsymbol{r})d^3 \boldsymbol{r}}{z} e^{-z/a}$ 的叠加,即

$$U(x) = Ze\int d^3 \boldsymbol{r} \rho(\boldsymbol{r}) \frac{e^{-z/a}}{z} \tag{4.27}$$

$\boldsymbol{r}$ 为体元所在地的矢径,z 为体元对探针粒子的矢径.从图 4.7 可得,$\boldsymbol{x} = \boldsymbol{r} + \boldsymbol{z}$ 并将其代入式(4.7)并稍加整理得到均匀荷分布的靶粒子的散射幅

$$f(q^2) \approx Ze^2 \int d^3 \boldsymbol{r} e^{i\boldsymbol{q}\cdot\boldsymbol{r}} \rho(\boldsymbol{r}) \cdot \int d^3 \boldsymbol{x} \frac{e^{-z/a}}{z} e^{i\boldsymbol{q}\cdot\boldsymbol{z}} \tag{4.28}$$

第二个积分号中的体元 $d^3 \boldsymbol{x}$ 显然可用 $d^3 \boldsymbol{z}$ 替代,它变成是点电荷(e, Ze)之间的散射幅.则有

$$Ze^2 \int d^3 z \frac{e^{-z/a}}{z} e^{i\boldsymbol{q}\cdot\boldsymbol{z}} = \frac{Ze^2}{q^2 + a^{-2}} \xrightarrow{a \to \infty} \frac{Ze^2}{q^2}$$

可见均匀电荷分布的核与无自旋单电荷的点探针粒子散射的微分截面正是散射幅(4.28)的平方

$$\frac{d\sigma}{d\Omega} \approx \left| \int d^3 r e^{i\boldsymbol{q}\cdot\boldsymbol{r}} \rho(r) \right|^2 \frac{Z^2 e^4}{q^4} = \left(\frac{d\sigma}{d\Omega} \right)_R |F(q^2)|^2 \tag{4.29}$$

式中的 $\left|\int d^3 r e^{i\boldsymbol{q}\cdot\boldsymbol{r}} \cdot \rho(r)\right|^2$ 正是式(4.26)所定义的形状因子，$\dfrac{Z^2 e^4}{q^4}$ 为类点粒子的 Rutherford 微分截面. 对归一化的荷分布，由式(4.26) $F(q^2 = 0) = 1$. 假如在 q 空间已知形状因子 $F(q^2)$ 的精确行为. 通过式(4.26)的逆变换可得核素的电荷密度分布

$$\rho(r) = \frac{1}{(2\pi)^3}\int d^3 \boldsymbol{q} F(q^2) e^{-i\boldsymbol{q}\cdot\boldsymbol{r}} \tag{4.30}$$

为了进一步理解形状因子的物理意义，下面研究它和散射靶核素的平均电荷分布半径 R 的联系. 在低动量传递情况下，即 $qR \ll 1$，也就是说，传递动量 q 的虚光子的波长 $1/q \gg R$. 将式(4.26)的指数项 $e^{i\boldsymbol{q}\cdot\boldsymbol{r}}$ 按 $(i\boldsymbol{q}\cdot\boldsymbol{r})$ 幂次展开. 整理后得

$$F(q^2) = 1 - \frac{1}{6}q^2\int d^3 r r^2 \rho(r) + \cdots = 1 - \frac{1}{6}q^2\langle r^2\rangle + \cdots \tag{4.31}$$

如果知道 $F(q^2)$ 的函数表达式，在 q^2 等于零处作泰勒展开并和式(4.31)比较，靶核素的电荷分布均方半径 $\langle r^2\rangle$ 正是展开式 q^2 系数的 6 倍

$$\langle r^2\rangle \approx -6\left.\frac{\partial F(q^2)}{\partial q^2}\right|_{q^2=0} \tag{4.32}$$

一些简单的“荷”分布形状对应的形状因子列于表 4.4.

表 4.4　电荷分布和形状因子

电荷分布形状	$\rho(r)$	$F(q^2)$
类点形	$\rho_0\delta(r)$	1
指数形	$\rho_0 e^{-r/a}$	$(1+\lvert q^2\rvert a^2)^{-2}$
高斯形	$\rho_0 e^{-r^2/b^2}$	$e^{-\lvert q^2\rvert b^2/4}$
矩　形	$\rho_0 \quad R\geqslant r$ $0 \quad R<r$	$3(\sin x - x\cos x)/x^3$ $x = \lvert q\rvert R$

微分截面是理论模型和实验数据“接口”的一个重要物理量.

理论通过下面的路径求得形状因子，进而给出非点结构核素的微分截面：

相互作用力的形式⇒结构模型(波函数)⇒荷的密度分布 $\rho(r)$⇒形状因子 $F(q^2)$⇒预言的微分截面 $\left(\dfrac{d\sigma}{d\Omega}\right)^{\text{Th}} = \left(\dfrac{d\sigma}{d\Omega}\right)_{\text{point}}\lvert F(q^2)\rvert^2$

实验测量通过下面的路径实验测到非点核素的微分截面，计算形状因子，进而给出相互作用力的参数：

$$\left(\frac{d\sigma}{d\Omega}\right)^{\text{Exp}} \Rightarrow \left(\frac{d\sigma}{d\Omega}\right)^{\text{Exp}} \Big/ \left(\frac{d\sigma}{d\Omega}\right)_{\text{point}} \Rightarrow F(q^2)\Big|^{\text{Exp}} \Rightarrow \rho(r)\Big|^{\text{Exp}} \Rightarrow \text{结构模型}$$

$$\Rightarrow \text{相互作用力}$$

实验上要得到 $F(q^2)$在全 q 空间的形式是困难的.通常是把理论预言的微分截面(含有模型的若干重要参数),与实验测量的有限的实验点的拟合,求得重要的模型参数.

4.3.3 微分截面的实验测定

1. 微分截面的几何图像和它与实验量的联系

假设以靶粒子为中心,垂直于探针粒子的入射方向 z,靶粒子呈现一个小面积元 $d\sigma$.单位面积单位时间只有一个探针粒子投入,若探针粒子投中小面积元 $d\sigma$,相应的散射(反应)事件发生,而且被散射的探针粒子沿着与 z 成θ 角方向的立体角元 $d\Omega$ 发射,如图 4.8(a)所示.$d\sigma/d\Omega$ 就是对应于该散射(反应)事件的微分截面.微分截面是与相互作用机制、探针粒子能量以及具体的散射(反应)道密切相关的.不同的入射能量,靶粒子呈现的小面积元 $d\sigma$ 不同,不同的散射(反应)道 $d\sigma$ 不同.其物理内涵体现在式(4.22)上.实验上,探针粒子是以一定的通量 $F(\text{cm}^{-2}\cdot\text{s}^{-1})$、一定面积 $a(\text{cm}^2)$的束斑投射在一定厚度 $t(\text{cm})$密度为 $\rho(\text{g}\cdot\text{cm}^{-3})$的靶(质量数为 A)上.在与 z 成角θ 方向设置一个记录选择末态粒子的探测系统,它对靶子张 $d\Omega$ 的立体角.如图 4.8(b)所示.通常平面靶垂直于束流入射方向,且靶面积大于束斑面积 a.实验研究的是一群探针粒子和一群靶粒子之间的散射(反应).在下列几项合理的假设下把实验的物理量和微分截面联系起来.

假设 1 投射粒子和靶粒子发生相互作用是互相独立的;

假设 2 作用几率非常小,靶子足够薄.使得探针粒子通过靶子最多只和一个靶粒子发生一次感兴趣的作用事件,即可以认为在作用过程中,探针粒子通量以及靶粒子数不变.

这样就有下面的关系:

- 每秒投射在靶有效面积 a 内的投射粒子数为$N_{\text{in}} = Fa$;
- 投射粒子束覆盖的靶粒子数(散射中心数)为 $N_S = N_A(at\rho/A)$.

每个散射中心,对投射束呈现的作用微分截面是 $d\sigma(\theta)$,所以 $N_S d\sigma(\theta) = N_A(at\rho/A)d\sigma(\theta)$.当投射束中的一个投射粒子投中面积 $N_S d\sigma(\theta)$,就有一个散射粒子事件落入探测系统的立体角元 $d\Omega(\theta)$内.单位时间记录事例率 dN 与单位时间投射的粒子数Fa之比得到的散射(反应)的概率正好是探针粒子在靶面积 a 内投中有效靶面 $N_S d\sigma(\theta)$的概率.即

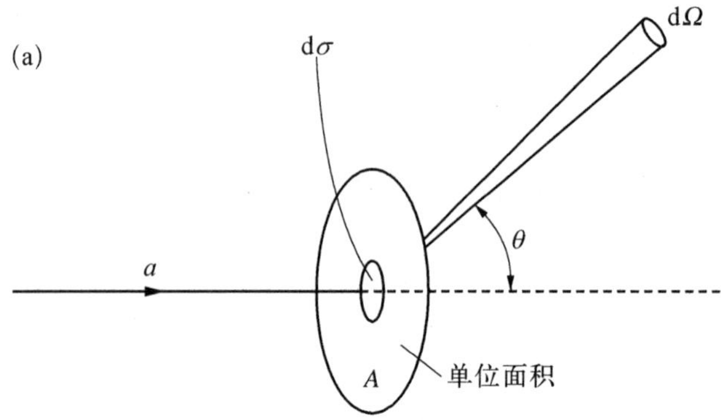

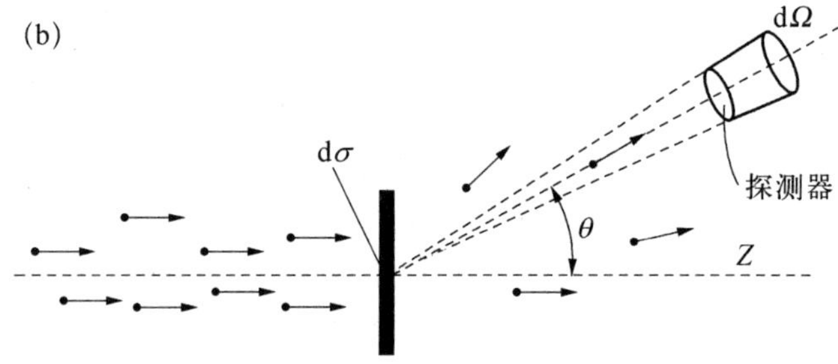

图 4.8 微分截面的几何图像(a)以及实验上的对应关系(b)

$$\frac{\mathrm{d}N}{Fa} = \frac{N_S\mathrm{d}\sigma(\theta)}{a} \Rightarrow \mathrm{d}N = FN_S\,\mathrm{d}\sigma \tag{4.33a}$$

式(4.33a)把实验参数(F, N_S)和物理的微分截面 $\mathrm{d}\sigma(\theta)$联系起来.把上式两边用 $\mathrm{d}\Omega(\theta)$除,得到

$$\left(\frac{\mathrm{d}\sigma}{\mathrm{d}\Omega}\right)_{\mathrm{exp}} = (FN_S)^{-1}\,\frac{\mathrm{d}N}{\mathrm{d}\Omega} = \frac{1}{L}\,\frac{\mathrm{d}N}{\mathrm{d}\Omega} \tag{4.33b}$$

$$L = FN_S = FN_A a t \rho A^{-1} \tag{4.34a}$$

L 称为装置的亮度,它依赖于投射粒子的通量以及投射粒子所覆盖的靶粒子总数.实验测量的量 $\mathrm{d}N/\mathrm{d}\Omega$ 通过试验装置的亮度 L 与物理的微分截面 $\mathrm{d}\sigma/\mathrm{d}\Omega$ 联系起来.实验上标定出装置的亮度,根据测量出射粒子的事例率随空间分布,就可以求得反应过程的微分截面.一个实验装置亮度的标定是十分重要的,它是该实验装置提供所有物理量测量的系统误差的主要来源.亮度的标定,通常用已知散射或反应过程来标定.该过程的截面精确知道,亮度为

$$L = \frac{\Delta N}{\Delta\sigma}(\mathrm{cm}^{-2}\cdot\mathrm{s}^{-1}) \tag{4.34b}$$

$\Delta\sigma(\mathrm{cm}^2)$为某一个物理接收度内,标准过程的计算截面.$\Delta N(\mathrm{s}^{-1})$为该过程在相应的物理接收度所观测到的每秒事例数.

式(4.34a)是固定靶实验装置的亮度公式.对于对撞机实验装置,即两个含有 n_1 和 n_2 粒子数的束团以 $f(\mathrm{s}^{-1})$频率发生对撞(具有相同的动量).σ_x 和 σ_y 为束团在垂直于运动方向(z)的束斑的空间分布参数(高斯分布的均方差).亮度为

$$L = f\frac{n_1 n_2}{4\pi\sigma_x\sigma_y} \tag{4.35}$$

2. 实验谱仪

探测粒子电磁作用荷分布的弹性散射实验,最理想的探针是带电的轻子,特别是电子或者是 μ 子,它们本身无内部结构.不参与强相互作用.弱作用的效应又可以忽略(在能量不高情况下更是如此).谱仪应具有挑选弹性散射末态粒子的能力.如,通常用电子作为探针粒子来探测核素(Z, A)的电荷分布时,各种可能的散射和反应道都会发生

$$\mathrm{e}^- + (Z,\ A) \rightarrow \mathrm{e}^- + (Z,\ A)$$

$$\mathrm{e}^- + (Z,\ A) \rightarrow \mathrm{e}^- + (Z,\ A)^*$$

$$\mathrm{e}^- + (Z,\ A) \rightarrow \mathrm{e}^- + \mathrm{X}$$

第一散射方程表示弹性散射,末态核素的状态没发生任何改变.第二、三个方程表示非弹性过程,核素被激发为$(Z,\ A)^*$或者破碎为 X.不管哪一过程,电子还是电子,因为电子是无内部结构的类点粒子,它在电磁过程中总是保持不变的.

通过只测量电子来推知感兴趣的末态,称为电子单举反应(e-inclusive reaction).为了区分弹性散射过程,必须知道弹性散射出射电子的能谱特征.对动能大于 50 MeV 的电子($\gamma\sim100$,$\beta=0.999\,917\,8$),在实验精度范围内,可把电子的静止质量忽略.把电子看成是质量为零的粒子和靶粒子的碰撞(弹性),弹性散射电子的能量随散射角的变化可很好地用下式近似

$$E(\theta) = \frac{E_0}{1 + \dfrac{E_0}{M_T}(1 - \cos\theta)} \tag{4.35}$$

其他非弹性过程的电子的能量都小于式(4.35)规定的能量.实验上利用如图所示的磁谱仪选择散射电子的能量,如果磁谱仪的能量(动量)分辨率足够好,就能在足够好的纯度上选择出弹性散射道.图 4.9 是典型的电子散射磁谱仪.它对靶子(在散射室中心)张的立体角元 $\Delta\Omega$.谱仪在设定的轨道上以靶子为中心转动.对应于某一角度 θ_i,谱仪按公式(4.35)设定相应的中心磁场.在中心磁场附近扫描,给出

对于 θ_i 的散射电子能谱(图 4.9).由于谱仪接收立体角覆盖一个区间,以及谱仪具有一定的能量分辨,所以谱线展现一定宽度,在低端展示辐射尾巴.谱线所覆盖的面积,经过辐射修正,得到在角 θ_i,立体角 $\Delta\Omega$ 内单位时间内记录的弹性散射事例数 ΔN.由束流正前方的亮度监测器给出对应的亮度 L.实验的微分截面就可以计算得到 $\left(\frac{d\sigma}{d\Omega}\right)_{exp}=\frac{1}{L}\frac{\Delta N}{\Delta\Omega}$.应该指出的是微分截面测量精度完全由三个实验测量量 L、ΔN 和谱仪的接收度 $\Delta\Omega$ 的精度确定.上述实验测量量的获得通常要经过各种修正来得到,如谱仪分辨函数修正、谱仪效率修正等等.这些修正都给各测量量带来相应的系统误差的积累.

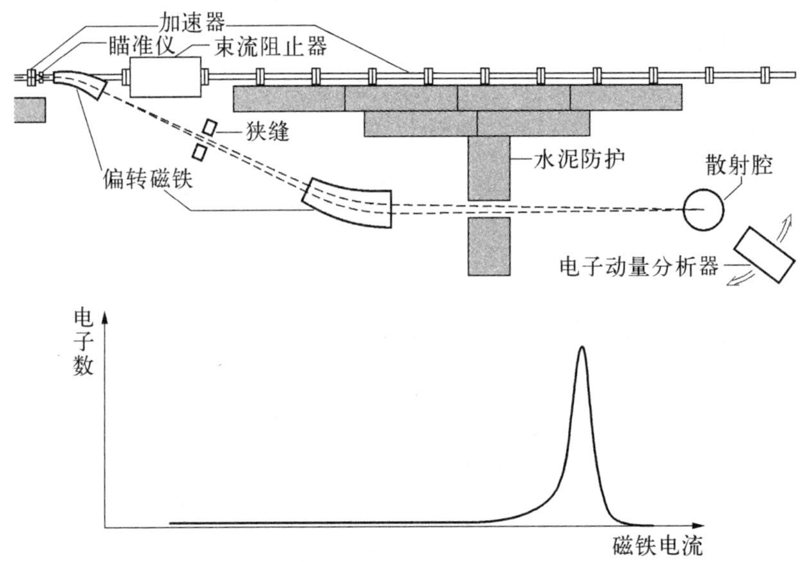

图 4.9 典型的电子散射磁谱仪和弹性散射电子谱

4.3.4 核素的电荷分布和核物质分布

20 世纪 60 年代利用电子与原子核的散射,探明核电荷分布,提供了大量关于核结构的有用信息.图 4.10 给出 750 MeV 电子与钙同位素弹性散射微分截面的测量结果.实线是对实验数据的最好拟合.由这种拟合上可以推出形状因子$F(q^2)$值,由 $F(q^2)$值通过变换,可以得到电荷密度分布.

更常用的办法是用带有某种参数的电荷分布,变换得到 $F(q^2)$,给出相应的非点靶粒子的弹性散射的微分截面,然后与实验数据点进行拟合,求出电荷密度分布

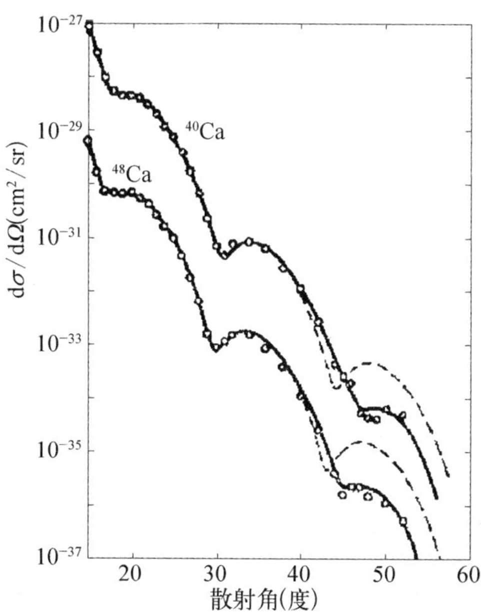

图4.10　750 MeV 电子与 Ca 同位素的弹性散射实验微分截面[2]

^{40}Ca 的截面已乘以因子 10，而^{48}Ca 的截面已乘以因子 10^{-1}.

的待定参数.研究结果表明，用高斯型的电荷密度分布和均匀核电荷分布与实验数据的拟合都不好，而用简单的费米型双参数分布

$$\rho(r) = \frac{\rho_0}{1 + \exp\left(\frac{r - c}{a}\right)} \tag{4.36}$$

可以较好解释实验数据(虚线). ρ_0 为归一化常数，由 $\int d^3 r\rho(r) = Ze$ 求得.图4.11是$\rho(r)/\rho_0$的分布图. c 为半密度半径.

除极轻核素外，$c/a \gg 1$，$\rho(0) \sim \rho_0$. t 代表核电荷密度从90%的中心密度值变到10%时相应的半径的变化量.按这定义，由式(4.36)推出的表达式 $t = (4\ln 3)a \sim 4.4a$，用参数 a 和 c 可以把核电荷密度分布形状刻画出来.把上述双参数分布进行傅立叶变换得到 $F(q^2)$.构成相应的非点核的散射微分截面，与实验数据拟合，定出参数 a 和 c.由分布(4.36)计算得到核素的含参数(a，c)的方均半

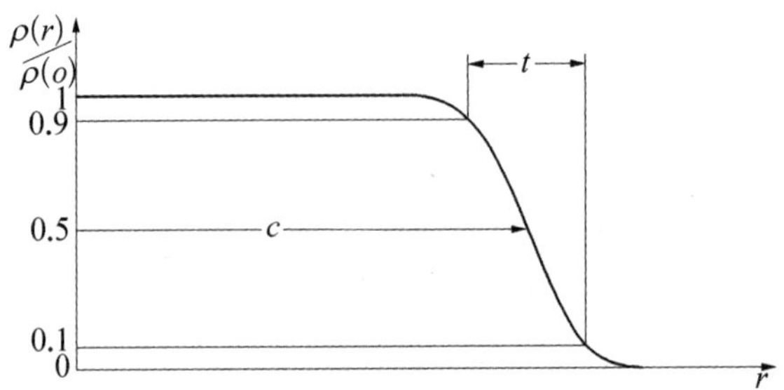

图 4.11　费米双参数的电荷分布

径：$\langle r^2 \rangle = \frac{3}{5}c^2\left(1+\frac{7}{3}(\frac{\pi a}{c})^2+\cdots\right)$. 不同的核素$(Z, A)$的实验给出参数 c 不同，a 和 t 变化不大. 有如下几个经验规律

- $c = (1.18A^{1/3} - 0.48)\,\text{fm}$，$a = 0.546\,\text{fm}$，$t = 2.4\,\text{fm}$.
- 中、重核素的电荷分布均方根半径：$\langle r^2 \rangle^{\frac{1}{2}} = r_0 A^{\frac{1}{3}}$，$r_0 = 0.94\,\text{fm}$.
- 双参数的拟合在小角度区（低动量传递）符合较好，说明该分布基本上可以刻画核电荷分布的线度和外表形状. 但大角度区（大动量传递），双参数的分布与实验偏离较大，表明它对核的内部电荷分布细节的刻画是不好的.
- 若核电荷分布简化成矩形分布，见表 4.4. 可以得到

$$R = \left(\frac{5}{3}\langle r^2 \rangle\right)^{\frac{1}{2}} = \sqrt{\frac{5}{3}}r_0 A^{\frac{1}{3}} = R_0 A^{\frac{1}{3}},\ R_0 = 1.21\,\text{fm}$$

为了研究核物质（中子和质子）的分布，必须采用强子作为探针，实验上用高能光子与核素相互作用：$\gamma + (Z, A) \to (Z, A) + \rho^0$，测量形成 ρ^0 的微分截面（即用 ρ^0 作探针来探测中子和质子组成的核物质的分布）. DESY 在上世纪 70 年代研究7.5 GeV的光子和 13 种核素的衍射产生的微分截面，给出核物质的分布如下[3]

$$\rho(r) = \frac{\rho_0}{1+\exp\left(\frac{r-R(A)}{s}\right)}$$

其中 $R(A) = r_0 A^{1/3}$，$r_0 = (1.12 \pm 0.02)\,\text{fm}$，$s = 0.545\,\text{fm}$，$t = 2.4\,\text{fm}$.

由此推得核物质体积 $V = 4/3(\pi r_0^3 A)$. 得到核物质密度 $\rho = A/V = 0.17\,\text{nucleon}\cdot\text{fm}^{-3}$. 相当于 $2.8\times10^8\,\text{t}\cdot\text{cm}^{-3}$.

从核电荷分布和核物质分布的一致性表明，由于核力作用的特殊性，核素中核子分布并不因为质子的库仑排斥，使质子更趋于核素的表面.

4.3.5　核子的电磁作用荷的分布

对类点的电子与类点的质子散射，其散射微分截面由式(4.24)所示. 很多实验证据表明核子是有内部结构的非点粒子(它们具有反常磁矩). 可以推断，实际的 e－p 弹性散射微分截面将会偏离式(4.24). 假设核子的电、磁作用荷的分布是球对称的. 并将质子的电的形状因子和磁的形状因子分别定义为

$$G_E^{\mathrm{p}}(q^2)\Big|_{q^2=0} = \frac{Q}{e} = 1 \qquad G_M^{\mathrm{p}}(q^2)\Big|_{q^2=0} = \frac{\mu_{\mathrm{p}}}{\mu_{\mathrm{N}}} = 2.79 \quad (4.37\mathrm{a})$$

对中子，它们分别定义为

$$G_E^{\mathrm{n}}(q^2)\Big|_{q^2=0} = \frac{0}{e} = 0 \qquad G_M^{\mathrm{n}}(q^2)\Big|_{q^2=0} = \frac{\mu_{\mathrm{n}}}{\mu_{\mathrm{N}}} = -1.91 \quad (4.37\mathrm{b})$$

引入形状因子后的 e－N 弹性散射微分截面称为 Rosenbluth 公式，它是

$$\left(\frac{\mathrm{d}\sigma}{\mathrm{d}\Omega}\right)_{\mathrm{eN}} = \left(\frac{\mathrm{d}\sigma}{\mathrm{d}\Omega}\right)_{\mathrm{Mott}}\left(\frac{G_E^2(q^2)+\tau G_M^2(q^2)}{1+\tau} + 2\tau G_M^2(q^2)\tan^2\frac{\theta}{2}\right) \quad (4.38)$$

式中，$\tau = \dfrac{|q^2|}{4M_N^2}$. 图 4.12 是 188 MeV 的电子和质子的弹性散射微分截面. 图中同时给出(a)Mott 散射(自旋为 1/2 和自旋为 0 的类点粒子的散射)微分截面（虚线)，(b) Dirac 的类点核磁子、点电荷散射微分截面(点划线)和(c)类点的、但是具有反常磁矩（$\mu_{\mathrm{p}} = 2.79\mu_{\mathrm{N}}$）的质子的散射微分截面(实线)的走向. 实验数据(带数据点的实线)都与(a)，(b)，(c)偏离，说明核子不是类点的无结构的粒子.

为了研究核子的电、磁的分布，通过实验测得的微分截面和 Mott 散射的微分截面比较，比值用 R 表示

$$R = \left(\frac{\mathrm{d}\sigma}{\mathrm{d}\Omega}\right)^{\mathrm{exp}} \Big/ \left(\frac{\mathrm{d}\sigma}{\mathrm{d}\Omega}\right)_{\mathrm{Mott}} = \left(\frac{G_E^2(q^2)+\tau G_M^2(q^2)}{1+\tau} + 2\tau G_M^2(q^2)\tan^2\frac{\theta}{2}\right)$$

通过改变入射电子的动量 $P_1(E_1)$或者选择不同出射电子的 $P_3(E_3)$，在不同的角度 θ 测量同一 q^2 的弹性散射的微分截面，计算 $R(q^2 = q_1^2)$，作 $R(q^2 = q_i^2)$ 对 $\tan^2(\theta/2)$的实验图. 图 4.13 是 $q_i^2 = -75\ \mathrm{fm}^{-2}$ 获得的一组数据. 数据点落在一条直线上. 直线在 R 轴的截距 $R(\theta = 0)$ 和斜率 S 分别为：$R(\theta = 0)_{q_i^2} = \dfrac{G_E^2(q_i^2)+\tau_i G_M^2(q_i^2)}{1+\tau_i}$，$\tau_i = \dfrac{|q_i^2|}{4M_N^2}$，$S = 2\tau_i G_M^2(q_i^2)$. 由上述两方程联立求出与 q_i^2 对应的 G_E 和 G_M.

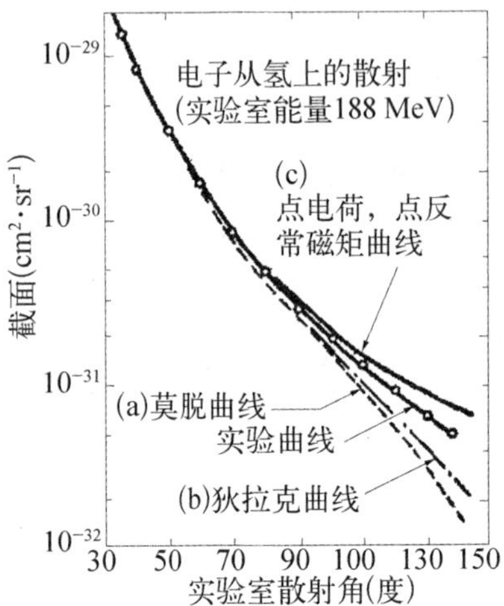

图 4.12　188 MeV 的电子和质子的弹性散射微分截面[4]

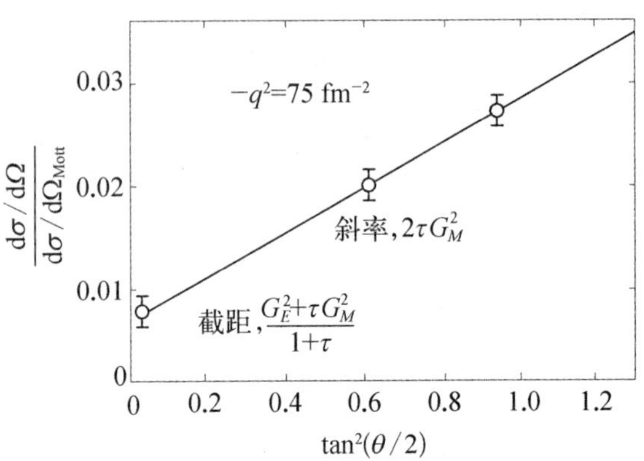

图 4.13　比值 $R(q_i^2)$ 相对于 $\tan^2\left(\frac{\theta}{2}\right)$ 的实验曲线

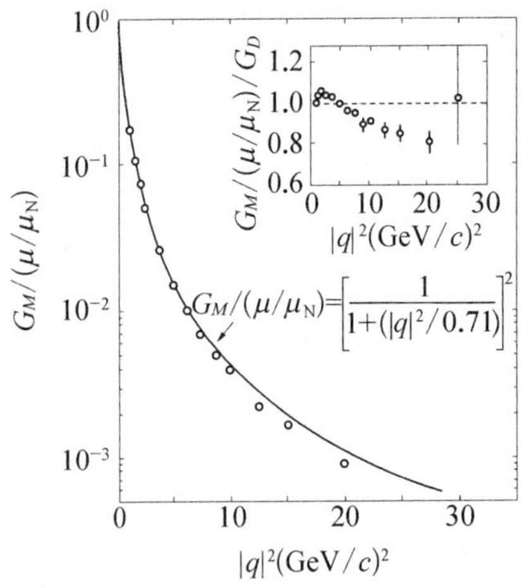

图 4.14　归一化的质子磁形状因子随传递动量的变化的实验曲线[5]

对一系列选定的 q_i^2 值，做同样的实验，给出的一系列的 G_E 和 G_M 值. 图 4.14 是不同 q^2 下 $G_M^p(q^2)(\mu_p/\mu_N)^{-1}$ 的实验数据分布. 类似的电形状因子的实验数据分布也可以得到(误差更大一些). 用偶极分布

$$G_D(q^2) = (1 + |q^2|/|q_0^2|)^{-2} \tag{4.39a}$$

对实验数据进行拟合(图中的实线)，得到

$$|q_0^2| = 0.71(\mathrm{GeV})^2 \tag{4.39b}$$

实验数据表明：

● 核子不是“点”粒子，与偶极形状因子对应的电荷分布或者磁矩分布为

$$\rho(r) = \rho_0 \exp(-r/a) \tag{4.39c}$$

其中，$a = \hbar/\sqrt{|q_0^2|} = 0.23\ \mathrm{fm}$. 在动量传递 $-q^2 < 10\ \mathrm{GeV}^2$ 的情况下核子的电磁作用荷为指数衰减的分布，它对应于单调的无衍射结构的微分截面的分布，如图 4.12 所示. 与之不同的是，图4.11的具有明确界面的核素电荷分布，由于在界面的不同位置散射的电子的子波的相干叠加，构造出如图 4.10 的非单调的有衍射花样的微分截面分布.

● 除中子的电形状因子外，核子的磁的和电的形状因子均可以近似用偶极分布来描述：$G_E^{\mathrm{p}}(q^2) \approx \dfrac{G_M^{\mathrm{p}}(q^2)}{\mu_{\mathrm{p}}/\mu_{\mathrm{N}}} \approx \dfrac{G_M^{\mathrm{n}}(q^2)}{\mu_{\mathrm{n}}/\mu_{\mathrm{N}}} = G_D(q^2)$，$G_E^{\mathrm{n}}(q^2) = 0$.

● 在低动量传递下，由式(4.32)可得：$\langle r_E^2(\mathrm{p}) \rangle \approx \langle r_M^2(\mathrm{p}) \rangle \approx \langle r_M^2(\mathrm{n}) \rangle \approx 0.7\ \mathrm{fm}^2$.

● 实验给出：$\langle r_E^2(\mathrm{n}) \rangle \approx (0.005 \pm 0.006)\mathrm{fm}^2$.

4.3.6　e－p 深度非弹性散射和核子内部的类点微粒结构

弹性散射的末态质子不被激发，如图 4.15(a)所示. 在较高的四动量传递下，非弹性散射过程也会发生，如图 4.15(b). 末态质子不再是质子，而是质子的各种激发(共振)态或者是多粒子的强子末态. 下面推导非弹性散射过程的四动量传递平方. 非弹性过程，有一部分电子的动能 $\nu = E_1 - E'$ 除用于质子的反冲动能外还用于系统的激发能. 电子丢失动量 $(P_1 - P_3)$. 能动量的传递由虚光子来进行，它传递的四动量平方为：$q^2 = \nu^2 - (\boldsymbol{P}_1 - \boldsymbol{P}_3)^2$. 末态强子系统的总能量 $E_h = \nu + m$，总动量为虚光子给予的三动量，$(P)_h = P_1 - P_3 = \Delta P$ (质子的初动量为 0). 末态强子系统的不变质量平方为

$$W^2 = E_h^2 - P_h^2 = (\nu + m)^2 + q^2 - \nu^2 = m^2 + q^2 + 2\nu m$$

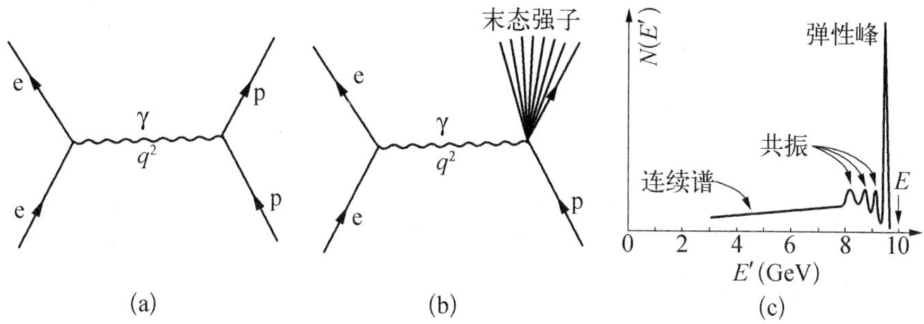

图 4.15　e－p 弹性散射(a)和非弹性散射(b)过程图示以及典型的散射电子能谱(c)

根据末态强子系统的不变质量平方的取值，分三种情况来讨论.

● $W^2 = m_p^2$，即 $q^2 + 2\nu m = 0$. (注意，对类空光子 $q^2 < 0$) 说明散射末态强子还是初态的质子，是通常定义的弹性散射.

● $W^2 = m_{\mathrm{res}}^2$ (在合适的能(ν)动(ΔP)量传递的情况下)，说明散射末态强子是质子的某种共振态. 这里称其为一般的非弹性散射.

● W^2 在大于 M_{res}^2 时，与图 4.15(c)的连续谱对应. 这将是下面要讨论的深

度非弹性散射.

下面来看一看和上面三种 W^2 取值区间对应的散射的能谱特征.图 4.15(c)给出一个典型的散射电子的能谱.在 $E' = 9 \sim 10$ GeV 之间有一个很强的弹性散射峰,散射电子的部分能量被反冲质子动能带走.在 8~9 GeV 区间有三个矮得多(纵坐标并不按比例)的峰分别对应质子的三个共振态.3~8 GeV 散射电子具有连续的能量分布,与深度非弹性散射过程对应.为了揭示深度非弹性散射过程所包含的物理信息,下面研究与连续分布区对应的双微分截面,即在散射电子的一个能量间隔 $E' \to E' + \mathrm{d}E$ 内的微分截面.图 4.16 给出一组用 Mott 散射截面规一的双微分截面随 q^2 的分布.图中同时给出弹性散射的规一化的微分截面的曲线(点划线).实验数据分别选自 W 为 2,3 和 3.5 GeV 的非共振态的深度非弹性散射情况.

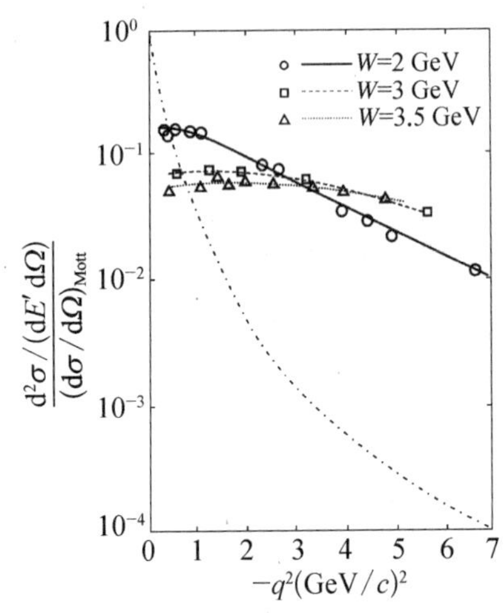

图 4.16 归一化的双微分截面随 q^2 变化的实验数据[6]

它们与弹性散射明显不同的是规一化的双微分截面几乎与 q^2 无关(与"尺度"无关),尤其是 $W = 3$ GeV, 3.5 GeV 的情况,而且与 W 的依赖关系很小.表明在相应的散射电子能谱区间(<8 GeV)规一化双微分截面基本为常数.规一化的微分截面可以用规一化的双微分截面的平均值(~0.05)乘以积分区间的间隔数(10),即

$$\left(\frac{\mathrm{d}\sigma}{\mathrm{d}\Omega}\right)_{\mathrm{cont}} \Big/ \left(\frac{\mathrm{d}\sigma}{\mathrm{d}\Omega}\right)_{\mathrm{Mott}} \approx 0.5 \qquad (4.40)$$

令人惊奇的是与散射电子能量连续区间对应的散射电子的行为与电子被点粒子散射的行为很相似,它们之间散射的微分截面近似于 Mott 散射的微分截面.也就是说,在大的四动量传递、大的末态强子系统不变质量区间的散射表现为电子与核子中的类点的小核心的散射.这一重要实验发现为其后的强子结构的模型的建立奠定了重要的基础.正如因这一重要实验而获 1990 年度诺贝尔物理奖的 J. I. Friedman 和 H. W. Kendall 在他们的演讲中说的:"研究工作是从质子的研究开始,出乎我们意料的是,我们发现被质子散射的电子的行为表明,质子内部有点状的东西,质子里面存在有小核.其后表明,这些点状小核和关于存在夸克的想法相一致."

4.4　轻子是类点粒子

量子电动力学(QED)是描述类点粒子电磁相互作用的最佳理论. 在 QED 理论模型中,带电轻子(e, μ, τ)被视为点粒子,它与其他荷电粒子的相互作用是通过传递光子来实现的,例如电子和电子的散射,电子和正电子的散射等,都可以用理论来精确描述.

4.4.1　Møller 散射,电子和电子的弹性散射

图 4.17 是 Møller 散射的最低阶的 Feynman 图. QED 理论给出该过程最低阶的微分截面

$$e^- + e^- \to e^- + e^-$$

图 4.17　Møller 散射和最低阶 Feynman 图

$$\left(\frac{d\sigma}{d\Omega}\right)_{nr} = \frac{\alpha^2 m^2}{16p^4}\left[\frac{1}{\sin^4(\theta/2)} - \frac{1}{\sin^2(\theta/2)\cos^2(\theta/2)} + \frac{1}{\cos^4(\theta/2)}\right] \quad p \ll m$$

$$\left(\frac{d\sigma}{d\Omega}\right)_{er} = \frac{\alpha^2}{2S}\left[\frac{1+\cos^4(\theta/2)}{\sin^4(\theta/2)} + \frac{2}{\sin^2(\theta/2)\cos^2(\theta/2)} + \frac{1+\sin^4(\theta/2)}{\cos^4(\theta/2)}\right] \quad p \gg m \tag{4.41}$$

第一式为非相对论近似下的微分截面,P 为动量中心系中电子的动量. 第二式为极端相对论近似的微分截面,S 为动量中心系总能量的平方, $S = (P_1^\mu + P_2^\mu)^2$. P_1^μ 为入射电子的四动量,P_2^μ 为靶电子的四动量. 式(4.41)中的第一项由图 4.17 的左图贡献,第三项由右图贡献,中间项为左右两图的相干.

4.4.2 Bhabha 散射，电子和正电子弹性散射

图 4.18 是其最低阶的相互作用 Feynman 图.

$$e^- + e^+ \to e^- + e^+$$

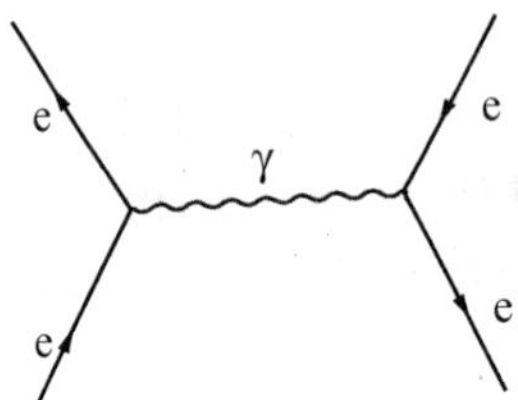

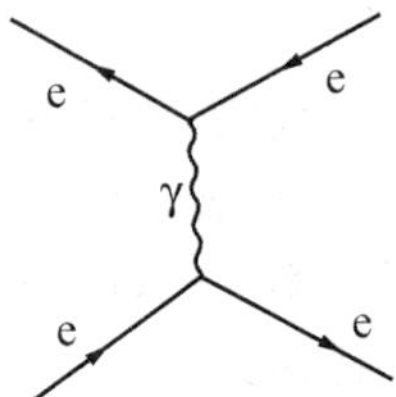

图 4.18　Bhabha 散射最低阶的相互作用 Feynman 图

它包括类空过程(左图)和类时过程(右图). QED 理论计算得到最低阶散射微分截面(极端相对论下)为

$$\left(\frac{d\sigma}{d\Omega}\right)_{er} = \frac{\alpha^2}{2S}\left[\frac{1+\cos^4(\theta/2)}{\sin^4(\theta/2)} - \frac{2\cos^4(\theta/2)}{\sin^2(\theta/2)} + \frac{1+\cos^2\theta}{2}\right] = \frac{\alpha^2}{16S}\frac{(3+\cos^2\theta)^2}{\sin^4(\theta/2)} \tag{4.42}$$

式中第一项是类空散射的贡献，第三项为类时散射的贡献. 中间一项是类时和类空散射产生的相干项.

下面再介绍一个重要的纯 QED 过程：$e^- + e^+ \to \gamma + \gamma(\gamma)$. 正负电子湮灭成多光子，其相互作用最低阶 Feynman 图，如图 4.19 所示. 其湮灭到两光子的最低阶微分截面(Born)为

$$\left(\frac{d\sigma}{d\Omega}\right)_{Born} = \frac{\alpha^2}{S}\frac{1+\cos^2\theta}{\sin^2\theta} \tag{4.43}$$

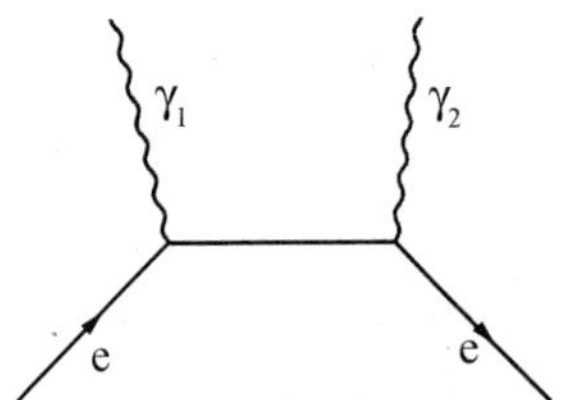

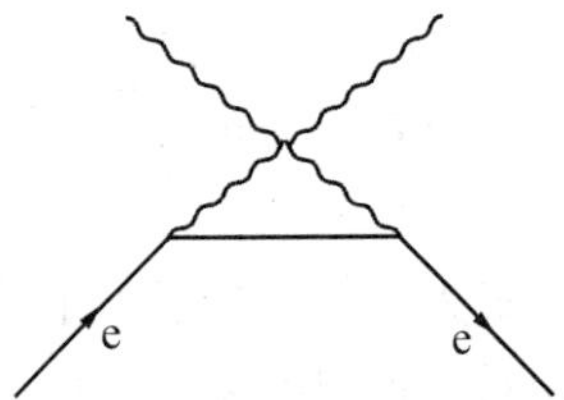

图 4.19　$e^- e^+ \to \gamma\gamma(\gamma)$的最低阶 Feynman 图

4.4.3　实验检验

回答轻子是否是类点粒子，是否有一定尺度，包括了两条战线上的物理学家的努力.理论物理学家根据 QED 理论，精确给出不同阶次的轻子的各种散射过程的微分截面或者精确计算出描述轻子的各种重要的电磁参数，例如反常磁矩系数 a_e^{th} 和 a_μ^{th}.实验物理学家精确设计实验和分析实验，给出高实验精度的实验微分截面和高实验精度的 a_e^{exp}，a_μ^{exp} 值.实验和理论预期的偏离用来衡量物理轻子对 QED 假定的无内部结构的类点轻子的偏离.到目前为止，所有实验和理论预言在误差(实验精度和理论计算精度)范围内是一致的，也就是说轻子是无内部结构的类点粒子的假定，在目前实验精度和计算精度可达到的条件下是正确的.正因为这种一致性是有条件的，作为一种科学的量的估计，人们通常引入一种截断参数 Λ 来量度其偏离.在不同模型假定下，Λ 的物理意义不同.下面举几个实验和理论比较的例子.

1. $\sqrt{s} = 34.5\ \mathrm{GeV}$ 下的 Bhabha 散射

$(\mathrm{d}\sigma/\mathrm{d}\Omega)^{\mathrm{exp}}$是实验测得的散射的微分截面值，$(\mathrm{d}\sigma/\mathrm{d}\Omega)^{\mathrm{QED}}$是式(4.42)描述的最低阶的微分截面计算值.图 4.20 是 θ 从 0°～180°区间实验和理论微分截面比值随 θ 的变化.比值对 1 的偏离包括高阶的辐射修正以及由于弱相互作用(Z^0 贡献)引入的效应.若把这种偏离全部归于轻子的非点粒子，从而引入截断参数 Λ，用下式

$$\left(\frac{\mathrm{d}\sigma}{\mathrm{d}\Omega}\right)^{\mathrm{exp}} \Big/ \left(\frac{\mathrm{d}\sigma}{\mathrm{d}\Omega}\right)^{\mathrm{QED}} = 1 + O\left(\frac{s}{\Lambda^2}\right) \tag{4.44}$$

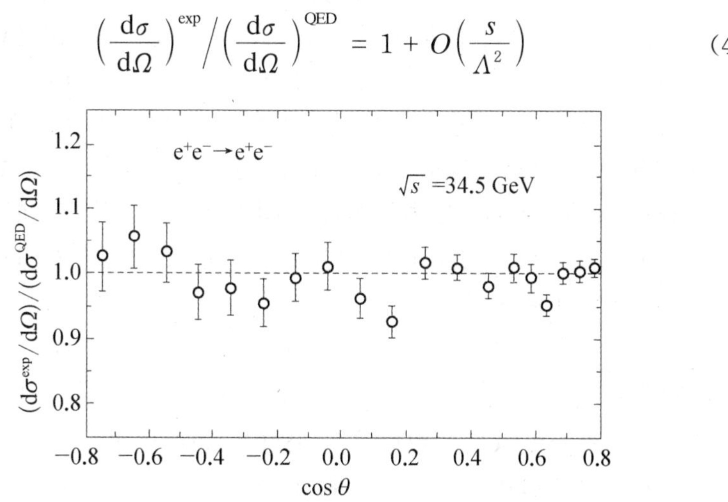

图 4.20　实验的 Bhabha 散射微分截面对低阶 QED 微分截面的偏离[7]

上式 s/Λ^2 的数量级直接和图中实验微分截面对最低阶微分截面的偏离(～0.05)联系起来

$$\frac{s}{\Lambda^2} \leqslant 0.05 \qquad \sqrt{s} = 34.5 \text{ GeV} \qquad \Lambda \geqslant 150 \text{ GeV}$$

结果告诉人们，在能标直到 150 GeV 时，轻子(电子)还可以视为类点粒子. 从而给出电子的尺度为

$$r \leqslant \frac{\hbar}{\Lambda} \sim 1.3 \times 10^{-18} \text{ m} \tag{4.45}$$

2. 动量中心系能量$\sqrt{s}$为 90 GeV 附近，$e^- e^+ \to \gamma\gamma$ 过程的研究

图 4.21(a)为$(d\sigma/d\Omega)^{exp}$的实验微分截面(点)随$|\cos\theta|$的变化与$(d\sigma/d\Omega)_{Born}$(虚线)和精确到 α^3 的$(d\sigma/d\Omega)_{QED}$(实线)的理论曲线. 从中可见，$(d\sigma/d\Omega)_{Born}$和实验点有明显的偏离，而包括 α^3 辐射修正的$(d\sigma/d\Omega)_{QED}$与实验点符合很好. 图 4.21(b)用$(d\sigma/d\Omega)_{Born}$截面归一的$(d\sigma/d\Omega)^{exp}$(点)和规一的包括 α^3 辐射修正的$(d\sigma/d\Omega)_{QED}$(实线). 实验点在 0°(180°)角度区和 90°附近明显的偏离 Born 截面的值. 而且规一化的包括 α^3 辐射修正的$(d\sigma/d\Omega)_{QED}$(实线)也明显偏离 1. 实验点更接近于包括 α^3 辐射修正的$(d\sigma/d\Omega)_{QED}$(实线). 为定量地给出物理的电子的行为(实验点)和 QED 预期的类点的无内部结构的电子的偏离(实线). 把图 4.21(b)中，用于规一的 Born 截面换为包括 α^3 辐射修正的$(d\sigma/d\Omega)_{QED}$，得到图 4.22. 实验点围绕值 1 附近晃动. 如果存在偏离，它只能是来自超出 QED 理论框架的新物理，例如，存在激发态电子(新作用顶点 $e^- e^{-*} \gamma$)、非 QED 形的接触相互作用($e^- e^+ \gamma\gamma$)等. 新物理理论引入相应的截断参数，类似于式(4.44). 非 QED 的新物理将对包括 α^3 辐射修正的$(d\sigma/d\Omega)_{QED}$截面引入一个量级为(s/Λ^2)的幂次的修正. 新物理框架不同，(s/Λ^2)出现的形式也不同. 利用含有待定截断参数的修正微分截面，选用合适的拟合方法在选定的置信水平下，给出偏离 QED 截断参数 $\Lambda_\pm$ 和激发态电子质量下限为

$$\Lambda_+ > 177 \text{ GeV} \qquad \Lambda_- > 170 \text{ GeV} \qquad M_{e^*} > 174 \text{ GeV}$$

从 QED 偏离截断参数 Λ 而给出，电子(轻子)的线度为：$r \leqslant 1 \times 10^{-18}$ m. 对 $\sqrt{s} = 183$ GeV 和 189 GeV 的数据进行同样的分析给出[8]

$$\Lambda_+ > 321 \text{ GeV} \qquad \Lambda_- > 282 \text{ GeV} \qquad M_{e^*} > 283 \text{ GeV} \tag{4.46a}$$

从而设定电子的线度为

$$r \leqslant 0.6 \times 10^{-18} \text{ m} \tag{4.46b}$$

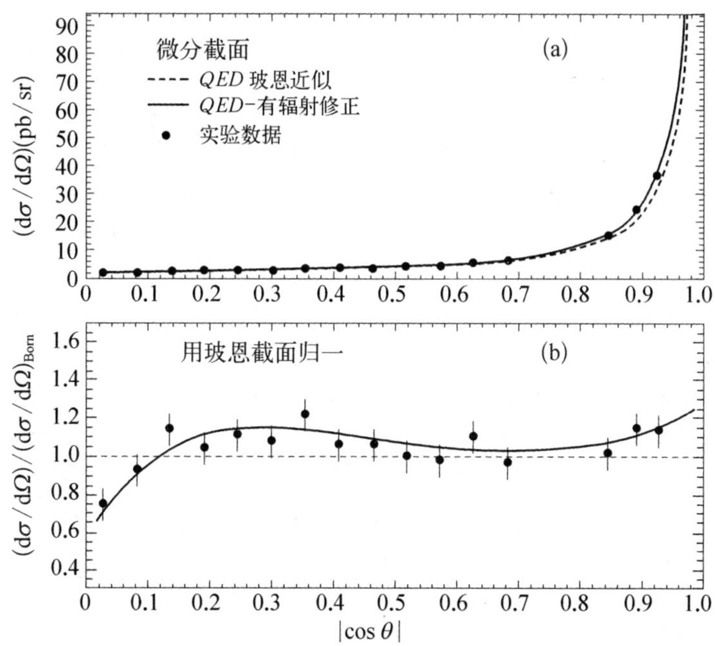

图 4.21　$(d\sigma/d\Omega)_{e^- e^+ \to \gamma\gamma(\gamma)}$ 的实验数据和理论预期

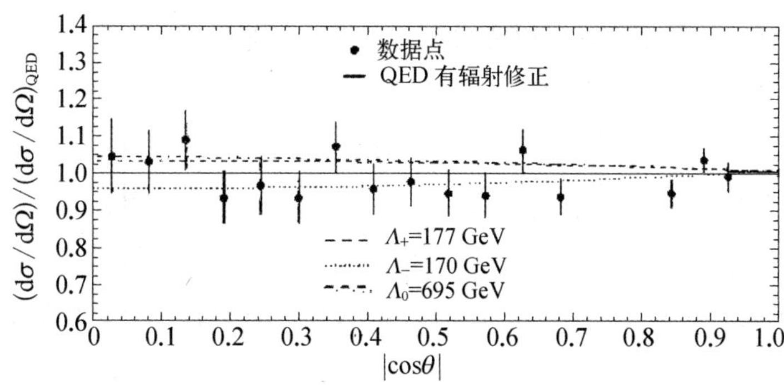

图 4.22　实验微分截面对 α^3 辐射修正的 QED 截面的可能偏离

实验表明，在上述设定的能标下电子没有表现出偏离无结构的类点粒子的行为.

3. 轻子的 $g-2$ 实验

1928 年 Dirac 用他的电子的相对论波动方程来描述自旋为 1/2 的“点”电子，

方程中自然地出现了与电子自旋运动对应的磁矩和电子在空间产生的磁场之间的相互作用项.电子的自旋磁矩为：$\mu_e = \mu_B = \dfrac{e\hbar}{2m_e c}$，$g_e = -2$.成为方程的一个自然结果.$g_e$ 即电子的 g 因子.

1947 年 Kusch 和 Foley 采用微波技术仔细测量了电子的磁矩，发现电子的 g 因子和 2 有偏离.此后理论和实验进行了很多的努力来探寻偏离的原因.

根据电子和外场(例如外磁场)的相互作用所表现出来的磁矩，应该把“物理的电子”(真实的电子)和外场的相互作用，看成是各种中间状态的电子和外场的相互作用的振幅之和.图 4.23 给出不同阶次的相互作用的 Feynman 图.如果物理电子是简单的 Dirac 电子(等式右边第一项)，g 应该是 -2，实际上电子具有一定的几率振幅辐射虚光子，再被自身吸收，即在外场看来电子在空间中左右摇晃着，如图 4.23 等式右边的第二个图；还存在一定的几率振幅电子发射的虚光子先生成一对虚的正负电子对，后者又湮灭成虚光子，然后再被电子自己吸收(等式右边第三图)，等等.上述各种中间状态的电子还属点粒子.依照 QED 的规则，人们可以按照各中间状态的几率振幅，计算它们与外场相互作用贡献于物理电子的磁矩与 Dirac 电子磁矩的偏离量 $a_e = \dfrac{|g_e| - 2}{2}$，结果为

$$a_e^{\text{QED}} = \frac{1}{2}(\alpha/\pi) - 0.328\,749(\alpha/\pi)^2 + 1.29(\alpha/\pi)^3 + \cdots \tag{4.47}$$

原则上，QED 的计算精度还可以继续提高到更高 α 幂次.

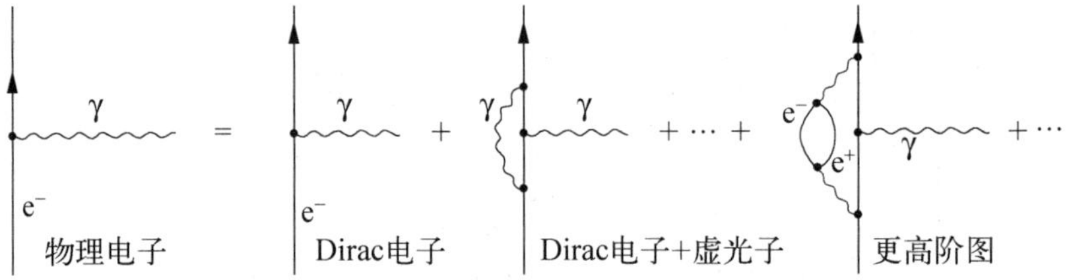

图 4.23　真空中物理电子分解为各种可能的态的叠加

实验上，人们设计了巧妙的磁瓶实验装置，来精确测量电子的磁矩.其原理如图 4.24 所示.慢电子经偏转磁铁 M 和四极磁铁 Q 引入磁瓶，与磁瓶中的金箔靶 T 散射，散射电子具有一定极化，即自旋(及它磁矩 $\mu_e = g\mu_B$)相对于磁瓶的磁场(沿磁瓶轴向)有一个特定的取向.散射电子沿磁瓶轴向的速度，使电子有一个轴向运动，电子横向动量(与磁瓶轴垂直)使电子在磁场 B 作用下，绕 B 作回旋运动，回旋

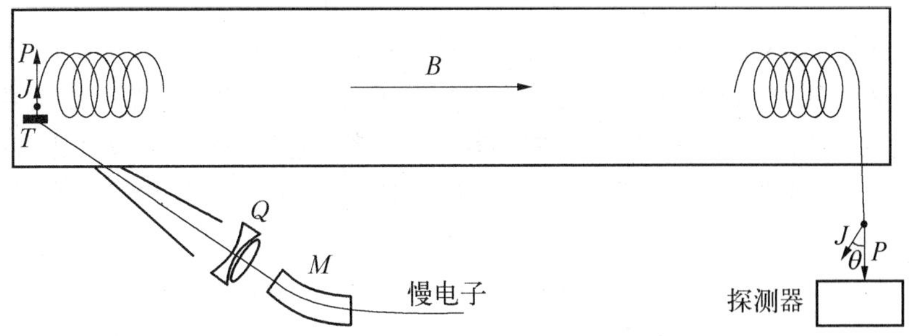

图 4.24　用来精确测量电子因子的磁瓶实验装置[9]

角频率 $\omega_c = \dfrac{eB}{mc}$，同时具有磁矩 $-g\mu_B$ 的电子，也将绕 B 以 $\omega_L = \dfrac{|g_e|}{2}\dfrac{eB}{mc}$ 进动. ω_c 为电子的速度矢量绕 B 回旋的角频率，ω_L 是电子自旋绕 B 进动的角频率，当 $|g_e|$ 正好等于 2 时，电子的自旋相对于它的动量的取向将保持其初始状态，即纵向极化度保持不变. 若 $|g_e| \neq 2$，就会出现自旋的进动落后或超前于电子动量的回旋为：$\Delta\omega = (\omega_L - \omega_c) = \dfrac{|g_e| - 2}{2}(eB/mc) = a_e\omega_c$. 若电子通过磁瓶到达探测系统的时间为 t，那么到达探测器时，电子的纵向极化度发生的改变量取决于落后（超前）的相角 $\theta = a_e\omega_c t$.

探测器系统（还是通过库仑散射方法），具有测量出射电子极化的功能，即测量相对于原初极化度，电子的纵向极化度发生的变化. 根据极化度变化量的测量，求得 θ 的测量值. 可以通过提高磁瓶的轴向磁场和轴向长度来放大 θ 的幅度以达到对 a_e 的精确测量. 早在 70 年代末，给出测量值和理论计算值[9]

$$a_e^{\text{Exp}} = (1\,159.652\,277 \pm 0.000\,040) \times 10^{-6} \tag{4.48a}$$

$$a_e^{\text{QED}} = (1\,159.652\,570 \pm 0.000\,150) \times 10^{-6} \tag{4.48b}$$

理论和实验在小数点后的第 9 位上一致.

与测量 a_e 基本原理相似，人们设计 μ 子的 $g-2$ 的测量装置——μ 子储存环. 实验给出

$$a_\mu^{\text{Exp}} = (1\,165.895 \pm 0.027) \times 10^{-6} \text{[10]} \tag{4.49a}$$

相应的理论值

$$a_\mu^{\text{QED}} = (1\,165.902 \pm 0.010) \times 10^{-6} \tag{4.49b}$$

在小数点后第 6 位一致. 人们公认的电子和 μ 子的 a 值是[10]

$$a_e = (1\,159.652\,193 \pm 0.000\,010) \times 10^{-6}$$

$$a_\mu = (1\,165.923\,0 \pm 0.008\,4) \times 10^{-6}$$

从磁矩的精确测量和理论计算表明，轻子具有反常磁矩，不是真正的 Dirac 轻子．轻子磁矩对 Dirac 轻子磁矩的偏离可以用 QED 理论的高阶相互作用来描述，轻子还是 QED 的类点的无内部结构的粒子．应该注意到，由于实验可达到的精度以及计算可达到的精度的有限性，式(4.48)和式(4.49)的实验和理论值之间存在着微小差别．例如，对于电子

$$a_e^{QED} - a_e^{Exp} = (370 \pm 155) \times 10^{-12} \qquad |\delta a_e| \leqslant 5 \times 10^{-10} \tag{4.50}$$

实验与 QED 计算的微小偏离，可以用轻子对类点的无内部结构的 QED 轻子的偏离来解释．假设轻子是由更微小的质量很重的组分构成的，组分质量 $M_c \gg m_l$，理论认为[11]轻子的组分对上述微小偏离的贡献为 $\delta a \sim O\left(\frac{m_l}{M_c}\right)$．由式(4.50)的结果，导出构成轻子(电子)的更小组分微粒的质量限，$M_c \geqslant 10^6$ GeV．一般的非相对论束缚态系统的尺度是由组成基本单元的康普顿波长来定，所以电子的尺度应为

$$r_e \leqslant \hbar / M_c c \sim 2 \times 10^{-22}\ \text{m} \tag{4.51}$$

参考文献：

[1] Particle Data Group. Gauge & Higgs Boson Summary Table[J]. J. Phys., 2006, G33: 32; Lepton Particle Listings-Neutrino Properties[J] J. Phys., 2006, G33: 471.

[2] Bellicard J B, Bounin P, Frosch R F, et al. Scattering of 750 - MeV Electrons by Calcium Isotopes[J]. Phys. Rev. Lett., 1967, 19: 527.

[3] Alvensleben H, Becker U, Bertram W K, et al. Determination of Strong-Interaction Nuclear Radii[J]. Phys. Rev. Lett., 1970, 24: 792.

[4] McAllister R W, Hofstadter R. Elastic Scattering of 188 - MeV Electrons from the Proton and the Alpha Particle[J]. Phys. Rev., 1956, 102: 851.

[5] Kirk P N, Breidenbach M, Friedman J I, et al. Elastic Electron-Proton Scattering at Large Four-Momentum Transfer[J]. Phys. Rev., 1973, D8: 63.

[6] Breidenbach M, Friedman J I, Kendall H W, et al. Observed Behavior of Highly Inelastic Electron-Proton Scattering[J]. Phys. Rev. Lett., 1969, 23: 935.

[7] TASSO Collaboration. An Improved Measurement of Electroweak Couplings from $e^+e^- \to e^+e^-$ and $e^+e^- \to \mu^+\mu^-$[J]. Z. Phys., 1984, C22: 13.

[8] Acciarri M, Achard P, Adriani O, et al. Hard-photon production and tests of QED at LEP[J]. Phys. Lett., 2000, B475, 198.

[9] Stanley J B, Sidney D. D. Anomalous magnetic moment and limits on fermion

substructure[J]. Phys. Rev., 1980, D22: 2236.

[10] Combley F, Picasso E. The muon ($g-2$) precession experiments: Past, present and future[J]. Phys. Rept., 1974, 14: 1.

[11] Drell S D, Hearn A C. Exact Sum Rule for Nucleon Magnetic Moments[J]. Phys. Rev. Lett., 1966, 16: 928.

习　题

4-1　合肥国家同步辐射实验室的直线加速器,提供 200 MeV 的电子束,其脉冲流强为 50 mA,束流脉冲宽度为 1 μs,脉冲重复频率为 50 Hz.

(1) 如果在一个散射靶区电子束为 $\phi=10$ mm的均匀斑点,求束流的入射通量;

(2) 若在垂直于束流前进方向有一片厚为 1 mm 的钨靶拦截束流,求在靶区散射系统的亮度;

(3) 计算电子与原子核的弹性散射的微分截面($\theta=45°$);

(4) 在 45°方向上,离靶 1.5 m 安放一个刮束器,其孔径为 $\phi=10$ mm,求通过刮束器的弹性散射电子的计数率和电子的能量.

4-2　粒子分为哪三大类?每类各举出若干粒子成员,说明它们的重要特征.

4-3　说明原子核电荷分布和核物质分布的重要特征,采用什么实验方法来测定这种分布.实验给出核物质分布和核电荷分布的哪些重要的结果?

4-4　用电子和核子的弹性散射给出核子的电磁形状因子是什么样的表达式?根据形状因子求质子的电荷分布.

4-5　750 MeV 的电子与自旋为零的^{40}Ca 核的弹性散射,利用本章的公式计算 $\theta=10°$, 15°, 20°, 25°, 30°时,下列几种情况下的微分截面(编程在计算机上计算).(1) 无自旋的电子和点核的散射;(2) 有自旋的电子和点核的散射;(3) 有自旋的电子与电荷密度分布为高斯形($\rho=\rho_0\exp(-r^2/b^2)$)核的散射,与实验得到的微分截面图 4.10 拟合,给出参数 b.

4-6　正负电子对撞机 BEPC,在对撞点的亮度 $L=5\times10^{31}\ \mathrm{cm^{-2}\cdot s^{-1}}$,动量中心系总能量为 3.1 GeV.计算在与电子成 $\theta=20\sim40$ mrad 的环状几何接收度内 Bhabha 散射的事例率.

4-7　描述电子 $g-2$ 实验的基本原理,说明其实验结果的重要意义.

第 5 章　守恒定律及其应用

量子力学中存在着与经典物理中相应的一些守恒量，如能量、动量、角动量．此外，量子物理中还存在着一些特有的守恒量，它们描绘亚原子世界的各个成员的基本特性以及它们之间相互作用应服从的一些基本规律．守恒定律其深刻的物理内含是物理系统的对称性．人们从亚原子系统的基本对称性出发，找出它们相应的守恒定律和守恒量，从而预言亚原子过程的发生或者被禁戒．若实验观察某些过程虽然满足所有已知守恒定律，但却被禁戒．它预示着该过程违背某种人们尚未发现的守恒定律，人们必须赋予相关粒子新的守恒量子数．

5.1　对称性与守恒定律

5.1.1　对称性

一个系统在某种变换（如空间平移、时间平移、空间转动）下具有不变性，说明该系统具有某种特定的对称性．它表明人们无法通过已知的物理实验来检验变换前后系统的差异．例如对于一个孤立系统，人们无法通过物理实验来辨认它在空间的绝对位置，称该系统具有空间平移不变性．一个完美无损的理想球体，人们无法辨认它在空间的取向．我们说一个球对称的系统具有转动变换的不变性．如果该球体表面有一个锈斑，人们就可以根据锈斑来辨认它在空间的取向，我们称对称性的破缺．一个球对称的核绕空间任意轴的转动，或者说它在空间的不同取向不会引起该核素内部状态的变化．一个旋转对称的椭球形的核，当它绕着其对称轴旋转时，不会引起该核素内部状态的任何变化.但是当它绕着非旋转对称轴转动时,它将产生不同的转动激发态,即旋转轴在空间的取向不同,系统(核素)的能级不同.又例如,一个自旋为 1/2 的质子,在无外磁场的空间中,人们无法辨认它在空间的取向,$m_z \pm 1/2$ 的状态具有相同的能量.如果引入磁场,它在空间取向就变成可以辨认了.如图 5.1 所示,无外磁场,旋转对称,对应能级简并;引入外磁场,对称破缺,简并解除.

量子力学中,一个系统的运动规律是由系统的哈密顿量 $\hat{H}$ 决定的(量子场论中由拉氏量 $\mathscr{L}$ 决定).因此研究系统的对称性,就是研究系统的拉氏量 $\mathscr{L}$ 或者 $\hat{H}$ 在某种变换下的不变性.

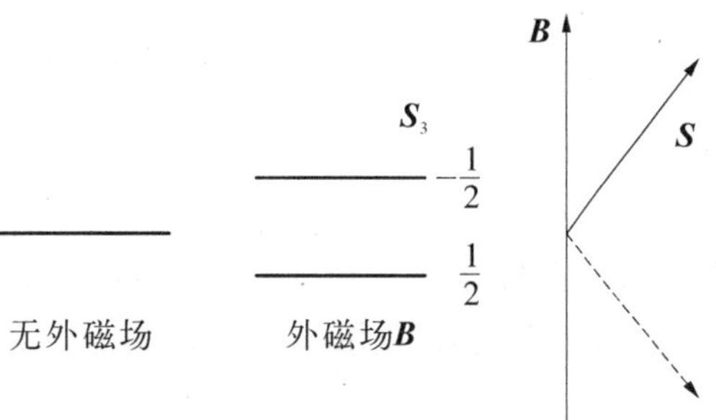

图 5.1　无外磁场和有外磁场下,质子状态对空间取向的依赖性

5.1.2　量子力学中的 Nother 定理

经典物理学中的 Nother 定理指出:如果运动规律在某一个不明显依赖于时间的变换下具有不变性,必相应存在一个守恒定律.量子力学也有相似的描述.在量子力学中,亚原子的状态用粒子的波函数来描述,运动规律用 Schrödinger 方程(或者 Dirac 方程)来描述.

定义一个变换 $\hat{U}$,其逆变换 $\hat{U}^{-1}$, $\hat{U}\hat{U}^{-1} = I$. 若该系统在 $\hat{U}$ 变换下具有对称性,即

	变换前	变换后	
波函数	Ψ	$\hat{U}\Psi$	
运动方程	$\mathrm{i}\hbar \frac{\partial}{\partial t}\Psi = \hat{H}\Psi$	$\mathrm{i}\hbar \frac{\partial}{\partial t}(\hat{U}\Psi) = \hat{H}(\hat{U}\Psi)$	(5.1)
发现粒子的概率	$\int \mathrm{d}\tau \Psi^* \Psi$	$\int \mathrm{d}\tau (\hat{U}\Psi)^* \hat{U}\Psi$	(5.2)

变换前后的运动方程具有不变性.方程(5.1)的后一个方程两边左乘 $\hat{U}^{-1}$($\hat{U}$ 不显含时间 t)即 $\mathrm{i}\hbar \frac{\partial}{\partial t}\hat{U}^{-1}\hat{U}\Psi = \hat{U}^{-1}\hat{H}\hat{U}\Psi$,于是有:$\mathrm{i}\hbar \frac{\partial}{\partial t}\Psi = \hat{U}^{-1}\hat{H}\hat{U}\Psi$.方程(5.1)前后两方程具有全同的形式,即变换前后的运动规律具有不变性的条件是:$\hat{U}^{-1}\hat{H}\hat{U} = \hat{H}$.上式两边左乘 $\hat{U}$ 得

$$\hat{H}\hat{U} = \hat{U}\hat{H}$$

即

$$[\hat{H}, \hat{U}] = 0 \tag{5.3}$$

变换前后，在空间找到粒子的几率要相等，由式(5.2)有

$$\int d\tau \Psi^* \Psi \equiv \int d\tau \Psi^* \hat{U}^+ \hat{U}\Psi$$

即

$$\hat{U}^+ \hat{U} = I \tag{5.4}$$

上面公式表明，若系统在$\hat{U}$变换下具有对称性，则式(5.3)，(5.4)要成立. 式(5.3)和(5.4)分别读为，$\hat{U}$和系统的 $\hat{H}$ 量对易以及$\hat{U}$是幺正变换. 如果把连续变换$\hat{U}$写成

$$\hat{U} = e^{i\varepsilon\hat{F}} \tag{5.5}$$

ε 为一连续变量，$\hat{F}$为一个算符，它生成上述变换. 幺正变换要求

$$\hat{U}^+ \hat{U} = e^{-i\varepsilon\hat{F}^+} \cdot e^{i\varepsilon\hat{F}} = e^{i\varepsilon(\hat{F}-\hat{F}^+)} \equiv I$$

即

$$\hat{F} = \hat{F}^+ \tag{5.6a}$$

厄米算符$\hat{F}$生成幺正变换式(5.5).

对称性要求$\hat{U}$与系统的$\hat{H}$ 量对易. 不失普遍性，取 ε 为无穷小量，有

$$[\hat{H}, e^{i\varepsilon\hat{F}}] \cong [\hat{H}, 1 + i\varepsilon\hat{F}] = [\hat{H}, \hat{F}] = 0 \tag{5.6b}$$

生成幺正对称变换$\hat{U}$(式 5.5)的力学量算符$\hat{F}$是厄米算符，是可观测的物理量. 而且它与系统的 $\hat{H}$ 量对易. 因此，$\hat{F}$是系统的一个守恒量. 作为一个例子，研究空间平移变换$\hat{D}_x(\varepsilon)$，它代表坐标系沿 x 方向做一个平移

$$X \xrightarrow{\hat{D}_x(\varepsilon)} X + \varepsilon$$

在这变换下，系统的波函数变为

$$\Psi(x) \xrightarrow{\hat{D}_x(\varepsilon)} \hat{D}_x(\varepsilon)\Psi(x) = \Psi(x - \varepsilon)$$

设 ε 为无穷小量，则

$$\Psi(x - \varepsilon) \cong \Psi(x) - \varepsilon \frac{\partial}{\partial x}\Psi(x)$$

由 $\hat{p}_x = -i\nabla_x = -i\dfrac{\partial}{\partial x}$ 得

$$\hat{D}_x(\varepsilon)\Psi(x) = (1 - \mathrm{i}\varepsilon\hat{p}_x)\Psi(x)$$

对于沿空间平移一个有限矢量长度 $\boldsymbol{a}$,可以把 $\boldsymbol{a}$ 分成N 次平移,每次移动$\frac{\boldsymbol{a}}{N}$,当 N 趋于无穷大时,每次平移都是一次无限小的平移.则

$$\begin{aligned}\hat{D}_a(\boldsymbol{a})\Psi(\boldsymbol{r}) &= \left(1 - \mathrm{i}\frac{\boldsymbol{a}}{N}\cdot\hat{\boldsymbol{P}}\right)_N\left(1 - \mathrm{i}\frac{\hat{\boldsymbol{a}}}{N}\cdot\hat{\boldsymbol{P}}\right)_{N-1}\cdots \\ &\quad \left(1 - \mathrm{i}\frac{\hat{\boldsymbol{a}}}{N}\cdot\hat{\boldsymbol{P}}\right)_2\left(1 - \mathrm{i}\frac{\hat{\boldsymbol{a}}}{N}\cdot\hat{\boldsymbol{P}}\right)_1\Psi(\boldsymbol{r}) \\ &= \left(1 - \mathrm{i}\frac{\boldsymbol{a}}{N}\cdot\hat{\boldsymbol{P}}\right)^N\Psi(\boldsymbol{r}) = \exp(-\mathrm{i}\boldsymbol{a}\cdot\hat{\boldsymbol{P}})\Psi(\boldsymbol{r})\end{aligned}$$

$\boldsymbol{a}$ 是一个任意的连续变化的矢量.算符$\hat{\boldsymbol{P}}$生成一个平移变换

$$\hat{U} = \exp(-\mathrm{i}\boldsymbol{a}\cdot\hat{\boldsymbol{P}}) \tag{5.7}$$

平移变换的幺正性和对称性,表明系统的动量算符是一个守恒量.同样,能量算符生成一个时间平移变换

$$\hat{U} = \exp(-\mathrm{i}\,t\hat{H}) \tag{5.8}$$

时间平移变换的对称性和 $\hat{H}$ 量的厄米性,意味着系统的总能量守恒.已知能量为 E 的粒子在 $t=0$ 的状态,$\Psi(t=0)=\Psi_0$.任一时刻的状态 $\Psi(t)$,可以把 Ψ_0 作时间平移变换得到

$$\Psi(t) = \exp(-\mathrm{i}\,t\hat{H})\Psi_0 = \Psi_0\exp(-\mathrm{i}Et)$$

5.1.3 空间转动对称性,角动量守恒

角动量算符$\hat{\boldsymbol{J}}$生成一个绕n 轴转动角度θ 的变换

$$\hat{U} = \exp(-\mathrm{i}\,\theta\boldsymbol{n}\cdot\hat{\boldsymbol{J}}) \tag{5.9}$$

$\exp(-\mathrm{i}\theta\hat{J}_x)$, $\exp(-\mathrm{i}\theta\hat{J}_y)$, $\exp(-\mathrm{i}\theta\hat{J}_z)$ 为系统分别绕 x, y, z 轴旋转θ 角的变换.$\hat{U}$变换的幺正性和对称性决定了系统的总角动量J^2, J_z 为系统的守恒量子数.$\hat{J}_x$, $\hat{J}_y$ 都是守恒的算符,但是由于各个分量之间不互相对易

$$[\hat{J}_x, \hat{J}_y] = \mathrm{i}\hat{J}_z$$
$$[\hat{J}_y, \hat{J}_z] = \mathrm{i}\hat{J}_x$$
$$[\hat{J}_z, \hat{J}_x] = \mathrm{i}\hat{J}_y$$

如果选取$\hat{J}^2$ 和$\hat{J}_z$ 的本征态矢$|J, M\rangle$,即

$$\hat{J}^2|J, M\rangle = J(J+1)|J, M\rangle$$
$$\hat{J}_z|J, M\rangle = M|J, M\rangle$$

$|J, M\rangle$不是$\hat{J}_x$, $\hat{J}_y$的本征态.系统绕y轴转动θ角,得到总角动量$\boldsymbol{J}$不变的在z方向不同投影的各种态的叠加,有

$$\exp(-\mathrm{i}\theta\hat{J}_y)\mid J, M\rangle = \sum_{M'} d^J_{M'M}(\theta)\mid J, M'\rangle \tag{5.10}$$

极化态$|J, M\rangle$经过上述转动得到极化态为$|J, M'\rangle$的振幅由d系数定(见附录D)

由J_x, $\hat{J}_y$构成的升降算符:$\hat{J}_+ = \hat{J}_x + \mathrm{i}\hat{J}_y$, $\hat{J}_- = \hat{J}_x - \mathrm{i}\hat{J}_y$,有

$$\left.\begin{aligned}\hat{J}_+\mid J, M\rangle &= [J(J+1) - M(M+1)]^{1/2}\mid J, M+1\rangle\\ \hat{J}_-\mid J, M\rangle &= [J(J+1) - M(M-1)]^{1/2}\mid J, M-1\rangle\end{aligned}\right\} \tag{5.11}$$

空间各向同性在亚原子系统是普遍存在的,角动量$\boldsymbol{J}$,$\boldsymbol{M}$是标志某一亚原子态或者是某一亚原子系统的守恒量子数.例如一个由两个粒子a和b构成的系统,它们具有确定的内禀角动量(自旋):$|a, J_a, M_a\rangle$,$|b, J_b, M_b\rangle$.它们之间的相对运动(例如在有心力场中)具有确定的轨道角动量$\boldsymbol{L}$.这样一个两粒子系统.它们的总角动量为

$$\boldsymbol{J} = \boldsymbol{J}_a + \boldsymbol{J}_b + \boldsymbol{L} \qquad \boldsymbol{M} = \boldsymbol{M}_a + \boldsymbol{M}_b + \boldsymbol{m}_L$$

一个反应过程$a + b \rightarrow c + d$,角动量守恒要求初态系统的总角动量$\boldsymbol{J}_{ab}$等于末态系统的总角动量$\boldsymbol{J}_{cd}$,即

$$\boldsymbol{J}_{ab} = \boldsymbol{J}_a + \boldsymbol{J}_b + \boldsymbol{L}_{ab} \qquad \boldsymbol{J}_{cd} = \boldsymbol{J}_c + \boldsymbol{J}_d + \boldsymbol{L}_{cd}$$

根据角动量相加理论,两个自旋分别为$\boldsymbol{j}_1$和$\boldsymbol{j}_2$的粒子组成的总自旋为$\boldsymbol{J}$的复合系统,$\boldsymbol{J}$的取值可以是:$j_1 + j_2 \quad j_1 + j_2 - 1 \quad j_1 + j_2 - 2 \cdots \quad |j_1 - j_2|$, $M = m_1 + m_2$.耦合态$|J, M\rangle$由$2j_1 + 1$ ($j_1 < j_2$)或者$2j_2 + 1$ ($j_1 > j_2$)个非耦合态$|j_1, m_1\rangle|j_2, M - m_1\rangle$叠加

$$|J, M\rangle = \sum_{m_1 = j_1}^{-j_1}\langle j_1, j_2, m_1, M - m_1\mid j_1, j_2, J, M\rangle\mid j_1, m_1\rangle\mid j_2, M - m_1\rangle \tag{5.12a}$$

反过来非耦合的态矢也可用耦合态矢来表示

$$|j_1, m_1\rangle|j_2, M - m_1\rangle = \sum_{J = |j_1 - j_2|}^{j_1 + j_2}\langle j_1, j_2, J, M\mid j_1, j_2, m_1, M - m_1\rangle\mid J, M\rangle \tag{5.12b}$$

$\langle j_1, j_2, m_1, m_2|j_1, j_2, J, M\rangle$称为C-G系数(Clebsch-Gordan系数,参见附录D).两个粒子自旋部分波函数交换的对称性由C-G系数的交换对称性来决定

$$\langle j_1, j_2, m_1, m_2 \mid j_1, j_2, J, M\rangle = (-1)^{J-j_1-j_2}\langle j_2, j_1, m_2, m_1 \mid j_2, j_1, J, M\rangle \tag{5.13}$$

下面以中子和质子为例讨论角动量合成. 中子和质子都是自旋为 1/2 的粒子, $j_1 = j_2 = 1/2$, $J = 0, 1$. 耦合态 $|J, M\rangle$ 有 $|0, 0\rangle$, $|1, -1\rangle$, $|1, 0\rangle$, $|1, 1\rangle$.

由式(5.12a)得耦合态分别为

单态波函数

$$|0, 0\rangle = \left\langle\frac{1}{2}, \frac{1}{2}, \frac{1}{2}, -\frac{1}{2}\middle|\frac{1}{2}, \frac{1}{2}, 0, 0\right\rangle\left|\frac{1}{2}, \frac{1}{2}\right\rangle_{\mathrm{p}}\left|\frac{1}{2}, -\frac{1}{2}\right\rangle_{\mathrm{n}} + \left\langle\frac{1}{2}, \frac{1}{2}, -\frac{1}{2}, \frac{1}{2}\middle|\frac{1}{2}, \frac{1}{2}, 0, 0\right\rangle\left|\frac{1}{2}, -\frac{1}{2}\right\rangle_{\mathrm{p}}\left|\frac{1}{2}, \frac{1}{2}\right\rangle_{\mathrm{n}}$$

查表得 $\langle 1/2, 1/2, 1/2, -1/2 \mid 1/2, 1/2, 0, 0\rangle = (-1)^{0-1}\langle 1/2, 1/2, -1/2, 1/2 \mid 1/2, 1/2, 0, 0\rangle = 1/\sqrt{2}$, 所以 $|0, 0\rangle = (|1/2, 1/2\rangle_{\mathrm{p}}|1/2, -1/2\rangle_{\mathrm{n}} - |1/2, -1/2\rangle_{\mathrm{p}}|1/2, 1/2\rangle_{\mathrm{n}})/\sqrt{2}$, 具有自旋交换反对称的特性. 依次可写出总自旋 $J = 1$ 的三重态的波函数

$$|1, 1\rangle = \left|\frac{1}{2}, \frac{1}{2}\right\rangle_{\mathrm{p}}\left|\frac{1}{2}, \frac{1}{2}\right\rangle_{\mathrm{n}}$$

$$|1, 0\rangle = \frac{1}{\sqrt{2}}\left[\left|\frac{1}{2}, \frac{1}{2}\right\rangle_{\mathrm{p}}\left|\frac{1}{2}, -\frac{1}{2}\right\rangle_{\mathrm{n}} + \left|\frac{1}{2}, -\frac{1}{2}\right\rangle_{\mathrm{p}}\left|\frac{1}{2}, \frac{1}{2}\right\rangle_{\mathrm{n}}\right]$$

$$|1, -1\rangle = \left|\frac{1}{2}, -\frac{1}{2}\right\rangle_{\mathrm{p}}\left|\frac{1}{2}, -\frac{1}{2}\right\rangle_{\mathrm{n}}$$

是自旋交换对称的自旋波函数.

同样可以用耦合态的叠加得到非耦合态的波函数

$$\left|\frac{1}{2}, \frac{1}{2}\right\rangle_{\mathrm{p}}\left|\frac{1}{2}, -\frac{1}{2}\right\rangle_{\mathrm{n}} = \sum_{J=0}^{1}\left\langle\frac{1}{2}, \frac{1}{2}, \frac{1}{2}, -\frac{1}{2}\middle|\frac{1}{2}, \frac{1}{2}, J, 0\right\rangle|J, 0\rangle_{\mathrm{np}} = \frac{1}{\sqrt{2}}(|0, 0\rangle + |1, 0\rangle)_{\mathrm{np}}$$

如果两个粒子之间有相对运动, 其轨道角动量 $\boldsymbol{L}$, 相应的波函数 $|L, m\rangle$, 以同样的规则和自旋波函数耦合. $|L, m\rangle$ 为球谐函数 $\mathrm{Y}_{Lm}(\theta, \varphi)$ (参见附录 D).

角动量守恒在亚原子相互作用过程中都必须满足. 例如下式的中子的两体衰

变 $n \to p + e^-$ 违背角动量守恒，初态总角动量是中子的自旋 $j_n = 1/2$. 末态的总角动量为质子和电子自旋（均为 1/2）以及可能的轨道角动量（整数）的合成，结果只能是整数，违背角动量守恒是显然的. 如末态引入一自旋为半整数(1/2)粒子 $\bar{\nu}_e$，角动量守恒就得到满足. 即：$n \to p + e^- + \bar{\nu}_e$ 是自然界存在的过程. 下面举例说明角动量守恒在亚原子过程中的应用，研究过程（初末态粒子为极端相对论粒子）：

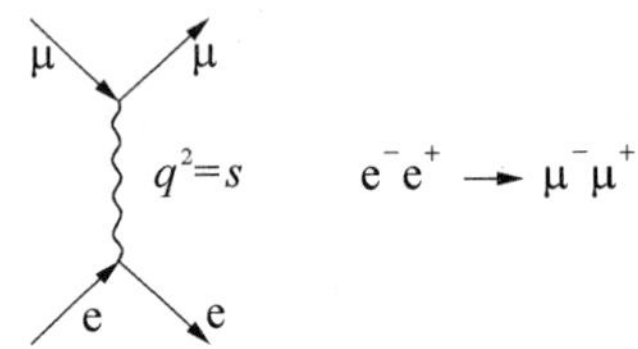

是类时的正负电子湮灭产生 $\mu^+\mu^-$ 对的过程. 根据式(4.22a)其微分截面有如下形式

$$\frac{d\sigma}{d\Omega}(e^- e^+ \to \mu^- \mu^+) = \frac{1}{4\pi^2}\frac{g_f}{g_i}|M_{if}|^2\frac{p_f^2}{v_i v_f}$$

式中跃迁矩阵元 M_{if} 中与角度无关（即不计及粒子自旋）的因子就是电磁作用的传播子和顶点因子. $M_{if} = 4\pi\alpha/s$，$p_f = p_i = \sqrt{s}/2$，$v_i = v_f = 2$，所以

$$\frac{d\sigma}{d\Omega} \sim \frac{\alpha^2}{4s}$$

由角动量守恒和螺旋度守恒，把矩阵元中的角度因子引入. 由于初态没有极化，对相对论电子正电子，它们的螺旋度左右各占 50%，电磁作用过程到达末态轻子(μ)也是左右螺旋度各占 50%. 下图表示初态等量 RL 和 LR 到末态都是 RL 的过程的图示.

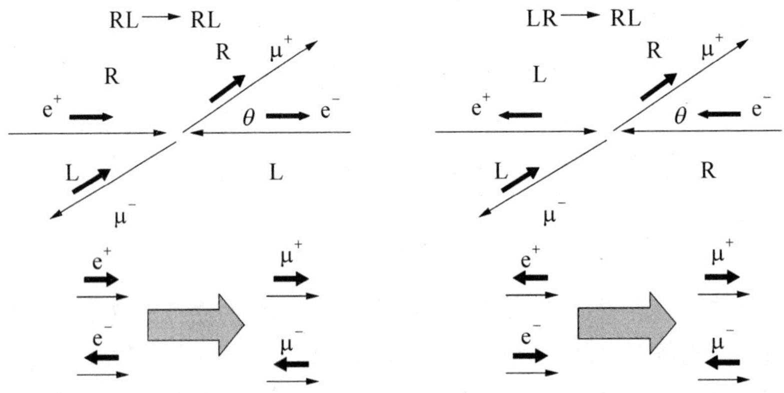

根据角动量守恒,初态(RL)的总角动量 $J=1$(虚光子 $J=1$),在 z 方向的分量为 $+1$.末态(μ)也为$(1,+1)$.末态(μ)的发射角为 θ,从角动量守恒看,末态正是初态绕 y 轴转 θ 角得到.如下图和图中的公式所示.转动后的末态是 $J=1$ 的不同 z 分量的叠加.

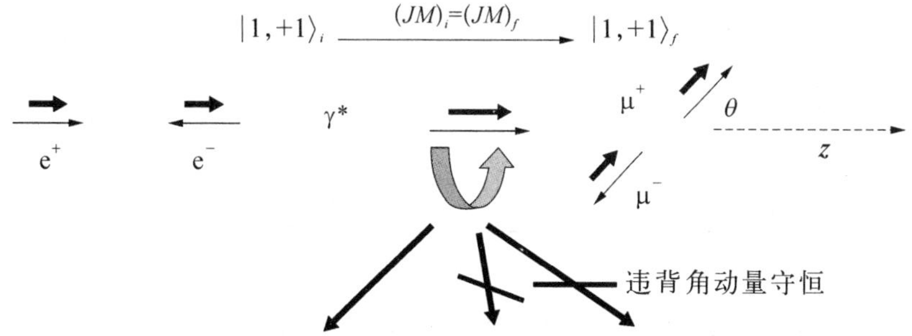

$|1,+1\rangle_i \xrightarrow{(JM)_i=(JM)_f} |1,+1\rangle_f$

e^+　e^-　γ^*　μ^+　μ^-　θ　z

违背角动量守恒

$$|1,+1\rangle_f=\hat{R}_y(\theta)\,|1,+1\rangle_i=\frac{1+\cos\theta}{2}|1,+1\rangle-\frac{\sin\theta}{\sqrt{2}}|1,0\rangle+\frac{1-\cos\theta}{2}|1,-1\rangle$$

根据 d 系数表(附录 D),末态的三项系数如图中的公式表示.角动量守恒,在(RL→RL)以及(LR→LR)的散射过程,散射幅中各引入角度因子

$$(1+\cos\theta)/2$$

可以证明,对于另外两种情况(LR→RL, RL→LR),它们有角度因子

$$(1-\cos\theta)/2$$

四个过程是互相独立的.过程的微分截面

$$\begin{aligned}\frac{\mathrm{d}\sigma}{\mathrm{d}\Omega}&=\frac{\alpha^2}{4s}[2(RL\to RL)^2+2(LR\to RL)^2]\\&=\frac{\alpha^2}{4s}\left[2\left(\frac{1+\cos\theta}{2}\right)^2+2\left(\frac{1-\cos\theta}{2}\right)^2\right]=\frac{\alpha^2(1+\cos^2\theta)}{4s}\end{aligned}$$

5.2　n-p 对称性和同位旋守恒

在分析核素的电荷的分布和核物质分布时发现,核力应该与电荷无关.这种无

关性是与中子质子存在着某种对称性相联系的.

5.2.1 中子和质子的相似性和核子的同位旋

除电荷不同外,中子和质子十分相似,其他特性比较如下:

	质量 m(MeV)	自旋 J	$G_M/(\mu/\mu_N)$	磁矩分布
中子	939.565 63	1/2	$(1+\|q^2\|/0.71)^{-2}$	$\rho_0\exp(-r/a)^*$
质子	938.272 31	1/2	$(1+\|q^2\|/0.71)^{-2}$	$\rho_0\exp(-r/a)^*$

* $a = 0.23$ fm

分析表明,除电荷以外,在核力作用范畴内,把中子变换成质子或者反之,我们无法通过核力来区分上述的变换.这表明它们存在着某种对称性.和自旋相比,在无外磁场情况下,我们无法区分粒子自旋的取向,这是粒子在自旋空间中的转动不变性.人们引入一个同位旋空间,由于同位旋具有空间转动不变性,人们无法辨认同一种同位旋多重态的各个成员,中子和质子应该是同位旋 $I=1/2$ 的二重态,统称为核子.图 5.2 简单地描绘了电子自旋和核子同位旋的类比关系,人们指定核子是同位旋 $I=1/2$ 的二重态(见表 5.1a).

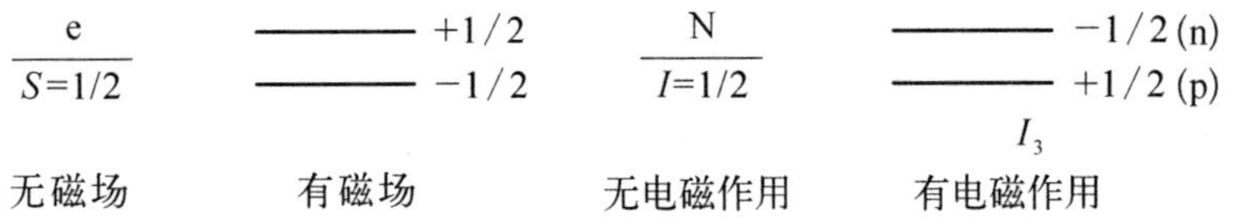

e S=1/2	——— +1/2 ——— −1/2	N I=1/2	——— −1/2 (n) ——— +1/2 (p) I_3
无磁场	有磁场	无电磁作用	有电磁作用

图 5.2 电子自旋和核子的同位旋的类比

表 5.1a 核子的同位旋量子数

核　子	同位旋 I	同位旋第三分量 I_3
质　子	1/2	1/2
中　子	1/2	−1/2

对于参与核力作用的介子和其他的重子，都具有同样的特性．π 介子有三种不同的电荷态，它们在强子和强子碰撞过程中表现出十分相似的特性．如末态产生的不同电荷态的介子都具有同样的产生率，它们的动量分布也十分相似．因此，除电荷态不同外，人们无法通过核力相互作用来区分它们．人们将它们归为同位旋 $I=1$ 的三重态（见表 5.1b）．

表 5.1b　π 介子的同位旋量子数

π 介子	质量 m（MeV）	同位旋 I	同位旋第三分量 I_3
π^+	139.568	1	1
π^0	134.974	1	0
π^-	139.568	1	−1

除核子以外，人们还可以利用同位旋来对重子进行归类．表 5.2 列出重子的同位旋和它们的主要量子数．除 π 介子外，其他一些常见的介子的同位旋列于表 5.3．

表 5.2　重子及其主要量子数

重子名	质量 m（MeV）	J	B	S	Q	I	I_3
p	938.272	1/2	1	0	1	1/2	1/2
n	939.567	1/2	1	0	0	1/2	−1/2
Λ	1115.63	1/2	1	−1	0	0	0
Σ^+	1189.37	1/2	1	−1	1	1	1
Σ^0	1192.55	1/2	1	−1	0	1	0
Σ^-	1197.43	1/2	1	−1	−1	1	−1
Ξ^0	1314.9	1/2	1	−2	0	1/2	1/2
Ξ^-	1321.32	1/2	1	−2	−1	1/2	−1/2
Ω^-	1672.43	3/2	1	−3	−1	0	0

表 5.3 介子及其主要量子数

介子名	质量 m(MeV)	J	B	S	Q	I	I_3
π^+	139.57	0	0	0	1	1	1
π^0	134.98	0	0	0	0	1	0
π^-	139.57	0	0	0	−1	1	−1
K^+	493.68	0	0	1	1	1/2	+1/2
K^0	497.69	0	0	1	0	1/2	−1/2
K^-	493.68	0	0	−1	−1	1/2	−1/2
$\overline{K}^0$	497.69	0	0	−1	0	1/2	+1/2
η	547.30	0	0	0	0	0	0

上述表中引入的重子数 B,奇异数 S 和电荷 Q,它们都是强相互作用过程中的守恒量子数(下一节还要介绍).同一同位旋多重态,即 I 相同的一组粒子(有 $2I+1$ 个),它们除电荷态不同(I_3 不同)以外,其他的强作用守恒的量子数 B, S, J 等都一样,质量也十分相近.它们具有完全相同的强作用性质,也就是说,做任何强作用的实验都不能区分同一同位旋多重态的粒子.同一同位旋多重态的粒子的电荷态和同位旋第三分量的联系可以用关系式表示:

$$\frac{Q}{e} = I_3 + \frac{1}{2}(B + S) \tag{5.14}$$

通常称式(5.14)为 Gell-Mann-Nishijima 关系.

5.2.2 强作用过程同位旋守恒

上面列举的重子和介子都参与强相互作用,通称为强子,强子都具有同位旋的量子数.强相互作用的哈密顿量具有同位旋空间转动的对称性,由它支配的强相互作用过程应服从同位旋守恒定律.研究下面的介子和核子的散射过程:

$$\pi^+ + p \to \pi^+ + p \qquad (a)$$

$$\pi^- + p \to \pi^- + p \qquad (b)$$

$$\pi^- + p \to \pi^0 + n \qquad (c)$$

上述三个过程涉及一组同位旋三重态的介子与一组同位旋两重态的核子之间的相互作用.采用狄拉克符号表示各个成员的波函数,用相应的同位旋态 $|I, I_3\rangle$ 表示:

$$|\pi^+\rangle = |1,1\rangle$$
$$|\pi^0\rangle = |1,0\rangle$$
$$|\pi^-\rangle = |1,-1\rangle$$
$$|p\rangle = |1/2,1/2\rangle$$
$$|n\rangle = |1/2,-1/2\rangle$$

同位旋的合成与自旋的合成一样,耦合态和非耦合态之间通过 C－G 系数联系.根据式(5.12),过程(a)的初态和末态分别为

$$|i\rangle = |1,1\rangle|1/2,1/2\rangle = |3/2,3/2\rangle$$
$$|f\rangle = |1,1\rangle|1/2,1/2\rangle = |3/2,3/2\rangle$$

其散射通过强作用 $\hat{H}_h$ 量发生,其作用截面可表示为

$$\sigma(\mathrm{a}) = K_{\mathrm{a}}\,|\langle f|\hat{H}_h|i\rangle|^2 = K_{\mathrm{a}}\left|\left\langle\frac{3}{2},\frac{3}{2}\right|\hat{H}_h\left|\frac{3}{2},\frac{3}{2}\right\rangle\right|^2 = K_{\mathrm{a}}|\langle M_{33}\rangle|^2 \tag{5.15}$$

K_{a} 包括自旋统计因子和末态相空间因子. M_{33} 是与同位旋 3/2 的四重态相联系的散射矩阵元. 过程(b)的初态为: $|i\rangle = |1,-1\rangle|1/2,1/2\rangle$ 应包括耦合态 $|3/2,-1/2\rangle$ 和 $|1/2,-1/2\rangle$ 的组合,由 C－G 系数得

$$|i\rangle = \frac{1}{\sqrt{3}}\left|\frac{3}{2},-\frac{1}{2}\right\rangle - \sqrt{\frac{2}{3}}\left|\frac{1}{2},-\frac{1}{2}\right\rangle,$$

$$|f\rangle = \frac{1}{\sqrt{3}}\left|\frac{3}{2},-\frac{1}{2}\right\rangle - \sqrt{\frac{2}{3}}\left|\frac{1}{2},-\frac{1}{2}\right\rangle$$

散射截面为

$$\begin{aligned}\sigma(\mathrm{b}) &= K_{\mathrm{b}}\,|\langle f|\hat{H}_h|i\rangle|^2\\ &= K_{\mathrm{b}}\left[\frac{1}{3}\left\langle\frac{3}{2},-\frac{1}{2}\right|\hat{H}_h\left|\frac{3}{2},-\frac{1}{2}\right\rangle + \frac{2}{3}\left\langle\frac{1}{2},-\frac{1}{2}\right|\hat{H}_h\left|\frac{1}{2},-\frac{1}{2}\right\rangle\right.\\ &\qquad\left. - \frac{\sqrt{2}}{3}\left\langle\frac{3}{2},-\frac{1}{2}\right|\hat{H}_h\left|\frac{1}{2},-\frac{1}{2}\right\rangle - \frac{\sqrt{2}}{3}\left\langle\frac{1}{2},-\frac{1}{2}\right|\hat{H}_h\left|\frac{3}{2},-\frac{1}{2}\right\rangle\right]^2\\ &= K_b\left[\frac{1}{3}M_{33} + \frac{2}{3}M_{11} - \frac{\sqrt{2}}{3}M_{13} - \frac{\sqrt{2}}{3}M_{31}\right]^2\end{aligned}$$

式中的 M_{ij} 为同位旋 $I = \frac{i}{2}$ 和 $I = \frac{j}{2}$ 的态之间的跃迁. $i \neq j$ 的跃迁违背同位旋

守恒，即

$$M_{13} = M_{31} = 0 \tag{5.16}$$

因此，散射过程(b)的截面为

$$\sigma(\mathrm{b}) = K_{\mathrm{b}}\left[\frac{1}{3}M_{33} + \frac{2}{3}M_{11}\right]^2 \tag{5.17}$$

对于电荷交换过程(c)，初态同过程(b)，末态为

$$|f\rangle = |1,0\rangle\left|\frac{1}{2},-\frac{1}{2}\right\rangle = \sqrt{\frac{2}{3}}\left|\frac{3}{2},-\frac{1}{2}\right\rangle + \sqrt{\frac{1}{3}}\left|\frac{1}{2},-\frac{1}{2}\right\rangle$$

类似于过程(b)的讨论可得

$$\sigma(\mathrm{c}) = K_{\mathrm{c}}\left[\frac{\sqrt{2}}{3}M_{33} - \frac{\sqrt{2}}{3}M_{11}\right]^2 \tag{5.18}$$

三个过程的散射截面分别由式(5.15)，(5.17)和(5.18)确定. 当入射束和入射束的能量(系统的不变质量)选定以后，三个过程的 K 值是确定的，而且取相同的值. 在不同的系统不变质量下，M_{33} 和 M_{11} 中可能有一项占优势，这是实验中常出现的情况，例如，当入射 π 介子的动能在 200 MeV 附近，$M_{33} \gg M_{11}$，由式(5.15)，(5.17)和(5.18)可推出

$$\sigma(\mathrm{a}) : \sigma(\mathrm{b}) : \sigma(\mathrm{c}) \approx 1 : 1/9 : 2/9 \tag{5.19}$$

当入射 π 介子的动能在 610 MeV 附近，$M_{11} \gg M_{33}$，由式(5.15)，(5.17)和(5.18)可推出

$$\sigma(\mathrm{a}) : \sigma(\mathrm{b}) : \sigma(\mathrm{c}) \approx 0 : 2 : 1 \tag{5.20}$$

图 5.3 是以质子为靶(液氢)π 介子入射时测得的激发曲线. 激发曲线的峰结构意味着一系列共振态的产生. 在 $T_\pi = 195$ MeV 处，用 π^+ 入射和 π^- 入射均得到一个共振峰. 它们的值分别为：$\sigma(\pi^+\mathrm{p}) \approx 200$ mb，$\sigma(\pi^-\mathrm{p}) \approx 65$ mb[1]. 显然，$\sigma(\pi^-\mathrm{p})$ 包括了过程(b)和(c)的截面之和，因为实验上没有区分末态(π^- p)和(π^0n). 实验给出 $\dfrac{\sigma(\pi^+\mathrm{p})}{\sigma(\pi^-\mathrm{p})} \approx \dfrac{200}{65} \approx 3$，而同位旋守恒(式 5.19)预言 $\dfrac{\sigma(\mathrm{a})}{\sigma(\mathrm{b}) + \sigma(\mathrm{c})} = 3$，同位旋守恒定律预言和实验结果的一致性支持了同位旋空间的对称性. 同时证明，$M(\pi\mathrm{p}) = 1232$ MeV 对应的共振态是 $I = 3/2$ 的同位旋多重态. 它们是：$\Delta^{++}(1232) \rightarrow |3/2, 3/2\rangle$，$\Delta^0(1232) \rightarrow |3/2, -1/2\rangle$. 同位旋四重态的另外两个成员 $|3/2, 1/2\rangle$ 和 $|3/2, -3/2\rangle$ 通过 $\pi^\pm + \mathrm{p}$ 散射不能产生. 根据式(5.14)，并取 $B = 1$，$S = 0$，则 $|3/2, 1/2\rangle$ 态的电荷 $\dfrac{Q}{e} = 1$，符号为 $\Delta^+(1232)$；$|3/2, -3/2\rangle$ 态的

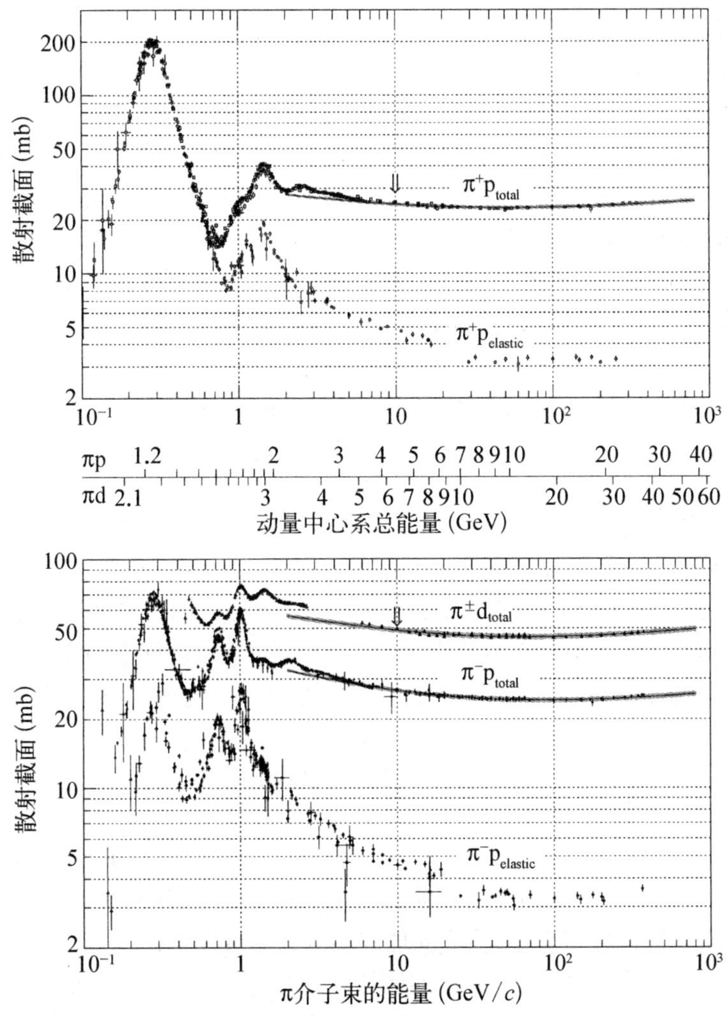

图 5.3　π - p 散射的激发曲线[1]

电荷 $\dfrac{Q}{e}=-1$，符号为 $\Delta^-(1\,232)$.

为了得到上述态，实验上只能选用 $\pi^\pm$ 束入射到中子靶（例如氘）上的散射，挑选末态（π^0p），（π^+n）和（π^-n）.该同位旋四重态的全部成员在实验上被证实[1]，它们的质量在 1 230～1 234 MeV 区间，共振态宽度 Γ 在 115～125 MeV 之间，是自旋为 $J=3/2$ 的重子.命名为 $\Delta(1232)P_{33}$，读为"质量为1 232 MeV的核子共振态，

其同位旋 $I=3/2$，自旋 $J=3/2$”. P 为复合体系的光谱项符号，S，P，D，F…与轨道角动量 $L=0,1,2,3\cdots$ 相对应，它们的右下标的第一个数字和第二数字乘上因子 1/2 分别表示该共振态的同位旋和自旋量子数.

在分析介子和核子散射时，发现与某些共振峰(例如 $M_{\pi p}=1\,520$ MeV，1 680 MeV) 对应的末态只有两种电荷态 $Q/e=0$ 和 $Q/e=1$，这表明与它们对应的散射过程不存在与同位旋 $I=3/2$ 态相联系，即 $M_{33}\sim 0$. 这些共振峰对应的是同位旋的二重态的产生，命名为：N(1520)D_{13}，读为“质量为 1 520 MeV 的核子共振态，其同位旋 $I=1/2$，自旋 $J=3/2$”；N(1680)F_{15}，读为“质量为 1 680 MeV的核子共振态，其同位旋 $I=1/2$，自旋 $J=5/2$”. 下面两个过程：$\pi^+ + p \to \pi^+ + p$ 和 $\pi^- + n \to \pi^- + n$ 是在同位旋空间中绕同位旋第 2 轴相对旋转 180°得到. 根据同位旋空间转动的不变性，它们的散射截面应相同，这一推断得到实验数据的支持.

5.2.3 核素的同位旋

核素是由 Z 个质子和 N 个中子构成的 A 个核子的束缚体系. 质子和中子是同位旋 $I=1/2$，I_3 分别为 1/2 和 $-1/2$ 的同位旋两重态. 同位旋的合成和自旋的合成一样，可用 C－G 系数的合成法则来进行. 不同的是同位旋空间完全是一种内禀空间，不存在普通空间的轨道同位旋. 因此由 A 个核子构成的核素，其总同位旋的第三分量为

$$I_3=\frac{Z-N}{2}=\frac{2Z-A}{2} \tag{5.21}$$

总同位旋为：$I=1/2,3/2,\cdots,A/2$，A 为奇数，I 为半整数；$I=0,1,\cdots,A/2$，A 为偶数，I 为整数. 具有相同质量数 A 的一群核素，有可能构成一组同位旋多重态，但不一定是同位旋多重态. 构成同位旋多重态的条件是：

条件 1　具有相同的核子数 A 的诸核素，即它们的重子数相同.

条件 2　它们具有完全相似的强作用性质，即强作用过程的守恒量子数应该都一样，即相同的重子数 $B=A$、相同的自旋、宇称等.

条件 3　在扣除电磁相互作用能的贡献以后，同一多重态的不同核素的质量几乎相等.

例如，核素(Z,A)，$(Z+1,A)$，它们的质量差的实验值为

$$\Delta E=M(Z+1,A)-M(Z,A)=\Delta(Z+1,A)-\Delta(Z,A)$$

如果这质量差可以用其电磁作用能(主要是库仑能)之差及中子和质子的质量差来解释，就可以认为核素$(Z+1,A)$、(Z,A)构成同位旋 $I=1/2$ 的多重态. 核素

$(Z+1, A)$比(Z, A)多了一个质子，库仑能使前者的电磁质量增加了一个ΔE_{coul}.中子和质子的质量差使后者比前者增加了$m_n - m_p = 1.29$ MeV. 假设核素的电荷分布为一个半径为R的球

$$\Delta E_{\text{coul}} = \frac{6}{5}\left(\frac{e^2}{4\pi R}\right)Z$$

条件3归结为

$$\Delta(Z+1, A) - \Delta(Z, A) \approx \frac{6}{5}\left(\frac{e^2}{4\pi R}\right)Z - 1.29 \tag{5.22}$$

根据上述三个条件，对核素同位旋多重态的观察得到如下几条规律：

● 自轭核$(N=Z)$核素的基态是同位旋为0的同位旋单态，$I=0$，$I_3=0$. 例如，${}_1^2H_1$，${}_2^4He_2$，${}_3^6Li_3$，${}_4^8Be_4$，${}_6^{12}C_6$，${}_7^{14}N_7$，${}_8^{16}O_8$称为同位旋标量核素.

● 镜核 $(Z=(A\pm1)/2)$ 核素基态，构成同位旋$I=1/2$的二重态. 例${}_3^7Li_4$，${}_4^7Be_3$它们都是重子数$B=7$；基态自旋都是$J=3/2$；后者质量比前者多0.863 MeV，基本上归于库仑能和中子-质子质量差的贡献(0.89 MeV). 因此，${}^7Li$和${}^7Be$的基态定为$I=1/2$的二重态是正确的选择.

● 更高多重态的确定，如$A=14$的核素的同位旋多重态. 图5.4给出$A=14$的三个核素的基态和低激发态的能级. 若把${}^{14}N$的基态能量定为0，${}^{14}C$的基态能量为0.15 MeV，${}^{14}O$的基态能量为5.14 MeV，${}^{14}N$的第一激发态能量为2.3 MeV. 它们的A(重子数)均为14(条件1)，${}^{14}N$的基态自旋$J=1$，它为自轭核的基态$I=I_3=0$，为同位旋单态. 它不可能与${}^{14}C$和${}^{14}O$的基态(自旋$J=0$)构成同位旋多重态. 但是${}^{14}N$的第一激发态($E_1=2.3$ MeV)的自旋$J=0$，很可能与${}^{14}C$和${}^{14}O$基态一同构成同位旋三重态. 它们的质量差为

$$\Delta({}^{14}O) - \Delta({}^{14}N^*) = 2.84 \text{ MeV}$$
$$\Delta({}^{14}N^*) - \Delta({}^{14}C) = 2.15 \text{ MeV}$$

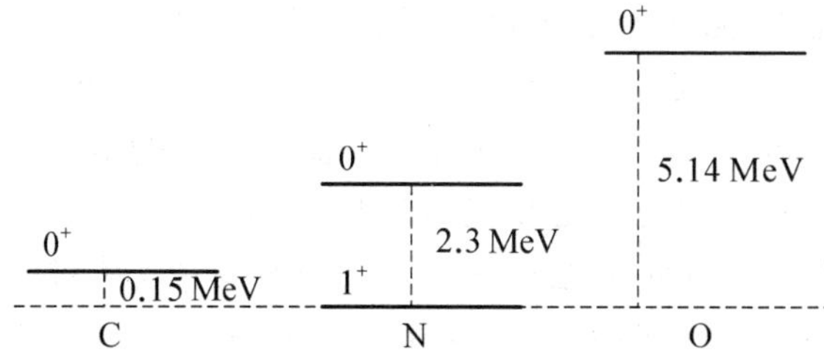

图5.4 $A=14$的核素的低级发态的能级

均与($\Delta E_{coul}-1.29$)相近,前者为 2.76 MeV,后者为 2.18 MeV.这三个核素实际上可以看成分别由一对核子(n, n),(n, p),(p, p)绕一个^{12}C 核心旋转,其核心的同位旋为零,核素的同位旋由附加的这对核子决定,核子对构成同位旋三重态.类似于 $A=14$ 的同位旋三重态(由两个基态核素和一个激发态的核素组成),有时候称它们为同位旋相似态,随着研究(理论和实验)的深入,人们不仅在轻核中观察到更多的同位旋多重态(或相似态)如,三重态,四重态和五重态[2](例如,^{8}He,^{8}Li*(10.82 MeV),^{8}Be*(27.49 MeV),^{8}B*(10.62 MeV),^{8}C),而且对于一些重核的同位旋相似态也经常可见,同位旋自由度成为核素(特别是远离稳定线的核素)的一个重要的自由度.

5.3 规范变换不变性——相加性量子数守恒

5.3.1 电荷是相加性量子数

一个质子构成的系统它的电荷量子数 $Q/e=1$;两个质子构成的系统,它的电荷量子数 $Q/e=2$;氢原子构成的系统其电荷量子数 $Q/e=1-1=0$. 电荷守恒是与电势 Φ 的标度不变性(电磁度规任意性)相联系的.电势的标度不变性指的是一切物理规律不依赖于系统的电势的绝对值的选取.例如,在 $\Phi=0$ 的一个平台上做核库仑场中的光生电子对实验和在 $\Phi=\Phi_0$ 的一个平台上做光生电子对的实验完全等价,即生成电子对的阈能均为 1.02 MeV.它们的生成截面(几率)与平台所处的电势的绝对值选取无关.如果电荷守恒定律可以违背,即存在这样的一个物理过程,光生正电子 $\gamma+(Z,A)\rightarrow e^{+}+(Z,A)$,那么,电势 Φ 的标度不变性就不再成立.因为人们可以通过光生正电子的过程来辨认一个系统 Φ 值的绝对选取:$\Phi=0$ 和 $\Phi=\Phi_0$ 的两个平台光生正电子所需的能量不同. $\Phi=\Phi_0$ 的平台需要提供额外的能量 $e\Phi_0$.上述分析给出的结论是:电势标度不变性是和电荷守恒相联系的,电势标度不变性成立,电荷守恒;电荷不守恒将导致电势标度不变性的破坏.从对称性的原理出发,与一个守恒的量子数相应的力学量算符可以生成一个对称变换.电荷算符生成的幺正对称变换为

$$\hat{U}=\exp(\mathrm{i}\varepsilon\hat{Q}) \tag{5.23}$$

ε 为一个连续的变量.设电子的平面波可写成

$$\Psi = \exp(\mathrm{i}Px) \tag{5.24}$$

其中 $P = (E, \boldsymbol{P})$，$x = (t, \boldsymbol{x})$.变换后的平面波为

$$\hat{U}\Psi = \exp(\mathrm{i}\varepsilon\hat{Q})\exp(\mathrm{i}Px) = \exp[\mathrm{i}(Px - e\varepsilon)] \tag{5.25}$$

$-e$ 为电子的电荷算符的本征值.该变换相当于对平面波作一相位移动.在变换下具有不变性意味着，通过任何物理实验不能区分 Ψ 和 $\hat{U}\Psi$.最好的办法是观测电子的干涉条纹.图 5.5 描述电子束经过窄缝 A 和 B 后在屏上形成的干涉条纹.屏上 C 的干涉条纹的强弱取决于两狭缝处的初始相位之差以及由 A，B 到 C 之间的“光程”差.

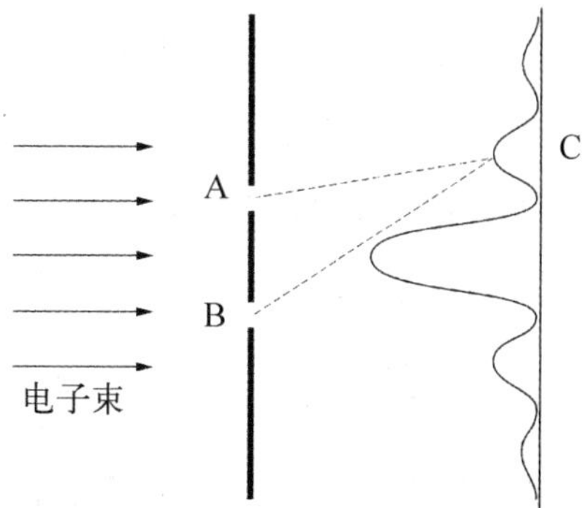

图 5.5　电子的平面波经过双缝的干涉

现在讨论在 $\hat{U}$ 变换下，电子平面波在 A，B 两点的相位变化情况.

第一种情况，ε 不依赖于时空坐标，称为整体规范变换，变换后波函数的相位对时空的梯度 $\dfrac{\partial}{\partial x}(Px - e\varepsilon) = P$ 和变换前一样.即不管 ε 如何选取，从 C 点接收的两列由 A，B 发出的子波的相位差在变换前后都是 $P^{\mu}\Delta X_{\mu}$. ΔX_{μ} 为 A，B 之间的时空间隔.这表明，整体规范变换不引起干涉图案的变化.

第二种情况，ε 是时空的函数，称为定域规范变换. 变换后波函数的相位对时空的梯度为

$$\frac{\partial}{\partial x}(Px - e\varepsilon(x)) = P - e\frac{\partial}{\partial x}\varepsilon(x) \tag{5.26}$$

区别于变换前波函数的相位梯度，两窄缝的相位差在变换下发生了改变，因而干涉条纹发生了变化.乍看起来，物理实验结果在定域变换下不具有不变性，实际上，由于电子和电磁场发生相互作用，导致电子的四动量的变化：$P \to P + eA$. A 是电磁四矢势. 变换后波函数的相位对时空的梯度是

$$\frac{\partial}{\partial x}(Px + eAx - e\varepsilon(x)) = P + e\left(A - \frac{\partial}{\partial x}\varepsilon(x)\right) \tag{5.27}$$

由电磁度规的任意性(库仑规范不变性)，人们选定这样一个度规，即

$$A \to A + \frac{\partial}{\partial x}\varepsilon(x) \tag{5.28}$$

代入(5.27)得到变换后波函数的相位梯度和变换前一样，都为简单的 $P+eA$. 电磁场的规范变换的不变性(5.28)，保证了电子波函数的定域规范变换的不变性. 生成规范变换的生成元对应的量子数——电荷，是一个守恒量子数. 由生成元$\hat{Q}$生成的规范变换为$\hat{U}$.

上面分析表明，定域规范变换的不变性要求存在一个矢量(四矢量)场 A，它传递着点和点之间电子的电磁作用. AB 的距离是任意的，因此，该场传递的作用力是长程的，与场对应的量子是无质量的光子. 规范不变性导出电荷守恒. 电荷守恒严格禁止如下的过程发生，$e^- \to \gamma + \nu_e$，电子是稳定的，$\tau > 4.3\times 10^{23}$ 年.

5.3.2 重子数守恒和轻子数守恒

1. 重子和重子数

最熟悉的重子有质子和中子，还有 Λ，Σ，Ξ…以及它们的激发态(共振态). 核素是由重子构成的束缚系统. 实验研究表明，所有粒子相互作用过程或者核相互作用过程，重子数是守恒的. 重子数是相加性量子数. 所有重子，指定其重子数为 1，所有反重子(在相应的粒子的符号上方加一横)的重子数为 -1. 所有的介子的重子数均为零. 核素是由 A 个核子组成的，核素(Z，A)的重子数 $B=A$. 核反应过程中的质量数守恒，归根到底是重子数守恒，在强子-强子碰撞的末态多重产生过程中都应满足重子数守恒. 例如

$$\mathrm{p}+\mathrm{p}\to\mathrm{p}+\mathrm{p}+\mathrm{p}+\bar{\mathrm{p}}$$

$$\mathrm{p}+\mathrm{p}\to\mathrm{p}+\mathrm{p}+n\pi$$

$$\mathrm{p}+\mathrm{p}\to\mathrm{p}+\mathrm{n}+\pi^{+}+\pi^{0}$$

式中的 n 代表 π 介子的数目. 违背重子数守恒的过程是禁戒的，例如

$$\mathrm{p}+\mathrm{p}\to\mathrm{p}+\bar{\mathrm{p}}+2\pi^{+}$$

$$\mathrm{p}+\mathrm{n}\to\bar{\mathrm{n}}+\pi^{+}$$

$$\mathrm{p}\to\mathrm{e}^{+}+\pi^{0}$$

质子的寿命大于 $10^{31}\sim10^{33}$ 年(与模型有关)[1].

2. 轻子和轻子数

目前的实验证实有三代轻子，它们分别为电子轻子、μ 轻子和 τ 轻子以及它们的反粒子. 根据轻子数守恒，指定各代轻子有各自的轻子数. 表 5.3 列出三代轻子的主要量子数.

表 5.3　轻子及其主要量子数

轻　子	L_e	L_μ	L_τ	质量(MeV)	平均寿命(s)
e^-，ν_e	1	0	0	0.511	∞
μ^-，ν_μ	0	1	0	105.658	2.19×10^{-6}
τ^-，ν_τ	0	0	1	1777.05	2.9×10^{-13}
$\bar{\nu}_e$，e^+	−1	0	0	0.511	∞
$\bar{\nu}_\mu$，μ^+	0	−1	0	105.658	2.19×10^{-6}
$\bar{\nu}_\tau$，τ^+	0	0	−1	1777.05	2.9×10^{-13}

其他的粒子(重子和介子)的轻子数均为零.下列过程是轻子数守恒所容许的过程

$$\mu^-\to\nu_\mu+e^-+\bar{\nu}_e$$
$$\tau^-\to\nu_\tau+e^-+\bar{\nu}_e$$
$$\tau^-\to\nu_\tau+\mu^-+\bar{\nu}_\mu$$
$$\tau^-\to\nu_\tau+n\pi^-$$
$$\pi^+\to\mu^++\nu_\mu$$
$$K^-\to\mu^-+\bar{\nu}_\mu$$

原子核的β衰变必须遵循电子轻子数守恒,例如

$$n\to p+e^-+\bar{\nu}_e$$
$${}^{60}_{27}Co\to{}^{60}_{28}Ni+e^-+\bar{\nu}_e$$
$${}^{37}_{18}Ar\to{}^{37}_{17}Cl+e^++\nu_e$$

初态是一个重子系统,轻子数为 0,末态只能以轻子－反轻子对产生.上述所有过程总电荷守恒.下面是轻子数守恒律所禁戒的过程

$$\mu^-\to e^-+e^-+e^+\qquad\frac{\Gamma_{\mu\to3e}}{\Gamma_{total}}<1.0\times10^{-12}\qquad(CL.90\%)$$

$$\mu^-+{}^{32}_{16}S\to e^++{}^{32}_{14}Si\qquad\frac{\sigma(\mu^-\ S\to e^+\ Si)}{\sigma(\mu^-\ S\to\nu_\mu P)}<9\times10^{-10}\qquad(CL.90\%)$$

第一代轻子——(e, ν_e).这是最早而且是最经常接触到的轻子.1897 年 J.J. Thomson 证实了阴极射线是电子流构成的,测定了它的荷质比.中微子存在的假设是 20 世纪 30 年代 W. Pauli 提出的[3],他认为在原子核 β 衰变过程中存在一种中性的粒子,它和剩余原子核、β粒子(e^-，e^+)构成三体末态,分享核素的衰变能,从而解除了原子核衰变中,谱为连续谱的困惑.

第二代轻子——(μ, ν_μ).带电的 μ 子 1937 年首次在宇宙线中被观测到,1947 年作为 π 介子的衰变产物,在乳胶片上清晰可见[4](图 5.6).乳胶片是在高山宇宙线观察站照射后,经过处理得出的粒子径迹.带电的 π 介子进入乳胶叠,由于电离损失能量,最后,在点 A 停止并发生衰变,衰变产物 μ 获得一定的能量和动量,向左继续在乳胶中穿行,一直穿行到点 B 停止下来.根据动量守恒,可以推断,π 介子在 A 点停止时,衰变产物中应存在一个中性的向右飞行的粒子 ν_μ,它在乳胶中不留径迹.

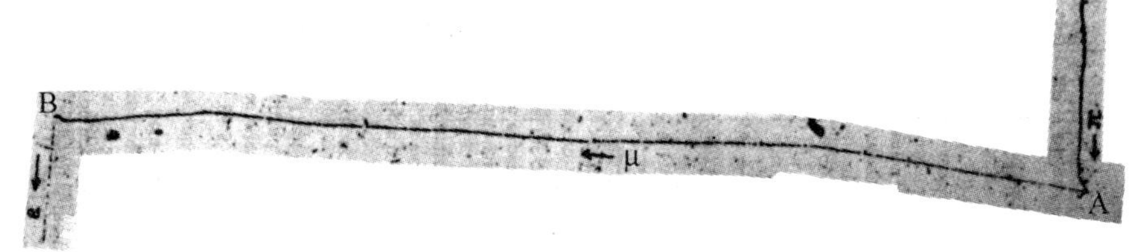

图 5.6　早先的一张乳胶的粒子径迹

第三代轻子——(τ, ν_τ)于 1975 年在 SPEAR 正负电子对撞机上首次被观测到,根据轻子数守恒,正负电子湮灭可以产生一对轻子(τ^-, τ^+),而且可以衰变成比它轻的轻子对,衰变过程也必须服从轻子数守恒,即

$$e^+ + e^- \to \tau^+ + \tau^-$$

$$\tau^+ \to \bar{\nu}_\tau + (\mu^+, \nu_\mu) \text{ 或者 } \tau^+ \to \bar{\nu}_\tau + (e^+, \nu_e)$$

$$\tau^- \to \nu_\tau + (\mu^-, \bar{\nu}_\mu) \text{ 或者 } \tau^- \to \nu_\tau + (e^-, \bar{\nu}_e)$$

上述衰变过程末态有 τ 中微子(反中微子)和第一代或第二代的反中微子(中微子).由于中微子在谱仪中看不见,因此(τ^-, τ^+)对衰变成一组具有大的动(能)量丢失的特征性的末态(μ^+, e^-),(e^+, μ^-)或者(e^+, e^-),(μ^+, μ^-).1975 年 M. Perl正是根据上述的特征末态推断了第三代轻子的存在,发现了第三代轻子[5].

上述三代轻子中的每一代都有一个中性成员——中微子.理论模型认为中微子具有零质量,它们只参加弱作用,作用截面很小(约为 10^{-38} cm^2～10^{-44} cm^2).它们穿过物质时几乎不留下可探测到的痕迹,通常称它们为“Invisible”粒子.如果它们具有质量,哪怕是很微小的质量,它的大量存在将是宇宙学中寻求的“暗物质”的候选者之一.中微子质量问题成为粒子物理学家和宇宙物理学家关注的热点问题.

5.3.3　奇异粒子:奇异数和超荷

1947 年,人们在宇宙线实验的云雾室照片中观察到一种双叉的粒子径迹,它们是中性粒子的衰变产物.1952 年前后,由于加速器的投入运行,在强子和强子碰撞过程中，经常可以看到双叉形事例．图 5.7 是 4 GeV/c 的 π 介子在氢泡室中形成的两个 V 形的事例的泡室照片重构图．入射的 π 介子在点 A 消失（被质子吸收）产生了两个中性的“奇特”粒子 V_B 和 V_C，它们飞行一段距离（中性粒子不在泡室中形成可见的径迹）分别在点 B 和点 C 发生衰变，它们在泡室中构成了两个双叉的径迹．通过对末态带电粒子的电离密度（径迹的气泡密度）的测量，以及粒子径迹在已知磁场中的曲率半径的测量，可以计算出粒子的动量和速度以及粒子的电荷符号，即辨认末态的带电粒子．例如，上述典型事件中，与 V_B 对应的为：$V_B \to \pi^+ + \pi^-$．由（π^+，π^-）的动量以及它们之间的夹角，计算出的质量约为500 MeV．称 V_B 粒子为 K^0．与 V_C 对应的衰变为：$V_C \to \pi^- + p$，并由（π^-，p）的动量和它们之间的夹角推算出的质量～1 114 MeV，称为 Λ 粒子．根据入射的通量，以及 V_B，V_C 的产生率，计算过程 $\pi^- + p \to K^0 + \Lambda$ 的产生截面，可知其具有毫巴量级，属于强作用过程．由产生点 A 到衰变顶点 B 的飞行距离的分布的统计，得到的平均飞行距离 $l = \beta c\gamma\tau_0$，从而得到 V_B 的平均寿命 τ_1 量级为～10^{-10} s，同样办法得到的 V_C 的平均寿命～10^{-10}s．具有这样量级的平均寿命意味着其衰变是通过弱相互作用进行的．V_B，V_C 通过强相互作用协同（成对）产生，是强子，但却只能通过弱作用衰变为普通的强子．这表明，这种奇特粒子具有一种新的量子数（相加性），强作用产生过程中这种新的量子数守恒，由普通强子产生这种奇特粒子时，必须成对（协同）产生，以保持这种新的量子数守恒，即 V_B 和 V_C 的新量子数大小相等，符号相反．这种新的相加性量子数称为奇异数 S．假定 $S(K^0) = 1$，则 $S(\Lambda) = -1$．普通的强子和轻子的奇异数均为零．下面方程式描述奇异粒子的协同产生和衰变．

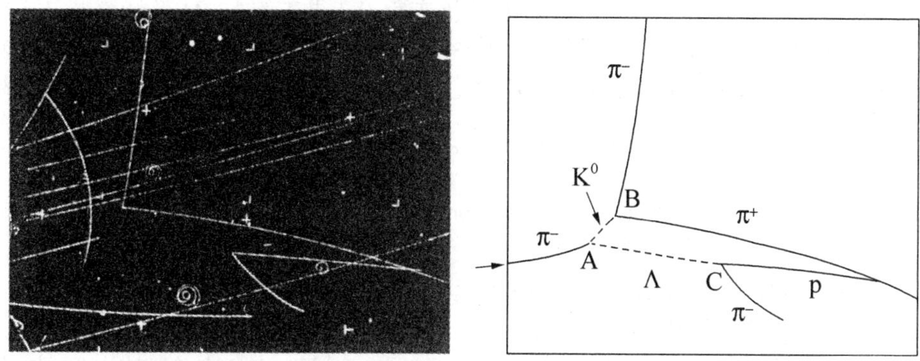

图 5.7　奇异粒子协同产生的泡室照片（左，照片是 LBNL 的 10 英寸泡室取得的）和复原的事件径迹（右）

	π^-	+	p	→	K^0	+	Λ	;	K^0	→	π^+	+	π^-	;	Λ	→	π^-	+	p
重子数	0		1		0		1		0		0		0		1		0		1
奇异数	0		0		1		−1		1		0		0		−1		0		0

从方程式下面列出的各种粒子的两个重要量子数清楚表明：在奇异粒子协同产生和衰变过程中保持重子数 B 守恒．而对于奇异量子数 S，协同产生（强作用）时，奇异数守恒，但是 K^0 是最轻的奇异介子，它只可能衰变成比它轻的普通介子（π^+，π^-）；Λ 是最轻的奇异重子，它只能衰变成比它轻的普通的重子 p(n) 和介子 π^-（π^0）．因此 K^0 和 Λ 的衰变违背奇异数守恒，不能通过强作用形式衰变，它的衰变具有弱作用过程的典型特征（寿命为 10^{-10} 秒）．这就告诉人们，弱作用过程中奇异量子数守恒律是可以不遵守的．

根据奇异粒子在强作用过程中的产生，人们可以推出其他奇异重子和奇异介子的奇异数．例如，通过下面强作用过程：$\pi^+ + p \to \Lambda + K^+ + \pi^+$，由奇异数守恒就可以推断 $S(K^+) = 1$，由（K^+，K^-）对的强作用协同产生推出 $S(K^-) = -1$．由过程 $\pi^- + p \to \Sigma^- + K^+$ 从而给出 Σ^- 的奇异数 $S(\Sigma^-) = -1$．同理由下列的强产生过程

$$K^- + p \to \Sigma^+ + \pi^-,\ p + p \to p + \Sigma^0 + K^+,$$
$$K^- + p \to \Xi^- + K^+,\ K^- + p \to \Xi^0 + K^0$$
$$K^- + p \to \Omega^- + K^+ + K^0$$

分别确定产生的新的奇异粒子的奇异量子数

$$S(\Sigma^{\pm},\ \Sigma^0) = -1,\ S(\Xi^0) = S(\Xi^-) = -2,\ S(\Omega^-) = -3$$

可见，指定 K^0 的奇异数为 1，Λ 的奇异数为 −1，从实验观测各种奇异强子的产生，根据强作用过程奇异数守恒定律，确定未知强子的奇异量子数．

超荷（Supercharge）Y 定义为相加性量子数 B（重子数），S（奇异数），C（粲数），$\tilde{B}$（底数）和 T（顶数）的代数和：$Y = B + S + C + \tilde{B} + T$．例如，对质子 p，$Y = 1$；对 Λ 粒子，$Y = 0$；对 Σ 粒子，$Y = 0$；对 Ξ 粒子，$Y = -1$；对 Ω 粒子，$Y = -2$．

参考文献：

[1] Particle Data Group. Plots of Cross Sections and Related Quantities[J]. J. Phys., 2006, G33: 33, 71, 341.

[2] Robertson R G H, Chien W S, Goosman D R. Complete Isobaric Quintet[J]. Phys. Rev. Lett., 1975, 34: 33.

[3] Kai Siegbahn. Alpha-beta-and gamma-ray spectroscopy[M]. 4th ed. Amsterdam: North-Holland Company, 1965.

[4] Brown R, Camerini U, Fowler P H, et al. Observations with Electron-Sensitive Plates

Exposed to Cosmic Radiation[J]. Nature, 1949, 163: 82.
[5] Perl M L, Abrams G S, Boyarski A M, et al. Evidence for anomalous lepton production in e^+e^- annihilation[J]. Phys. Rev. Lett., 1975, 35: 1489.

习　题

5-1　粒子的自旋 $j_1 = 1/2$, $j_2 = 3/2$. 写出它们的各种耦合态 $|J, M\rangle$,以及用耦合态叠加来得到的非耦合态 $\left|\frac{1}{2}, -\frac{1}{2}\right\rangle_1\left|\frac{3}{2}, \frac{3}{2}\right\rangle_2$; $\left|\frac{1}{2}, \frac{1}{2}\right\rangle_1\left|\frac{3}{2}, \frac{1}{2}\right\rangle_2$.

5-2　根据守恒定律,求当中子的衰变没有中性粒子伴随时,末态电子的动能和动量.当中子的衰变除带电粒子外,还有一个质量为 0 的中性粒子伴随时,电子动能谱具有什么特征? 最大动能和最小动能分别取什么值? 中性伴随者是费米子还是玻色子? 其轻子数应取什么值?

5-3　沿 z 方向入射的 π^+ 和静止的质子散射形成共振态 $\Delta(1236)$,括号内的数字是以 MeV 为单位的 Δ 的质量.求当 π^+ 的动能为多大时形成的截面最大? $\Delta(1236)$的同位旋应取什么值? 如果 $\Delta(1236)$的自旋为 3/2 时,那么入射介子最小的轨道角动量应为多少? $\Delta(1236)$的衰变末态系统(π^+, p)的总角动量(J, J_3)应取什么值? 推导出衰变 π^+ 相对于入射方向的角分布 $W(\theta)$.

5-4　在给定的入射能量下,求下列两过程的反应截面比(根据同位旋守恒).

(1) $p + d \to {}^3He + \pi^0$;

(2) $p + d \to {}^3H + \pi^+$.

5-5　根据同位旋守恒定律,在给定的能量情况下,导出下列奇异粒子协同产生的截面比,并讨论相关的相加量子数守恒与否.下面哪些粒子可归为同一同位旋多重态:

(1) $\pi^- + p \to K^0 + \Sigma^0$;

(2) $\pi^- + p \to K^+ + \Sigma^-$;

(3) $\pi^+ + p \to K^+ + \Sigma^+$.

5-6　右图是氢泡室重建出的由 K^- 介子引起的反应的事例径迹照片.

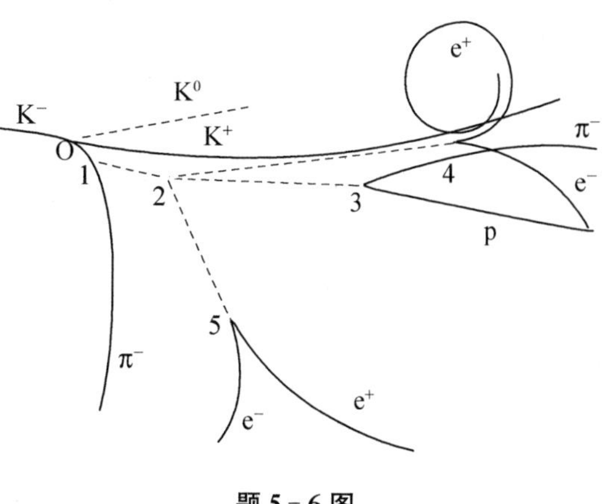

题 5-6 图

K^- 介子从图的左边射入氢气泡室,在 O 点质子碰撞形成末态粒子的径迹照片,通过测定各带电粒子径迹在磁场中的偏转方向,辨认粒子的电荷符号,测量径迹的曲率半径定出粒子的动量,再通过测量气泡的密度(正比于 dE/dx)推出粒子的速度,由粒子的速度和动量,辨认粒子的种类.照片上标出与各个衰变顶点相关的经辨认的粒子,中性粒子在泡室内不留下径迹,用虚线标志,是经重建后测定的.

O 点为产生顶点: $K^- + p \to K^+ + K^0 + X$, 1 顶点为粒子的衰变顶点: $X \to Y + \pi^-$.

与顶点 4,5 相关的末态为电子对,它们经重建,其不变质量为零.由重建出的两个中性粒子的方向,相交于顶点 2.由重建的不变质量(~135 MeV)说明这两个中性粒子出自一个中性粒子的衰变.与顶点 3 对应的(π, p),重建出的不变质量~1 110 MeV.该中性粒子的动量方向((π^-, p)动量合成)向后延伸,也交于顶点 2.由此看来,Y 粒子在顶点 2 发生衰变.由衰变的两个中性粒子重建得在点 2 发生衰变的 Y 中性粒子的质量 1 300 MeV.由 Y 粒子和 π^- 重建出粒子的质量1 600 MeV.

根据上述提供的信息由产生(强作用产生)和衰变服从的守恒定律,写出与各顶点相联系的粒子的名称,它们各种守恒的量子数,写出各顶点的反应或衰变的方程.

5-7 根据守恒定律判定下列反应过程能否发生,若该过程是被禁止的过程,指出是违背什么守恒定律,若该过程可以发生,指出它是通过什么相互作用传递的.

(1) $p + \bar{p} \to \pi^+ + \pi^- + \pi^0 + \pi^+ + \pi^-$;

(2) $p + p \to p + n + \pi^+ + \pi^0$;

(3) $p + K^- \to \Sigma^+ + \pi^- + \pi^+ + \pi^- + \pi^0$;

(4) $\pi^- + p \to K^- + p$;

(5) $\pi^- + p \to \Lambda + \bar{\Sigma}^0$;

(6) $\bar{\nu}_\mu + p \to \mu^+ + n$;

(7) $\bar{\nu}_\mu + p \to e^+ + n$;

(8) $\nu_e + p \to e^+ + \Lambda + K^0$;

(9) $\nu_e + p \to e^- + \Sigma^+ + K^+$;

(10) $\mu^- + {}^{32}S \to e^- + {}^{32}S$;

(11) $\mu^- + {}^{32}S \to \nu_\mu + {}^{32}P$.

第 6 章　分立变换对称性和相乘性量子数

第 5 章讨论的变换均属于连续变换. 例如空间平移变换 $e^{i\varepsilon\hat{P}}$、规范变换 $e^{i\varepsilon\hat{Q}}$,其中的 ε, ε(x)是一个连续的变量. 这种连续变换下的不变性导出的守恒量子数为相加性量子数. 本章主要讨论另一类变换,称为不连续变换,也称分立变换. 例如全同粒子的交换变换、态的空间反射、态的电荷共轭变换和时间反演变换. 空间平移变换,可以一点一点移动,给出无穷多的变换,而空间反射却不能由一点点反射来进行,它只有两种确定的变换的态:

$$\boldsymbol{x} \xrightarrow{U(\text{空间反射})} -\boldsymbol{x} \xrightarrow{U(\text{空间反射})} \boldsymbol{x}$$

分立变换具有不变性,同样要求变换算符 $\hat{U}$ 具有幺正性(式(5.4))和对称性(式(5.3)),即

$$\left.\begin{aligned} [\hat{U},\ \hat{H}] &= 0 \\ \hat{U}^{+}\hat{U} &= I \end{aligned}\right\} \tag{6.1}$$

按分立变换的定义,对一个用守恒量子数集 α 标记的态先后进行二次变换,结果回到原来的态 $\hat{U}\hat{U}\mid\alpha\rangle = \mid\alpha\rangle$, 于是有:

$$\hat{U}\hat{U} = I \tag{6.2}$$

由式(6.1)和式(6.2)得到

$$\hat{U} = \hat{U}^{+} \tag{6.3}$$

通常分立变换算符(时间反演变换除外)是厄米算符,它本身就是一个可测量的量. 这点区别于连续变换,连续变换的幺正对称性导出该变换的生成元对应的算符为厄米算符,是一个可测量的量.

6.1 全同粒子交换对称性

6.1.1 全同粒子

质量 m、自旋 S、相加性量子数等各种守恒量子数均相同的粒子称为全同粒子.例如,一群电子构成一组全同的粒子系统 $|e^-, e^-, e^-\cdots\rangle$,一群光子构成另一组全同粒子系统 $|\gamma, \gamma, \gamma\cdots\rangle$.由电子 ($S = 1/2$) 构成的全同粒子称为全同的费米子,由光子 ($S = 1$) 构成的全同粒子称为全同的玻色子.在 $|e^-, e^-, e^-\cdots\rangle$ 全同粒子系统中,各个电子的状态可以而且必须不一样,它们可以处于不同的运动状态(不同的轨道角动量),自旋在某一量子化方向的投影可以不同.例如铅原子外的82个电子构成一个全同粒子系统,但这82个电子中,有2个电子处于 $1s^2$ 态,其他80个电子分别布于 $2s^2$, $2p^6$, $3s^2$, $3p^6$, $4s^2$, $3d^{10}$, $4p^6$, $5s^2$, $4d^{10}$, $5p^6$, $6s^2$, $4f^{14}$, $5d^{10}$, $6p^2$.它们处在不同的轨道运动状态、不同的能量状态和不同的自旋相对取向.但是它们属于由全同粒子——电子构成的系统.

6.1.2 全同粒子波函数交换对称性

全同粒子交换对称性,这是亚原子物理的一个非常重要的规律,是任何物理过程应该遵守的基本规律.由于没有任何物理手段可以对全同的两个电子进行区分,因此铅原子的 $1s^2$ 的两个电子互换,或者 $1s^2$ 的电子与 $6p^2$ 两个电子互换,甚至于某一个铅原子中的电子和外来的电子进行互换,物理系统或物理过程都应该完全等效.变换前和变换后的铅原子是完全等效的,它们有完全相同的光谱,它们的特征X射线完全一样……假设描述一组全同粒子的波函数表示如下:$|1, 2, 3, \cdots, i, \cdots, j, \cdots\rangle$,粒子 i 和 j 的交换算符为 $\hat{P}_{ij}$,并设粒子之间相互作用可以忽略,则

$$\hat{P}_{ij} \mid 1, 2, 3, \cdots, i, \cdots, j, \cdots\rangle = \mid 1, 2, 3, \cdots, j, \cdots, i, \cdots\rangle \qquad (6.4)$$

将 $\hat{P}_{ij}$ 同时作用于(6.4)两边得

$$\begin{aligned}\hat{P}^2_{ij} \mid 1, 2, 3, \cdots, i, \cdots, j, \cdots\rangle &= \hat{P}_{ij} \mid 1, 2, 3, \cdots, j, \cdots, i, \cdots\rangle \\ &= \mid 1, 2, 3, \cdots i \cdots j \cdots\rangle \qquad (6.5)\end{aligned}$$

两次交换后,系统回到原初的状态.因此,全同粒子系统应该用交换算符 $\hat{P}_{ij}$ 的本征

态来描述,其本征值为

$$\varepsilon = \pm 1 \tag{6.6}$$

$\varepsilon = 1$,为全同玻色子系统;$\varepsilon = -1$,为全同费米子系统.

全同粒子交换对称性在研究各种亚原子系统的组成和相互作用过程时有十分重要的意义.下面以两个全同粒子组成的系统为例来讨论交换对称性.图6.1表示两个全同粒子1,2在动量中心系的空间状态和自旋状态.O点为参考系的原点,也是两个全同粒子的动量中心.两个全同粒子在空间的相对取向由极角θ和方位角φ来描述,设粒子1的自旋为(s_1, m_1),粒子2的自旋为(s_2, m_2),$s_1 = s_2 = s$是全同粒子的定义.自旋在空间z方向的投影可以不同.系统的总波函数为

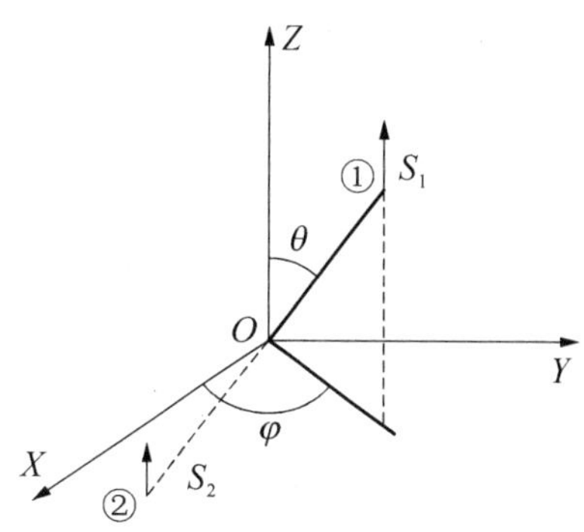

图 6.1　两个全同粒子的相对运动状态和自旋状态

$$|1, 2\rangle = R_{nl}(r)\mathrm{Y}_{lm_l}(\theta, \varphi)\chi_{sm}(1, 2) \tag{6.7}$$

$R_{nl}(r)$为系统的径向波函数,它对粒子1,2的交换是不变号的,即$\hat{P}_{12}R_{nl}(r) = R_{nl}(r)$.$\mathrm{Y}_{lm_l}(\theta, \varphi)$是描述1,2粒子的角向波函数,即轨道角动量为$\boldsymbol{l}$,空间取向(相对于$z$)为$m$的相对运动的轨道角动量波函数——球谐函数.粒子1,2的交换等效于

$$\left.\begin{aligned}\theta &\rightarrow \pi - \theta \\ \varphi &\rightarrow \pi + \varphi\end{aligned}\right\}$$

因此

$$\hat{P}_{ij}\mathrm{Y}_{lm_l}(\theta, \varphi) = (-1)^l\mathrm{Y}_{lm_l}(\theta, \varphi) \tag{6.8}$$

$\chi_S(1, 2)$为粒子1和2耦合成的总自旋波函数,(S, m)为系统的总自旋及其第三分量,根据角动量耦合(5.12)有:$\chi_S(1, 2) = \sum\langle s_1, m_1, s_2, m - m_1 | s_1, s_2, S, m\rangle | s_1, m_1\rangle | s_2, m - m_1\rangle$,以及C-G系数的对称性(5.13).两个粒子自旋波函数的交换对称性为

$$\begin{aligned}\hat{P}_{12}\chi_S(1, 2) &= P_{12}\sum_{m_1}\langle s_1, m_1, s_2, m - m_1 | s_1, s_2, S, m\rangle \\ &\qquad | s_1, m_1\rangle | s_2, m - m_1\rangle \\ &= \sum_{m_1}\langle s_2, m - m_1, s_1, m_1 | s_2, s_1, S, m\rangle \\ &\qquad | s_2, m - m_1\rangle | s_1, m_1\rangle\end{aligned}$$

$$= (-1)^{S-s_1-s_2} \sum \langle s_1, s_2, m_1, m-m_1 \mid s_1, s_2, S, m \rangle \mid s_1, m_1 \rangle \mid s_2, m-m_1 \rangle$$

$$= (-1)^{S-s_1-s_2} \chi_S(1, 2) \tag{6.9}$$

两个全同粒子构成的总波函数的交换算符$\hat{P}_{ij}$的本征值为

$$\varepsilon = (-1)^l(-1)^{S-2s} \tag{6.10}$$

l 为两个粒子的相对运动轨道角动量取值；S，s 分别为两粒子系统的总自旋和单个粒子的自旋，$s_1 = s_2 = s$.

对费米子，$\varepsilon = -1$，$2s$ = (奇数)，所以$(-1)^{l+S} = 1$.

对玻色子，$\varepsilon = 1$，$2s$ = (偶数)，所以$(-1)^{l+S} = 1$.

因此，从全同粒子交换对称性出发，由两粒全同粒子(不管是费米子或是玻色子)构成的系统，其相对运动的轨道角动量取值以及系统总自旋量子数的取值一定要满足

$$l + S = \text{偶数} \tag{6.11}$$

全同费米子不可分辨性要求全同费米子总波函数构成交换反对称，服从泡利不相容原理；全同玻色子的不可分辨性要求全同玻色子的总波函数为交换对称，不受泡利不相容原理的限制.

6.2 空间反射变换及空间宇称

6.2.1 空间反射变换

空间反射也称镜面反射.空间坐标系 XYZ，在空间反射变换$\hat{P}$作用下变为X'，Y'，Z'，如图 6.2 所示，空间反射变换，实际上是把右手坐标系变成左手坐标系，或者是把左手坐标系变成右手坐标系，在这变换下

$$\left.\begin{aligned} &\Psi(\boldsymbol{x}) \xrightarrow{\hat{P}} \Psi(-\boldsymbol{x}) \\ &R_{nl}\mathrm{Y}_{lm}(\theta, \varphi) \xrightarrow{\hat{P}} (-1)^l R_{nl}(r)\mathrm{Y}_{lm}(\theta, \varphi) \end{aligned}\right\} \tag{6.12}$$

极矢量例如速度 $\boldsymbol{V}$，动量 $\boldsymbol{P}$，电场矢量 $\boldsymbol{\varepsilon}$ 在空间反射下变号.轴矢量例如轨道角动量 $\boldsymbol{L} = \boldsymbol{r} \times \boldsymbol{P}$，自旋和磁场 $\boldsymbol{H}$ 在空间反射变换下不变号.当空间反射对称性成立时，空间反射变换$\hat{P}$是一个幺正对称变换：$\hat{P}^+\hat{P} = I$，$[\hat{P}, \hat{H}] = 0$. 根据图 6.2 所示，$\hat{P}\hat{P} = I$，因此，$\hat{P}^+ = \hat{P}$，即$\hat{P}$是厄米算符，是一个可观测的物理量，它对应的本

征值 $\eta_P = \pm 1$,

$$\hat{P}\Psi(\boldsymbol{x}) = \eta_P \Psi(\boldsymbol{x}) \tag{6.13}$$

若 $\eta_P = 1$，称 $\Psi(\boldsymbol{x})$是具有偶空间宇称的态；若 $\eta_P = -1$，称 $\Psi(\boldsymbol{x})$具有奇空间宇称的态. 若一个力学量算符$\hat{F}$满足

$$\hat{P}\hat{F}\hat{P}^{+} = \eta_P \hat{F} \tag{6.14}$$

若 $\eta_P = 1$，$\hat{F}$称为具有偶空间宇称的力学量，例如 $\boldsymbol{L}$，$\boldsymbol{J}$，$\boldsymbol{H}$(磁场)等都是具有偶空间宇称的力学量；若 $\eta_P = -1$，$\hat{F}$称为具有奇空间宇称的力学量，例如动量 $\boldsymbol{P}$，电场矢量 $\boldsymbol{\varepsilon}$，电偶极矩 $\boldsymbol{d}$ 等.

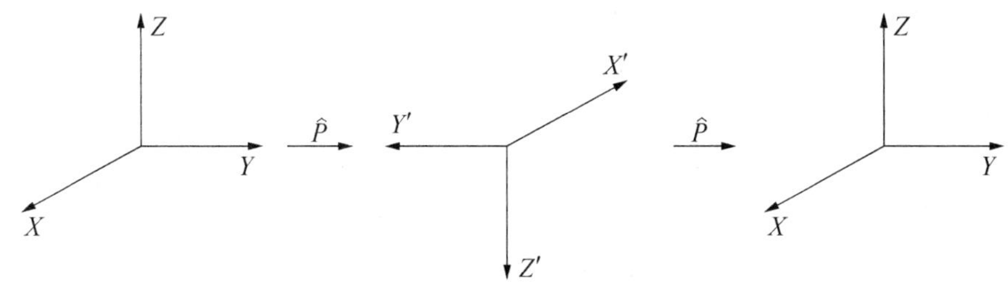

图 6.2　空间反射变换右手坐标系变成左手坐标系

6.2.2　粒子系统的空间宇称

设粒子 a 和 b 构成一个两粒子体系，a 和 b 之间的相互作用可以忽略. 系统的波函数可以写成

$$|a, b\rangle = |a\rangle|b\rangle|a-b\rangle_l \tag{6.15}$$

$|a\rangle$和$|b\rangle$分别是粒子 a 和 b 的内禀波函数，$|a-b\rangle_l$ 为粒子 a 和 b 的相对运动部分的波函数，其相对运动的轨道角动量为 $\boldsymbol{L}$. 如果 $a-b$ 之间的作用力是有心力，$|a-b\rangle_l$ 就是式(6.12)的球谐函数. 在空间反射变换下，波函数(6.15)的变换

$$\hat{P}|a, b\rangle = \hat{P}|a\rangle\hat{P}|b\rangle\hat{P}|a-b\rangle_l$$

其中 $\hat{P}|a\rangle = \eta_a|a\rangle$，$\hat{P}|b\rangle = \eta_b|b\rangle$，$\hat{P}|a-b\rangle_l = (-1)^l|a-b\rangle_l$. η_a 和 η_b 分别为粒子 a 和 b 的内禀空间波函数的内禀宇称. 因此，两粒子体系$|a, b\rangle$宇称为

$$\eta(a, b) = \eta_a\eta_b(-1)^l \tag{6.16}$$

1. 粒子内禀宇称的指定

根据量子场论，只有相加性量子数为零的粒子，其内禀宇称可以由理论推出，

内禀宇称具有绝对意义.例如光子的内禀宇称可以由场论推得

$$\eta_P(\gamma) = -1 \tag{6.17}$$

描述光子的波函数是矢量势 $\boldsymbol{A}$,它具有矢量(极矢量)的空间反射特性,因此,光子是具有奇的内禀宇称的粒子.另外一些纯中性粒子系统,例如$(\mathrm{f},\ \bar{\mathrm{f}})$,$(\mathrm{B},\ \bar{\mathrm{B}})$,它们的内禀宇称也有绝对意义

$$\begin{aligned}\eta_P(\mathrm{f}) &= -\eta_P(\bar{\mathrm{f}})\\ \eta_P(\mathrm{B}) &= \eta_P(\bar{\mathrm{B}})\end{aligned} \tag{6.18}$$

括号右下角的"int.",是指该系统的内禀宇称部分.具有相加性量子数不为零的粒子,它们的内禀宇称只具有相对的意义.人们定义质子(p),中子(n)和 Λ 粒子的内禀宇称如下:$\eta_P(\mathrm{p}) = \eta_P(\mathrm{n}) = \eta_P(\Lambda) = +1$,其他粒子的内禀宇称可以通过过程的宇称守恒来推出.

2. 氘核的内禀宇称

在一些核作用过程(核衰变或者核反应过程)中,人们把核素作为一个整体来处理,核素的总角动量被称为核素的自旋,核素的空间宇称被称为内禀宇称.氘核是由中子质子构成的一个最简单的核素,它的内禀宇称就是中子、质子(n, p)束缚态的系统宇称,由式(6.15)可知

$$\eta_P(\mathrm{d}) = \eta_P(\mathrm{p})\eta_P(\mathrm{n})(-1)^l \tag{6.19}$$

为求得氘核的内禀宇称,人们必须确定氘核中两个核子的相对运动的轨道角动量 $\boldsymbol{l}$.氘核是由核子间的相互作用力形成的核子束缚态.如果已知核子力的相互作用势能,人们可以求解氘核的各个可能的束缚态.一般来讲,在有心力场中,最低能量的束缚态——基态都是 $l=0$ 的态.从氘核的实验数据也支持了氘核的 $l=0$ 的 S 波为主的空间波函数.实验给出

$$\left.\begin{aligned}&J = 1\\ &(\mu_\mathrm{d})_\mathrm{exp} = 0.857\mu_\mathrm{N}\\ &(Q)_\mathrm{exp} = 0.002\,8\times10^{-24}\ \mathrm{cm}^2\end{aligned}\right\} \tag{6.20}$$

如果 $l = 0$,说明氘核的自旋是(n, p)构成的自旋三重态.它的磁矩完全由中子和质子的磁矩决定.构成自旋三重态的中子和质子的自旋平行同向,它们的磁矩均与自旋共线,中子的磁矩与其自旋反向,质子的磁矩与自旋同向,如图 6.3 所示.

由图 6.3(a)给出:$\mu_\mathrm{p} = 2.792\,847\,386(63)\mu_\mathrm{N}$,$\mu_\mathrm{n} = -1.913\,042\,75(45)\mu_\mathrm{N}$ 给出的 $\langle\mu_\mathrm{d}\rangle = 0.879\,805\mu_\mathrm{N}$,比实验值高出 2.6%,超出实验误差.而且因为 $l = 0$,$\langle Q\rangle_{l=0} \equiv 0$,也无法说明实验的电四极矩值.为了说明实验数据,必须在氘核的轨道运动部分的波函数中引入一定振幅的 d 波($l = 2$),它可以解释氘核的电荷分布

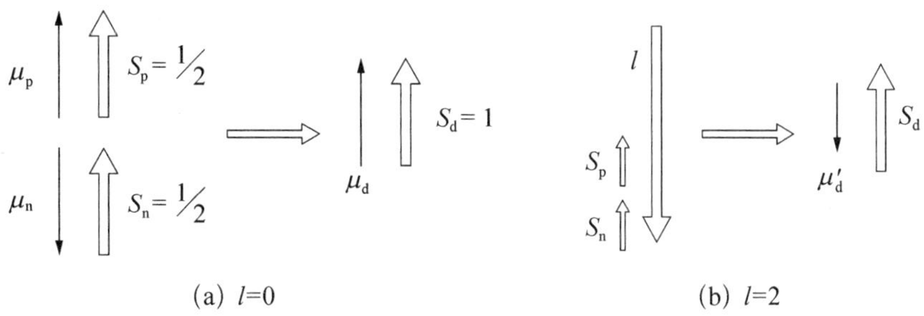

图 6.3　氘核的自旋磁矩与构成核子的量子数的关系

偏离球对称,引入了电四极矩,又因 d 波的轨道磁矩的贡献抵消纯 s 波的磁矩的小的过剩(图 6.3(b)),最后给出氘核的波函数包括如下两部分: $| \ l = 0, 96\% + l = 2, 4\% \rangle \chi_{sm}(\mathrm{n}, \mathrm{p})$, $l = 0$ 和 $l = 2$ 均给出氘核的空间部分波函数具有偶的宇称.由(6.19)给出氘核的内禀宇称: $\eta_P(\mathrm{d}) = +1$. 通常把核与粒子的内禀宇称写在其自旋的右上角,如 J^P.对于质子、中子和 Λ 粒子, $J^P = 1/2^+$,氘核 $J^P = 1^+$. 实验表明,具有偶数中子和偶数质子的核素(称偶-偶核,$e-e$)的基态的 $J^P = 0^+$,粒子和核素的 J^P 值在附录 B 中列出.

6.2.3　宇称守恒定律

1. 宇称守恒的表述和 π^- 的内禀宇称的实验确定

具有 J_a^P 的粒子a 和具有J_b^P 的粒子b 发生碰撞,产生末态粒子 c, d,它们的自旋宇称分别为 J_c^P 和J_d^P.已知初态 a, b 的相对运动轨道角动量为$\boldsymbol{l}_i$,末态 c,d 的为$\boldsymbol{l}_f$.反应, $a + b \rightarrow c + d$ 过程宇称守恒,用下面的等式表述

$$\eta_\mathrm{p}(a)\eta_\mathrm{p}(b)(-1)^{l_i} = \eta_\mathrm{p}(c)\eta_\mathrm{p}(d)(-1)^{l_f} \tag{6.21}$$

例如,π^- 介子引起氘核反应,末态产生两个中子,这反应过程还伴随有氘的 π^- 奇特原子的 K_α 特征辐射.根据该过程应服从的守恒定律,推出 π^- 介子的内禀宇称,反应过程及各粒子的已知量子数如下

$$\begin{array}{cccccccc} & \pi^- & + & \mathrm{d} & \rightarrow & \mathrm{n} & + & \mathrm{n} \\ J & 0 & & 1 & & 1/2 & & 1/2 \\ \eta_P & ? & & + & & + & & + \end{array} \tag{6.22}$$

该过程属于强相互作用过程,宇称守恒.根据式(6.21),我们必须确定初态和末态的 $\boldsymbol{l}_i$ 与 $\boldsymbol{l}_f$ 的可能取值.

关于 $\boldsymbol{l}_i$,根据题目中附加条件,π^- 奇特原子的 K_α 特征辐射表明 π^- 介子在氘靶(液靶)中慢化,被氘核俘获到它的奇特原子轨道上,该过程伴随着一系列的奇

特原子的特征辐射. K_α 的特征辐射是与 π^- 进入 K 壳层相关的辐射. 因此,与 K_α 相关的上述反应的 π^- 介子是在 $l_i=0$ 的奇特原子的 K 壳上发生的,因而可推断 $l_i=0$.

关于 l_f,首先(n, n)为全同费米子系统,它们构成的波函数必须是交换反对称的. 其总自旋波函数可以有两种,其各种可能的组合对应的可能的光谱项 ${}^{2S+1}L_J$ 列表如下:

l_f	0	0	1	1	2	2
S	0	1	0	1	0	1
${}^{2S+1}L_J$	${}^1S_0$	${}^3S_1$	${}^1P_1$	${}^3P_{0,1,2}$	${}^1D_2$	${}^3D_{1,2,3}$

S 为两粒子系统的总自旋,l 为系统的相对运动的轨道角动量, $L=0, 1, 2, 3, \cdots$ 对应的光谱项符号为 S, P, D, F…. 根据两全同粒子系统交换对称性要求式(6.11),${}^1S_0$, ${}^3P_{0,1,2}$, ${}^1D_2$ 符合全同粒子对称性要求,是末态两中子的候选态. 从角动量守恒,初态 $\boldsymbol{J}=\boldsymbol{l}_i+\boldsymbol{S}=\boldsymbol{S}$, 即 $J=1$, 排除了${}^1S_0$, ${}^3P_{0,2}$, ${}^1D_2$态. 因此,末态两中子只能以${}^3P_1$态存在,故 $l_f=1$. 由宇称守恒式(6.21)有

$$\eta_P(\pi^-)\eta_P(\mathrm{d})(-1)^{l_i}=\eta_P^2(\mathrm{n})(-1)^{l_f}$$

根据前面的讨论,有 $\eta_P(\pi^-)=(-1)^{l_f}=-1$,所以

$$J^P(\pi^-)=0^- \tag{6.23}$$

式(6.22)可以发生,唯一确定了 π^- 介子为奇的空间宇称. π^+, π^-, π^0 为 $I=1$ 的同位旋多重态,强作用对它们不可分辨,因此它们应具有相同的内禀宇称,$J^P(\pi)=0^-$.

2. 电磁辐射的宇称选择定则

对原子辐射过程和原子核的电磁辐射过程,量子力学的微扰论可以很好地描述. 辐射过程的跃迁几率为:$\lambda\propto|\langle f|\mathscr{H}_{em}|i\rangle|^2$,其中,$\mathscr{H}_{em}$ 为电磁相互作用的电磁多极矩阵元

$$\mathscr{H}_{em}\sim\hat{d}\qquad E1\qquad \text{电偶极跃迁}$$

$$\mathscr{H}_{em}\sim\hat{\mu}\qquad M1\qquad \text{磁偶极跃迁}$$

下面考察 $E1$ 和 $M1$ 的跃迁矩阵元,$\langle f|\hat{d}|i\rangle$ 和 $\langle f|\hat{\mu}|i\rangle$. 因为 $\hat{P}^+\hat{P}=\boldsymbol{I}$,将 $\hat{P}^+\hat{P}$ 插入跃迁矩阵元,由于 $\hat{P}\hat{d}\hat{P}^+=-\hat{d}$,故有

$$\begin{aligned}\langle f|\hat{d}|i\rangle&=\langle f|\hat{P}^+\hat{P}\hat{d}\hat{P}^+\hat{P}|i\rangle\\&=\eta_P(f)\eta_P(i)\langle f|\hat{P}\hat{d}\hat{P}^+|i\rangle\\&=-\eta_P(f)\eta_P(i)\langle f|\hat{d}|i\rangle\end{aligned}$$

又由于 $\hat{P}\hat{\mu}\hat{P}^{+}=\hat{\mu}$，故有

$$\begin{aligned}\langle f \mid \hat{\mu} \mid i\rangle &= \langle f \mid \hat{P}^{+}\hat{P}\hat{\mu}\hat{P}^{+}\hat{P} \mid i\rangle \\ &= \eta_P(f)\eta_P(i)\langle f \mid \hat{\mu} \mid i\rangle\end{aligned}$$

$\eta_P(f)$和 $\eta_P(i)$分别为末态原子(原子核)和初态原子(原子核)的内禀宇称. 由此得到电偶极和磁偶极跃迁的宇称选择定则,有

- $\eta_P(i)\eta_P(f)=+1$

  $\langle f \mid \hat{d} \mid i\rangle \equiv 0$, 即 $E1$ 禁戒;

  $\langle f \mid \hat{\mu} \mid i\rangle \neq 0$, 即 $M1$ 可进行.

- $\eta_P(i)\eta_P(f)=-1$

  $\langle f \mid \hat{d} \mid i\rangle \neq 0$, 即 $E1$ 可进行;

  $\langle f \mid \hat{\mu} \mid i\rangle \equiv 0$, 即 $M1$ 禁戒.

推广到高阶电磁跃迁的宇称选择定则如下

$$\left.\begin{array}{lll}\eta_P(i)\eta_P(f)=(-1)^{L} & \langle f \mid EL \mid i\rangle \neq 0 & EL\ \text{通行} \\ \eta_P(i)\eta_P(f)=(-1)^{L+1} & \langle f \mid ML \mid i\rangle \neq 0 & ML\ \text{通行}\end{array}\right\} \tag{6.24}$$

这些选择定则在研究原子核态之间的电磁衰变过程很重要. 实验表明,电磁辐射衰变过程宇称是守恒的.

6.2.4　宇称守恒定律的实验检验

1. τ - θ 困惑

1956 年以前,人们发现经典物理的各种过程,以及各种原子过程的左右对称性都严格成立. 人们对各种亚原子过程左右对称性,即宇称守恒是否严格成立并没有认真的考察过. 是什么事件引起人们去研究亚原子过程的宇称守恒问题呢? τ - θ 困惑正是这样一个事件. 所谓 τ - θ 困惑就是人们在加速器实验中观测到一类带正电的介子 τ^+, θ^+. 它们通过弱衰变到达 2π 和 3π 的末态. 通过其产生和衰变顶点之间的测量统计,发现它们的平均寿命没什么差别,都在 10^{-8}秒量级. 通过重建末态 π 介子系统的不变质量,发现 τ^+ 和 θ^+ 的质量也几乎相等($\sim$500 MeV/c^2),是奇异介子. 它们的主要特征列表如下:

	质量(MeV/c^2)	自旋 J	平均寿命 τ(s)	衰变末态
τ^+	$\sim$500	0	10^{-8}	3π
θ^+	$\sim$500	0	10^{-8}	2π

τ^+，θ^+ 除其衰变末态不同以外，其他重要的守恒量子数(电荷，质量，自旋，平均寿命)都相同.2π 末态和 3π 末态有什么重大的区别呢？下面分析末态系统的宇称

$$\eta_P \mid 2\pi\rangle = (-1)^2(-1)^l \mid 2\pi\rangle$$

其中 $|2\pi\rangle = |\pi^+, \pi^0\rangle$，$\pi^+$，$\pi^-$，$\pi^0$ 是一组 $I=1$ 的同位旋多重态，强作用不能分辨它的三个成员.因此，π^+，π^- 和 π^0 一样都具有奇的内禀宇称，即 $J^P(\pi)=0^-$. 所以$|2\pi\rangle$的内禀宇称由末态 2π 的相对运动的轨道角动量决定.$|2\pi\rangle$系统的角动量也由轨道角动量 l 唯一决定.因为 θ^+ 的 $J=0$，因此其衰变得到的$|2\pi\rangle$系统的 $l=0$. 上面的分析告诉我们，由 θ^+ 衰变得到的$|\pi^+, \pi^0\rangle$末态的宇称一定是偶的.再来研究 $\tau^+ \to \pi^+ + \pi^+ + \pi^-$，末态 3π 系统可以写成

$$|3\pi\rangle = |\pi^+, \pi^+\rangle |\pi^-\rangle$$

π^+，π^+ 为全同的玻色子，它的相对运动轨道角动量 l_+ 只能取偶数.π^- 相对$|\pi^+, \pi^+\rangle$系统的相对运动的轨道角动量为 l_-，3π 系统的总角动量由 τ^+ 的自旋 ($J=0$) 决定.因此 $J=l_+ + l_- = 0$ 要求 $l_+ = -l_- = l$. 则 τ^+ 衰变的末态$|3\pi\rangle$系统的宇称可以定为

$$\begin{aligned}\eta_P(3\pi) &= \eta_P(\pi^+, \pi^+)\eta_P(\pi^-)(-1)^{l_-} = (-1)^3(-1)^{l_+}(-1)^{l_-} \\ &= (-1)(-1)^{2l} = -1\end{aligned}$$

根据上面的分析，如果支配 τ^+，θ^+ 的弱相互作用宇称是守恒的，τ^+ 和 θ^+ 是两种宇称完全不同的粒子，$\eta_P(\tau^+) = (-1)$；$\eta_P(\theta^+) = +1$. 但是从 τ^+，θ^+ 的产生过程，例如

$$\pi^+ + n \to \begin{matrix} \tau^+ + \Lambda \\ \theta^+ + \Lambda \end{matrix}$$

来看，τ^+，θ^+ 是无法区分的，从宇称分析，它们的宇称完全一样，且有

$$\eta_P(\tau^+) = \eta_P(\theta^+) = (-1)$$

这就是所谓的 τ-θ 困惑.很显然这种困惑是与宇称纠结在一起的.从 τ^+，θ^+ 的强作用协同产生看，它们是一种粒子，具有内禀宇称为奇；从它们的弱衰变产物看，τ^+ 衰变成具有奇宇称的 3π 系统，θ^+ 衰变成具有偶宇称的 2π 系统.若弱作用过程也必须服从宇称守恒定律的假定是正确的话，τ^+ 和 θ^+ 不可能是一种粒子，它们的内禀宇称相反.面对这种困惑，李政道和杨振宁考察了许多物理实验资料，发现电磁作用过程和强作用过程宇称守恒有很多实验资料支持.但是当时还没有任何一个检验弱作用过程宇称守恒的实验.在科学分析基础上，李-杨率先提出[1]，弱相互作用过程不服从宇称守恒定律，τ^+ 与 θ^+ 实际上是一种粒子 K^+ 通过衰变到达的不同宇称的末态，并且他们建议了一些检验弱作用过程宇称不守恒的实验.

2. V－A 相互作用,弱相互作用宇称不守恒

6.2.3 节讨论电磁作用过程宇称守恒.通过电偶极(矢量 **V** 耦合)相互作用的 $E1$ 跃迁只能在初态和末态宇称相反的态之间进行.电磁相互作用过程宇称守恒限制了 $E1$ 和 $M1$ 轴矢量 **A** 的混合.弱作用的宇称若不守恒,**V** 和 **A** 的混合的限制就不再存在.人们构造了一种特殊的弱作用形式,称为 V－A 理论.弱相互作用 $\hat{\boldsymbol{H}}_{\mathrm{W}}$ 可写成这样一种简单的形式:$\hat{\boldsymbol{H}}_{\mathrm{W}} = \boldsymbol{V} - \boldsymbol{A}$,矢量 **V** 和轴矢量 **A** 具有同样的振幅,但相位相反.在 $\hat{\boldsymbol{H}}_{\mathrm{W}}$ 作用下,系统从初态 $|i\rangle$ 跃迁到末态 $\langle f|$,跃迁矩阵元为

$$\langle f \mid \hat{H}_{\mathrm{W}} \mid i \rangle = \langle f \mid V - A \mid i \rangle = \langle f \mid V \mid i \rangle - \langle f \mid A \mid i \rangle \tag{6.25}$$

根据 **V** 和 **A** 的空间反射特性,(6.25)第二个等号的右边第一项为矢量相互作用的跃迁振幅,它是系统从具有初始宇称为 $\eta_P(i)$ 跃迁到末态宇称为 $\eta_P(f) = -\eta_P(i)$ 的振幅;右边第二项为轴(赝)矢量相互作用的跃迁振幅,它是系统从具有初始宇称为 $\eta_P(i)$ 跃迁到末态宇称为 $\eta_P(f) = \eta_P(i)$ 的振幅.因此,具有奇宇称的 K^+ 介子在 $\hat{\boldsymbol{H}}_W$ 的作用下,具有矢量空间反射特性的相互作用使 K^+ 跃迁到具有偶宇称的 $|\pi^+, \pi^0\rangle$ 末态.具有轴(赝)矢量空间反射特性的相互作用使 K^+ 跃迁到具有奇宇称的 $|\pi^+, \pi^-, \pi^+\rangle$.

3. 宇称守恒的判据

第一,检查支配过程的相互作用量 $\hat{\boldsymbol{H}}_{\mathrm{int.}}$ 的空间反射特性.例如,对电磁过程.若相互作用中同时包括 EL 和 ML 的相互作用,则该电磁过程一定违背宇称守恒,因为 EL 和 ML 相互作用将把具有确定宇称的初态转变为奇偶宇称混合的末态.在 α 衰变过程中,检查发射的 α 粒子是否具有奇偶轨道角动量的分波的混合;在核反应过程中,检查末态发射子核是否具有奇偶轨道角动量的分波的混合(相干).这种混合意味着过程的末态一定是奇偶宇称并存.第二判据是检查由具有确定宇称的初态跃迁到达的末态是否是奇偶宇称的混合态

$$| f \rangle = y \mid o \rangle + (1 - y^2)^{1/2} \mid e \rangle \tag{6.26}$$

末态 $|f\rangle$ 中,包含有振幅 y(一般用复数表示)的奇宇称态 $|o\rangle$.另外 $(1 - y^2)^{1/2}$ 的振幅的偶宇称的态 $|e\rangle$.如果设计一个实验,证明末态如式(6.26)所示.也就证明了产生这种末态的过程宇称不守恒.人们通过观测具有奇宇称变换特性的物理量,即其相应的算符 $\hat{F}_o$ 在这种末态中的平均值

$$\begin{aligned}\langle f \mid \hat{F}_o \mid f \rangle &= \langle y^* o + (1 - y^2)^{1/2} e \mid \hat{F}_o \mid yo + (1 - y^2)^{1/2} e \rangle \\ &= y^2 \langle o \mid \hat{F}_o \mid o \rangle + (1 - y^2) \langle e \mid \hat{F}_o \mid e \rangle + y^* (1 - y^2)^{1/2} \langle o \mid \hat{F}_o \mid e \rangle \\ &\quad + y(1 - y^2)^{1/2} \langle e \mid \hat{F}_o \mid o \rangle\end{aligned}$$

$$= (1-y^2)^{1/2} y\langle e \mid \hat{F}_o \mid o\rangle + (1-y^2)^{1/2} (y\langle e \mid \hat{F}_o \mid o\rangle)^+$$
$$= 2(1-y^2)^{1/2} \mathrm{Re}\{y\langle e \mid \hat{F}_o \mid o\rangle\} \tag{6.27}$$

上式中的$\langle o \mid \hat{F}_o \mid o\rangle = \langle e \mid \hat{F}_o \mid e\rangle \equiv 0$，有确定的宇称的末态，不管是奇宇称的态$|o\rangle$，或者是偶宇称的态$|e\rangle$，具有奇宇称的物理量$\hat{F}_o$的平均值（观测值）恒等于零．如果$|f\rangle$态是奇偶宇称混合(6.26)，具有奇宇称的物理量$\hat{F}_o$的观察值不为零，如式(6.27)所示．

4．实验检验

设计一个实验用来观测作用过程末态粒子的具有奇宇称的物理量，若其观测值不为零，就证明该过程的末态具有奇偶宇称混合．若过程的初态是具有确定宇称的态，人们就从实验上验证了支配该过程的相互作用违背宇称守恒定律．

● 极化$^{60}Co-\beta^-$的角分布测量

这是李-杨提出的弱衰变过程宇称不守恒的理论后，第一个验证宇称不守恒的实验．该实验是由吴健雄率先实现的[2]．其实验的物理构思和重要的物理结果可用图6.4来说明，双箭头表示衰变的^{60}Co核($J=5$)的自旋取向，单箭头表示^{60}Co发射的β^-粒子的出射方向．(b)为(a)的空间反射．在空间反射下，核自旋不改变方向，粒子发射方向改变，则，$\boldsymbol{J}(a)=\boldsymbol{J}(b)$；$\boldsymbol{P}_e(a)=-\boldsymbol{P}_e(b)$．实验表明$\beta^-$粒子背向$^{60}Co$极化方向发射的概率比顺着极化方向发射的要高出约20%．实验结果直接表明上述过程在空间反射变换下的对称性破缺．人们选择具有奇宇称的物理量$\hat{F}_o \sim \boldsymbol{J}\cdot\boldsymbol{P}_e$，实验给出$^{60}Co-\beta^-$衰变末态$|f\rangle$中$\hat{F}_o$的期望值为：$\langle f \mid \boldsymbol{J}\cdot\boldsymbol{P}_e \mid f\rangle \neq 0$．说明$\beta^-$衰变的末态的轻子系统具有奇偶宇称的混合．实验的关键技术是如何把^{60}Co的自旋排列起来．实验细节参见文献[2]．

● β衰变中β粒子螺旋度的测量

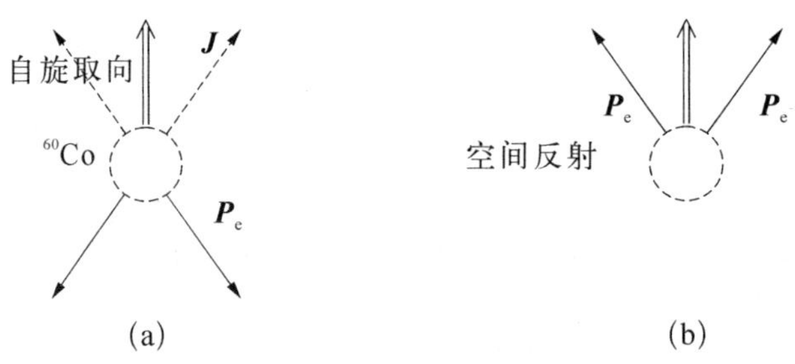

图6.4　极化^{60}Co发射β^-的前后不对称性

(a)和(b)互为镜像，观察结果，(a)占优势．

β 衰变中宇称不守恒，理论上可以预测衰变发射的 β 粒子（e^- 或者 e^+）是纵向极化的．1957 年 H. Frauenfelder 等人[3]测量了^{60}Co 衰变的电子的纵向极化．实验将纵向极化的电子经静电偏转器进行速度（能量）选择（静电偏转器基本不改变电子的自旋方向），并将电子的动量方向转动 90°．将原来纵向极化的电子变成横向极化．再根据横向极化电子与重核（金箔靶）的库仑散射（自旋轨道耦合）的角分布来测定静电偏转后电子自旋取向，从而推测出^{60}Co－β^- 衰变发射的纵向极化度．实验结果表明，e^- 的极化度与电子的速度有关，与弱作用的理论预期关系一致

$$\left\langle \frac{\boldsymbol{\sigma}_e \cdot \boldsymbol{p}_e}{E_e} \right\rangle = -\frac{v}{c} \tag{6.28a}$$

对于 β^+ 衰变中的正电子，上式变为

$$\left\langle \frac{\boldsymbol{\sigma}_e \cdot \boldsymbol{p}_{e^+}}{E_{e^+}} \right\rangle = \frac{v}{c} \tag{6.28b}$$

● 中微子螺旋度的确定

1958 年 M. Goldhaber 等人[4]利用轨道电子俘获核素$^{152m}_{63}$Eu 的特殊的衰变方式，巧妙地从实验证明了中微子的螺旋度$\left\langle \frac{\boldsymbol{\sigma}_\nu \cdot \boldsymbol{p}_\nu}{E_\nu} \right\rangle = -1$．衰变级联过程为

$$\begin{array}{lccccccc} & {}^{152m}_{63}\mathrm{Eu} + & e_k^- \rightarrow & {}^{152}_{62}\mathrm{Sm}^* & + \nu_e \rightarrow & {}^{152}_{62}\mathrm{Sm} & + \nu_e & + \gamma \\ J & 0 & 1/2 & 1 & 1/2 & 0 & 1/2 & 1 \\ m_z & 0 & 1/2 & 1 & -1/2 & 0 & -1/2 & 1 \end{array}$$

m 为各衰变阶段各粒子自旋在所选定方向（例如中微子的发射方向）的投影．图 6.5描述了某些特定方向发射粒子的动量和自旋的关系（先假定 ν 是左螺旋的）．

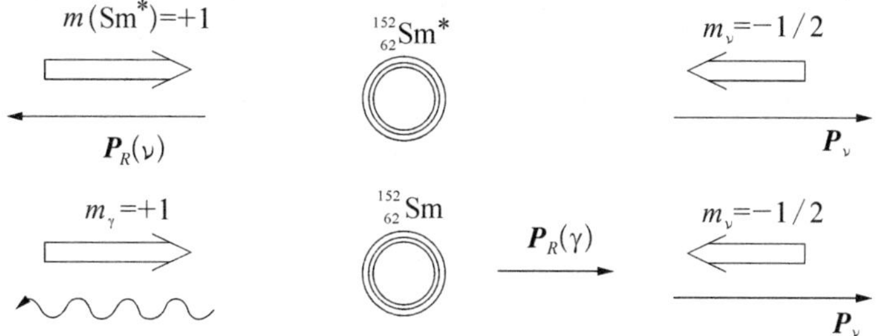

图 6.5　^{152m}Eu 轨道电子俘获，末态粒子在中微子发射方向的自旋投影值示意

图中标出中微子发射方向 $\boldsymbol{P}_\nu$ 和在其运动方向的自旋的投影 $m_\nu=-1/2$，$m(\mathrm{Sm}^*)=1$. 同时画出由于中微子发射引起 Sm^* 核的反冲动量$\boldsymbol{P}_R(\nu)$. 紧接着 Sm^* 由激发态(962 keV，$J=1$)发射一个 γ 射线，实验选择沿 $\boldsymbol{P}_R(\nu)$方向发射的 γ 射线，该 γ 射线将 Sm^* 的一个单位的自旋带走 $m_\gamma=+1$，具有左螺旋极的. 由于 γ 的发射，引起核 Sm 在相反方向的反冲 $\boldsymbol{P}_R(\gamma)$. 根据上面的分析说明，在与中微子发射方向相反方向发射的 γ 射线的螺旋度应与中微子的螺旋度一致. 实验的关键是：在无法测定中微子的情况下如何选出与中微子发射方向相反的方向发射的 γ 射线. 从图 6.5 可见，在与中微子(890 keV)发射方向相反的 γ 射线，由于其核的反冲动量正好补偿了发射 γ 时的反冲动量(961 keV). 因此这个特定方向发射的 γ 的能量得到很好的补偿，可以引起该 γ 在 Sm 核素的共振吸收(或共振散射). 实验上分析了可以引起核素 Sm 共振吸收(或散射)的 γ 的极化(用磁化铁). 证明了该 γ 射线具有左螺旋度. 从而推断中微子为左螺旋的，与理论预期的一致

$$\mathscr{H}_\nu=-1 \tag{6.29a}$$

反中微子为右螺旋

$$\mathscr{H}_{\bar{\nu}}=+1 \tag{6.29b}$$

自然界只有左螺旋的中微子，没有右螺旋的中微子；只有右螺旋的反中微子，没有左螺旋的反中微子. 这充分说明中(反中)微子参与的过程空间反射对称性完全破缺.

● Λ 粒子产生和衰变过程的宇称守恒的检验

Λ 粒子产生，在 5.3.3 节讨论了奇异粒子的协同强产生，Λ 粒子可通过下列过程来产生

$$\pi^-+\mathrm{p}\rightarrow \mathrm{K}^0+\Lambda$$

该过程满足强作用要求的各个守恒定律. 下面考察该过程是否服从宇称守恒定律. 人们通过测量过程末态 Λ 粒子的极化，定义极化的参考方向为粒子产生平面的法线方向. 如图 6.6 所示由 $\boldsymbol{P}_\pi\times\boldsymbol{P}_\Lambda$ 定义的方向为极化的参考方向 z(垂直于纸面向外). 实验测得产生的 Λ 粒子沿 z 正向的事件数为N_+，沿 z 反向的事件数为N_-. 定义极化度为

$$\delta_\Lambda=\frac{N_+-N_-}{N_++N_-}$$

实验表明，当入射 π^- 动量大于 1 GeV/c 时，测得 Λ 的极化度为 0.7. 极化垂直于 Λ 粒子的动量方向称为横向极化. 前面讨论指出，末态粒子的纵向极化表明过程的宇

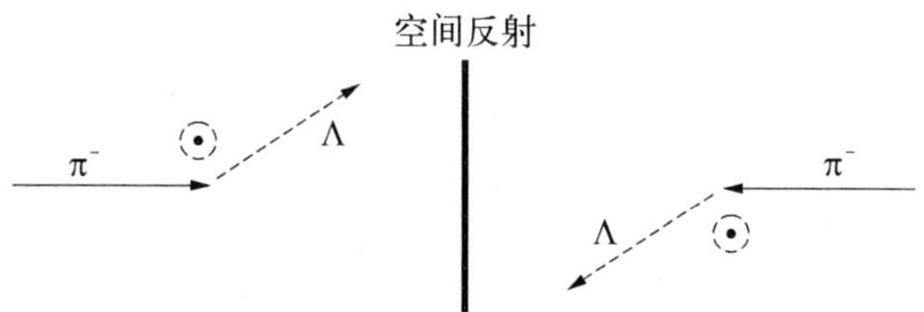

图 6.6　Λ 粒子产生及横向极化

称不守恒,那么,末态粒子的横向极化意味着什么?你只要把图作一空间反射,并绕纸面的法线旋转 180°(旋转不变性是成立的),空间态和原来的态完全一样.因此,Λ 粒子的横向极化与过程的宇称守恒不违背.Λ 粒子的衰变,如前所述,Λ 粒子的主要衰变道是

	Λ	→	π^-	+	p
J^P	$\frac{1}{2}^+$		0^-		$\frac{1}{2}^+$
J_z	$\frac{1}{2}$		0		$\frac{1}{2}$

取 z 轴为量子化轴和粒子发射方向的极轴.角动量守恒要求末态 π^- 介子和质子的角动量和衰变前 Λ 粒子的自旋以及取向一样.除自旋角动量外末态两粒子之间还可以有轨道角动量 l, $l=0$, 1 都可以满足角动量守恒. $l=0$, $l=1$ 末态系统的宇称分别为奇和偶.如该衰变过程满足宇称守恒, $l=0$ 被排除,只有 $l=1$ 的 P 波存在.S 波和 P 波给出的角分布和(S+P)波的角分布可以通过实验来区分

$$\mathrm{S}:\Psi_S = a_S Y_{00}\chi\left(\frac{1}{2},+\frac{1}{2}\right)$$

$$\mathrm{P}:\Psi_P = a_P\left[\sqrt{\frac{2}{3}}Y_{11}(\theta,\phi)\chi\left(\frac{1}{2},-\frac{1}{2}\right)-\sqrt{\frac{1}{3}}Y_{10}(\theta,\phi)\chi\left(\frac{1}{2},+\frac{1}{2}\right)\right]$$

$$(\mathrm{S}+\mathrm{P}):\Psi_S+\Psi_P=\Psi$$

若宇称不守恒,允许 S 波和 P 波混合,用球谐函数代入,给出末态出射粒子 π^- 的角分布

$$\begin{aligned}\Psi^*\Psi &= |a_S|^2+|a_P|^2\cos^2\theta+|a_P|^2\sin^2\theta-a_S\cos\theta(a_P+a_P^*)\\ &= |a_S|^2+|a_P|^2-2a_S\mathrm{Re}(a_P^*)\cos\theta \end{aligned}\tag{6.30}$$

S 波和 P 波有一个相位可任选,取 a_S 为实数.对上式整理得角分布式如下

$$W(\theta) \sim 1 - \alpha\cos\theta \tag{6.31}$$

其中

$$\alpha = \frac{2a_S \mathrm{Re}(a_P^*)}{a_S^2 + |a_P|^2}$$

式(6.31)是假定 Λ 粒子的极化度 $\delta_\Lambda = 1$ 得到的.若 Λ 粒子极化度为 δ_Λ

$$W(\theta) \sim 1 - \alpha\delta_\Lambda\cos\theta$$

若角分布对产生平面对称,即 $\alpha = 0$,不存在 S 波和 P 波的混合,宇称守恒;$\alpha \neq 0$,存在 S 波和 P 波的混合,宇称守恒定律破坏.实验测得

$$\alpha\delta_\Lambda \approx 0.7$$

证明 Λ 粒子衰变过程宇称守恒定律破坏.

6.3 电荷共轭变换及 C 宇称

电荷共轭变换用$\hat{C}$来表示.它的操作是把粒子(反粒子)变为反粒子(粒子).例如

$$\hat{C}\,|\,\pi^-\rangle = |\,\pi^+\rangle;\ \hat{C}\,|\,e^-\rangle = |\,e^+\rangle$$

如前所述,粒子和反粒子具有符号相反,绝对值相同的相加性量子数.用 N 代表粒子的相加量子数集(电荷、重子数、轻子数、奇异数、粲数、底数、顶数和超荷),其波函数写为$|N\rangle$,因而有:$\hat{C}\,|\,N\rangle = |-N\rangle$;即 $\hat{C}\,|\,$粒子$\rangle = |\,$反粒子$\rangle$.

6.3.1 电荷共轭算符和相加性力学量算符$\hat{A}$的对易关系

设$|N\rangle$为算符$\hat{A}$的本征态,联合算符$\hat{A}\hat{C}$和$\hat{C}\hat{A}$分别作用在态$|N\rangle$上,得到下面的关系

$$\left.\begin{aligned}(\hat{A}\hat{C} - \hat{C}\hat{A})\,|\,N\rangle &= 2\,\hat{A}\,\hat{C}\,|\,N\rangle\\ [\hat{A},\,\hat{C}] &= 2\,\hat{A}\hat{C} \neq 0\end{aligned}\right\} \tag{6.32}$$

因此,相加性量子数不为零的粒子不可能是电荷共轭宇称算符的本征态.容易推出,相加性量子数全为零的粒子,式(6.32)等于零.称这类粒子为纯中性粒子.所以,纯中性粒子是电荷共轭宇称的本征态.

6.3.2 粒子的电荷共轭宇称

考察下列电中性粒子:

	Λ	K^0	$\overline{K}_0$	n	ν_e	γ	π^0
Q	0	0	0	0	0	0	0
B	1	0	0	1	0	0	0
S	−1	1	−1	0	0	0	0
L_e	0	0	0	0	1	0	0

只有最后两列显示的 γ, π^0 是纯中性的粒子.它们具有电荷共轭宇称,它们的反粒子是它们自身: $\hat{C}^2 \mid \gamma\rangle = \hat{C}\eta_c \mid \gamma\rangle = \eta_c^2 \mid \gamma\rangle$. 连续两次 C 变换,把粒子返回原来的态. $\eta_c^2 = 1$, $\eta_c = \pm 1$.

1. 光子的 $\eta_c(\gamma)$

光子波函数可用电磁矢量势 $\boldsymbol{A}$ 来描述.它由电流密度 $\boldsymbol{j}$ 决定,在电荷共轭变换下有

$$\boldsymbol{j} \xrightarrow{\hat{C}} -\boldsymbol{j} \qquad \boldsymbol{A} \xrightarrow{\hat{C}} -\boldsymbol{A}$$

因此

$$\eta_c(\gamma) = -1 \tag{6.33}$$

2. π^0 介子的 $\eta_c(\pi^0)$

设对于电磁相互作用,电荷共轭变换对称性严格成立.考察 π^0 的电磁衰变, $\pi^0 \to \gamma + \gamma$ 是主要的衰变道(分支比为 98.798%).电荷共轭宇称守恒和量子数的相乘性给出 $\eta_c(\pi^0) = \eta_c(\gamma)\eta_c(\gamma)$, 所以

$$\eta_c(\pi^0) = +1 \tag{6.34}$$

6.3.3 粒子反粒子系统的电荷共轭宇称

粒子和它自身的反粒子,例如,费米子反费米子系统(f, $\bar{f}$);玻色子反玻色子系统(B, $\bar{B}$),它们的相加性量子数全为零,是纯中性的系统,它们具有 η_c 本征值.

1. 广义全同粒子

粒子和反粒子除相加性量子数符号不同外,其他性质完全相同.若把粒子和反粒子看成是在电荷共轭空间分别处于两种态$|N\rangle$和$|-N\rangle$的全同粒子,称为广义全同粒子.描述广义全同粒子的波函数应包括:普通空间,自旋空间和电荷共轭空间三部分波函数组成.粒子反粒子的普通空间波函数为 $R_{nl}(r)Y_{lm}(\theta, \phi)$,自旋空间波函数为 $\chi(S, m)$,电荷共轭空间波函数用 $\xi(N, -N)$表示,n 和 L 分别为

粒子和反粒子相对运动的主量子数和轨道角动量量子数；S 和 m 分别为粒子和反粒子系统的总自旋和总自旋的 z 分量；$N,-N$ 分别为粒子和反粒子相加性量子数集.两个这样的广义全同粒子组成的系统的总波函数为

$$\Psi = R_{nl}(r)Y_{lm}(\theta,\ \phi)\chi(S,\ m)\xi(N,\ -N) \tag{6.35}$$

2. 费米子反费米子系统的电荷共轭宇称 $\eta_c(f,\ \bar{f})$

式(6.35)是两个广义全同费米子的总波函数，它应满足全同费米子交换反对称：普通空间部分波函数交换给出因子$(-1)^L$；自旋空间部分波函数交换给出因子$(-1)^{S+1}$；电荷共轭空间部分波函数交换正是粒子反粒子变换，它给出的因子正是粒子反粒子系统的电荷共轭宇称，$\eta_c(f,\ \bar{f})$.广义全同费米子交换反对称要求上述三因子相乘等于-1，即 $(-1)^L(-1)^{S+1}\eta_c(f,\ \bar{f})=-1$，从而求得

$$\eta_c(f,\ \bar{f}) = (-1)^{L+S} \tag{6.36}$$

3. 玻色子反玻色子系统的电荷共轭宇称 $\eta_c(B,\ \bar{B})$

式(6.35)是两个广义全同玻色子的总波函数，它应满足全同玻色子交换对称：普通空间部分波函数交换给出因子$(-1)^L$；自旋空间部分波函数交换给出因子$(-1)^S$；电荷共轭空间部分波函数交换正是粒子反粒子变换，它给出的因子正是粒子反粒子系统的电荷共轭宇称，$\eta_c(B,\ \bar{B})$.广义全同玻色子交换对称要求上述三因子相乘等于1，即 $(-1)^L(-1)^S\eta_c(B,\ \bar{B})=1$，从而求得

$$\eta_c(B,\ \bar{B}) = (-1)^{L+S} \tag{6.37}$$

一个粒子和一个它的反粒子构成的系统应该是电荷共轭变换算符的本征态，其本征值由系统的轨道角动量和自旋的取值定.

例1 一粒电子和一粒正电子组成 $L=0,1,2$;$S=0,1$ 的态.确定它们的电荷共轭宇称.

解：由式(6.36)，列表解答如下：

L	0		1		2	
S	0	1	0	1	0	1
$^{2S+1}L_J$	$^1S_0$	$^3S_1$	$^1P_1$	$^3P_{0,1,2}$	$^1D_2$	$^3D_{1,2,3}$
η_c	1	-1	-1	1	1	-1

例2 求$(\pi^+,\ \pi^-)$在相对运动轨道角动量 $L=0,1,2$ 时各自的电荷共轭宇称.

解：根据式(6.37)，解答列表如下：

L	0	1	2
S	0	0	0
$^{2S+1}L_J$	$^1S_0$	$^1P_1$	$^1D_2$
η_c	1	-1	1

6.3.4 电荷共轭变换对称性的实验检验

1. 电磁相互作用 C 宇称守恒

(e^+, e^-)系统可以湮灭为光子.正如例1所示，处于 $^{2S+1}L_J$ 态的正负电子系统的电荷共轭宇称 $\eta_c=(-1)^{L+S}$，光子的 C 宇称 $\eta_c(\gamma)=-1$. 因此，正负电子湮灭到多光子过程是检验电磁作用 C 宇称守恒的一个理想过程.如下式所示

$$e^+ + e^-\ (^{2S+1}L) \to n\gamma \tag{6.38}$$

若过程服从 C 宇称守恒，上述过程初态 $L+S$ 的奇偶性完全对应于末态光子数 n 的奇偶性.例如：$e^+ + e^-\ (^1S_0) \to 2\gamma$，$e^+ + e^-\ (^3S_1) \to 3\gamma$. 实验只观察到服从 C 宇称守恒的过程，违背 C 宇称守恒的过程，例如 $e^+ + e^-\ (^3S_1) \to 2\gamma$ 没有观察到，给出的限值为

$$\frac{R[e^+e^-\ (^3S_1) \to 2\gamma]}{R[e^+e^-\ (^3S_1) \to 3\gamma]} < 5\times 10^{-4},$$

$$\frac{\Gamma(\pi^0 \to 3\gamma)}{\Gamma(\pi^0 \to \text{all})} < 3.1\times 10^{-8}(CL = 90\%).$$ $\pi^0 \to 3\gamma$

是违背 C 宇称守恒的过程.

2. 强相互作用过程 C 宇称守恒

下面考察质子和反质子的湮灭，它是一个强作用为主的过程

$$p+\bar{p} \to \pi^+ + \pi^- + \cdots \xleftrightarrow{\hat{C}} \bar{p}+p \to \pi^- + \pi^+ + \cdots$$

$$p+\bar{p} \to K^+ + K^- + \cdots \xleftrightarrow{\hat{C}} \bar{p}+p \to K^- + K^+ + \cdots$$

实验观察湮灭末态带正电介子和带负电介子的产生率和能谱在实验精度($\ll 1\%$)范围内完全一致.这表明在实验能达到的精度范围内上述的过程和其电荷共轭过程具有对称性.

矢量介子 $\omega(782)$ 和 γ 光子具有完全相同的自旋，宇称和电荷共轭宇称，$J^{PC}=1^{--}$. 它的强作用衰变道(分支比 88.8%)为

	ω	→	$\pi^+ + \pi^-$	+	π^0
J	1		$L=1$		0
η_c	-1		-1		1

可见该过程服从电荷共轭宇称守恒.

3. 弱相互作用过程电荷共轭变换对称性破缺,*CP* 联合变换对称

在空间宇称讨论中指出,实验中只观察到左旋的中微子,不存在右旋的中微子;只观察到右旋的反中微子,不存在左旋的反中微子.因为 *C* 变换只把粒子的相加量子数变号,不改变粒子的动量和自旋的取向,即不改变粒子的螺旋度.图 6.7 描述中微子和反中微子在空间反射变换($\hat{P}$)和电荷共轭变换($\hat{C}$)下的变换特性.

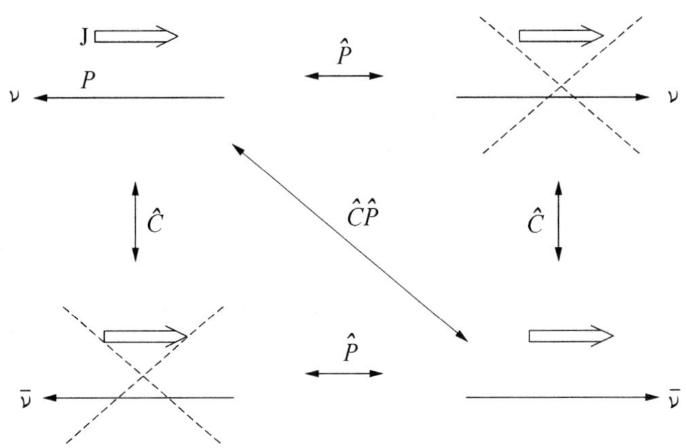

图 6.7 在 *CP* 变换下中微子和反中微子的变换特性

图中共画出四种中微子态.上下互为电荷共轭变换态,左右互为空间反射态.自然界不存在左旋中微子的电荷共轭变换态——左旋反中微子,也不存在右旋反中微子的电荷共轭变换态——右旋中微子.这就证明中(反)微子参加的过程电荷共轭变换对称性破缺.同样,图中显示的左右态的失衡,也证明中(反)微子参加的过程空间反射对称性破缺.图中左上角和右下角的态互为 *CP* 联合变换态.显然,中(反)微子参加的过程对 *CP* 联合变换是对称的.

6.3.5 *G* 变换和 *G* 宇称

对于同位旋为整数 I 的多重态的一组介子,除电荷以外其他相加性量子数都为零的粒子.该多重态的 $I_3=0$ 的粒子是纯中性粒子,是电荷共轭宇称算符的本征态,其本征值为 $\eta_c(I_3=0)$.若在电荷共轭空间中绕 I_2 轴旋转 π 角 $e^{-i\pi I_2}$,保持粒

子态的 I 不变，但是 I_3 变号. 例如，$\pi^+ (I = 1,\ I_3 = +1)$ 变为 $\pi^- (I = 1,\ I_3 = -1)$，若紧接着转动变换再做 C 变换，$\pi^- (I = 1,\ I_3 = -1)$ 变为 $\pi^+ (I = 1,\ I_3 = +1)$. 因此，π^+ 经这样的接连变换后又回到它本身.

1. G 变换和粒子的 G 宇称

● G 变换

为了描述同一同位旋多重态在上述联合变换下的不变性，人们构造一个 G 变换

$$G \equiv \hat{C} e^{-i\pi \hat{I}_2} \tag{6.39}$$

G 变换作用在整数同位旋的同位旋多重态的成员的波函数 $|I,\ I_3\rangle$ 上，$\hat{C} e^{-i\pi \hat{I}_2} |I,\ I_3\rangle \to \hat{C} |I,\ -I_3\rangle \to |I,\ I_3\rangle$. 因此，$|I,\ I_3\rangle$ 可以是 G 算符的本征态. 强作用不分辨同一同位旋多重态的各成员，它们应具有同样的 G 算符的本征值 η_G.

● G 宇称

下面用 $|I,\ I_3 = 0\rangle$ 纯中性的成员（具有 C 宇称 η_c）的 G 变换特性来求该同位旋多重态的 G 宇称

$$\hat{C} e^{-i\pi \hat{I}_2} |I,\ I_3 = 0\rangle = \hat{C} \sum_{I_3' = -I}^{I} d^I_{I_3',0}(\theta = \pi) |I,\ I_3'\rangle = \hat{C}(-1)^I |I,\ I_3 = 0\rangle = \eta_c (-1)^I |I,\ I_3 = 0\rangle$$

$$d^I_{I_3',0}(\pi) = 0,\ I_3' \neq 0;\ d^I_{00}(\pi) = (-1)^I$$

因此，整数同位旋 $|I,\ I_3\rangle$ 的 G 宇称为

$$\eta_G = (-1)^I \eta_c (I_3 = 0) \tag{6.40}$$

对于 π 介子，$I = 1$，$\eta_c(\pi^0) = 1$，所以 π 介子三重态的 G 宇称，$\eta_G(\pi) = -1$，通常用符号 $I^G(\pi) = 1^-(\pi)$ 表示. 对于介子 $\eta(547)$，$\rho(770)$，$\omega(782)$ 和 $\phi(1\,020)$ 它们的 I^G 分别为：$I^G(\eta) = 0^+(\eta)$，$I^G(\rho) = 1^+(\rho)$，$I^G(\omega) = 0^-(\omega)$ 和 $I^G(\phi) = 0^-(\phi)$.

2. 核子与反核子系统的 G 宇称

核子（中子 n 和质子 p）和反核子（$\bar{n}$，$\bar{p}$），它们分别属于两组同位旋为 $\frac{1}{2}$ 的二重态

$$n = \left|\frac{1}{2},\ -\frac{1}{2}\right\rangle;\ p = \left|\frac{1}{2},\ \frac{1}{2}\right\rangle;\ \bar{n} = \left|\frac{1}{2},\ \frac{1}{2}\right\rangle;\ \bar{p} = -\left|\frac{1}{2},\ -\frac{1}{2}\right\rangle$$

由一个核子和一个反核子可构成同位旋为 $I = 0$ 的同位旋单态系统

$$\frac{1}{\sqrt{2}}(|\bar{\mathrm{n}}, \mathrm{n}\rangle + |\bar{\mathrm{p}}, \mathrm{p}\rangle) \tag{6.41}$$

和 $I = 1$ 的同位旋三重态

$$|\bar{\mathrm{n}}, \mathrm{p}\rangle \qquad \frac{1}{\sqrt{2}}(|\bar{\mathrm{n}}, \mathrm{n}\rangle - |\bar{\mathrm{p}}, \mathrm{p}\rangle) \qquad -|\mathrm{n}, \bar{\mathrm{p}}\rangle \tag{6.42}$$

对于同位旋单态(6.41),它是纯中性粒子,它的 C 宇称 $\eta_c = (-1)^{L+S}$,所以 $\eta_G = (-1)^{0+L+S}$. 对于同位旋三重态(6.42),它们除了电荷外其他相加性量子数都为零,$I_3 = 0$ 的成员的 $\eta_c = (-1)^{L+S}$,$\eta_G = (-1)^{1+L+S}$.

3. 强作用 G 宇称守恒

$I^G(\rho) = 1^+(\rho)$, $I^G(\omega) = 0^-(\omega)$. 强衰变必须服从 G 宇称守恒,可以用来说明下面的三个衰变

$$\rho^+ \to \pi^+ + \pi^0 (\text{分支比 } 100\%)$$
$$\omega \to \pi^+ + \pi^- + \pi^0 (\text{分支比 } 88.8\%)$$
$$\omega \to \pi^+ + \pi^- (\text{分支比 } 2.21\%)$$

ρ^+ 至 2π 衰变满足 G 宇称守恒,是唯一的衰变道. ω 粒子到 3π 衰变是满足 G 宇称守恒的强衰变,是主要的衰变道. 2π 衰变是违背 G 宇称守恒的电磁衰变. 因此,前者比后者有大得多的分支比,虽然后者的相空间比前者大得多. 对于核子反核子系统

$$\mathrm{N} + \bar{\mathrm{N}} \to n\pi,$$

n 的奇偶由 $I + L + S$ 的奇偶决定. 一些具有 G 宇称的重要介子的主要特性和主要衰变方式列于表 6.1.

表 6.1　重要介子的主要特征和衰变方式

	(MeV)	I^G	J^{PC}	电磁衰变	C 守恒	强衰变	G 守恒
$\pi^\pm$	140	1^-	0^-	否	否	否	否
π^0	135	1^-	0^{-+}	$\gamma\gamma$	是	否	否
η	547	0^+	0^{-+}	$\gamma\gamma$, (3π)	是,(否)	否	否
$\rho^+(\rho^-)$	768	1^+	1^-	否	否	$\pi^+(\pi^-)\pi^0$	是
ρ^0	768	1^+	1^{--}	l^+l^-	是	$\pi^+\pi^-$	是
ω	782	0^-	1^{--}	l^+l^-, 2π	是	3π	是
ϕ	1 020	0^-	1^{--}	l^+l^-	是	$\mathrm{K}\bar{\mathrm{K}}$, 3π	是

6.4　时间反演变换对称性和 CPT 定理

时间反演变换 $t \to -t$ 对于经典物理定律而言,并不都具有不变性.例如,牛顿定律—— $F = m\dfrac{\mathrm{d}^2 x}{\mathrm{d}t^2}$ 在时间反演变换下具有不变的形式,而热传导和热扩散方程包含着时间的一次微分,在时间反演变换下不具有不变的形式.时间反演变换不变性是近代物理研究微观过程的一个重要概念.

6.4.1　T 变换

在 T 变换下含有时间 t 的奇次幂的力学量变号,偶次幂的不变号,如下:

$\hat{F}$	$\boldsymbol{r}$	$\boldsymbol{p}$	$\boldsymbol{\sigma}$	$\boldsymbol{E}$	$\boldsymbol{B}$	$\boldsymbol{\sigma}\cdot\boldsymbol{B}$	$\boldsymbol{\sigma}\cdot\boldsymbol{E}$	$\boldsymbol{\sigma}\cdot\boldsymbol{p}$
$\Updownarrow \hat{T}$	$\Updownarrow$	$\Updownarrow$	$\Updownarrow$	$\Updownarrow$	$\Updownarrow$	$\Updownarrow$	$\Updownarrow$	$\Updownarrow$
$\hat{F}_T$	$\boldsymbol{r}$	$-\boldsymbol{p}$	$-\boldsymbol{\sigma}$	$\boldsymbol{E}$	$-\boldsymbol{B}$	$\boldsymbol{\sigma}\cdot\boldsymbol{B}$	$-\boldsymbol{\sigma}\cdot\boldsymbol{E}$	$\boldsymbol{\sigma}\cdot\boldsymbol{p}$

时间反演变换作用在波函数上:$\hat{T}\Psi(t) \Rightarrow \Psi(-t)$,不满足 T 变换下 Schrödinger 方程不变形.构造满足 T 变换下 Schrödinger 方程不变形的 T 变换

$$\hat{T}\Psi(t) = \Psi^*(-t) \tag{6.43}$$

可以证明式 (6.43)满足 T 变换下 Schrödinger 方程不变形.根据式(6.43),有

$$\hat{T}(a\Psi_1 + b\Psi_2) = a^*\hat{T}\Psi_1 + b^*\hat{T}\Psi_2$$

该变换显然不是线性变换,称其为反线性(Anti-linear)变换.考察一个自由粒子的波函数

$$\Psi(x,\ t) = \mathrm{e}^{-\mathrm{i}P^\mu x_\mu} = \mathrm{e}^{\mathrm{i}(\boldsymbol{P}\cdot\boldsymbol{x}-Et)} \tag{6.44}$$

在 T 变换下

$$\Psi(x,\ t) \Rightarrow \Psi^*(x,\ -t) = \mathrm{e}^{-\mathrm{i}(\boldsymbol{P}\cdot\boldsymbol{x}-E(-t))} = \mathrm{e}^{\mathrm{i}((-\boldsymbol{P})\cdot\boldsymbol{x}-Et)} \tag{6.45}$$

比较 T 变换前后的自由粒子的波函数发现,T 变换是把粒子的运动反演,即把沿 $+z$ 运动的粒子变成沿 $-z$ 运动的粒子.

6.4.2　T 变换不变性的实验检验

根据式(6.43)可知,通常粒子的波函数都不是 T 算符的本征态.实验检验要

从变换前后过程的比较来实现.

1. 互逆过程作用截面的关系

图 6.8 表示 $a+b \to c+d$(1) 反应过程和它的时间反演过程 $c_T+d_T \to a_T+b_T$(2), 过程的反应微分截面分别和跃迁矩阵元$\langle c, d|\hat{S}|a, b\rangle$和$\langle a_T, b_T|\hat{S}_T|c_T, d_T\rangle$相联系.

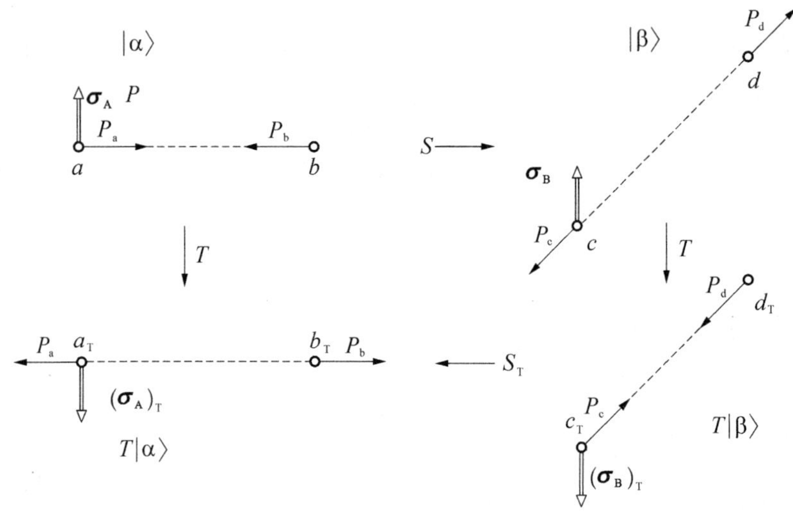

图 6.8 反应过程 $a+b \to c+d$ (上)和其时间反演过程 $c_T+d_T \to a_T+b_T$ (下)示意图

右下标 T 表示时间反演态,S, S_T 分别代表它们的 S 矩阵.

过程(1)和(2)的微分截面分别可写为

$$(1):\frac{\mathrm{d}\sigma}{\mathrm{d}\Omega}(ab \to cd) = \frac{1}{V_{ab}}|\langle cd|S|ab\rangle|^2\rho_{cd}$$

$$(2):\frac{\mathrm{d}\sigma}{\mathrm{d}\Omega}(c_Td_T \to a_Tb_T) = \frac{1}{V_{cd}}|\langle a_Tb_T|S_T|c_Td_T\rangle|^2\rho_{ab}$$

V_{ab}, ρ_{cd}分别为反应过程初态粒子a, b 的相对运动速度(入射通量)和末态粒子 c,d 的态密度. V_{cd}, ρ_{ab}分别为时间反演过程初态粒子c_T, d_T 的相对运动速度(入射通量)和末态粒子 a_T, b_T 的态密度.时间反演不变性成立要求在同样的动量中心系总能量下满足

$$\langle c, d|\hat{S}|a, b\rangle = \langle a_T, b_T|\hat{S}_T|c_T, d_T\rangle$$

因此,检验过程是否服从时间反演变换不变性就是要测量互逆过程的截面是否满足

$$\frac{\frac{\mathrm{d}\sigma}{\mathrm{d}\Omega}(ab \rightarrow cd)}{\frac{\mathrm{d}\sigma}{\mathrm{d}\Omega}(c_T d_T \rightarrow a_T b_T)} = \frac{\rho_{cd}}{V_{ab}}\left(\frac{V_{cd}}{\rho_{ab}}\right)_T \tag{6.46}$$

注意,做实验时,要调节正反过程的投射粒子动量使它们对应的动量中心系的总能量相等.对于两体末态.其相空间因子可写为 $\rho_f = \frac{\mathrm{d}n}{\mathrm{d}E_0} = \frac{\mathrm{d}\Omega P_f^2 \mathrm{d}P_f}{(2\pi\hbar)^3 \mathrm{d}E_0} g_f$. P_f 是末态粒子在动量中心系的动量,g_f 是末态的自旋统计因子.对于过程(1)

$$P_f = P_c = P_d \equiv P_{cd}$$

$$g_f = (2s_c + 1)(2s_d + 1)$$

对于过程(2)

$$P_f \equiv P_{ab}$$

$$g_f = (2s_a + 1)(2s_b + 1)$$

当两过程都在同样的动量中心系能量 E_0 下发生反应,可以推出

$$\rho_{cd} = \frac{\mathrm{d}\Omega}{(2\pi\hbar)^3}\frac{P_{cd}^2}{V_{cd}}(2s_c + 1)(2s_d + 1)$$

$$\rho_{ab} = \frac{\mathrm{d}\Omega}{(2\pi\hbar)^3}\frac{P_{ab}^2}{V_{ab}}(2s_a + 1)(2s_b + 1)$$

把上式代入式(6.46)得出

$$\frac{\frac{\mathrm{d}\sigma}{\mathrm{d}\Omega}(ab \rightarrow cd)}{\frac{\mathrm{d}\sigma}{\mathrm{d}\Omega}(c_T d_T \rightarrow a_T b_T)} = \frac{(2s_c + 1)(2s_d + 1)P_{cd}^2}{(2s_a + 1)(2s_b + 1)P_{ab}^2} \tag{6.47}$$

这称为亚原子物理中的细致平衡原理.下面是一个典型的实验检验例子.

1968 年,Von Witsch[5] 等人研究了下列的反应和它的逆反应

$$\alpha + {}^{24}\mathrm{Mg} \Leftrightarrow \mathrm{p} + {}^{27}\mathrm{Al} \tag{6.48}$$

与式(6.47)对应的:$s_a = 0$, $s_b = 0$;$s_c = \frac{1}{2}$, $s_d = \frac{5}{2}$.实验选择出射粒子发射角 $\theta_P(\theta_\alpha)$ 使得正反应(逆反应)对应的动量中心系的发射角都是 168.1°.选择一系列投射粒子能量,分别测量在动量中心系选定的出射角的微分截面.图 6.9 给出过程(右纵坐标)和逆过程(左纵坐标)的微分截面对于入射粒子的动能 T_α(下横坐标)和 T_P(上横坐标)变化的实验数据点(分别用圆点“·”和加号“+”表示).调节上下横坐标的标度使得正逆过程对应的总能量一样.根据式(6.47)的比例因子调节左

右纵坐标的标度，发现正反过程的微分截面的数据点重叠得很好（好于0.1%）. 检验了核反应过程时间反演变换具有不变性.

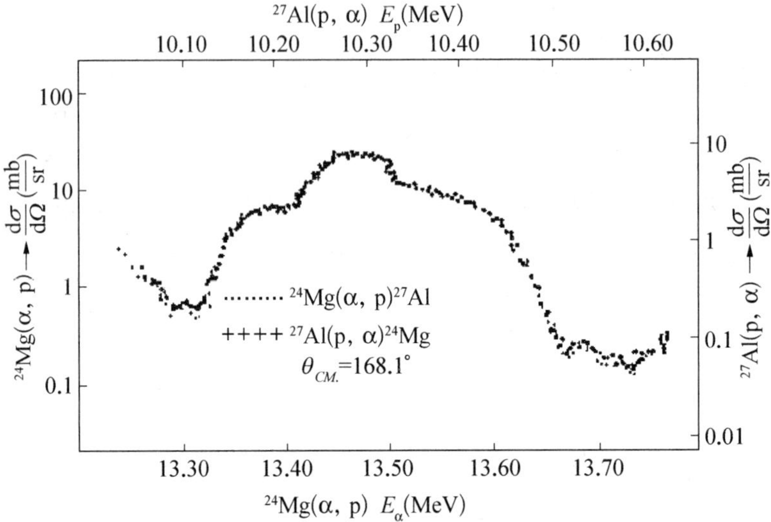

图 6.9 $\alpha+{}^{24}Mg \Leftrightarrow p+{}^{27}Al$ **的微分截面随入射粒子动能的变化的实验数据**

2. 粒子电偶极矩的精密测量和时间反演不变性的检验

电偶极算符是一个极矢量，它在空间反射和时间反演下的变换分别为

$$\hat{P}\hat{\boldsymbol{d}}\hat{P}^{+} = -\hat{\boldsymbol{d}}; \qquad \hat{T}\hat{\boldsymbol{d}}\hat{T}^{+} = \hat{\boldsymbol{d}} \tag{6.49}$$

$$\hat{P}^{+}\hat{P} = I \qquad \hat{T}^{+}\hat{T} = I \tag{6.50}$$

一个具有确定自旋和空间宇称的粒子其波函数写为$|a, J^{\pi}, M\rangle$. 该粒子的电偶极矩是

$$\langle\hat{\boldsymbol{d}}\rangle = \sum_{M}\langle a, J^{\pi}, M \mid \hat{\boldsymbol{d}} \mid a, J^{\pi}, M\rangle \tag{6.51}$$

下面比较空间反射态的粒子的电偶极矩$\langle\hat{\boldsymbol{d}}\rangle_P$

$$\begin{aligned}\langle\hat{\boldsymbol{d}}\rangle_P &= \sum_{M}\langle \boldsymbol{a}, \boldsymbol{J}^{\pi}, \boldsymbol{M} \mid \hat{P}^{+}\hat{P}\hat{\boldsymbol{d}}\hat{P}^{+}\hat{P} \mid a, J^{\pi}, M\rangle \\ &= -\pi\pi\sum_{M}\langle a, J^{\pi}, M \mid \hat{\boldsymbol{d}} \mid a, J^{\pi}, M\rangle \\ &= -\sum_{M}\langle a, J^{\pi}, M \mid \hat{\boldsymbol{d}} \mid a, J^{\pi}, M\rangle \\ &= -\langle\hat{\boldsymbol{d}}\rangle\end{aligned}$$

式中 π 为粒子的内禀宇称. 只有当式(6.51)定义的电偶极矩恒为零时，空间反射对称性才成立. 通过对粒子电偶矩的精密测量可以来判断粒子是否有确定的宇

称,支配粒子的相互作用是否具有空间反射的不变性.对参与弱作用的粒子,由于有不同的宇称态的混合,它们的电偶极矩不一定为 0.接着比较时间反演态的电偶极矩

$$\begin{aligned}\langle \hat{\boldsymbol{d}} \rangle_T &= \sum_M \langle a, J^\pi, M \mid \hat{T}^+ \hat{T}\hat{\boldsymbol{d}}\hat{\boldsymbol{T}}^+ \hat{T} \mid a, J^\pi, M \rangle \\ &= \sum_M \langle a_T, J^\pi, -M \mid \hat{T} - \hat{\boldsymbol{d}}\hat{T}^+ \mid a_T, J^\pi, -M \rangle \\ &= -\sum_M \langle a_T, J^\pi, -M \mid \hat{\boldsymbol{d}} \mid a_T, J^\pi, -M \rangle \\ &= -\sum_{-M} \langle a_T, J^\pi, M \mid \hat{\boldsymbol{d}} \mid a_T, J^\pi, M \rangle \\ &= -\langle \hat{\boldsymbol{d}} \rangle\end{aligned}$$

从$\langle \hat{\boldsymbol{d}} \rangle_T$起的第二等号后的求和号内 M 前的负号是粒子波函数在 T 变换下粒子自旋 $\boldsymbol{J}$ 反向而得,$\hat{\boldsymbol{d}}$前面的负号是系统的唯一参照矢量 $\boldsymbol{J}$ 的变号引起的.第三求和号等于第二个是由式(6.49)得来的.第四求和号的值与式定义(6.51)的$\langle \hat{\boldsymbol{d}} \rangle$相等是因为上述的求和号的指标覆盖 $-\boldsymbol{J}\cdots\boldsymbol{J}$ 完全相同.和上面的讨论一样,时间反演不变性的成立限定粒子(不管它们的空间宇称是否守恒)电偶极矩为零.实验给出的一些粒子电偶极矩的实验限值参见第 3 章的表 3.2.实验数据表明,在电偶极矩的测量精度范围内没发现时间反演变换对称性的破缺.粒子电偶极矩不为零,是宇称不守恒的证据,更重要的是时间反演对称性破缺的证据.

6.4.3　*CPT* 定理

该定理陈述为:所有相互作用过程在 C, P 和 T 变换的联合作用下具有不变性,不管它们的顺序如何放置.它是量子场论的一个最重要的原理.这原理是从物理学的最基本假设得来的.理论物理学家接受 *CPT* 定理,是因为他们要构造一个不自动服从 *CPT* 变换不变性的场论是相当困难的.

CPT 定理预言粒子和反粒子应有相同的质量和寿命,而且有大小相同符号相反的磁矩.下表列出一些粒子－反粒子对的相关量的实验结果[6].

粒子－反粒子对	$\Delta m/m_{\text{ave.}}$	$\delta\lvert\mu\rvert/\lvert\mu\rvert_{\text{ave.}}$	$\delta\tau/\tau_{\text{ave.}}$
(e^+, e^-)	$<8\times10^{-9}$	$(-0.5\pm2.1)\times10^{-12}$	
(μ^+, μ^-)		$(-2.6\pm1.6)\times10^{-8}$	$(2\pm8)\times10^{-5}$
(π^+, π^-)	$(2\pm5)\times10^{-4}$		$(6\pm7)\times10^{-4}$

（续表）

粒子－反粒子对	$\Delta m/m_{\text{ave.}}$	$\delta\|\mu\|/\|\mu\|_{\text{ave.}}$	$\delta\tau/\tau_{\text{ave.}}$
(K^+, K^-)	$(-0.6\pm1.8)\times10^{-4}$		$(0.11\pm0.09)\times10^{-2}$
$(K^0, \overline{K}^0)$	$<10^{-18}$		
$(p, \bar{p})$	$<1.0\times10^{-8}$	$(-2.6\pm2.9)\times10^{-3}$	

实验在相当高的精度上验证了 *CPT* 定理，特别是中性的 K 介子和反 K 介子的质量几乎完全相同.

6.5 中性 K 介子衰变和 *CP* 破缺

K 介子在研究弱作用理论中扮演着重要角色，$\tau-\theta$ 谜，即带电 K 介子衰变的奇特性质，使杨振宁和李政道提出宇称不守恒的弱作用理论. 他们成为 1957 年诺贝尔物理学奖得主. 1964 年，V. L. Fitch 等研究中性 K 介子衰变证实了该过程 *CP* 联合变换对称性破缺[7]. 他们成为 1980 年诺贝尔物理学奖得主.

6.5.1 中性 K 介子的 *CP* 本征态和超荷振荡

强作用和电磁作用超荷守恒，强作用产生的介子 K^0 和反 K^0 具有确定的超荷，$Y(K^0)=1$，$Y(\overline{K}^0)=-1$. 它们在参与强作用过程中也以确定的超荷参与，如

$$\overline{K}^0 + p \rightarrow \Lambda + \pi^+$$

其中，$Y(\overline{K}^0)=-1$，$Y(p)=+1$；$Y(\Lambda)=Y(\pi^+)=0$.

1. 中性 K 介子的弱作用本征态

弱作用过程超荷不守恒，K^0 和反 K^0 均不是弱作用的本征态. K^0 可以通过弱作用发射两个虚 π 介子，两个虚 π 介子又湮灭为反 K^0. 这就是 K^0－反 K^0 的振荡，也称超荷振荡. 因此在弱作用过程中 K^0 和反 K^0 是不能区分的. 它们的混合构成中性 K^0 介子的弱作用的本征态. 前面讨论的中微子的 *CP* 变换一节中证明，弱作用本征态应是 *CP* 变换的本征态. K^0 和反 K^0 虽然具有空间反射变换的对称性（强作用的中性 K 介子的 $J^P=0^-$）. 但它们都不是 *C* 变换的本征态. $\hat{C}\mid K^0\rangle=\mid e^{i\delta}\mid \overline{K}^0\rangle=-\mid\overline{K}^0\rangle$，$\hat{C}\mid K^0\rangle=e^{-i\delta}\mid K^0\rangle=-\mid K^0\rangle$（任意相角 $\delta=\pi$）. 在 *CP* 联合变换

下有

$$\hat{C}\hat{P}\mid \mathrm{K}^0\rangle = \mid \overline{\mathrm{K}}^0\rangle \qquad \hat{C}\hat{P}\mid \overline{\mathrm{K}}^0\rangle = \mid \mathrm{K}^0\rangle \tag{6.52}$$

由式(6.52)的变换性质,构造 CP 联合变换的中性 K 介子的本征态 K_1, K_2 如下

$$\mid K_1\rangle = \frac{1}{\sqrt{2}}[\mid \mathrm{K}^0\rangle + \mid \overline{\mathrm{K}}^0\rangle] \qquad \mid K_2\rangle = \frac{1}{\sqrt{2}}[\mid \mathrm{K}^0\rangle - \mid \overline{\mathrm{K}}^0\rangle] \tag{6.53}$$

由式(6.52)可得,K_1 和 K_2 是 CP 联合变换的本征态

$$\hat{C}\hat{P}\mid K_1\rangle = \mid K_1\rangle \qquad \hat{C}\hat{P}\mid K_2\rangle = -\mid K_2\rangle \tag{6.54}$$

它们的本征值 $\eta_{CP}(K_1) = 1$, $\eta_{CP}(K_2) = -1$.

2. $\mathrm{K}^0 \Leftrightarrow \overline{\mathrm{K}}^0$ 振荡

根据式(6.53),将 t 时刻 K^0 和反 K^0 的振幅表示为 t 时刻 K_1 和 K_2 振幅的叠加:

$$a_{\mathrm{K}^0}(t) = \frac{1}{\sqrt{2}}[a_1(t) + a_2(t)]; \quad a_{\overline{\mathrm{K}}^0}(t) = \frac{1}{\sqrt{2}}[a_1(t) - a_2(t)] \tag{6.55}$$

K_1 和 K_2 是弱作用的本征态,它们分别具有质量 m_1 和 m_2.有不同的衰变方式(后面讨论)和寿命,分别为 $\tau_1 = \Gamma_1^{-1}$ 和 $\tau_2 = \Gamma_2^{-1}$. K_1 和 K_2 分别是能量为 m_1 和 m_2 能级宽度为 Γ_1 和 Γ_2 的弱作用的本征态.如第3,5章所述,t 时刻的态$a_1(t)$和 $a_2(t)$可以由 $t = 0$ 时刻的态 $a_1(0)$和 $a_2(0)$作时间平移变换得到:

$$a_1(t) = \left[\exp\left(-\mathrm{i}\hat{\boldsymbol{H}}_1 - \frac{\Gamma_1}{2}\right)t\right]a_1(0); \quad a_2(t) = \left[\exp(-\mathrm{i}\hat{\boldsymbol{H}}_2 - \frac{\Gamma_2}{2})t\right]a_2(0) \tag{6.56}$$

$\hat{\boldsymbol{H}}_1$ 和 $\hat{\boldsymbol{H}}_2$ 分别为 $K_1(a_1(0))$和 $K_2(a_2(0))$的包含弱作用的总哈密顿量,它们作用在 $a_1(0)$和 $a_2(0)$上分别得到相应的本征值 m_1 和 m_2(在粒子的动量中心系内).将式(6.56)中的 $\hat{\boldsymbol{H}}_1$ 和 $\hat{\boldsymbol{H}}_2$ 分别用 m_1 和 m_2 代入就得到 $a_1(t)$和 $a_2(t)$的解.假设 $t = 0$ 时刻通过强作用产生纯的 K^0,即式(6.55)中的 $a_{\mathrm{K}^0}(0) = 1$;$a_{\overline{\mathrm{K}}^0} = 0$,从而得到 $a_1(0) = a_2(0) = 1/\sqrt{2}$. 最后得到 $a_1(t)$和 $a_2(t)$为

$$a_1(t) = \frac{1}{\sqrt{2}}\exp\left(-\mathrm{i}m_1 - \frac{\Gamma_1}{2}\right)t; \quad a_2(t) = \frac{1}{\sqrt{2}}\exp\left(-\mathrm{i}m_2 - \frac{\Gamma_2}{2}\right)t \tag{6.57}$$

代入式(6.55),求得 t 时刻 K^0 和反 K^0 的振幅为

$$a_{\mathrm{K}^0}(t) = \frac{1}{2}\left[\exp\left(-\mathrm{i}m_1 - \frac{\Gamma_1}{2}\right)t + \exp\left(-\mathrm{i}m_2 - \frac{\Gamma_2}{2}\right)t\right]$$

$$a_{\overline{\mathrm{K}}^0}(t) = \frac{1}{2}\left[\exp\left(-\mathrm{i}m_1 - \frac{\Gamma_1}{2}\right)t - \exp\left(-\mathrm{i}m_2 - \frac{\Gamma_2}{2}\right)t\right]$$

在 $t=0$ 时，生成纯 K^0 粒子，随着时间的演化，在 t 时刻发现 K^0 和反 K^0 的概率分别为

$$\left.\begin{aligned} I(K^0,0)=1;I(K^0,t)=\frac{1}{4}\left[e^{-\Gamma_1 t}+e^{-\Gamma_2 t}+2\cos(\Delta m t)\exp\left(-\frac{\Gamma_1+\Gamma_2}{2}t\right)\right] \\ I(\overline{K}^0,0)=0;I(\overline{K}^0,t)=\frac{1}{4}\left[e^{-\Gamma_1 t}+e^{-\Gamma_2 t}-2\cos(\Delta m t)\exp\left(-\frac{\Gamma_1+\Gamma_2}{2}t\right)\right] \end{aligned}\right\} \tag{6.58}$$

$\Delta m=|m_1-m_2|$. 式(6.58)描述 K^0 和反 K^0 之间的振荡. 图 6.10 画出不同的 $\Delta m\tau_1$ 参数下 $\overline{K}^0$ 强度随时间的变化. 人们可以设计实验来观测它们之间的振荡. 其基本原理是，记下 K^0 产生时刻($t=0$)，在产生束的前进方向离产生点的不同位置设置反 K^0 的检测器，记录反 K^0 粒子产生的概率 I_i 随飞行距离 $L_i\left(t_i=\frac{L_i}{V}\right)$ 的变化. 用式(6.58)的第二式对实验数据进行拟合（$\tau_1=\Gamma_1^{-1}\ll\tau_2=\Gamma_2^{-1}$），求得拟合参数($\Delta m\tau_1$). 实验结果为

$$\Delta m\tau_1=0.477\pm0.002$$

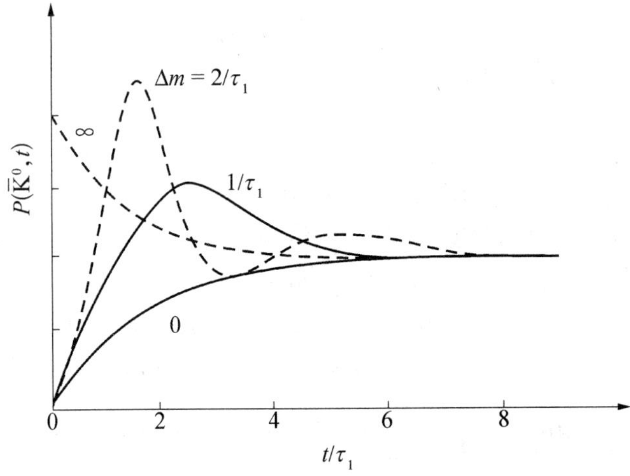

图 6.10　在 $t=0$，纯 K^0 态，$\overline{K}^0$ 态产生的概率随时间 $\left(\frac{t}{\tau_1}\right)$ 的振荡

由 $K_1(K_S)$ 的寿命 $\tau_1=0.8935\times10^{-10}$ s秒，可得到

$$\Delta m=3.52\times10^{-12}\ \text{MeV} \tag{6.59}$$

6.5.2　CP 破缺的实验检验

K_1 和 K_2 是有确定 CP 宇称的态(6.54),弱作用过程 CP 宇称守恒决定它们应有不同的衰变方式.下面先讨论 2π 系统和 3π 系统的 CP 宇称.可以证明

$$\left.\begin{aligned}&\eta_{CP}(\pi^0\pi^0) = \eta_{CP}(\pi^+\pi^-) = (-1)^{2l} = +1\\&\eta_{CP}(\pi^+\pi^-\pi^0) = \eta_{CP}(\pi^+\pi^-)\eta_{CP}(\pi^0) = (-1)^{2l}(-1)^{l'}(-1) = (-1)^{l'+1}\\&\eta_{CP}(\pi^0\pi^0\pi^0) = \eta_{CP}(\pi^0\pi^0)\eta_{CP}(\pi^0) = (-1)^{2l}(-1)^{l''}(-1) = (-1)^{l''+1}\end{aligned}\right\}$$

l 为 2π 系统的轨道角动量,l'为 π^0 相对于(π^+, π^-)的轨道角动量,l''为 π^0 相对 $2\pi^0$ 的轨道角动量.由于 K 自旋为 0,对于 2π 衰变,$l = 0$,$\eta_{CP}(2\pi) = 1$;对于末态为 3π 系统的衰变

$$\left.\begin{aligned}&\eta_{CP}(\pi^-\pi^+\pi^0) = -1;\ l = l' = \text{even}\\&\eta_{CP}(\pi^-\pi^+\pi^0) = +1;\ l = l' = \text{odd}\\&\eta_{CP}(\pi^0\pi^0\pi^0) = -1;\ l = l'' = \text{even}\end{aligned}\right\}$$

可见,K_1 应以 2π 衰变为主,Q 值为 220 MeV 左右.而 K_2 只能以 3π 衰变,Q 值约为 90 MeV.K_1 比 K_2 有更大的衰变宽度.实验确实观测到 2π 衰变的中性 K 介子寿命 τ_1 和 3π 衰变的中性 K 介子寿命 τ_2 分别为

$$\left.\begin{aligned}&\tau_1 = 0.893\times10^{-10}\ \text{s}\quad c\tau_1 = 2.68\ \text{cm}\\&\tau_2 = 5.17\times10^{-8}\ \text{s}\quad c\tau_2 = 15.51\ \text{m}\end{aligned}\right\}\tag{6.60}$$

根据上面的分析,寻找长寿命的中性 K 介子的 2π 衰变就是寻找 CP 宇称破缺的实验证据.1964 年菲奇等人[7]设计的实验,其动机就在于此.图 6.11 是实验安排示意图.

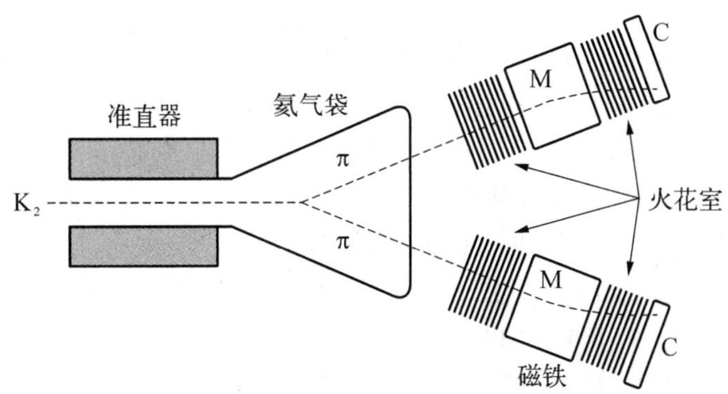

图 6.11　观测长寿命中性 K 介子 2π 衰变的实验安排

该实验装置设置在中性 K 介子束产生靶的下游(55 英尺)16.76 米处.在靶区纯 K^0 产生,有等量的短寿命的(K_S)和长寿命的(K_L)中性的 K 介子,$I(K_1) = I(K_2)$.在真空(这里用充氦气的袋子)中飞行若干米后,就完全变成 K_L(~K_2)了.进入实验装置(准直清扫器)的只有 K_L(~K_2).氦气袋后面的双臂谱仪用来分析 K_L 的衰变末态 π 介子.如果重建的 2π 的不变质量 $M_{\pi\pi}$正好落在 K 介子质量的截断区间内,该事例为末态 2π 事例.如果重建的 2π 的不变质量 $M_{\pi\pi}$正好落在 K 介子质量的截断区间之外,该事例为末态丢失了一个 π 的 3π 事例,实验结果为

$$\frac{N(K_L \to 2\pi)}{N(K_L \to \text{all})} \sim 2 \times 10^{-3} \tag{6.61}$$

实验证明在中性 K 介子衰变过程中 CP 宇称的破缺程度至少达 10^{-3}.

6.5.3 T 破缺的直接观测

1998 年,CERN/CPLEAR[8]合作组仔细研究了低能质子和反质子湮灭末态的 K^0 和反 K^0 之间的互相转换,从实验上确定如下所定义的时间反演不对称

$$\frac{P(\overline{K}^0 \to K^0) - P(K^0 \to \overline{K}^0)}{P(\overline{K}^0 \to K^0) + P(K^0 \to \overline{K}^0)} \tag{6.62}$$

式中 P 表示不同态之间转换的概率.

将 LEAR(Low Energy Antiproton Ring)的 200 MeV 反质子引入 CPLEAR 粒子谱仪中心的气体氢靶室,反质子在氢气中被阻止并与质子发生湮灭

$$p + \bar{p} \to K^0 + K^- + \pi^+ \qquad K^0 \to \overline{K}^0 \tag{6.63a}$$

$$p + \bar{p} \to \overline{K}^0 + K^+ + \pi^- \qquad \overline{K}^0 \to K^0 \tag{6.63b}$$

根据质子反质子湮灭过程奇异数守恒定律,以 K^- 为标记的中性 K 肯定是 K^0,以 K^+ 为标记的中性 K 肯定为反 K^0.跟踪其衰变,统计与 K^0 对应的衰变顶点,若该顶点联系的是(e^+, ν_e, π^-)末态,表明从产生顶点到衰变顶点 K^0 保持为 K^0;若与衰变顶点联系的是(e^-, $\bar{\nu}_e$, π^+),表明从产生顶点到衰变顶点 K^0 转变为反 K^0.统计与反 K^0 对应的衰变顶点,若该顶点联系的是(e^+, ν_e, π^-)末态,表明从产生顶点到衰变顶点反 K^0 转变为 K^0;若与衰变顶点联系的是(e^-, $\bar{\nu}_e$, π^+),表明从产生顶点到衰变顶点,反 K^0 保持为反 K^0.在选定的时间区间(飞行区间),测定各自的转换概率.CPLEAR 谱仪具有 0.44 T 的分析磁场,它对粒子有好的分辨.实验分别记录产生顶点($t=0$ 时刻)是 K^0(用 K^- 作标记)和反 K^0(用 K^+ 作标记)而在衰变顶点(与飞行时间 $t = \tau$ 对应)变为反 K^0(用 e^-, π^+ 作标记)和 K^0(用 e^+, π^- 作标记)的事例.第一类事例和第二类事例出现的频数分别表示为:$R(K^0_{t=0} \to e^- \ \pi^+ +$

$\bar{\nu}_e \quad t = \tau$) 和 $R(\overline{K}^0_{t=0} \to e^+ + \pi^- + \nu_e \quad {}_{t=\tau})$. 实验取衰变顶点对应的飞行时间为 $1\tau_S < \tau < 20\tau_S$，最后结果为

$$\left\langle \frac{R(\overline{K}^0_{t=0} \to e^+ \ \pi^- \ \nu_e \ \ {}_{t=\tau}) - R(K^0_{t=0} \to e^- \ \pi^+ \ \bar{\nu}_e \ \ {}_{t=\tau})}{SUM} \right\rangle$$

$$= (6.6 \pm 1.3_{\text{stat}} \pm 1.0_{\text{syst}}) \times 10^{-3} \tag{6.64}$$

实验确定了式(6.62)定义的时间反演变换的不对称性.

6.5.4　对称性与守恒定律小结

这里有四组对物理学有重要意义的对称群：

- 全同粒子交换对称性；
- 连续时空对称性，如时空平移，转动等；
- 分离变换对称性，如，空间反射，时间反演和粒子反粒子共轭变换的对称性；
- 规范变换对称性，如 U(1)对称性.

U(1)对称性，它和电荷，重子数，轻子数等守恒定律相联系. SU(2)同位旋对称性，SU(3)色，味对称性. 这当中，第一，二两组和第四组的 U(1)和SU(3)(色)被认为是精确对称的群. 其他都存在不同程度的破缺. 下表归纳各对称群和相应的不可观测量以及对应的守恒定律.

实验上无法辨认	变　换	遵守的定律	适用范围
全同粒子	全同粒子交换变换	B-E统计，F-D统计	所有过程
系统的绝对位置	空间平移	动量守恒	所有过程
系统的绝对时间	时间平移	能量守恒	所有过程
系统绝对空间取向	空间转动	角动量守恒	所有过程
系统的绝对左右	空间反射	宇称守恒	强和电磁过程
绝对的电荷符号	电荷共轭	电荷共轭宇称守恒	强和电磁过程
确定电荷态粒子的绝对相位	$\Psi \to e^{i\varepsilon\hat{Q}}\Psi$	电荷守恒	所有过程
确定重子数粒子的绝对相位	$\Psi \to e^{i\varepsilon\hat{B}}\Psi$	重子数守恒	所有过程
确定轻子数粒子的绝对相位	$\Psi \to e^{i\varepsilon\hat{L}}\Psi$	轻子数守恒	所有过程
中子质子在强作用特性的差别	同位旋空间的转动	同位旋守恒	强作用过程

参考文献：

[1] Lee T D, Yang C N. Question of Parity Conservation in Weak Interaction[J]. Phys. Rev., 1956, 104: 254.

[2] Wu C S, Ambler E, Hayward R W, et al. Experimental Test of Parity Conservation in Beta Decay[J]. Phys. Rev., 1957, 105: 1413.

[3] Frauenfelder H, Bobone R, von Goeler E, et al. Parity and the Polarization of Electrons from Co^{60}[J]. Phys. Rev., 1957, 106: 386.

[4] Goldhaber M, Grodzins L, Sunyar A W. Helicity of Neutrinos[J]. Phys. Rev., 1958, 109: 1015.

[5] von Witsch W, Richter A, von Brentano P. Test of Time-Reversal Invariance through the Reactions $^{24}Mg+\alpha \rightleftharpoons {}^{27}Al+p$[J]. Phys. Rev., 1968, 169: 923.
Blanke E, Driller H, Glöckle W, et al. Improved Experimental Test of Detailed Balance and Time Reversibility in the Reactions $^{27}Al+p \rightleftharpoons {}^{24}Mg+\alpha$[J]. Phys. Rev. Lett., 1983, 51: 355.

[6] Particle Data Group. Test of Conservation Laws[J]. J. Phys., 2006, G33: 89.

[7] Christenson J H, Cronin J W, Fitch V L, et al. Evidence for the 2π Decay of the K_2^0 Meson[J]. Phys. Rev. Lett., 1964, 13: 138.

[8] CPlear Collaboration. First direct observation of time-reversal non-invariance in the neutral-kaon system[J]. Phys. Lett., 1998, B444: 43.

习　题

6-1　$\Sigma^0 \rightarrow \Lambda + \gamma$ 是一个电磁作用过程，应服从宇称守恒. 推断电磁辐射的多极性.

6-2　当宇称守恒定律必须遵守时，证明标量介子不可以衰变为三个赝标介子.

6-3　奇异数为 -2 的 Ξ^- 粒子的内禀宇称原则上可以通过 Ξ 的奇特氢原子在 S 轨道上引起的反应，$\Xi^- + p \rightarrow \Lambda + \Lambda$ 的末态 Λ 粒子的相对极化来决定. 讨论如何通过 Λ 粒子的相对极化来确定 Ξ^- 粒子的内禀宇称.

6-4　K^- 介子通过反应方程，$K^- + {}^4He \rightarrow {}^4H_\Lambda + \pi^0$，被$^4He$ 核吸收变成奇异核$^4H_\Lambda$. 研究$^4H_\Lambda$的衰变分支比和衰变产物的角分布的各向同性表明 $J({}^4H_\Lambda) = 0$.

(1) 写出$^4H_\Lambda$的重子成分，给出它的重子数，奇异数和超荷；

(2) 求 K^- 介子的内禀宇称，并说明其内禀宇称的推出与 K^- 介子被吸收前所处的轨道角动量无关.

6-5　证明(π^+, π^-)系统的 CP 联合宇称 η_{CP} 为 $+1$，讨论(π^+, π^-, π^0)系统、$3\pi^0$ 系统的 η_{CP} 取值与总角动量的关系.

6-6　证明反应 $\pi^- + d \to n + n + \pi^0$ 在 π^- 介子静止的情况下被禁止.

6-7　$K_1 \to 2\pi^0$ 的衰变对 K 介子的自旋和宇称(空间和电荷共轭)有什么限制?

6-8　根据电磁过程电荷共轭宇称守恒定律，判定处于 $^1S_0$ 和 $^3S_1$ 态的正负电子对分别湮灭成几个光子. 讨论处于光谱项 $^{2S+1}L_J$ 的正负电子对湮灭末态光子数的奇偶性与 L, S 取值的关系.

6-9　p, $\bar{p}$ 构成一个奇特的氢原子. 估算处于 K, L 壳层的奇特的氢原子的玻尔半径. 根据 G 宇称守恒定律讨论系统湮灭的末态 π 介子数目的奇偶性，判断是否可以湮灭为(K, $\bar{K}$)，并讨论后一系统的相对运动轨道角动量的取值和初态系统量子数的关系.

6-10　由两粒质子构成的全同粒子系统，以及由两粒 ρ^0 粒子构成的全同粒子系统，当他们的轨道角动量分别为 $l = 0, 1, 2$ 时，它们构成的自旋波函数的总自旋分别取什么容许值. 写出相应的态的光谱项符号 $^{2S+1}L_J$.

6-11　氘核是由两粒核子构成的束缚系统，强作用不区分中子和质子. 也就是说，对强相互作用(核力相互作用)中子和质子是两粒全同的费米子，即氘核波函数可由下列三部分组成:

$$|空间部分\rangle_l \, |自旋部分\rangle \, |同位旋部分\rangle$$

同位旋部分描述的全同粒子在同位旋空间中的两种不同取向 $I_3 = \pm\dfrac{1}{2}$. 由全同粒子交换特性，证明氘核应该是同位旋单态. 写出氘核的同位旋部分的波函数.

6-12　如果只观察到过程式(6.22)初态 π^- 介子是在奇特氘原子的 P 轨道上发生反应，那么，末态两中子应该以什么样的 ($^{2S+1}L_J$) 态出现?

6-13　下面给出的强子组合中，哪一些可以处于同位旋 $I = 1$ 的态，哪一些不能处于 $I = 1$ 的态，为什么?

(1) (π^0, π^0);

(2) (π^+, π^-);

(3) (π^+, π^+);

(4) (Λ, π^0).

6-14　证明质子反质子在 $p\bar{p}$ 的奇异原子的 K 壳层状态下湮灭，过程 $p\bar{p} \to K_1^0 K_2^0$ 是满足 CP 宇称守恒的，是允许的；而 $p\bar{p} \to 2K_1^0$ 或 $2K_2^0$ 是禁戒的.

6-15　求出协同产生过程 $\pi^- + p \to \Lambda + K^0$，末态 Λ 衰变产物 $\Lambda \to \pi^- + p$(弱衰变中的非轻子衰变)中质子相对于 Λ^0 的极化方向的角分布.

第 7 章　强子结构的夸克模型

在第 4 章中讨论过，强子包括重子（质子、中子、Λ 粒子……）和介子（π 介子、K 介子……），它们是有内部结构的，质子和中子都有反常磁矩；电子和核子的弹性散射给出核子的电磁形状因子，并给出核子的尺度 ~ 0.8 fm. 高能电子和核子的深度非弹性散射表明核子并非由均匀分布的物质构成，核子不是基本粒子，而是由一些类点的颗粒组成.

7.1　强子态的产生

强子既然有结构，它们应该表现出不同的激发态，产生各种强子态的最有效的方法是通过粒子跟粒子的碰撞来产生新的强子态 h_0

$$a + A \to h \to a + A \tag{7.1}$$

$$\begin{array}{l} a + A \to h + c + d + \cdots \\ \qquad\qquad\ \ \lfloor\!\longrightarrow b + B \end{array} \tag{7.2}$$

有时把(7.1)过程称为形成实验，a 和 A 以一定的方式形成新的强子态 h. 由于形成实验受守恒定律的限制，新的强子态 h 的所有守恒量子数必须由 a 和 A 的量子数来组合，因此 (a, A) 粒子的选择和 (a, A) 粒子系统不变质量的选择都是受到严格限制的. 而(7.2)过程通过常称为生成实验，由于 c 和 d 粒子都出现，实现(7.2)的反应对 (a, A) 粒子的限制大大放宽.

7.1.1　重子共振态的形成

原则上可以用介子做投弹，通过和核子发生碰撞来获得重子的不同激发态.

1. (π,N) 散射

正如在同位旋一节中讨论的，π 介子是同位旋 $I=1$ 的三重态，N 是 $I=1/2$ 的同位旋两重态. 它们形成的普通重子的共振态应可以有 $I=1/2$ 的共振态 N^* 和 $I=3/2$ 的共振态 Δ. 由于投射 π 介子的轨道角动量 l 的不同(不同分波)和能量的不同，可以形成不同自旋 $J(=l\pm1/2)$ 的 N^* 和 Δ 的共振态. 例如

$$\begin{aligned}&\pi^-+\mathrm{n}\to\mathrm{h}^-\to\pi^-+\mathrm{n}\\&\pi^++\mathrm{p}\to\mathrm{h}^{++}\to\pi^++\mathrm{p}\\&\pi^-+\mathrm{p}\to\mathrm{h}^0\to\pi^-+\mathrm{p}\text{ 或 }\pi^0+\mathrm{n}\\&\pi^++n\to\mathrm{h}^+\to\pi^0+\mathrm{p}\text{ 或 }\pi^++\mathrm{n}\end{aligned}\tag{7.3}$$

当 (π,N) 的不变质量为 $M_{(\pi,\mathrm{N})}=1\,232\mathrm{MeV}$ 时，形成截面达到极大(参见同位旋一节的图 5.3)，具有峰的结构. 在 $M_{(\pi,\mathrm{N})}=1\,440\mathrm{MeV}$ 也有峰结构，它表明出现了 (π, N) 的不同共振态. 峰中心对应的系统的不变质量称为该共振态的质量，峰的半高宽 Γ 称为该共振态的衰变宽度. 分析各个共振态的形成和衰变的初态和末态的电荷态数，可以判断出它们各自的同位旋. 例如，$M_{(\pi,\mathrm{N})}=1\,232(\mathrm{MeV})$ 的共振态，它可以由 (π^+,p)，(π^+,n)，(π^-,p)，(π^-,n) 来形成，即其电荷态包括 h^{++}，h^+，h^0，h^-，是电荷的四重态，根据式(5.14)推出：$I_3=3/2,1/2,-1/2,-3/2$，说明该重子共振态为 $I=3/2$ 的四重态，称为 Δ(1232). 同样当 $M_{(\pi,\mathrm{N})}=1\,440\ \mathrm{MeV}$ 时，只能通过 (π^+,n)，(π^-,p) 初态来形成. 有两种电荷态 $I_3=\pm1/2$，是 $I=1/2$ 的两重态，称为 N(1440). 通过对共振态衰变末态的角分布的研究，可以推断构成共振态的介子相对于核子的轨道角动量以及共振态的总角动量 J. 例如 Δ，角分布分析表明，$J=3/2$，$l=1$(P 波)；从而推断该共振态的内禀宇称 $\eta_P=(-1)(-1)^l(+1)=+1$. 可以写为 $\Delta(1232)\mathrm{P}_{33}$，P 表示 π 介子在共振态中的轨道角动量 $l=1$(P 波)，P 的头一个右下标 3 表示它为同位旋 $I=\frac{3}{2}$，第二个右下标为 $J=\frac{3}{2}$，其 $I(J^P)=\frac{3}{2}\left(\frac{3}{2}^+\right)$. 实验上还测到 Δ 和 N 的各种共振态，在表 7.1 中列出.

表 7.1　Δ 共振态与核子共振态[1]

Δ 共振态	$I(J^P)$	核子共振态	$I(J^P)$
$\Delta(1232)\mathrm{P}_{33}$	$\frac{3}{2}\left(\frac{3}{2}^+\right)$	$\mathrm{N}(1440)\mathrm{P}_{11}$	$\frac{1}{2}\left(\frac{1}{2}^+\right)$
$\Delta(1600)\mathrm{P}_{33}$	$\frac{3}{2}\left(\frac{3}{2}^+\right)$	$\mathrm{N}(1520)\mathrm{D}_{13}$	$\frac{1}{2}\left(\frac{3}{2}^-\right)$

（续表）

Δ共振态	$I(J^P)$	核子共振态	$I(J^P)$
$\Delta(1620)S_{31}$	$\frac{3}{2}\left(\frac{1}{2}^-\right)$	$N(1535)S_{11}$	$\frac{1}{2}\left(\frac{1}{2}^-\right)$
$\Delta(1700)D_{33}$	$\frac{3}{2}\left(\frac{3}{2}^-\right)$	$N(1650)S_{11}$	$\frac{1}{2}\left(\frac{1}{2}^-\right)$
$\Delta(1905)F_{35}$	$\frac{3}{2}\left(\frac{5}{2}^+\right)$	$N(1675)D_{15}$	$\frac{1}{2}\left(\frac{5}{2}^-\right)$
$\Delta(1910)P_{31}$	$\frac{3}{2}\left(\frac{1}{2}^+\right)$	$N(1680)F_{15}$	$\frac{1}{2}\left(\frac{5}{2}^+\right)$
$\Delta(1920)P_{33}$	$\frac{3}{2}\left(\frac{3}{2}^+\right)$	$N(1700)D_{13}$	$\frac{1}{2}\left(\frac{3}{2}^-\right)$
$\Delta(1930)D_{35}$	$\frac{3}{2}\left(\frac{5}{2}^-\right)$	$N(1710)P_{11}$	$\frac{1}{2}\left(\frac{1}{2}^+\right)$
$\Delta(1950)F_{37}$	$\frac{3}{2}\left(\frac{7}{2}^+\right)$	$N(1720)P_{13}$	$\frac{1}{2}\left(\frac{3}{2}^+\right)$
$\Delta(2420)H_{3,11}$	$\frac{3}{2}\left(\frac{11}{2}^+\right)$	$N(2190)G_{17}$	$\frac{1}{2}\left(\frac{7}{2}^-\right)$
		$N(2220)H_{19}$	$\frac{1}{2}\left(\frac{9}{2}^+\right)$
		$N(2250)G_{19}$	$\frac{1}{2}\left(\frac{9}{2}^-\right)$
		$N(2600)I_{1,11}$	$\frac{1}{2}\left(\frac{11}{2}^-\right)$

2. (K,N)散射

对于奇异重子的共振态的形成，可以用 K 介子代替 π 介子. 因为 K 介子是同位旋 $I = 1/2$ 的两重态，因此，奇异重子(Λ, Σ)的共振态的 I 也只有两种，$I = 0$ 的单态，是 Λ 的共振态，$I = 1$ 的共振态是 Σ 的共振态. 实验形成的 Λ 和 Σ 共振态在表 7.2 中列出.

表 7.2　Λ 共振态与 Σ 共振态[1]

Λ 共振态	$I(J^P)$	Σ 共振态	$I(J^P)$
$\Lambda(1405)S_{01}$	$0\left(\frac{1}{2}^-\right)$	$\Sigma(1385)P_{13}$	$1\left(\frac{3}{2}^+\right)$
$\Lambda(1520)D_{03}$	$0\left(\frac{3}{2}^-\right)$	$\Sigma(1660)P_{11}$	$1\left(\frac{1}{2}^+\right)$
$\Lambda(1600)P_{01}$	$0\left(\frac{1}{2}^+\right)$	$\Sigma(1670)D_{13}$	$1\left(\frac{3}{2}^-\right)$
$\Lambda(1670)S_{01}$	$0\left(\frac{1}{2}^-\right)$	$\Sigma(1750)S_{11}$	$1\left(\frac{1}{2}^-\right)$
$\Lambda(1690)D_{03}$	$0\left(\frac{3}{2}^-\right)$	$\Sigma(1775)D_{15}$	$1\left(\frac{5}{2}^-\right)$
$\Lambda(1800)S_{01}$	$0\left(\frac{1}{2}^-\right)$	$\Sigma(1915)F_{15}$	$1\left(\frac{5}{2}^+\right)$
$\Lambda(1810)P_{01}$	$0\left(\frac{1}{2}^+\right)$	$\Sigma(1940)D_{13}$	$1\left(\frac{3}{2}^-\right)$
$\Lambda(1820)F_{05}$	$0\left(\frac{5}{2}^+\right)$	$\Sigma(2030)F_{17}$	$1\left(\frac{7}{2}^+\right)$
$\Lambda(1830)D_{05}$	$0\left(\frac{5}{2}^-\right)$		
$\Lambda(1890)P_{03}$	$0\left(\frac{3}{2}^+\right)$		
$\Lambda(2100)G_{07}$	$0\left(\frac{7}{2}^-\right)$		
$\Lambda(2110)F_{05}$	$0\left(\frac{5}{2}^+\right)$		
$\Lambda(2350)H_{09}$	$0\left(\frac{9}{2}^+\right)$		

7.1.2　矢量介子的产生和形成

正如前面所述，原则上新的强子态，不管它们的量子数是怎样的取值，都有可能通过类似过程式(7.1b)来产生．例如：为了寻找矢量介子，1974 年，丁肇中领导的研究小组，利用 28 GeV 的质子打 Be 靶，试图寻找未知的新的矢量

介子

$$p + Be \to V + X \quad (7.4)$$

$$\llcorner\!\!\longrightarrow e^+ + e^-$$

称该过程为矢量介子的单举产生. X 包括满足各种守恒定律所需的各种末态粒子(重子系统和介子),实验安排如第 2 章的图 2.23 所示.若新的矢量介子产生,和其他已知的矢量介子 ω,ϕ 一样,它必存在一个衰变分支,即 $V \to e^+ + e^-$.谱仪选择、分析、记录末态正负电子对,计算它们的不变质量,得到不变质量谱的分布,发现分布在 $M_{e^+e^-} \sim 3.1$ GeV 处有峰结构.分析表明,它对应一种新的矢量介子,被命名为 J 粒子. 同样 1977 [3] 年,在 FermiLab,利用类似的反应,用 400 GeV 的质子打 Be 靶

$$p + Be \to V + X \quad (7.5)$$

$$\llcorner\!\!\longrightarrow \mu^+ + \mu^-$$

在末态 (μ^+, μ^-) 的不变质量谱上出现了有峰的结构,峰位置 $M_{\mu^+\mu^-} \sim 10$ GeV. 通过形成实验,证实它是另一种更重的矢量介子 Υ. 1984 年,利用质子(450 GeV)和反质子 (450 GeV) 对撞实验,人们发现了另一种很重的中间玻色子

$$p + \bar{p} \to V + X \quad (7.6)$$

$$\llcorner\!\!\longrightarrow e^+ + e^-, \mu^+ + \mu^-$$

得到 $M_V = M_{e^+e^-} \sim 90$ GeV.

上述通过强子(或者强子系统)产生矢量介子的优点是初态系统的能量选择有较大的可变范围.当新的粒子态的质量区间不能很精确限定的情况下,采用产生法来寻找是实验上常采用的方法.一旦新粒子的质量区间选定,人们有可能,而且必须采用形成法来最终确定新粒子态,并研究它的各种衰变道,最后确定新粒子的各种量子数和衰变特性.

7.1.3 通过强子-强子碰撞产生各种新的强子态

强子-强子碰撞是制备各种新的强子态的重要方法.例如

$$\left.\begin{array}{l} \pi^- + p \to \Lambda^0 + K^0 \\ K^- + p \to \Omega^- + K^0 + K^+ \\ K^- + p \to \Sigma^- + \pi^+ \\ K^- + p \to \Xi^- + K^+ \\ K^- + p \to \Xi^0 + K^0 \end{array}\right\} \quad (7.7)$$

通过对末态产物的分析,如对泡室径迹的重建确定奇异重子的产生以及它们的质量,并根据守恒定律确定它们的守恒量子数.由衰变顶点(次级顶点)相对于产生点(原初顶点)的分布,确定新的强子态的寿命.例如 $K^- + p \to \Omega^- + K^0 + K^+$ 的泡室照片分析(参见习题5.6).很多介子的共振态都可以在强子-强子碰撞过程中产生.由于它们是介子的共振态,其寿命很短($\sim 10^{-23}$ s),因此,产生顶点和衰变顶点在实验上无法区分.通过对共振态的衰变产物的(运动学)重建来确认新的共振态的存在.通过对衰变产物角分布(分波)分析来确定共振态的自旋和宇称.

7.2 强子谱和强子结构的夸克模型

7.2.1 强子谱,强子在 $Y - I_3$ 二维图上分布的规律性

对实验观测得到的重子态和介子态,按照它们的量子数进行分类排列.分别得到重子谱和介子谱,如图7.1和图7.2所示.各强子态按同位旋 I、奇异数 S 和粲数 C 分类(能级图的横坐标)对应的粒子名称(符号)标在最下方.例如,对于重子共振态 Δ,$I=\frac{3}{2}$的同位旋四重态,$S=C=0$,纵坐标对应于1.232 GeV的横线表示最低质量的 Δ 共振态的四种电荷态(同位旋转动对称性导致的不同电荷态的简并).横线左端表示该兼并的同位旋多重态的自旋宇称.同一行向上的各个横线代表更高质量的 Δ 共振态,它们和表7.1所列的不同轨道运动自由度激发的 Δ 共振态对应.图7.2对应的介子谱的标注也相似.将图7.1和图7.2的重子和介子分别按照其总自旋 J 进行分类.分别把它们放置在 $Y - I_3$ 的二维图上对应的位置,得到图7.3(a),7.3(b)及7.4(a),7.4(b).对于重子 $Y = B + S$,随 Y 的减小共振态的质量增加;$J=\frac{3}{2}$的重子有10个共振态;$J=\frac{1}{2}$的重子有8个对强衰变稳定的具有弱衰变"稳定"($\tau > 10^{-10}$ s)粒子.对于介子,$J^P = 0^-$ 和 $J^P = 1^-$ 的两个多重态.每个多重态各有8个粒子态.强子在 $Y(S) - I_3$ 二维图上排列的规律性,意味着同一组中的强子成员具有很强的内部结构的相关性.它们的结构成分应该带有同位旋 I 和超荷 $Y(S)$ 这些特征量子数.

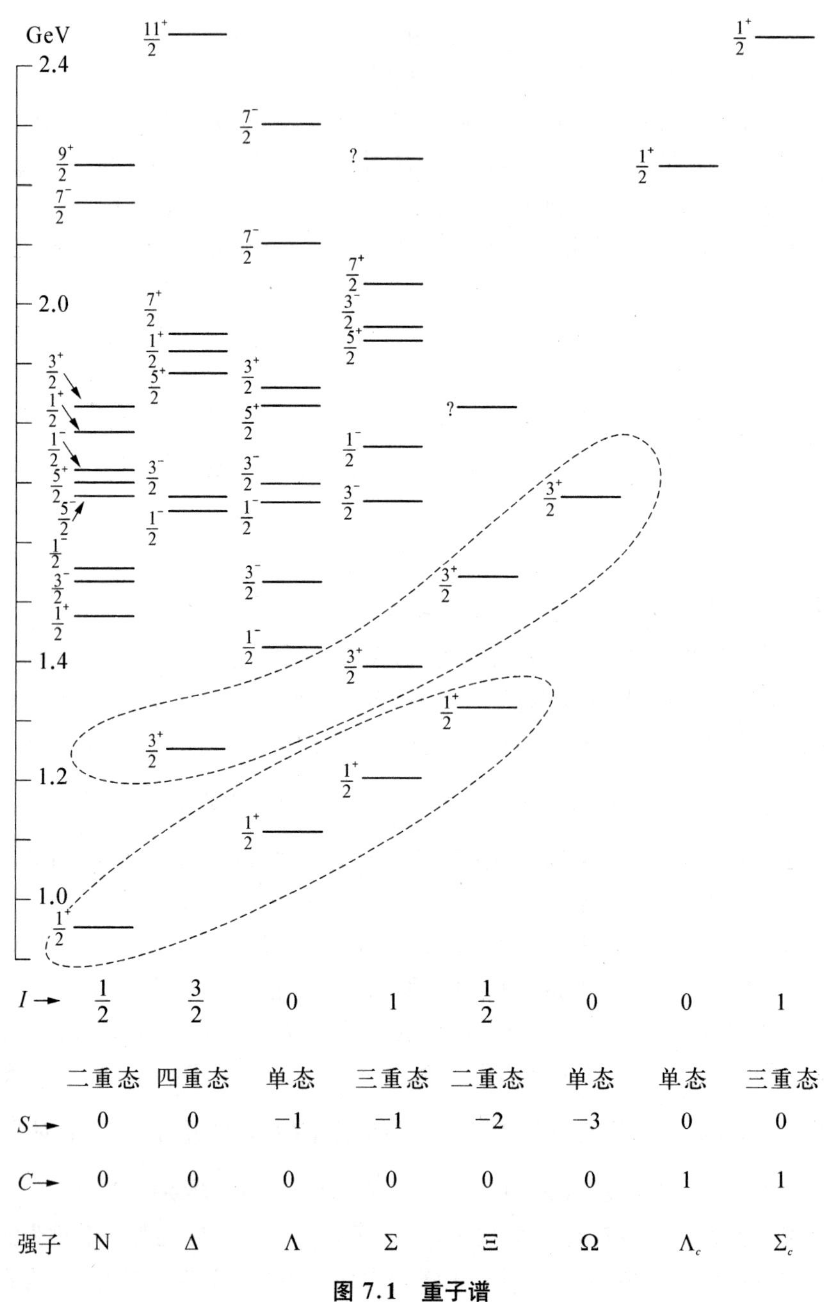
GeV
2.4
2.0
1.4
1.2
1.0
I →
$\frac{1}{2}$ $\frac{3}{2}$ 0 1 $\frac{1}{2}$ 0 0 1
二重态 四重态 单态 三重态 二重态 单态 单态 三重态
S → 0 0 −1 −1 −2 −3 0 0
C → 0 0 0 0 0 0 1 1
强子 N Δ Λ Σ Ξ Ω Λ_c Σ_c

图 7.1　重子谱

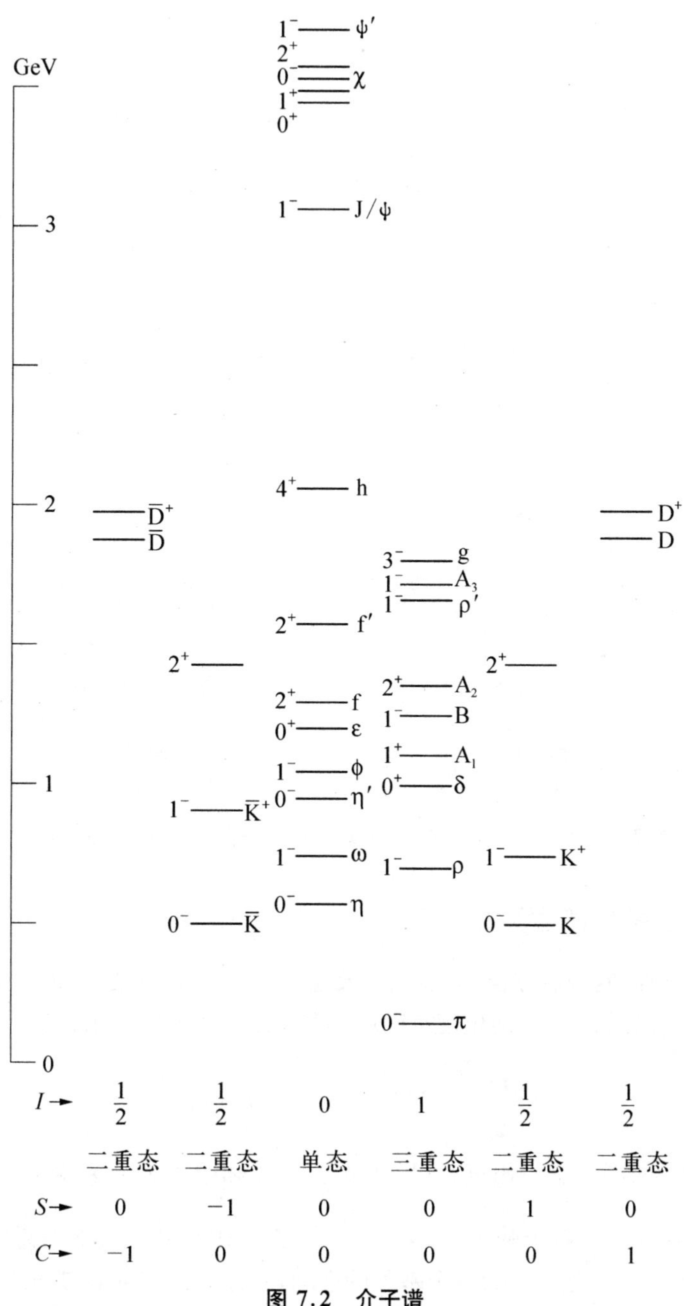
GeV
3
2
1
0
1^- ψ′
2^+
0^- χ
1^+
0^+
1^- J/ψ
4^+ h
$\overline{D}^+$
$\overline{D}$
D^+
D
3^- g
1^- A_3
1^- ρ′
2^+ f′
2^+
2^+
2^+ f
2^+ A_2
1^- B
0^+ ε
1^+ A_1
1^- ϕ
0^+ δ
0^- η′
1^- $\overline{K}^+$
1^- ω
1^- ρ
1^- K^+
0^- η
0^- $\overline{K}$
0^- K
0^- π
I→ $\frac{1}{2}$ $\frac{1}{2}$ 0 1 $\frac{1}{2}$ $\frac{1}{2}$
二重态 二重态 单态 三重态 二重态 二重态
S→ 0 −1 0 0 1 0
C→ −1 0 0 0 0 1

图 7.2　介子谱

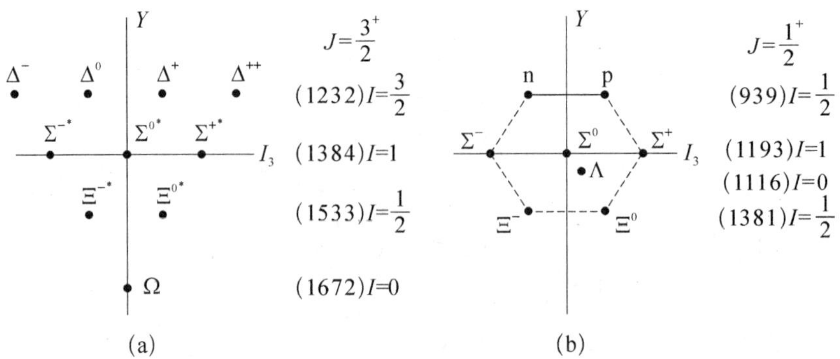

图 7.3 $J^P = \frac{3}{2}^+$ (a)和 $J^P = \frac{1}{2}^+$ (b)重子在 $Y - I_3$ 图上的排列

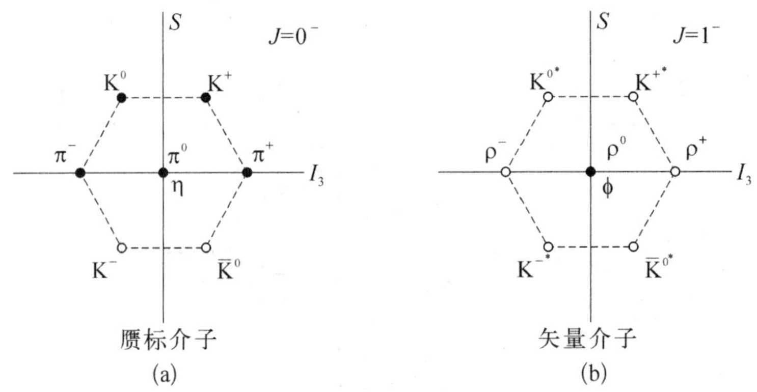

图 7.4 $J^P = 0^-$ (a) 和 $J^P = 1^-$ (b) 介子在 $S - I_3$ 图上的排列

7.2.2 强子结构的夸克模型

强作用过程,同位旋守恒,即在同位旋空间转动具有不变性.所有强子系统的同位旋态都可以用 SU(2) 同位旋空间中的两个最基本的基矢来构造

$$I = \frac{1}{2}, I_3 = \pm \frac{1}{2}, \begin{pmatrix}1\\0\end{pmatrix}, \begin{pmatrix}0\\1\end{pmatrix}$$

例如各种核素的同位旋自由度,可以用质子 $\begin{pmatrix}1\\0\end{pmatrix}$ 和中子 $\begin{pmatrix}0\\1\end{pmatrix}$ 来构成.这种对称性称为 SU(2) 对称性.对于强子,除同位旋外,还存在着奇异数 S (或者超荷 $Y = B + S$),基本表示必须扩大为三个基矢的空间,对称性由 SU(2) 扩充为 $SU(2)_I \otimes U(1)_Y$. 假设其基础表示的基矢为:

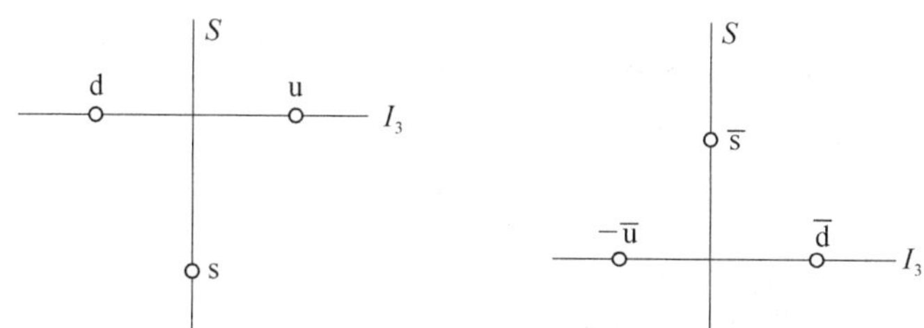

它们的"味"量子数列表如下：

	I	I_3	S
u	$\frac{1}{2}$	$\frac{1}{2}$	0
d	$\frac{1}{2}$	$-\frac{1}{2}$	0
s	0	0	-1
$\bar{d}$	$\frac{1}{2}$	$\frac{1}{2}$	0
$\bar{u}$	$\frac{1}{2}$	$-\frac{1}{2}$	0
$\bar{s}$	0	0	1

具有高维表示的强子可以用 u，s ，d 三个基矢或者其共轭基矢来构造. 1961 年 Gell-Mann 和 Zweig 各自独立地提出强子的结构模型[2]. 他们分别赋予 SU(3) 表示的三个基矢为"Quark"和"Ace"的称号. 三个基矢成为强子结构的基本单元(粒子物理界接受了"Quark"这种称号). 三个基矢成为三种不同"味"的夸克，其量子数列于表 7.3.

表 7.3　三种不同味的夸克与反夸克的量子数

夸克							反夸克					
味	I	I_3	S	B	J	$\frac{Q}{e}$	味	I_3	S	B	J	$\frac{Q}{e}$
u	$\frac{1}{2}$	$\frac{1}{2}$	0	$\frac{1}{3}$	$\frac{1}{2}$	$\frac{2}{3}$	$\bar{d}$	$\frac{1}{2}$	0	$-\frac{1}{3}$	$\frac{1}{2}$	$\frac{1}{3}$
d	$\frac{1}{2}$	$-\frac{1}{2}$	0	$\frac{1}{3}$	$\frac{1}{2}$	$-\frac{1}{3}$	$\bar{u}$	$-\frac{1}{2}$	0	$-\frac{1}{3}$	$\frac{1}{2}$	$-\frac{2}{3}$
s	0	0	-1	$\frac{1}{3}$	$\frac{1}{2}$	$-\frac{1}{3}$	$\bar{s}$	0	1	$-\frac{1}{3}$	$\frac{1}{2}$	$\frac{1}{3}$

人们赋予夸克的重子数 $B = \frac{1}{3}$，根据 Gell-Mann-Nishijima 的关系，$\frac{Q}{e} = I_3 + \frac{Y}{2}$，给出夸克的电荷为 $\left(\frac{1}{3}e\right)$ 的整数倍.

对于重子，$B = 1$，因此，重子的最简单的组成应是由三个味道的夸克来组合.按 SU(3) 群的构造，可以有下面的组合方式

$$3 \otimes 3 \otimes 3 = 10 \oplus 8 \oplus 8 \oplus 1 \tag{7.8}$$

一个十维的不可约表示(味的 SU(3) 10 重态)，两个 8 维表示(味的 SU(3) 8 重态)和一个味的 SU(3) 单态.

对于介子，$B = 0$，因此，介子的最简单的组成是由一个夸克和另一个反夸克组合，即

$$3 \otimes \bar{3} = 8 \oplus 1 \tag{7.9}$$

一个味的 SU(3) 介子八重态和一个味的 SU(3) 介子单态.味 SU(3) 对称群的每个不可约表示(多重态)的成员和相应的一组粒子对应.也就是说：

- 人们观察到的强子按味 SU(3) 群的不可约表示(多重态)分类；
- 每一个强子对应某一不可约表示(多重态)的一个分量，具有相应的量子数 I，I_3 和超荷 Y (或 S)；
- 同一不可约表示(多重态)的粒子具有相似的性质.例如强相互作用的守恒量子数——自旋和宇称 J^P 相同.味 SU(3) 对称性的扩展，把具有不同同位旋多重态，不同超荷但具有相同的 J^P 的强子放在同一不可约表示中，即与 SU(3) 味对称性对应的相互作用(有时称其为超强相互作用)不区分同位旋，也不区分超荷；
- 同一不可约表示(多重态)的粒子质量 m 可以有所差别，这种差别是由 SU(3) 味对称性的破缺所引起的；
- 若找到一个不可约表示的一个粒子或几个粒子，该表示的未知粒子也一定存在.

7.3 重子的味 SU(3)多重态

7.3.1 重子的味 SU(3) 10 重态

不同的味 SU(3) 的不可约表示有不同的特性，它们的主要区别在于味交换对称性的不同.对味 SU(3)10 重态，其波函数对任意的味量子数的交换具有完全对

称性,分别写为

$$
\left.\begin{aligned}
&uuu, ddd, sss\\
&\frac{1}{\sqrt{3}}(ddu + udd + dud) = (ddu)_s\\
&\frac{1}{\sqrt{3}}(uud + duu + udu) = (duu)_s\\
&\frac{1}{\sqrt{6}}(dsu + uds + sud + sdu + dus + usd) \equiv (usd)_s\\
&\frac{1}{\sqrt{3}}(dds + sdd + dsd) \equiv (dds)_s\\
&\frac{1}{\sqrt{3}}(uus + suu + usu) \equiv (uus)_s\\
&\frac{1}{\sqrt{3}}(dss + ssd + sds) \equiv (dss)_s\\
&\frac{1}{\sqrt{3}}(uss + ssu + sus) \equiv (uss)_s
\end{aligned}\right\}\tag{7.10}
$$

下面以 $(uds)_s$ 为例来考察味 10 重态的波函数交换的对称性.假定三个夸克(具有一定的味量子数)从左至右安置在1,2,3号小盒内.$(uds)_s$ 共有6组.若将各组的 1 号 和 2 号 盒中的夸克"味"量子数同时交换,你会发现交换后的状态和交换前的状态没有任何变化.同样将各组的2号 和3号 盒的夸克味量子数交换,同样保持状态波函数没有任何变化.这就是所谓味量子数波函数具有交换完全对称,简写为$(uds)_s$,右下标 S 表示味道交换对称.

它们在 $Y - I_3$ 二维图上可以找到各自的位置,如图 7.5 所示.

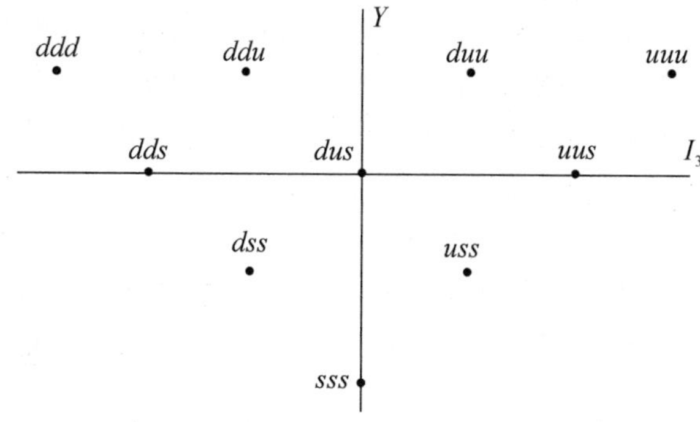

图 7.5　重子的味 SU(3) 十重态

重子味 SU(3) 十重态在 $Y-I_3$ 二维图上的排列与图 7.3(a)的 $J=\frac{3}{2}^+$ 的重子的排列相对应：$Y=1, I=3/2$ 的 $(ddd)_s$，$(ddu)_s$，$(duu)_s$，$(uuu)_s$ 正好与 Δ^-，Δ^0，Δ^+，Δ^{++}(1236) 对应；$Y=0(dds)_s$，$(dus)_s$，$(uus)_s$ 正好与 Σ^{-*}，Σ^{0*}，Σ^{+*}(1384) 相对应. $Y=-1$ 的 $(dss)_s$，$(uss)_s$ 正好与 Ξ^{-*} 与 Ξ^{0*}(1533) 相对应. 必须指出的是，$Y=-2, S=-3$ 的 sss 是味 SU(3) 十重态预言的粒子，在建立 SU(3) 十重态的 1962 年，Ω^- 粒子在实验上并没有发现. 味 SU(3) 理论预言了该粒子的存在，给出它的质量 $M_\Omega \sim 1\,684\,\text{MeV}$，奇异数 $S=-3(Y=-2)$，而且是同位旋单态. 电荷 $\frac{Q}{e}=-1$. 1964 年，人们在泡室照片中找到了这个粒子[3]. 现在给出 Ω^- 粒子的参数为

$$\left.\begin{aligned} M(\Omega^-) &= (1\,672.43 \pm 0.32)\,\text{MeV} \\ \tau(\Omega^-) &= (0.822 \pm 0.012) \times 10^{-10}\,\text{s} \\ J^P &= \frac{3}{2}^+, B=1, I=0, S=-3 \end{aligned}\right\} \tag{7.11}$$

与味 SU(3) 理论符合得非常好.

7.3.2 夸克"色"量子数的引入

SU(2) 对称性，把 u，d 看成全同的费米子，SU(3) 味对称性把 u，d，s 看成全同的费米子. 由它们构成的重子的波函数，应该满足"全同"费米子交换反对称的要求. 从上面的分析表明，其重子波函数应该包括：描述夸克味的波函数 $|$味$\rangle$、描述夸克相对运动的轨道角动量的波函数 $|$普通空间$\rangle_L$、以及自旋部分的波函数 $|$自旋$\rangle$，即

$$|\text{重子}\rangle \sim |\text{味}\rangle\,|\text{普通空间}\rangle_L\,|\text{自旋}\rangle \tag{7.12}$$

式(7.10)给出的味道波函数具有交换对称性. 根据量子力学束缚态理论，系统的最低能量态，其空间部分波函数(由相对运动轨道角动量来描述)具有最大可能的对称性即粒子 1 和 2 的相对运动轨道角动量 $l=0$，粒子 3 相对于粒子 (1，2) 的轨道角动量 $l'=0$. 因此，不管是味的 10 重态或者是 8 重态. 它们基态的轨道角动量总是 $l'=0, l=0$，总 $L=0$，空间部分波函数是交换完全对称的. 因而，粒子的自旋完全是由 3 个自旋为 1/2 的夸克来组合. 对于 SU(3) 味 10 重态，$J=3/2$，要求三个夸克的自旋波函数具有交换完全对称的特性，它们的构造方式如下

$$\left|\frac{3}{2}, +\frac{3}{2}\right\rangle = \uparrow\uparrow\uparrow;\ \left|\frac{3}{2}, +\frac{1}{2}\right\rangle = \frac{1}{\sqrt{3}}(\uparrow\uparrow\downarrow + \downarrow\uparrow\uparrow + \uparrow\downarrow\uparrow)$$

$$\left|\frac{3}{2},-\frac{1}{2}\right\rangle=\frac{1}{\sqrt{3}}(\downarrow\downarrow\uparrow+\uparrow\downarrow\downarrow+\downarrow\uparrow\downarrow);\left|\frac{3}{2},-\frac{3}{2}\right\rangle=\downarrow\downarrow\downarrow$$

因此,式(7.12)描述的味十重态的重子波函数是违背全同费米子交换反对称的要求的.这表明对夸克的描述还至少必须引入一个新的自由度(量子数).由这自由度所构成的三个夸克的波函数对这个自由度的交换必须是反对称的.这自由度就是"色",即每种夸克具有3种颜色:红(R),绿(G),蓝(B).和味道量子数一样,它们构成SU(3)色三维最基础表示.所有观测到的重子都应该是色的单态(即色的交换反对称).构成重子波函数的夸克色部分波函数应该是

$$\frac{1}{\sqrt{6}}(RGB-RBG+BRG-BGR+GBR-GRB) \tag{7.13}$$

"色"量子数的引入不仅解决了重子波函数组成的量子统计的困难,更重要的意义还在于,夸克具有"色荷",它是夸克之间相互作用的"源",就像电荷是电磁作用的"源"一样.它的引入为强作用的动力学——量子色动力学(Quantum Chromo Dynamics,简称QCD)奠定了基础.所有观测到的强子都是色单态,或者说是色中性.这就是QCD理论中的"色禁闭"的特征.在构成重子波函数时,色部分波函数一定是交换反对称的色单态,波函数的其他部分的相乘应具有交换对称的.

7.3.3　味的SU(3)重子八重态

对于SU(3)味8重态,"味"部分的波函数具有部分交换反对称,部分交换对称(表7.4).它们可以有两种独立的构造方式,分别与SU(3)的两个味8重态对应.Ψ_{12}表示处于位置1,2的两种味道交换反对称.另一个SU(3)味8重态,Ψ_{23}表示处于位置2,3的味具有交换反对称的形式,只要简单地把前一味8重态括号后的"味"移到括号之前.它们同样描述$J=1/2$的8个粒子n,p,Λ,Σ,Ξ.两个中性的态Λ^0和Σ^0的差别在于前者对味道u,d的交换是反对称的$I=0, I_3=0$.对于味8重态,色部分的波函数也要求是交换反对称的,因为所有实际可观测到的粒子都是色的单态(QCD的色禁闭规定,所有可观测的强子态,都是色"中性"的).前面分析指出,作为基态重子的8重态,夸克的空间部分波函数具有完全的对称性.即$l=l'=0, L=0$.为了得到自旋$J=1/2$的8重态的重子,三个夸克的自旋只能构成部分反对称.为了保证8重态的重子总波函数具有交换反对称,只有令排序1,2的夸克自旋反称和味道反称组合在一起或者排序2,3(3,1)的夸克的自旋反称和味道反称组合在一起.$\Psi_{1,2}(\text{spin})$表示自旋1、2反称排序,1、2的两夸克构成自旋为0.重子的总自旋由排序在第三的夸克决定(见式(7.14)).

表 7.4　味 SU(3)重子八重态味波函数

$\dfrac{(ud-du)d}{\sqrt{2}}$	$(udd)_{A,S}$	中子 n
$\dfrac{(ud-du)u}{\sqrt{2}}$	$(duu)_{A,S}$	质子 p
$\dfrac{(ds-sd)d}{\sqrt{2}}$	$(sdd)_{A,S}$	Σ^- 粒子
$\dfrac{(us-su)u}{\sqrt{2}}$	$(suu)_{A,S}$	Σ^+ 粒子
$\dfrac{[(us-su)d+(ds-sd)u]}{2}$	$(sud)_{A,S}$	Σ^0 粒子
$\dfrac{[2(ud-du)s+(us-su)d-(ds-sd)u]}{\sqrt{12}}$	$(uds)_{A,S}$	Λ^0 粒子
$\dfrac{(ds-sd)s}{\sqrt{2}}$	$(dss)_{A,S}$	Ξ^- 粒子
$\dfrac{(us-su)s}{\sqrt{2}}$	$(uss)_{A,S}$	Ξ^0 粒子

$$\left.\begin{aligned}\left|\frac{1}{2},+\frac{1}{2}\right\rangle &= \frac{(\uparrow\downarrow-\downarrow\uparrow)\uparrow}{\sqrt{2}}\\ \left|\frac{1}{2},-\frac{1}{2}\right\rangle &= \frac{(\uparrow\downarrow-\downarrow\uparrow)\downarrow}{\sqrt{2}}\end{aligned}\right\} \tag{7.14}$$

箭头表示夸克自旋在量子化方向上的投影.排序 2,3 构成自旋反对称的表达式,只要把括号后面的第 3 夸克自旋移到第 1 的位置(括号前)即可. SU(3) 味 8 重态的自旋和味道波函数可以写成

$$\begin{aligned}\Psi(\text{重子})_8 = \frac{\sqrt{2}}{3}[&\Psi_{12}(\text{spin})\Psi_{12}(\text{flavor}) + \Psi_{23}(\text{spin})\Psi_{23}(\text{flavor})\\ &+ \Psi_{13}(\text{spin})\Psi_{13}(\text{flavor})]\end{aligned}$$

以质子为例

$$\begin{aligned}\left|\text{p}:\frac{1}{2},\frac{1}{2}\right\rangle = \frac{\sqrt{2}}{3}\Big[&\frac{1}{2}(\underset{\cdot}{\uparrow}\,\underset{\cdot}{\downarrow}\uparrow - \underset{\cdot}{\downarrow}\,\underset{\cdot}{\uparrow}\uparrow)(\underset{\cdot}{u}\,\underset{\cdot}{d}u - \underset{\cdot}{d}\,\underset{\cdot}{u}u)\\ &+\frac{1}{2}(\uparrow\underset{\cdot}{\uparrow}\,\underset{\cdot}{\downarrow} - \uparrow\underset{\cdot}{\downarrow}\,\underset{\cdot}{\uparrow})(u\underset{\cdot}{u}\,\underset{\cdot}{d} - u\underset{\cdot}{d}\,\underset{\cdot}{u})\end{aligned}$$

$$+\frac{1}{2}(\dot{\uparrow}\uparrow\dot{\downarrow}-\dot{\downarrow}\uparrow\dot{\uparrow})(\dot{u}\,\dot{u}d-\dot{d}\,u\dot{u})\Big]$$

下面的点表示相应的序号的夸克对应的量子数构成交换反对称.整理得出

$$\left|p:\frac{1}{2},\frac{1}{2}\right\rangle=\frac{1}{3\sqrt{2}}[uud(2\uparrow\uparrow\downarrow-\uparrow\downarrow\uparrow-\downarrow\uparrow\uparrow)+udu(2\uparrow\downarrow\uparrow-\downarrow\uparrow\uparrow-\uparrow\uparrow\downarrow)$$
$$+duu(2\downarrow\uparrow\uparrow-\uparrow\downarrow\uparrow-\uparrow\uparrow\downarrow)]$$
$$=\frac{1}{3\sqrt{2}}[2u(\uparrow)u(\uparrow)d(\downarrow)-u(\uparrow)u(\downarrow)d(\uparrow)-u(\downarrow)u(\uparrow)d(\uparrow)$$
$$+2u(\uparrow)d(\downarrow)u(\uparrow)-u(\downarrow)d(\uparrow)u(\uparrow)-u(\uparrow)d(\uparrow)u(\downarrow)$$
$$+2d(\downarrow)u(\uparrow)u(\uparrow)-d(\uparrow)u(\downarrow)u(\uparrow)-d(\uparrow)u(\uparrow)u(\downarrow)]\tag{7.15}$$

在 $Y-I_3$ 平面上,味8重态如下图.

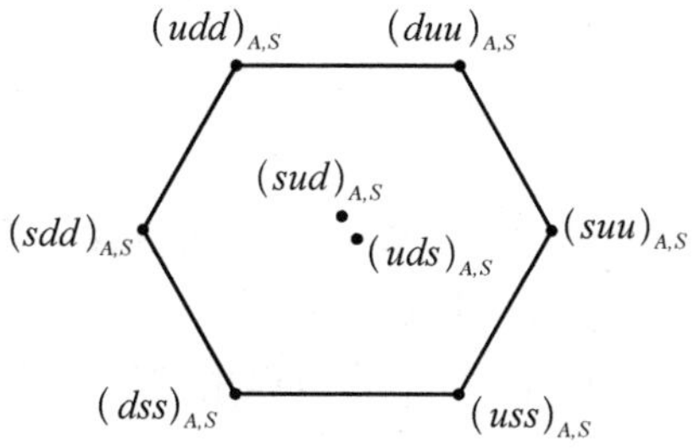

图7.6　重子的味SU(3)八重态

7.4　介子的SU(3)多重态

三种味道的夸克u, d, s和三种味道的反夸克 $\bar{d}$, $-\bar{u}$, $\bar{s}$($\bar{u}$前面的负号是 $\hat{C}$ 变换引入的相因子)可以组合成9种介子态.其中8个构成了SU(3)味的8重态.它们在 $S-I_3$ 二维平面上分布如图7.7所示.SU(3)味的介子8重态中,包括4组同位旋多重态,同位旋为1/2的两重态两组,($|-\bar{u}\rangle$ 是 $|u\rangle$ 的电荷共轭变换,前

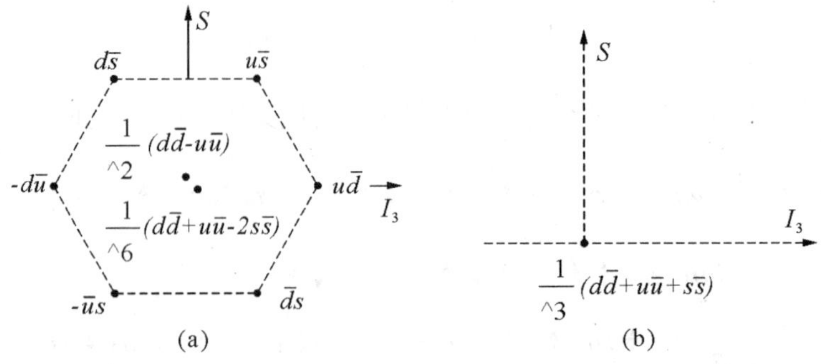

图 7.7　SU(3)味介子八重态(a)和单态(b)

面“－”是变换引入的一个相因子). 它们分别是 $(d\bar{s},\ u\bar{s})$,$(-\bar{u}s,\ \bar{d}s)$, 同位旋三重态一组 $\left(-d\bar{u}, \frac{1}{\sqrt{2}}(d\bar{d}-u\bar{u}),\ u\bar{d}\right)$. 还有一个同位旋单态 $\frac{1}{\sqrt{6}}(d\bar{d}+u\bar{u}-2s\bar{s})$. SU(3) 单态,同时也是同位旋的单态,如图 7.7(b).

7.4.1　赝标介子和矢量介子

由夸克(费米子)和反夸克(反费米子)构成的系统,根据它们的轨道运动状态,径向运动状态和自旋状态可以构成不同的介子态. 它们的空间宇称、电荷共轭宇称(如果是纯中性的系统)和 G 宇称可以由它们的 L,S,I 决定

$$\eta_p = (-1)^{L+1}, \eta_c = (-1)^{L+S}, \eta_G = (-1)^{L+S+I}$$

1. 赝标介子

介子的基态,当组成夸克反夸克的 $L=0, S=0$ (用符号 $^1S_0$ 表示)时对应一组 $J^P=0^-$ 的介子,称为赝标介子. 它们的主要量子数列表如下.

表 7.5　赝标介子的主要量子数

介 子 波 函 数	J^{PC}	I^G	I_3	S	对应介子	质量(MeV)
$-\bar{u}d(^1S_0)$	0^-	1^-	-1	0	π^-	140
$\frac{d\bar{d}-u\bar{u}}{\sqrt{2}}(^1S_0)$	0^{-+}	1^-	0	0	π^0	135
$u\bar{d}(^1S_0)$	0^-	1^-	$+1$	0	π^+	140

(续表)

介子波函数	J^{PC}	I^G	I_3	S	对应介子	质量(MeV)
$d\bar{s}(^1S_0)$	0^-	$\frac{1}{2}$	$-\frac{1}{2}$	$+1$	K^0	498
$u\bar{s}(^1S_0)$	0^-	$\frac{1}{2}$	$+\frac{1}{2}$	$+1$	K^+	494
$-\bar{u}s(^1S_0)$	0^-	$\frac{1}{2}$	$-\frac{1}{2}$	-1	K^-	494
$\bar{d}s(^1S_0)$	0^-	$\frac{1}{2}$	$+\frac{1}{2}$	-1	$\bar{K}^0$	498
$\frac{1}{\sqrt{6}}(d\bar{d}+u\bar{u}-2s\bar{s})(^1S_0)$	0^{-+}	0^+	0	0	η_8	549(η)
$\frac{1}{\sqrt{3}}(d\bar{d}+u\bar{u}+s\bar{s})(^1S_0)$	0^{-+}	0^+	0	0	η_0	958(η')

2. 矢量介子

当组成夸克和反夸克的 $L=0,S=1$(用符号$^3S_1$ 表示),对应着另一组介子,称为矢量介子.它们的量子数列于表 7.6.

表 7.6 一些矢量介子的主要量子数

介子波函数	J^{PC}	I^G	I_3	S	对应介子	质量(MeV)
$-\bar{u}d(^3S_1)$	1^-	1^+	-1	0	ρ^-	770
$\frac{d\bar{d}-u\bar{u}}{\sqrt{2}}(^3S_1)$	1^{--}	1^+	0	0	ρ^0	770
$u\bar{d}(^3S_1)$	1^-	1^+	$+1$	0	ρ^+	770
$d\bar{s}(^3S_1)$	1^-	$\frac{1}{2}$	$-\frac{1}{2}$	$+1$	K^{0*}	892
$u\bar{s}(^3S_1)$	1^-	$\frac{1}{2}$	$+\frac{1}{2}$	$+1$	K^{+*}	892
$-\bar{u}s(^3S_1)$	1^-	$\frac{1}{2}$	$-\frac{1}{2}$	-1	K^{-*}	892
$\bar{d}s(^3S_1)$	1^-	$\frac{1}{2}$	$+\frac{1}{2}$	-1	$\bar{K}^{0*}$	892

(续表)

介子波函数	J^{PC}	I^G	I_3	S	对应介子	质量(MeV)
$\frac{1}{\sqrt{6}}(d\bar{d}+u\bar{u}-2s\bar{s})(^3S_1)$	1^{--}	0^-	0	0	ϕ_8	ϕ(1020)
$\frac{1}{\sqrt{3}}(d\bar{d}+u\bar{u}+s\bar{s})(^3S_1)$	1^{--}	0^-	0	0	ϕ_0	ω(782)

实验上已经发现了其他多组 SU(3) 味的介子多重态,例如,$^3P_2(L=1,S=1)$,J^{PC} 为 2^{++} 以及 $^3D_3(L=2,S=1)$ 的 3^{--} 的多重态.

7.4.2 单态和 8 重态的第 8 分量的混合

考察表 7.5 和表 7.6 的 η_8 和 η_0 以及 ϕ_8 和 ϕ_0,它们的 $I^G(J^{PC})$ 都相同,前一组为 $0^+(0^{-+})$,后者为 $0^-(1^{--})$. 由于 SU(3) 味对称性的破缺,实验观察到的粒子,是单态和 8 重态的第 8 分量的混合.设实验观察的粒子 (ϕ,ω),ϕ_8 和 ϕ_0 的混合角为 θ,则

$$\begin{pmatrix}\phi\\ \omega\end{pmatrix}=\begin{pmatrix}\cos\theta & -\sin\theta\\ \sin\theta & \cos\theta\end{pmatrix}\begin{pmatrix}\phi_8\\ \phi_0\end{pmatrix}$$

将在 ϕ_8,ϕ_0 表示的质量矩阵对角化,可以推出混合角 θ

$$\tan^2\theta=\frac{M_\phi^2-M_8^2}{M_8^2-M_\omega^2} \tag{7.16}$$

M_ϕ,M_ω 分别为实际观察到的 ϕ 介子和 ω 介子的质量. M_8 可以由 Gell-Mann-Okubo 公式(见下一节)推出

$$M_8^2=\frac{1}{3}(4M_{K^*}^2-M_\rho^2)$$

将实验观察到的参数 M_{K^*}、M_ρ、M_ϕ、M_ω 代入,求得 ϕ_8 和 ϕ_0 的混合角 $\theta\sim 40^\circ$. 用 $\sin\theta\sim\frac{1}{\sqrt{3}}(\theta\sim 35^\circ)$,并用 ϕ_8 和 ϕ_0 的波函数代入,得到 ϕ 和 ω 的夸克组成

$$\left.\begin{aligned}\phi&=\frac{1}{\sqrt{3}}(-\phi_0+\sqrt{2}\phi_8)\sim s\bar{s}\\ \omega&=\frac{1}{\sqrt{3}}(\phi_8+\sqrt{2}\phi_0)\sim\frac{(d\bar{d}+u\bar{u})}{\sqrt{2}}\end{aligned}\right\} \tag{7.17}$$

即实际观察的 ϕ 介子,基本上是纯 $s\bar{s}$ 态,而 ω 包含了等幅度的 $d\bar{d}$ 和 $u\bar{u}$.

同样对 η_0, η_8 进行处理,给出 $\theta \sim -10^\circ$, 有

$$\eta = 0.985\eta_8 - 0.17\eta_0;\eta' = 0.17\eta_8 + 0.985\eta_0$$

可见实验观察的 η 粒子可以近似认为对应于 SU(3)8 重态的第 8 个分量的夸克组成, η' 基本上就是 SU(3) 单态.

7.5　强子的质量和强子的磁矩

用夸克模型可以给出它们构成的强子的很多重要量子数,本节讨论,如何通过组成夸克来说明强子的一些更重要的量,如质量和磁矩.

7.5.1　味对称破缺即 Gell-Mann-Okubo 质量分裂公式

同一 SU(3) 味多重态中的强子(重子或者介子),质量很不相同,这只能用味的 SU(3) 对称性的破缺来说明,这种破缺仍然保持了同位旋的 SU(2) 以及超荷 U(1) 的对称性,同样同位旋(不同分量),同一超荷的一组粒子,其质量基本相同. 对称性的破缺使得多重态成员的质量随着超荷而变化,随着粒子的总同位旋而变化. Gell-Mann-Okubo 给出质量分裂公式

$$\text{重子:} M(Y, I) = A + BY + C\left[I(I+1) - \frac{Y^2}{4}\right] \tag{7.18a}$$

$$\text{介子:} m^2 = a + bY + c\left[I(I+1) - \frac{Y^2}{4}\right] \tag{7.18b}$$

重子以质量的一次方项出现是因为重子是费米子,满足 Dirac 方程. 而介子满足的是 Klein-Gordon 方程,因此质量以二次项出现. 同一多重态中的介子和反介子,有完全相同的质量,但它们的超荷 $Y(=S)$ 相反. 可见介子的质量公式中的 Y 的一次项不能存在,即 $b = 0$, 所以对于介子,上式改写为

$$m^2 = a + c\left[I(I+1) - \frac{S^2}{4}\right] \tag{7.18b$'$}$$

根据质量分裂公式,可以得到 $J^P = \frac{1}{2}^+$ 的重子的质量应满足

$$3M_\Lambda + M_\Sigma = 2(M_N + M_\Xi)$$

将实验观测的质量数据代入，在 1% 的精度内，左右两边相等，利用式(7.18b′)，给出赝标介子的质量应满足

$$4M_K^2 = m_\pi^2 + 3M_8^2$$

质量实验数据也支持了上面的这一关系. 按照上述质量关系，可以由 8 重态中的已知质量推出第 8 分量 m_8 的质量，例如对于矢量介子

$$m_8^2 = \frac{1}{3}(4m_{K^*}^2 - m_\rho^2) \tag{7.19}$$

这正是上一节，求解单态和 8 重态的第 8 分量的混合角时用来估算 M_8 采用的公式.

7.5.2 色荷的精细相互作用引起的强子质量的精细劈裂

考察介子的不同 SU(3) 的 8 重态发现，夸克反夸克的组成味相同，基态轨道角动量相同，只是相对自旋取向不同质量不同，例如$(u\bar{d})({}^1S_0)$的 π^+ ($m = 140\,\text{MeV}$) 和$(u\bar{d})({}^3S_1)$的 ρ^+ ($M = 770\,\text{MeV}$). 对于同样味组成的重子，例如 $(udd)_{A,S}$ 的中子 ($m = 939\,\text{MeV}$) 和 $(udd)_S$ 的 Δ^0($m = 1\,236\,\text{MeV}$)，它们之间明显差别在于前者 ud 构成自旋交换反对称，后者 3 个夸克自旋构成交换完全对称. 它们之间的质量差很容易和原子体系的自旋-轨道相互作用，或者是自旋之间的相互作用(精细和超精细劈裂)类比来加以说明. 对于氢原子，处于基态的电子${}^2S_{\frac{1}{2}}$的自旋 $\boldsymbol{S}_e$ 和质子的自旋 $\boldsymbol{S}_p$ 相互作用引起的能级劈裂由下式表示

$$\Delta E = \frac{8\pi g_p e^2}{3m_e m_p c^2}(\boldsymbol{S}_e \cdot \boldsymbol{S}_p) \mid \Psi_{n00}(0) \mid^2$$

g_p 是质子的 g 因子，$\Psi_{n00}(0)$ 是氢原子 ($n, l = 0$) 在 $r = 0$ 的波函数取值. 对于氢原子情况，这种超精细劈裂是很微小的，$\Delta E \sim 5.875 \times 10^{-6}$ eV. 显然用电磁相互作用来说明不同强子由于自旋态不同引起的质量差别是不可能的. 组成强子系统的夸克都具有“色荷”，可以想象与夸克自旋对应的形成一个具有强相互作用特征的“色矩”. 这种色矩与构成强子的夸克(反夸克)的自旋态直接相关，它们的相互作用形式：

对于介子

$$\Delta E = A\frac{\boldsymbol{S}_1 \cdot \boldsymbol{S}_2}{m_1 m_2},\ A = \frac{8}{9}\alpha_s(4\pi) \mid \Psi_{n00}(0) \mid^2 \tag{7.20a}$$

对于重子

$$\Delta E = A'\left(\frac{\boldsymbol{S}_1 \cdot \boldsymbol{S}_2}{m_1 m_2} + \frac{\boldsymbol{S}_1 \cdot \boldsymbol{S}_3}{m_1 m_3} + \frac{\boldsymbol{S}_2 \cdot \boldsymbol{S}_3}{m_2 m_3}\right),\ A' = \frac{4}{9}\alpha_s(4\pi) \mid \Psi_{n00} \mid^2 \tag{7.20b}$$

“色矩”正比于夸克(反夸克)的自旋,反比于它们各自的质量.构成重子的三个夸克,两两分别相互作用,贡献的能量相加.前面的色荷因子,以及系统在零点的波函数的平方分别吸入系数 A 和 A'(只对相对运动轨道角动量 $l = 0$ 时,才有(7.19)的简单形式.$l \neq 0$,还有轨道运动形成的“色矩”的贡献).下面分别用上述的公式来讨论介子和重子的质量.这里简单认为,强子的质量是由构成它的夸克的质量再加上(7.20)的附加能

$$M(\text{介子}) = m_1 + m_2 + A\frac{\boldsymbol{S}_1 \cdot \boldsymbol{S}_2}{m_1 m_2} \tag{7.21a}$$

$$\boldsymbol{S}_1 \cdot \boldsymbol{S}_2 = \frac{1}{2}(J^2 - S_1^2 - S_2^2) = \left[J(J+1) - \frac{3}{4} - \frac{3}{4}\right]\frac{\hbar^2}{2}$$

$$= \begin{cases} +\dfrac{1}{4}\hbar^2 & J = 1 \\ -\dfrac{3}{4}\hbar^2 & J = 0 \end{cases} \tag{7.21b}$$

设组成夸克的质量分别选为

$$m_\mathrm{u} = m_\mathrm{d} = 310\ \mathrm{MeV}/c^2 \qquad m_\mathrm{s} = 483\ \mathrm{MeV}/c^2$$

由公式(7.21b)和实验测得的介子质量($^1\mathrm{S}_0$ 和 $^3\mathrm{S}_1$)拟合,给出参数 $A = 160\ \mathrm{MeV}/c^2\left(\frac{2m_\mathrm{u}}{\hbar}\right)^2$.用选定的参数代入式(7.21)计算各介子的质量和实验测量的质量比较列入表 7.7.

表 7.7 介子质量的实验测量值和理论值

介 子	测量的质量 (MeV/c^2)	计算质量 (MeV/c^2)
π	139	140
K	496	484
η	549	559
ρ	776	780
ω	783	780
K*	892	896
ϕ	1 020	1 032

对于重子

$$M(\text{重子}) = m_1 + m_2 + m_3 + A'\left(\frac{\boldsymbol{S}_1 \cdot \boldsymbol{S}_2}{m_1 m_2} + \frac{\boldsymbol{S}_2 \cdot \boldsymbol{S}_3}{m_2 m_3} + \frac{\boldsymbol{S}_1 \cdot \boldsymbol{S}_3}{m_1 m_3}\right)$$

当组成夸克质量都一样时,例如核子,Δ 粒子(由 u,d 组成),Ω 粒子(由 s 组成)

$$\boldsymbol{S}_1\cdot\boldsymbol{S}_2+\boldsymbol{S}_2\cdot\boldsymbol{S}_3+\boldsymbol{S}_1\cdot\boldsymbol{S}_3=\frac{1}{2}(J^2-S_1^2-S_2^2-S_3^2)$$

$$=\frac{\hbar^2}{2}\left(J(J+1)-\frac{9}{4}\right)=\begin{cases}\frac{3}{4}\hbar^2 & J=\frac{3}{2}(10\text{ 重态})\\ -\frac{3}{4}\hbar^2 & J=\frac{1}{2}(8\text{ 重态})\end{cases}$$

从而得到

$$\left.\begin{aligned}M_{\mathrm{N}}&=3m_{\mathrm{u}}-\frac{3}{4}\frac{\hbar^2}{m_{\mathrm{u}}^2}A'\\ M_{\Delta}&=3m_{\mathrm{u}}+\frac{3}{4}\frac{\hbar^2}{m_{\mathrm{u}}^2}A'\\ M_{\Omega}&=3m_{\mathrm{s}}+\frac{3}{4}\frac{\hbar^2}{m_{\mathrm{s}}^2}A'\end{aligned}\right\}\tag{7.22a}$$

对由不同味道组成的重子 10 重态,$J=3/2$,自旋交换是完全对称的.也就是说,每两个夸克的自旋都应该是交换对称的.即

$$(\boldsymbol{S}_i+\boldsymbol{S}_j)^2=S_i^2+S_j^2+2\boldsymbol{S}_i\cdot\boldsymbol{S}_j=2\hbar^2$$

即

$$\boldsymbol{S}_1\cdot\boldsymbol{S}_2=\boldsymbol{S}_2\cdot\boldsymbol{S}_3=\boldsymbol{S}_1\cdot\boldsymbol{S}_3=\frac{1}{4}\hbar^2$$

所以有

$$\left.\begin{aligned}M_{\Sigma^*}&=2m_{\mathrm{u}}+m_{\mathrm{s}}+\frac{\hbar^2}{4}A'\left(\frac{1}{m_{\mathrm{u}}^2}+\frac{2}{m_{\mathrm{u}}m_{\mathrm{s}}}\right)\\ M_{\Xi^*}&=2m_{\mathrm{s}}+m_{\mathrm{u}}+\frac{\hbar^2}{4}A'\left(\frac{1}{m_{\mathrm{s}}^2}+\frac{2}{m_{\mathrm{u}}m_{\mathrm{s}}}\right)\end{aligned}\right\}\tag{7.22b}$$

还有 8 重态的 Σ,Λ 和 Ξ,它们的自旋态要作具体分析.对于 Σ 和 Λ,它们由 2 个普通夸克组成,前者 u,d 组成同位旋为 1 的 3 重态[即(u, d)味交换对称的],后者组成同位旋单态(即 u, d 味交换反对称的),为了组合成除色部分是交换反对称以外,其他部分交换的结果是对称的,所以对 Σ 而言,u,d 自旋部分为 3 重态,而 Λ 则 u,d 为单态,即

对 Σ:

$$(\boldsymbol{S}_{\mathrm{u}}+\boldsymbol{S}_{\mathrm{d}})^2=2\hbar^2,\boldsymbol{S}_{\mathrm{u}}\cdot\boldsymbol{S}_{\mathrm{d}}=\frac{\hbar^2}{4}$$

对 Λ:

$$(\boldsymbol{S}_{\mathrm{u}}+\boldsymbol{S}_{\mathrm{d}})^2=0,\boldsymbol{S}_{\mathrm{u}}\cdot\boldsymbol{S}_{\mathrm{d}}=-\frac{3}{4}\hbar^2$$

因此,

$$\left.\begin{aligned} M_\Sigma &= 2m_u + m_s + A'\left[\frac{\boldsymbol{S}_u \cdot \boldsymbol{S}_d}{m_u^2} + \frac{(\boldsymbol{S}_1 \cdot \boldsymbol{S}_2 + \boldsymbol{S}_2 \cdot \boldsymbol{S}_3 + \boldsymbol{S}_1 \cdot \boldsymbol{S}_3) - \boldsymbol{S}_u \cdot \boldsymbol{S}_d}{m_u m_s}\right] \\ &= 2m_u + m_s + \frac{\hbar^2}{4}A'\left(\frac{1}{m_u^2} - \frac{4}{m_u m_s}\right) \\ M_\Lambda &= 2m_u + m_s - \frac{3A'\hbar^2}{4m_u^2} \end{aligned}\right\} \quad (7.22c)$$

对于 Ξ，有两个 s 夸克，它们构成自旋三重态. 在 Σ 公式中，将 s 和 u 交换就得到了 Ξ 的质量

$$M_\Xi = 2m_s + m_u + \frac{\hbar^2}{4}A'\left(\frac{1}{m_s^2} - \frac{4}{m_u m_s}\right)$$

取 $m_u = m_d = 363$ MeV，$m_s = 538$ MeV，用公式(7.22)拟合，最佳拟合参数为

$$A' = \left(\frac{2m_u}{\hbar}\right)^2 50\ \text{MeV}/c^2$$

用 A' 代入上述的重子的质量公式，分别计算各重子的质量，和实验值列于表 7.8.

表 7.8　重子质量的实验测量值和理论值

重　子	实验值	计算值	重　子	实验值	计算值
n	939	939	Δ	1 232	1 239
Λ	1 114	1 116	Σ^*	1 384	1 381
Σ	1 193	1 179	Ξ^*	1 533	1 529
Ξ	1 318	1 327	Ω	1 672	1 682

表 7.7 和表 7.8 给出实验值和计算值的一致性，表明不同自旋态的色相互作用的假设是合理的.

7.5.3　中子和质子的磁矩

本章开篇指出，中子质子的反常磁矩是重子具有内部结构的实验证据. 下面利用建立的重子的夸克结构模型来说明中子和质子的反常磁矩. 目前的实验支持这样的假定，夸克和轻子一样是类点的粒子，它们是自旋为 1/2 的，具有电荷为 $Q_i e$ 的粒子，它们的磁矩为

$$\mu_u^0 = \frac{Q_u e\hbar}{2m_u} = \frac{2}{3}\frac{e\hbar}{2m_u} \quad \hat{\boldsymbol{\mu}}_u = \mu_u^0 \boldsymbol{\sigma}_u$$

$$\mu_d^0 = \frac{Q_d e\hbar}{2m_d} = -\frac{1}{3}\frac{e\hbar}{2m_d} \quad \hat{\boldsymbol{\mu}}_d = \mu_d^0 \boldsymbol{\sigma}_d$$

$$\mu_s^0 = \frac{Q_s e\,\hbar}{2m_s} = -\frac{1}{3}\frac{e\,\hbar}{2m_s} \quad \hat{\boldsymbol{\mu}}_s = \mu_s^0 \boldsymbol{\sigma}_s$$

$$\mu_p = \left\langle \frac{1}{2}, +\frac{1}{2} \middle| \hat{\boldsymbol{\mu}}_1 + \hat{\boldsymbol{\mu}}_2 + \hat{\boldsymbol{\mu}}_3 \middle| \frac{1}{2}, +\frac{1}{2} \right\rangle$$

将式(7.15)质子自旋波函数代入上式，对于头一行第一项，$u(\uparrow)u(\uparrow)d(\downarrow)$

$$\left(\frac{2}{3\sqrt{2}}\right)^2 \langle u(\uparrow)u(\uparrow)d(\downarrow) | \hat{\boldsymbol{\mu}}_1 + \hat{\boldsymbol{\mu}}_2 + \hat{\boldsymbol{\mu}}_3 | u(\uparrow)u(\uparrow)d(\downarrow)\rangle = \frac{2}{9}(2\mu_u^0 - \mu_d^0)$$

对头一行的第二项

$$\left(\frac{1}{3\sqrt{2}}\right)^2 \langle -u(\uparrow)u(\downarrow)d(\uparrow) | \hat{\boldsymbol{\mu}}_1 + \hat{\boldsymbol{\mu}}_2 + \hat{\boldsymbol{\mu}}_3 | -u(\uparrow)u(\downarrow)d(\uparrow)\rangle = \frac{1}{18}\mu_d^0$$

头一行的第三项 $u(\downarrow)u(\uparrow)d(\uparrow)$，同样给出 $\frac{1}{18}\mu_d^0$. 因此第一行贡献的质子的部分磁矩为：

$$\frac{2}{9}(2\mu_u^0 - \mu_d^0) + \frac{2}{18}\mu_d^0$$

对式(7.15)波函数的第二，三行，只是 u，d 位置作了交换，自旋在 z 方向的取向还是保持，第一项两个 u 向上一个 d 向下，后面两项都是 u，u 相反，d 向上. 所以它们贡献的磁矩和第一行的贡献是一样的. 因此质子的磁矩为

$$\mu_p = 3\left[\frac{2}{9}(2\mu_u^0 - \mu_d^0) + \frac{1}{9}\mu_d^0\right] = \frac{1}{3}(4\mu_u^0 - \mu_d^0)$$

对于中子，只要将质子中的 d → u，u → d，就可以推出

$$\mu_n = \frac{1}{3}(4\mu_d^0 - \mu_u^0)$$

设 $m_u = m_d = m_n$

$$\mu_n^0 = \frac{e\hbar}{2m_n}$$

$$\mu_u^0 = \frac{2}{3}\mu_n^0$$

$$\mu_d^0 = -\frac{1}{3}\mu_n^0$$

得

$$\left.\begin{aligned} \mu_p &= \frac{4}{3}\cdot\frac{2}{3}\mu_n^0 + \frac{1}{3}\cdot\frac{1}{3}\mu_n^0 = \mu_n^0 \\ \mu_n &= -\frac{4}{9}\mu_n^0 - \frac{2}{9}\mu_n^0 = -\frac{2}{3}\mu_n^0 \end{aligned}\right\} \tag{7.23}$$

从而得到 $\frac{\mu_n}{\mu_p} = -\frac{2}{3}$，与实验结果 $\left(\frac{\mu_n}{\mu_p}\right)_{exp} = 0.684979$，很接近.若假定

$$m_u = m_d = m_n = 336\ \text{MeV}$$

把 μ_n^0 用核磁子 μ_N 代换

$$\mu_n^0 = \frac{m_p}{m_n}\left(\frac{e\hbar}{2m_p}\right) = 2.792\mu_N$$

$$\mu_p \approx 2.792\mu_N\ (\text{实验测得反常磁矩}\ \mu_p = 2.793\mu_N)$$

$$\mu_n \approx -1.862\mu_N\ (\text{实验测得反常磁矩}\ \mu_n = -1.913\mu_N)$$

重子的夸克结构模型可以很好的说明核子的反常磁矩.

7.5.4 口袋模型

根据 QCD 理论强子是色中性(色单态)的.被禁闭在强子内的夸克之间的相互作用具有渐进自由的特性：彼此靠近时作用力很弱，几乎是自由粒子；远离时作用力变强，有如一层无形的袋子把组分夸克包裹在一起.根据这图像，人们有 Bogolioubov 袋模型和 MIT 袋模型.它们把强子内的夸克看成是自由的相对论粒子(对轻夸克).在半径为 R 的口袋内运动的波函数由 Dirac 方程给出，波函数应满足的边界条件：夸克的外向流以及在边界面找到夸克的几率为零的物理要求，给出基态的强子中夸克的能量 E 和口袋半径 R 满足条件[7]

$$ER = \beta_0 \approx 2.043,\quad E = \frac{2.043}{R}$$

另一方面，QCD 真空(充满基态的夸克和胶子场)产生色禁闭的向内压力，以平衡能量为 E 的夸克的外向压力.即在 QCD 真空中要形成一个与口袋半径 R 相当的一个"泡"系统要对色真空做功

$$E_B = BV = B\left(\frac{4\pi}{3}R^3\right)$$

能量密度 B 为常数.对于重子，3 个组分夸克，系统总能量为

$$E(R) = \frac{3\beta_0}{R} + \frac{4\pi BR^3}{3}$$

对某重子态，系统能量 $E(R)$ 取极小给出

$$R = \left(\frac{3\beta_0}{4\pi B}\right)^{\frac{1}{4}}\ \text{或}\ B = \frac{3\beta_0}{4\pi R^4}$$

取核子半径为 0.8 fm

$$B = \frac{3\times 2.043}{4\pi(0.8)^4}(\hbar c)\text{MeV}\cdot\text{fm}^{-3} = 234.9\ \text{MeV}\cdot\text{fm}^{-3} \tag{7.24}$$

7.6 重味夸克的发现和重夸克偶素

7.6.1 J/ψ 粒子的发现和粲夸克的引入

SU(3) 味介子多重态的成功,以及实验上对矢量介子 ρ,ω,ϕ 的特性的深入了解,人们希望在实验上找到更重的矢量介子.20 世纪 70 年代,丁肇中领导的实验组[4]在 Brookhaven 实验室,利用当时 28 GeV 的质子束打靶 (Be) 通过(7.2a)的过程寻找新的矢量介子,根据矢量介子的某一个特征衰变道 $V \to e^+ + e^-$,设计了一台双臂谱仪(图 2.23),分析向前飞出的 (e^+,e^-) 对,分别测量它们的不变质量 $M_{e^+e^-}$

$$M_{e^+e^-} = \left[(E_+ + E_-)^2 - (\boldsymbol{P}_+ + \boldsymbol{P}_-)^2\right]^{\frac{1}{2}}$$

1974 年夏天,经过一段时间的运行,把记录的 (e^+,e^-) 事例的不变质量 $M_{e^+e^-}$ 作直方图(图 2.24),不变质量谱分布中心集中在 3.1 GeV,峰的分布宽度不大于 5 MeV(谱仪的分辨限制).说明存在着质量为 3.1 GeV 的粒子. 1974 年 11 月,运行在 SLAC 的正负电子对撞机的 Burton Richter 小组[5],通过

$$e^+ + e^- \to V \to \begin{cases} e^+ + e^- \\ \mu^+ + \mu^- \\ \text{强子} \end{cases}$$

过程,对正负电子束能量扫描,得到激发曲线,在 $\sqrt{s} = 3.09$ GeV 处出现极大值.以 (e^+,e^-) 对,(μ^+,μ^-) 对和强子为产生标志的激发曲线分别如图 3.5(a),3.5(b),3.5(c)所示.由量子力学的共振态的 Breit-Wigner 公式

$$\sigma(E)_{e^+e^-\to\psi\to X} = \frac{4\pi\lambda\!\!\!^{-2} 2J(J+1)\Gamma_{ee}\Gamma_X/4}{(2s_1+1)(2s_2+1)\left[(E^2 - E_R^2) + \dfrac{\Gamma^2}{4}\right]} \tag{7.25}$$

来描述. $\lambda\!\!\!^{-}$ 为动量中心系中 e^+,e^- 的约化德布罗意波长,E 为质心系的总能量,E_R 为共振峰对应的能量(或称为共振态的质量),Γ_{ee} 表示通过 (e^+,e^-) 形成共振态的宽度或者说是共振态衰变为 (e^+,e^-) 的宽度,Γ_X 是共振态衰变为 X 末态的衰变宽度. J 为共振态的自旋. s_1,s_2 分别为正负电子的自旋. $s_1 = s_2 = 1/2$,

共振态具有和光子相同的 $J^{PC}=1^{--}$，根据图 3.5,激发曲线在共振峰的低端连续谱的下降以及在峰的高端连续谱的上抬,可以用 $e^+ + e^- \to (\gamma) \to \mu^+ + \mu^-$，$e^+ + e^- \to (R) \to \mu^+ + \mu^-$，两过程在共振态 (R) 出现前后区间的相干效应来得到,这种相干的存在,意味着共振态 (R) 和光子 (γ) 有相同的 J^{PC}. 实验观测的共振曲线的宽度包括：

- 由于正负电子束能量的分散的影响；
- 共振态的固有宽度 Γ 的贡献.

图 3.5 的激发曲线是共振截面和虚光子的连续分布的截面的叠加.对后面两部分的截面随 E 的变化,量子电动力学可以精确地描述.以公式(7.25)中的 Γ_{ee}，Γ_X，Γ 和 E_R 为待定的参数并加入通过虚光子过程贡献的部分,建立一个解析的 $\sigma(E, E_R, \Gamma_{ee}, \Gamma_X, \Gamma)$ 的截面表达式.同时,用束流的能量分布函数对图 3.5(a)，3.5(b)，3.5(c)的实验曲线作退卷积,得到消除能量分散后的实验激发函数.将含有待定参数的解析的激发函数分别和实验的三个激发函数 ($\Gamma_X = \Gamma_{ee}$，$\Gamma_X = \Gamma_{\mu\mu}$，$\Gamma_X = \Gamma_h$)拟合得到[1]

$$E_R(m_{J/\psi}) = (3\,096.916 \pm 0.011)\text{MeV}(\text{MeV}/c^2)$$

$$\Gamma = (93.4 \pm 2.1)\text{keV}$$

令人惊奇的是这么重的介子,其衰变宽度只有 93 keV (寿命 $\sim 10^{-20}$ s). 如果它们是由普通的夸克 (u,d,s) 和它们的反夸克组成的矢量介子 ρ, ω, ϕ,或者它们的更高的激发态,它们的衰变宽度都应在几十至一两百 MeV 量级(即寿命应在 $10^{-23} \sim 10^{-24}$ s). 它的存在使人们冲破了原来只有三种味道夸克的框框,进入了一个新的更加丰富多彩的粒子世界.人们很快接受了第四种夸克存在的假定.新发现的粒子 J/ψ 是由 c 夸克和它的反夸克 $\bar{c}$ 组成的束缚态.c 夸克的发现正适合理论物理学家在这发现之前几年引入的新味道夸克的需要,解决了实验上不存在弱中性流的理论解释.c 夸克的特殊性,也解释了为什么 J/ψ 的衰变宽度如此的窄(具体见第 8 章).接着在 e^+e^- 对撞机上发现了 $c\bar{c}$ 的更高的激发态 ψ'，ψ''….

7.6.2　Υ 粒子的发现和底夸克的引入

继 1974 年粒子物理学的“11 月革命”之后，1977 年在 Fermi 实验室[6]，用 400 GeV 的质子和 Be 靶碰撞记录的 (μ^+，μ^-) 不变质量谱,在 9.5 ～ 10.5 GeV 区间,一个窄的共振峰叠加在连续的不变质量谱之上.一年之后,在汉堡的正负电子对撞机 DORIS 谱仪上，观测到当能量调节在 $\sqrt{s} \sim 9.46$ GeV 处，以及在 10.02 GeV 处有类似图 3.5 的共振峰出现.最后给出该共振态对应于一种新的矢

量介子 Υ,其质量参数

$$m(\Upsilon) = (9\,460.30 \pm 0.26)(\mathrm{MeV}/c^2),\ \Gamma = (52.5 \pm 1.8)\mathrm{keV}$$

接着在 Cornell 的 CESR 谱仪上,发现了更高的激发态 Υ(10.35),Υ(10.57). 清楚表明,这么高质量的矢量介子,衰变宽度如此之窄,不可能是 $(c\bar{c})$ 的更高激发态(因为 Ψ(3770)的衰变宽度已达到 $\Gamma = 23$ MeV). 人们立即接受了 Υ 是另一种味道的夸克 b 和它的反夸克 $\bar{b}$ 构成的束缚态的事实.

7.6.3 TOP 夸克的发现

1977 年后,人们知道了构成物质世界的最基本组分包括三代轻子和二代半夸克. 它们是

$$\begin{pmatrix}\nu_e\\ e^-\end{pmatrix}\quad\begin{pmatrix}\nu_\mu\\ \mu^-\end{pmatrix}\quad\begin{pmatrix}\nu_\tau\\ \tau^-\end{pmatrix}$$

$$\begin{pmatrix}u\\ d\end{pmatrix}\quad\begin{pmatrix}c\\ s\end{pmatrix}\quad\begin{pmatrix}?\\ b\end{pmatrix}$$

与 b 配对的第三代夸克还缺少一个成员. 在被发现以前的 20 世纪 70 年代末期,人们就给它起名 TOP(或 Truth). 由理论观念的驱动,人们在各种新建的加速器上总把 TOP 夸克的寻找当作一个重要的物理目标,从 1978 年汉堡的 PETRA ($\sqrt{s}$ = 46.8 GeV) 的正负电子对撞机起,以及以 TOP 寻找为主要物理目标的日本 KEK 的 TRISTAN ($\sqrt{s}$ = 64 GeV) 一直到 1989 年开始运行的欧洲核子中心的 LEP ($\sqrt{s}$ =200 GeV). 在这些机器上没有找到 TOP 夸克的产生,使得 TOP 夸克的质量限一直推到 > 100 GeV. 随着 LEP 的运行,标准模型的重要参数测量精度的提高,使得 TOP 在某些电弱修正的圈图上的贡献可以从实验上检测出来. 从而给 m_t 设定一个区间,在 TOP 夸克实验发现前的 1994 年,LEP 的电弱参数的拟合设定 TOP 夸克质量为

$$m_t = 169^{+16+17}_{-18-20}\ \mathrm{GeV}$$

由于守恒定律的限制(TOP 味道量子数守恒),TOP 夸克只能成对产生,因此在正负电子对撞机上的产生阈必须在 ($\sqrt{s}$ = 340 GeV) 附近. 通过现有的正负电子对撞来寻找 TOP 夸克是不可能的了. 1994 年运行在 ($\sqrt{s}$ = 1 800 GeV) 的费米实验室的 $p\bar{p}$ 对撞机成为寻找 TOP 夸克的一个引人注目的机器. 质子 (uud) 和反质子 $(\bar{u}\bar{u}\bar{d})$ 对撞,TOP 夸克对可以由 $(u\bar{u})$ 和 $(d\bar{d})$ 通过胶子的湮灭产生,也可以由 $u\bar{d}(\bar{u}d)$通过 W 湮灭产生

$$p\bar{p} \to t\bar{t} + X$$

$$p + \bar{p} \to t\bar{b}(\bar{t}b) + X^{-(+)}$$

X 是旁观的部分子产生的强子末态．它们主要集中在谱仪的前后向．上述过程在夸克层次上的 Feynman 图为

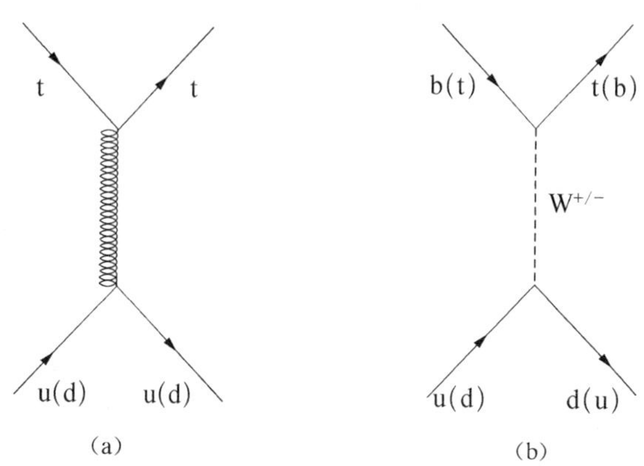

(a)　　(b)

理论估算，当 m_t = 175 GeV 时，TOP 对产生过程的截面约为 5 pb．而单 TOP 产生的截面约为 2 pb．对于对撞机谱仪，后一个过程的接受度要小得多，实验观察的主要贡献（90%）来自 TOP 对的过程．由于 t 夸克很重，它可以通过$t \to bW$ 过程发生衰变，其宽度

$$\Gamma_t \sim \frac{G_F m_t^3}{8\pi\sqrt{2}}\left(1 - \frac{M_W^2}{m_t^2}\right)^2\left(1 + 2\frac{M_W^2}{m_t^2}\right)\left[1 - \frac{2\alpha_s}{3\pi}\left(\frac{2\pi^2}{3} - \frac{5}{2}\right)\right]$$

依赖于 m_t，Γ_t 从 1.02 GeV（m_t = 160 GeV）变到 1.56 GeV（m_t = 180 GeV）．因此 t，$\bar{t}$ 产生，来不及形成 TOP 偶素，或者构成 TOP 介子，就直接发生衰变

$$t \to bW^+$$

$$\bar{t} \to \bar{b}W^-$$

衰变末态的典型特征为：b 和$\bar{b}$以 B 和$\bar{B}$介子为领头的强子喷注．W^- 和 W^+ 可以通过轻子或者 $q\bar{q}'$，衰变末态事例可分为三种类型：

- $t\bar{t} \to W^+ bW^- \bar{b} \to q\bar{q}' bq'' \bar{q}''' \bar{b}$　　多喷注的强子末态(6 喷注)
- $t\bar{t} \to W^+ bW^- \bar{b} \to q\bar{q}' b\bar{\nu}_l l \bar{b} + \nu_l \bar{l} bq'' \bar{q}''' \bar{b}$　　轻子 + 4 喷注事例 + 丢失中微子
- $t\bar{t} \to W^+ bW^- \bar{b} \to \nu_l \bar{l} b\bar{\nu}_{l'} l' \bar{b}$　　双轻子 + 2 喷注事例 + 大的动量损失

费米实验室的 Tevatron 的两个实验谱仪 CDF 和 D0 都积累了上述三种衰变的末态的数据[7]．要从实验数据分析得到 TOP 夸克的特性（质量，产生截面和衰变分支）必

须很好地了解 t,$\bar{t}$ 产生和衰变的机制,同时还要细致研究伴随的各种背景过程.通过几年来的大量分析和研究,综合两个实验组发表的数据,给出 TOP 夸克的质量为[1]

$$(m_t)_{exp} = (174.2 \pm 3.3)\text{GeV}$$

理论上预言的三代夸克(6 种味道)在实验上都证实了,它们都禁闭在强子的"口袋"里.表 7.9 列出了 6 种味道夸克的主要量子数.

表 7.9　6 种味道的夸克的主要量子数

夸克味	重子数	奇异数	粲数	美数	真数	I	I_3	$\frac{Q}{e}$	J	m^* (GeV/c^2)
d	$\frac{1}{3}$	0	0	0	0	$\frac{1}{2}$	$-\frac{1}{2}$	$-\frac{1}{3}$	$\frac{1}{2}$	0.35
u	$\frac{1}{3}$	0	0	0	0	$\frac{1}{2}$	$\frac{1}{2}$	$\frac{2}{3}$	$\frac{1}{2}$	0.35
s	$\frac{1}{3}$	−1	0	0	0	0	0	$-\frac{1}{3}$	$\frac{1}{2}$	~0.5
c	$\frac{1}{3}$	0	1	0	0	0	0	$\frac{2}{3}$	$\frac{1}{2}$	1.5
b	$\frac{1}{3}$	0	0	−1	0	0	0	$-\frac{1}{3}$	$\frac{1}{2}$	4.5
t	$\frac{1}{3}$	0	0	0	1	0	0	$\frac{2}{3}$	$\frac{1}{2}$	173

由于夸克是禁闭在强子"口袋"里的束缚粒子,人们无法直接对夸克的质量进行测定,只能间接地推出,夸克的质量值取决于如何对它作定义.在说到夸克质量时,应同时指出它的推算的模型.表中给出的夸克质量是由构成强子的质量谱,并由相应的强子结构的夸克模型推出来的,通常称它们为组分夸克质量.它们与 QCD 的拉氏量中的夸克质量(流质量)不同.

7.7　含有重味夸克的强子

在 SU(3) 味强子多重态中,我们称强子是夸克(或者是反夸克)组成的色中性的束缚态,这并不是在量子力学描述意义上的束缚态,束缚态只能是非相对论粒子的系统.对于相对论的微观粒子,只能借助于量子场论来描述,描述束缚态的量子场论不存在.量子场论是描述相对论的自由粒子-粒子的相互作用(碰撞,散射).强子的尺度(例如质子)~ 0.8 fm,由不确定性原理,组分夸克的动量具有量级为 $p \sim \hbar / r_n \sim 250$ MeV/c,假设 u,d,s 的组分质量为 300 MeV,500 MeV,它们的速度 $v \sim \frac{p}{E}$ 和光速可以相比,因此,由轻夸克构成的强子不能用非相对论的束缚态来描述.对于重夸克 c,b,t,$v \ll c$,可用非相对论的束缚态理论来描述.

7.7.1　重夸克偶素[8]

对正电子偶素(Positronium),即由电子和正电子构成的束缚系统,人们可以通过量子力学解束缚态,它们之间的作用势为库仑势:$V = -\alpha \hbar c / r$,α 为电磁作用精细结构常数 $\alpha = e^2/(4\pi \hbar c)$. 给出的系统能级分布如图 7.8(a).

对于重夸克偶素如粲偶素(Charmonium),它是由 c 和 $\bar{c}$ 构成的系统.它们通过色荷相互作用,即交换带色的胶子,构成一个束缚态.电荷之间的作用可以忽略不计,后面将讨论胶子可以有不同的颜色,夸克本身也有三种颜色.因此,在近距离,色荷之间的单胶子交换势应具有类库仑势的形式,不同的是电磁作用的耦合常数 α 应改成色荷相互作用的耦合常数 α_s,而且引入色的因子(交换色胶子的顶点对应的胶子振幅).对于介子,$c_F = 4/3$. 为了描述色禁闭,带色的夸克(反夸克)不能挣脱色场的束缚而离解,相互作用势中,引入一个线性项,即有

$$V(r) = -\frac{4}{3}\frac{\alpha_s \hbar c}{r} + F_0 r \tag{7.26}$$

调整式中的参数 α_s, F_0,使求解出的 c$\bar{c}$(或者 b$\bar{b}$)的态,和实验观察得到的 J/ψ,ψ',ψ'',η_c… 一致.解出的 c$\bar{c}$ 的能级系统如图 7.8(b).除了能量的绝对值和能级标尺不同以外,(c,$\bar{c}$)系统和(e^-,e^+)系统的能级次序自旋宇称的设定十分相似.如果我们说,(e^-,e^+)是研究 QED 的一个理想系统,那么重夸克偶素是研究 QCD 的一个理想的系统.由图 7.8(b)可见,通过正负电子湮灭可产生的 c$\bar{c}$ 共振态有:$1\,^3S_1(J/\psi)$,$2\,^3S_1\,\psi'(3685)$,$3\,^3S_1\,\psi''(4030)$… 具有 $J^{PC} = 1^{--}$ 的共振态.通过各种共振态的衰变,实验上找到 $n\,^1S_0$,(η_c,η_c'),$J^{PC} = 0^{-+}$ 以及 $J^{PC} = 0^{++}$,1^{++},2^{++} 的 $2\,^3P_0(\chi_{c0})$,$2\,^3P_1(\chi_{c1})$ 和 $2\,^3P_2(\chi_{c2})$. 对于由 b$\bar{b}$ 构成的底偶素(Bottomnium),其能级系统更丰富.其系统能级图如图 7.8(c).

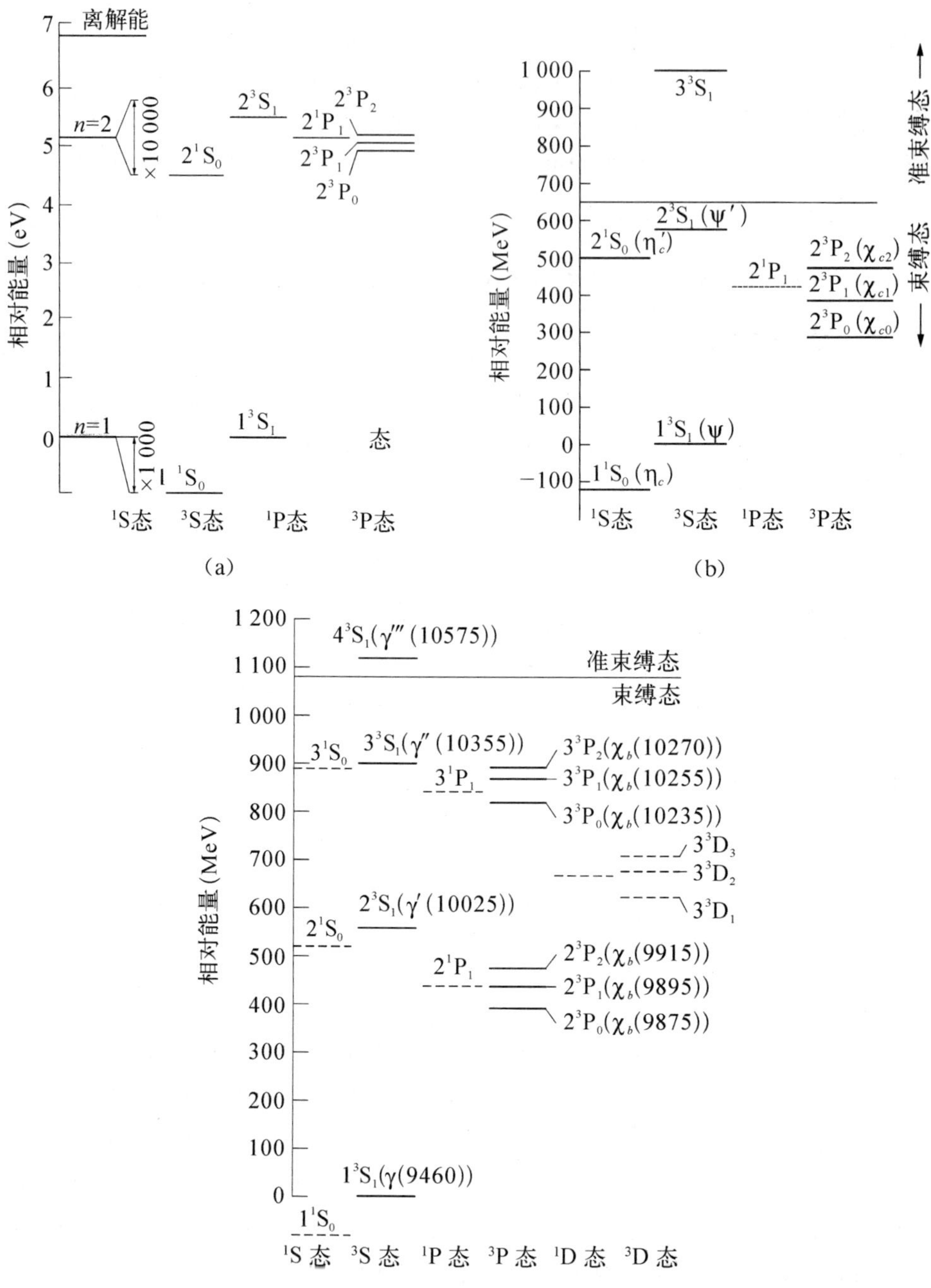

图 7.8　正电子偶素(a),粲偶素(b)和底偶素(c)的能级系统

7.7.2 SU(4)味多重态重子和介子[9]

在目前加速器能量所及的范围内，除了 SU(3) 味多重态构成的重子和介子外，还可以产生包含一个重味夸克的重子和介子. 把夸克从三种味扩展为 S，I_3 和 C 的三维空间. 强子的同位旋由 SU(2) 的两个基矢 (d，u) 构成，S 和 C 分别构成奇异数和粲数等量子数.

1. 介子的 SU(4) 16 重态

现在有 4 种夸克和 4 种反夸克. 每一种夸克和另外 4 种反夸克都可以构成一种介子. 其组成方式，可用 SU(4) 群来表示

$$4 \otimes \bar{4} = 1 \oplus 15 \tag{7.27}$$

一个 SU(4) 的味的单态，加上一组 SU(4) 的味 15 重态. 15 重态有原来的 SU(3) 的 8 重态和 SU(3) 的单态，它们在 $C = 0$ 的 $S - I_3$ 平面内. 另外有一组是由 $\bar{c}$ 和 u，d，s 组成的 $C = -1$ 的介子(称为 $\overline{D}$). 第三组是由 c 和 $-\bar{u}$，$\bar{d}$，$\bar{s}$ 构成的 $C = 1$ 的介子(称为 D). 即

$$15 = 3 \oplus 8 \oplus 1 \oplus \bar{3} \tag{7.28}$$

它们可以在 (I_3，S，C) 的三维空间中找到各自的位置，如图 7.9 所示

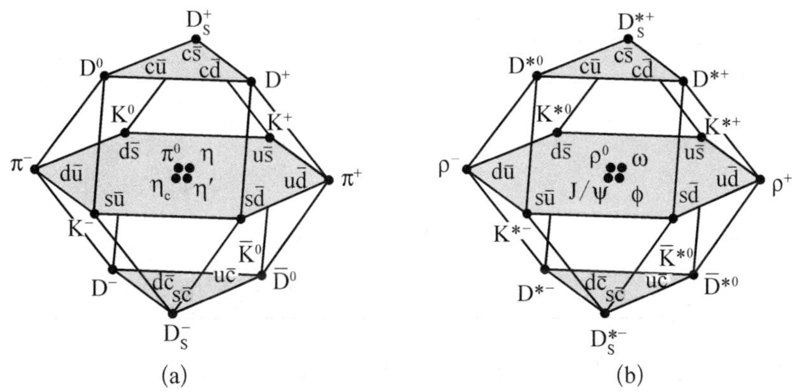

图 7.9　介子的 SU(4)16 味重态

(a)($^1S_0$)，(b)($^3S_1$).

$^3S_1$的矢量介子也有类似的组成，所不同的是其中的夸克反夸克构成自旋三重态. $c = 0$ 的介子就是原来 SU(3) 味的 8 重态和单态的矢量介子. 含有粲数的介子称为 D^* 介子 ($C = 1$) 和 $\overline{D}^*$ 介子 ($C = -1$). SU(4) 介子的 16 重态中的 3，8，1，$\bar{3}$(式(7.28))分别与实验观察的介子($^1S_0$)对应如下：

$\bar{3}$, $C=-1$: $D_s^-(\bar{c}s)$, $\bar{D}^0(u\bar{c})$ 和 $D^-(d\bar{c})$ 构成同位旋的二重态，由 d,u 夸克的同位旋决定；

$\bar{3}$, $C=1$: $D_s^+(c\bar{s})$, $D^0(\bar{u}c)$ 和 $D^+(\bar{d}c)$ 构成同位旋的二重态，由 $-\bar{u}$, $\bar{d}$ 夸克的同位旋决定；

1_{16}, $C=0$: $c\bar{c}$, η_c 是式(7.27) SU(4) 的单态.

$8\oplus1$, $C=0$: 同 u,d,s 的 SU(3)介子 8 重态和 SU(3) 单态. 参见 SU(3) 多重态一节. 在 $C=0$ 平面上的中心包括 $d\bar{d}$, $u\bar{u}$, $s\bar{s}$, $c\bar{c}$ 组成的纯中性介子(π^0, η, η', η_c)，它们具有电荷共轭宇称 C. 当夸克反夸克处于 $^3S_1$ 态，图 7.9(b)的介子表示一组矢量介子. 纯中性的矢量介子命名为 (ρ_0, ω, ϕ, J/ψ). 把图 7.9 中的 $c(\bar{c})$ 由 $b(\bar{b})$ 取代，又得到了一组含 b 夸克的介子. 表 7.10 给出中性介子的命名规则. 其主要量子数由 $I^G(J^{PC})$ 表示.

表 7.10　味中性介子的命名

	$J^{PC}=$	0^{-+}, 2^{-+}, …, …	1^{+-}, 3^{+-}, …, …	1^{--}, 2^{--}, …, …	0^{++}, 1^{++}, …, …
$q\bar{q}$ 的组成	$^{2S+1}L_J$	$^1(L_{\text{even}})_J$	$^1(L_{\text{odd}})_J$	$^3(L_{\text{even}})_J$	$^3(L_{\text{odd}})_J$
$u\bar{d}$, $d\bar{d}-u\bar{u}$, $\bar{u}d$	$I=1$	π	b	ρ	a
$d\bar{d}+u\bar{u}$ 或 $s\bar{s}$	$I=0$	$\eta\eta'$	hh′	$\omega\phi$	ff′
$c\bar{c}$		η_c	h_c	$\Psi(J/\psi)$	χ_c
$b\bar{b}$		η_b	h_b	Υ	χ_b
$t\bar{t}$		η_t	h_t	θ	χ_t

除赝标介子和矢量介子外，在介子符号右下角的数字，通常表示该介子的自旋 J. 例如 a_2 表示是由 u,d 夸克组成的 $I=1$ 的同位旋三重态，其 $L=1(3)$, $S=1$, $J=2$.

对含有味 s,c,b,t 的夸克(反夸克)的介子，命名作如下规定：

含	$s(\bar{s})$	$c(\bar{c})$	$b(\bar{b})$	$t(\bar{t})$
介子名称：	$\bar{K}(K)$	$D(\bar{D})$	$\bar{B}(B)$	$T(\bar{T})$

使得介子的味量子数的正负号和电荷符号取一致. 对于含有双重味的介子，例如：$\bar{c}s$, $c\bar{s}$, $\bar{b}s$, $b\bar{s}$ 分别命名为 D_s^-, D_s^+, B_s^0, $\bar{B}_s^0$.

2. SU(4)的重子味 20 重态

按照 SU(4) 群的表示,从四个基矢中取三个,其中可以构成一个 4 维的不可约表示和三个 20 维的不可约表示

$$4 \otimes 4 \otimes 4 = 4 \oplus 20' \oplus 20' \oplus 20$$

带撇的表示组成的味道波函数对味的交换是部分对称部分反对称,不带撇的表示对味道交换是完全对称的.味交换完全对称的,相应的 3 个组成夸克的自旋交换也应是完全对称的.它们对应于 $J = 3/2$ 的 20 重态.在 (I_3, S, C) 的三维空间中,20 个态都有其相应的位置,如图 7.10(b)所示.

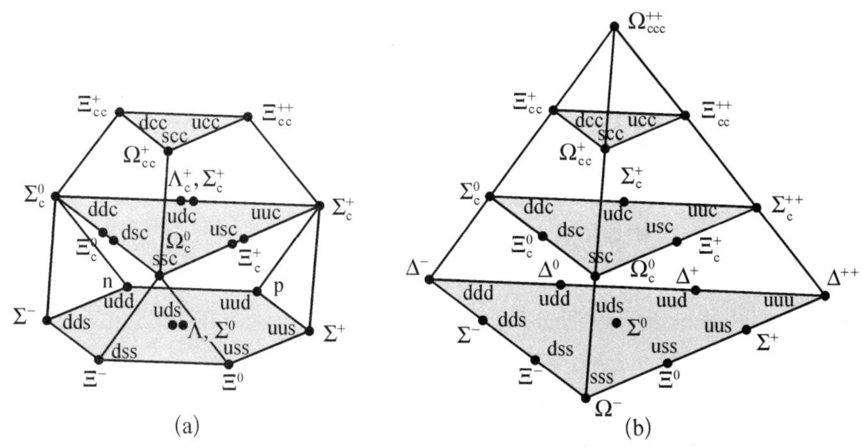

图 7.10　SU(4) 部分对称的 20′ 重态(a)和味交换完全对称的重子 20 重态(b)

在 $C=0$ (I_3, S) 平面内,是由 u,d,s 构成的 SU(3) 味 10 重态.在 $C = 1$ 的平面上有一组 6 重态.在 $C = 2$ 的平面上是另一组 3 重态.$C = 3$ 是一个单态,是三棱锥的一个顶点.三棱锥的另外三个顶点分别是 ddd,uuu 和 sss.沿着三个棱向上移动到 $C = 1$ 的平面,到达 6 重态的三个顶点分别为 ddc,uuc 和 ssc,移到 $C = 2$ 的平面 3 重态的三个顶点分别为 dcc,ucc 和 scc.最后一个顶点是所有轻味夸克全换成 c 夸克.在 $C = 0,1,2$ 的面上,三角形的三个边上出现的态都可以从三角形的三个顶点出发移动得到,从含 d 的顶点向含 u 的顶点移动,将一个 d 用一个 u 代替(I_3 增加 1).由含 d 顶点向含 s 顶点移动.将一个 d 用一个 s 代替(I_3 增加 1/2).与 20′ 维不可约表示对应的重子的 20 重态,是自旋部分反对称的态,它们与 $J^P = \frac{1}{2}^+$ 的重子对应,如图 7.10(a)所示.20 维不可约表示的三棱锥的四个顶点去掉,因为它们是味交换完全对称的,不属于 20′ 维不

可约表示.在 20 维表示中的 duc,dsc 和 suc 以及 uds 在 20′ 维表示中分别可以有两种独立的态：

- (dus),(duc),(dsc),(suc)位置 1,2 的夸克味交换对称；
- (dus),(duc),(dsc),(suc)位置 1,2 的夸克味交换反称.

第二组的 4 个态的引入,正好把失去的四个完全对称的顶点补上,总共也有 20′ 个独立的态.

这么多的重子态,怎样对它们命名呢？基本符号为：N,Δ,Λ,Σ,Ξ,Ω,按同位旋划分,$N(I=1/2)$,$\Delta(I=3/2)$,$\Lambda(I=0)$,$\Sigma(I=1)$,$\Xi(I=1/2)$,$\Omega(I=0)$.

- 如果组成夸克都是普通夸克(u,d)

$I=\frac{1}{2}$　　称为 N(核子或者它们的激发态)

$I=\frac{3}{2}$　　称为 Δ 粒子

- 若组成夸克有 2 个普通夸克,另一个夸克是由 s,c,b 或者 t 中的一个.

$I=0$　　(u,d)构成同位旋单态 Λ

$I=1$　　(u,d)构成同位旋三重态 Σ

如果除 u,d 外的另一重味夸克的味分别为：c,b,t 的 Λ,Σ,在 Λ,Σ 的右下角加一个该夸克的符号.例如 uuc 称为 Σ_c^{++},ddb 称为 Σ_b^-.

- 重子组成夸克之一是 u,或者 d($I=1/2$)；另外两夸克由 s,c,b,t 中的两个构成,这类重子符号都用 Ξ 表示.有多少 c,或者 b,t 组成就在 Ξ 的右下角标上相应的夸克味的符号.例如 dsc 对应的重子为 Ξ_c^0,dcc 对应的重子为 Ξ_{cc}^+.

- 若组成夸克没有 u 和 d,用符号 $\Omega(I=0)$ 表示.除 s 外,还含有 c,b,t 在 Ω 的右下角标上相应夸克味的符号.各种介子和重子的质量和它们的衰变特性查阅文献[1].

参考文献：

[1] Particle Data Group. Baryon Summary Tables[J]. Eur. Phys. J., 2000, C15: 26 - 64.

[2] Greenberg O W. Resource Letter Q - 1: Quarks[J]. Am. J. Phys., 1982, 50: 1074.

[3] Barnes V E, Connolly P L, Crennell D J, et al. Observation of a Hyperon with Strangeness Minus Three[J]. Phys. Rev. Lett., 1964, 12: 604.

[4] Aubert J J, Becker U, Biggs P J, et al. Experimental Observation of a Heavy Particle J [J]. Phys. Rev. Lett., 1974, 33: 1404.

[5] Augustin J-E, Boyarski A M, Breidenbach M, et al. Discovery of a Narrow Resonance in e^+e^- Annihilation[J]. Phys. Rev. Lett., 1974, 33: 1406.

[6] Herb S W, Hom D C, Lederman L M, et al. Observation of a Dimuon Resonance at 9.5 GeV in 400 - GeV Proton-Nucleus Collisions[J]. Phys. Rev. Lett., 1977, 39: 252.
[7] CDF Collaboration. Observation of Top Quark Production in ppcollisions with the Collider Detector at Fermilab[J]. Phys. Rev. Lett., 1995, 74: 2626.
D0 Collaboration. Observation of the Top Quark[J]. Phys. Rev. Lett., 1995, 74: 2632.
[8] Bloom E, Feldman G. Quarkonium[J]. Sci. Am., 1982, 246: 5.
[9] Particle Data Group. Quark Model[J]. Eur. Phys. J., 2000, C15: 117.

习　题

7-1　由 $J^P = \frac{3}{2}^+$ 的重子十重态波函数的对称性的讨论,说明:

(1) 夸克必须引入一个新的自由度——“色”;

(2) 色部分波函数应取 SU(3) 色单态,写出其色部分的波函数.

7-2　具有自旋为 J 的介子,其电荷共轭宇称可以是 $\eta_C = (-1)^J$ 或 $\eta_C = (-1)^{J+1}$;空间宇称可以是 $\eta_P = (-1)^J$ 或者 $\eta_P = (-1)^{J+1}$. 给出简单的夸克介子模型中可能的 CP 宇称 η_{CP},并列出当 $J = 0,1,2,3$ 时,禁戒的 J^{PC} 态.

7-3　写出夸克,反夸克组成的 $J = 0,1,2,3$ 的各种可能的组态($^{2S+1}L_J$)及相应的 J^{PC} 量子数.

7-4　由味 u,d 组成的介子,当其轨道角动量 $L = 0,1,2,3$ 时,预言构成介子的 $I^G(J^{PC})$ 可能值.

7-5　$Q\bar{Q}$“色”偶极矩的精细结构相互作用表达式为 $\Delta E(Q\bar{Q}) = \frac{A}{m_i m_j}(\boldsymbol{S}_i \cdot \boldsymbol{S}_j)$

已知:$A = \left(\frac{2m_n}{\hbar}\right)^2 \cdot 160\ \mathrm{MeV}$, $m_u = m_d = 310\ \mathrm{MeV}$, $m_s = 500\ \mathrm{MeV}$. 计算 m_π, m_ρ 的质量.

7-6　由 $c\bar{c}$ 构成的介子,经实验辨认,得到如下的介子态及它们相应的光谱项,试写出各介子的 $I^G(J^{PC})$,$\eta_c(2981)$, 1^1S_0; $\eta_c(3590)$, 2^1S_0; $J/\psi(3097)$, 1^3S_1; $\psi(3680)$, 2^3S_1; $\chi_{c0}(3415)$, 1^3P_0; $\chi_{c1}(3510)$, 1^3P_1; $\chi_{c2}(3556)$, 1^3P_2.

7-7　由 c 夸克和其他三种夸克(u,d,s)中的两种 (a,b) 构成的最轻的粲重子态,当它们的相对运动轨道角动量为零时,其构成按自旋分为三类:

(1) $J^P = \frac{1}{2}^+$,其中 (a,b) 构成自旋单态;

(2) $J^P = \frac{1}{2}^+$，其中 (a,b) 为三重态；

(3) $J^P = \frac{3}{2}^+$，其中 (a,b) 构成自旋三重态.

列出上述三类粲重子的夸克组成，写出 $I^G(J^{PC})$，并给出命名符号.

第 8 章　粒子及其相互作用

在夸克和轻子层次上，人们把粒子（可称为今天的基础粒子）分为：夸克、轻子、规范矢量玻色子和 Higgs 标量玻色子.

夸克有三代，六种味道，它们是

$$\begin{pmatrix} \mathrm{u} \\ \mathrm{d} \end{pmatrix} \quad \begin{pmatrix} \mathrm{c} \\ \mathrm{s} \end{pmatrix} \quad \begin{pmatrix} \mathrm{t} \\ \mathrm{b} \end{pmatrix} \tag{8.1a}$$

它们的量子数见表 7.7. 夸克带有“色荷”、电荷和弱荷. 它们参加强相互作用、电磁作用和弱作用.

轻子有三代，它们是

$$\begin{pmatrix} \nu_{\mathrm{e}} \\ \mathrm{e}^- \end{pmatrix} \quad \begin{pmatrix} \nu_\mu \\ \mu^- \end{pmatrix} \quad \begin{pmatrix} \nu_\tau \\ \tau^- \end{pmatrix} \tag{8.1b}$$

它们的量子数见表 5.3. 带电轻子具有电荷、弱荷，参加电磁作用、弱作用；中微子只有弱荷，只参加弱作用. 轻子不带色荷，不参加强相互作用.

规范矢量玻色子是传播相互作用的规范矢量玻色子，其主要特性列于表 4.2. Higgs 标量玻色子是标准模型引入的一个标量场，用于解释弱作用的规范玻色子以及费米子为什么有质量. 理论对 Higgs 粒子质量不能给出肯定的预言. 实验的寻找给出 M_{H} 的下限为～114 GeV.

关于亚原子层次的相互作用在第 4 章中简要做了说明，几种相互作用的特性列于表 4.1. 本章将在夸克轻子的层次上介绍一些基本的相互作用过程. 在今天实验精度可达到的尺度范围内，夸克、轻子可视为无内部结构的类点费米子. 具有内部结构的粒子（强子）之间的相互作用实质上是其组成的基础费米子（夸克）之间交换特定的传播子的相互作用.

8.1 带有电磁作用荷的粒子的相互作用——量子电动力学(QED)

电磁相互作用是满足规范变换 U(1)不变性的一种相互作用,由这种不变性导出了电荷守恒,以及存在着一种与带电粒子相耦合的长作用力程的规范场——电磁场,其相应的场量子为光子.光子的 $J^{PC}=1^{--}$,其质量 $m_\gamma=0$. 光子有两种螺旋度 $\mathscr{H}=\pm1$:$\mathscr{H}=-1$ 的光子称为左螺旋的光子,$\mathscr{H}=+1$ 的光子称为右螺旋的光子.电磁相互作用产生的光子是左右螺旋度出现几率相等的光子.

8.1.1 电磁作用的费曼图

电磁作用是带电粒子之间通过交换光子来实现的.所有电磁相互作用过程都可以由图 8.1 的一些基本作用顶点来构成.

带箭头的实线表示带电粒子,箭号与时间轴同向的为粒子,反向的为反粒子.在作用顶点发射或者吸收光子,光子用波纹线表示.每个顶点必须满足电荷、重子数、轻子数等相加性量子数守恒.荷电粒子可以是带电的轻子,也可以是夸克.图 8.1中的 e 线用 μ,τ 代替得到 μ 轻子和 τ 轻子的基本电磁作用顶点;用不同味道的夸克替换图中的 e 线,得到夸克的电磁基本作用顶点.图 8.2 显示的过程是违背相加性量子数守恒的顶点,因而是禁戒的顶点.同样夸克参加的电磁作用顶点(图 8.3 所示)也是禁戒的,它们违背了电磁作用"味"量子数的守恒定律,而且 $\mathrm{u}\to\mathrm{d}+\gamma$ 还违背电荷守恒.

根据费曼图的计算规则,作用顶点发射或者吸收光子的几率振幅～Qe,几率～$Q^2\alpha$.对于带电轻子,$Q_i=-1$;对于 u-型夸克,$Q_i=+\dfrac{2}{3}$,而 d-型夸克 $Q_i=-\dfrac{1}{3}$. Q_i 称为电磁作用顶点的电荷因子.

8.1.2 电磁作用过程

一般来讲,一个孤立的顶点不能构成一个真实的电磁作用过程.对图 8.1(a),$\mathrm{e}^-\to\mathrm{e}^-+\gamma$,显然是违背能动量守恒的,其发射的光子只能是虚光子,它在足够短

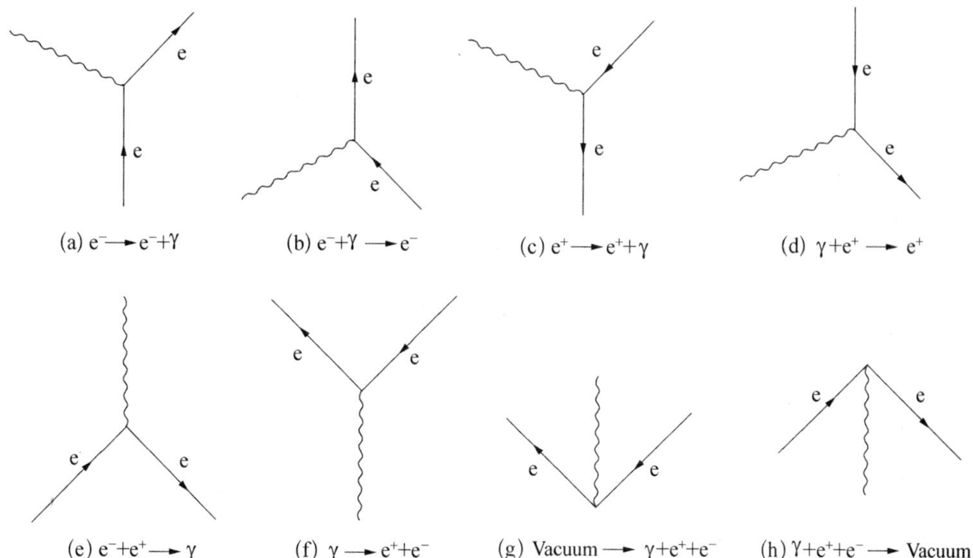

图 8.1 电磁相互作用的基本作用顶点(时间轴选自下向上)

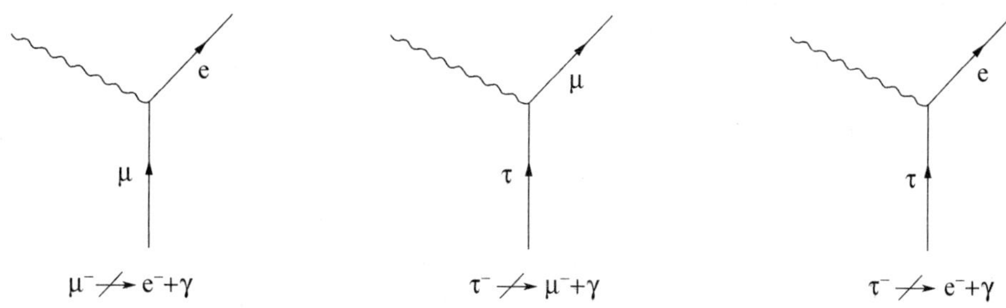

图 8.2 有轻子参加的违背轻子量子数守恒的过程

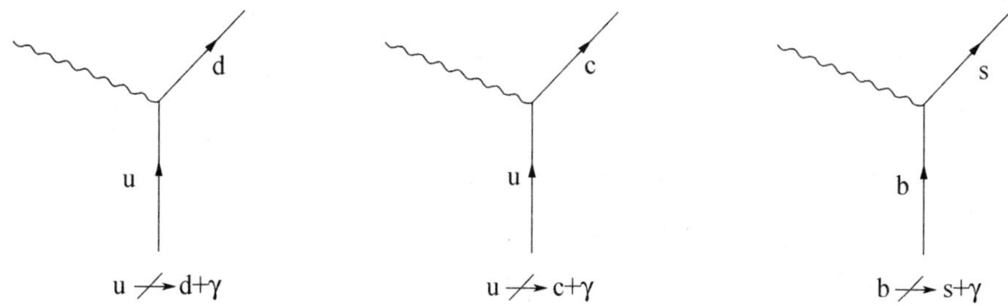

图 8.3 夸克参加的违背"味"和相加性量子数守恒的过程

的时间 $\Delta t < (\hbar/\Delta E)$ 内必须被另一个粒子(或者 e^- 自身)吸收.否则,能量守恒将禁止 $e^- \to e^- + \gamma$ 的发生.可发生的电磁作用过程可以用图 8.1 的顶点来连接而得到.例如顶点(a)和(b)可以连接为 Møller 散射过程(图 8.4).虚光子携带四动量平方

$$q^2 = (p_3 - p_1)^2 = (E_3 - E_1)^2 - (\boldsymbol{p}_3 - \boldsymbol{p}_1)^2 = -(\boldsymbol{p}_3 - \boldsymbol{p}_1)^2 < 0$$

在动量中心系,弹性散射($E_3 = E_1$)过程的四动量传递平方小于零,是类空散射.

顶点(a)和(d)以及顶点(e)和(f)连接成 Bhabha 散射过程(图 8.5).

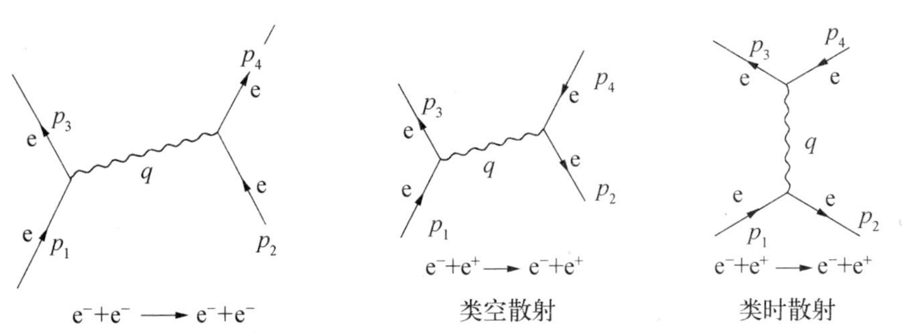

图 8.4　Møller 散射过程　　**图 8.5　BhaBha 散射**

图 8.5 左图 Bhabha 散射的类空光子传递.右图为类时的光子传递的过程,四动量传递平方

$$q^2 = (p_1 + p_2)^2 = (E_1 + E_2)^2 - (\boldsymbol{p}_1 + \boldsymbol{p}_2)^2 = s > 0$$

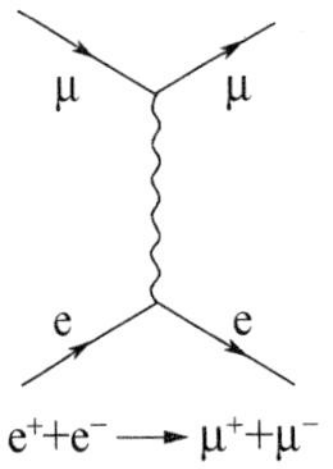

$e^+ + e^- \longrightarrow \mu^+ + \mu^-$

图 8.6　正负电子对湮灭过程(湮灭过程只有类时的光子)

把顶点(f)中的 e 线改为 μ 线后并连接顶点(e),变成正负电子湮灭生成 μ 子对的过程(图 8.6).

上面列举的过程都包含了两个顶点,且两个顶点之间用规范玻色子——光子连接起来.过程的作用截面包含了两个重要项,一是两顶点贡献发射、吸收光子(交换虚光子)的几率 α^2,另一个是与传递动量相关的传播子因子 $\left|\dfrac{1}{q^2}\right|^2$.

除了单光子交换的最低阶的树图外,还可以有多光子交换的所谓箱图.例如 Møller 散射的两光子交换的箱图(图 8.7(a)),这里有四个作用顶点,交换两光子的几率$\sim\alpha^4$,比树图的重要性要小得多.四个作用顶点之间有虚光子线,还有虚电子线.此外,还可有实光子的辐射,即在电子线上产生波纹状的线(实光子),每辐射一个实光子,辐射几率项增加一个

α 因子.还存在这样的图,即交换虚光子在真空中激发一对虚的正负电子对,虚正负电子对又立即湮灭为虚光子.例如图 8.7(b).这种图称为圈图.一个圈图的出现又增加两个顶点,散射振幅中引入了更高阶项.随着实验精度的提高,要求理论上计算包括更高阶的相互作用费曼图.这种计算超出本书的要求,这里不涉及.

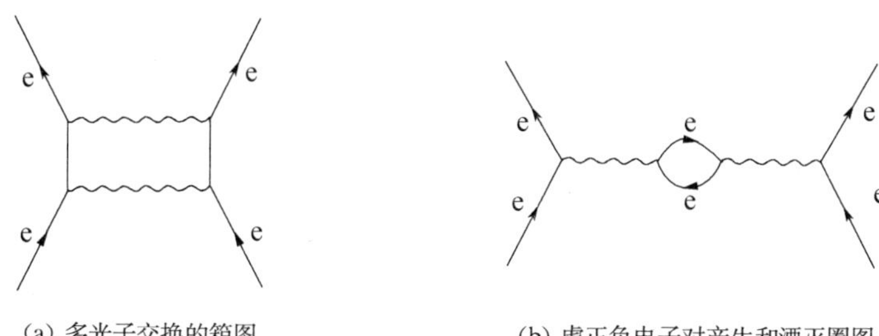

图 8.7 高阶电磁作用

8.1.3 一些重要电磁作用过程的讨论

1. 正负电子湮灭成多光子末态

$$e^+ + e^- \ ({}^1S_0) \rightarrow \gamma + \gamma$$

$$e^+ + e^- \ ({}^3S_1) \rightarrow \gamma + \gamma + \gamma$$

它们的费曼图如图 8.8 所示. C -宇称守恒决定 $(-1)^{l+s} = (-1)^n$, $l+s$ 为偶数($^1S_0$)湮灭成两光子, $l+s$ 为奇数,($^3S_1$)湮灭成三光子.三光子湮灭率约为两光子的 α 倍.对低能正电子和介质中电子湮灭的严格计算给出[1]

$$\tau^{-1} = \lambda = C_s\Psi_s^2 + C_t\Psi_t^2 \tag{8.2}$$

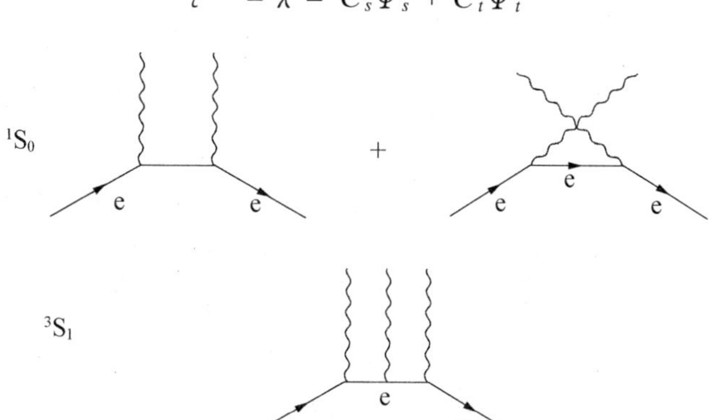

图 8.8 正负电子的多光子湮灭费曼图

$C_s(\sim\alpha^2)$和$C_t(\sim\alpha^3)$分别表示$^1S_0$和$^3S_1$态的基本相互作用率,计算给出

$$\left.\begin{aligned} C_s &= 4\pi c \lambda\!\!\!^{-}{}_e^2 \alpha^2 = 3\times 10^{-14}\ \text{cm}^3\cdot\text{s}^{-1} \\ C_t &= C_s \frac{4\alpha}{9\pi}(\pi^2 - 9) = \frac{1}{1\,115}C_s = 2.7\times 10^{-17}\ \text{cm}^3\cdot\text{s}^{-1} \end{aligned}\right\} \tag{8.3}$$

在忽略所有的库仑效应的情况下,显然和介质电子形成单态和三重态的几率分别为$\Psi_s^2 = \dfrac{1}{4}n_e$,$\Psi_t^2 = \dfrac{3}{4}n_e$,$n_e$为介质中的电子密度.也就是说在介质中正电子湮灭率是与正电子附近的电子密度直接联系的.

高能正负电子湮灭成多光子的过程由第4章的式(4.43)描述.

2. 高能正负电子对撞物理

图4.18给出正负电子弹性散射过程——Bhabha散射,式(4.42)给出极端相对论情况下该过程的微分截面.这里简要介绍$e^+e^-\to\mu^+\mu^-$,$e^+e^-\to q\bar{q}$(hadrons)的过程.过程的最低阶的费曼图分别如图8.9(a)、(b)所示.它只是类时光子传播的湮灭过程,类空的散射过程的顶点违背电子和μ子轻子数守恒定律.量子电动力学计算给出该过程的最低阶的微分截面

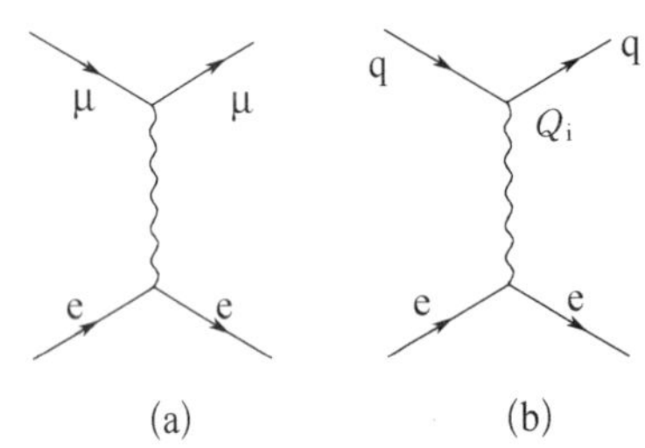

图8.9 正负电子类时湮灭图

$$\frac{d\sigma}{d\Omega}(e^+e^-\to\mu^+\mu^-) = \frac{\alpha^2}{4s}(1+\cos^2\theta) \tag{8.4}$$

$s[\text{GeV}^2]$为初态(e^+e^-)系统的不变质量的平方,θ为出射μ^-子相对于e^-入射方向的夹角,对于空间积分给出过程的总截面

$$\sigma = \frac{4\pi\alpha^2}{3s} \tag{8.5}$$

式(8.4)和(8.5)截面的量纲为$[\text{GeV}]^{-2}$,乘上系数$(\hbar c)^2$后得到普通单位制的截面量纲$[\text{barn},\ 10^{-24}\ \text{cm}^2]$.

$e^+e^-\to h's$的本质过程是$e^+e^-\to q\bar{q}$,它也只能通过湮灭道产生.如前图b所示,$q\bar{q}$的顶点为电磁作用顶点,不同味的夸克都可能出现在这个顶点,只要e^+e^-提供的能量足以打开该夸克对的产生阈.由于夸克的电荷因子Q_i是1/3的整数倍,因此形成某一味的夸克对的截面(当$\sqrt{s}\gg 2m_{q_i}$)为

$$\sigma_{q_i\bar{q}_i} = \frac{4\pi Q_i^2\alpha^2}{3s} \tag{8.6}$$

该过程和μ^-子对的产生的截面差别仅在于μ^-对的$Q_i=-1$,量子电动力学给出

两过程不仅有相似的总截面，而且微分截面也具有相似的形式(8.4).

由于 q，$\bar{q}$ 是带电的部分子，实验上观察到的是由一对部分子碎裂成的强子.当$\sqrt{s}$远远高于第 i 种夸克对的产生阈时，末态 μ^- 子对，$q_i\ \bar{q}_i(i=1,\cdots,j)$的产生是互相独立的. e^+e^- 产生强子末态的总截面可以写成各种味夸克对产生截面的相加

$$\sigma(e^+e^-\rightarrow h's)=\sum_{i=1}^{j}\frac{4\pi Q_i^2\alpha^2}{3s}=\frac{4\pi\alpha^2}{3s}\sum_{i=1}^{j}Q_i^2=\sigma(e^+e^-\rightarrow\mu^+\mu^-)\sum_{i=1}^{j}Q_i^2$$

实验上定义一个比值 R

$$R=\frac{\sigma(e^+e^-\rightarrow h's)}{\sigma(e^+e^-\rightarrow\mu^+\mu^-)}$$

即

$$R=\sum_{i=1}^{j}Q_i^2 \tag{8.7}$$

由于每种“味道”的夸克有三种颜色，式(8.6)应引入色因子 $N_c=3$

$$R=3\sum_{i=1}^{j}Q_i^2 \tag{8.8}$$

R 值的实验测量支持了上面建立的物理图像和相应的关系式. 图 8.10 是多年来关于 R 值的测量结果. R 值在一些特定的能区(即$\sqrt{s}$为矢量介子：(ρ，ω，φ)，J/Ψ，Ψ'，Υ 和 Υ'等的质量)出现了若干矢量介子共振峰以外在远离这些矢量介子的共振峰区间出现 R 值的阶梯式的平台：在 $\sqrt{s}=1.0\sim2.5$ GeV 区间，超出 u，d，s 夸克对产生阈，在 c 夸克对的产生阈以下(这一区间的数据精度比较差) $R_{exp}\sim2$；由

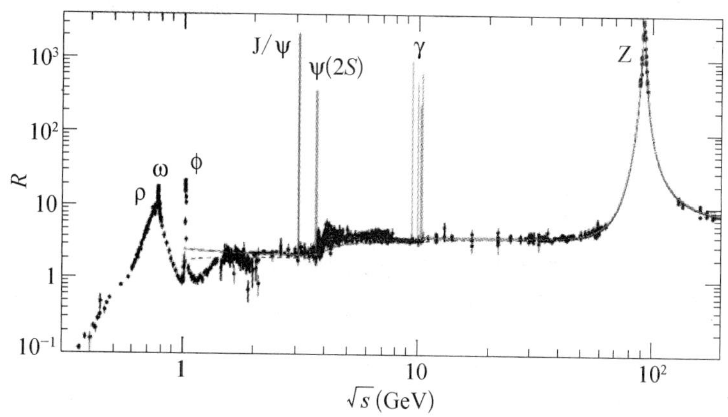

图 8.10　正负电子对撞实验的 R 值图[2]

式(8.7) $R\sim(2/3)^2+(-1/3)^2+(-1/3)^2=6/9=2/3$，引入色因子后的式(8.8)的 $R\sim3\times2/3=2$；在$\sqrt{s}\sim(5\sim9)$GeV 区间，$c\bar{c}$ 阈打开，而 $b\bar{b}$ 尚无贡献. $R_{\exp}\sim4$，式(8.7)给出 10/9，而式(8.8)给出 10/3；当$\sqrt{s}>12\,\mathrm{GeV}$，$R_{\exp}\sim4.2$，由于 $b\bar{b}$ 的阈打开；式(8.7)给出 $10/9+1/9=11/9$，而式(8.8)给出 11/3，实验否定了无色因子的式(8.7)，支持了 $N_c=3$ 的式(8.8). 在 $\sqrt{s}=90$ GeV 附近，Z 中间玻色子共振态出现.

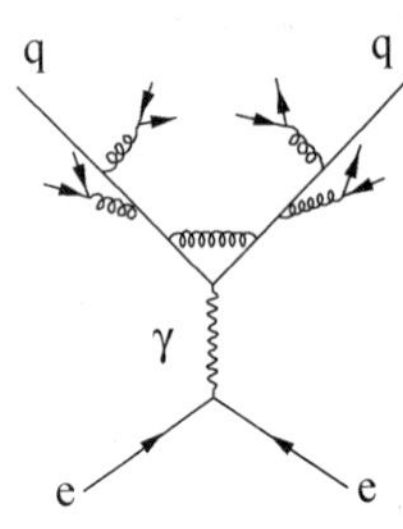

图 8.11　部分子对碎裂的强子化过程费曼图

正负电子湮灭到强子末态，包括了正负电子湮灭到 $q\bar{q}$ 再由 $q\bar{q}$ 碎裂到强子的过程，如图 8.11 所示. 原初的夸克-反夸克辐射的胶子从真空中激发出夸克-反夸克对，这一串的夸克-反夸克重组为色中性的强子. 这种强子化过程将给电磁顶点 Q_ie 引入附加的因子，因而式(8.8)修改为[3]

$$R=R_0\left[1+\frac{\alpha_s}{\pi}+c_2\left(\frac{\alpha_s}{\pi}\right)^2+c_3\left(\frac{\alpha_s}{\pi}\right)^3+\cdots\right]\tag{8.9}$$

式中 $c_2=1.411$，$c_3=-12.8$，α_s 为强作用的耦合常数，R_0 由式(8.8)给出.

3. 矢量介子的轻子衰变

矢量介子 $\rho^0(770)$，$\omega(783)$ 和 $\phi(1020)$，它们主要的衰变方式为强子衰变，也存在着很弱的轻子对的分支衰变. 首先考察它们的夸克组成波函数

$$\rho^0=\frac{1}{\sqrt{2}}(d\bar{d}-u\bar{u})\qquad {}^3S_1$$

$$\omega=\frac{1}{\sqrt{2}}(u\bar{u}+d\bar{d})\qquad {}^3S_1$$

$$\phi=s\bar{s}\qquad {}^3S_1$$

是由同一味道的夸克、反夸克组成的纯中性的粒子，具有确定的电荷共轭宇称 $\eta_c=-1$. 它们到轻子对的衰变是由单光子(类时光子)交换来实现的. QED 计算超出本书的要求，下面只从相互作用的基本物理机理出发推出各矢量介子轻子对衰变的分宽度比. 对矢量介子，$q\bar{q}\gamma$ 顶点贡献几率幅为 Q_ie，而 $e\bar{e}\gamma$ 几率幅为 e，传播子因子为 $1/q^2=1/M_i^2$. M_i 为矢量介子 i 的质量. 过程的 Feynman 图如下.

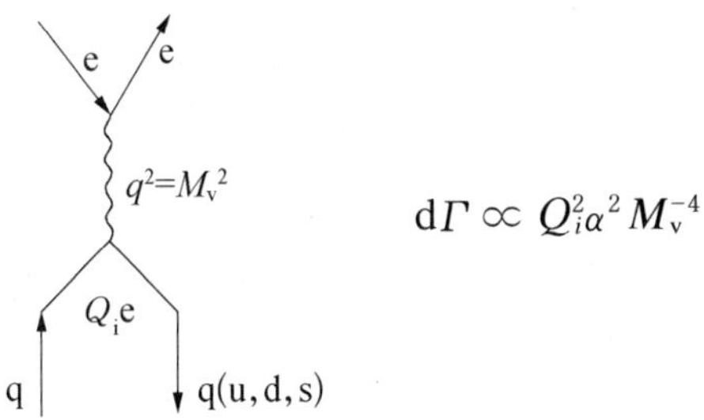

$\mathrm{d}\Gamma$ 正比于衰变末态的相空间的大小，而末态相空间的大小正比于 M_v^2. 显然这种衰变相当于 $q\bar{q}$ 的湮灭. 湮灭发生的几率与组分 $q\bar{q}$“相遇”的几率成正比，即和构成矢量介子的夸克组成的零点波函数的平方成正比. 把所有这些贡献考虑进去，可以写出矢量介子的轻子对衰变分宽度为

$$\mathrm{d}\Gamma \sim \frac{Q_i^2\alpha^2}{M_v^4}\cdot M_v^2 \,|\,\Psi(0)\,|^2 = \frac{Q_i^2\alpha^2}{M_v^2}\,|\,\Psi(0)\,|^2$$

QED 的计算（假定 $M_\nu \gg 2m_l$）

$$\Gamma(V \to e^+ e^-) = \frac{16\pi Q_i^2\alpha^2}{M_v^2} N_c \,|\,\Psi(0)\,|^2 \tag{8.10}$$

下面来研究 ρ^0，ω，ϕ 的轻子对衰变. 对于 $\phi(s\bar{s})$介子，$Q^2 = (-1/3)^2$，对于 ρ^0 和 ω，含有等幅的 u 和 d，系统的电荷应按电荷振幅相加

$$Q_\rho = \frac{1}{\sqrt{2}}\left(-\frac{1}{3}-\frac{2}{3}\right),\ Q_\omega = \frac{1}{\sqrt{2}}\left(-\frac{1}{3}+\frac{2}{3}\right)$$

N_c 是色因子，每种味夸克都有三种色，$N_c = 3$. 再考虑因子 $|\,\Psi(0)\,|^2/M_v^2$，由于 $|\,\Psi(0)\,|^2$ 与组成夸克的质量平方成比例，组成夸克越重，零点波函数的振幅越大，因此可以认为对于 ρ^0，ω，ϕ，$|\,\Psi(0)\,|^2/M_v^2$ 近似相同，从而计算得

$$\Gamma_{ee}(\rho^0) : \Gamma_{ee}(\omega) : \Gamma_{ee}(\phi) = Q_\rho^2 : Q_\omega^2 : Q_\phi^2 = \frac{1}{2} : \frac{1}{18} : \frac{1}{9}$$

实验测得结果为

$$\Gamma_{ee}(\rho) = 6.77 \pm 0.32\ \mathrm{keV}$$
$$\Gamma_{ee}(\omega) = 0.60 \pm 0.02\ \mathrm{keV}$$
$$\Gamma_{ee}(\phi) = 1.37 \pm 0.05\ \mathrm{keV}$$

实验数据支持了人们对矢量介子轻子对衰变的电磁过程的解释.

4. $\pi^{\pm}$与同位旋标量靶${}^{12}_{6}C_6$的μ子对产生(Drell-Yan 机制)

简单的核素夸克的模型,完全忽略了价夸克之间的相互作用,把核素看成是自由夸克的"口袋".在这样一个简化的假定下,${}^{12}_{6}C_6$是由 18 粒独立的 u 和 18 粒独立的 d 夸克组成.π^+是 u,$\bar{d}$的"口袋";π^-是 $\bar{u}$,d 的"口袋";它们碰撞产生μ子对的过程被认为是同一味道的夸克-反夸克对通过下图所示的电磁作用顶点实现.

${}^{12}_{6}C_6 + \pi^+ \to \mu^+\mu^- + Z$ 过程可以图示为:

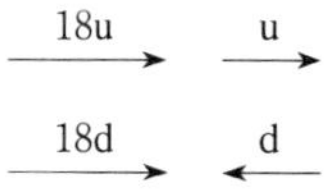

18u → u →
18d → d ←

$d + \bar{d} \longrightarrow \mu^+ + \mu^-$

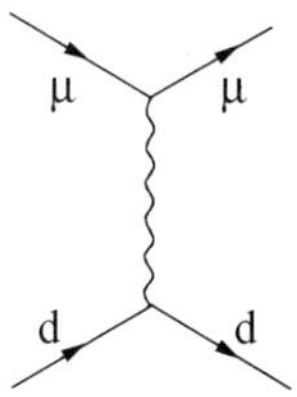

μ μ
d d

$$\sigma \sim \frac{1}{q^4}\left(\frac{1}{3}\right)^2 \alpha^2$$

$\pi^- + {}^{12}_{6}C_6 \to \mu^+ + \mu^- + Z'$ 可以图示为:

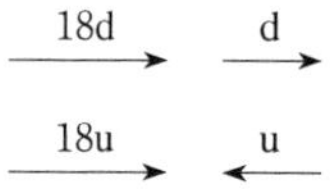

18d → d →
18u → u ←

$u + \bar{u} \longrightarrow \mu^+ + \mu^-$

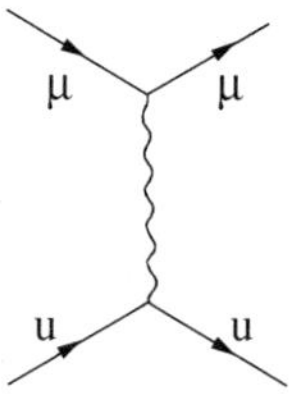

μ μ
u u

$$\sigma \sim \frac{1}{q'^4}\left(\frac{2}{3}\right)^2 \alpha^2$$

u,d 夸克的组成质量是一样的,$q'^2 = q^2$.因此,可以预计

$$\frac{\sigma(\pi^+,{}^{12}C \to \mu^+\mu^-)}{\sigma(\pi^-,{}^{12}C \to \mu^+\mu^-)} \sim \left(-\frac{1}{3}\right)^2\Big/\left(\frac{2}{3}\right)^2 = \frac{1}{4}$$

实验表明,π^-束产生μ-对的截面要大得多.

5. 跑动的电磁耦合常数$\alpha(q^2)$

经典物理中,一个"浸泡"在极化介质(介电常数 ε)中的点电荷 q 将引起介质周围的分子极化.一个个极化的分子在正点电荷场中取向,偶极子的负电荷端指向正电荷,在远离分子距离的"点"检验电荷看来,点正电荷被一层负电荷云包围.检验电荷检测到的是一个具有有效电荷 $q_{\text{eff}} = q/\varepsilon$ 的点电荷,这就是极化介质的屏蔽效应.只有当检验电荷移到足够近,例如尺度小于分子尺度时,屏蔽效应消失,检验电荷才能检验到真实的点电荷,$q_{\text{eff}} = q$.当 q_{eff}是 q 的 e^{-1}倍时的作用半径称为该介质的 Debye 半径.在 QED 理论中,"真空"是被正反粒子占满的"极化"介质.光子传播子可以在真空中激发出正负电子对,即在真空中形成一个虚的电偶极子.这个虚的偶极子在发射虚光子的点电荷和吸收虚光子的点电荷(检验电荷)之间形成了"屏蔽"效应(真空极化),如图 8.12 所示.QED 中的真空就类似于静电学中的具有介电常数为 ε 的介质.

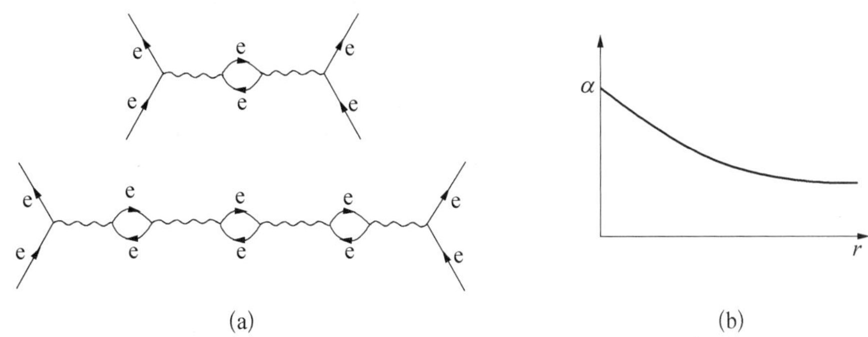

图 8.12　QED 中的"真空极化"(a)和跑动的 α(b)

描述真空中的完全屏蔽和屏蔽完全消失的尺度不是普通介质的分子尺度,而是电子的康普顿波长 ($\lambda\!\!\!^{-} \sim 10^{-10}$ cm). 真空极化引起作用荷之间的屏蔽效应表现为 α 随作用距离(动量传递)跑动,人们通常选择一个参照能标 μ,测量在该能标下的 α 值 $\alpha(\mu^2)$,相对于 $\alpha(\mu^2)$,α 随 q^2 的跑动可以用量子场论中的重整化方程来描述. 在重整化方程中 $\frac{1}{\alpha}(\mu^2)$ 和 $\frac{1}{\alpha}(q^2)$ 的关系可以用 $\ln\left(\frac{|q^2|}{\mu^2}\right)$ 的指数展开表示[4]

$$\frac{1}{\alpha(\mu^2)} = \frac{1}{\alpha(q^2)} + \beta_0 \ln\left(\frac{|q^2|}{\mu^2}\right) + \cdots \tag{8.11a}$$

其中 $\beta_0 = \frac{1}{12\pi}(4f - 11n_b)$. f 和 n_b 分别为真空极化的费米子圈图和玻色子圈图的种类,对 QED,真空极化圈图中无光子圈图,$f = 3$,$n_b = 0$. 因此 $\beta_0 = \pi^{-1}$. 由式(8.11a)整理得

$$\alpha(q^2) = \frac{\alpha(\mu^2)}{1 - \frac{\alpha(\mu^2)}{\pi}\ln\left(\frac{|q^2|}{\mu^2}\right)} \tag{8.11b}$$

在 $\mu = m_e \sim 0.511$ MeV 的参考能标下,$\alpha(m_e^2) = \frac{1}{137}$. 由式(8.11b)可以得到在能标 $m_Z = 91 \times 10^3$ MeV 下 $\alpha(m_Z^2) \sim \frac{1}{129}$.

8.2 强作用动力学理论——量子色动力学(QCD)

在讨论重子 SU(3)味 10 重态时,从费米子系统的统计性的要求,引入夸克的"色"的自由度.每一种夸克存在着三种"颜色"——红(R)、蓝(B)、绿(G).它们是强作用的荷——"色"荷.

8.2.1 量子色动力学——QCD

和电荷生成 U(1)定域规范变换不变性引入了电磁场,建立了 QED 一样,三种色荷生成 SU(3)定域规范变换不变性,引出了色胶子场,建立了强相互作用的动力学理论——QCD(Quantum Chromo-Dynamics).

1. 带色的胶子

SU(3)定域规范不变性要求其规范玻色子的质量一定为零(因为具有质量的规范玻色子将破坏规范场的拉氏量的规范不变性).带色荷的夸克之间的相互作用必须通过带色的胶子来实现.这可以从图 8.13 的基本作用清楚地表现出来.图 8.13 表明,强相互作用的顶点"味"量子数必须守恒,即 $u\rightarrow u$, $d\rightarrow d$, $s\rightarrow s$, ….强作用顶点"色荷"必须守恒,某种夸克味"色荷"的变化必须由发射(吸收)的胶子的色荷来填补,例如 $u_R\rightarrow u_B$ 的顶点,入射的 u 夸克的"红"荷由胶子带走,出射的 u 夸克的"蓝"荷只能从发射的胶子得到.见图 8.13(a),发射的胶子必须具有 $R\bar{B}$荷,或者说吸收一个具有$\bar{R}B$ 的胶子.由图 8.13 可见,要传播三种色荷之间的相互作用的胶子一定要带有"色",而且是"复合色".它们是色的$3\otimes\bar{3}$多重态:$3\otimes\bar{3}=8\oplus1$.和"味"的介子的 SU(3)一样,胶子的色的 SU(3)的 8 重态为

$$R\bar{G},\ R\bar{B},\ G\bar{R},\ G\bar{B},\ B\bar{R},\ B\bar{G},\ \frac{1}{\sqrt{2}}(R\bar{R}-G\bar{G}),\ \sqrt{\frac{1}{6}}(R\bar{R}+G\bar{G}-2B\bar{B}) \tag{8.12}$$

还有色单态的胶子

$$\frac{1}{\sqrt{3}}(R\bar{R}+G\bar{G}+B\bar{B})$$

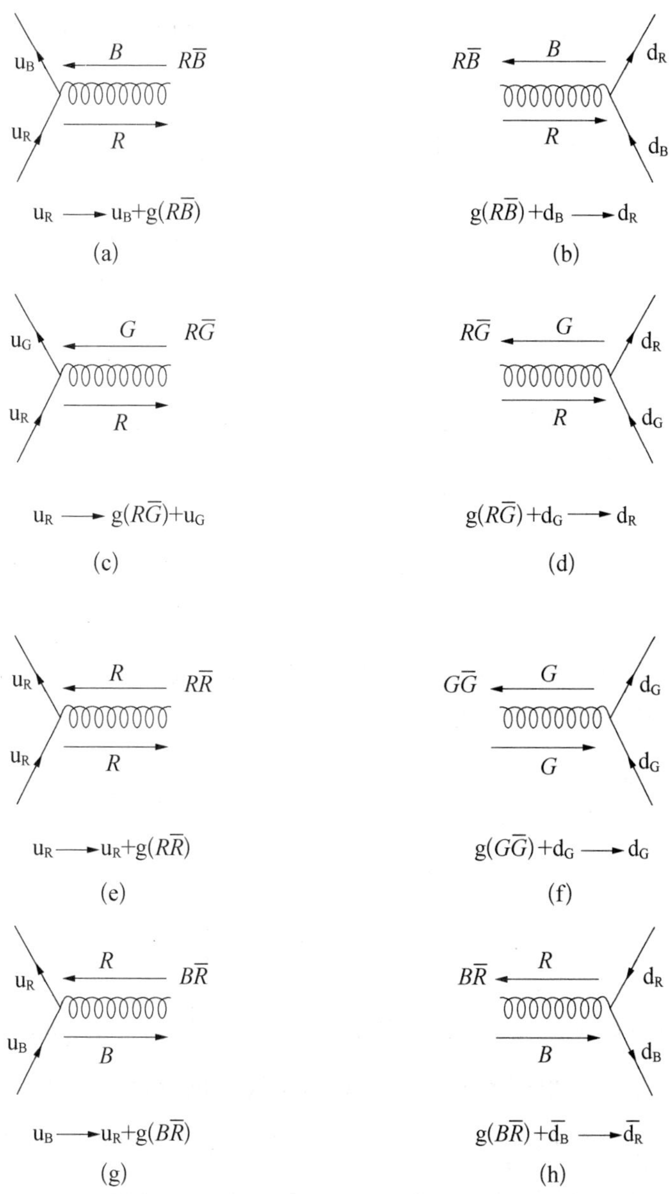

图 8.13　QCD 的一些基本作用顶点

图 8.13 的基本作用顶点发射和吸收的胶子只能是色 $SU(3)_C$ 胶子 8 重态的某一种或者是几种的组合. $SU(3)_C$ 单态的胶子是不带色荷的胶子,它不传递色荷相互作用. 如果其存在,它不受色禁闭的约束,它可以是自由的胶子. 因此 $SU(3)_C$

色单态的胶子不是QCD色荷相互作用的传播子. QCD色荷相互作用的传播子是式(8.12)表示的8种胶子.

2. 相互作用过程和相应的色因子

图8.13的单个顶点是不能观察到的.实际过程是由所列顶点组合而成,例如组合后得到

$$\left.\begin{array}{ll} u_R + d_B \to u_B + d_R & (a)+(b) \\ u_R + d_G \to u_G + d_R & (c)+(d) \\ u_R + d_G \to u_R + d_G & (e)+(f) \\ u_B + \bar{d}_B \to u_R + \bar{d}_R & (g)+(h) \end{array}\right\} \tag{8.13}$$

从式(8.12)中选择(8.13)式中色夸克之间交换的胶子的波函数分别为

$$g((a)+(b)) = R\bar{B}$$
$$g((c)+(d)) = R\bar{G}$$
$$g((e)+(f)) = \frac{1}{\sqrt{2}}(R\bar{R} - G\bar{G});\ \sqrt{\frac{1}{6}}(R\bar{R} + G\bar{G} - 2B\bar{B})$$
$$g((g)+(h)) = B\bar{R}$$

下面讨论各个顶点带色荷的夸克发射、吸收胶子的几率振幅.对电磁作用,例如u_{Q_u}夸克和d_{Q_d}夸克交换单光子的顶点:

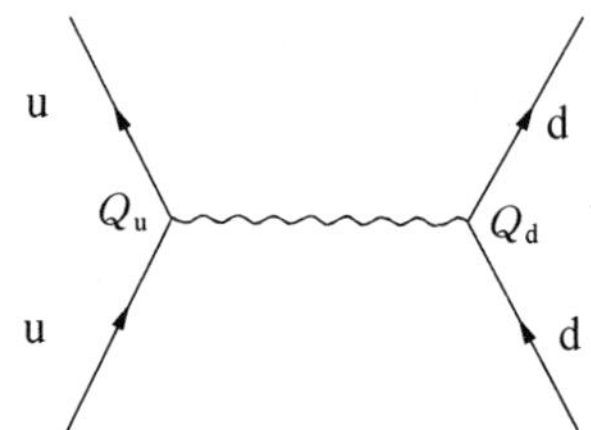

根据QED,顶点贡献的几率振幅为$Q_u Q_d \alpha = \frac{2}{3}\left(-\frac{1}{3}\right)\alpha = -\frac{2}{9}\alpha$,$\alpha$为电磁作用的耦合常数,$Q_u Q_d$为电荷因子.对于QCD,交换带色的胶子,其顶点相应的交换胶子的几率振幅定义为:$\frac{1}{2}c_1 c_2 \alpha_s$,$c_1$,$c_2$分别为顶点1和2的色荷因子,它们分别对应于交换胶子波函数的相关振幅.α_s为强作用耦合常数(单位色荷平方),定义色因子$c_F = \frac{1}{2}|c_1 c_2|$.

● qq之间的色相互作用

首先讨论同一色荷的qq之间的相互作用色因子.

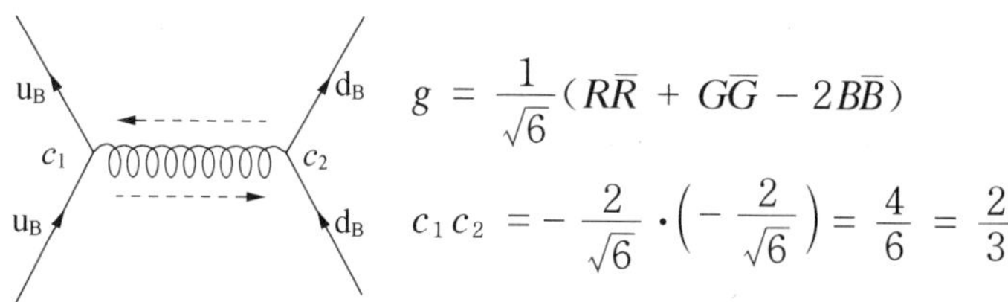

$$g = \frac{1}{\sqrt{6}}(R\bar{R} + G\bar{G} - 2B\bar{B})$$

$$c_1 c_2 = -\frac{2}{\sqrt{6}} \cdot \left(-\frac{2}{\sqrt{6}}\right) = \frac{4}{6} = \frac{2}{3}$$

$$g_1 = \frac{1}{\sqrt{2}}(R\bar{R} - G\bar{G}) \qquad c_1 c_2 = \left(\frac{1}{\sqrt{2}}\right)^2 = \frac{1}{2}$$

$$g_2 = \frac{1}{\sqrt{6}}(R\bar{R} + G\bar{G} - 2B\bar{B}) \qquad c_1 c_2 = \left(\frac{1}{\sqrt{6}}\right)^2 = \frac{1}{6}$$

$$(c_1 c_2)_{g_1} + (c_1 c_2)_{g_2} = \frac{1}{2} + \frac{1}{6} = \frac{2}{3}$$

对带有“绿”荷的两夸克的相互作用和带“红”荷的情况一样.因此,同样色荷的两夸克之间的相互作用其色因子

$$c_F = \frac{1}{2} \cdot \frac{2}{3} = \frac{1}{3}$$

两夸克的荷不同,其色因子又如何呢?例如 u_R 和 d_B 的相互作用其末态可以是 $u_R + d_B$,也可以是 $u_B + d_R$,见图 8.14.

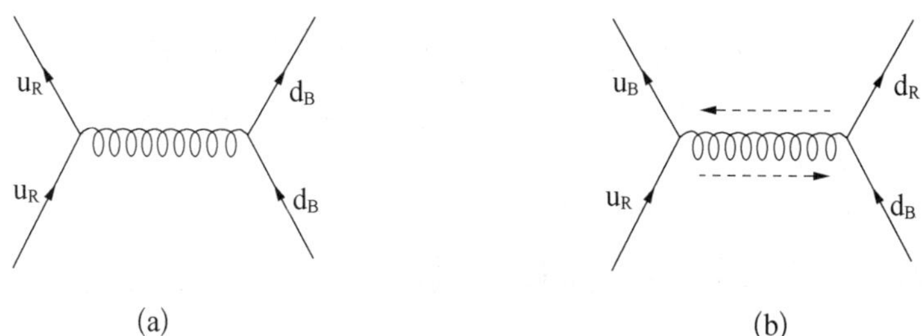

图 8.14　$u_R + d_B$ 过程的 Feynman 图

对于图 8.14(a),胶子波函数

$$g_1 = \frac{1}{\sqrt{6}}(R\bar{R} + G\bar{G} - 2B\bar{B})$$

$$c_1 = \frac{1}{\sqrt{6}},\ c_2 = -\frac{2}{\sqrt{6}}$$

$$c_1 c_2 = -\frac{1}{3}$$

对图 8.14(b)过程,实际上是初态 u 夸克"红"荷通过胶子($R\bar{B}$)和初态 d 夸克的"蓝"荷交换,末态的 u 夸克变成具有"蓝"荷的 u 夸克,d 夸克变成具有"红"荷的 d 夸克.这种色荷交换给出的色荷相乘为

$$c_1c_2 = \pm 1$$

若两种色荷构成交换反对称,$c_1c_2 = -1$;对称,$c_1c_2 = +1$.所以,不同色荷的两粒夸克交换胶子过程的色荷之积为

$$c_1c_2(\text{不交换色荷}) = -\frac{1}{3}$$

$$c_1c_2(\text{交换色荷}) = P$$

总的两过程的色荷因子振幅为

$$\sum c_1c_2 = P - \frac{1}{3} \tag{8.14}$$

若两夸克色部分的波函数交换反对称 $P = -1$,交换对称 $P = +1$.

实际上,上面所列各个夸克交换胶子的过程都只能在强子内进行.对于构成重子态的三粒夸克,由于总的色波函数是交换反对称的(色单态).任意两夸克的色波函数只能是构成色交换反对称的(见式 7.13).这就是说重子中两夸克之间的 QCD 相互作用的色荷因子(8.14)中,取 $P = -1$,即色因子为

$$c_F = \frac{2}{3} \tag{8.15}$$

在第 7 章讨论夸克之间的色矩的精细作用对重子的质量贡献公式(7.20b)的因子 $\left(\frac{4}{9}\right)$,正是色因子$\left(\frac{2}{3}\right)$和胶子的自旋因子$\left(\frac{2}{3}\right)$相乘得来的.

● 夸克反夸克之间的相互作用

介子是由夸克和反夸克构成的体系,其色部分的波函数为色单态:$\frac{1}{\sqrt{3}}(R\bar{R} + G\bar{G} + B\bar{B})$,即 q′, $\bar{q}$ 在任何瞬间都以红、反红,绿、反绿和蓝、反蓝出现(无论是胶子交换前还是交换后),介子内作用顶点应包括图 8.15 所示的 QCD 低阶图 q′, $\bar{q}$

$$g_1(B\bar{B}) = \frac{1}{\sqrt{6}}(R\bar{R} + G\bar{G} - 2B\bar{B}) \qquad c_1(-c_2) = -\frac{2}{\sqrt{6}}\cdot\frac{2}{\sqrt{6}} = -\frac{2}{3}$$

$$g_2(B\bar{R}) = B\bar{R} \qquad c_1(-c_2) = 1\cdot(-1) = -1$$

$$g_3(B\bar{G}) = B\bar{G} \qquad c_1(-c_2) = -1$$

类似于式(8.14),总的色荷因子的振幅为 $c_1(-c_2)_{B\bar{B}} = -\frac{2}{3} - 2 = -\frac{8}{3}$.

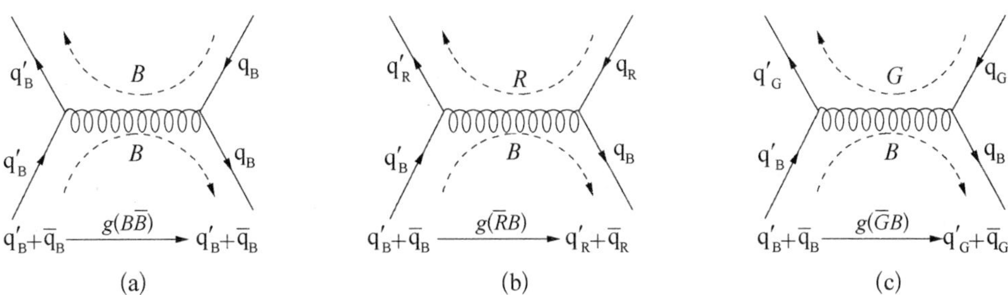

图 8.15　具有 B 色的 q′，q̄ 在介子中的 QCD 最低阶图

对于 $G\overline{G}$ 的 q′和 q̄，有类似的 QCD 低阶图 8.16.

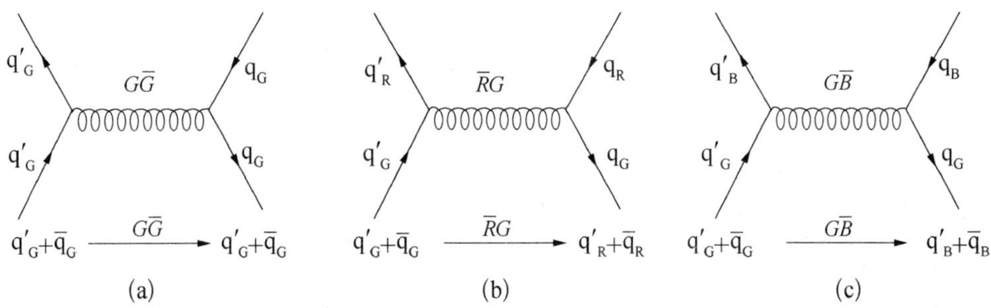

图 8.16　具有 G 荷的 q′，q̄ 介子系统的 QCD 最低阶图

从左至右，3 个传播胶子的波函数为

$$g_1(G\overline{G}) = \frac{1}{\sqrt{2}}(R\overline{R} - G\overline{G}) \qquad c_1(-c_2) = -\frac{1}{\sqrt{2}}\frac{1}{\sqrt{2}} = -\frac{1}{2}$$

$$g_1(G\overline{G}) = \frac{1}{\sqrt{6}}(R\overline{R} + G\overline{G} - 2B\overline{B}) \qquad c_1(-c_2) = \frac{1}{\sqrt{6}}\left(-\frac{1}{\sqrt{6}}\right) = -\frac{1}{6}$$

$$g_2(\overline{R}G) = \overline{R}G \qquad c_1(-c_2) = -1$$

$$g_3(\overline{B}G) = \overline{B}G \qquad c_1(-c_2) = -1$$

初态味 $R\overline{R}$ 的情况同 $G\overline{G}$，得到

$$c_1(-c_2)_{\mathrm{G\overline{G}}} = c_1(-c_2)_{\mathrm{R\overline{R}}} = -\frac{1}{2} - \frac{1}{6} - 1 - 1 = -\frac{8}{3}$$

因为介子的色单态波函数是由 3 种振幅为 $\frac{1}{\sqrt{3}}$ 的 $R\overline{R}$，$G\overline{G}$，$B\overline{B}$ 组成，则介子系统

引入的色荷振幅

$$(c_1 c_2)_{总} = 3 \cdot \frac{1}{\sqrt{3}} \cdot \frac{1}{\sqrt{3}} \left(-\frac{8}{3} \right) = -\frac{8}{3}$$

$$c_F = \frac{1}{2} | c_1 c_2 | = \frac{4}{3}$$

第 7 章中讨论介子的色精细相互作用能 $\Delta E(q'\bar{q})$ 公式(7.20a)中的 8/9 因子是色因子 4/3 和胶子自旋的权重因子 2/3 相乘得到的.还有重夸克偶素的类库仑势中的 4/3 因子也是色因子引入的.

8.2.2 渐近自由和色禁闭

1. 色禁闭和渐近自由

在讨论 QED 的荷之间相互作用时,传播子——光子在“真空”中激发正反虚的电子对造成了两作用荷之间的屏蔽效应.在 QCD 情况,两个带色荷夸克交换虚的胶子,虚的胶子在“真空”中激发出虚的夸克反夸克对,如图 8.17(a).和 QED 情况一样,两个“色荷”之间的 $q\bar{q}$ 对起着色屏蔽的效应.QCD 和 QED 的重要区别在于 QCD 的规范玻色子是具有色荷的胶子,胶子可以在“真空”中散射和吸收胶子,构成图 8.17(b)的费曼图.两个“色荷”之间激发起的色胶子“云”对两个相互作用的色荷起着反屏蔽的效应,即当两个色荷之间传递的动量 q 越大(靠得越近)被检测的色荷变得越小,两个荷之间的作用表现得越弱,所谓“渐近自由”;当传递动量越小(离得越远)被检测的“色荷”变得越大.两荷之间的作用表现越强,致使两个色荷无法分开,所谓“色禁闭”.

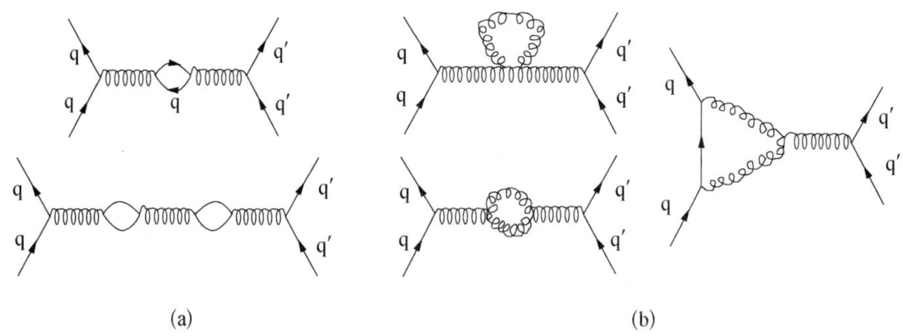

图 8.17 真空极化造成色荷之间的屏蔽(a)和反屏蔽(b)效应

2. 跑动的耦合常数

对上述的圈图按费曼规则进行计算，再做重整化处理，从而导出类似于式(8.11)的强作用的跑动耦合常数 α_s

$$\alpha_s(q^2) = \frac{\alpha_s(\mu^2)}{1 - \beta_0 \alpha_s(\mu^2) \ln\left(\frac{|q^2|}{\mu^2}\right)}, \beta_0 = \frac{1}{12\pi}(4n_f - 11n_b) \quad |q^2| \gg \mu^2$$

$n_f = 3$ 表示夸克的"代"数目. $4n_f$ 因子表示在图8.17(a)中圈图的夸克反夸克对的贡献. 它们和QED类似，贡献"色荷"的屏蔽效应. $n_b = 3$ 表示色荷的种类. $11n_b$ 因子描述图8.17(b)胶子激发的胶子圈图造成的相互作用荷之间的色反屏蔽效应

$$\beta_0 = -\frac{7}{4\pi}, \ \alpha_s(q^2) = \frac{\alpha_s(\mu^2)}{1 + \frac{7\alpha_s(\mu^2)}{4\pi} \ln\left(\frac{|q^2|}{\mu^2}\right)} \tag{8.16}$$

因此，式(8.16)对数项前面的因子取正值. 描述强作用耦合常数 $\alpha_s(|q^2|)$ 随动量传递 $|q^2|$ 的跑动. 正是分母中 $\ln\left(\frac{|q^2|}{\mu^2}\right)$ 前面的符号取正值，表现出色相互作用的"渐近自由"和色禁闭. 式(8.16)中的参数 μ^2 是一个参考的能标. 它不能和式(8.11)一样取 $\mu^2 = 0$，因为 $\alpha_s(0)$ 将是一个很大的值，应该合理选取参考能标 μ^2，使得 $\alpha_s(\mu^2)$ 足够小，微扰QCD可适用. 在这一条件下，μ^2 的选择可以有一个区间，定义的截断参数 Λ 来代替 μ^2，式(8.16)变为

$$\left.\begin{aligned} B &= -\beta_0, \ \Lambda^2 = \mu^2 \exp[-1/B\alpha_s(\mu^2)] \\ \alpha_s(|q^2|) &= \frac{1}{B\ln\left(\frac{|q^2|}{\Lambda^2}\right)} \end{aligned}\right\} \tag{8.17a}$$

实验可以通过一种特定动量传递 $|q^2|$ 下的 $\alpha_s(|q_0^2|)$ 的实验值，来推出参数 Λ. 实验给出

$$100\ \text{MeV} < \Lambda c < 500\ \text{MeV} \tag{8.17b}$$

Λ 与重整化模式的选取有关.

这里要提醒注意，本章用在Feynman图里的夸克线并不是"自由"意义上的夸克线. 它们都是强子"口袋"里的一部分.

3. $\alpha_s(|q^2|)$ 的实验测定[3]

强作用过程涉及带色的部分子发射和吸收胶子的过程. 每一个作用顶点给出过程的几率因子 $\alpha_s(|q^2|)$. 实验上，精确测量某一过程的截面、衰变宽度，然后与

微扰 QCD 计算的公式(精确到不同的级次)比较(例如式(8.9)的 R 值),就可以定出在某一四动量传递平方 $|q^2|$ 下的 $\alpha_s(|q^2|)$ 值.实验数值清楚地显示出 α_s 随 $|q^2|$ 的跑动.

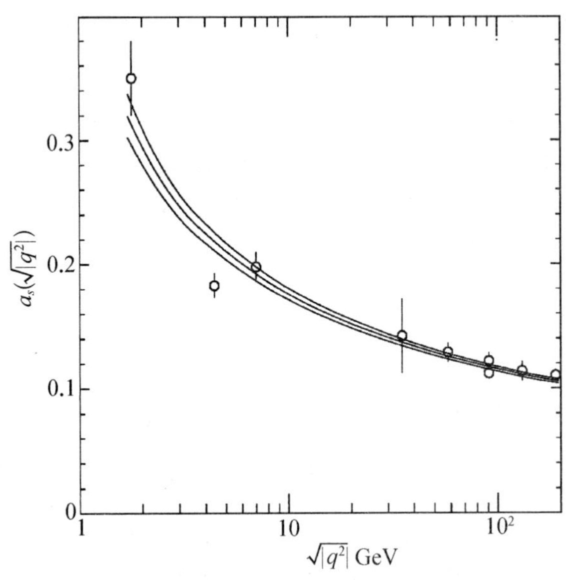

图 8.18 $\alpha_s(|q^2|)$ **的实验数据分布**

8.2.3 强子结构和强子相互作用的 QCD 图像

1. 强子结构的 QCD 图像

人们利用轻子 $\mu^{\pm}$, $\nu_\mu(\bar{\nu}_\mu)$作探针研究强子——核子.当轻子的动量传递 $|q^2|$ 从小到大,即探针的波长由大到小时,核子的结构细节逐步显现出来.图8.19定性地给出强子结构的 QCD 图像.

当探针的波长 $(\lambdabar \sim 1/q)$ 比核子尺度大很多时 $(\lambdabar \gg 1(\text{fm}))$,核子显现出"类点"或者是具有指数衰减的弥散强子物质分布(见式(4.39c)).当 $\lambdabar$ 和核子的尺度相近时,探针看到的是一些"颗粒"的类点结构,颗粒数为 3.当探针的动量传递更高,使得检测波长更短,核子显现的结构图像更加复杂.仔细分析探针送出的信息推知:

● 由结构函数的无标度性,即结构函数和探针的尺度($\lambdabar$)无关,表明核子由类点的部分子组成.

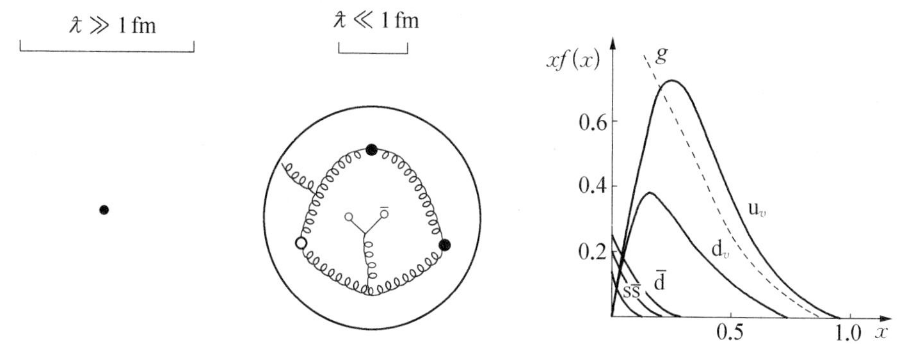

图 8.19　用轻子作探针揭示的核子结构的 QCD 图像

● 比较带电轻子散射给出的核子的电和磁的结构函数，揭示夸克是自旋为$\frac{1}{2}$的费米子.从正负电子对撞形成的两个强子喷注的角分布也可以证明产生两喷注的部分子的自旋为$\frac{1}{2}$.

● 比较带电轻子 μ 和中性轻子 ν_μ 散射得到的核子的结构函数，证明构成核子夸克的电荷是分数，不是整数.正负电子对撞的 R 值的测量给出夸克的电荷是$\frac{e}{3}$的整数倍.夸克有三种“色”.

● 中微子、反中微子与核子散射的结构函数分析，说明核子除了有组分夸克外，还有相当份额的夸克-反夸克，它们是胶子在真空“海”中激发的 $\mathrm{q}-\bar{\mathrm{q}}$ 对.

● 部分子携带着核子的部分动量 $p_q = xP_N$，核子中，夸克动量份额随 x 的分布 $x_{[xq(x)]_{\max}} \sim 0.15$，$x\bar{q}(x)$ 集中在 $x=0$ 到 $x=0.2$ 区间，以 $x=0$ 为最大.

计算表明，夸克携带的动量份额为 50%.从而推出，另外 50%的动量是由胶子携带的，见图 8.19 的右图(质子的部分子的 x 分布).

2. 高能强子-强子碰撞

携带一定份额的动量的部分子之间的碰撞.例如：图 8.20(a)描述具有四动量为 P_1 和 P_2 的强子碰撞产生 μ 子对，图中强子 1 中的夸克(q)携带四动量 x_1P_1 和强子 2 中的反夸克($\bar{\mathrm{q}}$)携带四动量 x_2P_2 发生湮灭，通过虚光子(q^2)产生 $\mu^+\mu^-$ 对，称为 Drell-Yan 机制.图 8.20(b)为携带四动量 x_1P_1 的夸克和携带四动量 x_2P_2 的夸克(反夸克)交换胶子，末态两夸克在真空中碎裂成两串强子，构成两个喷注.其中初态或者末态的夸克还可能辐射实胶子，实胶子在真空中碎裂成一串强子，构成了第三个喷注，甚至第四个喷注.高能强子-强子碰撞末态喷注的研究，为 QCD

理论提供十分重要的参数.人们在分析正负电子对撞产生的末态强子的喷注的形态时,给出胶子存在的实验证据[5]和相应的强作用耦合常数.从胶子喷注相对于夸克喷注的角分布,暗示了胶子自旋为1.

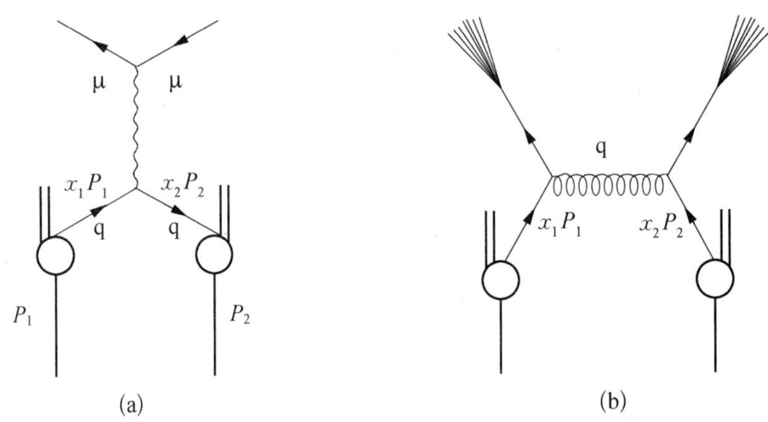

图 8.20 强子-强子碰撞的 $\mu^+\mu^-$ (a)和两喷注产生(b)

3. 强子的强衰变——OZI 定则

强子的强衰变包含着构成强子的夸克或者胶子辐射以及辐射的胶子在真空中产生新的夸克-反夸克对,末态的强子产物是由形成的部分子的再组合而成.例如:

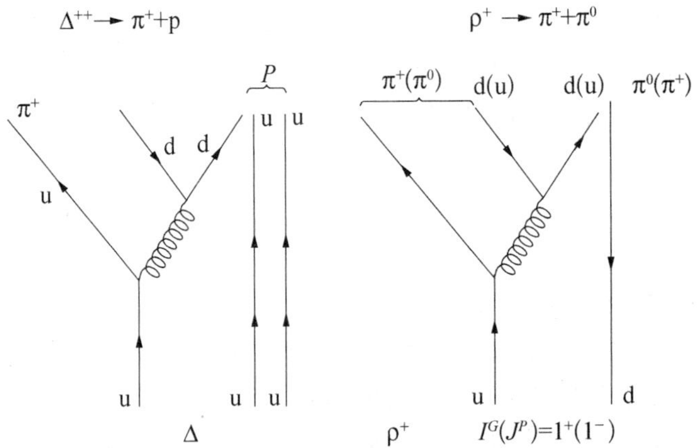

它们都包含着一个胶子的交换,有两个顶点,衰变率具有 $O(\alpha_s^2)$.胶子的发射可以是构成初态强子中的任一夸克.每一个顶点必须满足所有相加性量子数守恒定律,"味"必须守恒,色荷必须守恒.初态强子包含的夸克味部分成为末态的强子的味的一部分.夸克线可以从初态直接连到末态(如图示的 Δ^{++} 和 ρ^+ 的衰变).除了各个作用

顶点要满足部分子强作用过程应遵守的守恒定律外，还必须满足初末态强子系统应服从的守恒定律. 例如：考察 ω 到 3π 衰变，它是满足 G 宇称守恒的强作用过程；ω 到两 π 衰变是违背 G 宇称守恒的，只能通过电磁衰变；3π 衰变尽管有 4 个胶子的耦合顶点[分支衰变～$O(\alpha_s^4)$]，而且有较小的末态相空间，而 2π 有较大的末态相空间，而且只有两个电磁作用的顶点[分支衰变～$O(\alpha^2)$]，由于 $\alpha_s(10^{-1}) \gg \alpha(1/137)$，$\omega \to 3\pi$ 的分支比为 88.8%，而 $\omega \to 2\pi$ 的分支比只有2.2%. 参看如下的衰变 Feynman 图.

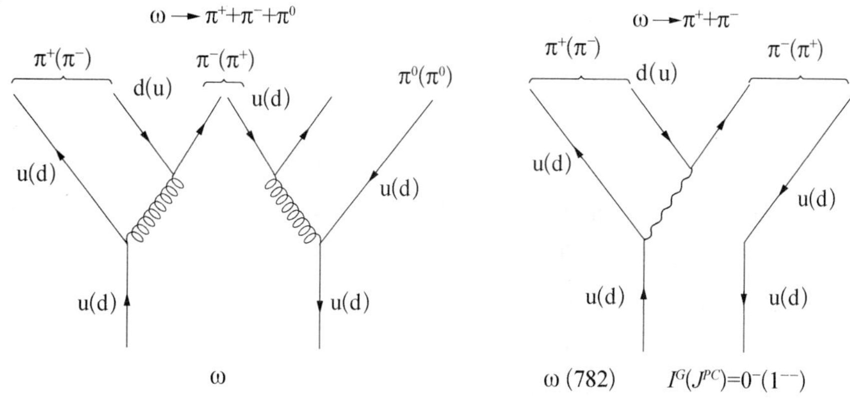

研究 $\phi(1020)$，$I^G(J^{PC}) = 0^-(1^{--})$ 的衰变发现两个主要的衰变分支

$$\phi \to K^+K^- \qquad 49.1\%$$

$$\phi \to K_SK_L \qquad 34.3\%$$

$$\phi \to \pi^+\pi^0\pi^- \qquad 2.5\%$$

衰变的 Feynman 图分别可表示如下：

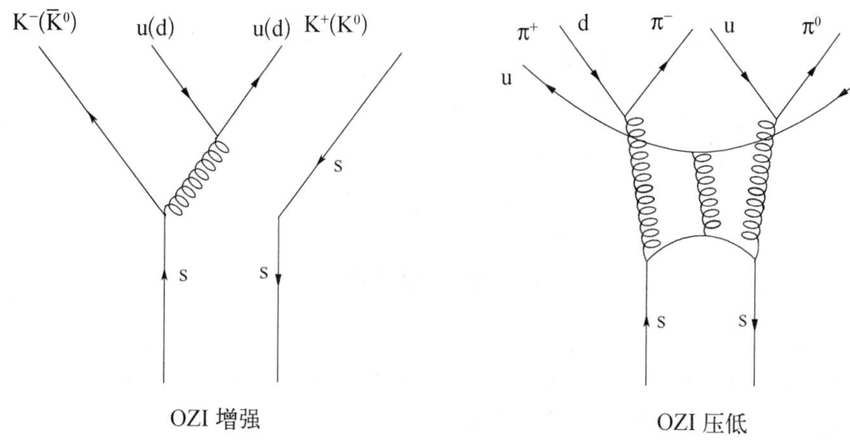

左边的图是初态 s，$\bar{s}$ 线直接连通到末态，成为末态强子组成部分. 只有两个强耦合顶点，分支衰变率为 $O(\alpha_s^2)$，右图初态 s，$\bar{s}$ 湮灭，不是直接连通到末态，末态的强子全都是由胶子在真空中激发的夸克-反夸克对组成. 分支衰变率为 $O(\alpha_s^6)$. 这种初末态夸克线直接连通导致衰变分支增强，初态夸克线不直通到末态，导致衰变分支压低的规律称为 OZI(Okubo-Zweig-Izuka)定则.

4. 重夸克偶素——QCD"实验室"

利用式(7.26)的夸克和反夸克势求解重夸克偶素量子态. 建立的 $c\bar{c}$ 体系(图 7.8(b))和 $b\bar{b}$ 体系(图 7.8(c))的能级图. 利用正负电子对撞，从实验上形成 $c\bar{c}$ 和 $b\bar{b}$ 的 1^3S_1，2^3S_1 态. 图 8.21 给出 $c\bar{c}$ 1^3S_1，2^3S_1 态及其相关的 $^1S_0$ 和 $^3P_{0,1,2}$ 的态之间的衰变纲图. 以粲夸克偶素为例，讨论它们之间的衰变. J/ψ 和 ψ(2S) 的 $J^{PC}=1^{--}$，它可以通过正负电子湮灭(虚光子 γ^* 来形成). $\eta_c(^1S_0)$ 和 $^3P_{0,1,2}(\chi_{c0}$，χ_{c1}，$\chi_{c2})$ 的 J^{PC} 分别为 0^{-+} 和 0^{++}，1^{++}，2^{++}. 不能由正负电子湮灭来形成，它们可以由 J/ψ 和 ψ(2S) 的辐射衰变产生.

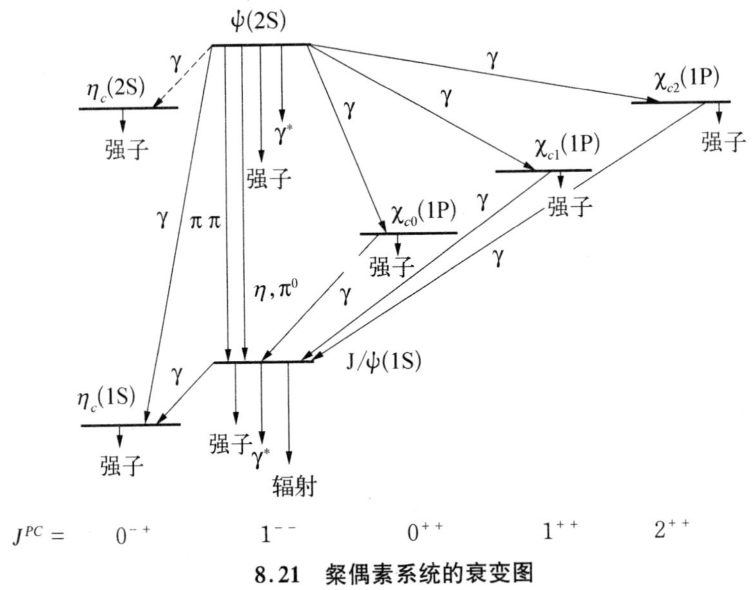

8.21 粲偶素系统的衰变图

5. J/ψ 衰变

由于最轻的 D 介子的质量 m_D = 1 864.5 MeV. 因此，J/ψ 中的 c，$\bar{c}$ 不可能直接通到末态产生 D，$\bar{D}$ 介子对，它只能通过 3 胶子的辐射从真空中激发非粲的夸克-反夸克对组成的末态强子，如图 8.22(a)，或者通过单个虚光子交换的电磁衰变到达 e^+e^-，$\mu^+\mu^-$ 和 $\bar{q}q$(8.22(b))或者通过辐射衰变到达强子的共振态或者可能的非 $q\bar{q}$ 的混合态，胶球($g\bar{g}$)和奇特态(qqg)(图 8.22(c)).

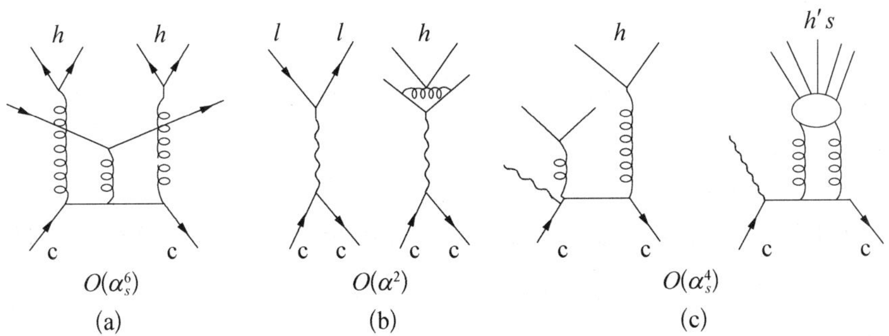

图 8.22　J/ψ 的主要衰变道

中间过程存在着单光子交换，不存在单胶子交换，因为色荷不守恒的限制. 无色的 J/ψ 不能湮灭为单个色胶子，后者也不能激发出无色的强子末态. 奇数个胶子(a)是电荷共轭宇称守恒要求的. 辐射衰变过程，辐射的光子，和两个虚胶子保持第一个顶点的电荷共轭宇称守恒. J/ψ 的衰变有下列几个分支：

强子末态，占 87.7%，其中 17%是由单光子交换的强子末态，$\Gamma_h = 76.3\ \text{keV}$

正负电子对，占 6.02%，$\Gamma_{e^+e^-} = 5.26\ \text{keV}$

正负 μ 子对，占 6.01%，$\Gamma_{\mu^+\mu^-} = 5.24\ \text{keV}$

由于 J/ψ 到达末态强子衰变(87.7%)主要是通过 OZI 压低的强衰变，所以 J/ψ的总衰变 Γ 很小，$\Gamma = 92.9 \pm 2.8\ \text{keV}$.

ψ(2S)的质量低于 $D\bar{D}$的阈，它的强子末态衰变(分支比 98.10%)其中 55%经 J/ψ(1S) + 普通强子的衰变和直接为 OZI 压低的普通强子衰变，通过单个虚光子到强子的衰变只占其中的 2.9%. 在衰变到末态强子中，另外有下列的主要辐射衰变道为

$$
\begin{aligned}
\psi(2S) &\to \gamma + \chi_{c_0}(1^3P_0) \qquad (9.3\%)\\
&\to \gamma + \chi_{c_1}(1^3P_1) \qquad (8.7\%)\\
&\to \gamma + \chi_{c_2}(1^3P_2) \qquad (7.8\%)
\end{aligned}
$$

成为 χ_{ci} 各 $c\bar{c}$ 态的生成源. ψ(2S)到达轻子对的分支比分别为 1%左右. 由各分支衰变的分宽度之和得到 ψ(2S) 总衰变宽度 $\Gamma \sim 277\ \text{keV}$. 更高径向激发的 $^3S_1$ 态 ψ(3770)，ψ(4040). 其质量超过 $D\bar{D}$产生阈，它们到达 $D\bar{D}$的衰变成为压倒优势的

衰变道(OZI 增强).相应的衰变的总宽度上升为几十 MeV

$$\Gamma(\psi(3770)) = (23.6 \pm 2.7)\mathrm{MeV}$$

$$\Gamma(\psi(4040)) = (52 \pm 10)\mathrm{MeV}$$

8.3 弱相互作用

弱作用是带有弱荷 g_W 的轻子、夸克通过交换弱作用传播子 $W^\pm$，Z^0 的相互作用.

8.3.1 弱带电流

下面分别讨论轻子的弱带电流和夸克的弱带电流.

1. 轻子弱带电流

轻子有三代，(l, ν_l)，$l = e, \mu, \tau$. 它们的基本作用顶点列于图 8.23.图中各顶点应满足所有相加性量子数守恒.电荷守恒决定了传播子携带轻子的电荷,即所谓带电流.轻子 l 的弱荷 g_W 和 ν_l 的弱荷 g_W 完全一样,而且各代轻子 (e^-, ν_e)，(μ^-, ν_μ)，(τ^-, ν_τ) 的弱荷完全一样,这称为普适费米相互作用.图中各顶点,除(f)顶点外,都不满足能动量守恒.

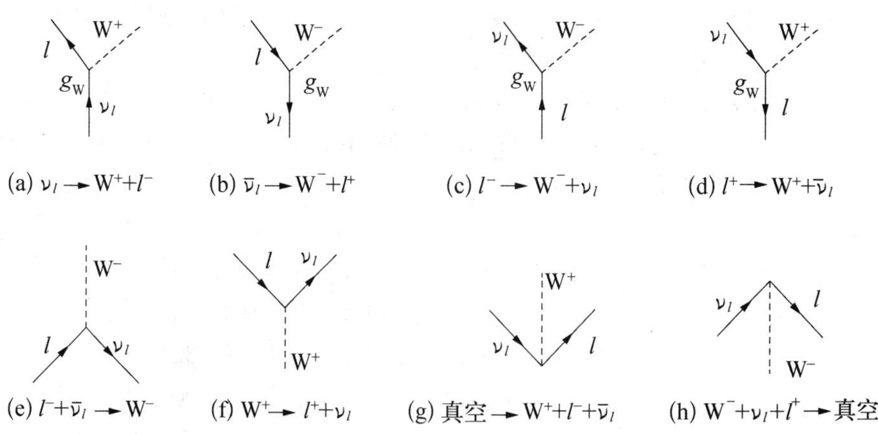

图 8.23 轻子弱带电流的基本作用顶点

实际过程可以由不同顶点来组合.由于各代轻子有自己的守恒轻子数.因此,中性 l 型中微子只能和 l 型带电轻子连接.下面是一些实际存在的过程(图 8.24).

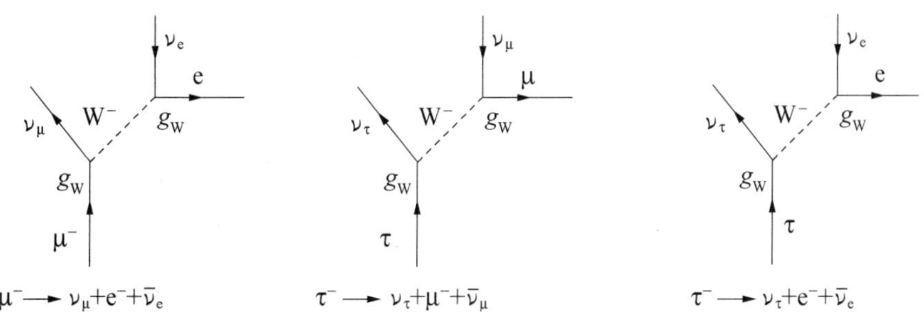

图 8.24　μ^-,τ^- 轻子的纯轻子衰变

$\mu^- \rightarrow \nu_\mu e^- \bar{\nu}_e$ 的衰变分支比～100%,其寿命 τ_0 ～2.197×10^{-6} s. $\tau^- \rightarrow \nu_\tau \mu^- \bar{\nu}_\mu$ 的衰变分支比为 17.37%;$\tau^- \rightarrow \nu_\tau e^- \bar{\nu}_e$ 的分支比为 17.83%.τ 轻子还存在着半轻子衰变(后面讨论).τ 轻子的寿命 $\tau_0 = 1\,290.6 \times 10^{-15}$ s.

2. 耦合常数 α_W 和重的规范玻色子 $W^\pm$

弱作用过程(如原子核的 β 衰变)的实验观察表明,弱作用力为短程力.早期(1934 年)费米 β 衰变理论就建立在 4 费米子的接触相互作用基础上.图 8.25 比较电磁作用 $e^- \mu^- \rightarrow e^- \mu^-$ (a) 和 $\mu^- \nu_e \rightarrow \nu_\mu e^-$ (b) 的散射过程.

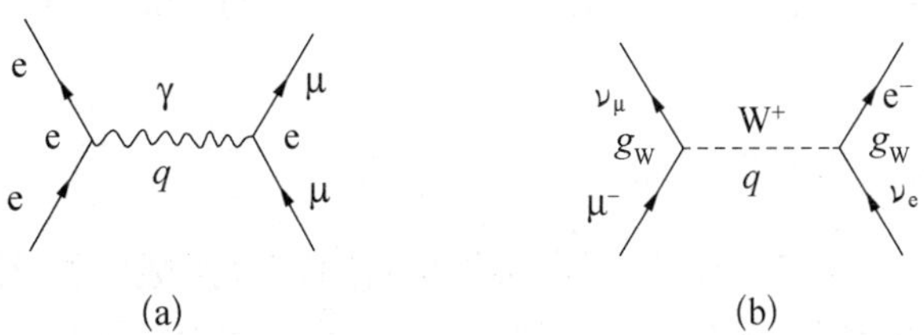

图8.25　$e^- \mu^-$ 弹性散射(a)和 $\mu^- + \nu_e \rightarrow \nu_\mu + e^-$ 准弹性散射(b)

在第 4 章提及,过程(a)和(b)的散射(跃迁)幅近似表示为

$$A(\mathrm{a}) \sim \left(e \frac{1}{q^2} e\right)$$

$$A(\mathrm{b}) \sim \left(g_W \frac{1}{q^2 + M_W^2} g_W\right)$$

假定 M_W 很大，在低动量，$|q^2 \ll M_W^2|$ 时，$A(\mathrm{b}) \sim g_W^2/M_W^2 = 4\pi\alpha_W/M_W^2$，而 $A(\mathrm{a}) \sim 4\pi\alpha/q^2$. 电磁作用是长程相互作用，而弱作用的力程 $r_W \sim \hbar/(M_W c)$，为规范玻色子 $W^{\pm}$ 的康普顿波长. 与费米点接触相互作用并列，μ 子衰变可以图示为

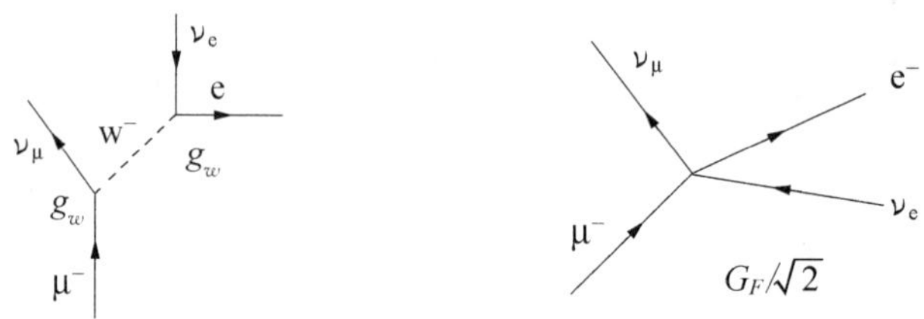

上图右边显示的过程的跃迁振幅 $\sim G_F/\sqrt{2}$，G_F 为费米耦合常数，由 μ 子衰变寿命 $\tau^{-1} = G_F^2 m_\mu^5/(192\pi^3)$ 的测量求得

$$G_F = 1.166 \times 10^{-5}\ \mathrm{GeV}^{-2}$$

上左图给出 μ 子衰变的 Feynman 图，其跃迁振幅 $\sim g_W^2/M_W^2 = 4\pi\alpha_W/M_W^2$，它和费米衰变理论的跃迁振幅直接联系，从而估算 α_W

$$\frac{4\pi\alpha_W}{M_W^2} \sim \frac{G_F}{\sqrt{2}} \tag{8.18}$$

用 G_F 和 M_W 的实验值 $M_W = 80.6\,\mathrm{GeV}$ 代入得 $\alpha_W \sim 4.3 \times 10^{-3} \sim 0.58\alpha$. 由此可见，$\alpha_W$ 和 α 具有相同的量级，在低动量传递情况下，弱相互作用之所以比电磁相互作用弱得多，不是由于它们的耦合常数(弱荷)弱，而是由于弱相互作用的传播子质量很重.

8.3.2 夸克的弱带电流

图 8.23 表明，由于各个作用顶点必须保持“代”轻子数守恒. 带电(中性)轻子只能连通到同代的中性(带电)轻子. 对于三代夸克情况有所不同. 实验发现，“u”型(u, c, t)直接和各自的“d”型(d, s, b)夸克连通为主要作用方式，例如，中子的 β 衰变，

$$\mathrm{n(ddu)} \to \mathrm{p(duu)} + e^- + \bar{\nu}_e$$

可以把该过程近似用 Feynman 图表示为(图 8.26(a))，即初态的中子中的一个 d 夸克发射一个虚 W^- 规范玻色子转变为末态质子中的一个 u 夸克，虚的 W^- 在真空中激发出一对电子型的轻子和反轻子. 核子中的另两个夸克(u, d)直接连通到末态，称为“旁观”者. 实验还观测到存在着奇异重子的半轻子衰变

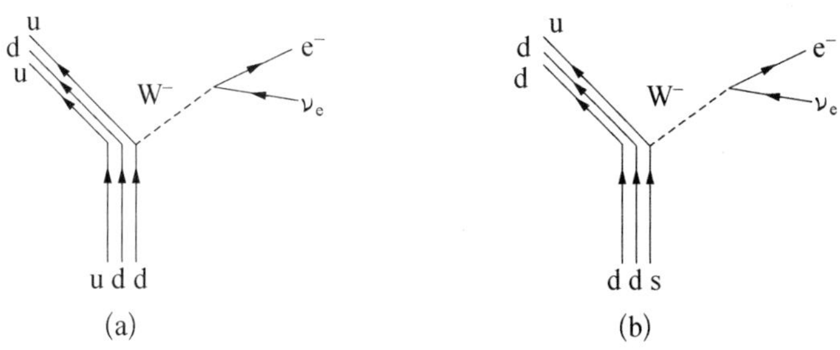

图 8.26 重子的半轻子衰变

(图 8.26(b)),

$$\underset{(\mathrm{dds})}{\Sigma^-} \rightarrow \underset{(\mathrm{ddu})}{\mathrm{n}} + \mathrm{e}^- + \bar{\nu}_{\mathrm{e}}$$

初态中的一粒 s 夸克转变为末态中子中的一粒 u 夸克.这表明,不同代夸克之间可以通过带电流相互连结.这是因为三代的"d" 型夸克并非弱作用的本征态.真正的弱作用本征态是"d"型夸克之间的混合.人们将 d 型夸克的弱作用本征态(d′, s′, b′),通过 CKM 矩阵(V_{ij})和(d, s, b)联结起来

$$\begin{pmatrix} d' \\ s' \\ b' \end{pmatrix} = \begin{pmatrix} V_{\mathrm{ud}} & V_{\mathrm{us}} & V_{\mathrm{ub}} \\ V_{\mathrm{cd}} & V_{\mathrm{cs}} & V_{\mathrm{cb}} \\ V_{\mathrm{td}} & V_{\mathrm{ts}} & V_{\mathrm{tb}} \end{pmatrix} \begin{pmatrix} d \\ s \\ b \end{pmatrix} \tag{8.19}$$

即

$$\begin{cases} d' = V_{\mathrm{ud}} d + V_{\mathrm{us}} s + V_{\mathrm{ub}} b \\ s' = V_{\mathrm{cd}} d + V_{\mathrm{cs}} s + V_{\mathrm{cb}} b \\ b' = V_{\mathrm{td}} d + V_{\mathrm{ts}} s + V_{\mathrm{tb}} b \end{cases}$$

按照这一假定,"u"型夸克通过带电流耦合到达"d"型夸克的顶点变成:某一代中的 u 型夸克以各自振幅 $g_{\mathrm{W}} V_{ij}$(i = u, c, t; j = d, s, b) 与 d 型夸克耦合(见图 8.27).人们通过粒子的弱带电流的衰变宽度的测量,例如

$$\mathrm{n} \rightarrow \mathrm{p} + \mathrm{e}^- + \bar{\nu}_{\mathrm{e}};\ \Sigma^- = \mathrm{n} + \mathrm{e}^- + \bar{\nu}_{\mathrm{e}}$$

并与轻子的带电流相比较,从中确定 V_{ud}和 V_{us}式中 ρ_i 表示 i 粒子衰变末态的态密度

$$\frac{\Gamma(\mathrm{n} \rightarrow \mathrm{pe}^- \bar{\nu}_{\mathrm{e}})}{\Gamma(\mu^- \rightarrow \nu_\mu \mathrm{e}^- \bar{\nu}_{\mathrm{e}})} \sim \frac{\alpha_{\mathrm{W}}^2 V_{\mathrm{ud}}^2 \rho_{\mathrm{n}}}{\alpha_{\mathrm{W}}^2 \rho_\mu} \sim V_{\mathrm{ud}}^2,\ \Delta S = 0$$

$$\frac{\Gamma(\Sigma^- \rightarrow \mathrm{ne}^- \bar{\nu}_{\mathrm{e}})}{\Gamma(\mu^- \rightarrow \nu_\mu \mathrm{e}^- \bar{\nu}_{\mathrm{e}})} \sim \frac{\alpha_{\mathrm{W}}^2 V_{\mathrm{us}}^2 \rho_{\Sigma^-}}{\alpha_{\mathrm{W}}^2 \rho_\mu} \sim V_{\mathrm{us}}^2,\ \Delta S = 1$$

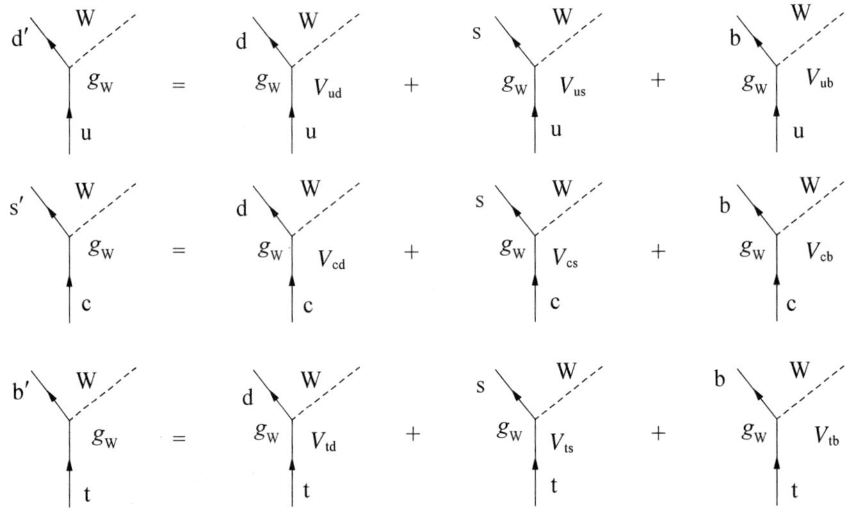

图 8.27　u(d′)型夸克和 d′(u)型夸克的弱带电流的耦合

$n \rightarrow pe^- \bar{\nu}_e$ 衰变是 $\Delta S = 0$ 的 Cabbibo 增强衰变 $\Gamma \sim V_{ud}^2 \sim \cos^2\theta_c$，$\Sigma^- \rightarrow ne^- \bar{\nu}_e$ 衰变是 $\Delta S = 1$ 的 Cabbibo 压低的衰变，$\Gamma \sim V_{us}^2 \sim \sin^2\theta_c$，$\theta_c$ 称为 Cabbibo 角，是 CKM 矩阵引入之前，描述 d，s 夸克混合的混合角.实验给出 $\theta_c \sim 12^\circ$. 通过研究与式(8.19)相关的过程，如 β 衰变的比较半衰期 ft 值的实验测量[6]，给出：$|V_{ud}| = 0.97377 \pm 0.00027$，K 介子衰变，$K_{e3}$ 衰变的分析：$|V_{us}| = 0.2257 \pm 0.0021$，$|V_{cd}|$ 的大小可以通过中微子(反中微子)和价 d 夸克散射的粲粒子产生过程[6]

$$\nu_\mu + d \rightarrow \mu^- + c$$

的产生率的测量来给出顶点 dcW 对应的振幅 V_{cd}

$$|V_{cd}| = 0.230 \pm 0.011$$

由 D 介子到 K 介子的衰变宽度的测量，给出

$$|V_{cs}| = 0.957 \pm 0.017(\text{experiment}) \pm 0.093(\text{theory})$$

同样，根据重夸克有效理论(HQET)，对 B 介子的半轻子衰变到达末态粲粒子的过程 $B \rightarrow \bar{D}^* e^+ \nu_e$ 的遍举测量以及 B 强子的单举半轻子衰变的分宽度的测量给出[6]

$$|V_{cb}| = (41.6 \pm 0.6) \times 10^{-3}$$

在 $\Upsilon(4S)$共振态的 B 介子衰变的末态，研究 $b \rightarrow ul\bar{\nu}$ 和 $b \rightarrow cl\bar{\nu}$ 的末态轻子谱，从而选择 $b \rightarrow ul\bar{\nu}$ 的事例，给出 $b \rightarrow ul\bar{\nu}$ 的衰变率的测量并和理论模型比较，

给出

$$|V_{ub}| = (4.31 \pm 0.30) \times 10^{-3}$$

在 CLEO 谱仪上研究 $B \to \pi l \nu_e$ 和 $B \to \rho l \nu_e$ 给出[6]

$$|V_{td}| = (2.4 \pm 0.8) \times 10^{-3}$$

研究 TOP 夸克的半轻子衰变 $t \to b l^+ \nu_e$，给出[6]

$$|V_{tb}| > 0.78$$

根据目前的研究精度以及矩阵幺正性的限制,给出各矩阵元取值如下[7]

$$(V_{ij}) = \begin{pmatrix} 0.97419 \pm 0.00022 & 0.2257 \pm 0.0010 & 0.00359 \pm 0.00016 \\ 0.2256 \pm 0.0010 & 0.97334 \pm 0.00023 & 0.0415^{+0.0010}_{-0.0011} \\ 0.00874^{+0.00026}_{-0.00037} & 0.0407 \pm 0.0010 & 0.999133^{+0.000044}_{-0.000043} \end{pmatrix} \tag{8.20}$$

每个矩阵元有各自的取值范围.当一个矩阵元的某一个值选定,幺正性将限制其他矩阵元的取值范围.由式(8.20)可见,对角线元素接近于 1,远离对角元的非对角元素例如 V_{ub}和 V_{td}的取值很小.表明夸克的弱带电流主要传递同一代夸克"味"之间的相互作用,不同代夸克味的相互作用被压低.

8.3.3　一些带电流过程及它们的跃迁振幅因子

下面列举一些典型的弱作用过程的最低阶 Feynman 图表示,以及相应的顶点因子和传播子因子.

1. $\pi^- \to \mu^- + \bar{\nu}_\mu$；$K^- \to \mu^- + \bar{\nu}_\mu$

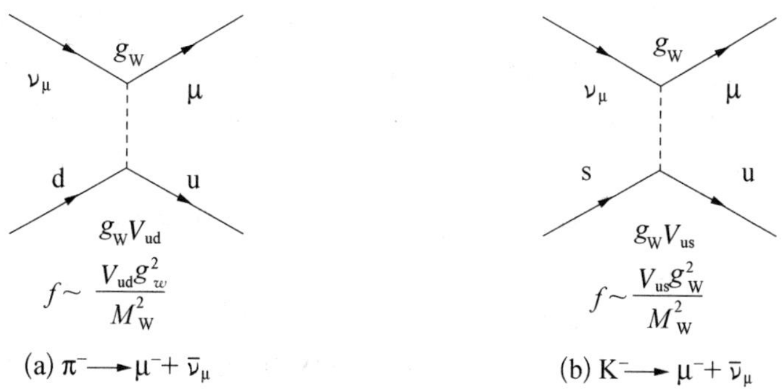

(a) $\pi^- \to \mu^- + \bar{\nu}_\mu$　　(b) $K^- \to \mu^- + \bar{\nu}_\mu$

过程(a)的跃迁振幅～V_{ud},为 Cabbibo(CKM)增强过程;过程(b)的跃迁振幅～V_{us}为 Cabbibo(CKM)压低过程.

2. $D^0 \to K^- + \pi^+$；$D^0 \to K^+ + \pi^-$

如下图，过程(c)包含两个弱作用顶点 V_{cs}和 V_{ud}都是 CKM 矩阵的对角元，其值接近于 1，是 CKM 的增强过程，称 $D^0 \to K^-\pi^+$ 中 K^-，π^+ 的电荷符号是“正确”符号过程(“Right Sign”)．而过程(d)$D^0 \to K^+\pi^-$ 的跃迁幅包括着 CKM 阵的两个非对角元 V_{cd}和 V_{us}，称为双 Cabbibo 压低过程，末态 K^+，π^- 为“错误”符号(“Wrong Sign”)过程．实验给出 D^0 相关的衰变分支比分别为

$$BR(D^0 \to K^-\pi^+) = 3.85\%$$

$$BR(D^0 \to K^+\pi^-) = 2.8\times 10^{-4}$$

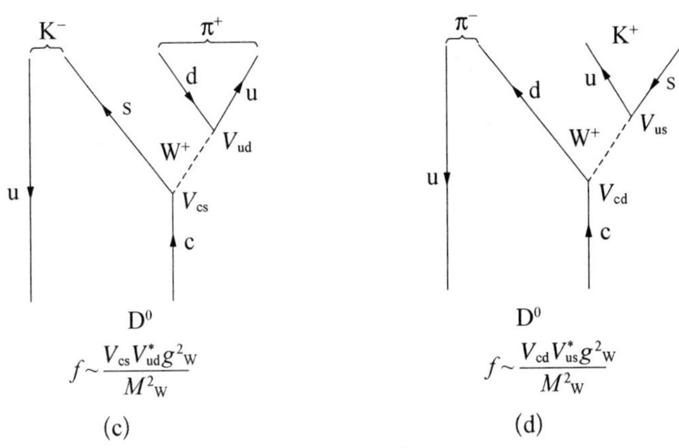

3. 含有重味的中性介子和反介子振荡

$K^0(\bar{s}d)$，$\overline{K}^0(s\bar{d})$，$D^0(c\bar{u})$，$\overline{D}^0(\bar{c}u)$以及 $B^0(\bar{b}d)$，$\overline{B}^0(b\bar{d})$是处于$^1S_0$态的中性介子．它们只具有弱衰变的特性．由于弱作用过程重“味”量子数可以不守恒，每对重味中性介子和它自己的反介子可以混合，(正如 6.5 节讨论的 K^0，$\overline{K}^0$ 振荡一样)，图 8.28 给出它们各自的 Feynman 图示．中性重味介子和反介子的振荡由上述箱图决定，弱本征态的质量差 Δm(振荡周期 $T\sim 1/\Delta m$) 与箱图中的虚夸克质量的平方成正比，它们分别是

$$\Delta m \sim m_c^2 V_{cs}^2 V_{cd}^2 (K^0 \rightleftharpoons \overline{K}^0)$$

$$\Delta m \sim m_b^2 V_{cb}^2 V_{ub}^2 (D^0 \rightleftharpoons \overline{D}^0)$$

$$\Delta m \sim m_t^2 V_{tb}^2 V_{td}^2 (B^0 \rightleftharpoons \overline{B}^0)$$

表 8.1 列出三对重味中性介子-反介子的振荡参数

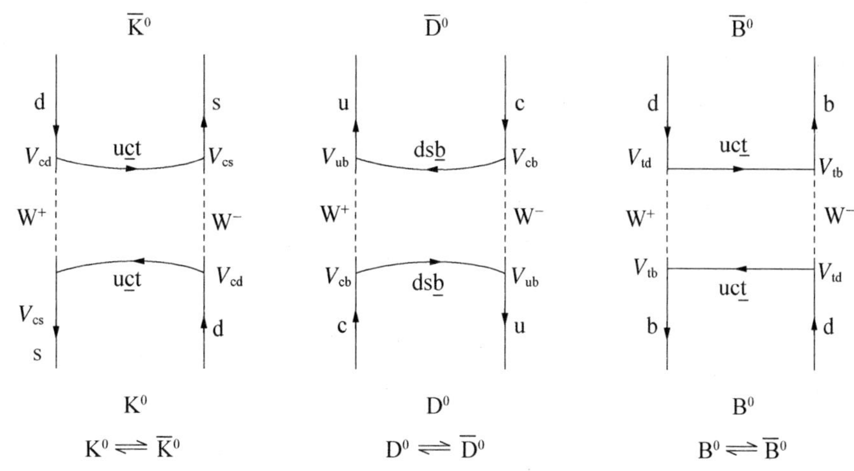

图 8.28　中性重味介子-反介子振荡

表 8.1　中性重味介子-反介子的振荡参数

过程	$K^0 \rightleftharpoons \overline{K}^0$	$D^0 \rightleftharpoons \overline{D}^0$	$B^0 \rightleftharpoons \overline{B}^0$
Δm	$(0.5300 \pm 0.0012) \times 10^{10}\ \hbar s^{-1}$	$< 7 \times 10^{10}\ \hbar s^{-1}$	$(0.472 \pm 0.0017) \times 10^{10}\ \hbar s^{-1}$
$T\left(\frac{1}{\Delta m}\right)$	1.8868×10^{-10} s	$> 1.43 \times 10^{-11}$ s	2.1168×10^{-10} s
x	~ 0.0027		0.174 ± 0.009
$\frac{\Delta\Gamma}{\Gamma}$	~ 1	$-0.116 < \frac{\Delta\Gamma}{\Gamma} < 0.20$	~ 0

$\Delta m = |m_1 - m_2|$，$T = \frac{1}{\Delta m}$ 为振荡周期. x 表示 $t = 0$ 产生的中性介子(反介子)，在全时间过程中转换成反介子(介子)的概率；$\frac{\Delta\Gamma}{\Gamma} = \frac{\Gamma_1 - \Gamma_2}{\Gamma}$，$m_1$，$m_2$，$\Gamma_1$，$\Gamma_2$ 分别为弱质量本征态 1、2 的参数.

由于 D^0，$\overline{D}^0$ 四个作用顶点，引入四个 CKM 非对角元. 它们的振荡效应比较微小，实验设定的是振荡参数的限.

4. 中性介子衰变中的 *CP* 破缺[8]

根据 *CP* 变换定义，有

$$\left.\begin{aligned} CP\,|M\rangle &= e^{+i\xi_M}\,|\overline{M}\rangle \qquad & CP\,|\overline{M}\rangle &= e^{-i\xi_M}\,|M\rangle \\ CP\,|f\rangle &= e^{+i\xi_f}\,|\bar{f}\rangle \qquad & CP\,|\bar{f}\rangle &= e^{-i\xi_f}\,|f\rangle \end{aligned}\right\} \tag{8.21}$$

M 和 $\overline{M}$ 代表所讨论的介子和相应的反介子，f、$\bar{f}$ 是它们衰变到达的末态．CP 再次作用在等式的两边，$M\to M$，$\overline{M}\to\overline{M}$，$f\to f$，$\bar{f}\to\bar{f}$ 因此等式(8.21)右边的相因子是非物理的任意相因子，不出现在测量参数内．

衰变的振幅包括

$$\left.\begin{aligned} A_f &= \langle f \mid H_w \mid M\rangle,\ M\to f; \qquad & A_{\bar{f}} &= \langle \bar{f} \mid H_w \mid M\rangle,\ M\to \bar{f} \\ \bar{A}_f &= \langle f \mid H_w \mid \overline{M}\rangle,\ \overline{M}\to f; \qquad & \bar{A}_{\bar{f}} &= \langle \bar{f} \mid H_w \mid \overline{M}\rangle,\ \overline{M}\to \bar{f} \end{aligned}\right\} \tag{8.22}$$

如果 CP 严格对称，即 $[CP,H_w]=0$，式(8.22)描述的过程 M 到 f 和它的 CP 共轭过程 $\overline{M}$ 到 $\bar{f}$ 的衰变振幅只相差一个非物理的任意相位因子

$$\bar{A}_{\bar{f}} = \mathrm{e}^{\mathrm{i}(\xi_f-\xi_M)} A_f \tag{8.23}$$

交叉项 $A_{\bar{f}}$，$\bar{A}_f$ 可以由于中性介子-反介子的混合（振动）引起，也可以由高阶压低，例如双 Cabibbo 压低（DCS）过程引起．它和 CP 破缺没有直接的对应关系．

介子-反介子 $M/\overline{M}$ 衰变到末态 $f/\bar{f}$ 的 CP 破缺的观测量可用它们的衰变幅 A_f，$\bar{A}_f$；$A_{\bar{f}}$，$\bar{A}_{\bar{f}}$ 组合的物理相位和 q/p（只在中性介子情况下才有的混合振幅比）来描述[11]．

Ⅰ类 CP 破缺，带电的介子、反介子衰变的 CP 破缺的观测量是 $|\bar{A}_{\bar{f}}/A_f|$．过程与 CP 共轭过程衰变宽度的不对称性，直接表示过程 CP 破缺

$$A_S^{f^\pm} = \frac{\Gamma(M^-\to f^-) - \Gamma(M^+\to f^+)}{\Gamma(M^-\to f^-) + \Gamma(M^+\to f^+)} = \frac{\left|\dfrac{\bar{A}_{f^-}}{A_{f^+}}\right|^2 - 1}{\left|\dfrac{\bar{A}_{f^-}}{A_{f^+}}\right|^2 + 1} \tag{8.24}$$

而中性介子、反介子由于存在 $M^0\rightleftharpoons\overline{M}^0$ 的振荡，它们衰变的 CP 破缺的观测量还依赖于混合振幅因子 q/p．由于振荡引起 M^0 和 $\overline{M}^0$ 的混合导致 $M^0(\overline{M}^0)$ 到某一末态的衰变宽度随观测时间 t 变化．

Ⅱ类 CP 破缺，由混合引起的 CP 破缺 $|q/p|\neq 1$．例如，$\mathrm{M^0(\overline{M}^0)\to l^+X^-(l^-X^+)}$．

在 G_F 的一次项精度下，$|A_{\mathrm{l^+X^-}}| = |\bar{A}_{\mathrm{l^-X^+}}|$，$A_{\mathrm{l^-X^+}} = \bar{A}_{\mathrm{l^+X^-}} = 0$．研究“错误符号”轻子衰变 $\mathrm{M^0\to\overline{M}^0\to l^-X^+}$；$\mathrm{\overline{M}^0\to M^0\to l^+X^-}$ 的不对称系数，

$$A_S^{SL}(t) = \frac{\mathrm{d}\Gamma/\mathrm{d}t[\overline{M}^0_{\text{phys}}(t)\to l^+X^-] - \mathrm{d}\Gamma/\mathrm{d}t[M^0_{\text{phys}}(t)\to l^-X^+]}{\mathrm{d}\Gamma/\mathrm{d}t[\overline{M}^0_{\text{phys}}(t)\to l^+X^-] + \mathrm{d}\Gamma/\mathrm{d}t[M^0_{\text{phys}}(t)\to l^-X^+]} = \frac{1-\left|\dfrac{q}{p}\right|^4}{1+\left|\dfrac{q}{p}\right|^4} \tag{8.25}$$

$M^0_{\text{phys}}(t)$，$\overline{M}^0_{\text{phys}}(t)$ 为 t 时刻观测的物理介子、反介子态.

Ⅲ类 CP 破缺,有共同的衰变末态 f 的中性介子,存在 $M^0\to f(A_f)$ 和 $\overline{M}^0\to M^0\to f\ (\overline{A}_f)$ 之间的相干. CP 破缺的观测量通常由

$$\lambda_f \equiv \left(\frac{q}{p}\right)\left(\frac{\overline{A}_f}{A_f}\right) \tag{8.26}$$

来描述.

$$\mathrm{Im}(\lambda_f) \neq 0,\ CP\ 破缺(CPV)$$

$$\mathrm{Im}(\lambda_f) = 0,\ CP\ 守恒(nCPV)$$

通过测量下面的不对称系数来推出 CPV 的信息

$$A_S^{f_{CP}} = \frac{\mathrm{d}\Gamma/\mathrm{d}t[\overline{M}^0_{\text{phys}}(t)\to f_{CP}] - \mathrm{d}\Gamma/\mathrm{d}t[M^0_{\text{phys}}(t)\to f_{CP}]}{\mathrm{d}\Gamma/\mathrm{d}t[\overline{M}^0_{\text{phys}}(t)\to f_{CP}] + \mathrm{d}\Gamma/\mathrm{d}t[M^0_{\text{phys}}(t)\to f_{CP}]} \tag{8.27}$$

对应时刻 t,在 $M^0(\overline{M}^0)$为标记的前提下,记录、统计 $\overline{M}^0(M^0)$到已知 CP 宇称末态 f_{CP}的事例数,进而计算不对称系数.如果 $\Delta\Gamma = 0$ 和 $\left|\dfrac{q}{p}\right| = 1$ (B 和 B_S 属于这种情况,但是 K 不是),式(8.27)变得很简单，$|A_{f_{CP}}| = |\overline{A}_{f_{CP}}|$

$$A_S^{f_{CP}}(t) = \mathrm{Im}(\lambda_{f_{CP}})\sin(x\Gamma t) \tag{8.28}$$

上式参数由 M^0，$\overline{M}^0$ 混合形成的质量本征态 M_1,M_2的参数定(见上一节图 8.28 和对应的表的脚注).由式(8.26)可见,混合参数 q/p 与衰变振幅比分别与图 8.29(左)和衰变图(右)的相关 CKM 矩阵元定.对 $B(B_s)$情况，$\left|\dfrac{q}{p}\right| = 1.0015 \pm 0.0039$，所以$\dfrac{q}{p} = \mathrm{e}^{\mathrm{i}\phi_{M(B)}}$.

由式(8.26),$\lambda_{f_{CP}} = \mathrm{e}^{\mathrm{i}\phi_{M(B)}}\left(\dfrac{\overline{A}_{f_{CP}}}{A_{f_{CP}}}\right)$,用 CKM 矩阵元表示的相因子 $\mathrm{e}^{\mathrm{i}\phi_{M(B)}} = \dfrac{V^*_{tb}V_{td}}{V_{tb}V^*_{td}}$.衰变振幅

$$A_f = (V^*_{qb}V_{qq'})t_f + \sum_{q^u=uct}(V^*_{q^ub}V_{q^uq'})p_f^{q^u}$$

t_f 和 $p_f^{q^u}$ 分别为图 8.29 中树图和海鸥图的振幅.

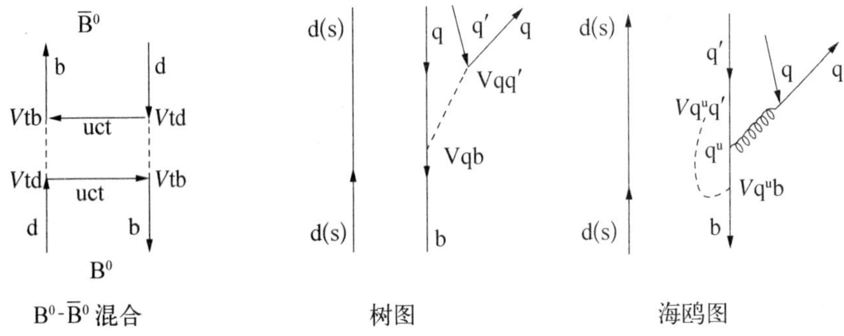

图 8.29 导致 *CP* 破缺的中性 B 介子混合及衰变的 Feynman 图

标准模型认为,CKM 矩阵的相因子是 *CP* 破缺的来源(*CP* 破缺的 KM 机制).为阐明 *CP* 破缺与 CKM 矩阵的关系,一种普遍接受的 CKM 表示的 Wolffenstein 参数法:$\lambda \equiv s_{12}$;A,ρ,η 是接近于 1 的实数. V 表示为

$$V_{CKM} = \begin{pmatrix} 1-\frac{1}{2}\lambda^2-\frac{1}{8}\lambda^4 & \lambda & A\lambda^3(\rho-\mathrm{i}\eta) \\ -\lambda+\frac{1}{2}A^2\lambda^5[1-2(\rho+\mathrm{i}\eta)] & 1-\frac{1}{2}\lambda^2-\frac{1}{8}\lambda^4(1+4A^2) & A\lambda^2 \\ A\lambda^3[1-(1-\frac{1}{2}\lambda^2)(\rho+\mathrm{i}\eta)] & -A\lambda^2+\frac{1}{2}A\lambda^4[1-2(\rho+\mathrm{i}\eta)] & 1-\frac{1}{2}A^2\lambda^4 \end{pmatrix}$$

这里,$\lambda = V_{us} = 0.22$ 作为展开的小量,展开式精确到 $O(\lambda^5)$. η 是量度 *CP* 破缺的相位.关于 CKM 矩阵的直接和间接的内在联系可简洁地用"幺正三角形"来描述.由 CKM 矩阵的幺正性 $V^+V = I$,和 d,b 夸克相联系的幺正三角形方程

$$V_{\mathrm{ud}}V_{\mathrm{ub}}^* + V_{\mathrm{cd}}V_{\mathrm{cb}}^* + V_{\mathrm{td}}V_{\mathrm{tb}}^* = 0 \tag{8.29}$$

它对应于复平面上的一个三角形.选择三角形的取向,使 $V_{\mathrm{cd}}V_{\mathrm{cb}}^*$ 一边为实轴,$V_{\mathrm{cd}} \sim -s_{12}$,近似为实数,$V_{\mathrm{ub}} \sim V_{\mathrm{tb}} \sim 1$,上述方程变为

$$V_{\mathrm{ud}}^* + V_{\mathrm{td}} = s_{12}V_{\mathrm{cb}}^*$$

其几何图形如图 8.30 左图. 图 8.30 右图是用因子 $\left(\frac{1}{s_{12}V_{\mathrm{cb}}^*}\right)$ 重新归一的幺正三角形.三个顶点坐标为:$A\left(\mathrm{Re}\frac{V_{\mathrm{ub}}^*}{|s_{12}V_{\mathrm{cb}}^*|}, -\mathrm{Im}\frac{V_{\mathrm{ub}}^*}{|s_{12}V_{\mathrm{cb}}^*|}\right)$,$B(1, 0)$,$C(0, 0)$. 定义

$$\rho \equiv \mathrm{Re}\frac{V_{\mathrm{ub}}^*}{|s_{12}V_{\mathrm{cb}}^*|}, \eta \equiv -\mathrm{Im}\frac{V_{\mathrm{ub}}^*}{|s_{12}V_{\mathrm{cb}}^*|}$$

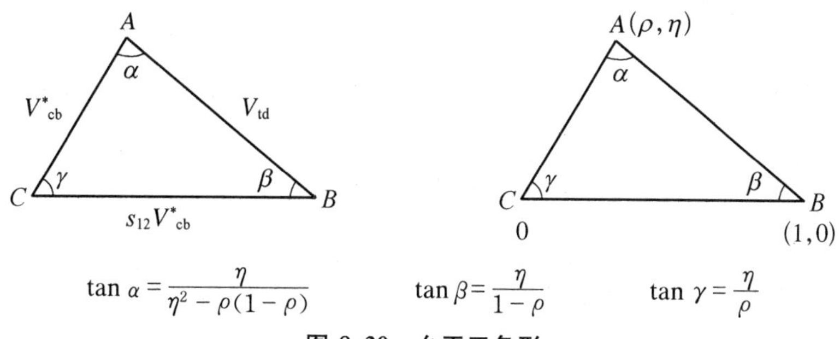

$\tan\alpha = \frac{\eta}{\eta^2-\rho(1-\rho)}$ $\tan\beta = \frac{\eta}{1-\rho}$ $\tan\gamma = \frac{\eta}{\rho}$

图 8.30 幺正三角形

图中的三个顶角

$$\alpha = \phi_1 = \arg\left(-\frac{V_{td}V_{tb}^*}{V_{ud}V_{ub}^*}\right) \quad \beta = \phi_2 = \arg\left(-\frac{V_{cd}V_{cb}^*}{V_{td}V_{tb}^*}\right) \quad \gamma = \phi_3 = \arg\left(-\frac{V_{ud}V_{ub}^*}{V_{cd}V_{cb}^*}\right)$$

三个顶角可以由 CP 的不对称系数的测量结果得到. 与式(8.29)相似的由不同行或者列组成的关系式对应的幺正三角形具有相同的面积($J/2$). CP 破缺,三角形的面积不为零. 参数化的幺正三角形面积为 $J/2\approx\lambda^6A^2\eta$.

$B^0\to J/\psi K_S$ 和其他($b^-\to c^-\ cs^-$)过程,我们忽略了 P^u 对 A_f 的贡献(不确定性在1%)

$$\lambda_{\psi K_S} = -e^{-2i\beta} \Rightarrow S_{\psi K_S} = \sin 2\beta$$

实验数据与式(8.28)拟合得到系数 $=-\mathrm{Im}(\lambda_{\psi K})$,从而确定幺正三角形的顶角. 实验测量结果为[9]

$$S_{\psi K_S} = 0.685 \pm 0.032 \tag{8.30}$$

是首次对KM机制进行精确检验. 实验值与 $\sin 2\beta$ 预期值的一致性表明KM机制确实是介子衰变 CP 破缺的主要来源. 在B-工厂,由于相干引起的 CP 破缺还在其他若干过程中观测到. 直接的 CP 破缺在 $B\to K\pi$ 的衰变中也观测到[10],不对称系数为

$$A_S^{K^\mp\pi^\pm} = \frac{\left|\frac{\bar{A}_{K^-\pi^+}}{A_{K^+\pi^-}}\right|^2 - 1}{\left|\frac{\bar{A}_{K^-\pi^+}}{A_{K^+\pi^-}}\right|^2 + 1} = -0.115 \pm 0.018 \tag{8.31}$$

观测结果的不足以及对结果的理论解释的不确定性,为 CP 破缺的新物理源留下可能的空间. 的确,几乎所有的扩展的标准模型都预示 CP 破缺的新的物理源. 而且,宇宙学中重子起源(Baryogenesis)——物质-反物质的不对称性的解释也要求存在新的 CP 破缺源. 尽管 CP 破缺KM机制取得唯象学的成功,但它无法(若干数量级上)说明物质-反物质的不对称性. 这种分歧强烈预示着,自然界

一定存在KM机制以外的 CP 破缺源.(最近中微子质量存在的证据意味着轻子族存在 CP 破缺,为轻子的起源开辟新局面:轻子族 CP 破缺的相位在重子不对称性上可能起着至关重要的作用)寻找KM机制外的新 CP 破缺源驱动大量的实验活动的开展:

- 介子衰变过程的研究——提高精度,揭示分歧,暴露KM机制外的 CP 破缺源.
- 粒子电偶极矩的测量,它不涉及味道改变的耦合,是寻找KM机制外 CP 破缺源的好场所.

中微子振荡中 CP 破缺的寻找,为轻子起源(Leptogenesis)、轻子族混合及重子不对称等粒子物理和宇宙学的重大问题提供重要资料.

8.4 弱中性流和电弱统一

8.4.1 弱中性流

1. 弱中性流的引入

电磁作用是携带电荷的轻子、夸克交换电中性的光子和保持费米子"味"不变的过程.基本顶点如图8.31(a)所示.1958年,Bludman提出存在着参与弱作用的费米子的电荷态不改变的弱作用,如图8.31(b).带有弱荷 g_z 的费米子(带电轻子和中微子)发射中性的弱作用的传播子 Z^0.人们需要有弱中性流是在处理 $e^+ + e^- \rightarrow \mu^+ + \mu^-$ 这样一个电磁作用过程的高阶弱带电流修正时.该过程的最低阶的电磁作用过程如图8.32(a).图8.32(b)的4个顶点的贡献看来应是很小的修正.实际计算发现图8.32(b)的引入给出一个发散的积分.这种不合理性告诉人们,图8.32(b)是不完整的弱修正图,应该存在另外的弱修正图,例如图8.32的(c),(d),以及相应的弱中性流的最低阶图(e).通过调整各顶点荷(e, g_W, g_Z)之间的关系(见8.4.2)可以消除高阶修正的发散困难.

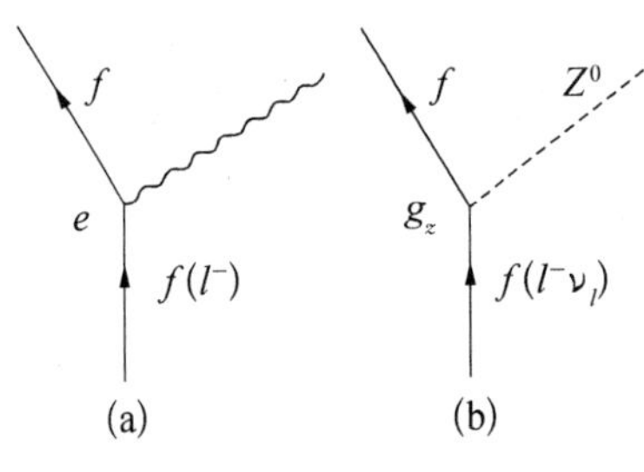

图8.31 中性流作用基本顶点

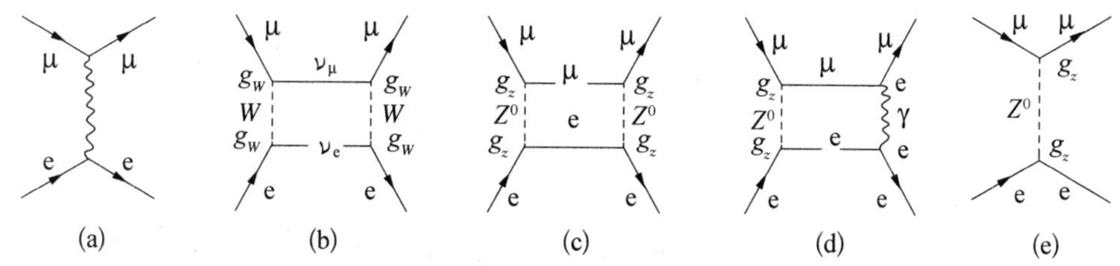

图 8.32　$e^+ + e^- \to \mu^+ + \mu^-$ 的电弱修正高阶箱图

2. 弱中性流过程

1961 年 Glashow 的第一篇电弱统一的论文中，正式将弱中性流的作用顶点ffZ^0放入电弱相互作用的理论框架内．费米子 f 包括三代轻子和三代夸克．在电磁相互作用中的电磁作用顶点(图 8.1)，把 γ(波浪线)换成 Z^0(虚线)，荷 e 换成荷 g_Z，就得到相应的中性流作用顶点．除此之外，还有 $\nu_l\nu_l Z^0$(l = e, μ, τ)顶点．

3. 弱中性流过程的寻找

因为所有电磁作用顶点都存在着中性流顶点，即弱中性流是普遍存在于所有电磁作用过程．但是弱中性玻色子质量很重，其作用过程贡献振幅 $\sim \alpha^2/M_Z^4 \ll \alpha^2$，因此在通常电磁作用过程中，弱中性流引起的电磁作用过程的效应(原子过程的宇称不守恒等)是极其微弱的．除非用高精度的特殊实验，才可能量到其效应．在理论模型中放入 ffZ^0 以后，人们开始探寻其存在．为消除电磁过程的竞争，$\nu_l\nu_l Z^0$ 顶点的寻找是最有希望的候选者．中微子 ν_l 参与的反应过程中，带电流过程——$\nu_l lW$ 的实验，有 l 轻子的出现，人们容易辨认它，而 $\nu_l\nu_l Z^0$ 过程，由于中微子的"Invisible"，实验要给予特别的关注．1973 年欧洲核子中心首先观测到如图 8.33(a)的过程，加速器引出的高能 μ 反中微子(高能 π^-束(～200 GeV)的衰变产生，每个脉冲有 10^9 的 μ 反中微子)注入 Gargamalle 气泡室，观测到 400 MeV 的电子发射(从 140 万张照片中发现 3 张照片有高能电子产生)而不是带正电的 μ 子．后者是如右图所描述的带电流过程．快速电子只能是左图所描述的中性流过程．中性流事例没有相应的带电轻子出现．

一般来说有相应的带电轻子出现的一定是带电流事例．$\nu_e + e^- \to \nu_e + e^-$ 过程是个例外，它包括中性流和带电流并举的过程(图 8.34)．

4. 不存在味道改变的中性流

d-型夸克通过 CKM 矩阵混合．因此，$d'd'Z^0$，$s's'Z^0$ 和 $b'b'Z^0$ 的中性流顶点

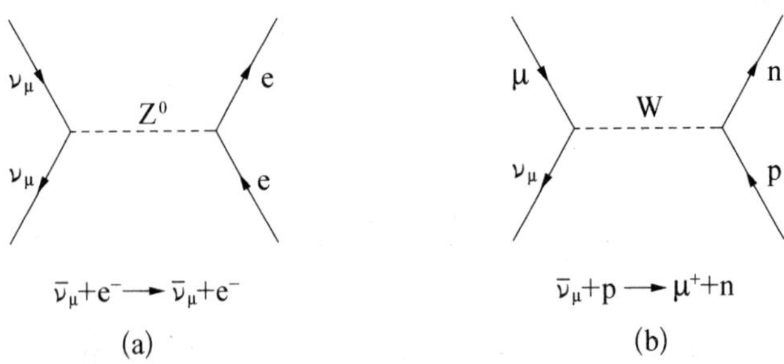

图 8.33 中性流(a)和带电流(b)过程

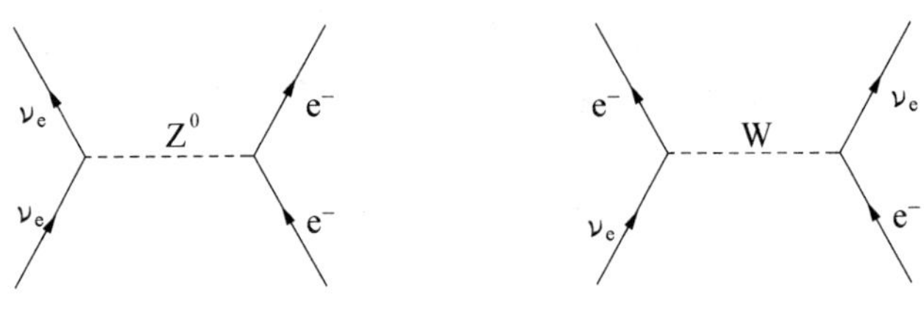

图 8.34 $\nu_e + e^- \rightarrow \nu_e + e^-$ 过程

将包含着 dsZ^0，dbZ^0，sbZ^0……等味道改变的中性流顶点.实验上，人们并没有观察到味道改变的弱中性流过程.例如，实验只观察到如下的 8.35(a)图存在，而不存在 8.35(b)图.

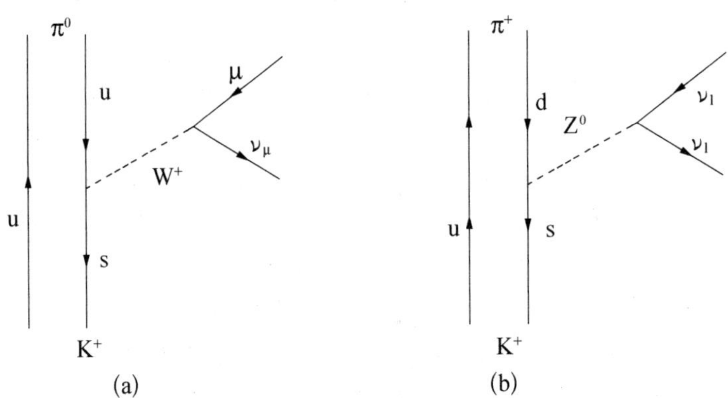

图 8.35 K^+ 衰变的低阶 Feynman 图

$$\frac{\sum\limits_{l=e,\mu,\tau}\Gamma(K^+\rightarrow\pi^+ + \nu_l + \bar{\nu}_l)}{\Gamma(K^+\rightarrow\pi^0 + \mu^+ + \nu_\mu)} < 10^{-6}$$

人们没有观察到 $K^0(\bar{K}^0)\rightarrow\mu^+ + \mu^-$ 的衰变，也否定了如下的低阶的味道改变的弱中性流过程的存在，故图 8.36(a)过程是不允许的，$K^0(\overline{K}^0) \to \mu^+ + \mu^-$ 只能通过更高阶的带电流来进行，而且箱图 8.36(b)的左图振幅 $f_{\text{left}} \sim V_{\text{ud}} V_{\text{us}} = \cos\theta_c \sin\theta_c$ 与右图振幅 $f_{\text{right}} \sim V_{\text{cd}} V_{\text{cs}} = -\cos\theta_c \sin\theta_c$ 相抵消（θ_c 为 Cabbibo 角）. 因此 $K^0(\overline{K}^0) \to \mu^+ + \mu^-$ 是被禁止的

$$\frac{\Gamma(K^0 \to \mu^+ + \mu^-)}{\Gamma(K^0 \to \text{all})} \leqslant 3.2 \times 10^{-7}$$

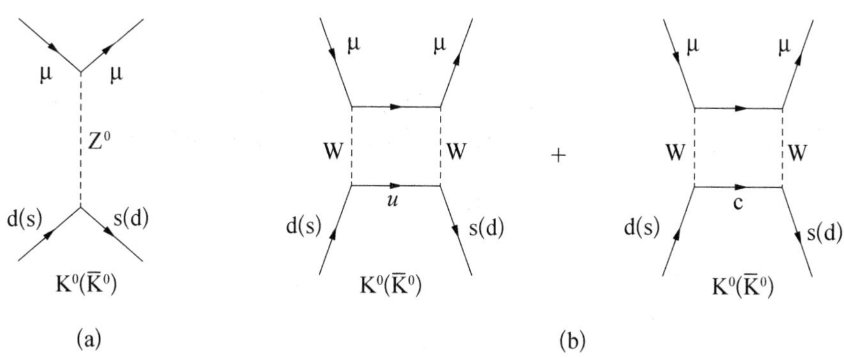

图 8.36 $K^0(\overline{K}^0)$ 到 μ 对是不发生的

8.4.2 电弱统一理论

U(1)变换的不变性，要求带电粒子电荷和它所在空间的电磁场 A_μ 发生规范相互作用，和规范场对应的光子质量为零. 这是 QED 理论的基本出发点. 存在基本作用顶点 eeγ. 弱作用包括前面引入的带电流顶点和中性流顶点

$$l^- \nu_l W^-, \ \nu_l l^- W^+ \ \text{和} \ l^- l^- Z^0, \ l^+ l^+ Z^0, \ \nu_l \nu_l Z^0$$

表明与弱荷相耦合的弱作用规范场 W_μ 必须具有三种电荷态. 它们构成弱同位旋 $I = 1$ 的三个分量 $W_\mu^{(1)}$，$W_\mu^{(2)}$ 和 $W_\mu^{(3)}$. 规范变换不变性要求，相应的场量子质量为零. 1967 年 Weinberg-Salam-Glashow 建立了电弱统一理论，将弱同位旋的 SU(2)和弱超荷的 U(1)合并为 $SU(2)_L \otimes U(1)_Y$ 的规范变换. 和 $U(1)_Y$ 对应的超荷矢量场为 B_μ，其对应的场量子质量也为零. 带有弱荷的三代轻子、三代夸克是弱同位旋的两重态. 味道改变的带电流正是弱同位旋两重态的轻子、夸克形成的弱流（包括矢量和轴矢量流）与同位旋矢量场 $W^{(1)}$、$W^{(2)}$ 的相互作用；弱中性流（弱超荷）和电磁流（电荷）的作用场是 $W^{(3)}$ 和 B 混合的场. 电弱相互作用的拉氏量写为

$$L = gJ_\mu \cdot W_\mu + g' J_\mu^Y B_\mu \tag{8.32}$$

J_μ，J_μ^Y 代表带有弱荷的轻子或者夸克的弱同位旋流和弱超荷流，右下标（$\mu=0$，1，2，3）为四矢（轴矢）量的 4 个分量，右上标为同位旋流，有三个分量，它们与同位旋场耦合. g、g'分别为弱流与 W 场、B 场的耦合因子（荷）. 根据超荷与同位旋第三分量、电荷的关系 $Y = Q - I_3$，超荷流可以写为

$$J_\mu^Y = J_\mu^{em} - J_\mu^{(3)} \; ; \tag{8.33}$$

定义

$$\frac{g'}{g} \equiv \tan\theta_W \tag{8.34}$$

θ_W 是电弱理论引入的一个需要由实验来确定的参数，称为电弱混合角，也称温伯格角. 物理上观察到的 4 个矢量规范玻色子可由上述引入的四个场矢量组合

$$\left.\begin{aligned} W_\mu^+ &= \frac{1}{\sqrt{2}}\left[W_\mu^{(1)} + \mathrm{i}W_\mu^{(2)}\right] \rightarrow W^+ \\ W_\mu^- &= \frac{1}{\sqrt{2}}\left[W_\mu^{(1)} - \mathrm{i}W_\mu^{(2)}\right] \rightarrow W^- \end{aligned}\right\} \tag{8.35}$$

$$\left.\begin{aligned} A_\mu &= B_\mu\cos\theta_W + W_\mu^{(3)}\sin\theta_W \rightarrow \gamma \\ Z_\mu &= -B_\mu\sin\theta_W + W_\mu^{(3)}\cos\theta_W \rightarrow Z^0 \\ J^\pm &= J^{(1)} \pm \mathrm{i}J^{(2)} \end{aligned}\right\} \tag{8.36}$$

将式(8.33)～(8.36)代入(8.32)得

$$L = \frac{g}{\sqrt{2}}(J_\mu^- W_\mu^+ + J_\mu^+ W_\mu^-) + \frac{g}{\cos\theta_W}(J_\mu^{(3)} - \sin^2\theta_W J_\mu^{em})Z_\mu + g\sin\theta_W J_\mu^{em} A_\mu \tag{8.37}$$

弱带电流 ↑　　　　　　弱中性流 ↑　　电磁中性流 ↑

拉氏能量密度包括弱带电流、弱中性流和电磁中性流三部分. 电磁耦合常数 e 直接与弱耦合系数 g 联系

$$e = g\sin\theta_W, \quad g\sin\theta_W = g'\cos\theta_W \tag{8.38}$$

电荷 e 与弱荷 g 有同样的量级，$W^\pm$，Z^0 必须具有质量，理论上同时引入同位旋 $I=1/2$ 的复标量场——Higgs 标量粒子（四个分量），在充满 Higgs 场的破缺的“真空”背景下，无质量的中间玻色子和参与弱作用的费米子获得质量，同时确保电弱规范场可重整化. 我们通过 μ 衰变，把电弱规范的 Feynman 图和费米弱衰变的四费米相互作用联系，定义

$$\frac{G}{\sqrt{2}} \equiv \frac{g^2}{8M_W^2} \tag{8.39}$$

由(8.38)(8.39)，M_W 可用电弱混合角表示为

$$M_W = \left(\frac{g^2\sqrt{2}}{8G}\right)^{\frac{1}{2}} = \left(\frac{e^2\sqrt{2}}{8G\sin^2\theta_W}\right)^{\frac{1}{2}} = \frac{37.4}{\sin\theta_W}\text{GeV} \tag{8.40a}$$

为了求 Z 的质量，在式(8.35)的 Z、γ 表示的波函数中求质量算符(平方)的期待值

$$M_Z^2 = \langle Z_\mu | \widehat{\mathfrak{M}}^2 | Z_\mu \rangle,\ M_W^2 = \langle W_\mu^{(i)} | \widehat{\mathfrak{M}}^2 | W_\mu^{(i)} \rangle,\ M_\gamma^2 = \langle A_\mu | \widehat{\mathfrak{M}}^2 | A_\mu \rangle$$

$$M_Z^2 = M_W^2\cos^2\theta_W + M_B^2\sin^2\theta_W - 2M_{BW}^2\cos\theta_W\sin\theta_W$$

$$M_\gamma^2 = M_W^2\sin^2\theta_W + M_B^2\cos^2\theta_W + 2M_{BW}^2\cos\theta_W\sin\theta_W \equiv 0$$

$$M_{Z\gamma}^2 = (M_W^2 - M_B^2)\cos\theta_W\sin\theta_W + M_{BW}^2(\cos^2\theta_W - \sin^2\theta_W) = 0$$

第二式为零，因为自发破缺确保光子质量为零，第三式为零，是因为 Z 和 A 场正交. 上面三个方程消去对角项 M_{BW} 和 $M_{Z\gamma}$ 得到

$$M_Z = \frac{M_W}{\cos\theta_W} \sim \frac{75}{\sin 2\theta_W}\ \text{GeV} \tag{8.40b}$$

在式(8.37)中，考虑第二项的弱中性流耦合与第一项带电流耦合的相对幅度，第二项得到一个因子 ρ，这时式(8.40b)变为

$$M_Z^2 = \frac{M_W^2}{\rho\cos^2\theta_W} \tag{8.40c}$$

除约 1%的小的辐射修正外，取 $\rho = 1$，所有实验数据与最简单的模型(二重态复 Higgs 场)一致.

下面讨论轻子、夸克的电弱耦合问题. 电弱统一理论的式(8.32)的弱同位旋流、弱超荷流由轻子和夸克的左螺旋的弱同位旋二重态、弱超荷的同位旋单态来构造

$$\begin{pmatrix}\nu_l\\ l^-\end{pmatrix}_L \quad l = \text{e},\ \mu,\ \tau, \qquad I = 1/2, \quad \begin{pmatrix}1/2\\ -1/2\end{pmatrix} \quad Q = \begin{pmatrix}0\\ -1\end{pmatrix} \quad Y = -1/2$$

$$(l^-)_R \quad l = \text{e},\ \mu,\ \tau, \qquad I = 0,\ 0 \qquad Q = -1 \qquad Y = -1$$

$$\begin{pmatrix}\text{u}\\ \text{d}'\end{pmatrix}_L, \begin{pmatrix}\text{u} = \text{u},\ \text{c},\ \text{t}\\ \text{d}' = \text{d}',\ \text{s}',\ \text{b}'\end{pmatrix}, I = 1/2 \quad \begin{pmatrix}1/2\\ -1/2\end{pmatrix} \quad Q = \begin{pmatrix}2/3\\ -1/3\end{pmatrix} \quad Y = 1/6$$

$$(\text{u})_R,\ (\text{u} = \text{u},\ \text{c},\ \text{t}), \qquad I = 0, \qquad 0, \quad Q = 2/3, \quad Y = 2/3$$

$$(\text{d}')_R,\ (\text{d}',\ \text{s}',\ \text{b}'), \qquad I = 0, \qquad 0, \quad Q = -1/3, \quad Y = -1/3$$

对于弱带电流，顶点因子中的矢量耦合因子 c_V 和轴矢量耦合因子 c_A 都等于 1(V-A 理论). 对于弱中性流，与 Z 场耦合的 $J^{(3)}$ 流只与左螺旋的同位旋二重态的轻子、夸克耦合；电磁流 J^{em} 包含左螺旋二重态的和右螺旋单态的带电轻子、夸克(电磁作用过程宇称守恒). 顶点因子中的矢量耦合因子 c_V 和 c_A(电磁流只有矢量

耦合)由式(8.37)的 Z 场前面括号来决定,电磁流中的左螺旋部分和 $J^{(3)}$ 合并用 g_L,电磁流的右螺旋部分单列为 g_R

$$g_L = I_3 - Q\sin^2\theta_W \qquad g_R = -Q\sin^2\theta_W \tag{8.41a}$$

Q 是形成电磁流的费米子电荷量子数,I_3 是形成同位旋流的费米子的同位旋第三分量. Z^0 对左、右螺旋态的耦合,矢量有相同符号,轴矢有相反符号.即

$$c_V = g_L + g_R = I_3 - 2Q\sin\theta_W,\quad c_A = g_L - g_R = I_3 \tag{8.41b}$$

根据轻子、夸克的同位旋、和电荷态,表 8.2 列出不同轻子夸克与 Z 场的矢量和轴矢量耦合因子.

表 8.2 不同费米子与 Z^0 的 $V-A$ 耦合因子

费米子	c_V	c_A
ν_e, ν_μ, ν_τ	$\frac{1}{2}$	$\frac{1}{2}$
e, μ, τ	$-\frac{1}{2}+2\sin^2\theta_W$	$-\frac{1}{2}$
u, c, t	$\frac{1}{2}-(\frac{4}{3})\sin^2\theta_W$	$\frac{1}{2}$
d, s, b	$-\frac{1}{2}+\left(\frac{2}{3}\right)\sin^2\theta_W$	$-\frac{1}{2}$

对反费米子,式(8.41b)中的 g_L 和 g_R 互换.

8.4.3 正负电子对撞和电弱统一理论的实验检验

1. 正负电子共振产生 Z^0

1983 年在 CERN 的 $\mathrm{Sp\bar{p}S}$ 对撞机上发现了 W, Z^0,大大推动了 CERN 的 LEP(大型电子-正电子对撞机)的进程. 1989 年 LEP 运行在 $\sqrt{s}\approx 90$ GeV 附近,产生大量的 Z^0 粒子,成为世界上第一个 Z^0 工厂. 正负电子湮灭从低能区 $\sqrt{s}\ll M_Z$ 的光子传递为主, $\sigma_\gamma\approx\frac{\alpha^2}{s}$, 逐步过渡到以 Z^0 为主, $\sigma_Z\approx G_Z^2 s$, 它们中间存在着电磁过程和弱中性流过程的相干,对一定的动量中心系的总能量$\sqrt{s}$,弱电的相对比重

$$\frac{\sigma_Z}{\sigma_\gamma}\approx\frac{G_Z^2 s^2}{\alpha^2}\approx\frac{s^2}{M_Z^4} \tag{8.42}$$

图 8.35 给出电弱作用截面随动量中心系能量的竞争趋势,当$\sqrt{s}\sim M_Z$, Z^0 共振峰出现(图 8.35).

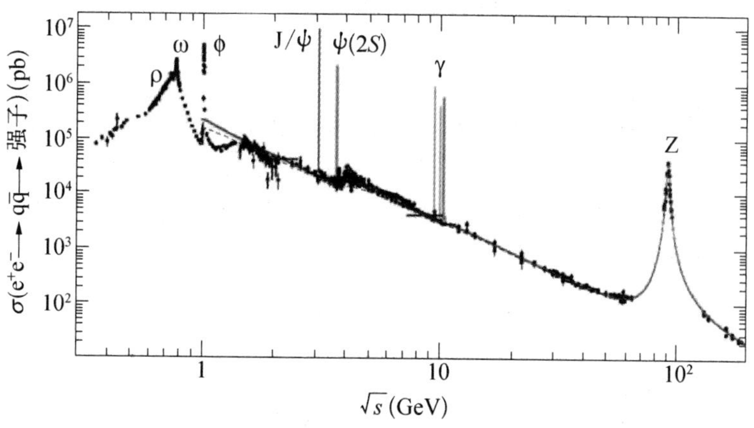

图 8.35　$e^+e^- \to f\bar{f}$ 过程的电弱相互作用的竞争[2]

用相对论的 Breit-Wigner 公式，考虑初态的辐射效应[13]对共振曲线进行拟合，图 8.36 是 Z^0→强子末态对应的共振曲线，4 个实验组数据组合. 数据点上的误差间隔已放大了 10 倍.

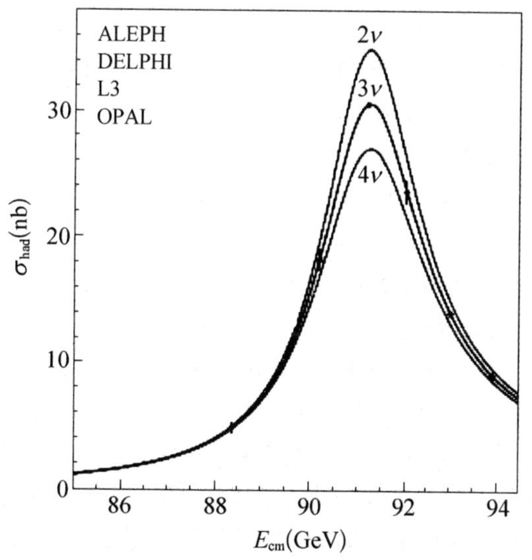

图 8.36　Z^0 共振曲线[2]

给出 Z^0 共振峰重要的参数[11]

$$M_Z = (91.187\,6 \pm 0.002\,1)\ \text{GeV}/c^2$$

$$\Gamma_{Z^0} = (2.495\,2 \pm 0.002\,3)\ \text{GeV}$$

$$\Gamma_{Z^0 \to h's} = (1\,744.4 \pm 2.0)\ \text{MeV}$$
$$\Gamma_{Z^0 \to l^+ l^-} = (83.984 \pm 0.086)\ \text{MeV}\ (l = \text{e},\ \mu,\ \tau) \tag{8.43}$$

2. 中微子的代数 N_ν

尽管中微子是“invisible”，$\nu_{ll}Z^0$ 过程应该在 Z^0 总宽度中占有自己的份额.式(8.43)所列的强子末态和带电轻子末态的分支宽度只占 Z^0 的总衰变宽度的≈80%，如果假定有 N_ν 种质量远小于 $M_Z/2$ 的中微子，根据电弱理论，Z^0 到费米子末态的衰变分宽度表示如下[4]

$$\left.\begin{aligned}
&\Gamma_{\text{f}\bar{\text{f}}} = \frac{GM_Z^3\rho}{6\pi\sqrt{2}}(c_{Vf}^2 + c_{Af}^2)F \qquad (f = \nu_l,\ \text{l},\ \text{u},\ \text{d},\ \text{s},\ \text{c},\ \text{b})\\
&Z^0 \to \nu\,\bar{\nu} \qquad\qquad F = 1\\
&Z^0 \to \text{l}\,\bar{\text{l}} \qquad\qquad F = \left(1 + \frac{3\alpha}{4\pi}\right)\\
&Z^0 \to \text{q}\bar{\text{q}} \qquad\qquad F = 3\left(1 + \frac{\alpha_s}{\pi}\right)
\end{aligned}\right\} \tag{8.44}$$

其中 $G = 1.166\,4 \times 10^{-5}\ \text{GeV}^{-2}$，是费米耦合常数；$c_{Vf}$，$c_{Af}$是表 8.2 列的不同费米子与 Z^0 的耦合常数；M_Z 是衰变母粒子的质量(取实验值).ρ 是前面定义(式 8.40c)的与辐射修正有关的接近于 1 的参数；F 是衰变末态相互作用有关的函数，α，α_s 是Z^0 能区跑动的 QED，QCD 的耦合常数($\alpha = 1/129$；$\alpha_s = 0.12$)，到($\text{q}\ \bar{\text{q}}$)的 F 函数前面的 3 为色因子，V－A 耦合因子中的 $\sin^2\theta_W = 0.23$.根据式(8.44)计算的各个衰变道的分宽度

$$\Gamma_{\nu\bar{\nu}} = 0.166\ \text{GeV};\ \Gamma_{\text{l}\bar{\text{l}}} = 0.084\ \text{GeV};$$
$$\Gamma_{\text{u}\bar{\text{u}}} = \Gamma_{\text{c}\bar{\text{c}}} = 0.29\ \text{GeV};\ \Gamma_{\text{d}\bar{\text{d}}} = \Gamma_{\text{s}\bar{\text{s}}} = \Gamma_{\text{b}\bar{\text{b}}} = 0.38\ \text{GeV}$$

与式(8.43)的实验值一致.用实验的总衰变宽度、强子、轻子的分宽度带入，得到“Invisible”中微子的总分宽度

$$N_\nu\Gamma_{\nu_l\nu_l} = \Gamma_Z - (1.744\,4 + 3 \times 0.083\,98) = 0.498\,8 \pm 0.003\,0$$

根据电弱理论计算的每代中微子的分宽度值，可得 $N_\nu = 3$. 图 8.36 共振峰的拟合结果支持了 $N_\nu = 3$，而否定了 $N_\nu = 2, 4$(虚线)的结论.这是一个有重要意义的结论.因为电弱理论并没有限制自然界存在的费米子代数.即可能存在着第四代费米子.实验测量的 Z^0 的总宽度已经不可能容纳第四代的轻子.实验结果，支持了三代费米子.它们是(e^-，ν_e，d，u)；(μ^-，ν_μ，s，c)；(τ^-，ν_τ，b，t).满足电弱统一的“Anomaly Condition”

$$\left.\begin{aligned}
Q_\text{e} + Q_{\nu_\text{e}} + 3(Q_\text{u} + Q_\text{d}) = 0\\
Q_\mu + Q_{\nu_\mu} + 3(Q_\text{c} + Q_\text{s}) = 0\\
Q_\tau + Q_{\nu_\tau} + 3(Q_\text{t} + Q_\text{b}) = 0
\end{aligned}\right\} \tag{8.45}$$

3. 电弱混合角的实验确定

Z^0 衰变的末态粒子的前后不对称系数包含矢量、轴矢量的耦合因子(其中含有参数 $\sin^2\theta_W$).正负电子对撞包含通过光子、Z^0 的湮灭到达末态费米子对的过程,微分截面包括三部分

$$\mathrm{d}\sigma/\mathrm{d}\Omega = (\mathrm{d}\sigma/\mathrm{d}\Omega)_\gamma + (\mathrm{d}\sigma/\mathrm{d}\Omega)_{\gamma Z} + (\mathrm{d}\sigma/\mathrm{d}\Omega)_Z \tag{8.46}$$
$$\quad \frac{\alpha^2}{s}\uparrow \qquad\qquad \frac{Gs}{\alpha}\uparrow \qquad\qquad G^2 s\uparrow$$

由于过程存在电弱相干式(8.46),末态粒子(轻子对、夸克对)发射存在前后的不对称性 A_{FB},电弱理论给出,$A_{FB} = \dfrac{F-B}{F+B} \approx \dfrac{Gs}{\alpha}$,不对称系数随系统总能量平方($s$)增加而增强,在 Z^0 共振峰(Z^0-pole),$e^+e^- \to Z^0 \to f\bar{f}$ 前后不对称系数可表示为

$$A_{FB}^0 = 3A_e^0 A_f^0$$
$$A^0 = \frac{c_V c_A}{c_V^2 + c_A^2} \tag{8.47}$$

利用SLAC的直线对撞机分别产生的左、右纵向极化的电子束和正电子在 Z^0 峰位处对撞.测量共振截面对左、右极化电子的不对称系数

$$A_{LR}^0 = \frac{\sigma_L - \sigma_R}{\sigma_L + \sigma_R} = A_e^0$$

提供了另一种独立于前后不对称测量电弱混合角的方法.根据弱作用理论,电弱相干引起无极化的正负电子束产生的末态费米子的极化,例如通过测量 τ 轻子对衰变产物的角分布定出对撞产生的 τ 轻子的纵向极化参数(正比与 c_V/c_A).表8.3列出用不同的方法、不同的通道测到的电弱混合角 $\sin^2\theta_W$:不同方法、不同通道的测量值在1%的精度上重合,主要来自不同通道的辐射修正的不确定性.

表8.3　不同方法得到的 $\sin^2\theta_W$ 的测量值[4]

A_{FB}^0(轻子)	0.2309 ± 0.0006
A_τ^0(极化)	0.2324 ± 0.0009
A_{FB}^0(b夸克)	0.2325 ± 0.0004
A_{LR}^0(SLC)	0.2306 ± 0.0005
νe,νN散射	0.224 ± 0.004
$1 - M_W^2/M_Z^2$	0.226 ± 0.005

8.4.4 Higgs(希格斯)机制

规范变换 $SU(2)_L \otimes U(1)_Y$ 是严格对称、可重整化的理论,要求对应的规范玻色子是零质量的,而且它相关的费米子的质量也必须为零.赋予它们质量的一个简单的方案是引入一个同位旋两重态的复标量场,该场的拉氏量

$$L = T - V = \frac{1}{2}(\partial_\mu \phi)^2 - \frac{1}{2}\mu^2\phi^2 - \frac{1}{4}\lambda\phi^4 \tag{8.48}$$

场量 ϕ 为拉氏量的广义坐标,第二等号后的第一项为标量场对应的粒子的动能,场量 ϕ 的二次方项的系数的 2 倍正是场粒子质量的平方,第三项描述标量粒子与场的自相互作用,λ 为自相互作用的耦合常数.最后两项是标量粒子的势能项.势能的极小值对应的是基态——真空

$$\frac{\partial V}{\partial \phi} = 0 \rightarrow \phi(\mu^2 + \lambda\phi^2) = 0$$

当 $\mu^2 > 0$,场量 $\phi = 0$ 势能取极小,为正常的真空.μ 为正常真空的标量粒子的质量.当 $\mu^2 < 0$,场量

$$\phi = \pm v = \pm\sqrt{\frac{-\mu^2}{\lambda}} \tag{8.49}$$

系统位能为极小,成为非正常真空,或称破缺的真空.两种情况的势能曲线如图 8.37所示.电弱相互作用在自发破缺的真空中,即在 $\phi = v + \delta$ 附近进行.将围绕 v 附近含有微小变化的场量 δ 的 $\phi = v + \delta$ 代入式(8.48),得到用场量 δ 表示的拉氏量

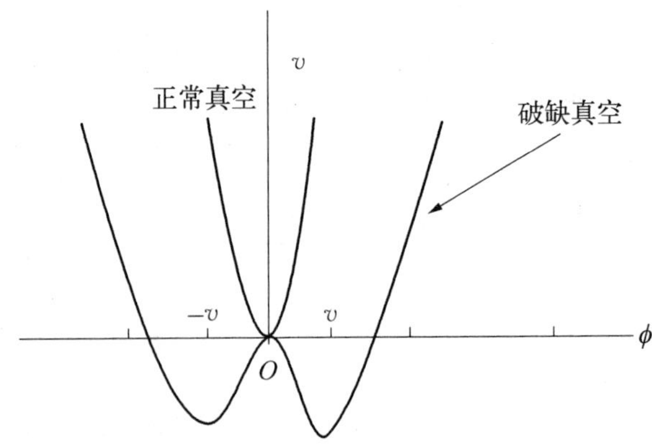

图 8.37 $\mu^2 > 0$ 对应的为对称的真空,$\mu^2 < 0$,对应破缺的“真空”过程只能在其中(v 或者 $-v$)一个极小附近进行(对称自发破缺)

$$L = \frac{1}{2}(\partial_\mu \delta)^2 - \lambda v^2 \delta^2 - (\lambda v \delta^3 + \frac{1}{4}\lambda \delta^4) + \frac{1}{4}\lambda v^4 \tag{8.50}$$

场量 δ 二次方项系数的两倍是自发破缺的真空标量粒子的质量的平方

$$M^2 = 2\lambda v^2 = -2\mu^2$$

下面将电磁规范和电弱规范作一比较

$U(1)_Q$	$SU(2)_L \otimes U(1)_Y$
$\psi(x) \to e^{ie\varepsilon(x)}\psi(x)$	$\psi(x) \to e^{ig\tau\cdot\Lambda}\psi(x)$
$A_\mu \to A_\mu + \partial_\mu \varepsilon(x)$	$W_\mu \to W_\mu + \partial_\mu \Lambda - g\Lambda \times W_\mu$
$D_\mu \to \partial_\mu - ieA_\mu$	$D_\mu \to \partial_\mu - ig\tau\cdot\Lambda - ig'YB_\mu$

$\tau\cdot\Lambda$ 是同位旋 Pauli 矩阵和任意同位旋矢量 Λ 的积,后者是时空的函数(定域规范变换)由于 Pauli 矩阵的不对易导致同位旋规范场变换的附加项 $\Lambda\times W$,它的引入既保证定域规范变换的不变性,同时意味着 W 场的双重角色－力的传播子和源－与所有带有弱同位旋的粒子发生作用(non-Abelian).无质量的矢量场 W、B 的 Higgs 机制产生的效应可以把含有 W、B 的协变微分 D_μ 替代式(8.48)的 ∂_μ 得到 W、B 场的二次项的系数,从而得到 M_W 和 M_Z 和 Higgs 场的真空平均值 v 的关系[4]

$$M_W = \frac{gv}{2},\ M_Z = \frac{v\sqrt{g^2 + g'^2}}{2} \tag{8.51}$$

最简单的 Higgs 场的引入,得到三个主要结果

- 由式(8.39)、(8.51) $v^2 = \dfrac{1}{G\sqrt{2}}$, $v = 246\ \text{GeV}$.

- 存在一个与 Higgs 标量场相联系的中性场量子 H^0 粒子, $M_H = v\sqrt{2\lambda}$ 理论对 Higgs 场的自相互作用(λ)不能确定,因而对 M_H 也不能给出明确的预测.

- 可重整化要求具有宇称不守恒相互作用的自旋为 1/2 的费米子的质量应该是零. Higgs 场的引入,质量为零的费米子通过交换 H^0 粒子获得质量. Higgs 场与费米子的耦合类似于 Yukawa 耦合,假设质量最重的顶夸克耦合最大 $g_{Ht}\sim 1$, $g_{Ht} = (\sqrt{2}Gm_t^2)^{\frac{1}{2}} = \dfrac{m_t}{v} \to m_t \sim v$.

由于 Higgs 粒子很重,目前加速器还没有发现.但是根据电弱理论的预言,它们应该以虚粒子的形式出现在很多辐射修正的过程中,例如在涉及 W(Z)的质量计算时包含如下的 H 和重夸克的圈图:

这种修正对W、Z质量的影响不同.类似的圈图修正同样出现在其他电弱参数中,例如:Z^0 的总衰变宽度、Z^0 衰变末态费米子的前后不对称系数等.在圈图中的Higgs粒子质量对所有这些参数的值都有微小的效应.这些电弱参数的精确的实验值为Higgs质量设定范围(图8.38).从图可以看出例如当 $M_t=150$ GeV,由不对称系数数据(图中点线)给出 M_H 在16~38 GeV之间,如果 $M_t=180$ GeV,不对称系数给出 M_H 在115~200 GeV之间.现在给出顶夸克质量的实验值以及权衡所有输入实验参数,把 M_H 限制在图中的黑色的圈内,图中灰色区间为LEPⅡ实验对 M_H 质量的排除区.

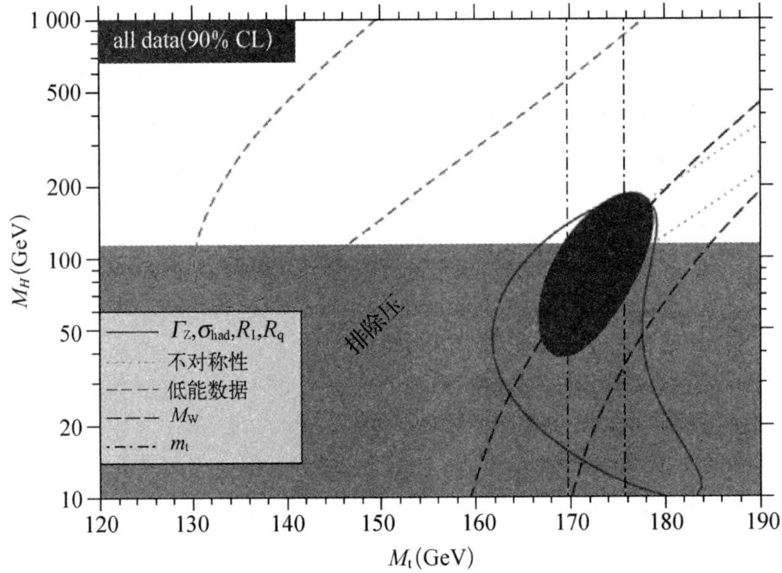

图8.38　在设定某一 M_t(横坐标)的情况下,不同输入电弱参数值限定的Higgs质量的区间(一个方差的不确定性)[12]

综合各种测量参数和辐射修正,可在相当好的精度上同时确定如下的参数[12]

$$\rho_0 = 1.0002^{+0.0007}_{-0.0004}$$

$$114.4\ \text{GeV} \leqslant M_H \leqslant 191\ \text{GeV}$$

$$M_t = 173.1 \pm 2.9\ \text{GeV}$$

$$\alpha_s(M_Z) = 0.1215 \pm 0.0017$$

LHC(7 TeV+7 TeV的质子质子对撞)将在2009年运行,人们等待着Higgs

粒子的出现(附录 F 给出 2013 年公布的质量为 125GeV 的新粒子,Higgs 粒子的发现).

参考文献:

[1] Kai Siegbahn. Alpha-beta-and gamma-ray spectroscopy[M]. 4th ed. Amsterdam: North-Holland Company, 1965.

[2] Particle Data Group. Plots of Cross Sections and Related Quantities[J]. J. Phys., 2006, G33: 333, 335.

[3] Particle Data Group. Quantum Chromodynamics[J]. J. Phys., 2006, G33: 113, 116.

[4] Perkins D H. 高能物理导论[M]. 第四版. 北京: 世界图书出版公司.

[5] Barber D P, Becker U, Benda H, et al. Discovery of Three-Jet Events and a Test of Quantum Chromodynamics at PETRA[J]. Phys. Rev. Lett., 1979, 43: 870.

[6] Particle Data Group. The CKM Quark-Mixing Matrix[J]. J. Phys., 2006, G33: 138.

[7] Particle Data Group. The CKM Quark-Mixing Matrix[J]. Phys. Lett., 2004, B592: 130.

[8] Particle Data Group. CP Violation in Meson Decays[J]. J. Phys., 2006, G33: 146.

[9] BELLE Collaboration. Observation of Large CP Violation in Neutral B Meson System [J]. Phys. Rev. Lett., 2001, 87 : 091802.

BABAR Collaboration. Observation of CP Violation in B^0 System[J]. Phys. Rev. Lett., 2001, 87 : 091801.

[10] BABAR Collaboration. Direct CP Violating Asymmetry in $B^0 \to K^+ \pi^-$ Decays[J]. Phys. Rev. Lett., 2004, 93: 131801.

[11] Particle Data Group. Gauge & Higgs Boson Particle Listings[J]. J. Phys., 2006, 33: 31, 368.

[12] Particle Data Group. Electroweak model and constraints on new Physics[J]. J. Phys., 2006, 33: 129-130.

[13] Particle Data Group. Plots of cross section and relative quantites[J]. J. Phys., 2006,33: 335.

习　题

8-1　在夸克轻子的层次上画出下列散射和反应过程的最低阶费曼图,并指出它们所属的相互作用类型.

(1) $\gamma + e^- \to \gamma + e^-$；

(2) $e^- + e^+ \to \gamma + \gamma$；

(3) $e^- + e^+ \to e^- + e^+$；

(4) $e^- + e^+ \to \mu^- + \mu^+$；

(5) $\nu_e + e^- \to \nu_e + e^-$；

(6) $\nu_\mu + e^- \to \nu_\mu + e^-$；

(7) $\nu_\mu + n \to \mu^- + p$；

(8) $\bar{\nu}_\mu + p \to \mu^+ + n$；

(9) $p + \bar{p} \to \mu^+ \mu^- + X$；

(10) $p + \bar{p} \to Z^0 + X$；

(11) $p + \bar{p} \to W^+ + X$；

(12) $p + \bar{p} \to W^- + X$.

8-2 根据强作用和电磁作用应服从的守恒定律,分别画出：

$\rho^0 \to \pi^+ \pi^-$；　　$\omega \to \pi^+ \pi^0 \pi^-$；　　$\omega \to \pi^+ \pi^-$

的最低阶的 Feynman 图.

8-3 已知：$\phi(1020) I^G(J^{PC}) = 0^-(1^{--})$ 其主要衰变道和分支比为：

$\phi \to K^+ K^-$　　49.1%　　①

$\phi \to K^0 \bar{K}^0$　　34.3%　　②

$\phi \to \pi^+ \pi^0 \pi^-$　　2.5%　　③

(1) 为什么过程③有大得多的相空间,但其分支比却小得多?

(2) 由末态相空间估算,定量说明过程①和②分支比的差别.

8-4 $J/\psi(3095)$和$\psi(3770)$分别为$(c\bar{c})1^3S_1$ 和 1^3D_1 的粲偶素,它们的衰变宽度分别为 0.088 MeV 和 23 MeV. 解释为何有如此大的差别.

8-5 实验观察到粲重子 $\Sigma_c^+(2455)$ 的衰变 $\Sigma_c^+ \to \Lambda_c^+ + \pi^0$ 其寿命为强衰变的特征寿命$(10^{-23} \sim 10^{-24}$ s). 实验确定 Λ_c^+ 为同位旋单态,其夸克组成 Λ_c^+ (udc), ud味交换反对称. 给出 $\Sigma_c^+(2455)$ 各同位旋多重态成员的夸克组成,并指出味交换应有的对称性.

8-6 根据守恒定律讨论 $\Omega(1672)$的可能衰变方式,用组成夸克线描述之. 说明奇异数改变的弱衰变是唯一可能的衰变方式.

8-7 画出 $\nu_e + e^- \to \nu_e + e^-$ 的中性流和带电流过程的 Feynman 图. 说明过程 $\nu_\mu + e^- \to \nu_\mu + e^-$ 是纯中性流过程,为什么没有带电流过程?

8-8 下列过程哪些可以通过最低阶的弱作用发生? 哪些过程要通过高阶弱作用才能发生? 画出它们相关的衰变 Feynman 图.

(1) $K^+ \to \pi^+ \pi^+ e^- \bar{\nu}_e$；

(2) $K^- \to \pi^+ \pi^- e^- \bar{\nu}_e$；

(3) $\Xi^0 \to \Sigma^- e^+ \nu_e$；

(4) $\Xi^0 \to p \pi^0 \pi^-$；

(5) $\Omega^- \to \Xi^0 e^- \bar{\nu}_e$；

(6) $\Omega^- \to \Xi^- \pi^+ \pi^-$；

(7) $D^0 \to K^- \pi^+$；

(8) $D^0 \to K^+ \pi^-$.

8-9 下列过程哪些可以通过电磁作用发生,哪些过程可通过交换弱规范玻色子发生? 画出相应的 Feynman 图.

(1) $K^+ \to \pi^0 e^+ \nu_e$；

(2) $K^+ \to \pi^+ e^+ e^-$；

(3) $K^- \to \pi^0 \mu^- \bar{\nu}_\mu$；

(4) $K^- \to \pi^- \mu^+ \mu^-$；

(5) $K^0 \to \mu^+ \mu^-$；

(6) $\bar{K}^0 \to \mu^+ \mu^-$；

(7) $K^0 \to \pi^- \mu^+ \nu_\mu$；

(8) $\bar{K}^0 \to \pi^+ \mu^- \bar{\nu}_\mu$；

(9) $\Sigma^0 \to \Lambda e^- e^+$；

(10) $\Sigma^0 \to n \nu_l \bar{\nu}_l$.

第 9 章　核素的核子结构

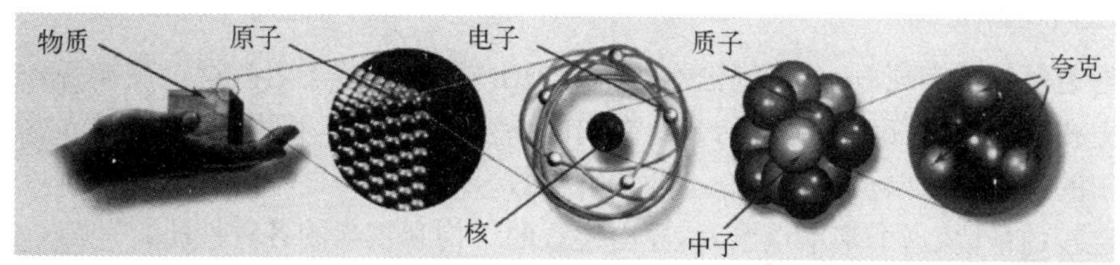

上图形象地展示了物质结构的若干层次：分子、原子、原子核和夸克胶子. 核素是由核子组成的，而核子又是由第一代夸克和胶子组成的，因此归根到底核素是由 ud 夸克和胶子组成的. 根据第 8 章，QCD 是描述夸克之间相互作用的动力学，强作用是发生在色荷之间，通过带色胶子传递的作用力. 第 7 章强子的夸克模型又告诉我们，所有强子都是色单态或者说色中性的，在大于强子尺度（费米量级）范围外两个色中性的核子不发生胶子传递的 QCD 的强作用，就如两个电中性的氢原子相距大过原子尺度（$>10^{-10}$ m）不存在 QED 意义上的电磁作用一样. 氢原子之间是分子力（具有饱和特性的范德瓦耳斯力）主导的，分子力是电磁力的“剩余”（两个原子靠近，引起各原子外围电子分布的变化）. 和原子类比，两个色中性的核子例如中子和质子，在相距>2 fm 以上不存在 QCD 意义上的强作用力，它们聚合为氘核靠的是一种称为核力的相互作用力，和原子的分子力类比，核力是“夸克原子”的“分子力”. QCD 处理核子之间的相互作用是从第一性原理上解决核子的相互作用，是人们希望做的. 由于 QCD 强作用力的渐进自由和“禁闭”的特性，处理核子之间或者核素中核子之间的相互作用只能用非微扰的 QCD. 目前多体系统的非微扰的 QCD 的处理还难以实施. 因此处理核素中核子之间的作用力只能用核子之间的核力，即，依靠核子之间交换介子的 QHD——量子强子动力学. 图 9.1 展示了 QCD 和 QHD 下核子之间相互作用.

QHD，把色中性的 Hadron（夸克“原子”）作为核素的基本组成（核子），核力的

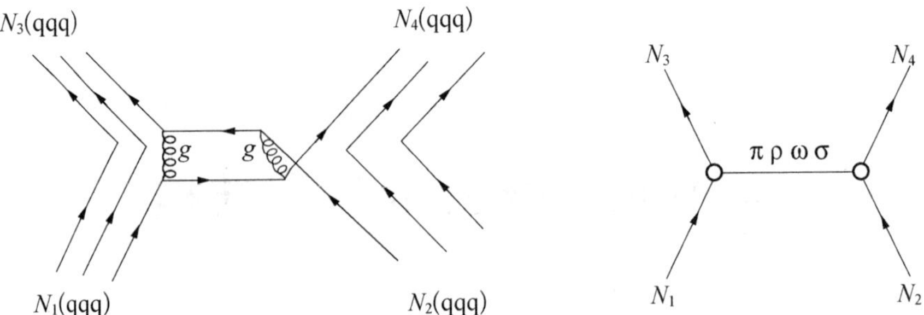

图 9.1 核子(三个夸克)的非微扰 QCD 相互作用图像(左)和 QHD 的核力介子交换图像(右)

传播通过介子实现.从量子场论的基本原理出发,假定核子之间通过交换各种介子发生相互作用.写出包括核子、介子在内的系统的拉氏量,利用微扰论,输入核子和介子的质量参数以及核子与介子的耦合常数,计算核子-核子的散射相移等可与实验比较的量.从这个基本点出发,导出核素的结构和核素的各种性质.

9.1 唯象核子-核子作用力

核素是由 $A(Z, A)$个核子组成的多粒子的束缚系统,即使是 QHD 的处理也遇到很多的困难.在核物理的发展过程中,唯象理论成为研究核素特性的主导性理论.

9.1.1 从实验数据出发,导出核子-核子作用力的特性

氘核是最简单的核素,它的基态的特性可以揭示简单的核子-核子作用力的重要性质.氘核的实验数据,在本书的第 6 章讨论核素自旋宇称时我们已经介绍过,这里讨论与核子-核子作用力相关的特性.氘核的结合能 B、自旋、宇称和电磁矩的实验数据如下

$$B = 2.2246\ \text{MeV},\ J^P = 1^+,\ \mu = 0.85744\mu_N,\ Q/e = 0.2860\ \text{barn} \tag{9.1}$$

1. 核子-核子作用力的强度(作用势阱深度)和作用力程

根据氘核的结合能,把中子-质子的势阱示意如图 9.2.解 $L=0$ 的基态薛定谔

方程(参见一般量子力学教科书),求得核内外的波函数

$$u(r) = A\sin(kr), \ (r < r_N) \quad k = \sqrt{2\mu(V_0 - B)/\hbar^2}$$
$$u(r) = A'e^{-k'(r-r_N)}, \ (r > r_N) \quad k' = \sqrt{2\mu B/\hbar^2} \tag{9.2}$$

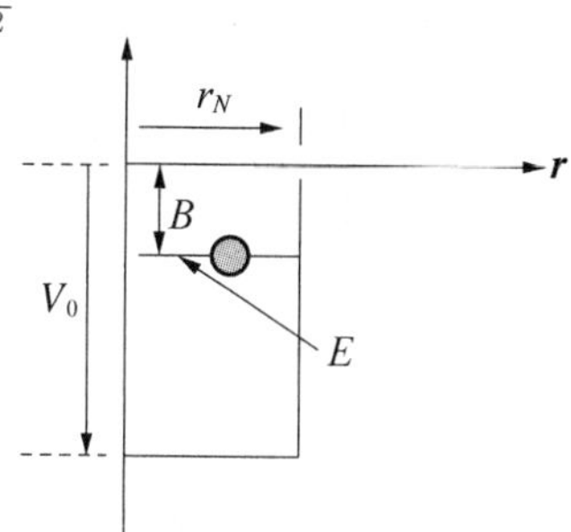

图 9.2 氘核中核子之间的作用势

可以视为质量为 $\mu(\mu = m_n m_p/(m_n + m_p))$ 的粒子在中子-质子形成的有心力场中运动,V_0 为势阱深度(两体核力的作用强度),$E = -B$,为系统所处的量子态的能量.

由波函数在势阱边界的连接要求,得到

$$k\cot(kr_N) = -k' \rightarrow \cot(kr_N) = -\frac{k'}{k} \xrightarrow{B \ll V_0} 0$$

$$kr_N > \frac{\pi}{2} \rightarrow V_0 r_N^2 > \frac{(\pi\hbar)^2}{8\mu} \tag{9.3}$$

把势阱的宽度 r_N 和氘核的结合能带入上面方程(9.2)、(9.3)得到

$$\left.\begin{aligned} &r_N \sim 2\ \text{fm} \rightarrow V_0 \sim 26\ \text{MeV} \\ &B = 2.2246\ \text{MeV} \rightarrow k' \sim 0.232\ \text{fm}^{-1} \\ &r_d \equiv \frac{1}{k'} \sim 4\ \text{fm} \end{aligned}\right\} \tag{9.4}$$

即氘核中中子-质子的作用势阱的深度 V_0 为 20~30 MeV,氘核半径(定义为核外波函数振幅衰减到势阱边沿值的 1/e)约 4 fm.

2. 核子-核子之间的非有心力和自旋轨道耦合力

第6章指出氘核基态的自旋宇称为$^3S_1 + {}^3D_1$.两核子处于自旋三重态,轨道角动量态是S-波为主,为了解释氘核磁矩的实验值和$^3S_1$ 态的偏离以及氘核电四极矩的实验值,必需混入少量(振幅的4%)的D-波($L=2$).中子-质子只存在上述特殊自旋轨道组合的束缚态,别的组合的自旋态都是非束缚态,这个实验事实表明核子之间的作用力是与自旋相关的.氘核基态不是纯的 $L=0$ 的S波,而混入少量的D波的事实表明,核子之间的作用力含有非有心力成分.图 9.3 描绘中子-质子的量子态的组成以及和电磁学的两根磁针的相互作用类比.

参照两个经典条形磁体的相互作用势的形式(见图 9.3 的插入公式),构造核子之间的作用力的非有心势

$$V_T(r)S_{12} \tag{9.5}$$

其中

$$S_{12} = 3\frac{(\boldsymbol{\sigma}_1 \cdot \boldsymbol{r})(\boldsymbol{\sigma}_2 \cdot \boldsymbol{r})}{r^2} - \boldsymbol{\sigma}_1 \cdot \boldsymbol{\sigma}_2 = \frac{6(\boldsymbol{S} \cdot \boldsymbol{r})^2}{r^2} - 2\boldsymbol{S}^2$$

当自旋与它们之间的矢径 $\boldsymbol{r}$ 平行($^3S_1$)时,$S_{12} = 2\boldsymbol{\sigma}_1 \cdot \boldsymbol{\sigma}_2$;当核子的自旋和它们之间的矢径 $\boldsymbol{r}$ 垂直($^3D_1$)时 $S_{12} = -\boldsymbol{\sigma}_1 \cdot \boldsymbol{\sigma}_2$,可见 S_{12}是描述非有心力势的合适的形

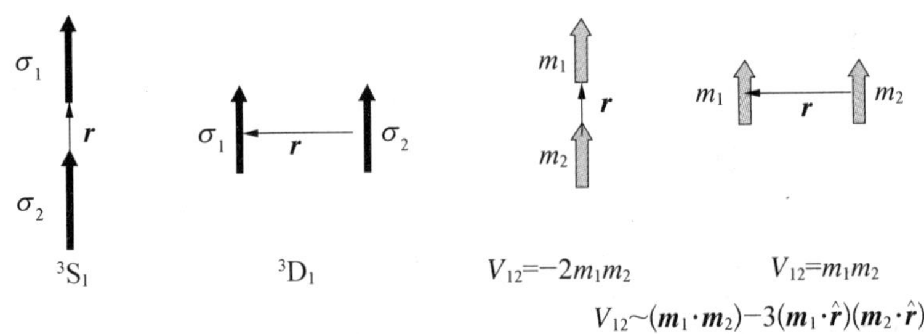

图 9.3　中子($\mu_n = -1.91$)和质子($\mu_p = 2.79$)就像两个条形磁针(左),它们之间的作用势可和经典的两条形磁体类比(右)

式.作用力不是简单的依赖于核子之间的矢径,还与矢径和自旋的相对取向有关(张量),S 波和 D 波作用力不同. S_{12}和经典的 V_{12}相差一个符号.我们把符号吸收到 V_T 项中.式(9.5)中的 S 为两个核子的总自旋, $\boldsymbol{S} = \boldsymbol{s}_1 + \boldsymbol{s}_2 = \frac{1}{2}(\boldsymbol{\sigma}_1 + \boldsymbol{\sigma}_2)$, S 可取 1(自旋三重态)或 0(自旋单态).

3. 低能核子-核子散射,散射长度 a 和有效力程 r_0

在低能中子(10 eV$<E<$10 MeV)和靶核子散射时,入射粒子的约化波长大于核子之间作用力程,只有 S 波散射.散射长度 a 代表硬球的半径,S 波的弹性散射的总截面满足

$$\sigma_{el} = 4\pi a^2$$

对于吸引势($V<0$), $a>0$ 可形成束缚态,$a<0$ 形不成束缚态;对排斥势($V>0$),a 总取正值.有效力程 r_0 是描述核子之间作用力程的量,它和散射长度 a 包含在散射相移中[1].因此散射长度和有效力程是实验上可以测定的反映核子之间作用力性质的重要实验数据,可用它们来检验各种理论推荐的核子-核子作用势.表 9.1 列出实验测定的不同核子组态的散射长度和有效力程.$(np)^3S_1$ 的散射长度是正值,它和氘核的束缚态对应;(pp) (np)$(nn)^1S_0$ 态的散射长度都是负值,它们的吸引势不够强不形成束缚态.相同自旋组态,电荷态不同(同位旋第三分量不同)核子之间的散射长度、有效力程可比.是核力电荷无关性的实验证据.

表 9.1　不同核子-核子组态的散射长度和平均作用力程

组　态	$(np)^3S_1$	$(np)^1S_0$	$(pp)^1S_0$	$(nn)^1S_0$
a(fm)	5.45	−23.7	−16.8～−17.1	−17.4
r_0(fm)	1.75	2.73	2.83	2.4

4. n-p 散射的角分布和核子之间的交换力

图 9.4 是能量为 E_n 的中子和固定靶的质子散射的微分截面.横坐标为散射角(以入射中子方向为极轴).(a)图中子入射能量为 $E_n = 14$ MeV,基本上是 S 波散射,角分布是各向同性的.随着入射中子能量增加角分布逐渐失去各向同性.(b)图是 $E_n = 400$ MeV 时的角分布,入射中子更多的朝后散射.

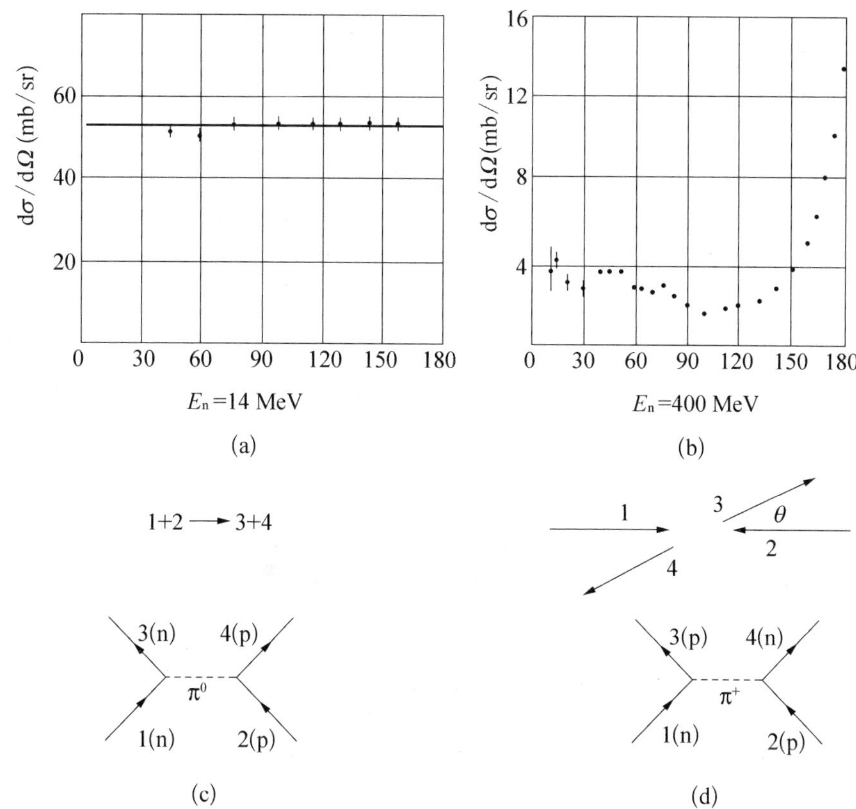

图 9.4 中子和质子散射角分布

(a) $E_n = 14$ MeV;(b) $E_n = 400$ MeV;(c)和(d) Feynman 图.

图 9.4 的(c)表示,粒子 1(n)在某一时空点发射(吸收)传播子(π)到末态 3(n),是类空散射(参见第 4 章).粒子 1 转为出射粒子 3.散射的角分布基本上取决于四动量传递的平方,$\sim(q^2+m^2)^{-2}$,$q^2=-4p^2\sin^2(\theta/2)$.$m$ 为传播子质量.对中子入射的情况,当能量在 20 MeV 以下传播子对微分截面贡献$\sim 1/m^4$ ($q^2 \ll m^2$),因此角分布表现各向同性;当入射中子能量足够高,例如 $E_n = 400$ MeV,微分截面的传播子因子贡献$\sim(p\sin(\theta/2))^{-4}$占优势.出射粒子 3(n)

集中在小角度方向. 粒子 4(p)朝 180°的后向发射. 可是, 实验观测结果出乎意料. 中子朝 180°的背向发射更占优势(如图 9.4(b)所示). 这种现象可以用上图的(d)来解释. 核子之间散射除交换中性 π^0(c)外, 还交换带电的 $\pi^{\pm}$(d). 入射的中子吸收(发射)π^+(π^-)变成质子朝前发射, 朝后发射的质子因发射(吸收)π^+(π^-)而变成中子.

高能核子角分布的测量证明核子-核子之间的相互作用是通过交换(π^+、π^-、π^0)来实现的.

5. 极化核子与自旋为零的核素散射的左右不对称——核力包含自旋轨道相互作用

极化的质子, 自旋 s 垂直纸面向外, 和^{12}C($J^P=0+$)散射如图 9.5 所示, 散射平面就是纸面, 向上散射的质子对于系统中心的轨道角动量 L 是垂直于散射平面向外, 和质子的极化同向; 向下散射的质子的轨道角动量 L 是垂直于散射平面向里, 和质子的极化反向. 实验观测表明向上的占优势, 如图 9.5 右边(散射平面垂直纸面)所示. 核子之间作用力趋向把核子自旋和它的轨道角动量同向排列, 即自旋-轨道平行同向耦合更强. 这种称为自旋轨道耦合力. 在核子-核子作用势中应该引入如下的作用势:

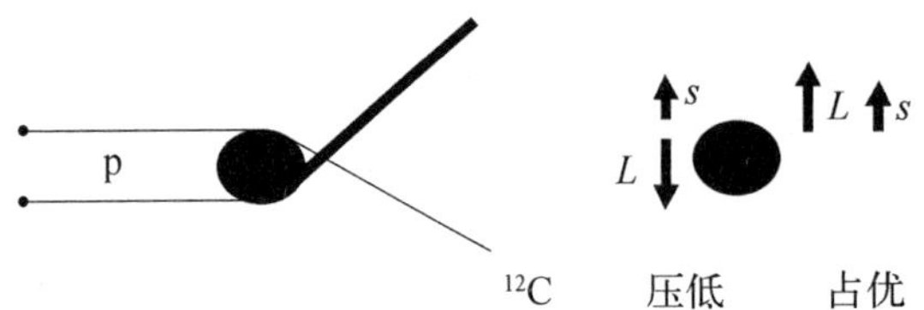

图 9.5　极化质子于^{12}C 核素散射表现出左右不对称性

$$V_{SL}\boldsymbol{L}\cdot S = V_{SL}\boldsymbol{L}\cdot\frac{1}{2}(\boldsymbol{\sigma}_1+\boldsymbol{\sigma}_2) \tag{9.6}$$

根据上面的实验观测, 可以把核子之间的二体唯象势写成

$$\left.\begin{aligned} V_{NN} &= V_c + V_{sc}(\boldsymbol{\sigma}_1\cdot\boldsymbol{\sigma}_2) + V_T S_{12} + V_{SL}\boldsymbol{L}\cdot\frac{1}{2}(\boldsymbol{\sigma}_1+\boldsymbol{\sigma}_2) \\ V_j(r) &= V'_j(r) + V''_j(r)\boldsymbol{i}_1\cdot\boldsymbol{i}_2 \quad (j = c,\ sc,\ T,\ SL) \end{aligned}\right\} \tag{9.7}$$

$V_j(r)$中包含核子的同位旋 $\boldsymbol{i}_1\cdot\boldsymbol{i}_2$, 表示核子之间的作用力与同位旋组态相关. $j=c$ 为有心势, $j=sc$ 为自旋相关项, $j=T$ 为非有心势, $j=SL$ 为自旋轨道耦合项.

式(9.7)构成唯象核子-核子作用势的一般形式, 将它们代入薛定谔方程, 求解束缚态和散射态的各种参数, 与实验比较, 确定上述势中的待定参数.

9.1.2 从基本对称性给出核子-核子作用势的一般形式

核素是以核力为主导的束缚体系，它在相当高的精度上具有前面(5、6 两章)讨论的对称性. 核子之间的作用势的一般形式应该满足：

- 时空平移对称性，作用势只与两核子的相对运动有关，与动量中心的平移无关；
- 空间转动不变性，作用势必须是标量；
- 空间反射对称性，排除赝标量项出现，核素波函数不允许奇偶轨道角动量态混合.

在同位旋空间中，中子和质子为全同粒子，称为核子. 描述两核子系统的总波函数(空间部分、自旋部分和同位旋部分)应满足交换反对称性. 由此要求两核子系统的相对运动的角动量 L、自旋的组合 S、同位旋的组合 I 满足交换反对称. 满足全同核子交换反对称的态列于表 9.2.

广义的全同费米子交换反对称限定两核子的轨道角动量、总自旋和总同位旋的可能取值：

$$L + S + I = \text{odd}$$

表 9.2　广义全同核子的对称性限制它们的组态 L、S 和 I

NN 系统	$^{2s+1}L_J$	L	S	I	$\boldsymbol{\sigma}_1 \cdot \boldsymbol{\sigma}_2$	$\boldsymbol{\tau}_1 \cdot \boldsymbol{\tau}_2$
nn, np, pp	$^1\mathrm{S}_0$	0	0	1	−3	1
np	$^3\mathrm{S}_1$	0	1	0	1	−3
np	$^1\mathrm{P}_1$	1	0	0	−3	−3
nn, np, pp	$^3\mathrm{P}_{0,1,2}$	1	1	1	1	1
np	$^3\mathrm{D}_{1,2,3}$	2	1	0	1	−3

核力的交换力特性，正是广义全同核子交换对称性的必然结果. 在核力有心力部分引入交换算符

$$\left.\begin{aligned} {}^{\sigma}P_{1,2} &= (1 + \boldsymbol{\sigma}_1 \cdot \boldsymbol{\sigma}_2)/2 \\ {}^{\tau}P_{1,2} &= (1 + \boldsymbol{\tau}_1 \cdot \boldsymbol{\tau}_2)/2 \\ {}^{r}P_{1,2} &= -(1 + \boldsymbol{\sigma}_1 \cdot \boldsymbol{\sigma}_2)(1 + \boldsymbol{\tau}_1 \cdot \boldsymbol{\tau}_2)/4 \end{aligned}\right\} \tag{9.8}$$

$$\left.\begin{aligned} S &= 0, & \boldsymbol{\sigma}_1 \cdot \boldsymbol{\sigma}_2 &= -3, & {}^{\sigma}P_{1,2} &= -1 \\ S &= 1, & \boldsymbol{\sigma}_1 \cdot \boldsymbol{\sigma}_2 &= 1, & {}^{\sigma}P_{1,2} &= 1 \\ I &= 0, & \boldsymbol{\tau}_1 \cdot \boldsymbol{\tau}_2 &= -3, & {}^{\tau}P_{1,2} &= -1 \\ I &= 1, & \boldsymbol{\tau}_1 \cdot \boldsymbol{\tau}_2 &= 1, & {}^{\tau}P_{1,2} &= 1 \end{aligned}\right\} \tag{9.9}$$

核子-核子的组态满足广义全同费米子交换反对称性,用核子之间二体力中的有心势普遍形式中的对称性的算符表示:

$$V_c(r) = -V_w(r) - {}^rP_{1,2}V_M(r) - {}^\sigma P_{1,2}V_\sigma(r) + {}^\tau P_{1,2}V_\tau(r) \qquad (9.10)$$

等式右边:

第一项,Wigner 力,是基本的有心力势;

第二项,Majorana 力,它表示偶宇称态和奇宇称态的核子力不同;

第三项,Bartlett 力,它表示两核子处于自旋单态和三重态的核子力不同;

第四项,Heisenberg 力,它表示两核子处于同位旋单态和三重态的核子力不同.

式(9.10)是核子之间作用力的唯象 V_{NN}(式(9.7))中的有心力势.下面考察几种核子组态的有心力

$$(\mathrm{np})^1\mathrm{S}_0,\ I = 1:{}^rP_{12} = +1,\ {}^\sigma P_{12} = -1,\ {}^\tau P_{12} = +1 \qquad (9.11\mathrm{a})$$

$$V_c(r) = {}^1V_c^+ = -V_W - V_M + V_\sigma + V_\tau$$

$$(\mathrm{np})^3\mathrm{S}_1,\ I = 0:{}^rP_{12} = +1,\ {}^\sigma P_{12} = +1,\ {}^\tau P_{12} = -1 \qquad (9.11\mathrm{b})$$

$$V_c(r) = {}^3V_c^+ = -V_W - V_M - V_\sigma - V_\tau$$

$$(\mathrm{np})^1\mathrm{P}_1,\ I = 0:{}^rP_{12} = -1,\ {}^\sigma P_{12} = -1,\ {}^\tau P_{12} = -1 \qquad (9.11\mathrm{c})$$

$$V_c(r) = {}^1V_c^- = -V_W + V_M + V_\sigma - V_\tau$$

$$(\mathrm{np})^3\mathrm{P}_{012},\ I = 1:{}^rP_{12} = -1,\ {}^\sigma P_{12} = +1,\ {}^\tau P_{12} = +1 \qquad (9.11\mathrm{d})$$

$$V_c(r) = {}^3V_c^- = -V_W + V_M - V_\sigma + V_\tau$$

式(9.11)列举满足广义全同粒子交换对称性的 4 种核子组态的核子之间的有心力${}^{2S+1}V_c^\pi$,V 的左上角的 $2S+1$ 表示系统自旋的多重态(1,单态${}^\sigma P = -1$;3,三重态${}^\sigma P = +1$),V 的右上角表示系统的宇称(L 为偶数 $\pi = +1$,${}^rP = +1$,L 为奇数 $\pi = -1$, ${}^rP = -1$).${}^\tau P = -{}^rP{}^\sigma P$.根据束缚态(式(9.11b))和各种散射态的实验数据,可以找到式(9.11)中 V_W、V_M、V_τ、和 V_σ 的合理的形式.文献[1, 2]给出一些核子-核子组态的有心势形式.所有的有心势在 $r \sim 0.35$ fm 处存在一个排斥心.由式(9.5)、(9.6)可见自旋单态($S=0$)的核子-核子作用力中不存在张量力(非有心力)也没有自旋轨道耦合力.

9.1.3 核力的介子理论

1935 年,汤川秀树(H. Yukawa)根据核力的短程性构造一个短程的核子-核子作用势,预言了传播此相互作用的介子场的场量子是有质量的介子.随着实验的进展,更多的介子被观测到.理论研究表明,不同的介子在传递核子-核子力的作用不同,描述核力的不同特性.人们建立了单玻色子交换的理论(OBEP).表 9.3 列出几种重要介子的主要特性以及它们在核力中所起的作用(介子的康普顿波长作为力程的度量).

表 9.3　几种介子的主要特性

$I^G(J^{PC})$	介子	质量(MeV)	力程(fm)	核 力 特 性
$1^-(0^-)$	$\pi^{\pm}$	140	1.41	自旋相关力,张量力
$1^-(0^{-+})$	π^0	135	1.46	同上
$0(0^+)$	σ	(550)	0.36	有心力,自旋-轨道耦合力
$1^+(1^-)$	ρ	770	0.26	(矢量耦合)排斥心,自旋-轨道耦合力; (张量耦合)自旋相关力,张量力
$0^-(1^-)$	ω	782	0.25	同上

从 Feynman 图(图 9.4(c),(d))出发,根据 Feynman 规则计算过程的 T 矩阵,它包括:

● 由强子荷 g 形成的流(核子的 Dirac 旋量波函数组成).

● 顶点的耦合因子(标量、赝标、矢量和赝矢量等不同形式),还包含核子的形状因子.

● 传播子因子(动量传递 q^2 和介子质量 m^2 的函数).

由 T 矩阵得到核子-核子势的 q 空间的形式,变换到坐标空间的核子-核子作用势后,可以和前面推断的唯象势比较(表中第 5 列显示的核力特性).

已经发展应用的各种核子-核子作用势的介绍可参见文献[3].

9.1.4　核内核子之间的相互作用

1. 有效二体力和多体力

前面介绍的核子-核子作用力称为自由二体力,人们并不能直接用它来处理核素系统,一是因为对于一个 A 个核子的多体系统,计算 A 个核子两两之间通过如此复杂的二体相互作用,即使是极高性能的先进计算机也难于胜任(人们对 $A=3\sim8$ 的系统做过计算[4]).其二,核素内核子、核子作用力不是简单二体力. A 个核子是被约束在 $V(\propto A)$的体积内,某两核子之间的相互作用受到周围核子的状态的影响,要引入多体力.多体力的引入使得本来已经很复杂的自由二体力的多体计算变得更难以实现.核内核力的一般性质主要是通过观测核素的实验数据推断出来的.例如,根据核素结合能数据(见下一节)表明核素内核力的饱和性,主要来自核子的二体排斥心、泡利不相容原理和微观粒子不确定性原理制约的结果.

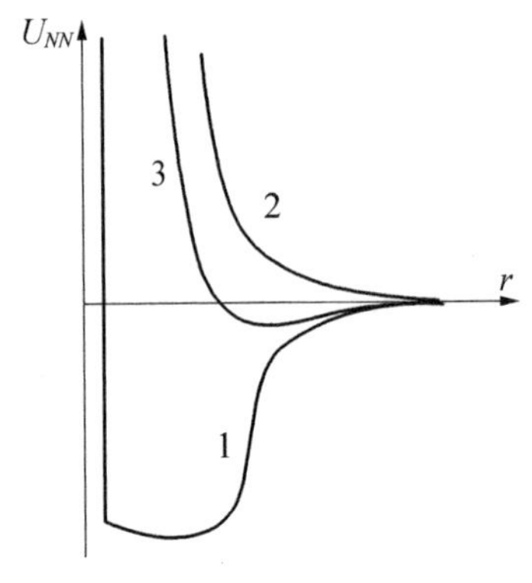

图 9.6 核素中核力的饱和性和短程性的图示

图 9.6 表明,当核素内两个核子不断趋近,不确定性原理预示,平均每核子的动能按反比于间距的规律上升(图中曲线 2).动能与平均核子的势能(图中曲线 1)相消给出核子所处的能量状态(由曲线 3 描述),系统在~2.3 fm 附近处于能量低谷~−8.5 MeV,大于 4 fm 核作用力~0.核素中核子-核子作用势(3)明显地区别于自由核子-核子作用势(1).

2. 平均场

为从多体系统的困境中解脱出来,平均场方法是处理核素中核子相互作用的普遍而有效的方法.A 个核子构成的核素系统的性质由系统的哈密顿量来描述,系统哈密顿量的一般形式为

$$H = \sum_{i}^{A} T_i + \sum_{i<j} V_{ij} \tag{9.12}$$

T_i 是第 i 个核子的动能算符,V_{ij} 是第 i 个核子受第 j 个核子的有效作用势能.正如前面提及,由于多体系统中的二体、多体势的复杂性,直接求解 H 量下的方程是难以实现的,人们将多体作用势的第二项改写为

$$\sum_{i<j} V_{ij} = \sum_{i=1}^{A} U_i + \mho \tag{9.13}$$

$U_i(r_i)$为其他$(A-1)$个核子在核子 i 所在的位置 r_i 对核子产生的平均作用势.多体系统的哈密顿量可以简化为

$$H = \sum_{1}^{A} (T_i + U_i) + \mho \tag{9.14}$$

其中$\mho = \sum_{i<j} V_{ij} - \sum_{i}^{A} U_i$, H 为单粒子的哈密顿量, $\mho$定义为剩余相互作用,它衡量所选取的平均场$U_i(r_i)$在多好的水平上近似于真正的核子之间的相互作用.构造平均场有两个途径,一是基于核素的实验数据,猜出平均场构型;二是基于二体力 V_{ij},代入多粒子的薛定谔方程,通过迭代,找到最佳的平均场,例如 Hatree-Fock 方法.

● H -平均场：多体波函数写成单核子波函数的乘积，不考虑核子之间的关联的单核子 k 的薛定谔方程

$$\left[\frac{-\hbar^2}{2m_k}\nabla_k^2 + U_k(r_k)\right]\phi_k(r_k) = \varepsilon_k\phi_k(r_k)(k = 1, 2, \cdots, A) \tag{9.15}$$

其中

$$U_k(r_k) = \sum_{j\neq k}\int \phi_j^*(r_j)V_{jk}\phi_j(r'_j)\mathrm{d}r'_j$$

是核子 k 受到其他 $A-1$ 个核子的二体势 V_{jk} 的平均值之和. U 中包含 V_{jk} 对应的单核子波函数，上述方程只能通过迭代求解. 由不断逼近的单核子波函数代入得到不断优化的平均场 U. 称为 Hartree 平均场.

● Hartree-Fock -平均场[3]：将多体的波函数不是简单写成单核子波函数乘积，而写成满足全同费米子交换反对称的波函数. 得到的单核子的方程为

$$\frac{-\hbar^2}{2m_k}\nabla_k^2\phi_k(r_k) + \sum_j^A\int\phi_j^*(r'_j)V_{jk}(r'_j,r_k)\phi_j(r'_j)\phi_k(r_k)\mathrm{d}r'_j$$

$$-\sum_j^A\int\phi_j^*(r'_j)V_{jk}(r'_j,r_k)\phi_j(r_k)\phi_k(r'_j)\mathrm{d}r'_j = \varepsilon_k\phi_k(r_k) \tag{9.16}$$

$$k = 1, 2, \cdots, A$$

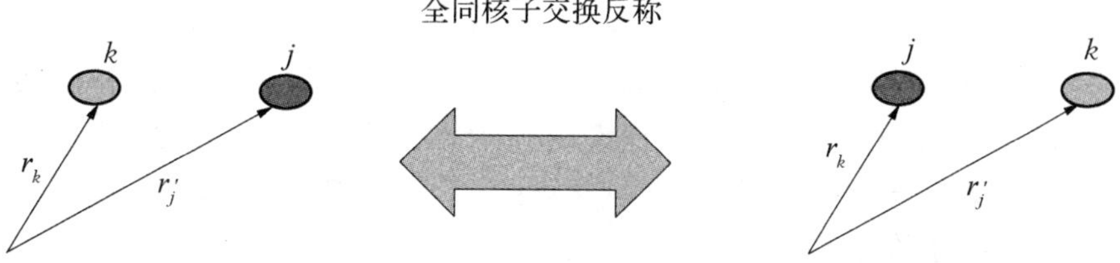

式中的第二个求和号是由全同核子交换反对称性得到的附加项(如上图所示).

平均场中的 V_{jk} 代表不同的二体势，可引入不同关联的有效作用势. 从而发展了各种平均场的多体理论和方法，例如，BHF、DBHF 都是 HF 方法的扩展.

● RMFT－相对论平均场：建立在强子层次上的动力学理论，或称量子强子动力学(QHD——Quantum Hadron Dynamics). 作为核素主体的核子是满足 Dirac 方程的相对论粒子，它们之间的相互作用通过交换介子来实现. 写出核子、介子以及它们之间相互作用的拉氏量，求解包含核子与介子(标量介子——吸力、矢量介子——短程的排斥)相互作用的核子的 Dirac 方程以及标量场和矢量场方程. 核多体的平均场理论和方法，可参考文献[4]的介绍和引文.

9.2 核素核子结构的唯象模型

9.2.1 核物质的整体特性

第 4 章通过电子和核素的弹性散射和光生矢量介子过程的研究,给出核素的电荷分布和核物质分布,它们可以用双参数的费米分布来描述.

1. 核物质的不可压缩性. 散射数据给出核素体积正比于它的质量数 A,核物质密度为常数

$$\left.\begin{aligned} &R = r_0 A^{\frac{1}{3}} \\ &V \propto A \\ &\rho \sim 0.17\ \text{nucleon} \cdot \text{fm}^{-3} \end{aligned}\right\} \tag{9.17}$$

2. 核素的结合能数据

$$\begin{aligned} B(Z, A) &= Zm_{\mathrm{H}} + (A - Z)m_{\mathrm{n}} - M_a(Z, A) \\ &= Z(1 + \Delta_{\mathrm{H}}) + (A - Z)(1 + \Delta_{\mathrm{n}}) - (A + \Delta(Z, A)) \\ &= Z\Delta_{\mathrm{H}} + (A - Z)\Delta_{\mathrm{n}} - \Delta(Z, A) \end{aligned} \tag{9.18}$$

其中 $\Delta(Z, A)$为核素的质量差额. 根据实验测定的核素质量计算成表(见附录 B). 由 $\Delta(Z, A)$可计算各种核素的结合能(式(9.18))和平均每核子的结合能——比结合能. 图 9.7 是由实验数据计算而绘制的比结合能曲线.

3. 稳定核素的分布

到目前为止,观测到的核素集中在(Z, N)二维平面内的一个狭窄的区域. 如图 9.8 所示. 有 270 多稳定核素(黑方块表示)、60 多种寿命较长的天然放射性核素. 数十年来人工合成了 2 200 多种放射性核素. 理论预期还有超过 7 000 多种核素没造出来. 在稳定核素的左上方深灰色带是具有轨道电子俘获和 β^+ 的放射性核素;右下方的浅灰色带是 β^- 放射性核素;$N > 82$ 质子滴线右下方的白色区分布的是具有 α 放射性的核素(见第 10 章). 在质子滴线右下散落的灰白小区为发射质子衰变的核素. 超重区的虚线,称为裂变滴线,表明超过虚线以重的核素迅速自发裂变. 区域的左上边界的黑虚线称为质子滴线,线左上方的核素,质子的分离能$\leqslant 0$,质子会自动"滴"下来. 右下边界的虚线为中子滴线,线右下方的核素中子会自动"滴"下来.

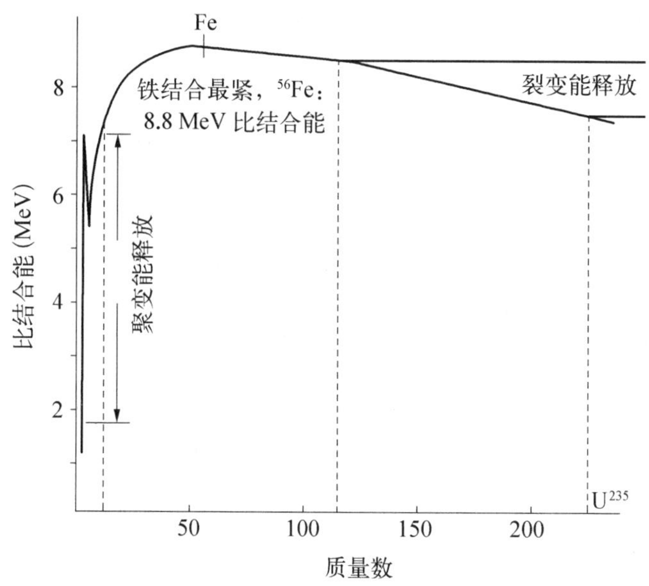

图 9.7 核素的比结合能曲线

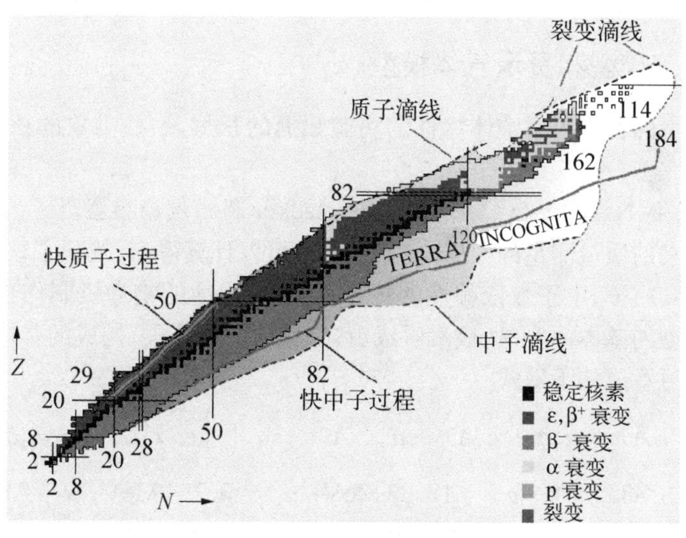

图 9.8 核素分布的版图

4. 核素的核子分离能

根据核素的质量数据(质量差额)可以计算从核素(Z，A)中取出一个质子(中子)所需要的能量，称为质子(中子)的分离能 S_p(S_n)，其定义如下

$$\left.\begin{aligned}&{}^A_Z X_N + S_p \rightarrow {}^{A-1}_{Z-1}Y_N + p \rightarrow S_p(Z,\ A) = \Delta(Z-1,\ A-1) + \Delta(H) - \Delta(Z,\ A)\\&{}^A_Z X_N + S_n \rightarrow {}^{A-1}_{Z}Y_{N-1} + n \rightarrow S_n(Z,\ A) = \Delta(Z,\ A-1) + \Delta(n) - \Delta(Z,\ A)\end{aligned}\right\} \tag{9.19}$$

表 9.4 就是根据核素的 $\Delta(Z,\ A)$ 数据计算的一些核素的质子和中子的分离能.

表 9.4(a)　核素质子分离能举例

${}^A X(Z)$	${}^{16}_{8}O$	${}^{17}_{9}F$	${}^{40}_{20}Ca$	${}^{41}_{21}Sc$	${}^{112}_{50}Sn$	${}^{113}_{51}Sb$	${}^{206}_{82}Pb$	${}^{207}_{83}Bi$
S_p(MeV)	12.13	0.60	8.32	1.08	7.51	3.06	7.26	3.55

表 9.4(b)　核素中子分离能举例

${}^A_N X$	${}^{16}_{8}O$	${}^{17}_{9}O$	${}^{40}_{20}Ca$	${}^{41}_{21}Ca$	${}^{86}_{50}Kr$	${}^{87}_{51}Kr$	${}^{144}_{82}Sm$	${}^{145}_{83}Sm$
S_n(MeV)	15.67	4.14	15.63	8.36	10.11	5.51	10.55	6.76

在幻数附近平均配对核子比不配对核子的分离能高 6～7 MeV.

9.2.2　液滴模型和费米气体模型

随着大量的关于核素整体特性的实验数据的积累,一些唯象的核素结构模型也在发展和完善.

1. 1936 年 N. Bohr 和 C. F. von Weizsacker 提出液滴模型[5]

根据核素的质量测量的数据,核素结合能可以计算得到.找到了核素结合能随核素质量数和质子、中子数依赖性的规律,同时对规律的物理机制作出说明,这就成为液滴模型的基本内容.把核素看成由"夸克原子"(分子)构成的带电的液滴.核素的结合能可写成如下形式

$$B(Z,\ A) = a_v A - a_s A^{\frac{2}{3}} - a_c Z^2 A^{-\frac{1}{3}} - a_a \left(\frac{A}{2} - Z\right)^2 A^{-1} + a_p \delta A^{-\frac{1}{2}} \tag{9.20}$$

其中 $a_v = 15.835$ MeV; $a_s = 18.33$ MeV; $a_c = 0.714$ MeV; $a_a = 92.80$ MeV; $a_p = 11.2$ MeV; $\delta = 1$ (偶-偶); 0(偶-奇); -1(奇-奇).

比结合能

$$\varepsilon = \frac{B(Z,\ A)}{A} = a_v - a_s A^{-\frac{1}{3}} - a_c Z^2 A^{-\frac{4}{3}} - a_a \left(\frac{A}{2} - Z\right)^2 A^{-2} + a_p \delta A^{-\frac{3}{2}} \tag{9.21}$$

核素的结合能是核素中核子相互作用的一个量度，式(9.20)的第一项表示体积能，因为该项的大小正比于 $A \sim V$(式(9.17)).说明核子力具有短程、饱和特性，即核素中每个核子只和周围固定量的核子发生作用，贡献的体积能为常数(a_v)，A 个核子的核素的总体积能为 a_vA，如果核子力是长程、不饱和，核素中每个核子和所有的 $A-1$ 个核子发生作用，一个核子贡献的体积能正比于 $A-1$，A 个核子的核素的总体积能为 $A(A-1)$.实验支持核力的短程性和饱和性，$B \sim A$.

第二项面积能项，它正比于核素的面积.基于体积项过高计入表面核子的贡献，因为表面核子的一侧没有其他核子存在，计入体积能的一份 a_v 要扣除.表面核子数目正比于表面积.也可以用“核子液滴”的表面张力来理解，表面张力有胀开“核子液滴”，导致核素不稳定的趋势，因此该项前面取负号.

第三项为库仑项，和核素的质子数 Z 的平方、A 的负三分之一次方(半径)成正比.该项前面取负号，是因为库仑排斥使核素趋于不稳定.

第四项称为中子-质子不对称项.图 9.8 表明，较轻的稳定核素基本上沿 $Z=N$ 的线分布，Z 比 N 大的核素(β^+)和 Z 小于 N 的核素(β^-)都不稳定，该项前面取负号，与不对称量($A/2-Z$)($\sim I_3$——同位旋第三分量)的平方成比例.对于重核素，库仑排斥的贡献比不对称的贡献更重要，重核素需要更多的中子(更多的核吸引力)来补偿质子的库仑排斥.重核的不对称项的贡献应该变得不重要，因此该项引入 A^{-1} 因子.不对称项在后面的费米气体模型还会提到.

第五项称为对能项.表 9.4 表明具有偶数质子的核素比奇数质子的核素质子的分离能大；具有偶数中子的核素比奇数中子的核素中子的分离能大.所以第五项中的 δ，对偶偶核素取 $+1$，奇奇核素取 -1，偶奇核素取 0.从表 9.4 还看到，对能对轻核素更重要，在第五项引入因子 $A^{-\frac{1}{2}}$.

液滴模型给出核素结合能公式的前三项合适的物理解释.

2. 费米气体模型

液滴模型是核力的短程、饱和强耦合的唯象模型.帮助人们理解式(9.20)的前三项和定性理解核裂变等重要特性.由于它忽略了微观粒子的重要特性，液滴模型对核素的微观特性的说明遇到困难.和液滴模型不同，费米气体模型把核子简单视为被关闭在一个势阱(半径为 $R=r_0A^{1/3}$)中的独立费米子.遵照泡利不相容原理，中子和质子分别在各自势阱中，从最低能级到最高能级(费米面 E_F)排列，每个能级填两个自旋取向相反的中子(质子).由于质子的库仑排斥，质子阱的底部比中子

阱的底部高出 E_C，而且在阱边有个库仑排斥势垒，阻挡外来的质子入阱. 见图 9.9.

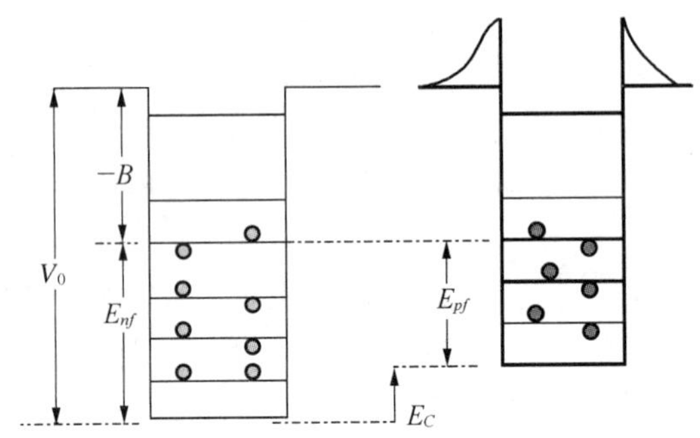

图 9.9　核子的势阱示意，调节参数使得 B 与观测的核素的结合能一样

对核素基态（$T=0$，零温度核物质）核子填在费米面以下的矩形分布，中子和质子的填充数由在确定的核体积下的动量空间的态数来定

$$\mathrm{d}\,\boldsymbol{p}^3 = p^2\mathrm{d}p\mathrm{d}\Omega$$

$$\mathrm{d}n = \frac{4\pi V p^2\mathrm{d}p}{(2\pi\hbar)^3}$$

其中 $V=\frac{4\pi}{3}r_0^3A$，从最低动量(0)到最大动量(p_f)可填充的中子(质子)数

$$n = \int \mathrm{d}n = \int_0^{p_f}\frac{4\pi V p^2\mathrm{d}p}{(2\pi\hbar)^3} = \frac{Vp_f^3}{6\pi^2\hbar^3} = \frac{2r_0^3p_f^3}{9\pi\hbar^3}A \tag{9.22}$$

对核素 ${}_Z^A\mathrm{X}_N$

$$\left.\begin{aligned} Z &= 2n_{\mathrm{p}} = \frac{4r_0^3p_{pf}^3}{9\pi\hbar^3}A \Rightarrow p_{pf} = \frac{\hbar}{r_0}\left(\frac{9\pi Z}{4A}\right)^{\frac{1}{3}} \\ N &= 2n_{\mathrm{n}} = \frac{4r_0^3p_{nf}^3}{9\pi\hbar^3}A \Rightarrow p_{nf} = \frac{\hbar}{r_0}\left(\frac{9\pi N}{4A}\right)^{\frac{1}{3}} \end{aligned}\right\} \tag{9.23}$$

对自轭核素，$Z=N$，$r_0=1.3\ \mathrm{fm}$

$$cp_{pf} = cp_{nf} = cp_f = \frac{197.3}{1.3}\left(\frac{9\pi}{8}\right)^{\frac{1}{3}} = 231.2\ \mathrm{MeV} \tag{9.24}$$

非相对论近似得到核子的动能和平均动能分别为

$$E_{nf} = E_{pf} = E_f \sim \frac{p_f^2}{2m} = \frac{231.17^2}{2\times 939} = 28.5\ \mathrm{MeV} \tag{9.25a}$$

$$\langle E \rangle = \frac{\int_0^{p_f} E \mathrm{d}p^3}{\int_0^{p_f} \mathrm{d}p^3} = \frac{3}{5}E_f = 17.2\ \mathrm{MeV} \tag{9.25b}$$

如果核子结合能为 8 MeV,势阱深度

$$V_0 = E_f + B \sim 36\ \mathrm{MeV} \tag{9.26}$$

对非自轭核素可由式(9.23)分别计算质子、中子的费米动能和势阱深度.

$$\begin{aligned}\langle E(N, Z) \rangle &= N\langle E_N \rangle + Z\langle E_P \rangle = \frac{3}{5}(NE_{nf} + ZE_{pf}) \\ &= \frac{3}{10m}\frac{\hbar^2}{r_0^2}\left(\frac{9\pi}{4}\right)^{\frac{2}{3}}\frac{(N^{\frac{5}{3}} + Z^{\frac{5}{3}})}{A^{\frac{2}{3}}}\end{aligned} \tag{9.27}$$

对于给定的 $A = N + Z$,定义不对称量为 $\varepsilon = Z - N = 2I_3$

$$Z = \frac{A}{2}\left(1 + \frac{\varepsilon}{A}\right),\ N = \frac{A}{2}\left(1 - \frac{\varepsilon}{A}\right)$$

根据 $(1 + x)^n = 1 + nx + \frac{n(n-1)}{2}x^2 + \cdots$(当 $x \ll 1$) 代入式(9.27)($x = \varepsilon/A$)

$$\begin{aligned}\langle E(N, Z) \rangle &= \frac{3}{10m}\frac{\hbar^2}{r_0^2}\left(\frac{9\pi}{4}\right)^{\frac{2}{3}}\frac{(N^{\frac{5}{3}} + Z^{\frac{5}{3}})}{A^{\frac{2}{3}}}, \\ &= \frac{3}{10m}\frac{\hbar^2}{r_0^2}\left(\frac{9\pi}{4}\right)^{\frac{2}{3}}\left(\frac{A}{2}\right)^{\frac{5}{3}}\left[(1 + \frac{\varepsilon}{A})^{\frac{5}{3}} + \left(1 - \frac{\varepsilon}{A}\right)^{\frac{5}{3}}\right]A^{-\frac{2}{3}}\left(\frac{\varepsilon}{A} \ll 1\right) \\ &= \frac{3}{10m}\frac{\hbar^2}{r_0^2}\left(\frac{9\pi}{4}\right)^{\frac{2}{3}}\left(\frac{A}{2}\right)^{\frac{5}{3}}\left[2 + \frac{10}{9}\left(\frac{\varepsilon}{A}\right)^2 + \cdots\right]A^{-\frac{2}{3}} \\ &= \frac{3}{10m}\frac{\hbar^2}{r_0^2}\left(\frac{9\pi}{8}\right)^{\frac{2}{3}}\left[A + \frac{20}{9}\left(\frac{A}{2} - Z\right)^2 A^{-1} + \cdots\right]\end{aligned}$$

含有 A 个核子的核素的平均费米动能包括一项体积项,是泡利不相容原理引入的(图 9.6 中曲线 2),上式中 A 的系数～16.5 MeV. 第二项和不对称系数的平方成比例,它的系数正是结合能公式(9.20)中的系数,

$$a_a = \frac{3}{10m}\frac{\hbar^2}{r_0^2}\left(\frac{9\pi}{8}\right)^{\frac{2}{3}}\frac{20}{9} \sim 36.7\ \mathrm{MeV} \tag{9.28}$$

平均动能使核素结合能变小,因为结合能 $B = V - E$. 所以平均动能中的体积项和核素势能项代数和得到才是结合能公式(9.20)中的体积项系数 $a_v = 15.6$ MeV. 式(9.28)推出的不对称项的系数比经验公式(9.20)拟合得到的 92.80 MeV 小, 前

者是后者的1/3强.这种偏离可理解为:不对称意味着出现 $N-Z$ 个“全同”的中子,因泡利不相容原理将导致它们相互作用减弱,即相互作用势阱变浅.这补足上面不对称项系数.如果在费米气体模型的基础上,加入 $N-Z$ 的全同中子的效应,可以很好解释核素结合能中的不对称项.

3. 核物质的不可压缩性

把核素唯象地视为“Liquid Drop”或者装在一个“容器”中的 Fermi Gas,是有界面的块状核物质.今天的天体物理认为,一些蹋缩的天体其内部存在高密度的近似无限大的核物质.描述核物质整体性质和演化通常采用状态方程——平均每核子的能量(E_0/A)随核物质的密度 $\rho=(A/V)$ 的变化规律.核物质的压缩系数(K_∞)也是核物质状态的重要参数.在有限核物质(核素)的研究中可提供这些参数的近似值.由式(9.23)的费米动量表达式,

$$p_f = \hbar k_f = \left(3\pi^2\ \hbar^3\ \frac{A}{2V}\right)^{\frac{1}{3}} = \left(3\pi^2\ \hbar^3\ \frac{\rho}{2}\right)^{\frac{1}{3}}\left(\text{当 } N = Z = \frac{A}{2}\right) \tag{9.29}$$

把费米动量(波数)和系统核物质密度 ρ 联系起来,核素中每核子的平均能量(E_0/A)随密度的变化,也就是随费米动量(波数)的变化.基态核物质的(E_0/A)在基态核物质密度 $\rho=\rho_0$ 处应取极小值,即平均能量对费米动量(波数)的一阶微商在 $\rho=\rho_0$ 等于零.

$$\frac{\partial}{\partial k_f}\left(\frac{E_0}{A}\right)\bigg|_{\rho=\rho_0} = 0 \tag{9.30a}$$

同时定义在该点的二阶微商为核物质的压缩系数,

$$K_\infty \equiv k_f^2\,\frac{\partial^2}{\partial k_f^2}\left(\frac{E_0}{A}\right)\bigg|_{\rho=\rho_0} \tag{9.30b}$$

式(9.30a)是基态核物质的稳定条件,因此,式(9.30b)定义的不可压缩系数是大于零的.K 值越大,表明核物质越不易改变(不可压缩)其稳定状态.

下面的参数是实验得到的描述无限大基态核物质状态的三个参数[6]

$$\left.\begin{aligned} \rho_0 &= (0.17 \pm 0.01)\mathrm{fm}^{-3} \\ \frac{E_0}{A} &= (-16 \pm 0.5)\mathrm{MeV} \\ K_\infty &= (210 \pm 30)\mathrm{MeV} \end{aligned}\right\} \tag{9.31}$$

(E_0/A)是式(9.20)令 A 趋于无限大的比结合能 a_v.

9.2.3 核素核子结构的壳层模型

核素的液滴模型和 Fermi 气体模型只能唯象地描述核素的整体性质、平均效

应.它们对核素内部微观行为如基态自旋、宇称和激发态的动力学特性等的描述遇到很大的困难,例如核素比结合能曲线微结构(^{4}He,^{12}C,^{16}O 等的平均比结合能都冒尖),具有奇特中子数 N 和质子数 Z(幻数——Magic Number)的核素表现特别稳定等.

回顾原子的电子壳结构,原子电子数(原子序数 Z)为 2,10,18,36,54,86 的原子其化学稳定性特别高——称为惰性元素.它们的电离能比邻近的元素高(冒尖),对电子的亲和力特别弱.与原子电子的壳层结构表现十分相似,核素中具有幻数:$Z=2,8,20,28,50,82\cdots$, $N=2,8,20,28,50,82,126$ 的核素,例如:$^{4}_{2}He_2$,$^{16}_{8}O_8$,$^{40}_{20}Ca_{20}$,$^{208}_{82}Pb_{126}$等核素中的 Z,N 都是幻数的核素(双幻数核素),表现特别稳定,质子、中子的分离能比邻近的核素高(表9.4),对中子的俘获截面较低.

1. 核子在平均场中运动

原子结构的电子壳层模型,假定各个电子在原子核形成的库仑场中独立地运动,在此基础上,考虑到电子之间的剩余相互作用,主要是电子的库仑屏蔽效应.量子力学成功地描述了原子电子的壳层结构.

效仿原子结构的平均场方法,例如前面 9.1.4 节所述,将核素中核子与核子之间的相互作用近似为各个核子在其他核子构成的一个平均场中独立运动.平均场的中心是核素核物质分布中心.在此基础上,引入剩余相互作用.选定合适的平均场,求解单核子在此平均场中运动的薛定谔方程,求解核子的不同的能级图,由于质子和中子的势阱相比,有库仑排斥的差异,它们各自有自己的能级图.

下面用谐振子势阱与有限深的方势阱作为双参数费米分布的平均场的逼近来讨论.第 4 章光生矢量介子实验指出核物质分布可用双参数 Fermi 分布表示,核物质是核相互作用的荷,核力的短程性和饱和性,核子之间作用强度与周围核物质密度成正比.那里核物质密度高,那里核子受到的作用强.因此,首选的平均场应是 Woods-Saxon 势.U_0 参数度量核力作用强度(几十 MeV),c'、a' 是描绘势阱外形的参数,与第 4 章实验测定的核物质密度分布参数 c、a 接近.把 Woods-Saxon 势代入单粒子薛定谔方程,通过复杂的数值解,可以得到核子的单粒子能级.常用的有效方法,用谐振子势阱(式(9.32a))和无限深的方势阱(式(9.32b))作为 Woods-Saxon(式(9.32c))势的近似

$$U(r) = -U_0 + \frac{1}{2}M\omega^2 r^2 \tag{9.32a}$$

$$U(r) = \begin{cases} -U_0 & r < R \\ \infty, & r > R \end{cases} \tag{9.32b}$$

$$U(r)=-\frac{U_0}{1+e^{\frac{r-c'}{a'}}} \tag{9.32c}$$

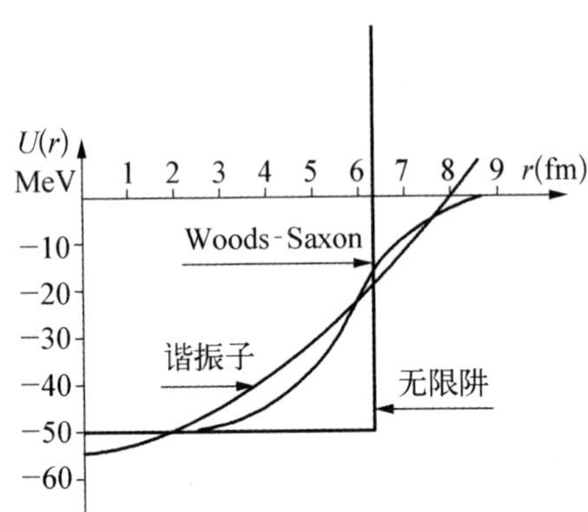

图 9.10 谐振子势、方阱势和 Woods Saxon 势

把式(9.32)的三个平均场函数绘制在图 9.10中.选择合适的参数,谐振子势可以很好地作为 WS 势的近似,前者在势场的中心部分比后者深一些(引力略强一些),场的外围相互交叉逼近;方阱势中心和 WS 势可重叠,但在边沿比 WS 引力作用要强得多.把单核子分别置于谐振子势和方阱势中,薛定谔方程可以精确解出各自一套能级图.

2. 单粒子能级

球对称谐振子阱的粒子能级解见图 9.11 左边一列,能级是$(N+1)(N+2)$重简并的

$$E_N=\left(N+\frac{3}{2}\right)\hbar\omega \quad (N=0,1,2,\cdots)$$

$$N=2(n-1)+l \quad (n=1,2,3,\cdots;\ l=0,1,2,\cdots,n-1)$$

N 为谐振子壳量子数,n 为径向量子数,l 为轨道角动量量子数,分别用 s, p, d, f, g, h…表示.

$N=0,\ n=1,\ l=0$(1s)

$N=1,\ n=1,\ l=1$(1p)

$N=2,\ n=2,\ l=0$(2s); $n=1,\ l=2$(1d)

$N=3,\ n=2,\ l=1$(2p); $n=1,\ l=3$(1f)

$N=4,\ n=3,\ l=0$(3s); $n=2,\ l=2$(2d); $n=1,\ l=4$(1g)

$N=5,\ n=3,\ l=1$(3p); $n=2,\ l=3$(2f); $n=1,\ l=5$(1h)

$N=6,\ n=4,\ l=0$(4s); $n=3,\ l=2$(3d); $n=2,\ l=4$(2g); $n=1,\ l=6$(1i)

图 9.11 的右边一列是无限深方阱势给出的核子能级图.对谐振子势,在同一谐振子壳中不同径向量子数、不同轨道角动量量子数的态是简并的,而无限方阱势上述的简并解除了.同时可以看到同一谐振子壳的高轨道角动量的态能级下移.这可以用不同轨道角动量的态的径向波函数的特征来解释.图 9.12 画出谐振子壳的不同的轨道角动量态($N=2$,2s,1d 左图)和($N=3$,2p,1f 右图)的径向波函数.在势阱的边界高轨道角动量(1d 或者 1f)出现的概率比低轨道角动量(2s 或者 2p)态

出现的概率大,边界的无限方阱势比谐振子势有更强的吸引.因此同一谐振子壳的不同轨道角动量的态在无限方阱势中解除简并,而且高轨道角动量态受的引力更强,能级下移就很自然的.把谐振子势和无限方阱势的能级内插,得到图9.11中间能级.它是单粒子壳层模型的基础.

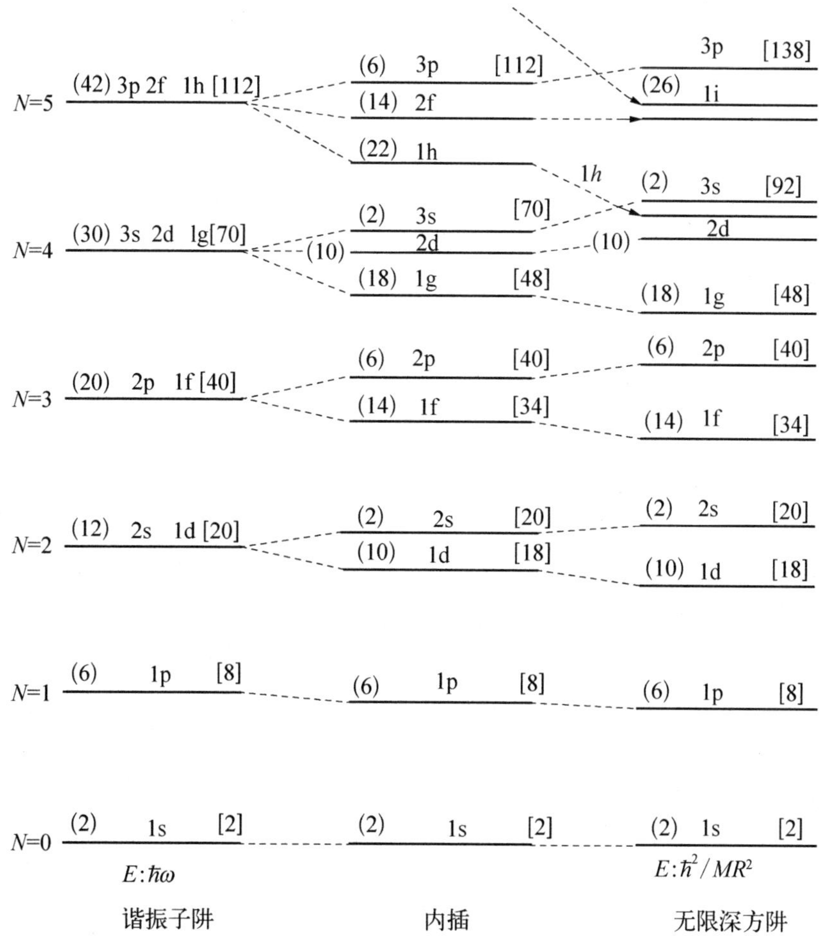

图 9.11　平均场中的单核子能级

3. 引入自旋轨道耦合相互作用的单粒子能级

中子和质子在核素中受到同样的核势阱的作用(核力与电荷无关假设).核素中的中子质子按照上面建议的能级图分别填充各自的能级.质子的能级图除基线有一个库仑排斥能的提升外,两套能级图完全一样.按照 Pauli 不相容原理,像填充

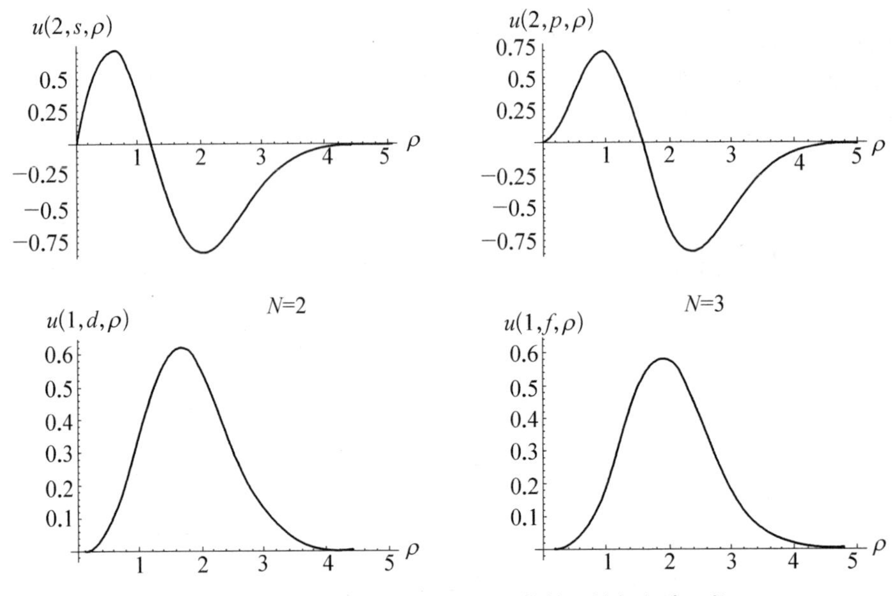

图 9.12 不同(N, n, l)的谐振子势粒子的径向波函数

原子电子壳一样填充中子、质子.第一个谐振子壳($N=0$)三套能级都给出幻数【2】;第二个谐振子壳($N=1$)填充另外 6 个核子,三套能级都给出幻数 $2+6=$【8】;第三谐振子壳($N=2$),另外 12 个核子填入,同样三套能级都给出幻数 $2+6+12=$【20】.但是继续往上,三套能级给出不同的满壳层的核子数,而且与实验观测的幻数不符合.简单的平均场再不能代表真实的平均场,必须寻求附加的剩余相互作用.如前面(式 9.6)指出的自旋轨道相互作用是首选的,在 1949 年由 Mayer-Jensen 引入.

● 自旋轨道相互作用的实验证据.图 9.13 显示核素低激发态表现出的自旋轨道耦合的特征.左图中的^{5}He 和^{5}Li 核素第一谐振子壳($N=0$)上分别填满 2 个质子,用符号 $\pi(1s)^2$ 表示,和 2 个中子,用符号 $\nu(1s)^2$ 表示.^{5}He 的最后一个中子填在 $N=1$ 壳 $\nu(1p)^1$ 上,基态自旋宇称为 $3/2^-$,第一激发态为 $1/2^-$ 激发能$E_1=4.6$ MeV.^{5}Li 的最后一个质子填在 $N=1$ 壳 $\pi(1p)^1$ 上,基态自旋宇称为$3/2^-$,第一激发态为 $1/2^-$ 激发能 $E_1=7$ MeV.这些能级的背后的物理就是自旋轨道的相互作用:填在(1p)上的核子轨道角动量 $l=1$,自旋 $s=1/2$,自旋轨道耦合得到总角动量 $j=l\pm1/2$,这种剩余相互解除(1p)能级的简并,能量状态变成以 j 为好量子数的能级.

实验告诉人们 $j=3/2$ 的能级是核素基态而 $j=1/2$ 的能态是激发态.激发能在几个 MeV 的量级,它表明核力中的自旋-轨道耦合力完全不同于原子的自旋-轨道耦合力(Na 光谱的 D 线劈裂是毫电子伏的量级)前者是核力的自旋-轨道相互作用,后者是电磁力的自旋-轨道相互作用.核力的自旋-轨道相互作用的另一特征是 $j=3/2$(自旋-核轨道平行同向)有更强的吸引力,而电子电磁力是 $j=1/2$ 比 $j=3/2$ 的吸引力更大(第3章,图3.7).

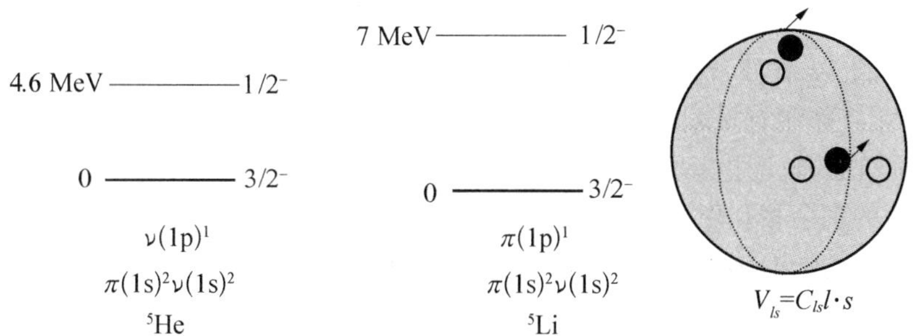

图 9.13 $A=5$ 的两种核素的低激发态(左)和自旋-轨道相互作用的图像(右)

● 自旋-轨道耦合的基本形式.两体力的自旋-轨道相互作用如图9.13右图所示.黑色的核子相对于平均场中心的轨道运动,在运动方向的右边核子和左边的核子"感受"的轨道角动量正好反向,因此,它被邻近(核力的短程性)核子施加的自旋-轨道力正好互相抵消(右图的下方的黑核子),上方的黑核子接近核素表面,周围核子施加的自旋-轨道总相互作用不抵消.把式(9.6)用核子1(黑)和在力程内的核子2(灰)的参数表示

$$V(1,2)=V_{LS}\boldsymbol{L}\cdot\boldsymbol{S}=V_{LS}(r_{12})\frac{1}{2}(\boldsymbol{r}_1-\boldsymbol{r}_2)\times(\boldsymbol{p}_1-\boldsymbol{p}_2)\cdot(\boldsymbol{s}_1+\boldsymbol{s}_2)$$

核子在1处受到其他核子的自旋-轨道作用势为

$$V_{ls}(1)=C_{ls}l\cdot s \tag{9.33a}$$

$$\begin{aligned}V_{ls}(1)&=Av.\int \mathrm{d}^3r_2\,\rho(\boldsymbol{r}_2)V_{LS}(1,2)\\&=Av.\int \mathrm{d}^3r_2\,\rho(\boldsymbol{r}_2)\frac{1}{2}V_{LS}(r_{12})(\boldsymbol{r}_1-\boldsymbol{r}_2)\times\boldsymbol{p}_1\cdot\boldsymbol{s}_1,\end{aligned} \tag{9.33b}$$

式(9.33a)中的 l,s 是被考察的核子在核中的轨道、自旋量子数.式(9.33b)中 $Av.$ 是对核子2的其他量子态求平均.积分是对核子1外的其他核子2的空间坐标积分.在核子1的力程范围内出现核子2的概率 $\rho(\boldsymbol{r}_2)$,可用核物质密度在 r_1 处展开取一阶项来替代

$$\rho(\boldsymbol{r}_2)=\rho(\boldsymbol{r}_1)+(\boldsymbol{r}_2-\boldsymbol{r}_1)\cdot\nabla\rho(\boldsymbol{r}_1)+\cdots$$

把上式代入(9.33b),含有 $\rho(\boldsymbol{r}_1)$ 的项积分为零,在假定自旋-轨道作用的力程比核物质表皮厚度小的情况下,最后得到

$$V_{ls}(1) = C\frac{1}{r}\frac{\partial\rho(\boldsymbol{r}_1)}{\partial \boldsymbol{r}_1}\boldsymbol{l}_1\cdot\boldsymbol{s}_1 \tag{9.34}$$

其中

$$C = -\frac{1}{6}\int V_{LS}(r)\ r^2 \mathrm{d}r$$

(9.34)中的 V_{ls} 在核素核物质分布均匀的中心为零，核物质分布有梯度的表面，自旋-轨道相互作用有贡献.

● 强自旋-轨道相互作用引起的能级分裂，球对称平均场的单粒子模型. 自旋-轨道耦合的剩余相互作用引入，解除谐振子态的简并，能级移动量 ΔE 是式(9.34)在球对称平均场的单粒子态 $|\,l^2,\ s^2,\ j,\ m\rangle$ 中的期望值，

$$\Delta E = \left\langle l^2,\ s^2\ jm\middle|V_{ls}(i)\middle|\ l^2,\ s^2 jm\right\rangle = \left\langle C\frac{\partial\rho(r)}{r\partial r}\hat{l}\cdot\hat{s}\right\rangle = C_{ls}\langle\hat{l}\cdot\hat{s}\rangle =$$

$$= C_{ls}\frac{1}{2}\left\langle\hat{j}^2 - \hat{l}^2 - \hat{s}^2\right\rangle = \frac{\hbar^2}{2}C_{ls}[j(j+1) - l(l+1) - s(s+1)]$$

$$= \begin{cases} C_{ls}\dfrac{1}{2}l\,\hbar^2 & ,\ j = l + \dfrac{1}{2} \\ -C_{ls}\dfrac{l+1}{2}\hbar^2 & ,\ j = l - \dfrac{1}{2} \end{cases} \tag{9.35}$$

从式(9.34)看出，式(9.35)中的 $C_{ls} = \left\langle C\frac{\partial\rho}{r\partial r}\right\rangle$，因为 $V_{LS}(r) < 0$(吸引势)，$C > 0$. 由于边界核物质密度下降，$\frac{\partial\rho}{\partial r} < 0$，因此 $C_{ls} < 0$. 式(9.35)的方括号的式子表明核子自旋和轨道平行同向的态，得到一个负增量，能级降低；核子自旋和轨道平行反向的态，得到一个正增量，能级升高. 如下图所示. 能级劈裂的宽度与轨道角动量取值成正比.

$$l \quad \begin{cases} j = l - \dfrac{1}{2} \\ j = l + \dfrac{1}{2} \end{cases} \quad \Delta = \frac{1}{2}|C_{ls}|\hbar^2(2l+1)$$

图 9.14 右列是加入自旋-轨道耦合后得到的 Mayer-Jensen 单粒子能级. 自旋-轨道相互作用解除能级简并，有确定轨道量子数 l 的能级劈裂为 j 标记的两个能级，其间隔正比于轨道角动量的取值. 高轨道的能级因自旋-轨道相互作用闯入下一个谐振子壳. 例如 $N=3$ 的 $f(l=3)$ 轨道能级劈裂，$j=7/2$ 的能级下移，造成$N=3$ 谐振子壳出现一个的闭壳【28】，$N=4$ 谐振子壳的 $g(l=4)$的能级的 $j=9/2$的能级闯入 $N=3$ 壳层，把 10 个核子移到原来(40)子壳层，得到新的

闭壳【50】. 同样 $N=5$ 谐振子壳的 $h(l=5)$ 的能级的 $j=11/2$ 的能级闯入 $N=4$ 壳层,得到新闭壳【82】.

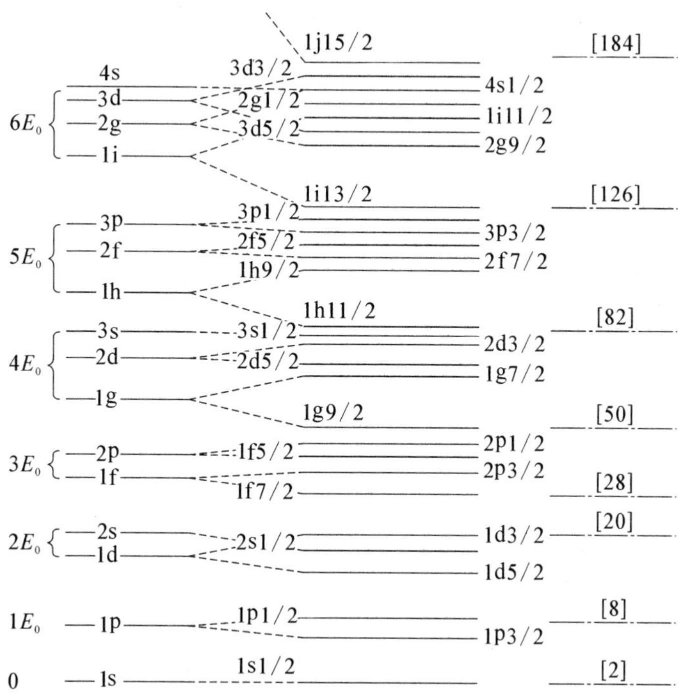

图 9.14　Mayer-Jensen 单粒子能级

取自 M.G.Mayer et. al., *Elementary Theory of Nuclear Shell Structure*, 1955.

Mayer-Jensen 单粒子能级成功解释了核素核子的壳层结构,正确给出幻数的特性.

● 改进的谐振子势——Nilsson 势. 在谐振子势(9.32)的基础上引入自旋-轨道耦合的剩余相互作用的 C-项(9.33),以及修正谐振子势表面形状的 D-项,得到 Nilsson 势

$$
\begin{aligned}
U_{\text{Nilsson}} &= -U_0 + \frac{1}{2}M\omega_0^2 r^2 - Cs\cdot l - D(l^2 - \langle l^2\rangle_N) \\
&= -U_0 + \frac{1}{2}M\omega_0^2 r^2 - \kappa\hbar\omega_0[2s\cdot l + \mu(l^2 - \langle l^2\rangle_N)]
\end{aligned} \tag{9.36}
$$

其中 $C=2\kappa\hbar\omega_0$, $D=\kappa\mu\hbar\omega_0$, $\langle l^2\rangle_N = \dfrac{N(N+3)}{2}$, $\hbar\omega_0 = 41A^{-\frac{1}{3}}$ MeV, M 为核子质量.

不同谐振子壳层,核子到达核素边界位置不同,自旋-轨道耦合强度不同,用参

数 κ 来调节;谐振子势修正程度不同,用参数 μ 来调节. ω_0 为谐振子的基频,它反比于系统的尺度($A^{1/3}$),A 为核素的质量数. 图 9.15 是用 Nilsson 势求得的 Nilsson 单核子能级. 不同的谐振子壳,$\kappa\mu$ 参数可以不同. 能级图的左列是简并的谐振子能级,中间一列是对谐振子位形,即不同轨道角动量项进行修正,第三列引入自旋轨道耦合. 三部分的计算式子如下:

谐振子:$E_N = \left(N + \dfrac{3}{2}\right)\hbar\,\omega_0$, $\hbar\,\omega_0 = 41A^{-\frac{1}{3}}$.

位形修正:$\Delta_l = -\mu\kappa\,\hbar\,\omega_0\left[l^2 - \dfrac{N(N+3)}{2}\right]$.

自旋轨道耦合:$-2\kappa\,\hbar\,\omega_0\langle\hat{\boldsymbol{l}}\cdot\hat{s}\rangle$.

根据上面三项,原则上可以计算核素 A 的 Nilsson 能级图. 选择合适参数 $\kappa\mu$,与实验观测结果比较.

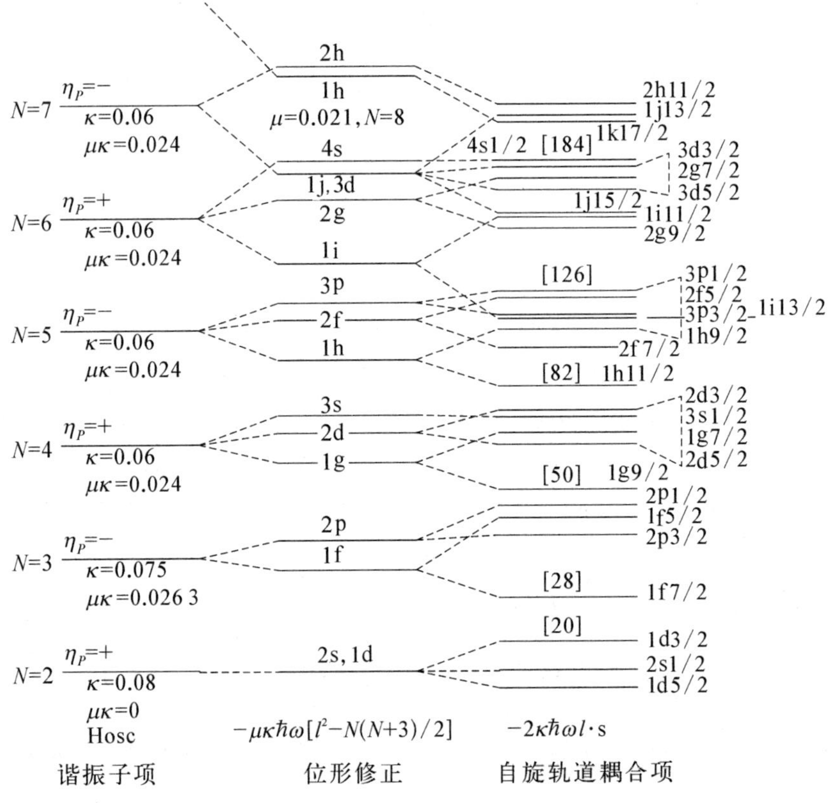

图 9.15　典型的 Nilsson 单粒子能级图

取自 S. G. Nilsson et al., *Shape and Shells in Nuclear Structure*, 1985.

● 单粒子壳层模型的实验检验

(1) 成功预测幻数核素和它们的稳定特性

单粒子壳层模型突出成就是能正确解释实验观测到的中子、质子幻数.当中子或者质子数为 2,8,20,28,50,82,126 时,A 个核子正好分别填满 $(1s1/2)^2$, $(1p1/2)^2$,$(1f7/2)^8$,$(1g9/2)^{10}$, $(1h11/2)^{12}$, $(3p1/2)^2$.它们有的是质子数和中子数都是幻数的双幻数核素,如: ${}^{4}_{2}He_2$, ${}^{16}_{8}O_8$, ${}^{40}_{20}Ca_{20}$, ${}^{208}_{82}Pb_{126}$.还有许多单幻数核素,例如前面所列的双幻数核素的一系列的同位素都是质子数为幻数的核素.幻数核素和周围的核素有比较特别的稳定性:1) 幻数中子(幻数质子)的核素的中子(质子)分离能特别高(见表 9.4);2) 双幻数核素和单幻数核素的同位素丰度比相邻的非幻数核素高.如,铅 $Z=82$,是重元素中天然丰度最高的核素.四个天然放射性系列中,有三个以铅为稳定的终点元素,一个以 ${}^{209}Bi$ 为终点核素.Bi 有 20 种同位素,自然界的 Bi 同位素中,${}^{209}Bi(N=126)$是唯一稳定的.3) 双幻数核素和单幻数核素的单粒子激发能比相邻的非幻数核素高,如图9.16是铅的几种同位素的低激发态能级图.其中 ${}^{208}Pb$(双幻数核素)的第一激发态最高,为 2.61 MeV,而 ${}^{206}Pb$ 的第一激发态才有 0.80 MeV.从单粒子能级图清楚表明:非幻数中子(124)${}^{206}Pb$ 基态组态$[\nu(2f5/2)^6\nu(3p1/2)^0]$ 的一个中子激发到 3p1/2 形成激发态的组态$[\nu(2f5/2)^5\ \nu(3p1/2)^1]$,中子只在闭壳内移动,而幻数中子 ${}^{208}Pb$ 基态组态$[\nu(2f5/2)^6\nu(3p1/2)^2]$的一个中子激发到2g9/2形成激发态的组态$[\nu(2f5/2)^5\nu(3p1/2)^2\ \nu(2g9/2)^1]$.中子从一个幻数闭壳跳到另一个幻数闭壳.

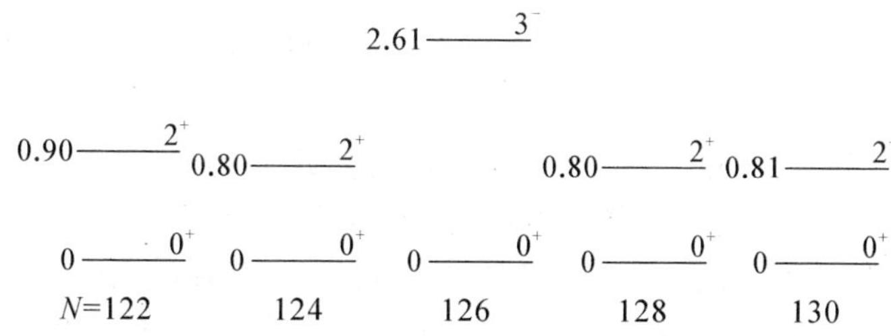

图 9.16　铅的不同同位素的低激发态特性比较

(2) 核素基态自旋宇称

偶-偶核素基态自旋宇称为 0^+.偶数中子和偶数质子在各自单粒子轨道上配对,宇称相乘得到基态核素的宇称为偶,配对的质子和配对中子的通过 $J-J$ 耦合为零的态(空间重叠最大,短程吸力最强)最稳定.

奇 A 核素的自旋宇称由不配对的单核子所在的单粒子态的自旋宇称决定,

例如：

$$^{3}_{1}\text{H}: \pi 1s^1_{1/2},\ J^P = \frac{1}{2}^+ \left(\frac{1}{2}^+\right);\ ^{7}_{3}\text{Li}: \pi 1s^2_{1/2} + \pi 1p^1_{3/2},\ J^P = \frac{3}{2}^- \left(\frac{3}{2}^-\right)$$

$$^{3}_{2}\text{He}: \nu 1s^1_{1/2},\ J^P = \frac{1}{2}^+ \left(\frac{1}{2}^+\right);\ ^{5}_{2}\text{He}: \nu 1s^2_{1/2} + \nu 1p^1_{3/2},\ J^P = \frac{3}{2}^- \left(\frac{3}{2}^-\right)$$

$$^{11}_{5}\text{B}: \pi 1s^2_{1/2} + \pi 1p^3_{3/2},\ J^P = \frac{3}{2}^- \left(\frac{3}{2}^-\right)$$

$$^{15}_{7}\text{N}: \pi 1s^2_{1/2} + \pi 1p^4_{3/2} + \pi 1p^1_{1/2},\ J^P = \frac{1}{2}^- \left(\frac{1}{2}^-\right)$$

$$^{11}_{6}\text{C}: \nu 1s^2_{1/2} + \nu 1p^3_{3/2},\ J^P = \frac{3}{2}^- \left(\frac{3}{2}^-\right);$$

$$^{15}_{8}\text{O}: \nu 1s^2_{1/2} + \nu 1p^4_{3/2} + \nu 1p^1_{1/2},\ J^P = \frac{1}{2}^- \left(\frac{1}{2}^-\right)$$

$$^{35}_{17}\text{Cl}: \pi(1s^2_{1/2} + \cdots)^{16} + \pi 1d^1_{3/2},\ J^P = \frac{3}{2}^+ \left(\frac{3}{2}^+\right)$$

$$^{41}_{19}\text{K}: \pi(1s^2_{1/2} + \cdots)^{16} + \pi 1d^3_{3/2},\ J^P = \frac{3}{2}^+ \left(\frac{3}{2}^+\right)$$

$$^{33}_{16}\text{N}: \nu(1s^2_{1/2} + \cdots)^{16} + \nu 1d^1_{3/2},\ J^P = \frac{3}{2}^+ \left(\frac{3}{2}^+\right)$$

$$^{41}_{20}\text{Ca}: \nu(1s^2_{1/2} + \cdots)^{20} + \nu 1f^1_{7/2},\ J^P = \frac{7}{2}^- \left(\frac{7}{2}^-\right)$$

由不配对的核子的组态决定该核素的自旋宇称与实验结果(列在括号内)一致.有少数例外,如

$$\begin{aligned} &^{19}_{9}\text{F}: (\pi 1s^2_{1/2}\cdots)^8 + 1d^1_{5/2},J^P = 5/2^+\ (\text{模型值}),\ 1/2^+\ (\text{实验值}) \\ &^{23}_{11}\text{Na}: (\pi 1s^2_{1/2}\cdots)^8 + 1d^3_{5/2},J^P = 5/2^+\ (\text{模型值}),\ 3/2^+\ (\text{实验值}) \end{aligned} \tag{9.37}$$

上述例外可用形变的单粒子平均势的选择得到说明(见后一节).

(3) 满壳层外的一个单核子或者单空穴的核素的特性

填满壳层的核素,特别是双满壳层的核素特别稳定.在满壳层外多一个核子或者缺一个核子的核素其特性表现出单粒子运动的特征,核素的特性基本上由该核子,或者空穴所处的状态决定.例如该核素的磁矩基本由单核子(质子或者中子)的轨道-自旋磁矩决定(落在所预测的 Schmidt 线内[7]).一些满壳层外加一个核子(空穴)核素的低激发态的自旋宇称,表现出单粒子激发的特征见图 9.17.

根据图 9.15 的 Nilsson 单粒子能级排序,^{207}Pb 的基态为 $3p_{1/2}$ 的一个不配对的中子,基态 $J^P = 1/2^-$,第一激发态是拆开 $2f_{5/2}$ 中 3 对中子中的一对,其中一个中子提升到 $3p_{1/2}$ 配对,第一激发态的特性由 $2f_{5/2}$ 的单中子定($J^P = 5/2^-$).第二激发态,

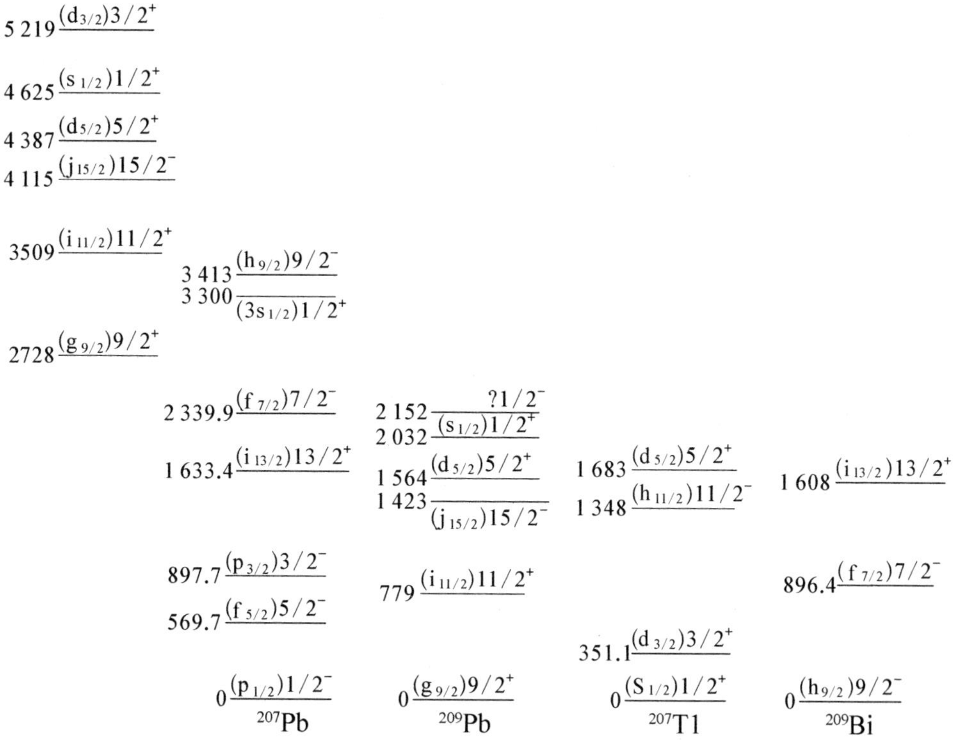

5 219 $(d_{3/2})3/2^+$

4 625 $(s_{1/2})1/2^+$

4 387 $(d_{5/2})5/2^+$

4 115 $(j_{15/2})15/2^-$

3509 $(i_{11/2})11/2^+$

3 413 $(h_{9/2})9/2^-$

3 300 $(3s_{1/2})1/2^+$

2728 $(g_{9/2})9/2^+$

2 339.9 $(f_{7/2})7/2^-$　　2 152 ?$1/2^-$

2 032 $(s_{1/2})1/2^+$

1 633.4 $(i_{13/2})13/2^+$　　1 564 $(d_{5/2})5/2^+$　　1 683 $(d_{5/2})5/2^+$　　1 608 $(i_{13/2})13/2^+$

1 423 $(j_{15/2})15/2^-$　　1 348 $(h_{11/2})11/2^-$

897.7 $(p_{3/2})3/2^-$　　779 $(i_{11/2})11/2^+$　　896.4 $(f_{7/2})7/2^-$

569.7 $(f_{5/2})5/2^-$

351.1 $(d_{3/2})3/2^+$

0 $(p_{1/2})1/2^-$　　0 $(g_{9/2})9/2^+$　　0 $(S_{1/2})1/2^+$　　0 $(h_{9/2})9/2^-$

^{207}Pb　　^{209}Pb　　^{207}Tl　　^{209}Bi

图 9.17　满壳层附近,单粒子(空穴)激发模式[8]

拆 $3p_{3/2}$ 的中子补到 $2f_{5/2}$,第二激发态由 $3p_{3/2}$ 的一个不配对的中子定($J^P=3/2^-$)……空穴下移,能量提升. ^{207}Pb 左上角的高激发态,是 $3p_{1/2}$ 的一个不配对的中子被激发到 $(2g_{9/2})$,$(1i_{11/2})$ 和 $(1j_{15/2})$…而得到.其他几个满壳加减一个核子的低激发态能级的自旋宇称也可以在图 9.15 能级图上找到对应的位置.

9.3　核素的集体运动

填满壳层的核素,核子配对组成自旋宇称为 0^+ 的壳层.它的空间形状接近于球形;双满壳层的核素,特别是双幻数核素,其空间呈球形;远离满壳的核素,满壳外多核子的运动将引起核素空间形状偏离球形.任意形状的核素的表面,可用一般

式子描述

$$R(\theta,\ \varphi,\ t) = R_0[1 + \sum_{\lambda\mu}\alpha_{\lambda\mu}(t)Y_{\lambda\mu}(\theta\varphi)] \tag{9.38}$$

R_0 是同体积的球形核素半径，Y 为 λ 阶球谐张量（描述 2^λ 阶形变）. 系数 $\alpha_{\lambda\mu}$ 与 t 无关，是稳定形变，随时间 t 变化，表现出不同集体振动模式. 常见的 $\lambda=2$ 的四极旋转椭球形变是

$$\left.\begin{aligned}&R(\theta,\ \varphi,\ t) = R_0[1 + \sum_{\mu=-2}\alpha_{2\mu}(t)Y_{2\mu}(\theta\varphi)]\\&R(\theta,\ \varphi) = R(\pi-\theta,\ \varphi) = R(\theta,\ -\varphi)\\&\alpha_{2,-1} = \alpha_{2,1} = 0;\ \alpha_{2,-2} = \alpha_{2,2}\end{aligned}\right\} \tag{9.39}$$

上式的第二个方程是旋转对称的结果，决定旋转椭球形变的 2 个独立参数 α_{20}，α_{22} 用参数 β、γ 替换为

$$\begin{aligned}&\alpha_{20} = \beta\cos\gamma\quad \alpha_{2,2} = \frac{\beta}{\sqrt{2}}\sin\gamma\\&R(\theta,\ \varphi) = R_0\left\{1+\beta\sqrt{\frac{5}{16\pi}}[\cos\gamma(3\cos^2\theta-1)\right.\\&\qquad\left.+\sqrt{3}\sin\gamma\sin^2\theta\cos2\varphi]\right\}\end{aligned} \tag{9.40}$$

引入参数 δ_D

$$\delta_D = \frac{3}{2}\sqrt{\frac{5}{4\pi}}\beta = 0.946\beta$$

旋转椭球在 x，y，z 体轴上的半径

$$R_x = R_0\left[1+\frac{2}{3}\delta_D\cos\left(\gamma-\frac{2\pi}{3}\right)\right]$$

$$R_y = R_0\left[1+\frac{2}{3}\delta_D\cos\left(\gamma+\frac{2\pi}{3}\right)\right]$$

$$R_z = R_0\left[1+\frac{2}{3}\delta_D\cos\gamma\right]$$

z 为旋转对称轴

$$\left.\begin{aligned}&\gamma = 0\\&R_x = R_y = R_0\left(1-\frac{1}{3}\delta_D\right)\equiv a;\ R_z = R_0\left(1+\frac{2}{3}\delta_D\right)\\&\delta_D>0,\text{长椭球状；}\ \delta_D<0,\text{扁椭球状}\end{aligned}\right\} \tag{9.41}$$

$\delta_D(\beta)$ 量度核素偏离球对称的程度，γ 量度核素偏离轴对称的程度. 形变参数随时间 t 变化，代表不同的振动模式，即所谓 β 振动和 γ 振动.

9.3.1 形变场中的单粒子模型

一般情况下核素的形变是由于核素满壳外核子运动诱发的,单粒子运动和集体运动是共存的.集体运动通常是在某特定的单粒子状态下的集体运动,出现单粒子运动和集体运动耦合等复杂的运动形式.通常单粒子运动过程比形变运动要快得多,在考虑集体运动时,常选定某种形变参数的形变平均场求解单核子的能级状态(绝热近似).因此,在某种特定的形变下的单粒子波函数的确定是必要的.以旋转轴对称($\gamma=0$)的谐振子势为例

$$\omega_{\perp} = \omega_0^2(\delta_D)\left(1+\frac{2}{3}\delta_D\right);\ \omega_z^2 = \omega_0^2(\delta_D)\left(1-\frac{2}{3}\delta_D\right) \tag{9.42}$$

谐振频率(9.42)的不对称性是和核素尺度的不对称(9.41)对应的,小尺度频率高,大尺度频率低.把频率(9.42)带入谐振子势式(9.36),求解得到一组与形变参数$\delta_D(\beta)$相关的形变势下的单粒子能级图(图 9.18).

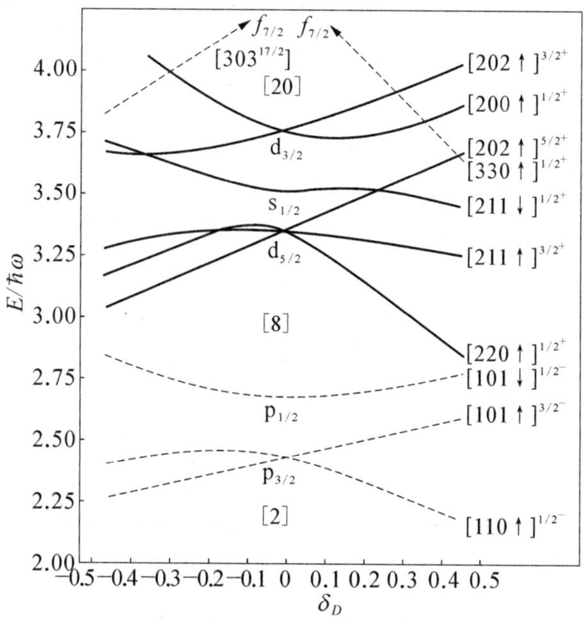

图 9.18 在旋转对称的形变势下的单粒子能级($N=1, N=2$)[9]

N 是总谐振子量子数;n_z 是在对称轴向的谐振量子数; l 是核子轨道角动量,Λ 为 l 在对称轴上的投影

$$N = 2n_{\perp}+n_z,\ N=0,1,2,\cdots;\ n_z=0,1,2\cdots N-\Omega-\frac{3}{2},$$

$$N - \Omega - \frac{1}{2}, N - \Omega + \frac{1}{2}$$

$$\Lambda = l,\ l-1,\ \cdots,\ 0;\ \Omega = j,\ j-1,\ \cdots,\ 1/2$$

Ω 是核子 j 的自旋在对称体轴 z 上的投影，由核子轨道角动量 l、自旋 s 在 z 轴上的投影 Λ、Σ 合成. 旋转对称性 Ω 对应的 $\pm j$ 是简并的，取 j 投影的绝对值作为单核子的自旋. $\delta_D = 0$ 是 Nilssion 的单粒子能级. $\delta_D > 0$ 是长旋转对称势下的单粒子能级；$\delta_D < 0$ 是扁旋转对称势下的单粒子能级. 能级用一组守恒量子数标志 $(N, n_z, \Lambda, \Sigma)\Omega^{\pi}$，$\Omega = \Lambda + \Sigma$，$\pi = (-1)^N$，为态的空间宇称. n_z 从小到大，对应于能级由高到低. Λ 取值由小到大，能量由低到高. $\Sigma = \pm 1/2$，为核子自旋 s 在 z 轴上投影. 当 $\Omega = \Lambda + 1/2$，Σ 用垂直向上箭头或"+"替代. 当 $\Omega = \Lambda - 1/2$，Σ 用垂直向下箭头或"-"替代.

^{23}Na 核素的质子为【8】+3，最后 3 个核子在 $N=2$ 的 $(1d_{5/2})^3$ 态，形变的势使它劈裂为下面 3 个新组态，$[220\uparrow]1/2^+$，$[211\uparrow]3/2^+$，$[202\uparrow]5/2+$. 每一组态的简并度为 2，$\pm\Omega$ 各填一个核子. 3 个质子分别是：2 个在第一组态，1 个在第二组态，第二组态还缺一个. 第三组态(可填 2 个)为零核子态. ^{23}Na 的自旋宇称由第二组态 $[211\uparrow]3/2^+$ 的单质子定 $J^{\pi} = 3/2^+$. 同样 ^{19}F 的质子【8】+1 的单质子在上面最低组态上 $[220\uparrow]1/2^+$，$J^{\pi} = 1/2^+$.

对于奇-奇核素的基态自旋宇称也有规律可循(在不考虑不配对的中子和不配对的质子之间的剩余相互作用的情况下)下面经验规律可用

$$\Omega = \begin{cases} |\Omega_p + 4\Sigma_p\Sigma_n\Omega_n|, & 4\Sigma_p\Sigma_n = \pm 1 \\ |\Omega_p - \Omega_n|, & \text{当 } \Sigma_n = -\Sigma_p \\ |\Omega_p + \Omega_n|, & \text{当 } \Sigma_n = +\Sigma_p \end{cases} \tag{9.43}$$

表 9.5 列出一些与经验规律符合的奇-奇核素基态的自旋宇称. 形变平均场的 Nilsson 单粒子模型可以预测很多基态和低激发态能级特性，证明了核素中核子的独立运动是一种十分重要的形式. 该模型建立的核子的能级系可以用来分析理解丰富多彩的核素谱学的实验数据. 同时 Nilsson 模型和形变平均场的 Nilsson 单粒子模型已成为深入研究核素核子运动的各种微观理论的出发点.

表 9.5 部分奇-奇核的自旋宇称

奇奇核	奇质子组态	奇中子组态	Ω^{π}(预言)	J^P(实验)
^{6}Li	$(110\uparrow)1/2^-$	$(110\uparrow)1/2^-$	1^+	1^+
^{8}Li	$(110\uparrow)1/2^-$	$(101\uparrow)3/2^-$	2^+	2^+

（续表）

奇奇核	奇质子组态	奇中子组态	Ω^{π}（预言）	J^{P}（实验）
^{10}B	(101↑)3/2$^-$	(101↑)3/2$^-$	3^+	3^+
^{14}N	(101↓)1/2$^-$	(101↓)1/2$^-$	1^+	1^+
^{18}F	(220↑)1/2$^+$	(220↑)1/2$^+$	1^+	1^+
^{20}F	(220↑)1/2$^+$	(221↑)3/2$^+$	2^+	2^+
^{22}Na	(221↑)3/2$^+$	(221↑)3/2$^+$	3^+	3^+
^{24}Na	(221↑)3/2$^+$	(202↑)5/2$^+$	4^+	4^+
^{26}Al	(202↑)5/2$^+$	(202↑)5/2$^+$	5^+	5^+

9.3.2　核素中核子的集体运动

1. 集体振动

描述核素表面形状的公式(9.38)的变形系数 $\alpha(\lambda\mu)$围绕某平衡位置随时间变化，核素表面形状随时间有规律地振动．核素的集体振动模式通常用声子的发射和吸收来描述(表 9.6)．

表 9.6　核素集体振动模式

振动模式	单极振动	偶极振动	四极振动	八极振动	2^{λ} 振动
λ	0	1	2	3	λ
声子的宇称	+	−	+	−	$(-1)^{\lambda}$

对于偶偶核的振动激发态的量子数用谐振子量子数 N_{λ} 及声子的自旋宇称定：

$N_{\lambda}=0$，振动能级的基态，即偶-偶核基态 $J^{P}=0^{+}$；

$N_{\lambda}=1$，单声子激发，$J=\lambda$，$\eta_{P}=(-1)^{\lambda}$；激发能 $E_1=\hbar\omega$

$N_{\lambda}=2$，双声子激发 J 由两个自旋为λ 的声子耦合而成，同时由两全同玻色子交换的对称性限制：$(-1)^{2\lambda-J}=+1$，J 只能取偶数，$E_2=2\hbar\omega$．

图 9.19(a)给出一组典型的四极振动能级，第一激发态为单声子激发，第二激发态为双声子激发．由于剩余相互作用，第二激发态能级简并解除，0^+、2^+ 和 4^+ 劈裂开来．图 9.19(b)双满壳核素低激发态表现出的单极振动(第一激发态 0^+)和 8

极振动(第二激发态 3^-),$\hbar\omega$ 定性地服从 $A^{-1/3}$ 的规律.

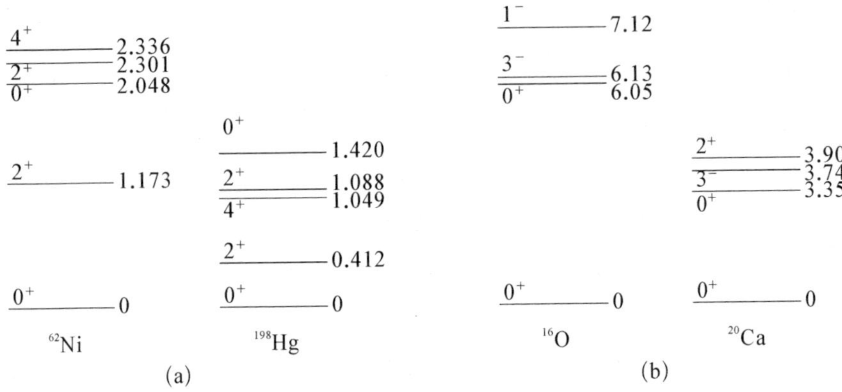

图 9.19 核素的振动能级

2. 核素核子的集体转动

一些具有大的永久形变的核素($150<A<180$)和($220<A<250$)的能谱表现出明显的转动能谱的特征,同时它们的电四极矩以及相关能级的电四极约化跃迁矩阵元特别大.下面以轴对称形变的核素为例,研究转动模式的特点.图9.20描述一个轴对称变形的椭球核素,设紧固的体坐标系为(ξ, η, ζ),ζ 为旋转对称轴.设核素绕 Z 轴的集体转动,其转动如此之慢,以至于核素的内部保持某一确定的单核子状态(绝热近似),同时把集体转动近似为刚体的转动,转动角动量 $\boldsymbol{R}=\Im\boldsymbol{\omega}$,$\Im$ 和 ω 为"刚体"核素的转动惯量和转动角速度.把上述的转动投影到三个体轴上的转动的叠加,相应的角动量和转动惯量为 R_ξ, R_η, R_ζ 和 $\Im_\xi$, $\Im_\eta$, $\Im_\zeta$.和经典的刚体转动的动能对应的量子力学形式为

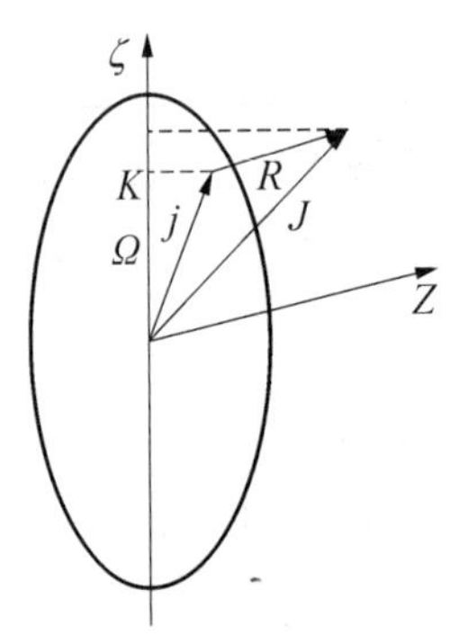

图 9.20 旋转轴对称的形变核素参数之间的关系和集体转动动能

$$T_{rot.}=\frac{\hbar^2}{2}\left[\frac{\hat{R}_\xi^2}{\Im_\xi}+\frac{\hat{R}_\eta^2}{\Im_\eta}+\frac{\hat{R}_\zeta^2}{\Im_\zeta}\right] \qquad (9.44a)$$

ξ 为对称轴,所以 $\Im_\xi\equiv\Im_\eta\equiv\Im$

$$T_{rot.}=\frac{\hbar^2}{2\Im}(\hat{R}^2-\hat{R}_\zeta^2)+\frac{\hbar^2}{2\Im_\zeta}\hat{R}_\zeta^2 \qquad (9.44b)$$

由于集体转动和内部单粒子运动的剩余相互作用,单粒子的角动量 j 和集体转动角动量不再是好的量子数,它们耦合的 $\hat{J}=\hat{R}+\hat{j}$ 是好量子数,同时有

$$\hat{R}^2 = \hat{J}^2 + \hat{j}^2 - 2\hat{J}\cdot\hat{j}\,;\ \hat{J}_\zeta = \hat{R}_\zeta + \hat{j}_\zeta$$

代入(9.44b)得

$$T_{rot.} = \frac{\hbar^2}{2\Im}(\hat{J}^2 + \hat{j}^2 - 2\hat{J}\cdot\hat{j}) + \left(\frac{\hbar^2}{2\Im_\zeta} - \frac{\hbar^2}{2\Im}\right)(\hat{J}_\zeta - \hat{j}_\zeta)^2 \tag{9.44c}$$

形变核素系统的总能量由单核子的状态能量和核素的转动动能决定

$$\begin{aligned} H &= H_i + H_{rot.} \\ &= \left[H_i + \frac{\hbar^2}{2\Im}\hat{j}^2\right] + \left[\frac{\hbar^2}{2\Im}(\hat{J}^2 - 2\hat{J}_\zeta\cdot\hat{j}_\zeta) + \left(\frac{\hbar^2}{2\Im_\zeta} - \frac{\hbar^2}{2\Im}\right)(\hat{J}_\zeta - \hat{j}_\zeta)^2\right] \\ &\quad + \left[-\frac{\hbar^2}{\Im}(\hat{J}_+\hat{j}_- + \hat{J}_-\hat{j}_+)\right] \end{aligned} \tag{9.45}$$

式(9.45)中包括三项.

第一项,核子在形变场中运动状态,由形变 Nilsson 模型决定;第二项,核素的转动状态,对于轴对称情况,绕对称轴 ζ 的转动是无效的

$$R_\zeta = J_\zeta - j_\zeta = 0,\ J_\zeta \equiv K,\ j_\zeta \equiv \Omega,$$
$$K = \Omega$$

第三项为零,第四项描述转动(J)和粒子内部运动(j)的耦合,类似于经典的 Coriolis 力的作用.在低转动激发情况下,这种耦合很弱.因此,具有量子数为JK转动的核素的状态的能量为

$$E_J = E_K + \frac{\hbar^2}{2\Im}[J(J+1) - 2K^2] \tag{9.45}$$

转动能级的特征:转动能级是在形变的单粒子能级 $E_K(E_\Omega)$的基础上叠加上转动能,构成以 K 为首的转动带.K 是J 在对称轴上的投影,$K = J,\ J-1,\ J-2\cdots$.每一个以 K 为标志的核素的内部激发都可能引出各自的转动带.

● 一个转动带中的角动量为 J 的能量相对于$J = K$ 带首(该转动带的最低能态)的转动激发能

$$E_J^* = E_J - E_{J=K} = \frac{\hbar^2}{2\Im}[J(J+1) - K(K+1)] \tag{9.46}$$

● 偶-偶核素的基态($J^\pi = 0^+$)为带首的称为基带,$K = 0$,总角动量为 J 的转动波函数

$$|J,M,K=0\rangle = \sqrt{\frac{2J+1}{16\pi^2}}\phi_{K=0}D_{M0}^{J*}(\alpha\beta\gamma)[1 + (-1)^J] \tag{9.47}$$

表明 J 为奇数的转动态都不存在(M 为系统总角动量在 Z 轴上的投影).因此有

$$\left.\begin{aligned}&J=0,2,4,\cdots\quad(K=0),\\&J=K,K+1,K+2,\cdots\quad(K\neq 0)\end{aligned}\right\}\tag{9.48}$$

● 转动激发态的宇称由带首态的宇称确定.

图 9.21 是^{168}Er 其中的 4 个转动带,不同 K^{π},观测到 20 个转动带.

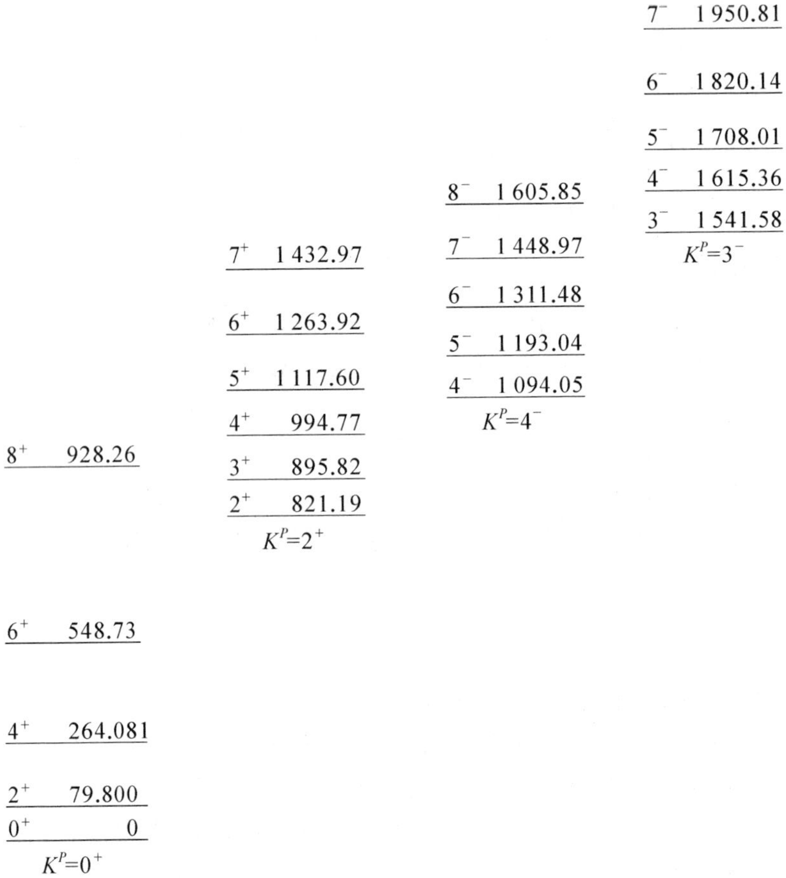

$K^P=0^+$	$K^P=2^+$	$K^P=4^-$	$K^P=3^-$
0^+ 0	2^+ 821.19	4^- 1 094.05	3^- 1 541.58
2^+ 79.800	3^+ 895.82	5^- 1 193.04	4^- 1 615.36
4^+ 264.081	4^+ 994.77	6^- 1 311.48	5^- 1 708.01
6^+ 548.73	5^+ 1 117.60	7^- 1 448.97	6^- 1 820.14
8^+ 928.26	6^+ 1 263.92	8^- 1 605.85	7^- 1 950.81
	7^+ 1 432.97		

图 9.21 ^{168}Er **转动带**[9]

形变核素的转动并非经典的刚体转动,激发能的规律性和式(9.46)偏离是不奇怪的,特别对于高自旋态的转动激发能的预言与实际观测值的偏离更大.对于较低角动量态,引入 $J(J+1)$的高次项是常用的方法,如式(9.49).根据最低的两个激发态,定出参数 A、B,再用该式预言高激发态的能量,如图 9.22 中括号内的是预言值.不同带的参数 A、B 同时标出.B 均为负值,表示高角动量态,核素态的转动惯量增大导致激发能变小,各个带的 A、B 差异,表明它们内部的核物质状态的差异.

一个对偶-偶核素转动能级的双参数的吴-曾公式[10] (9.50)成功地预言了偶-偶核素的转动能级的能量与角动量的关系.

实验上还观测到以不同振动能级为带首的转动带.如第10章图10.42显示的^{172}Hf包括有β振动和γ振动为领头的转动带.

$$E_J = AJ(J+1) + B[J(J+1)]^2 \tag{9.49}$$

$$E_J = \alpha[\sqrt{1 + bJ(J+1)} - 1] \tag{9.50}$$

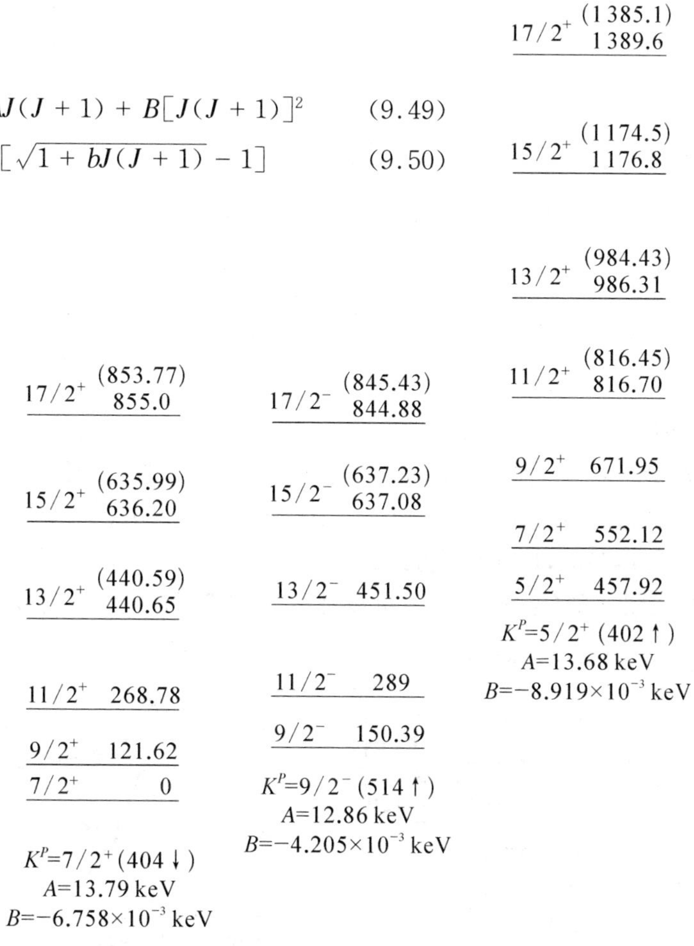

$K^P=7/2^+(404\downarrow)$		$K^P=9/2^-(514\uparrow)$		$K^P=5/2^+(402\uparrow)$	
				$17/2^+$	(1385.1) 1389.6
				$15/2^+$	(1174.5) 1176.8
				$13/2^+$	(984.43) 986.31
$17/2^+$	(853.77) 855.0	$17/2^-$	(845.43) 844.88	$11/2^+$	(816.45) 816.70
$15/2^+$	(635.99) 636.20	$15/2^-$	(637.23) 637.08	$9/2^+$	671.95
$13/2^+$	(440.59) 440.65	$13/2^-$	451.50	$7/2^+$	552.12
$11/2^+$	268.78	$11/2^-$	289	$5/2^+$	457.92
$9/2^+$	121.62	$9/2^-$	150.39		
$7/2^+$	0				
A=13.79 keV		A=12.86 keV		A=13.68 keV	
$B=-6.758\times10^{-3}$ keV		$B=-4.205\times10^{-3}$ keV		$B=-8.919\times10^{-3}$ keV	

图 9.22　^{171}Lu 转动带

3. 高自旋态核素的特性.

通过库仑激发和融合反应(详见第10章),人们可以制备高自旋(J高达几十)的核素态.这类核素态自旋之所以高,主要是它们具有很高的集体转动的角动量R,可视为高速旋转的核素,称为晕核,它们通常包含很多转动带.前面提到同一转动带

激发能与 J 的关系偏离 $J(J+1)$ 规律是因为核物质并非刚体，其转动惯量与转动角动量相关.研究转动惯量与转动角速度的关系，可以提供高速旋转下核物质性质的有意义的资料.下面介绍如何根据转动带能级之间的电磁辐射(E_γ、能级自旋宇称)等实验数据求得各个转动能级的转动惯量和角频率由式(9.46)可得

$$E_J - E_{J-2} = \frac{\hbar^2}{2\Im}[J(J+1)-(J-2)(J-1)] = \frac{\hbar^2}{2\Im}2(2J-1) \tag{9.51}$$
$$2\Im\,\hbar^{-2} = \left[\frac{E_J - E_{J-2}}{2(2J-1)}\right]^{-1}$$

由正则方程出发

$$\omega = \frac{\mathrm{d}E}{\mathrm{d}J} \Rightarrow (\hbar\omega)^2 = \frac{J^2-J+1}{(2J-1)^2}(E_J - E_{J-2})^2 \tag{9.52}$$

图 9.23 是通过重离子库仑激发及融合反应形成的残余核^{164}Er 经冷却跃迁后到达两个所谓“晕态”的转动带.在测量晕带的 γ 谱线、辐射的多极性，得到能级图 9.23(a)，存在两个不同的带，g 带和 s 带.在求得各转动态的角动量 J 和能级差的基础上，根据式(9.51)、(9.52)计算各个角动量态的转动惯量和转动角频率.把转动惯量对转动角频率平方绘图，得到图 9.23(b).表现出转动惯量突然回弯.解释为核素被转动激发时随激发能的增加，转动角频率加快，转动惯量随转动角频率平方的增加缓慢上升，当激发能达到角动量为 $J=14$(角频率平方～0.1 MeV^2)，转动惯量突然上升(由 86 跳到 110)，角频率平方跳回～0.08，从 G 带 $J=14$ 跃迁到 S 带的 $J=16,18$ …变化沿图 9.23(b)实线进行.可以理解为，当转动角动量(角频率)足够大，

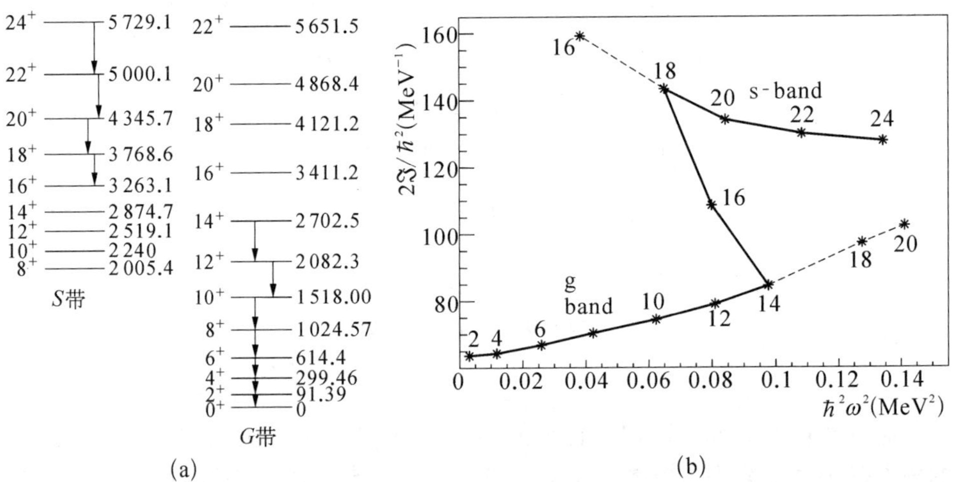

图 9.23　^{164}Er 核素的高自旋转动带和高自旋态的回弯[11]

Coriolis 力(转动和单粒子运动的耦合,式(9.45)把高 j 闯入的核子对拆散,单粒子的角动量沿转动轴顺排导致转动惯量增大.从退激发路径看,通过库仑激发,核素处在高激发态的晕核(配对核子被拆散)处在 S 带,通过 $E2$ 级联跃迁,转动变慢,核子耦合变得占优势,被拆散的核子重新配对,单核子的角动量和转动角动量退耦,进入转动惯量小的 S 带.这种带交叉引起的回弯是高自旋态的特殊运动形式的表现.

大量实验资料表明,回弯是高自旋晕带中相当普遍存在的现象.不仅偶-偶核素,而且奇-偶核素的不同转动晕带之间也存在回弯现象.

参考文献:

[1] 卢希庭. 原子核物理[M]. 修订版. 北京:原子能出版社,2001.

[2] Segrè E. Nuclei and Particles: An Introduction to Nuclear and Subnuclear Physics[M]. 2nd ed. New York: W. A. Benjamin, 1977.

[3] Vautherin D, Brink D M. Hartree-Fock Calculations with Skyrme's Interaction: I. Spherical Nuclei[J]. Phys. Rev. 1972, C5: 626.

[4] 宁平治,李磊,闵德芬. 原子核物理基础:核子与核[M]. 北京:高等教育出版社,2003.

[5] Von Weizsäcker C F. Zur Theorie der Kemmassen[J]. Z. Physik, 1935, 96: 431.

[6] Blaizot J P. Nuclear Compressibility[J]. Phys. Rept., 1980, 64: 171.
Shlomo S, Youngblood D H. Nuclear matter compressibility from isoscalar giant monopole resonance[J]. Phys Rev., 1993, C47: 529.

[7] 梅镇岳. 原子核物理学[M]. 北京:科学出版社,1961.

[8] Schmorak M. Nuclear Data Sheets for A=207[J]. Nucl. Data Sheets, 1984, 43: 383,
Martin M. Nuclear Data Sheets for A=209[J]. Nucl. Data Sheets, 1977, 22: 545.

[9] A. 玻尔, B. 莫特逊.原子核结构:第二卷[M].北京:科学出版社,1982.

[10] 高崇寿,曾谨言.粒子物理与核物理讲座[M].北京:高等教育出版社,1990.

[11] Shurshikov E M. Nuclear Data Sheets for A=164[J]. Nucl. Data Sheets, 1986, 47: 433.

习　　题

9-1　把中子、质子看成广义全同费米子,求核子、核子作用有心力势中的交换算符(式(9.8))在核子、核子组态 $^1S_0$, $^3S_1$, $^1P_1$ 和 $^3P_{012}$ 中的本征值.

9-2　写出核子、核子组态 $^3D_{123}$ 的有心力势的一般形式.

9-3 根据^{5}He和^{5}Li的基态和第一激发态的能级和自旋宇称的特性和单粒子壳层模型讨论核子的自旋轨道剩余相互作用的特性.

9-4 实验观测到如下奇 A 核素的自旋^{9}B($3/2^-$),^{13}N($1/2^-$),^{23}Mg($3/2^+$),^{25}Mg($5/2^+$),^{25}Al($5/2^+$)分别在球形势 Nillsson 单核子能级(图 9.15)和旋转椭球势 Nilsson 单核子能级(图 9.18)找出奇核子对应的组态.

9-5 图 9.16 是几种铅同位素核的基态和第一激发态,根据核素壳层模型的核子能级图,写出各能态对应的最后一对中子的组态.解释为什么^{208}Pb的第一激发态的激发能最大.

9-6 用式(9.51)、(9.52)计算^{172}Hf转动带(第 10 章图 10.21 最左边两个带)各转动能级的转动惯量和转动角频率平方,并作图分析是否有回弯现象发生.

第 10 章　核素的相互作用

核素是由 A 个核子组成的束缚系统，它是研究核子之间相互作用的一个重要实验室，通过核力（QCD 力的剩余）、电磁力和弱力作用的平衡，不稳定的核素可以衰变（α、β、γ 衰变）到稳定或较稳定的核素．以轻子、强子（介子、重子）为探针以及核-核碰撞激发产生不同的核素（核物质状态），观测不同核素（核物质状态）的演化，从而揭示核子-核子之间相互作用的性质．和粒子的相互作用相比，核素相互作用更加复杂，因为后者是一个多体、几种相互作用并存的复杂体系．但是，从根本上而论，它们的相互作用是基于组成核素的最基本的夸克（胶子）的强、弱和电的相互作用．核素的相互作用和粒子的相互作用一样都应服从第 5、第 6 章讨论的守恒定律．本章分两部分介绍：核素的衰变、不同核物质态的制备和它们的特性．

10.1　核素的衰变

10.1.1　核素 α 衰变

核素的 α 衰变方程写为

$$ {}^{A}_{Z}\mathrm{X} \rightarrow {}^{A-4}_{Z-2}\mathrm{Y} + {}^{4}_{2}\mathrm{He} $$

从能动量守恒要求，发生 α 放射性衰变的核素必须满足

$$ \begin{aligned} & M_{\mathrm{X}} - M_{\mathrm{Y}} - M_{\alpha} \equiv Q_{\alpha} > 0 \\ & \Delta(Z,\ A) - \Delta(Z-2, A-4) - \Delta(2,\ 4) > 0 \end{aligned} \tag{10.1} $$

Q_{α} 为 α 衰变的衰变能，$\Delta(Z,\ A)$，$\Delta(Z-2,\ A-4)$ 和 $\Delta(2,\ 4)$ 分别是衰变母核素

(X)、子核素(Y)和氦核素的质量差额(见附录 B). 如果子核素(或者母核素)处在激发态,式(10.1)中的 Δ 应加上其激发能.

衰变能 Q_α 由子核素和 α 粒子按动量守恒关系来分配

$$E_\alpha \approx \frac{A-4}{A}Q_\alpha;\ E_Y \approx \frac{4}{A}Q_\alpha \tag{10.2}$$

E_α 和 E_Y 分别是 α 粒子和子核得到的动能(非相对论近似)。核素体系的能量状态是分立的,对于确定能量状态的母核素和子核素,Q_α 为定值,因此核素 χ 发射的 α 粒子能量是确定的,α 谱是分立的谱. 图 10.1 为核素^{238}U 衰变到子核素^{234}Th 的衰变纲图,水平横线表示核素的某种激发态,线的右边的数字表示激发能(keV),左边表示该能级的自旋宇称 J^P. 图中 Q_α 是母核素基态到子核素基态的衰变能,由公式(10.1)计算得到. 根据式(10.2)可以计算衰变到基态发射的 α 粒子的动能 E_0. 计及子核素第一、第二激发态的能量,由式(10.1)、(10.2)可以计算得到母核素到子核素的第一、第二激发态衰变发射的 α 粒子的动能 E_1、E_2,与图中实验标准的测量值的相一致. 由观测到的各个分支 α 粒子的强度,求得衰变分支比 Br,也列在纲图中. 图 10.1 右上角的插图表示观测的理想化的 α 能谱,横坐标为探测器(金硅面垒半导体谱仪)测量的 α 粒子的动能,纵坐标表示相应衰变道的分支比. 由于探测过程的各种涨落,实际测到的 α 能谱是围绕各个线谱展开成高斯形的峰. 峰下的面积和总面积(3 个峰的面积和)比就是实验测到的分支比. 一个核素态通过不同通道发生衰变,单位时间发生的总衰变几率为 λ(秒$^{-1}$)或者总衰变

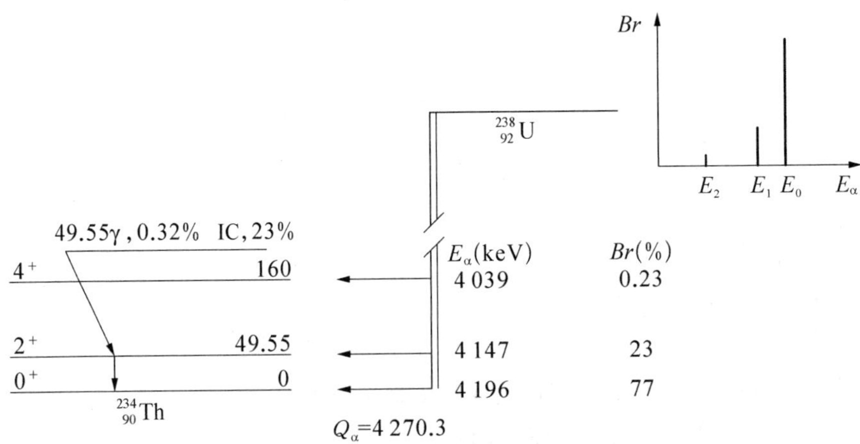

图 10.1 ^{238}Uα 衰变的衰变纲图和分立的 α 能谱(右上角示意图)

宽度 $\boldsymbol{\Gamma}$(MeV).各个分支的分支衰变常数(分支衰变宽度)λ_i(Γ_i)满足关系式(10.3).通过测量核素的半衰期 $T_{1/2}$ 可以定出总衰变常数 λ;通过测量 α 谱各能谱峰下的面积(~n_i)可以确定各衰变道的分支比,从而定出各分支道的衰变常数 λ_i(分宽度 Γ_i).大量的实验观测发现 α 衰变的半衰期(等效半衰期 $0.693/\lambda_i$)与 α 粒子动能的平方根成反比,即所谓盖革(H. Geiger)-努塔尔(M. Nutall)经验规律.^{234}Th 的第一激发态的衰变方式和分支比标记在图 10.1 左图上方的横线上: 0.32%是通过 γ 衰变,能量为 49.55 keV,~23%是通过内转换电子发射(相对于母核素的衰变)

$$\left.\begin{aligned}&\lambda = \sum_i \lambda_i;\ \Gamma = \sum_i \Gamma_i\\&\lambda = \frac{1}{\tau} = \frac{\ln 2}{T_{\frac{1}{2}}}\\&Br(i) = \frac{\lambda_i}{\lambda} = \frac{\Gamma_i}{\Gamma} = \frac{n_i}{N},\ N = \sum_i n_i\end{aligned}\right\} \tag{10.3}$$

1. α 衰变的动力学机制

α 衰变包括从母核素中 α 粒子的形成、α 粒子撞击库仑位垒和离心位垒到 α 粒子隧穿的过程,涉及多种相互作用.用图 10.2 来解释 α 衰变基本过程:假定 α 粒子在母核素中已经形成,由于核力以及库仑力的相互作用,核子发生重组.对于 α 放射性核素,重组为子核素 Y($Z-2$, $A-4$)和 α 粒子的概率为1,对于非 α 放射性核素重组概率为零或者很小.在这样假定下,α 放射性核素的衰变过程就简单地视为在核力、库仑力作用下存在于母核素内的 α 粒子以一定的频率 ν 撞击库仑势垒,以一定的概率 P 隧穿离开母核素.因此,衰变常数可以写为

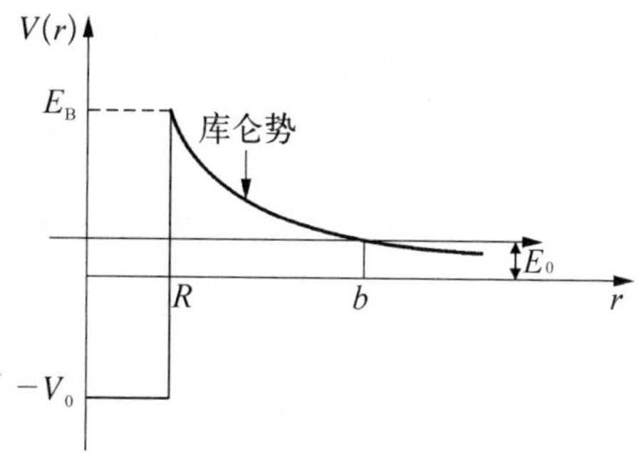

图 10.2 α 粒子在核作用势和子核素的库仑势中

$$\lambda = \nu P \tag{10.4}$$

在量子力学的教科书中都可以查到,粒子对方势垒的隧穿几率

$$P = \mathrm{e}^{-G} \tag{10.5a}$$

$$G = \frac{2}{\hbar} D\sqrt{2m(V-E)} \tag{10.5b}$$

其中,D 为方势垒的厚度,V 为方势垒的高度,E 为质量为 m 的粒子的动能.

对如图 10.2 库仑势垒,可以看成无限多高度为 $V(r)$ 的薄方势垒的叠加,因而有

$$G = 2\sqrt{\frac{2m}{\hbar^2}}\int_R^b \sqrt{V-E}\,\mathrm{d}r \tag{10.6}$$

对确定 Q_α 的核素,E 是常数 E_α,积分上下限和被积函数的形式为

$$R = r_0(A_Y^{\frac{1}{3}} + 4^{\frac{1}{3}}),\ b = \frac{2Z_Y e^2}{E_\alpha},\ V = \frac{2Z_Y e^2}{r}$$

代入式(10.6)得

$$G = 2\sqrt{\frac{2m}{\hbar^2}}b\left(\frac{2Z_Y}{b}\right)^{\frac{1}{2}}\left[\cos^{-1}\sqrt{\frac{R}{b}} - \sqrt{\frac{R}{b}\left(1-\frac{R}{b}\right)}\right] \tag{10.7}$$

对一般的重核素 α 衰变(库仑位垒 E_B 在 20～30 MeV),$E_\alpha \ll E_B$,$b \gg R$,则

$$G \sim 2\sqrt{\frac{2m_\alpha}{\hbar^2}}\frac{2Z_Y e^2}{\sqrt{E_\alpha}}\left(\frac{\pi}{2} - 2\sqrt{\frac{R}{b}}\right)$$

α 粒子质量 $m_\alpha = 3\,750$ MeV 代入,得 $G \sim \frac{4Z_Y}{\sqrt{E_\alpha}} - 3\sqrt{Z_Y R}$.

非相对论的 α 粒子在半径为 $R_P = r_0 A_P^{\frac{1}{3}}$ 的母核素内以速度 $u = \sqrt{2E_\alpha/m_\alpha} \approx 6.9 \times 10^6\sqrt{E_\alpha}(\mathrm{m\cdot s^{-1}})$ 往返撞击库仑位垒.撞击频率为

$$\nu = \frac{u}{2R_P} \approx 3 \times 10^{21} A_P^{\frac{1}{3}}\sqrt{E_\alpha}(s^{-1})$$

α 衰变的半衰期(或等效半衰期)可计算得

$$T_{\frac{1}{2}} = \frac{0.693}{\lambda} = \frac{0.693}{\nu P}$$

$$\sim 2.4 \times 10^{-22} A_P^{\frac{1}{3}}\frac{1}{\sqrt{E_\alpha}}\exp(4Z_Y/\sqrt{E_\alpha} - 3\sqrt{Z_Y R}) \tag{10.8}$$

$$\ln T_{\frac{1}{2}} = C_1/\sqrt{E_\alpha} + C_2 \tag{10.9}$$

其中 $C_1 \sim 4Z_Y$,$C_2 \sim -22\ln(24A_P^{\frac{1}{3}}/\sqrt{E_\alpha}) - 3\sqrt{Z_Y R}$.与观测到的实验规律,Geiger-Nutall 定律,基本符合.对给定的母核素和子核素的不同激发态之间的一群 α 衰变,它们到达同子核素,即有同样的 Z_Y 的一组不同动能(MeV)的 α 粒子,它们都落在式(10.9)描绘的一条直线上.

2. α 衰变过程角动量守恒和宇称守恒

图 10.3 给出 ^{238}Pu 核素的 α 衰变纲图.衰变末态是子核素 ^{234}U 的转动带.随着

激发能的升高（α粒子的动能减小），相应的分支比（分支衰变常数λ_i）成几个量级地变小.这种变化不能简单地用库仑势垒的隧穿来解释.从角动量守恒和宇称守恒，很容易得出

$$^{238}\mathrm{Pu}(0^+)\xrightarrow[\alpha]{}{}^{234}\mathrm{U}(0^+,\ 2^+,\ 4^+,\ 6^+,\ 8^+)$$

角动量守恒限制，α粒子分别以$L_\alpha=0,2,4,6,8$的分波发射.高阶分波的α粒子附加的离心势垒是导致分支衰变常数大幅度减小的一个重要因素.离心势垒具有如下的形式

$$V(r)=\frac{L_\alpha(L_\alpha+1)\hbar^2}{2\mu r^2}$$

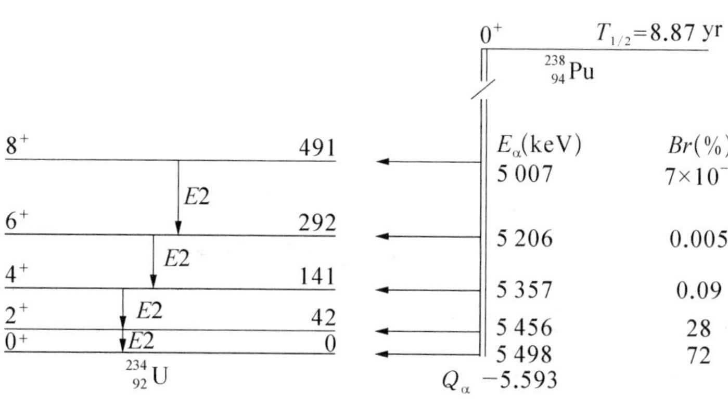

图10.3　^{238}Pu的α衰变纲图

图10.4是通过^{15}N(d, p)^{16}N核反应产生的^{16}N的高激发态和相关的^{16}O高激发态的衰变纲图.请关注^{16}O的3个高激发态能级（2^+，9.84），（1^-，9.58）和（2^-，8.88）衰变的各个分支宽度的实验值，（2^-，8.88）和（2^+，9.84）到达^{12}C的α衰变的分支宽度相差达13个量级，不能简单用库仑势垒和离心势垒的隧穿来解释. ^{16}O(2^-)的衰变是由于违背宇称守恒而被禁戒

$$
\begin{array}{llll}
 & ^{16}\mathrm{O}(2^-,8.88)\longrightarrow{}^{12}\mathrm{C}(0^+) & & +\ \alpha(0^+) \\
J & 2 & 0 & l=2 \\
\eta_P & - & + & (-1)^l=+
\end{array}
$$

上述过程违背宇称守恒，如果是纯的电磁和强作用，应该观测不到该衰变发生，即$\Gamma(^{16}\mathrm{O}(2^-)\rightarrow\alpha)=0$. ^{16}O($2^-$)具有可观测的α分支宽度，只能用α粒子在母核素形成是通过弱作用的参与来说明.由于弱作用参与，^{16}O(2^-)态中存在α粒子的几率极低.正是宇称守恒律的限制，^{16}O(2^-)态通过α衰变被禁止，以压倒优势的衰变

宽度通过γ-辐射跃迁到^{16}O的低激发态.

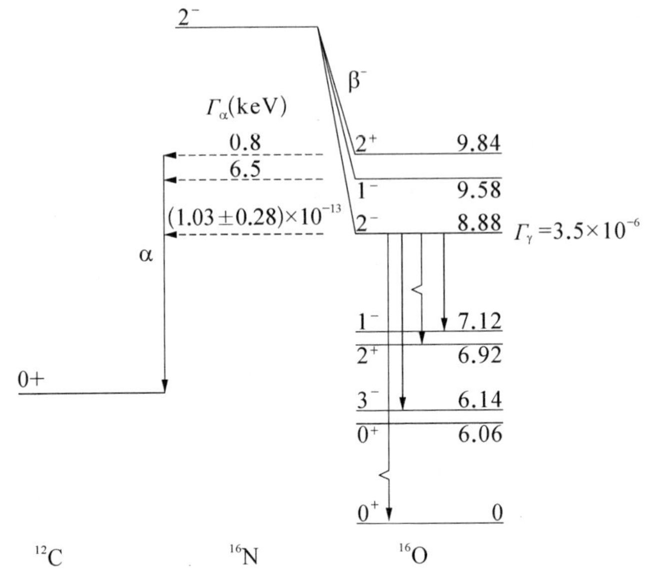

图 10.4　α衰变中宇称守恒的检验

10.1.2　核素的γ衰变和内转换

核素的α衰变以及后面讨论的β衰变和核素的反应,它们产生的末态核素X(Z, A)通常处于激发态$X^*(Z, A)$.通过电磁作用,激发态核素发射γ-射线或者将激发能转移给核外电子跃迁到能量较低的态.发射γ的过程称为核素的γ衰变;发射内转换电子的过程称为核素的内转换.图10.3显示的^{238}Pu α衰变分别到达^{234}U的一个转动带的不同激发态$U^*(8^+, 491)$、$U^*(6^+, 292)$、$U^*(4^+, 141)$、$U^*(2^+, 42)$.它们通过电磁作用,级联发射γ射线$^{234}U^*(8^+, 491)\xrightarrow{\gamma}{}^{234}U^*(6^+, 292)\xrightarrow{\gamma}{}^{234}U^*(4^+, 141)\xrightarrow{\gamma}{}^{234}U^*(2^+, 42)\xrightarrow{\gamma}{}^{234}U(0^+, 0)$退激发.方程式括号内参数表示$^{234}U$状态的自旋宇称,激发能(keV).衰变纲图用垂直排列的一束平行线表示(图10.3的左半部).

1. 电磁辐射服从的守恒定律

设处于激发态的核素$X_i(J, \eta_P, \varepsilon)$通过电磁衰变到末态$X_f(J, \eta_P, \varepsilon)$可写为下面的方程表示

$$\begin{array}{lcccc} & X_i & \longrightarrow & X_f & + & \gamma \\ E: & E_i & & E_f & & E_\gamma \end{array}$$

p:　　0　　$-p_\gamma$　　p_γ

J:　　J_i　　J_f　　$L(J_i+J_f,\ J_i+J_f-1,\cdots,|J_i-J_f|)$

η_P:　　$\eta_P(i)$　　$\eta_P(f)$　　$(-1)^{L(e)}$ 或 $(-1)^{L(m)+1}$

E、p、J 和 η_P 分别表示核素初态(用右下标 i 表示),末态核素(用右下标表 f 表示)和 γ(用右下标 γ 表示)的能量、动量.角动量和宇称. γ 光子携带的宇称由辐射的电磁多极性决定(参见式 6.24).初末态核素的总能量分别为 $E_i=M_X+\varepsilon_i$; $E_f=M_X+\varepsilon_f+T_{rec.}$. ε_i、ε_f 和 T_{rec} 分别为初态、末态核素的激发能和末态核素的反冲能.能量守恒,γ 光子的能量为: $E_\gamma=p_\gamma=E_i-E_f=\varepsilon_i-\varepsilon_f-T_{rec}$. γ 光子的发射引起末态核素的反冲.末态核素带走的反冲动能由动量守恒得到

$$\left.\begin{aligned}T_{rec.}&=\frac{(-p_\gamma)^2}{2(M_X)}=\frac{(E_\gamma)^2}{2(M_X)}\approx\frac{(\varepsilon_i-\varepsilon_f)^2}{2(M_X)}\\E_\gamma&=\varepsilon_i-\varepsilon_f-\frac{(\varepsilon_i-\varepsilon_f)^2}{2(M_X)}\end{aligned}\right\}\tag{10.10}$$

必须注意到,由于子核素的反冲,γ 光子并不是带走核素的全部激发能.通常谱仪是无法观测到由于反冲引起的 γ 光子能量的微小移动,只有后面介绍的 Mössbauer 谱仪可以测量到它.

实验观测到 ^{234}U 的转动带的 4 支 γ 的能量基本上分别为 42,99,151 和 199 keV,是初末态核素相关的激发能之差.

角动量守恒

$$\boldsymbol{J}_i-\boldsymbol{J}_f=\boldsymbol{L}.$$

L 是 γ 光子带走的总角动量,是描述辐射电磁场的多极性,符号 EL 代表电 2^L 极辐射;ML 代表磁 2^L 极辐射. L 的取值范围

$$L=J_i+J_f,\ J_i+J_f-1,\ \cdots,\ |J_i-J_f|\tag{10.11}$$

例如对 ^{234}U 的 $(8^+\rightarrow6^+)$ 的 γ,它的 L 取值可以是 $L=14,\ 13,\ 12,\ \cdots,\ 4,\ 3,\ 2$;

^{234}U 的 $(6^+\rightarrow4^+)$ 的 γ,它的 L 取值可以是 $L=10,\ 9,\ 8,\ \cdots,\ 4,\ 3,\ 2$;

^{234}U 的 $(4^+\rightarrow2^+)$ 的 γ,它的 L 取值可以是 $L=6,\ 5,\ 4,\ 3,\ 2$;

^{234}U 的 $(2^+\rightarrow0^+)$ 的 γ,它的 L 取值只能取 $L=2$.

宇称守恒

$$\eta_P(i)\eta_P(f)=\begin{cases}(-1)^L & (EL)\\(-1)^{L+1} & (ML)\end{cases}\tag{10.12}$$

根据宇称守恒要求,$(2^+\rightarrow0^+)$ 的 γ 属于电四极辐射;$(4^+\rightarrow2^+)$ 的 γ,可以是电四极、磁八极、电 16 极、磁 32 极;$(6^+\rightarrow4^+)$ 的 γ,可以是电四极、磁八极、电 16 极、磁 32 极、电 64 极……电 2^{10} 极;$(8^+\rightarrow6^+)$ 的 γ,可以是电四极、磁八极、电 16 极、磁 32

极、电 64 极……电 2^{14} 极.光子是质量为 0,自旋为 1 的粒子,激发态通过电磁衰变发射的 γ 带走的总角动量的最小值 $L_{\min}$ 不能为 0,因此自旋为 0 的态之间的电磁衰变不能够通过发射 γ 来实现.它们的唯一衰变是通过所谓内转换过程,即激发态的核通过虚光子与原子核的轨道电子发生电磁作用,处于束缚态的电子(内壳层电子占优)转换为自由电子.内转换电子的动能

$$T_i = E_\gamma - \varepsilon_i \tag{10.13}$$

ε_i 为相应的末态原子第 i 壳层的结合能,原子处于激发态.

2. 各极衰变常数数量级的估计

核素的电磁衰变是激发态核素的电磁流与辐射的电磁多极场的相互作用,其衰变常数可用黄金定律描述:

$$\mathrm{d}\lambda = \frac{2\pi}{\hbar}|\langle f|H_{em}|i\rangle|^2\rho_f$$

初态是核素的激发态,末态是较低激发态或者基态的核素加上 γ 光子.ρ_f 是两体末态的态密度(单位末态能量间隔的量子态数目,见(4.22)式)

$$\rho_f = \frac{\mathrm{d}N}{\mathrm{d}E_f} = \frac{VE_\gamma^2\mathrm{d}\Omega}{(2\pi\hbar c)^3}$$

$$H_{em} = -\frac{1}{c}\int \boldsymbol{J}(\boldsymbol{r})\cdot\boldsymbol{A}(\boldsymbol{r},t)\mathrm{d}\boldsymbol{r}$$

$\boldsymbol{J}(\boldsymbol{r})$具有复杂结构的核素的电磁流,$\boldsymbol{A}(\boldsymbol{r},t)$为电磁多极辐射场,它可以覆盖的极次由核素初末态的自旋宇称限定.跃迁矩阵元的计算超出本书的要求,可参考专门的资料.下面只引用基于单粒子模型(假设核素的电磁流是由核素中单个核子运动产生的)的韦斯科夫(V. R. Weisskopf)结果,电 2^L 极和磁 2^L 极的 γ 衰变的衰变常数分别为

$$\left.\begin{aligned}\lambda(EL) &= \frac{4.4\times10^{21}(L+1)}{L[(2L+1)!!]^2}\left(\frac{3}{L+3}\right)^2\left(\frac{E_\gamma}{197}\right)^{2L+1}R^{2L}\\ \lambda(ML) &= \frac{1.9\times10^{21}(L+1)}{L[(2L+1)!!]^2}\left(\frac{3}{L+3}\right)^2\left(\frac{E_\gamma}{197}\right)^{2L+1}R^{2L-2}\end{aligned}\right\} \tag{10.14a}$$

其中 $(2L+1)!! = 1\cdot3\cdot5\cdots(2L+1)$,$E_\gamma$ 是用 MeV 作单位的 γ 光子的能量,$R = r_0A^{1/3}$(fm)是核素的半径,衰变常数的单位为 s^{-1}.图 10.5 描述单粒子模型预测的不同电磁多极γ衰变的衰变常数 λ(纵坐标)随发射 γ 能量的关系.由上面的公式出发,来估计不同辐射多极次的衰变常数的量级关系,以中重核素为例(设 $A=100$),图 10.5 和公式(10.14b)给出不同电磁多极辐射衰变常数的关系.一般情况下,角动量守恒允许辐射光子具有从 $L_{\min}$ 一直到 $L_{\max}$ 的各种角动量,但是,从相对重要性看,一般只能观测到最低阶的电或磁的 $2^{L_{\mathrm{mim}}}$ 极辐射.磁多极辐射比电多极

的衰变常数小. 根据宇称守恒,电的 2^{L+1} 极可以和磁 2^L 极并存,有些情况下,数量级可以相比,例如 $M1(E2)$ 经常同时出现. 然而很难观测到在电多极辐射场中发现高一极的磁多极辐射. 因为后者比前者通常要小7~8个量级. 宇称守恒限制了同一极的电、磁混合跃迁

$$\left.\begin{array}{l}\lambda(E(L+1))/\lambda(EL)\sim 10^{-5}\\ \lambda(M(L+1))/\lambda(ML)\sim 10^{-5}\\ \lambda(ML)/\lambda(EL)\sim 10^{-2}\\ \lambda(E(L+1))/\lambda(ML)\sim 10^{-3}\end{array}\right\}\tag{10.14b}$$

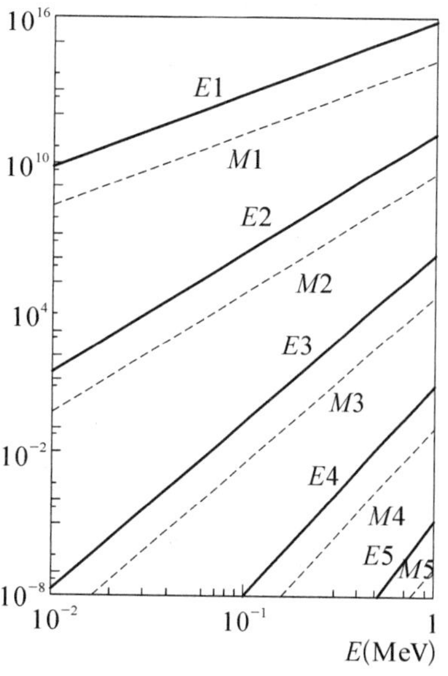

图 10.5 不同多极辐射的相对重要性

3. γ 共振吸收和散射

由能动量守恒式(10.10),发射和吸收的核素都要带走一部分反冲动能,即,核素发射的 γ 谱线和该核素的吸收谱线并不重叠,如图 10.6 所示. 共振吸收和共振散射的条件是,辐射谱和吸收谱有足以观测得到的互相重叠. 例如,对锗原子的 2 652.36Å ($E_0 = 4.674$ eV) 谱线的辐射和吸收,Ge 原子带走的反冲能 $E_R = 1.5\times10^{-10}$ eV,辐射谱和吸收谱分离只有 3.0×10^{-10} eV. 和电偶极辐射的谱线宽度(这里 $\Gamma = 1.41\times10^{-7}$ eV) 比较,反冲能的丢失完全可以忽略,辐射谱和吸收谱几乎完全重叠,人们常常观测到原子光谱线的共振自吸收是显然的. 对于原子核,E_0 在十几 keV 以上的γ辐射,大的反冲能的丢失,再加上原子核的能级自然宽度比原子要窄得多(且环境引起加宽的可能性很小),因此,核素发射的 γ 谱和要实现共振吸收的吸收谱通常相互离开很远而没有任何重叠如图 10.6 右所示. 例如,14.4 keV的^{57}Fe 的 γ 辐射,根据式(10.10)计算,其 $E_R = 1.8$ meV,远远大于其谱线的固有宽度 $\Gamma = 6.7$ neV.

Mössbauer 效应,1958 年以前,人们通过补偿反冲能量的方法实现自由原子核 γ 辐射的共振吸收和共振散射. 设计发射体以速度 v 相对于吸收体运动,由 Doppler 效应把发射的伽玛射线的能量补偿到吸收体共振吸收所需的能量,即式 10.15a 的第一等式满足

$$E_0 - E_R + \frac{v}{c}(E_0 - E_R) = E_0 + E_R, E_R = \frac{E_0^2}{2Mc^2}\tag{10.15a}$$

通过调节相对运动的速度 v,可以把图 10.6 左所示的相距两倍反冲能的发射谱线

与吸收谱线补偿到互相重叠，由式(10.15a)推出共振(重叠)的条件为

$$\left(\frac{v_r}{c}\right)=\frac{2E_R}{E_0-E_R} \tag{10.15b}$$

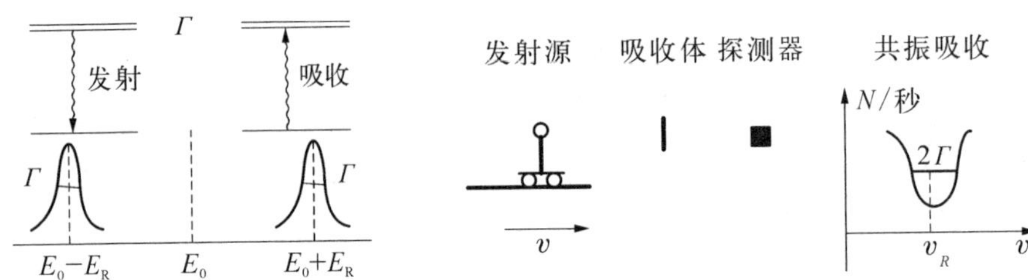

图 10.6 γ发射谱和吸收谱的失配(左)以及速度补偿实现共振吸收(右)

例如，要实现自由核素^{57}Fe 的 14.4 keV 能级的共振自吸收，发射源^{57}Co 和吸收体^{57}Fe 的相对运动速度在 81.46 m·s^{-1}附近达到共振，而自由核素^{191}Ir 的129 keV 能级的共振自吸收，发射源^{191}Os 和吸收体核素的相对运动速度在217.6 m·s^{-1}附近达到共振. 为观察共振的发生，设计的驱动机构使发射源和吸收体的相对速度由初速 $v_i=0$，以常加速度通过共振速度 v_R，然后减速到$v_f=0$，再由 $v_f=0$，加速通过$-v_R$ 回到$v_i=0$. 完成了一个周期的速度扫描，一次通过共振谱线的重叠，实验仪器将记录到共振吸收(或者共振散射)的信号. 早期人们通过改变发射体和吸收体的温度，希望通过核素热运动速度来补偿发射(吸收)核素反冲的能量，从而实现温度补偿的 γ 共振. Mössbauer 在室温下观测到^{191}Ir 的 129 keV 的共振吸收的信号，他认为，如果是热运动对 Ir 核反冲的补偿实现共振，那么，温度降低应该可以观察到共振信号的减弱. 出乎他的意料，温度降低导致共振信号剧烈的增强. 经过深入的分析，确认晶体存在一个特征温度：Debye 温度 θ. 它标志该晶体栅格的振动的声子的特征频率 $k\theta$. 如果镶嵌在合适晶体的发射 γ 核素和吸收 γ 核素的反冲动能 $E_R<k\theta$，晶格不吸收核素的反冲动能，即核素就像紧固在晶格上的一门"火炮"，它发射或者吸收光子几乎完全不发生反冲(发射体的质量不是自由核素的质量而是整个宏观晶体的质量). 因而可以观测到无反冲的共振吸收，这就是著名的 Mössbauer 效应. 根据式(10.15)，对于无反冲的共振，源的驱动速度为零 $v_R=0$ (式 b 中的 M 趋于无穷)时共振吸收最大. 图10.7展示 Mössbauer 首次得到的^{191}Ir 的 129 keV 能级的无反冲 γ 共振吸收(R. L. Mössbauer，Naturwissenschaften 45 (1958)538; Z. Naturforsch. 14a(1959)211). 横坐标分别用相对速度和补偿的能量 ($\Delta E=(v/c)E_0$) 表示. 如果用共振吸收峰的半高全宽(*FWHM*——共振峰高的一半处对应的峰的全宽度)作为能量分辨，用共振方法可以精确确定核素激发

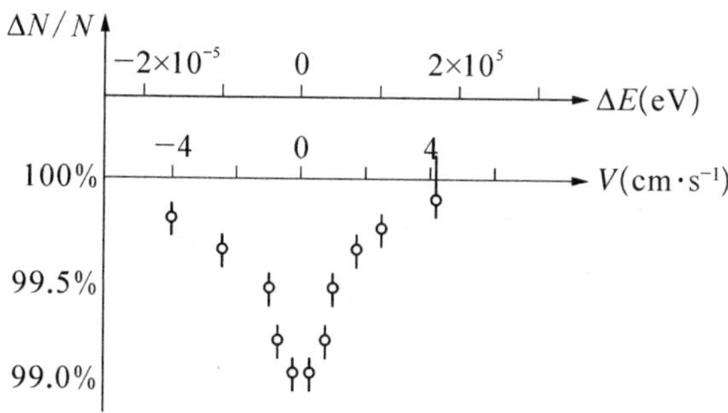

图 10.7　Mössbauer 首次观测到的^{191}Ir 的无反冲共振吸收曲线

态的能量和宽度.精度可近似表示为

$$\eta \equiv \left(\frac{FWHM}{E_0}\right)_{\text{expri.}} \sim \left(\frac{2\Gamma}{E_0}\right)_{\text{th}} \tag{10.16}$$

FWHM 包含速度测量精度的贡献.在忽略速度测量的不确定性的条件下,测量能量的分辨率可近似用($2\Gamma/E_0$)表示.表 10.1 列出不同 γ 共振能级用共振法测量 γ 能量可达到的最好精度.

表 10.1　一些 γ 共振核素的能级参数

核　素	^{57}Fe	^{61}Ni	^{67}Zn	^{73}Ge	^{119}Sn	^{151}Eu	^{160}Dy	^{161}Dy
E_0(keV)	14.4	68	93.3	13.3	24	22	87	26
$M(E)L$	$M1(E2)$	$M1(E2)$	$M1(E2)$	$E2$	$M1(E2)$	$M1(E2)$	$E2$	$E1$
$T_{1/2}(10^{-8}\text{s})$	9.8	0.52	930	460	1.85	0.95	0.2	2.7
$\Gamma(10^{-8}\text{eV})$	47	8.77	0.004 9	0.009 9	2.47	4.80	22.8	1.69
$\eta(10^{-10})$	0.006 5	0.026	1×10^{-5}	1.5×10^{-4}	0.021	0.044	0.052	0.001 3

由表可见,共振吸收(散射)提供了一种精确(精度可达 $10^{-12}\sim10^{-15}$)测量核素能级位移和能级宽度的方法,使它成为化学及凝聚态物理研究领域的一种具有特色的研究手段.通常把共振吸收的核素以特定的方式镶嵌在化合物或者晶格中,化合物的键的相互作用、电子云的布局,晶格的缺陷等化学、物理环境引起共振核素相关能级的超精细位移和劈裂.利用相关的发射源观测镶嵌核素的共振吸收,精确测定镶嵌核素的能级位移和超精细劈裂量,从而定出镶嵌核素周围微环境的特性,如局部磁场和电场梯度等重要参量.本书第 3 章表 3.3 列出 Tm 金属晶格内场的结果就是利用^{169}Tm 的 8.42 keVγ 共振吸收的方法测定的.图 10.8 是三氧化二

铁的^{57}Fe共振吸收谱线[1]，发射源是将^{57}Co镶嵌在不锈钢中，它衰变的子体^{57}Fe所处的不锈钢环境的内场不引起^{57}Fe的劈裂，发射谱线是单一的14.4 keV的无反冲(^{57}Fe核被紧固在不锈钢晶格上)的γ光子.三氧化二铁的内磁场导致共振吸收的^{57}Fe的基态、第一激发态的劈裂，劈裂的大小正比于第一激发态和基态的磁矩(g_1，g_0)和内部磁场强度之积.从图10.8可见，(1/2，+1/2)→(3/2，+3/2)的吸收所需的γ光子能量相对于E_0(14.4 keV)有最大位移$\Delta E \sim +4.2\times10^{-7}$ eV，而(1/2，+1/2)→(3/2，−1/2)吸收所需γ光子能量相对于E_0(14.4 keV)有最小位移$\Delta E \sim -3.42\times10^{-8}$ eV.根据核态的磁矩数据，可以计算出导致核素^{57}Fe超精细劈裂的内磁场高达30万高斯.

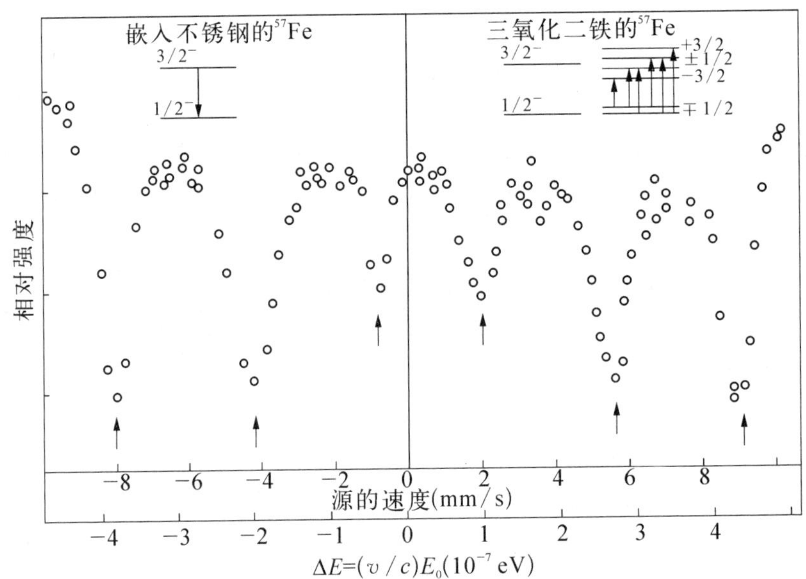

图10.8　镶嵌于不锈钢的^{57}Fe发射源(E_0 = 14.4 keV)，在三氧化二铁中的^{57}Fe的超精细共振吸收谱线

4. 同质异能素(Isomer)

存在一些寿命长到一般仪器可以测量的核素激发态.人们称它们为同质异能素，用符号$^A_Z X^*$表示，它是核素$^A_Z X$的同质异能素.通常它们到达基态$^A_Z X$的电磁衰变是通过高极的电磁多极跃迁，例如^{137}Ba*(11/2$^-$，661 keV，$T_{1/2}$ = 2.55 m)，它到^{137}Ba(3/2$^+$，0)的电磁衰变，通过$M4(E5)$跃迁，其衰变常数很小，半衰期长达2.55分.同质异能素在幻数核附近有成群出现，例如，$Z(N)$ = 50，86和126可以找到一批同质异能素.第9章的核结构的壳层模型表明在满壳层附近由于高谱振子壳的高轨道态的闯入，构成一些自旋值相差大而能级间隔差别小的态，它们之间的电磁辐射具有高的 L 值小的 E_γ，它们都是同质异能素的候选者（式(10.14)）.

10.1.3 核素的 β 衰变

人们最早认识亚原子世界存在弱相互作用是从核素的 β 衰变开始的. 核素的 β 衰变的研究为弱作用理论的建立提供了大量的实验资料.

1. 同量异位素的能量谷及 β^-、β^+ 衰变

根据重子数轻子数守恒，β 衰变的一般形式可用下面的方程式描述

$$\left.\begin{array}{l} {}^A_Z\mathrm{X} \to {}^A_{Z+1}\mathrm{Y} + \mathrm{e}^- + \bar{\nu}_\mathrm{e} \\ {}^A_Z\mathrm{X} \to {}^A_{Z-1}\mathrm{Y} + \mathrm{e}^+ + \nu_\mathrm{e} \\ {}^A_Z\mathrm{X} + \mathrm{e}_k^- \to {}^A_{Z-1}\mathrm{Y} + \nu_\mathrm{e} \end{array}\right\} \tag{10.17}$$

它们发生在一对同量异位素 ${}^A\mathrm{X}$、${}^A\mathrm{Y}$ 之间，产生一对电子轻子和反轻子. 式(10.17)的第一方程称为 β^- 衰变，第二方程是 β^+ 衰变，第三方程称为轨道电子俘获. 轻子（反轻子）是在相互作用过程中产生的（除轨道电子俘获的电子是核素 ${}^A\mathrm{X}$ 的轨道电子外）. 能动量守恒规定实现上述衰变的必要条件是，

$$\begin{array}{ll} \beta^- \text{衰变，} & M_N(Z, A) > M_N(Z+1, A) + m_\mathrm{e} + m_\nu(=0) \\ & M_\mathrm{a}(Z, A) - Zm_\mathrm{e} > M_\mathrm{a}(Z+1, A) - (Z+1)m_\mathrm{e} + m_\mathrm{e} \\ & \Delta(Z, A) > \Delta(Z+1, A) \\ & Q_{\beta^-} = \Delta(Z, A) - \Delta(Z+1, A) \\ \beta^+ \text{衰变，} & M_N(Z, A) > M_N(Z-1, A) + m_\mathrm{e} + m_\nu(=0) \\ & M_\mathrm{a}(Z, A) - Zm_\mathrm{e} > M_\mathrm{a}(Z-1, A) - (Z-1)m_\mathrm{e} + m_\mathrm{e} \\ & \Delta(Z, A) > \Delta(Z-1, A) + 2m_\mathrm{e} \\ & Q_{\beta^+} = \Delta(Z, A) - \Delta(Z-1, A) - 2m_\mathrm{e} \\ \text{轨道电子俘获，} & M_N(Z, A) + (m_\mathrm{e} - \varepsilon_k) > M_N(Z-1, A) + m_\nu(=0) \\ & M_\mathrm{a}(Z, A) - Zm_\mathrm{e} + (m_\mathrm{e} - \varepsilon_k) > M_\mathrm{a}(Z-1, A) - (Z-1)m_\mathrm{e} \\ & \Delta(Z, A) > \Delta(Z-1, A) + \varepsilon_k \\ & Q_{EC} = \Delta(Z, A) - \Delta(Z-1, A) - \varepsilon_k \end{array} \tag{10.18}$$

上式中的 M_N，M_a 分别代表相关核素的原子核质量和原子质量. Δ 为相关核素的原子质量差额. 图 10.9a 描述一群同量异位素的能量谷，x 轴表示核素中的质子数 Z，y 轴为中子数 N，z 轴表示核素的质量差额（MeV），可见在谷底的核素是 β 稳定核素，右斜坡上的可能是 β^+ 衰变核素，左斜坡上的可能是 β^- 衰变核素. 图 10.9b 是 ${}^{64}\mathrm{Cu}$ 的 β^- 和 β^+ 的衰变纲图.

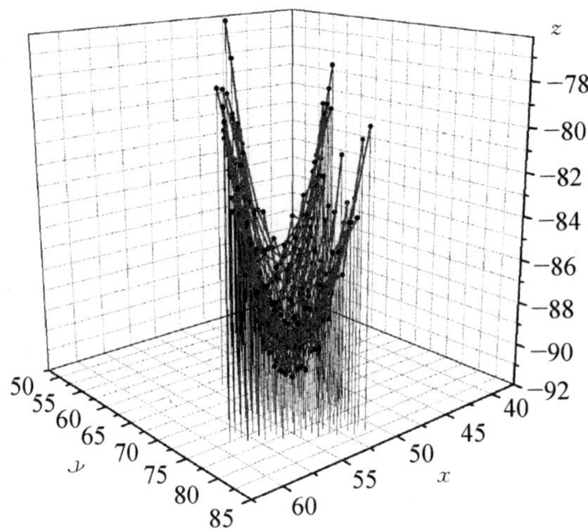

图 10.9a　同量异位素的能量谷

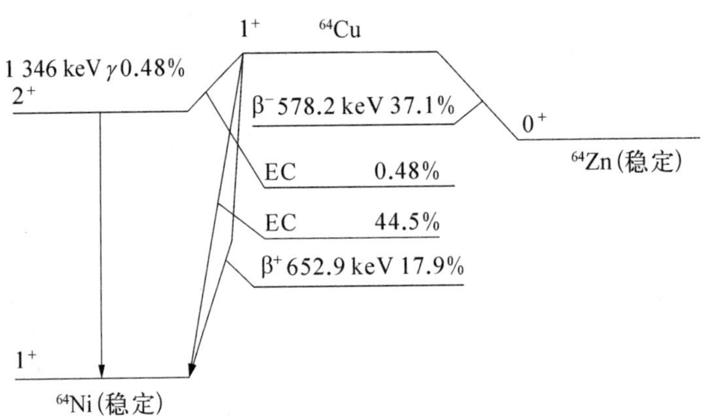

图 10.9b　^{64}Cu 的 β 衰变的衰变纲图

2. β 衰变的费米理论

20 世纪 30 年代，Pauli 引进中微子后，1934 年 Fermi 把核素电磁衰变的电磁场用电子反中微子场替代，建立 β 衰变的理论：初态核素(中子)i 通过弱相互作用(耦合常数 G -称为费米耦合常数 G_F)发射电子-反中微子场，过渡到末态核素(质子)f，其衰变率

$$d\lambda = W = \frac{2\pi}{\hbar}|\langle f e^- \bar{\nu}_e | H_W | i \rangle|^2 \frac{dN}{dE_0}$$

对弱衰变，$H_W \sim G$

$$d\lambda = dW = \frac{2\pi}{\hbar}G^2 |M|^2 \frac{dN}{dE_0} \tag{10.19}$$

其中，M 为包含初末态核素波函数以及轻子对的波函数的矩阵元. $\mathrm{d}N/\mathrm{d}E_0$ 为末态的态密度. 描述单位末态能量 $E_0(Q_\beta)$ 的态数目. 对 3 体衰变的能动量守恒要求

$$P_N + q_\nu + p_e = 0$$

$$T + E_\nu + E_e = E_0$$

$P_N(T)$、$q_\nu(E_\nu)$ 和 $p_e(E_e)$ 分别是子核、反中微子和电子的动量(动能)设中微子质量为 0，反冲核素的动能忽略(动量不能忽略!)

$$q_\nu = E_\nu = E_0 - E_e$$

动量守恒三体动量只有其中两粒子(电子、反中微子)的动量是独立的，总相空间态数是电子和电子反中微子相空间态数的积

$$\frac{V\mathrm{d}\Omega}{(2\pi\hbar)^3}p_e^2\mathrm{d}p_e(e) \times \frac{V\mathrm{d}\Omega}{(2\pi\hbar)^3}q_\nu^2\mathrm{d}q_\nu(\nu)$$

不观测轻子的发射方向，不考虑自旋对角分布的依赖，波函数的规一化体积 $V=1$，三体末态的总相空间量子态数目

$$\mathrm{d}N = \frac{(4\pi)^2}{(2\pi\hbar)^6}p_e^2 q_\nu^2 \mathrm{d}p_e \mathrm{d}q_\nu$$

观测电子的动量微分谱，即选定动量在 p_e 和 $p_e + \mathrm{d}p_e$ 间隔电子的强度 $N(p_e)\mathrm{d}p_e$，由

$$q_\nu = E_\nu = E_0 - E_e,\ \mathrm{d}q_\nu = \mathrm{d}E_0$$

单位末态能量的态数

$$\frac{\mathrm{d}N}{\mathrm{d}E_0} = \frac{1}{4\pi^4\hbar^6c^3}p_e^2(E_0 - E_e)^2\mathrm{d}p_e$$

电子谱的形状基本上由三体末态相因子决定，有如下的形式

$$N(p_e)\mathrm{d}p_e \sim p_e^2(E_0 - E_e)^2\mathrm{d}p_e \tag{10.20}$$

图 10.10 是一个典型的连续谱，^{90}Y 的最大电子动能为 2.28 MeV. 实验上通常采用所谓 Kurie 标绘

$$\left[\frac{N(p_e)}{p_e^2}\right]^{\frac{1}{2}} \sim (E_0 - E_e)$$

在能量轴上的截距是衰变能 $E_0(Q_\beta)$. 上面是假定中微子质量为 0 得到的结果. 现在实验证明中微子质量不为零，简单的推导给出含有中微子质量参数的电子能谱

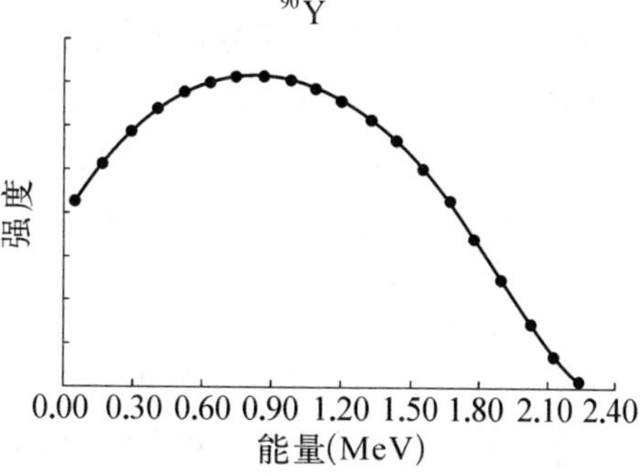

图 10.10　^{90}Y 的 β 连续谱

横坐标电子动能，纵坐标电子的相对强度.

$$N(p_e)dp_e \sim p_e^2(E_0 - E_e)^2\sqrt{1-\left(\frac{m_\nu}{E_0 - E_e}\right)^2}dp_e \tag{10.21}$$

此时,Kurie 标绘与能量轴相交值与最大能量 E_0 之差是中微子质量的量度.40 年来人们一直在努力通过对^{3}H 的 β 谱的研究,来设定中微子质量的上限(由早期的 10 keV到现在的 2 eV[2]).但因为中微子质量极小($10^{-3}\sim10^{-5}$eV),由于实验精度的限制,通过 β 谱的研究很难有肯定的结果.目前人们关注的是通过中微子振荡实验来确定中微子质量.

当衰变能 $E_0 \gg m_e$,式(10.20)写为

$$\frac{dN}{dE_0} = \frac{1}{4\pi^4\ \hbar^6 c^6}E_e^2(E_0 - E_e)^2 dE_e$$

代入式(10.19)对电子的能量 0 到 E_0 积分(设 G 和矩阵元 M 与电子的能量无关)得

$$W = \lambda = \tau^{-1} = \frac{G^2\ |\ M\ |^2 E_0^5}{60\pi^3(\hbar c)^6\ \hbar} \xrightarrow{\hbar = c = 1} \frac{G^2\ |\ M\ |^2 E_0^5}{60\pi^3} \tag{10.22}$$

对于 μ 的衰变,$\mu^- \longrightarrow e^-\ \bar{\nu}_e\nu_\mu$

$$E_0 = m_\mu \gg m_e;\ |\ M\ |^2 = 1;\ \tau = 2.2\times10^{-6}\ \mathrm{s} \Rightarrow \lambda = 3\times10^{-19}\ \mathrm{GeV}$$

代入式(10.22)

$$G \approx 1\times10^{-5}\ \mathrm{GeV}^{-2}$$

对原子核情况,发射 β 粒子的能量较低,而且电子(正电子)的能谱受原子核库仑场的影响,末态相空间因子用一个无量纲的 f 函数来描述

$$f(Z,\ E_0) = \int_0^{p_0} F(Z,\ E_e)\left(\frac{E_0 - E_e}{m_e c^2}\right)^2\left(\frac{p_e}{m_e c}\right)^2\frac{dp_e}{m_e c} \tag{10.23a}$$

Z 是衰变子核素的原子序数,表示子核素的库仑场对能量为 E_e 的电子的减速(电子)或加速(正电子)作用.此时的衰变常数具有如下形式

$$\lambda = \frac{\ln 2}{T_{\frac{1}{2}}} = (m_e c^2)^5\frac{G^2\,|M|^2}{2\pi^3(\hbar c)^6\ \hbar}f(Z,\ E_e) \xrightarrow{\hbar = c = 1} \frac{G^2\,|M|^2}{2\pi^3}m_e^5 f(Z,\ E_e)$$

$$fT_{\frac{1}{2}} = \frac{\pi^3 2\ln 2}{m_e^5 G^2\,|M|^2} \tag{10.23b}$$

fT 值成为衡量弱相互作用特性的一个重要参数,它与弱耦合常数平方以及跃迁矩阵元(由核素、发射轻子对的状态决定)平方成反比.

3. 跃迁矩阵元和 β 衰变的分类

通常根据 fT 值对核素 β 衰变进行分类.费米理论中弱耦合常数为普适的费米

常数 G,矩阵元包括初末态核素的波函数和轻子对的波函数,前者对应的是一组同量异位素(甚至是同位旋多重态的两个成员)它们对矩阵元的贡献是 1 的量级. 因此,式(10.23)的矩阵元主要由轻子对的波函数决定,轻子对在核素场中作用很弱,可以用平面波近似(带电轻子的库仑相互作用已经用库仑因子 $F(Z, E)$描述),即 M 的大小近似为末态轻子对的振幅

$$M \sim \exp[-\mathrm{i}(\boldsymbol{k}_\beta + \boldsymbol{k}_\nu)\cdot\boldsymbol{r}] = \sum_{L=0}^{\infty}(2L+1)(-\mathrm{i})^L j_L(|\boldsymbol{k}_\beta + \boldsymbol{k}_\nu|\cdot|\boldsymbol{r}|)P_L(\cos\theta)$$

上式等式两端是平面波到球面波的转换,通常轻子对的动量对应的波长比核素的尺度大许多($\boldsymbol{k}_\beta$、$\boldsymbol{k}_\nu$ 分别为电子和反中微子的波数)即,$|\boldsymbol{k}_\beta + \boldsymbol{k}_\nu|\cdot|\boldsymbol{r}| \ll 1$,上式的球贝塞尔函数近似为

$$j_L(|\boldsymbol{k}_\beta + \boldsymbol{k}_\nu|\cdot|\boldsymbol{r}|) \sim \frac{(|\boldsymbol{k}_\beta + \boldsymbol{k}_\nu|\cdot|\boldsymbol{r}|)^L}{(2L+1)!!}$$

一般情况下,$Q_\beta = 1\,\mathrm{MeV}$, $r \sim 10\,\mathrm{fm}$, $(|\boldsymbol{k}_\beta + \boldsymbol{k}_\nu|\cdot|\boldsymbol{r}|) \sim 0.05$, M^2 随轻子对带走的轨道角动量(核素态轨道角动量的改变)L 以$\sim(0.05)^{2L}$递减. $L=0$ 跃迁矩阵元最大,衰变率最大,fT 值最小,称为容许跃迁;$L=1,2,\cdots$依次被称为一级、二级…禁戒跃迁. 它们的衰变率(fT 值)成若干量级减小(增大). L 的可能取值是由过程的角动量守恒及初末态核素宇称的变化决定. 设初态核素的自旋宇称 J_i, η_i,末态核素的自旋宇称为 J_f, η_f. 角动量守恒,轻子对携带最小角动量 J

$$J_{e\nu} = |J_i - J_f|$$

$$L = L_{e\nu} = \begin{cases} J_{e\nu} & (S_{e\nu} = 0) \\ J_{e\nu} \pm 1 & (S_{e\nu} = 1) \end{cases} \tag{10.24a}$$

初末态核素态是强相互作用的体系,有确定的宇称,宇称的改变由初末态核素态轨道角动量的改变(轻子对携带的轨道角动量)L 定

$$\eta_i \eta_f = (-1)^L \tag{10.24b}$$

根据式(10.24),确定几个核素的 β 衰变的分类.

$${}^3\mathrm{H}\left(\frac{1}{2}^+\right) \to {}^3\mathrm{He}\left(\frac{1}{2}^+\right) + (\mathrm{e}^- \bar{\nu}_\mathrm{e})$$

轻子对带走的最小角动量 0,最大是 1;轨道角动量只可能取为 0,因为初末态核素宇称不变,为容许型跃迁. 轻子对的自旋 $S_{e\nu}$取 0(单态)称 Fermi 跃迁;$S_{e\nu}$取 1(三重态),称 Gamov-Teller 跃迁. 根据其半衰期(3.87×10^8 s)和衰变能($E_0 = 0.018\,\mathrm{MeV}$),由式(10.23a)计算得到其 $fT = 1\,131$($\log fT = 3.05$).

$${}^{14}\mathrm{O}(0^+) \to {}^{14}\mathrm{N}^*(0^+) + (\mathrm{e}^+ \nu_\mathrm{e})$$

轻子对带走的角动量 $J_{e\nu}$只能是 0,轨道角动量 L 只可能取为 0,因为初、末态

核素宇称不变，为容许型跃迁．轻子对的自旋取 0（单态）纯 Fermi 跃迁．根据其半衰期（71.36 s）和衰变能（E_0 = 1.81 MeV），由式（10.23a）计算得到其 fT = 3 127（$\log fT$ = 3.50）.

$$^{22}\mathrm{Na}(3^+) \to {}^{22}\mathrm{Ne}(0^+) + (e^+\ \nu_e)$$

轻子对带走的角动量只能是 3，轨道角动量的可能取值 2（S = 1），3（S = 0，1）和 4（S = 1）．L = 3 不满足核素态宇称的要求；L = 4 为 4 级禁戒，与 L = 2 相比可以忽略，因此该跃迁为二级禁戒的 GT 跃迁．计算得到的 $\log fT$ = 11.9．表 10.2 和 10.3 分别列出一些禁戒跃迁的 fT 值以及不同跃迁级次的 fT 值的范围．

表 10.2　一些核素 β 衰变的级次和 fT 值

跃　迁	禁戒级次	$\log fT$
$^{39}\mathrm{Ar}\left(\frac{7}{2}^-\right) \xrightarrow{\beta^-} {}^{39}\mathrm{K}\left(\frac{3}{2}^+\right)$	一级	9.03
$^{38}\mathrm{Cl}(2^-) \xrightarrow{\beta^-} {}^{38}\mathrm{Ar}(0^+)$	一级	8.15
$^{22}\mathrm{Na}(3^+) \xrightarrow{\beta^+} {}^{22}\mathrm{Ne}(0^+)$	二级	11.9
$^{10}\mathrm{Be}(0^+) \xrightarrow{\beta^-} {}^{10}\mathrm{B}(3^+)$	二级	12.08
$^{40}\mathrm{K}(4^-) \xrightarrow{\beta^-} {}^{40}\mathrm{Ca}(0^+)$	三级	18.1

表 10.3　各级 β 衰变的 $\log fT$ 的取值范围

跃 迁 级 次	$\log fT$	跃 迁 级 次	$\log fT$
超容许型	2.9～3.7	一级禁戒（唯一型）	8～10
容许型	4.4～6.0	二级禁戒	10～13
一级禁戒（非唯一型）	6～9	三级禁戒	15～18

fT 值的测量为弱作用的费米耦合常数的确定提供大量的实验数据．以 $^{14}\mathrm{O}(0^+)$ 到 $^{14}\mathrm{N}^*(0^+)$ 的两个同位旋多重态之间的跃迁为例，属 L = 0，S = 0 的超容许型，核素的矩阵元 M 由其同位旋的“降”算符定

$$M = \langle I = 1, I_3 = 0 \mid I_- \mid I = 1, I_3 = +1 \rangle = \sqrt{2}$$

把实验测定的 fT = 3 127（s）转变为自然单位

$$fT_{\frac{1}{2}}[NU] = fT_{\frac{1}{2}}[s]\,\hbar^{-1} = 3\,127\text{s}\times(6.582\cdot 10^{-25}\ \text{s}\cdot\text{GeV})^{-1}$$
$$= 4.750\,8\cdot 10^{27}[\text{GeV}]^{-1}$$

和 $M^2 = 2$ 代入式(10.23)

$$G_F^2 = \frac{\pi^3 \ln 2}{m_e^5 fT[NU]} = 1.298\,4\times 10^{-10} \tag{10.25}$$
$$G_F = 1.14\cdot 10^{-5}[\text{GeV}^{-2}]$$

以中子衰变数据分析弱作用的特性，$n(1/2^+) \to p(1/2^+) + e\nu$. $L = 0$，$S = 0$(Fermi) $S = 1$(GT)，中子半衰期为 637 s，根据 β 能谱计算得到 $fT = 1\,115$(s). 式(10.23)改写为

$$fT_{\frac{1}{2}} = \frac{2\pi^3 \ln 2}{m_e^5 (G_F^2 M_F^2 + G_A^2 M_{GT}^2)}$$

下标 F 代表轻子对的自旋 $S = 0$ 的费米跃迁，属弱矢量流；右下标 A(GT) 代表轻子对的自旋 $S = 1$ 的 GT 跃迁，属弱轴矢量流. 中子质子是同位旋为 1/2 的两重态. 跃迁矩阵元的强子部分的波函数部分

$$\left\langle I = \frac{1}{2}, I_3 = +\frac{1}{2} \middle| I_+ \middle| I = \frac{1}{2},\ I_3 = -\frac{1}{2} \right\rangle = 1$$

轻子对部分由它们自旋统计因子定，因此跃迁矩阵元

$$M_F^2 = 1,\ M_{GT}^2 = 3$$

代入中子衰变的自然单位的 fT

$$G_F^2 + 3G_A^2 = \frac{2\pi^3 \ln 2}{m_e^5 fT[NU]}$$

认为弱费米相互作用是普适的，把 ^{14}O 衰变得到的 G_F 代入上式，得到 G_A

$$3G_A^2 = \frac{2\pi^3 \ln 2}{m_e^5 \cdot 1\,115(6.582\cdot 10^{-25})^{-1}} - (1.14\cdot 10^{-5})^2$$
$$= 5.983\cdot 10^{-10}$$

所以

$$G_A = 1.412\cdot 10^{-5},\ \left|\frac{G_A}{G_F}\right| \sim 1.24 \tag{10.26}$$

在弱作用理论中轻子弱流表现 $G_V = -G_A$，核素弱流(强子弱流)与轻子的弱流不同，强子的弱矢量流的耦合常数 G_V(G_F)和轻子的弱流的耦合常数 $G\mu$ 相同，但是强子的弱轴矢流与它的弱矢流的耦合常数并不相同，例如 Λ 粒子的半轻子衰变给出 $C_A/C_V \sim -0.72$；Σ 粒子的半轻子衰变给出 $C_A/C_V \sim +0.34$，明显偏离 $V-A$ 理论. 中微子与强子(组成夸克)的散射实验表明，尽管类点、无结构的夸克的弱作用行为是严格遵循 $V-A$ 理论的，但由于强子结构的复杂性导致强子弱轴矢

流耦合与轻子流的明显不同(C_V, C_A 为矢量流和轴矢流的振幅).

4. 无中微子伴随的双β衰变

考察下面的几组同量异位素

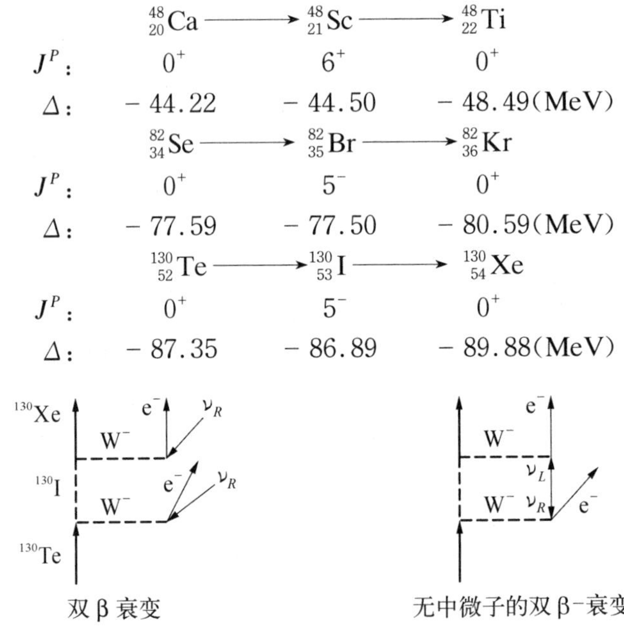

	${}^{48}_{20}\mathrm{Ca} \longrightarrow$	${}^{48}_{21}\mathrm{Sc} \longrightarrow$	${}^{48}_{22}\mathrm{Ti}$
J^P:	0^+	6^+	0^+
Δ:	-44.22	-44.50	-48.49(MeV)
	${}^{82}_{34}\mathrm{Se} \longrightarrow$	${}^{82}_{35}\mathrm{Br} \longrightarrow$	${}^{82}_{36}\mathrm{Kr}$
J^P:	0^+	5^-	0^+
Δ:	-77.59	-77.50	-80.59(MeV)
	${}^{130}_{52}\mathrm{Te} \longrightarrow$	${}^{130}_{53}\mathrm{I} \longrightarrow$	${}^{130}_{54}\mathrm{Xe}$
J^P:	0^+	5^-	0^+
Δ:	-87.35	-86.89	-89.88(MeV)

图 10.11　双 β^- 衰变的示意图

从第一个核素到中间的核素的 β^- 衰变在能量上是禁止的(除第一组以外),同时都属高级禁戒的(分别是6级、5级和5级禁戒),即第一个核素对普通的 β^- 衰变是禁止的.考察第一和第三个核素,质量差 $Q_{\beta\beta} \gg 0$,而且自旋宇称相同.研究它们之间是否可以通过双β衰变成为一个有重要意义的物理课题.尤其是,无中微子伴随的两电子的发射更具有基本的意义,因为它是违背电子轻子数守恒的衰变,包含着人们尚未认识到的新物理.图10.11是描述有中微子伴随的双 β^- 衰变和无中微子的双 β^- 衰变的 Feynman 图,中间态核素是虚态(虚线)(不满足能量守恒)双反中微子伴随的过程是二级的弱带电流过程的普通 β^- 衰变,加之末态四轻子发射,相空间小,左边过程的衰变率很低,理论估算寿命都在 $10^{20} \sim 10^{25}$ 年.右图中,第一个虚 W 发射一个电子和一个虚的右旋反中微子,虚反中微子以可观测的概率被第二个虚 W 吸收并发射第二个电子构成无中微子的双β衰变.无中微子的双 β^- 衰变产生的概率与中间态中微子的特性直接相关.是违背电子轻子数守恒的高阶过程,初态是0电子轻子,而末态的电子轻子数为2.从图看出,第一个虚 W 发射的是右旋的反中微子，根据弱作用理论，第二个虚 W 只能吸收左旋的中微子.过程的发生，意味着发射和吸收的右旋反中微子和被吸收的左旋中微子相同，或至少有可观测到的重叠.因此是否存在无中微子的双 β 衰变涉及在核子-轻子弱作用过程轻子数守恒与否，中微子和反中微子的混合以及中微子质量等重大的物理课题.无中微子的双 β 衰变末态的两电子的总能量是一个常数（～子母核素质量差），为实验提供重要的判据.我国物理学家采用 $^{48}CaF_2$ 闪烁晶体谱仪，在深的矿井内观测了 7588.5 小时，没有观测到无中微子的双 β 衰变的明显事件，从而给出 ^{48}Ca 的寿命 $T \geqslant (1.14 \pm 0.18) \times 10^{22}$ 年（90%置信水平）[3].

5. 奇特衰变的观测

由于加速器技术和粒子分辨技术的发展，一些奇特的衰变方式陆续被发现，例如远离核素 β 稳定区的 ^{11}Li（3 个质子，9 个中子）的 β 缓发双中子和三中子衰变，即紧跟 $\beta^- \nu$ 衰变伴随 2 或 3 个中子发射

$$^{11}_{3}Li \to {}^{11}_{4}Be + e^- \bar{\nu}_e;\quad {}^{11}_{4}Be \to {}^{9}_{4}Be + 2n \qquad {}^{11}_{3}Li \to {}^{11}_{4}Be + e^- \bar{\nu}_e;\quad {}^{11}_{4}Be \to {}^{8}_{4}Be + 3n \tag{10.27}$$

在弱衰变之后伴随发射中子的强衰变.同样，在 β 稳定区的缺中子的核素也观测到奇特衰变，CERN 的 ISOLDE 合作组 1978 年发现 ^{99}Cd 的 β^+ 缓发质子衰变

$$^{99}_{48}Cd \to {}^{99}_{47}Ag + e^+ \nu_e;\quad {}^{99}_{47}Ag \to {}^{98}_{46}Pd + p \tag{10.28}$$

Lawrence-Berkley 实验室还发现 ^{22}Al 的 β^+ 缓发 2 质子衰变.随后，其他实验室先后观测到很多远离 β 稳定区的核素的 β^-（β^+）缓发中子（质子）衰变[4].人们还观测到 β 缓发裂变的过程.1984 年牛津大学的一个小组发现 ^{223}Ra 有稀有的 ^{14}C 原子核的衰变[5]，分支比约为 2×10^{-9}.

α、β、γ 衰变为核素结构的研究提供大量的资料，为揭示亚原子系统相互作用机制积累大量的数据.

10.2 不同核物质态的制备和它们的特性

第 9 章我们从核素的核子力和核子结构出发预言核物质的各种运动状态，单

粒子运动和各种形式的集体运动.每一种运动状态有各自的一组守恒量子数 E_i，$J_i^{P_i}$，…. 图 10.12 展示核素的典型的状态.

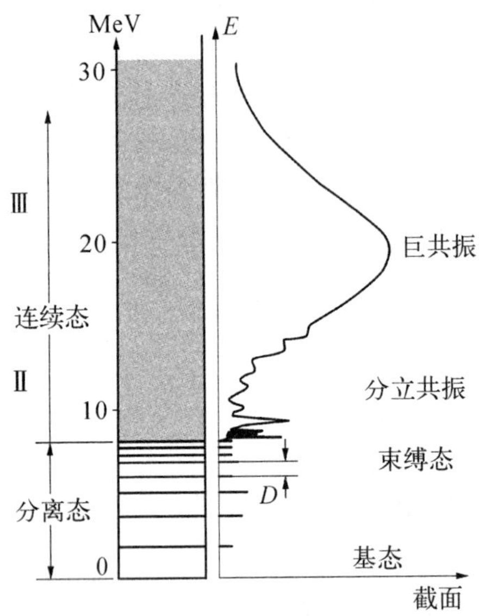

图 10.12 核素不同激发态的基本特征的图示

根据量子力学束缚态理论，在激发能小于核子分离能(～8 MeV)的情况下，核素处在基态以上的不同的分立能级，它们可以是壳层模型描述的单核子能级(图9.17)，也可以是集体运动激发的振动和转动能级(图 9.19).当激发能刚刚超出单核子分离能，进入连续能区，处于若离非离的核子还在核素势场的作用范围内，核素处于一种所谓单共振态(处于连续能区的分立能级)，这种分立性可用激发粒子的波长在核素表面的匹配来解释，即，只有入射粒子的能量(频率)和单共振能级匹配时，这种激发态才能产生.它们发射核子的相空间太小，主要衰变通道还是发射 γ 光子回到基态.当激发能继续升高，10～20 MeV，在连续能级区出现所谓巨共振，这是构成核素的核子集体运动的激发.不同区(束缚区、单共振区和巨共振区)的激发态特征(能级宽度、能级间隔)不同.表 10.4 列出它们的特征.图中和表中 $\Gamma(\overline{\Gamma})$ 以及 $D(\overline{D})$ 代表能级宽度(平均宽度)以及能级间隔(平均间隔).

核素的相互作用，除了观察稳定区附近的核素的衰变以外，更重要的是利用不同的粒子、核素作为探针和“炮弹”制备核素的不同的激发态以及新的核物质形态，从而更深入地研究核物质的相互作用的动力学特性.

表 10.4 核素能级特征

区　间	特　征	E_i(MeV)	典型值	
			Γ(eV)	$\bar{D}$(eV)
束缚态	$\overline{\Gamma} \ll \overline{D} \sim E_i$	～1	10^{-3}	10^5
单共振	$\overline{\Gamma} < \overline{D} \ll E_i$	～8	1	10^2
巨共振	$\overline{D} \ll \overline{\Gamma} \ll E_i$	～20	10^4	1

10.2.1 普通核物质态-核素基态和低激发态的制备和它们的特性

1. 基态核素的核物质分布

第四章讨论过轻子(电子)与核素的电磁弹性散射为人们提供核素电荷分布的重要资料;ρ-介子在核素场中的光生的研究揭示核素的核物质分布.

$$e + {}^{A}_{Z}X \to e + {}^{A}_{Z}X, \quad \gamma + {}^{A}_{Z}X \to \rho^0(\to \pi^- \ \pi^+) + {}^{A}_{Z}X \tag{10.29}$$

图 10.13(a)描述稀土类的核素的电荷分布,由于外围核子运动的极化效应,中心电荷密度下陷.10.13(b)描述高能电子和^{3}He 的散射的磁形状因子,发现简单的 3 核子自由度预测的磁形状因子与实验数据明显偏离(虚线),包含介子自由度的磁形状因子(两种不同假设对应两组实线)与实验数据很好一致.

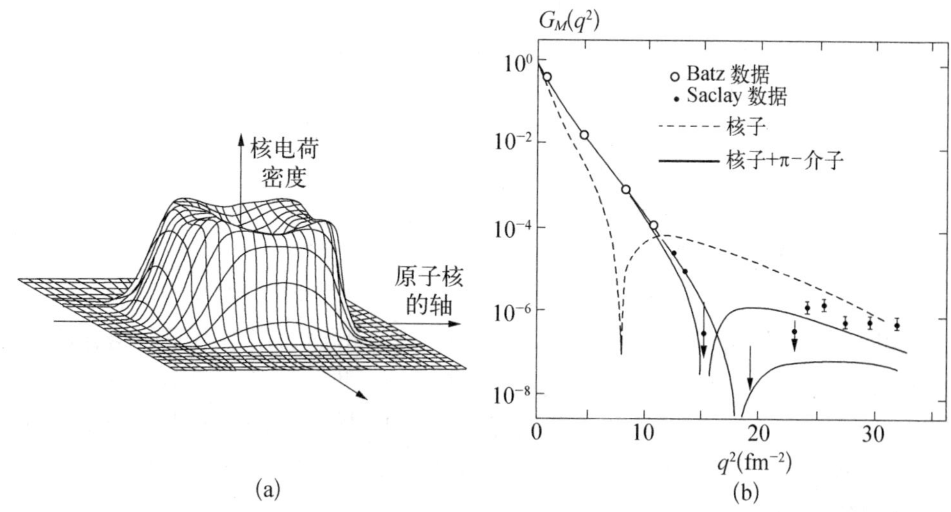

图 10.13　电子探针显示^{174}Yb 电荷密度分布(a)和高能电磁探针下^{3}He 的电磁形状因子(b)表明,除核子外,描述核素还必须有其他的非核子的自由度

取自 *Physics Through the 1990s Nuclear Physics*, National Academy Press, 1986.

2. 低激发态的制备和它们的特性

用守恒量子数 E_i(能量)、J_i(自旋)和 η_P(宇称)标记的不同的激发态的制备,必须选择合适的激发方式,激发粒子转移能量、角动量和宇称必须正好补偿核素基态和激发态相应的变化.例如,用 γ 射线激发,除要求其能量 $E_\gamma = E_i \pm \Gamma_i$ 外,还要求被激发的核素的初态和末态的宇称相反、角动量之差有 1 的取值,正好可吸收实光子的 1^- 的自旋宇称.实光子可制备电偶极的激发态.其他的激发态通常可以用带电粒子和核素的非弹性散射来达到,带电粒子的非弹性散射,实际上是投射粒子通过虚光子把所需的能量、角动量和宇称转移给靶核素. 图 10.14 是质子 p 和^{58}Fe 的非弹性散射得到的不同激发态的激发的曲线

$$p + {}^{58}\mathrm{Fe} \rightarrow p_i + {}^{58}\mathrm{Fe}^{(i)},\quad {}^{58}\mathrm{Fe}(p,\ p){}^{58}\mathrm{Fe}^{*} \tag{10.30}$$

投射束由 Van. de. Graaff 引出,经分析磁铁选择动量为 115.11 MeV/c(动能 $T_0 = 7.035$ MeV) 的原初质子束投射在经同位素浓集的靶(^{58}Fe 丰度为 75.1%). 散射的质子按不同动量投射在磁谱计的胶片上. 胶片上谱线的黑度正比于激发截面,由磁谱计的刻度曲线读出第 i 条谱线的质子动能 T_i. 根据能动量守恒计算靶核素的反冲动能,靶核素吸收的激发能 E_i. 图 10.14 中的下横坐标为磁谱计的读数,上横坐标的上方数字是磁谱计读数对应的散射质子的动能,下方读数是经计算求得的被激发核素的激发能. 其中^{58}Fe 的 8 条束缚能级分别是 0.81, 1.67, 2.13, 2.26, 2.60, 2.78, 2.87 MeV. 能级的角动量宇称要靠其他方法,如级联 $\gamma\gamma$ 角关联,或者散射质子与辐射 γ 角关联等来确定,例如基态 0^+,第一、第二激发态均为 2^+.

3. 单共振态的制备及它们的特性

通过共振中子(能量～keV)与靶核素散射,制备单共振态. 制备单共振态的一个典型实例如下

$$n + {}^{27}\mathrm{Al} \rightarrow {}^{28}\mathrm{Al}^{*} \rightarrow n + {}^{27}\mathrm{Al} \tag{10.31}$$

^{28}Al 的中子分离能(也是中子结合能)

$$S_n({}^{28}\mathrm{Al}) = \Delta(n) + \Delta({}^{27}\mathrm{Al}) - \Delta({}^{28}\mathrm{Al}) = 7.7255\ \mathrm{MeV} = B_n$$

这表明^{27}Al 俘获一个零动能的中子,复合核素^{28}Al 增加的正是中子的结合能. 所制备的^{28}Al 正处在由束缚态到连续态的零能量上. 携带几十～几百 keV 动能的共振中子正好可以形成^{28}Al 的单共振态. 图 10.15 横坐标是共振中子的动能,由于^{27}Al在吸收中子时的反冲,实际核素^{28}Al吸收的能量只是中子动能的一部分,对应的激发能为

$$E_{ri} = \left(\frac{M_A}{m_n} + M_A\right) T_{ni} + B_n \sim \left(\frac{A}{1 + A}\right) T_{ni} + B_n \tag{10.32}$$

由式(10.32)计算图 10.15 各个单共振峰中子动能(下横坐标)对应的激发能. 用描述共振的 B－W 公式(7.24)对各个共振激发曲线拟合,可得到各单共振态的共振参数 E_{ri}, Γ_{ri}. 图 10.15 的实验是基于(n, n)复合核素的弹性过程,即观测的是共振态发射中子的过程. 应该记住,共振曲线拟合的总宽度除弹性出射道分宽度外还有发射 γ 以及其他粒子的分宽度. 不管观测的是什么衰变道,共振曲线展示的都是共振态的总衰变宽度 Γ, $\Gamma = \Gamma_\gamma + \Gamma_n + \Gamma_p + \cdots$, 对于单共振态, Γ_i($i = \gamma$, n, p, …), 分别是发射光子、中子和质子等的分宽度,通常以发射光子的分宽度为最大.

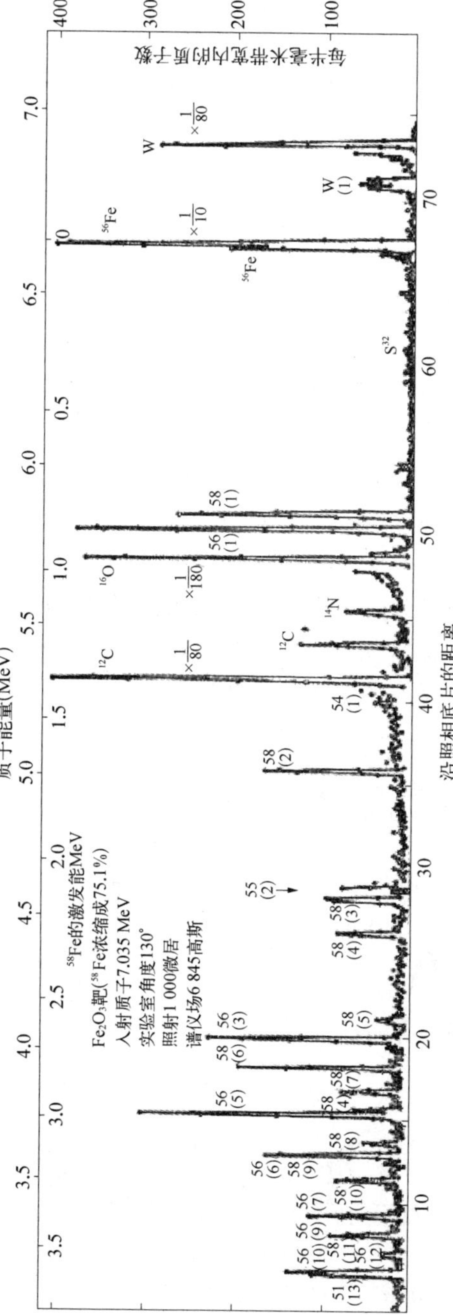

图 10.14　^{58}Fe 的束缚态的激发曲线

原子在浓缩的^{58}Fe(75.1%)靶上的散射谱. 探测器由照相板组成,所以可以同时观测许多谱线. 由于靶中还包含一些^{58}Fe 以外的同位素,因此出现了附加的谱线. 铁的谱线用质量数 *A* 标示. 取自 A. Sperduto & W. W. Buechner, *Phys. Rev.*, 134, B142(1964).

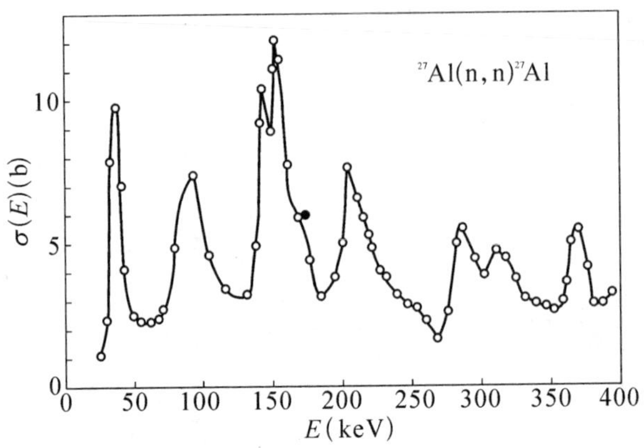

图 10.15　核素^{28}Al 单共振态的激发曲线

4. 巨共振

当激发能继续升高，10 MeV $< E_i <$ 30 MeV 时，整个核素的各个核子的单粒子能级密度升高，能级宽也因很多衰变通道的开放而大大加宽，相重叠形成连续能区.外激发粒子(实光子和虚光子)的波长和核素的尺度相近，有效地驱动整体核子的集体运动.这种核素，表现出对激发源的相当宽能区(若干 MeV)的光子(或虚光子)有强的吸收(大的激发截面)，如图 10.12Ⅲ区的激发曲线的一个宽的分布.图 10.16 显示核素^{208}Pb 的光核反应的巨共振的典型实例.用B-W 共振公式

$$\sigma(E) = \frac{\left(\frac{\Gamma}{2}\right)^2}{(E-E_r)^2 + \left(\frac{\Gamma}{2}\right)^2}\frac{E}{E_r}\sigma_{\text{peak}} \tag{10.33}$$

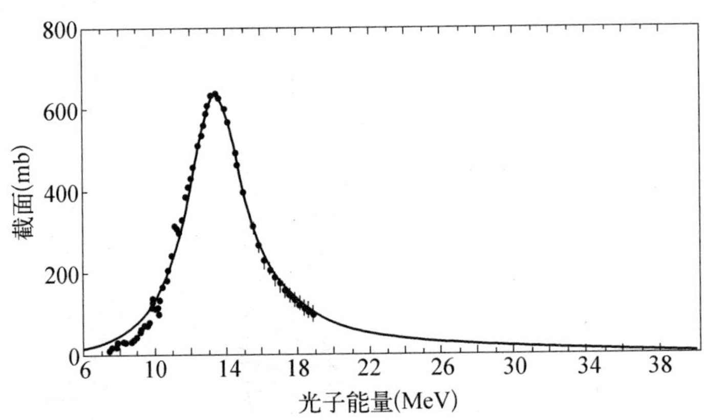

图 10.16　^{208}Pb 光核反应激发曲线

取自 G. F. Bertsch, *Nature*, 280,(1979)639.

拟合得到共振峰的共振参数

$$E_r = 13.43\ \mathrm{MeV},\ \Gamma = 4.07\ \mathrm{MeV},\ \sigma_{\mathrm{peak}} = 639\ \mathrm{mb}$$

实验发现,光子引起的巨偶极共振现象从轻核素到重核素都存在.可以唯象地认为,巨偶极振荡是核素的质子为一群,中子为另一群的相对的反向周期振荡,如图 10.17 第二组图所示.核素的电偶极算符可写成每个核子的电偶极矩的矢量相加

$$\boldsymbol{D} = \sum_{i=1}^{A} e\,\frac{1}{2}(1+\tau_{i3})\,\boldsymbol{r}_i = \frac{1}{2}\sum_{i=1}^{A} e\boldsymbol{r}_i + \frac{1}{2}\sum_{i=1}^{A} e\tau_{i3}\,\boldsymbol{r}_i,\ \tau_{i3} = 2\boldsymbol{I}_{i3}$$

上式的矢径前面是电荷算符 $Q = I_3 + Y/2$,第二等号的第一项与同位旋无关的(同位旋标量),表示核素质心的运动,不贡献任何内部自由度激发;第二项是与核子同位旋相关的(同位旋矢量),表示核素电荷中心相对于质心随时间变化(中子和质子的同位旋第三分量反号,因而求和号中的空间坐标符号相反).巨偶极共振的激发截面正比于偶极跃迁矩阵元的平方.根据 Thomas-Reiche-Kuhn 共振吸收求和规则有[6]

$$\int \sigma(E)\mathrm{d}E = \frac{2\pi^2 e^2}{m_{\mathrm{n}} c}\frac{NZ}{A} \approx 60\,\frac{NZ}{A}\ \mathrm{MeV \cdot mb} \tag{10.34}$$

对图 10.16 的^{208}Pb 的 GDR 的共振曲线积分得到结果 3 059 MeV · mb,和求和规则式(10.34)的预期(2 980 MeV · mb)基本一致.

实验发现,除 γ 光子激发的电偶极($E1$)巨共振外,带电粒子不仅能够激发核素的电偶极 ($L = 1$) 巨共振,还能激发其他电磁多极(EL, ML, $L = 0,1,2,3,\cdots$) 巨共振.图 10.17 是对电、磁多极共振对应的核子运动形态的形象描述,极次 2^L 描述核物质的空间分布的变化,电多极和磁多极电荷分布和自旋-磁矩分布的多极振荡.它们又分别对应同位旋标量(激发前后系统同位旋不变,n 和 p 同相位,图中 $\Delta I = 0$ 的情况) 和同位旋矢量(激发前后系统同位旋改变 1 个单位,n 和 p 相反相位,图中 $\Delta I = 1$ 的情况).磁多极共振中,质子-质子、中子-中子的自旋各自反向($\Delta S = 1$ 的情况),而电荷中心不变.图中的双箭号表示两部分核物质的往返振荡,单极共振是在激发源作用下两部分核物质围绕平衡位置舒张、压缩,而电磁分布中心不变;电偶极共振是在激发源作用下带电的质子和中性的中子围绕平衡位置(质心)往返相对运动,即电荷中心相对于质心往返振荡;磁偶极共振是自旋互为反向两群(np) 核物质围绕系统的质心(和电荷重心重叠) 往返振荡;四极共振是具有特定状态的一群核子与另一群特定状态的核子在激发源的作用下依次由球形 → 长椭球 → 球形 → 扁椭球 → 球形往返周期的振荡.

由于带电粒子可以同时激发不同的电磁多极巨共振,实验上得到的激发曲线是不同电磁多极巨共振的叠加.如何通过数据处理,把不同极次的信号挑选出来是数据分析的关键.入射的带电粒子激发 2^L 极巨共振,表明入射粒子和靶粒子之间

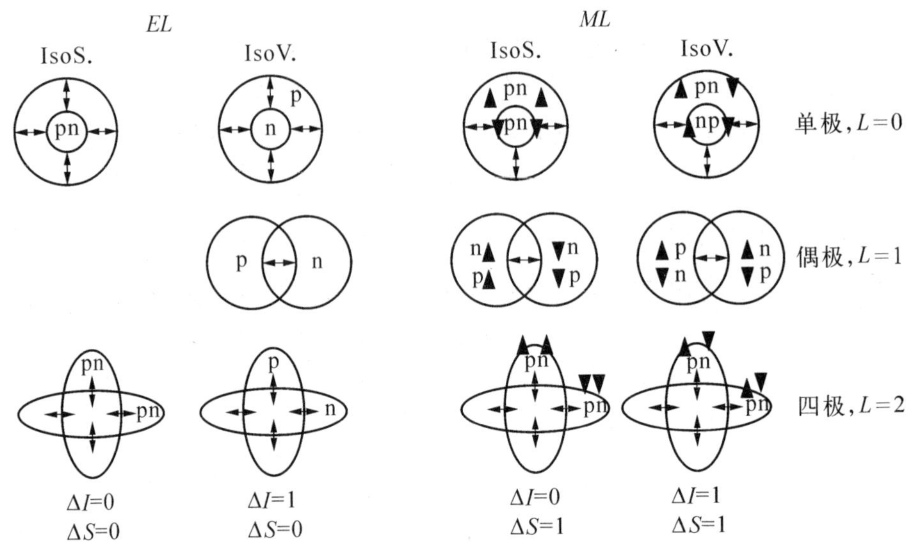

图 10.17 在合适的激发源作用下，核素集体运动的激发模式

发生 L 单位的角动量交换，出射粒子偏离原来的入射方向在空间展现的角分布正好包含 L 的信息. 非弹性散射过程中出射的投弹粒子的角分布、共振态核素衰变粒子的角关联以及双微分截面的测量是研究核素巨共振的最基本的测量. 图 10.18(a)是用 394 MeV 的极化质子束与^{58}Ni 薄靶(9.86 mg/cm^2)的非弹性散射，在零角度区(0.93°)测得的激发曲线(双微分截面). 10.66 MeV 的 $M1$ 激发态对应的是^{58}Ni 连续能区的单共振能级(1^+)，磁谱仪分辨为 250 keV. 13～25 MeV 的宽的激发是不同极次的巨共振模式的叠加. 散射质子的极化分析表明，单共振区存在自旋交换(磁偶极激发)，而巨共振区基本上没有自旋交换. 选取无自旋交换的事例，得到巨共振部分的双微分截面如图 10.18(b)，根据^{58}Ni(e, e′)得到的 IVGDR (同位旋矢量巨偶极共振)结果并假定能量加权求和规则的 $E1$ 共振激发占 100%，计算出^{58}Ni(p, p′)的IVGDR双微分截面(图中的阴影部分). 总的巨共振双微分截面减去阴影部分，得到图 10.18(c)的包括 GMR 和 GQR 的共振模式的双微分截面. 根据 DWBA(扭曲波玻恩近似)的计算，这里的 GQR 的贡献小于 10%. 拟合共振峰得到 GMR 的参数表示在图的右上角. 最后，根据(α, α′)和(e, e′)的散射数据，假设 GQR 只占四极激发强度的～50%，最后把 GQR 从图 10.18(c)的双微分截面扣除，获得纯单极共振双微分截面，求得 70%的 GMR 占据单极激发. GMR 是核物质的舒张-压缩运动，对它的研究可以提供核物质的不可压缩性系数，因而备受重视. 文献[7]根据小角度区(α, α′)散射得到的核素^{90}Zr，^{116}Sn，^{144}Sm 和

^{208}Pb的 GMR($E0$)的强度分布,和微观理论计算比较,得到核物质的不可压缩系数 $K_{nm} = (231 \pm 5)$ MeV.

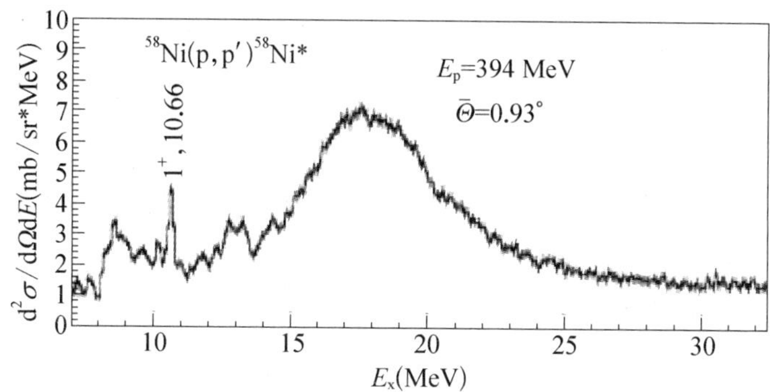

图10.18(a)　单共振(1^+,10.66 MeV)和不同多极巨共振的双微分截面[6]

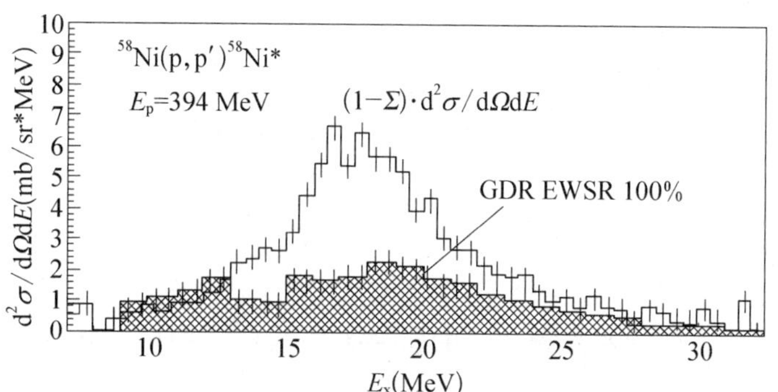

图 10.18(b)　扣除自旋相关部分双微分截面[6]

阴影部分为 GDR.

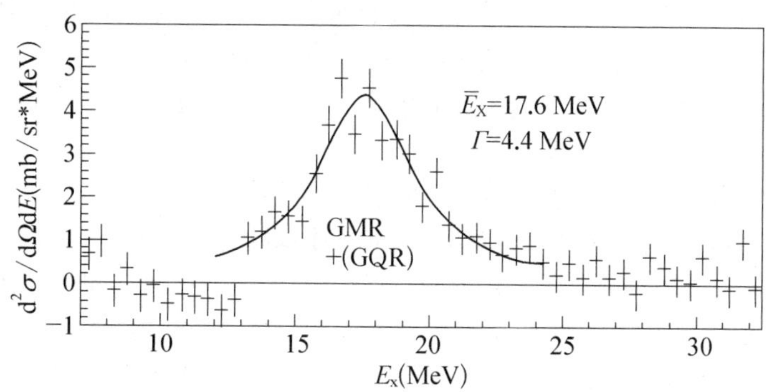

图 10.18(c)　(b)图的实验双微分截面减去阴影,得到 GMR + GQR[7]

巨共振是核素核子集体运动的特征，是核素作为整体的一种振动模式，振动的频率，即巨共振峰的中心能量应该与核素的尺度成反比

$$E_r = \hbar\omega \propto \frac{1}{R} \propto A^{-\frac{1}{3}}$$

对大量的核素的巨共振的实验数据分析，得到巨共振的共振能量与核素的质量数 A 有如下的实验规律[8]

$$\left.\begin{aligned}
&\text{GDR}(\Delta I = 1),\ E_{rA} = (70 \sim 80) A^{-\frac{1}{3}}\ \text{MeV}\\
&\text{GQR}(\Delta I = 1),\ E_{rA} = (110 \sim 130) A^{-\frac{1}{3}}\ \text{MeV}\\
&\text{GQR}(\Delta I = 0),\ E_{rA} = (60 \sim 66) A^{-\frac{1}{3}}\ \text{MeV}\\
&\text{GMR}(\Delta I = 0),\ E_{rA} = (75 \sim 81) A^{-\frac{1}{3}}\ \text{MeV}
\end{aligned}\right\} \tag{10.35}$$

考虑核素半径与核素中质子数 Z 的关系，文献[8]给出另一组拟合公式

$$\left\{\begin{aligned}
&\text{GQR}(\Delta I = 0),\ E_{rA} = 49 Z^{-\frac{1}{3}}\ \text{MeV}\\
&\text{GMR}(\Delta I = 0),\ E_{rA} = 60 Z^{-\frac{1}{3}}\ \text{MeV}\\
&\text{GDR}(\Delta I = 1),\ E_{rA} = 45 Z^{-\frac{1}{3}}\ \text{MeV}\\
&\text{GQR}(\Delta I = 1),\ E_{rA} = 72 Z^{-\frac{1}{3}} A^{0.05}\ \text{MeV}
\end{aligned}\right\} \tag{10.35a}$$

巨共振态的衰变宽度 Γ 为若干 MeV，平均寿命 $\tau \sim 10^{-22}$ 秒. 它们有不同的衰变道，如光子发射和内电子对产生的电磁衰变，质子、中子及轻核素发射的强衰变等. 巨共振态的衰变的实验和理论的研究为揭示核素中核子相互作用机制提供重要的资料.

10.2.2 极端条件下核物质形态的制备和它们的特性

“极端条件”的核物质，通常是指核素的四个自由度趋于极限的核素：

① 核素自旋趋于极限，高自旋态的核素的核物质形态

② 核素同位旋的极限，中子、质子相差很大的、逼近中子和质子滴线的核素

③ 质量数 A 的极限，超重核素

④ 温度、密度极限，高温高密度的核物质，部分子解禁的夸克－胶子等离子体.

重离子碰撞是制备极端条件核物质的最基本的方法. 重离子碰撞按投弹离子的能量分为低能(几 MeV/核子)、中能(几十 MeV/核子)和高能(>1 GeV/核子，也称相对论重离子)碰撞. 即使是低能弹核离子，例如 180 MeV 的 ^{40}Ar，其动量～3 800 MeV/c，其波长～0.05 fm，比碰撞的作用半径小得多，可以用经典的轨道来近似描述它们之间的碰撞，即引入碰撞参数 b(投弹核素和靶核素中心的距离)和

弹、靶核素核物质半径之和 b_0(核力作用的最大距离)把碰撞分为擦边 ($b = b_0$)、偏心($b < b_0$) 和对心($b = 0$) 碰撞. 图 10.19 显示四种典型的碰撞几何. 图(a), $b > b_0$, 弹-靶核素主要通过弹性或者非弹性库仑相互作用;图(b),擦边 ($b = b_0$) 进入核力作用区,少数核子参与作用,库仑散射与核力散射相干等非弹性散射发生;图(c),偏心 ($b < b_0$) 弹-靶中部分核子互相重叠,有较大的动量交换,称为深度非弹性过程; 图(d),对心 ($b = 0$), 弹-靶全部核子熔合在一起.

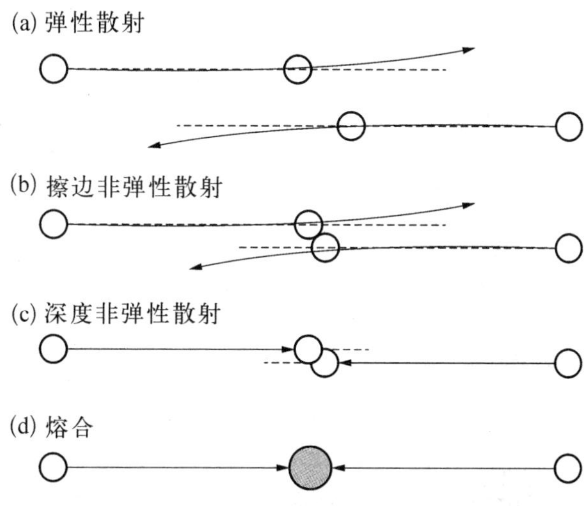

图 10.19　在动量中心系中,不同碰撞参数下的核-核碰撞

随着弹核能量从低能到高能,弹核中核子德布罗意波长从接近于靶核尺度到与核子尺度可比,从核素-核素整体相互作用过渡到核子-核子的相互作用.

下面介绍通过重离子碰撞制备极端条件下的核物质态的例子:

1. 高自旋态的制备

能量与库仑位垒相近的弹核与靶核的融合反应可以制备高角动量高激发能的复合核,例如 56 MeV 的 ^{11}B 离子与 ^{165}Ho 碰撞可制备激发能为 50 MeV 的高自旋态 ^{176}Hf,设碰撞参数为 $b = 6$ fm, 动能为 56 MeV 的弹核相对于系统的动量中心的动量～1 042 MeV/c,经典估算,碰撞获得的轨道角动量,即复合核可达到的自旋为

$$L = bp = 6 \times 1\,042\left(\frac{\text{fm} \cdot \text{MeV}}{\hbar c}\right)\hbar = \frac{6 \times 1\,042}{197.3(\hbar)} \sim 32(\hbar)$$

反应方程式为

$$^{11}\text{B} + {}^{165}\text{Ho} \to {}^{176}\text{Hf}^{**} \to {}^{172}\text{Hf}^{*} + 4\text{n}$$

图 10.20 是这种高激发高自旋复合核的形成和演化过程的示意图.熔合成的复合核处于高度激发态,经过蒸发核子(通常是中子)成为残余核,X(HI,xn)Y(图 10.20(a)).反应是投弹重离子(HI)和靶核 X 熔合,残余核 Y 通过统计电磁辐射冷却(连续谱的特征图 10.20(c)),进入常转动惯量的电四极跃迁,过渡到晕核(图 10.20(b)).此前的核子蒸发、冷却辐射等带走有限的角动量,晕核还处在高自旋态.以分立的电磁跃迁(主要为电四极跃迁)过渡到基态(图 10.20(c),低能段的分立 γ 谱).

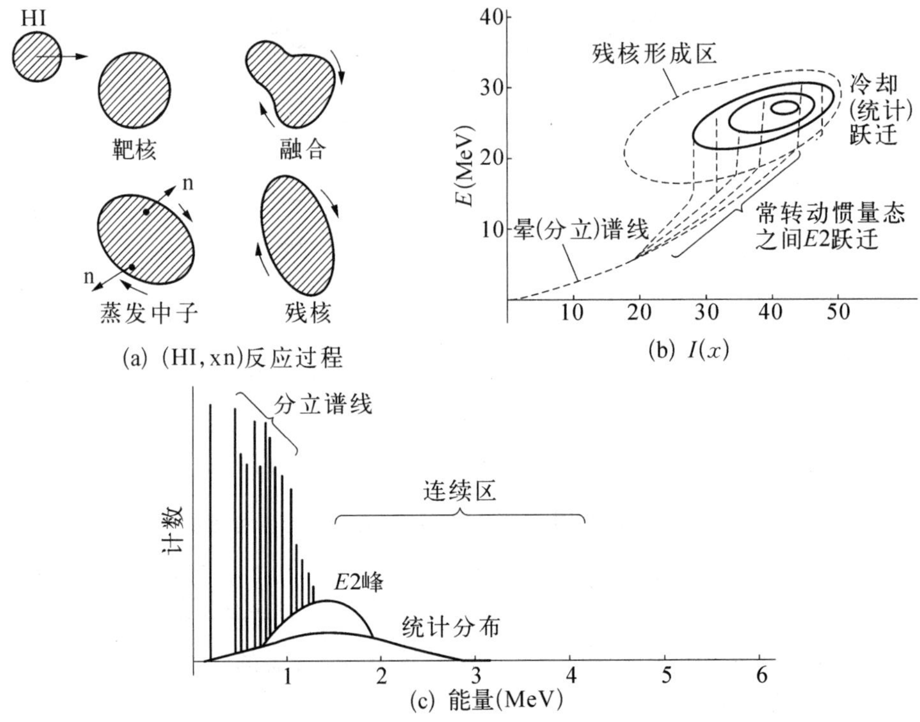

图 10.20　高激发高自旋复合核的形成和演化过程的示意图

取自 Daresbury, *Ann. Reports*, 5, (1984)20.

图 10.21 是^{172}Hf 的高自旋态的能级图.通过反应 $^{165}_{67}$Ho($^{11}_{5}$B,4n)$^{172}_{72}$Hf,重离子熔合形成^{176}Hf,蒸发 4 个中子得到残核^{172}Hf 的高激发高自旋态,包括不同的转动带的激发:图的左边一组为 $K^P=0^+$ 的基带(和 S 带),最高的自旋为 30;中间一组为 $K^P=0^+$ 为带首的 β 振荡和 $K^P=0^-$ 的奇宇称的边带;最右边一组为 $K^P=2^+$ 为带首的 γ 振荡和 $K^P=8^+$ 为带首的转动带.高自旋态的一系列特性在第 9 章已介绍,这里不再重复.

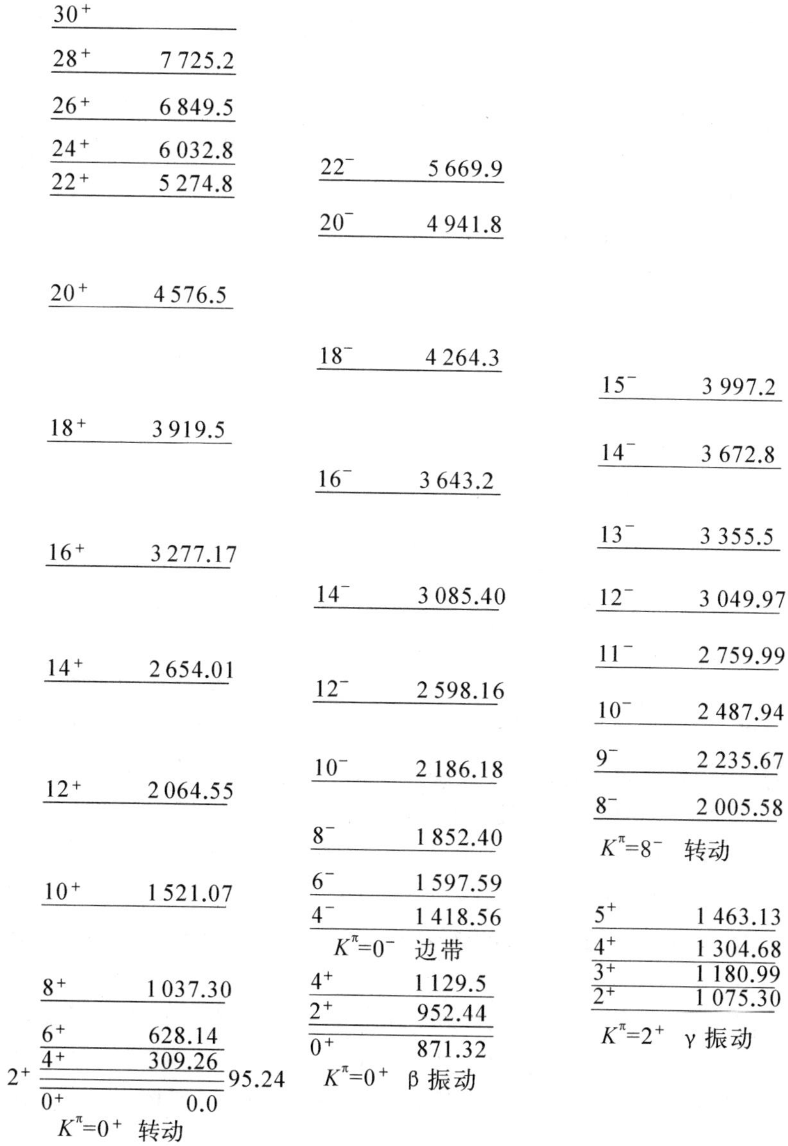

$K^{\pi}=0^{+}$ 转动		$K^{\pi}=0^{-}$ 边带		$K^{\pi}=8^{-}$ 转动	
30^{+}		22^{-}	5 669.9	15^{-}	3 997.2
28^{+}	7 725.2	20^{-}	4 941.8	14^{-}	3 672.8
26^{+}	6 849.5	18^{-}	4 264.3	13^{-}	3 355.5
24^{+}	6 032.8	16^{-}	3 643.2	12^{-}	3 049.97
22^{+}	5 274.8	14^{-}	3 085.40	11^{-}	2 759.99
20^{+}	4 576.5	12^{-}	2 598.16	10^{-}	2 487.94
18^{+}	3 919.5	10^{-}	2 186.18	9^{-}	2 235.67
16^{+}	3 277.17	8^{-}	1 852.40	8^{-}	2 005.58
14^{+}	2 654.01	6^{-}	1 597.59		
12^{+}	2 064.55	4^{-}	1 418.56		
10^{+}	1 521.07				
8^{+}	1 037.30				
6^{+}	628.14				
4^{+}	309.26				
2^{+}	95.24				
0^{+}	0.0				

$K^{\pi}=0^{+}$ β 振动		$K^{\pi}=2^{+}$ γ 振动	
4^{+}	1 129.5	5^{+}	1 463.13
2^{+}	952.44	4^{+}	1 304.68
0^{+}	871.32	3^{+}	1 180.99
		2^{+}	1 075.30

图 10.21　^{172}Hf 高自旋转动带

取自 *Nucl. Data Sheets*，51，(1987)595.

2. 远离β稳定线核素的制备

根据核素版图(图 9.8)，在中子、质子“滴线”内还有许多(几千)核素没有发现，它们可能在各种核过程中短暂出现. 由于它们的中子数和质子数之比和稳定核素差别很多，核性质和稳定核素相比很独特，因而有奇特核(exotic nuclei)之称.这类奇特核通常在核-核碰撞过程产生.例如，德国的GSI[9]，用能量为340 MeV · u^{-1}(每核子的能量)的^{18}O初级束打Be靶(4 mg · cm^{-2})，从反应产物中分离选出不同的奇特核的次级束(^{11}Li，$^{11,14}Be$和$^{6,8}He$)，奇特核的特性的研究正是用该奇特核素的次级束(RNB——Radioactive Nuclei Beam或者称RIB——Radioactive Ion Beam)作为弹核和特定的靶核素的相互作用来实现的.奇特核素有时分为"晕核"(halo nuclei)和"皮核"(skin nuclei).

● 晕核：稳定结构核素的超出中子(质子)以稳定核素为芯，构成一层核物质密度低的半径比核心半径大的中子(质子)晕.例如中子晕核^{11}Li.晕中子的动量分布和晕中子发射的中间共振态谱线特征的研究表明，两个中子分布在芯核(^{9}Li)外围的2s壳层模型轨道上，而芯核^{9}Li的中子处在1p轨道上[10]，根据模型估算晕的均方根半径约为4.8 fm，而芯核只有2.6 fm[11].通常判定晕核的实验证据是晕中子的结合能很小，^{11}Li的晕中子对的结合能只有0.3 MeV；另外它有比邻近核素大得多的作用截面，^{11}Li与铅靶作用拆散晕中子的截面可达2巴.质子晕核素也有很多候选者，例如，^{8}B，^{12}N，^{17}Ne和$^{26\sim28}P$等，文献[12]作者用55 MeV · u^{-1}的$^{12\sim15}N$放射性离子束(RIB/HIRFL)和^{28}Si靶作用，观测出射轻带电粒子(主要是质子)的产额，发现^{12}N的产额比$^{13\sim15}N$的产额大10倍以上.说明^{12}N有特别大的作用截面.

● 皮核：皮核指的是在核表面有一层中子(质子)分布.实际上皮核和晕核没有很明确的界限，通常认为，皮核的表皮核子的物质分布半径不像晕核拖一个长尾巴，另外皮层中的松散的中子(质子)数量比晕核要多.有人把^{6}He、^{8}He称为中子皮核，即在芯核^{4}He的表皮分别有一层2个中子和4个中子的"皮".相对论平均场计算表明[13]，它们的质子分布方均根半径比中子分布的方均根半径小近1 fm.同样计算用于^{48}Ca，中子、质子的分布半径相近，表明，满壳层外的多余8个中子并没有形成中子"皮".

中科院兰州近代物理所的HIRFL中的RIBLL(兰州放射性离子束)的运行为远离β稳定线核素的制备和研究提供了一个重要基地.在该装置上已经制备二十多种核素，例如^{25}P、^{65}Se、^{121}Ce、^{125}Nd、^{128}Pm、^{129}Sm、^{133}Pr、$^{135,137}Gd$、^{139}Tb、^{139}Dy、^{142}Ho等[14~20].

3. 超重元素的合成

从元素的原子结构看，从$Z = 89$的Ac(Actinium)，到$Z = 103$的Lr(Lawrencium)都有相似的价电子结构，属稀土锕系.过去的20多年，人们在合成超重元素的实践中，实验技术不断改进、对核合成反应动力学的机制的认识不断加深.建立了一套制备、辨认超重核素的有效方法：根据已知超重核素的特性，借助理论模型外推、预测目标核素特性；选择合适的弹核和靶核，确定弹核的投射能量，既要有足够的能量克服库仑势垒实现熔合，又不能太高导致复合核(目标核素)过热而解体(自发裂变). 根据复合核的激发能，通常又分为热熔合 (E^* ～50 MeV)、冷熔合(E^* ～20 MeV) 和暖熔合(E^* ～30 MeV).

热熔合以锕系稀土核素(如^{232}Th、^{238}U、^{244}Pu、^{248}Cm、^{249}Bk 和^{249}Cf)为靶核素，用较轻的弹核(例如，^{18}O、^{16}O)生成的复合核处于较高的激发态(～50 MeV)，通过蒸发 4 个以上的中子过渡到目标核素. 图 10.22(a)给出，在不同靶核下热熔合法制备生成截面随目标核素的原子序数的变化[21]. 产生截面从 $Z=102$ 的 10^{-8} barn降到$Z=108$ 的 10^{-12} barn.

冷熔合[22]以^{208}Pb、^{209}Bi 为靶，用中等重的核素为弹核. 生成激发能为20 MeV 左右的复合核，复合核通过发射 1～2 或者 3 个中子转变为目标核素. 图 10.22(b)显示不同弹核、靶核和目标核组合的合成截面. 可见在 $Z=102$ 附近 2n、3n 和 1n 的蒸发道的截面可比，比热熔合截面大. 随着目标核的原子序数增大，1n 的蒸发道占主导. 图 10.22(c)在(b)的基础上唯象地外推至更高的原子序数，并显示投弹核的同位旋的效应[23] $I_{ZP}=(N-Z)/2$. 图中带星号的数据点是外推的.

暖熔合以双幻核素^{48}Ca 为弹核与相应靶核形成激发能～30 MeV 的复合核，通过蒸发 3～4 个中子转变为目标核素.

历史上 102～106 号元素是通过热熔合首次实现的，107～112 是首次通过冷熔合实现的，而 114、116 是通过暖熔合首次实现的[22].

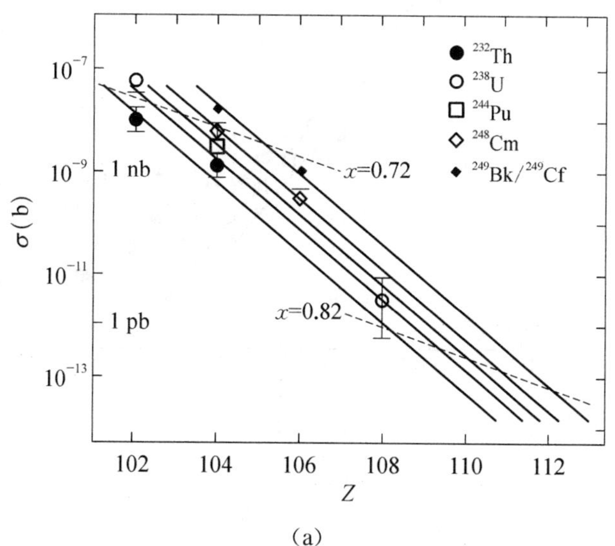

(a)

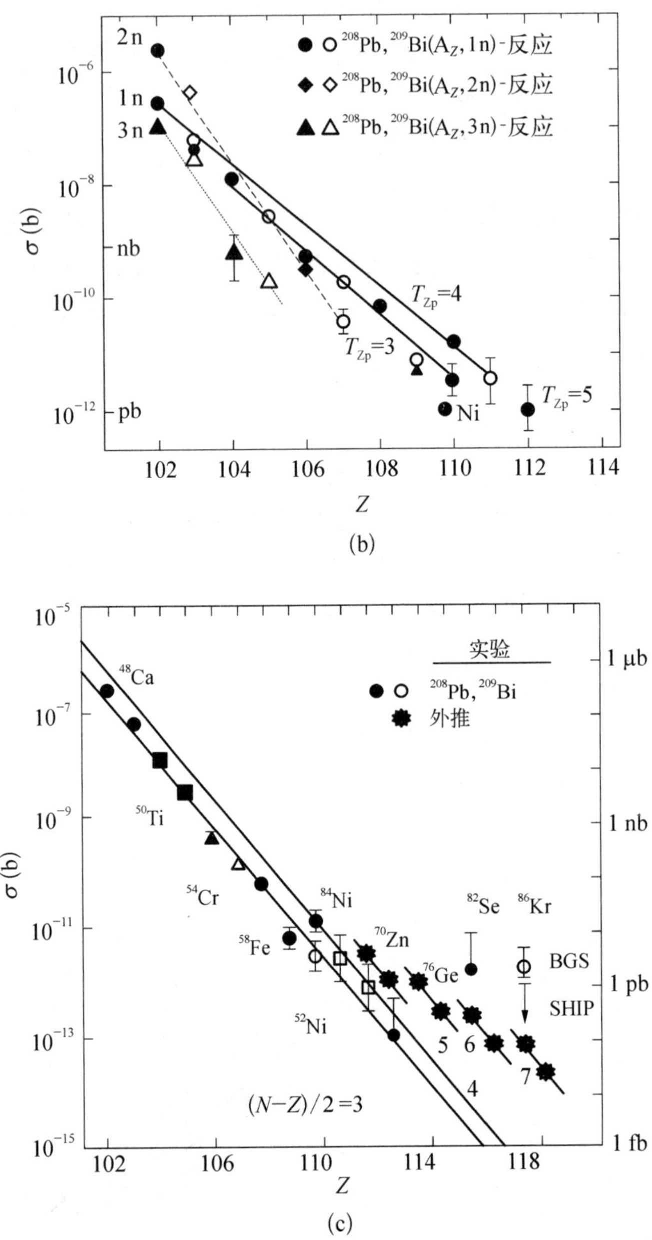

图 10.22　超重核素熔合生成截面

投弹核素标在实验点附近.

超重元素合成的至关重要的一步,是超重核素的检测和辨认,文献[24]介绍一些成熟的和正在发展的技术.特别随着合成目标核素原子序数的增加,生成截面降到 nb(10^{-9}barn)以下,产生的目标核素是以个数计算的.分离和检测单个核素成为合成成功的技术关键.通过什么方式,跨过核素版图的“海峡”到达 $Z = 114$, $N = 184$ 的双幻核素的“稳定岛”,这成为实验、理论核物理学家共同关注的重大科学问题.

10.2.3　QGP 物质的制备和 QGP 物质的研究现状

夸克胶子等离子体(Quark Gluon Plasma)简称为 QGP,是一种处于热平衡的新的物质态,在这种物质态中,夸克(反夸克)、胶子不再被囚禁在强子口袋里,而是成为共有的“游离”的带色的夸克、胶子.决定新物质态的自由度是带色的胶子、夸克(反夸克).

1. QGP 的获得

如何制备 QGP,把夸克、胶子从强子口袋里“解放”出来?根据口袋模型(见第 7 章),使袋内部分子运动产生的向外的压力超出由非微扰 QCD 产生的向内的压力 B 就可以获得 QGP.办法是提高袋内部分子的能量密度 ε,即提高部分子对外的压力 $P = \varepsilon/3$.提高袋内部分子的能量密度有两个途径:

假设系统的组元有:g 胶子、u 夸克、u 反夸克和 d 夸克、d 反夸克.总重子数为零的系统,夸克(反夸克)服从 F－D 量子统计,具有费米动量 $\mu_q(-\mu_q)$(也称化学势).胶子服从 B－E 统计,按照统计力学原理,一个无相互作用的简并的费米子和玻色子系统,可以计算在温度 T 情况下,其能量密度和压力为(忽略夸克质量)

$$\varepsilon = g_{\text{tot}}\frac{\pi}{30}T^4 \quad P = g_{\text{tot}}\frac{\pi}{90}T^4 \tag{10.36}$$

其中

$$g_{\text{tot}} = g_g + \frac{7}{8}(g_q + g_{\bar{q}})$$

胶子的自由度 8(色自由度)×2(螺度);夸克(反夸克)的自由度相等(系统的重子数为零),取决于味道(2)、色(3)和自旋(2).假设在核－核碰撞初态中只考虑两种味道(ud),自由度因子为 $g_{\text{tot}} = 2\times 8 + \frac{7}{8}\times 2\times 2\times 3\times 2 = 37$,所以

$$P = 37\left(\frac{\pi^2}{90}\right)T^4,\ \varepsilon = 37\left(\frac{\pi^2}{30}\right)T^4 \tag{10.37}$$

如果通过升温,使系统的内压力 P 超出口袋的外压力 B,部分子就可以解禁.此温度 T_C 称为解禁闭的临界温度,

$$T_C = \left(\frac{90}{37\pi^2}\right)^{\frac{1}{4}} B^{\frac{1}{4}} \quad (\hbar = c = 1)$$

把 $\hbar$、c 代入得：$T_{\mathrm{C}} = \left(\frac{90}{37\pi^2}\right)^{\frac{1}{4}} [B(\hbar c)^3]^{\frac{1}{4}}$. 将第 7 章式(7.24)给出的重子口袋压力 $B = 235\ \mathrm{MeV \cdot fm^{-3}}$ 带入，求得 $T_C \sim 145\ \mathrm{MeV}$.

高重子密度下的 QGP 的产生. 考虑 $T = 0$ 的极端情况，把夸克视为简并的费米气体，可以求出零温度下在体积 V 内夸克的填充总数 N_q 以及夸克的总能量、动量 E_q、P_q 和密度 n_q、ε_q

$$\left.\begin{aligned} N_q &= \frac{g_q V}{6\pi^2}\mu_q^3,\ E_q = \frac{g_q V}{8\pi^2}\mu_q^4 \\ n_q &= \frac{g_q}{6\pi^2}\mu_q^3,\ \varepsilon_q = \frac{g_q}{8\pi^2}\mu_q^4,\ P_q = \frac{g_q}{24\pi^2}\mu_q^4 \end{aligned}\right\} \tag{10.38}$$

提高夸克的化学势，可以提高相应系统的重子密度，从而提高系统的能量密度和系统的外向压力. 当 $P_q = B$ 时，给出相变的临界化学势 μ_{qc} 和临界夸克密度 n_{qc}（重子密度 n_{BC}）

$$\mu_{qc} = \left(\frac{24\pi^2}{g_q}B\right)^{\frac{1}{4}},\ n_{qc} = 4\left(\frac{g_q}{24\pi^2}\right)^{\frac{1}{4}} B^{\frac{3}{4}},\ n_{BC} = \left(\frac{n_{qc}}{3}\right) = \frac{4}{3}\left(\frac{g_q}{24\pi^2}\right)^{\frac{1}{4}} B^{\frac{3}{4}} \tag{10.39}$$

假设只有两种味道的夸克(u, d)，式中的自由度因子为 12，求得零温度下相变的重子临界密度和 u, d 夸克的临界化学势

$$\left.\begin{aligned} \mu_{\mathrm{u+d}} &= \left(\frac{24\pi^2}{12}235(\hbar c)^3\right)^{\frac{1}{4}} = 434\ \mathrm{MeV} \\ n_{Bc} &= \frac{1}{3}n_{qc} = \frac{12}{18\pi^2}\left(\frac{\mu_{\mathrm{u+d}}}{\hbar c}\right)^3 = 0.72\ \mathrm{fm^{-3}} \end{aligned}\right\} \tag{10.40}$$

零温度 QGP 相变的临界重子密度约为普通核物质密度的 3～4 倍. 上面是两种极端情况下的相变参数的近似估计，对于非零温度和非零重子密度($\mu_q = \mu$)的相变条件由下式近似描述

$$P = B = \left[\frac{37\pi^2}{90} + \left(\frac{\mu}{T_C}\right)^2 + \frac{1}{2\pi^2}\left(\frac{\mu}{T_C}\right)^4\right] T_C^4 \tag{10.41}$$

图 10.23 是格点 QCD(LQCD)计算的不同加速器的不同系统的能量密度(用系统温度的四次方除，正比于自由度)与系统温度的关系(左图)以及系统相变温度与重子化学势的关系(右图). 左图可以看出在 $T \sim 170$ MeV 附近系统自由度数(见式 10.36)的急剧增加，预示着新的物质相的产生. 右图表明 QCD 物质相图. 图中描述

了理论预期的各种物质相及大致的相变边界.黑点是预计各个加速器可及的相图中的位置.由 LQCD 的预言 $\sqrt{s} = 200\,\mathrm{GeV\cdot u^{-1}}$ 的金-金近心对撞,在 $T_C = 160 \sim 170\,\mathrm{MeV}$ 可以在相图的低重子化学势端发生由强子到 QGP 的相变.

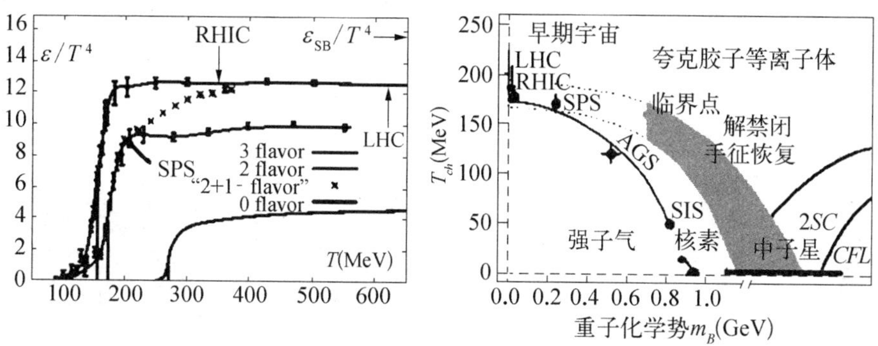

图 10.23　系统的能量密度随系统温度的变化(左),以及相变温度与系统重子化学势的依赖(右)

2. RHIC 实验和新的 QCD 物质形态

RHIC 是美国 BNL 的相对论重离子对撞机(Relativistic Heavy Ion Collider),它提供不同核-核系统(Au-Au, Cu-Cu, d-Au 和 p-p)、不同动量中心能量 $\sqrt{s}$($200\,\mathrm{GeV}\cdot u^{-1}$、$130\,\mathrm{GeV}\cdot u^{-1}$ 等)的对撞模式.有四台不同特点的大型粒子磁谱仪 STAR、PHINIX、PHOBOS 和 Brahms,分别在四个对撞点采集数据.根据前四批的运行数据,提供人们认识新物质形态的大量信息.图 10.24 形象描绘两个极端相对论 ($\sqrt{s} = 200\,\mathrm{GeV}\cdot u^{-1}$) 的金-金对撞各阶段物质形态((a)图)和过程的时空演化((b)图):两个极端相对论的重核 ($100\,\mathrm{GeV}\cdot u^{-1}$, $\gamma = 100$, 在 Z 方向压缩为原尺度的百分之一)接近(图(a)(1))并对撞.绝大部分核子被阻滞后继续透出,大量能量瞬间沉积在一个比金核小比核子大的小体积内.产生一种能量密度高达 $700\,\mathrm{MeV}\cdot\mathrm{fm}^{-3}$ 的低重子密度、高胶子密度(是普通冷核物质中胶子密度的～50 倍)的迅速升温 ($T > T_C \sim 170\,\mathrm{MeV}$) 的初态(图(a)(2)).假设第一阶段发生在 $t = 0$ 时刻.在迅速升温过程中部分子(胶子、夸克和反夸克)发生激烈的高横动量碰撞、热交换,系统(局部)很快(～1 fm/c)进入热平衡(热化),并同时膨胀,形成一个较长稳定时间 ($t \sim (1 \sim 5\,\mathrm{fm}/c)$) 的新物质态(例如 QGP)(图(a)(3));系统继续膨胀,温度下降 ($T < T_C \sim 170\,\mathrm{MeV}$) 系统通过各种通道先后强子化($t \sim 5\,\mathrm{fm}/c$),系统是部分子和强子的混合(图(a)(4)).强子之间通过非弹性碰撞,强子的种类互相转化,到达某特定温度 T_{CH},非弹性碰撞趋于停

止，末态强子成分比例基本固定，系统达到“化学平衡”. T_{CH} 称为化学平衡温度或称化学逃逸温度(chemical freeze-out，$t \sim 10$ fm/c). 温度继续降低，强子之间只通过弹性碰撞交换动能，当温度降至 T_{fo}，各强子之间的弹性碰撞也完全终止(图(a)(5))，各强子逃逸出系统($t \sim 20$ fm/c)，进入谱仪探测器. 从金金的强子相经 QGP 相再到谱仪可接受的强子相，全过程持续时间约 20 fm/$c \sim 6.7 \times 10^{-23}$ s.

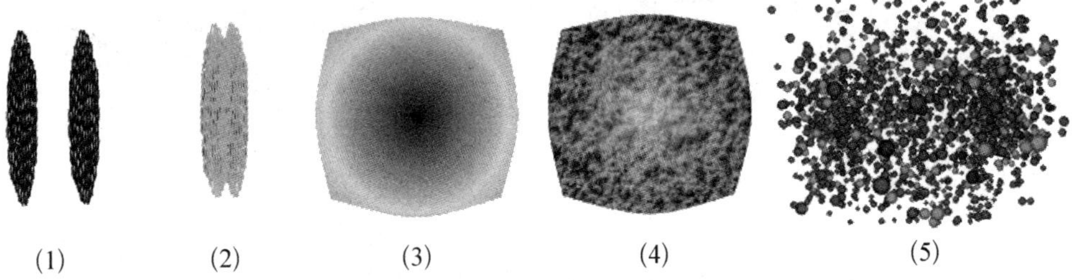

图 10.24(a) 极端相对论重核对撞的物质状态的转化的几个阶段

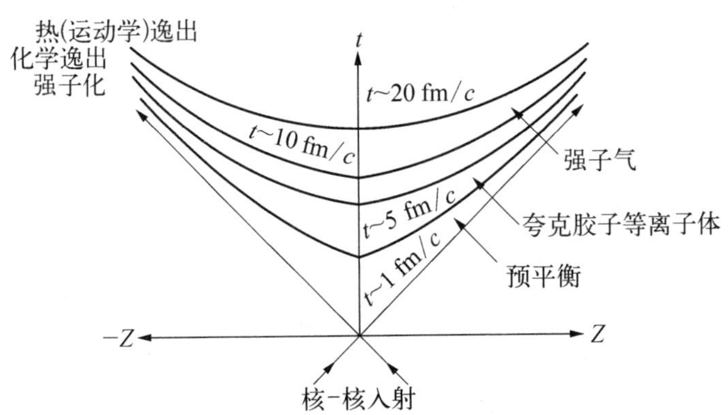

图 10.24(b) 两个极端相对论的重核对头碰撞的时空演化示意图

谱仪和数据采集系统按事件记录和分辨各种类别的强子，分别给出它们的动量的大小和方向. 把反应事例按带电粒子多重数(对撞中心度)分类. 在上面数据文件的基础上，从某一特定的物理动机出发，物理学家建立自己分析数据的方案、从数据文件中选择相关的数据进行分析，把结果与相应的理论模型预测结果比较，推测产生的新物质形态的特性.

理论与实验比较表明[25]：200 GeV · u^{-1} 的近中心碰撞产生致密、快速热化的新物质态. 新物质态的主要特征是：① 初始能量密度超过 LQCD 预测的实现强子相到夸克胶子等离子体相转变的临界能量密度；② 表现出理想的流体的集体流的特性,组分相互作用的平均自由程很短,很可能在新物质态到强子态过程中存在一个中间阶段;③ 新物质态对部分子喷注的猝灭效应的实验观测与包含碰撞早期形成 QGP 物质态的理论模型预期一致.

根据二十多年来人们对 QGP 的认同,QGP 应该是一种处于热化的新物质态,其中夸克和胶子是解禁闭的,即色自由度体现在核体积范围内而不是禁闭在核子内.RHIC 碰撞产生的物质态是引人注目的全新的物质态.但是还不能说在 RHIC 产生的新物质态就是 QGP,因为目前我们还没有找到色解禁的直接证据,间接证据的获得又与理论模型(统计模型、流体力学模型、夸克复合模型、胶子饱和模型和部分子能量损失模型等)相关,不同的模型有各自的假设、参数调整和定量上存在的不确定性.因此要最终敲定 QGP 的发现还要理论物理学家和实验物理学家共同努力.理论物理学家在与实验数据比较过程中不断完善和发展理论;实验物理学家在 RHIC 和即将运行的 LHC 继续积累更高统计量的数据,特别是包含重味夸克的数据和直接光子的数据.

参考文献:

[1] Kai Siegbahn. Alpha-beta-and gamma-ray spectroscopy[M]. 4th ed. Amsterdam: North-Holland Company, 1965.

[2] Particle Data Group. Lepton Particle Listings-Neutrino Properties[J]. J. Phys., 2006, G33: 472.

[3] Ke Y, Zhu Y C, Lu J G, et al. A search for neutrinoless double ß-decay of ^{48}Ca[J]. Phys. Letters, 1991, B265: 53.

[4] Détraz C, Vieira D J. Exotic light nuclei[J]. Annu. Rev. Nucl. Part. Sci., 1989, 39: 407.

[5] Price P B. Heavy-particle radioactivity ($A>4$)[J]. Annu. Rev. Nucl. Part. Sci., 1989, 39: 19.

[6] Panofsky W K H, Melba Phillips. Classical Electricity and Magnetism[M]. 2nd ed. New York: Addison-Wesley, 1955.

[7] Youngblood D H, Clark H L, Lui Y-W. Incompressibility of Nuclear Matter from the Giant Monopole Resonance[J]. Phys. Rev. Lett., 1999, 82: 691.

[8] 高崇寿,曾谨言.粒子物理与核物理讲座[M].北京:高等教育出版社,1990.

[9] Varlachev V A. Proceeding of 7th International Conference on Clustering Aspect of Nuclear Resonance Studies with Relativistic and Radioactive Beams.

[10] Zinser M, Humbert F, Nilsson T, et al. Study of the Unstable Nucleus ^{10}Li in Stripping Reactions of the Radioactive Projectiles ^{11}Be and ^{11}Li[J]. Phys. Rev. Lett., 1995, 75:

1719; Nucl. Phys., 1996, 619: 151.

[11] Bertsch G F, Brown B A, Sagawa H. High-energy reaction cross sections of light nuclei [J]. Phys. Rev. 1989, C39: 1154.

[12] 王猛，王建松，郭忠言，等. 放射性核束引起反应中轻带电粒子发射的同位旋效应[J]. 高能物理与核物理，2002，26：803；
高辉，肖国青，张丰收，等. 丰质子核反应中轻带电粒子发射的同位旋效应[J]. 原子核物理评论，2006，23：280.

[13] Hirata D, Toki H, Watabe T, et al. Relativistic Hartree theory for nuclei far from the stability line[J]. Phys. Rev., 1991, C44: 167.

[14] Zhang L, Jin G M, Zhao J H, et al. Observation of the new neutron-rich nuclide ^{208}Hg [J]. Phys Rev., 1994, C49: 592.

[15] Shi S, Huang W D, Yin D Z, et al., Identification of a new neutron-rich isotope ^{202}Pt [J]. Z. . Phys., 1992, A342: 369.

[16] Yuan S G, et al., New neutron-rich nuclide ^{185}Hf[J]. Z. Phys., 1993, A344: 355; The synthesis and identification of new heavy neutron-rich nuclide ^{237}Th[J]. Z. Phys., 1993, A346: 187.

[17] Guo J, Gan Z, Liu H, et al., A new neutron-deficient isotope ^{235}Am[J]. Z. Phys., 1996, A355: 111.

[18] Gan Z G, Qin Z, Fan H M, et al. A new alpha-particle-emitting isotope ^{259}Db[J]. Euro. Phys. J., 2001, A10: 21.

[19] Xu S W, Xie Y X, Li Z K, et al., New β-delayed proton precursor ^{135}Gd[J]. Z. Phys., 1996, A356: 227.

[20] Li Z K, Xu S W, Xie Y X, et al. New β-delayed proton precursor ^{121}Ce[J]. Phys. Rev., 1997, C56: 1157.

[21] Armbruster P., On the Production of Superheavy Elements[J]. Ann. Rev. Nucl. Part. Sci. 2000, 50: 411.

[22] Oganessian Yu Ts, et al., Experiments on the Synthesis of Neutron-deficient Kurchatovium Isotopes in Reaction Induced by ^{50}Ti-ions [J]. Nucl. Phys., 1975, A239: 157.

[23] Hofmann S, et al., The Discovery of the Heaviest Elements[J]. Rev Mod Phys., 2000, 72: 733.

[24] 徐瑚珊，等. 超重元素研究实验方法的历史和现状简介[J]. 原子核物理评论，2003，20：76

[25] Adams J, et al., [STAR Collaboration], Experimental and Theoretical Challenges in the Search for the Quark Gluon Plasma. Preprint Submitted to Nuclear Phys. A 2005.

习　　题

10－1　参见本章图 10.4，

(1) 求$^{16}O(2^-$，8.88 MeV)和$(2^+$，9.84 MeV)两个激发态到^{12}C基态的 α 衰变能；

(2) 根据位垒穿透理论求它们的衰变常数(衰变宽度)比：$\lambda(2^-)/\lambda(2^+)$. 说明它与实际观测值($10^{-13}$)的差别的物理机制.

10－2　^{137}Cs 的衰变纲图如右所示

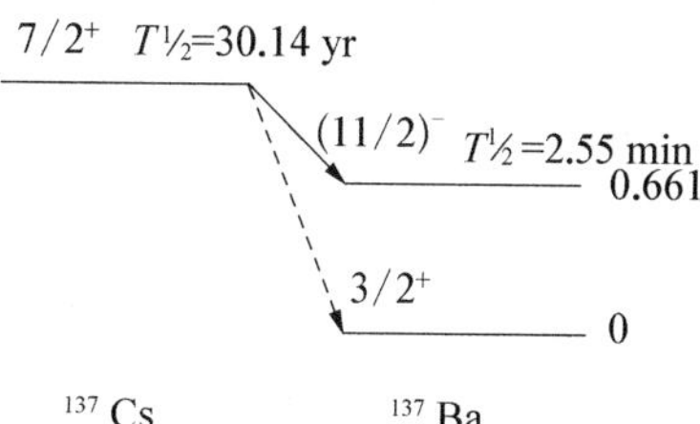

(1) 求两支 β 衰变的电子的最大能量；

(2) 讨论它们各属的衰变类型(禁戒级次)；

(3) ^{137}Ba的$(11/2^-$，0.661 MeV)到$(3/2^+$，0)态的电磁跃迁的多极性. 讨论衰变末态伴随发射粒子的种类和能量.

10－3　比较 β^+ 和轨道电子俘获(EC)的物理过程，写出衰变的方程式. 它们对初末态核素的质量差有什么要求？伴随末态核素发射些什么粒子？末态原子处于什么状态？

10－4　查阅相关手册，画出^{60}Co、^{55}Fe 和^{99}Mo－^{99}Tc 母牛等核素的衰变纲图，指出主要衰变(β、γ)的禁戒级次和电磁辐射的多极性.

10－5　根据广义相对论，光子在引力场的作用下引起能量微小移动. 计算 14.4 keV 的^{57}Fe 伽玛光子从 20 m 高处垂直向地面发射，γ 光子的能量移动；设计一台光子探测器来验证广义相对论的预言的正确性.

10－6　本章图 10.9b 是^{64}Cu 的衰变纲图，^{64}Cu 的自旋宇称为 1^+，求 β^+ β^- 和 EC 过程发射的粒子的最大能量，跃迁的禁戒级次.

10－7　图 10.15，共振中子和^{27}Al 的共振散射形成的^{28}Al 的复合核单共振态，根据共振激发曲线，中子能量为 E_n = 48、100、150 和 210 keV 时发生单共振. 计算^{28}Al 的单共振能级的位置.

10－8　在研究巨共振时，通常用单能的正电子 e^+ 通过薄靶，和靶中电子湮灭产生单能光子. 求沿入射正电子方向出射的湮灭光子的能量.

第 11 章　宇宙学中的核与粒子物理

本章讨论宇宙学、天体物理与粒子物理、核物理的交叉. 描述在宇宙演化和天体过程中相关的粒子物理、核物理的问题.

11.1　Big Bang 宇宙标准模型和粒子物理

11.1.1　模型的实验基础

实验观测引出的哈勃定律和微波背景辐射的观测是大爆炸模型(BBM)的基础.

1. 哈勃(Hubble)定律和 Friedmann 方程

1929 年,哈勃(Hubble)发现红移现象: 在地球(A)上的观测者测量到从周围遥远星体(B)发射的元素的特征波长 λ_0 都比地球上(静止系)的相应元素的特征波长 λ 有一个移动量 z

$$\lambda_0 = \lambda(1 + z) = \lambda\sqrt{\frac{1+\beta}{1-\beta}} \tag{11.1}$$

而且发现离地球越远的星体,红移量 z 越大,已经观测到红移量 $z \sim 5$ 的星体. 从物理上推断红移是由于星体 B 以速度 βc 离地球而去的类 Doppler 效应(虽然第二等式只有当 $\beta \ll 1$, $\lambda_0 = \lambda(1+\beta)$ 才是 Doppler 红移). 大量的光学观测得到两星体的相对距离 r 和相对离去速度 v 有如下关系

$$v = Hr \tag{11.2}$$

v 是人们在 A(B)星体观测到 B(A)星体离去的速度. r 是 A、B 两星体之间的距离. H 为比例系数,称为 Hubble 系数. 宇宙在均匀地、各向同性地膨胀. 今天 ($t = t_0$) 相

距 r_0 的两星体在宇宙演化的时间进程的 t($t=0$ 宇宙诞生) 时刻相距 $r(t)$

$$r(t)=R(t)r_0$$

$$v(t)=\dot{r}(t)=\dot{R}(t)r_0$$

$$H=\frac{v(t)}{r(t)}=\frac{\dot{R}}{R} \tag{11.3}$$

$R(t)$是描述宇宙膨胀的标尺,宇宙万物的尺寸随标尺 $R(t)$的膨胀而膨胀,例如光的波长,星体之间的距离等都依照 $R(t)$膨胀.今天在地球上测量到遥远星球的某元素发射的特征光波是按宇宙的尺子 $R(t)$伸长(红移)后的波长. $R(t_0)=1$; $R(0)=0$. 哈勃系数依赖于 t(宇宙演化进程的某时刻).实验观测给出今天 ($t=t_0$) 的 H 为

$$H_0=100h_0\ \mathrm{km\cdot s^{-1}Mpc^{-1}} \tag{11.4}$$

$$1\ \mathrm{Mpc}=3.09\times10^{19}\ \mathrm{km}$$

$$h_0=0.7\pm0.1$$

Big Bang 宇宙标准模型(BBM)假定宇宙是在时空点 ($t=0$, $r=0$) 的一个有效能量为无穷大的奇点"爆炸" 产生的.

宇宙随时间的演化遵循 Einstein 的广义相对论的场方程,物质分布均匀的各向同性的宇宙可用 Friedmann 方程来描述

$$H^2=\left(\frac{\dot{R}}{R}\right)^2=\frac{8\pi G_N\rho}{3}-\frac{Kc^2}{R^2}+\frac{\Lambda}{3} \tag{11.5}$$

G_N 是引力常数,ρ 是均匀的物质或者能量密度. K 和 Λ 是常数. Λ 是非常小的(甚至是零)的常数,是在 BBM 提出之前 Einstein 为了避免宇宙坍塌而引入的常数.为理解上述方程,用一个简单的例子来说明,假设以观察者为中心的 $r(t)=R(t)r_0$ 处有一个质量为 m 的类点天体,在 $r(t)$为半径的球空间充满密度为 ρ 的引力物质,类点天体围绕观察者的运动服从牛顿定律 $m\ddot{r}=-\frac{MmG_N}{r^2}$. 等号两边对 d$r$ 积分,左边 $\int m\ddot{r}\mathrm{d}r=\int m\frac{\mathrm{d}\dot{r}}{\mathrm{d}t}\dot{r}\mathrm{d}t=\int m\dot{r}\mathrm{d}\dot{r}=\frac{1}{2}m\dot{r}^2$, 右边 $\int\frac{mMG_N\mathrm{d}r}{r^2}=-\frac{mMG_N}{r}$. 因此,有 $\frac{1}{2}m\dot{r}^2-\frac{mMG_N}{r}=\text{const.}\equiv-\frac{1}{2}Kc^2mr_0^2$ 积分常数的选取,以便和式(11.5)比较. $M=\frac{4\pi\rho}{3}r^3$ 代入得

$$\begin{aligned}\frac{1}{2}m\dot{r}^2-\frac{mMG_N}{r}&=-\frac{1}{2}Kc^2mr_0^2\\ \frac{1}{2}m\dot{r}^2&=\frac{4}{3}\pi m\rho r^2G_N-\frac{1}{2}Kc^2mr_0^2\end{aligned} \tag{11.6}$$

式(11.6)的第二式两边乘以 $2/mr^2$，并结合 $r(t) = R(t)r_0$ 就可以得到 $\Lambda = 0$ 的 Friedmann 方程. 式(11.6)的第一方程的等式左边是系统的总能量(动能+位能).

当 $K = -1$,系统总能量大于零. m 离开 M,轨道越转越大,宇宙开放;

当 $K = +1$,系统总能量小于零,m 陷入 M,轨道越转越小,宇宙封闭;

当 $K = 0$,动能和位能相等,系统的总能量为零,稳定轨道,平直宇宙.

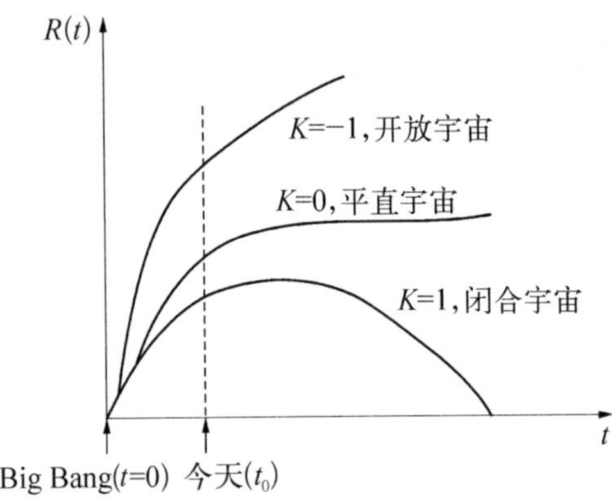

图11.1 宇宙的时空演化,Friedmann 方程的三种情况

根据观测的大量数据,可以推断我们的宇宙接近 $K = 0$ 的平直宇宙. 假设系统充满密度为 ρ 的非相对论物质,在膨胀过程中质量守恒(膨胀过程中物质密度是按 R^{-3} 变化的),即 $M = 4\pi R^3\rho/3$ 是不随时间变化的. 在 $K = \Lambda = 0$ 时,式(11.5) 变成

$$\left(\frac{\dot{R}}{R}\right)^2 = \frac{8\pi G_N\rho}{3} = \frac{2G_NM}{R^3}$$

$$\mathrm{d}R\sqrt{R} = \mathrm{d}t\sqrt{2G_NM}$$

$$\frac{2}{3}R^{\frac{3}{2}} = t\sqrt{2G_NM}$$

$$R(t) = t^{\frac{2}{3}}\left(\frac{9G_NM}{2}\right)^{\frac{1}{3}} \tag{11.7}$$

根据式(11.7)和 H 系数的定义(式(11.4)以及式(11.3))可以得到 H 随 t 的变化关系,进而估算今天宇宙的年龄

$$H(t) = \frac{\dot{R}}{R} = \frac{2}{3t},\ H(t_0) = \frac{2}{3t_0}$$

由实验观测 $H_0 = H(t_0) = 100\ h_0\ \mathrm{km\cdot s^{-1}\cdot Mpc^{-1}}$(式(11.4)). 计算今天宇宙的年龄

$$t_0 = (6\pi G_N\rho_0)^{-\frac{1}{2}} = \frac{2}{3}H_0^{-1} = \frac{6.6}{h_0}\,\mathrm{Gyr} \tag{11.8}$$

根据 Friedmann 方程给出的今天宇宙年龄 $t_0 = 8 \sim 11$ Gyr,和基于白矮星的冷却率等估计的宇宙年龄($t_0 = 10 \sim 14$ Gyr) 可比. 表明 $K = \Lambda = 0$ 的 Friedmann 方程基本上可以描述宇宙的演化,同时还有可能通过调整 K, Λ 的参数使方程更适合观测的结果. 上面的 Gyr $= 10^9$ 年.

Friedmann 方程(11.5)两边同除 H_0^2 可以得到

$$\frac{8\pi G_N\rho_0}{3H_0^2} + \frac{\Lambda}{3H_0^2} - \frac{Kc^2}{H_0^2R_0^2} = 1$$

$$\Omega_m + \Omega_\Lambda + \Omega_K = 1 \tag{11.9a}$$

$$\left.\begin{aligned} &\rho_c \equiv 3H_0^2/8\pi G_N = 1.88 \times 10^{-26} h_0 \ \mathrm{kg \cdot m^{-3}} \\ &\Omega_m = \rho_0/\rho_c; \qquad \text{宇宙密度参数} \\ &\Omega_\Lambda = \Lambda/3H_0^2; \qquad \text{宇宙学常数参数} \\ &\Omega_K = Kc^2/3H_0^2 R_0^2 \quad \text{宇宙曲率参数} \end{aligned}\right\} \tag{11.9b}$$

对于平直宇宙 $K = \Lambda = 0$(通常称其为 Einstein-de Sitter 模型),式(11.8)给出宇宙年龄只有哈勃年龄(H_0^{-1})的 2/3,比实际观测值小.假设 $\Lambda = 0$,$K < 0$,即宇宙不完全平直.由式(11.9)得到

$$\Omega_m = \frac{\rho_0}{\rho_c} = 1 + \frac{Kc^2}{H_0^2 R_0^2} \tag{11.10}$$

$\rho_0 < \rho_c$,由(11.8)可见,$t_0 > (2/3)H_0^{-1}$.

不同宇宙物质成分的观测结果:

- 星体、星系气体和尘埃等的发光物质密度为

$$\rho_{\text{lum}} \approx 2 \times 10^{-29}\ \mathrm{kg \cdot m^{-3}},\ \text{或}\ \Omega \approx 0.003 h_0^{-2} \tag{11.11a}$$

- 根据早期宇宙重子生成模型推出的可见、不可见的重子物质密度(见式 11.25)

$$\rho_{\text{baryon}} = (3 \pm 1.5) \cdot 10^{-28}\ \mathrm{kg \cdot m^{-3}}\text{或}\ \Omega_{\text{baryon}} \approx (0.01 \sim 0.03) h_0^{-2} \tag{11.11b}$$

- 由星系的旋转曲线引出的引力势能推出的总物质密度比观测的密度要大两个量级.总物质密度的估计值是

$$\rho_m \geqslant 5 \times 10^{-27}\ \mathrm{kg \cdot m^{-3}}\text{或}\ \Omega_m \geqslant 0.3 \tag{11.11c}$$

观测结果表明,绝大部分的宇宙物质是非重子物质,绝大部分重子物质是不发光的.宇宙中的物质总量中必须存在所谓暗物质.尽管宇宙的闭合参数 Ω 有很大的不确定性,但是它的估计值很接近于1,这是早期暴胀宇宙(后面讨论)的预期值.

2. 微波背景辐射(CMB),热大爆炸(Hot Big Bang)

假设,总物质守恒,因此膨胀宇宙的物质密度 $\rho_m \propto R^{-3}$,根据统计模型,处于温度为 T 的热平衡系统辐射能量密度 $\rho_r \propto T^4$,辐射光子的波长随宇宙标尺 R 膨胀(红移),因此光子能量 $kT \propto R^{-1}$.光子的数密度显然按 $\sim R^{-3}$ 变化.结果辐射的能量密度 $\rho_r \propto R^{-4}$.尽管今天的宇宙以物质为主,在早期 R 足够小的宇宙,辐射应该为主.Friedmann 方程的右边的正比于 R^{-4} 的能量密度项为主,后两项可忽略.

从 $\rho_r \propto R^{-4}$ 出发,有 $\dot{\rho} \propto -4R^{-5}\dot{R}$ 由此得到 $\dot{\rho}_r/\rho_r = -4(\dot{R}/R) = -4H$.代入 Friedmann 方程 ($\Lambda = K = 0$)

$$\dot{\rho}_r/\rho_r = -4(8\pi\rho_r G_N/3)^{1/2} \Rightarrow \mathrm{d}\rho_r \rho_r^{-3/2} = -4(8\pi G_N/3)^{1/2}\mathrm{d}t$$

两边分别积分得到辐射能量密度(和质量密度相差 c^2)

$$\rho_r = \left(\frac{3c^2}{32\pi G_N}\right)\frac{1}{t^2} \tag{11.12}$$

假设早期宇宙以辐射为主,服从 Bose-Einstein(简写 B-E)分布的热平衡的光子气体的能量密度

$$\rho_r = \left(\frac{\pi^4}{15}\right)\frac{(kT)^4}{\pi^2(\hbar c)^3} \tag{11.13}$$

由式(11.12)和(11.13)可以把宇宙的演化时间(年龄)t 和热平衡的温度 T 联系起来

$$kT = \left(\frac{45\,\hbar^3 c^5}{32\pi^3 G_N}\right)^{\frac{1}{4}}\frac{1}{t^{\frac{1}{2}}} \approx \frac{1\ \mathrm{MeV}}{t^{\frac{1}{2}}} \tag{11.14}$$

可见,辐射为主时期,宇宙的温度随其年龄(s)按 $t^{-1/2}$下降.由于 $\rho_r \propto R^{-4}$,和式(11.13)比较,$R \propto T^{-1} \propto t^{1/2}$,宇宙尺度随其年龄按 $t^{1/2}$膨胀.这就是宇宙热大爆炸(HBB).

标准 Big Bang 模型的另一个重要观测证据是宇宙微波背景(CMB)辐射.1965 年,Penzias 和 Wilson 观测到宇宙空间各向同性的微波背景辐射,图11.2是用 COBE 卫星观测的辐射频谱.它和 $T = (2.73 \pm 0.01)$ K的黑体辐射的频谱精确一致.这种微波背景强度($\sim 410\ \mathrm{cm}^{-3}$)太强,不可能来自星体源.它正是 Gamow 早先推测的大爆炸的光子火球膨胀冷却的遗迹.大爆炸时刻波长和微宇宙尺度相当的光子火球,按宇宙膨胀的“尺子”演化为今天充满大宇宙的微波(73.5 cm)背景辐射,大爆炸的光子火球,膨胀冷却到今天($t_0 \sim 10^{18}$ s)的温度用式(11.14)来估算,为 meV 的量级,温度为几 K.通过非常遥远(离开观测者)天体附近的 CMB 穿越星际气体分子吸收光谱带的研究,可以得到不同宇宙年龄段($t_0 - L/c$)的 CBM 的特性:距离越遥远,“年纪”越轻,温度越高,CMB 的波长越短,缩短因子为($1+z$).从红移因子可以推出不同距离星体对应的宇宙演化时刻的光子球的平均温度.由热平衡光子气体服从的 B-E 分布,积分求得对应温度 T 的光子数密度和能量

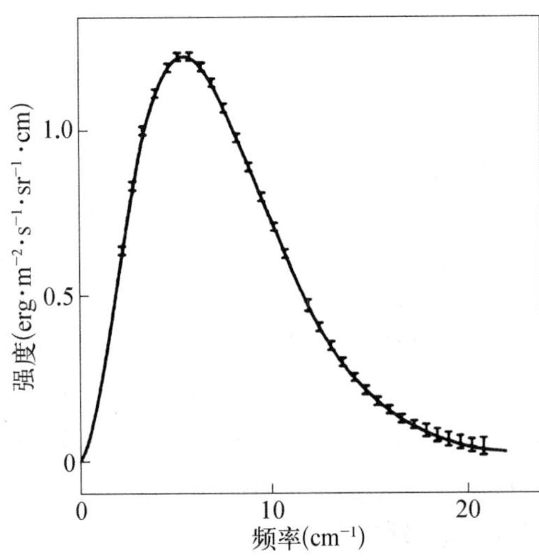

图 11.2 宇宙背景辐射谱的观测数据[1]

数据与 $T = 2.73$ K 的黑体辐射谱一致.

密度

$$n_\gamma = \int_0^\infty \frac{4\pi g_\gamma p^2 \mathrm{d}p}{(2\pi)^3\left[\exp\left(\frac{E}{T}\right)-1\right]} = \frac{2.404 g_\gamma}{2\pi^2} T^3 (k = \hbar = c = 1)$$

$$\rho_\gamma = \int_0^\infty \frac{4\pi g_\gamma p^3 \mathrm{d}p}{(2\pi)^3\left[\exp\left(\frac{E}{T}\right)-1\right]} = g_\gamma\left(\frac{\pi^2}{30}\right)T^4 \tag{11.15}$$

估算今天微波辐射光子数密度 n_γ 和能量密度 ρ_γ

$$n_\gamma = \frac{2.404 g_\gamma}{2\pi^2} T^3 \longrightarrow \frac{2.404 g_\gamma}{2\pi^2}\left(\frac{kT}{\hbar c}\right)^3$$

$$\xrightarrow[k = 8.617\times 10^{-5}\ \mathrm{eV\cdot K^{-1}}]{T = T_0 = 2.726,\ g_\gamma = 2} = 0.244\left(\frac{kT}{\hbar c}\right)^3 = 4.11\times 10^{-37}\ \mathrm{fm^{-3}} = 411\ \mathrm{cm^{-3}}$$

$$\rho_\gamma = g_\gamma\left(\frac{\pi^2}{30}\right)T^4 \longrightarrow 0.658(kT)\left(\frac{kT}{\hbar c}\right)^3 = 2.60\times 10^{-7}\ \mathrm{MeV\cdot cm^{-3}} \tag{11.16}$$

11.1.2　大爆炸宇宙的演化

图 11.3 是根据式(11.14)画出的宇宙热大爆炸的演化图,图中标出几个重要阶段.下面对演化的主要阶段作简要描述:① $t\sim10^{-11}$ s,从电弱统一到电弱分离.温度降至 10^{15} K($kT\sim100$ GeV),原来与系统处于化学平衡的弱作用的传播子和超对称模型预言的 SUSY 粒子和其他的重粒子(寿命小于 10^{-25} s) 开始以衰变为主退出系统,系统主要包括三代相对论性的正反轻子和正反轻夸克(u、d、s) 和大量的高能光子和胶子还可能有相当量的重的稳定的 SUSY 粒子.② $t\sim10^{-6}$ s,夸克反夸克"大屠杀"(massacre).温度降至10^{13} K($kT\sim1$ GeV),夸克-反夸克的湮灭过程大大超过它们的产生过程,夸克、反夸克的数密度减小,湮灭率下降,当湮灭率变得比系统的膨胀率低时,残留部分夸克、反夸克和大量的胶子一起逸出.系统主要成员:大量的高能光子、三代相对论性的正反轻子及残留的正反轻夸克(u、d、s)和大量胶子构成的夸克胶子等离子体(QGP).③ $t\sim10^{-4}$s,QGP 强子化.系统温度降到 $kT\sim200$ MeV 量级($T\sim10^{11}$K),QGP 到强子物质的相变发生,重子、介子形成,系统成员有光子,相对论性的 2.5 代轻子($\tau^\pm$ 重且寿命短而消失),外加有限量的重子(主要是中子和质子)和介子.④ $t\sim(10^{-2}\sim1)$s,中微子退耦、游离.系统的 $kT\sim$MeV,正负电子对和中微子、反中微子的反应率($e^+e^-\overset{z^0}{\rightleftharpoons}\nu\bar{\nu}$)变得比系统

的膨胀率低，中微子、反中微子火球退耦独立于系统而膨胀. 其数密度与光子的数密度可比. 大量的介子都衰变掉. ⑤ $t\sim(1\sim100)$ s，$kT\sim(1\sim0.1)$MeV，$T\sim(10^{10}\sim10^{9})$K，大爆炸核素合成拉开序幕. 核子聚变成轻核素的生成率超过光子对核素的分解率. 核素^{2}H，^{3}H，^{3}He，^{4}He 等生成. 系统以光子、退耦的中微子、正负电子为主要成员. ⑥ $t\sim3\times10^{5}$ 年，$kT\sim0.3$ eV，原子形成. 电子和质子在电磁力作用下组合成原子，能引起光电离（>13.6 eV）的光子几乎耗尽. 其他轻核素的原子如 He 原子也随之形成. 系统的大量光子向可见光子转移，它们和原子以及其他粒子（大量中微子和正负电子）的耦合解除，宇宙变得透彻明亮. ⑦ $t\sim10^{9}$ 年，星系开始形成. 以氢、氦为主体的物质宇宙的局部起伏，导致物质的非均匀集结，在万有引力作用下，日积月累星系团形成. ⑧ $t\sim1.5\times10^{10}$年，我们今天的大千世界.

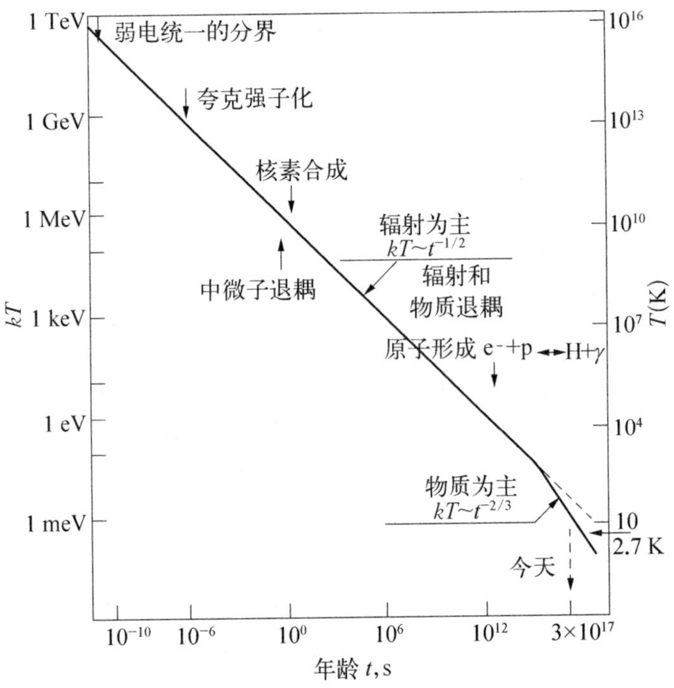

图 11.3　根据式(11.5)，宇宙温度 kT 或 T 随宇宙年龄 t 按 $-1/2$ 指数（辐射为主纪元）和 $-2/3$ 指数（物质为主纪元）变化

11.1.3　大爆炸核素的合成和重子-光子的不对称性

1. 大爆炸聚合轻核素

$t\sim(1\sim400)$s，宇宙处于温度 $10^{10}\sim10^{9}$ K，宇宙中存在大量光子、中微子以及

数量相对少得多的中子和质子.后者成为核素合成的基本材料.合成核素的丰度取决于中子-质子比.这个比值与下面的弱作用过程密切相关

$$\left.\begin{array}{l}\nu_e + n \rightleftharpoons e^- + p \\ \bar{\nu}_e + p \rightleftharpoons e^+ + n \\ n \rightarrow p + e^- + \bar{\nu}_e\end{array}\right\} \tag{11.17}$$

中微子、反中微子与核子的反应截面随着能量(温度)的降低很快变小,在一定程度上保持中子-质子比的第一、二个反应在 $kT \sim 0.87$ MeV(中微子退耦)时将停止.中子-质子比将由第三方程中子衰变决定.假定在热平衡态的中子-质子比例服从 Boltzmann 分布,非相对论核子的能量差等于它们的静止质量差,设定 $kT \sim 0.87$ MeV的平衡中子-质子比为 r_0,对应的时刻设为 $t' = 0$(相当于 $t \approx 1$ s)

$$r_0 = n_n(0)/n_p(0) = \exp[-(m_n - m_p)/0.87] \xrightarrow{m_n - m_p = 1.293\ \mathrm{MeV}} 0.23,$$

在 t'时刻,

$$\left.\begin{array}{l}n_n(t') = n_n(0)e^{-t'/\tau},\ n_p(t') = n_p(0) + n_n(0)(1 - e^{-t'/\tau}) \\ r(t') = \dfrac{n_n(t')}{n_p(t')} = \dfrac{0.23e^{-t'/\tau}}{1.23 + 0.23e^{-t'/\tau}}\end{array}\right\} \tag{11.18}$$

中子的寿命 $\tau = 896 \pm 10$ s. 在 t'时刻核子按比例 $r(t')$开始如下的^{2}H 核素聚合

$$n + p \rightleftharpoons {}^2H + \gamma + Q \tag{11.19}$$

氘核的聚合速率由中子、质子密度以及聚合截面(0.1 mb)决定,氘核的光分解率取决于能量高于分解能($Q = 2.22$ MeV)的光子密度和光分解截面.由于光子的密度是重子密度的 10^9 倍,当系统温度较高时,光分解占优势,^{2}H 无积累.只有温度下降到 $kT < Q/40 = 0.05$ MeV,聚合率大于分解率,^{2}H 开始积累.随着氘核的积累下面的聚合开始

$$\begin{array}{l}n + {}^2H \rightarrow {}^3H + \gamma \\ p + {}^3H \rightarrow {}^4He + \gamma \\ p + {}^2H \rightarrow {}^3He + \gamma \\ n + {}^3He \rightarrow {}^4He + \gamma\end{array}$$

可见轻核素的聚合起始于 $kT = 0.05$ MeV,即宇宙年龄 $t \sim 400$ s时刻,上述各种轻核素的丰度由 $t \sim 400$ s 中子质子密度以及中子质子比 $r(t' = t - 1)$ 决定,由式(11.18)

$$r(400 - 1) = 0.14 \tag{11.20}$$

中子一旦成为核素的组成部分,它们和质子之比就完全确定.在轻核素合成后中子被耗尽,留下大量的质子.氢的丰度就是剩余的质子数与总的核子数之比:$X = \dfrac{n_p - n_n}{n_p + n_n}$. 此刻宇宙的核素除氢外只有氦,即 $X + Y = 1$,因此有氦的丰度

$$Y = 1 - \frac{n_p - n_n}{n_p + n_n} = \frac{2n_n}{n_p + n_n} = \frac{2r}{1+r},$$

$r \approx 0.14$，得

$$Y \approx 0.25 \tag{11.21}$$

上述的聚合过程的物理模型称为标准的大爆炸核聚合模型(Standard Big Bang Nucleosynthesis — SBBN).SBBN 的最后一个核素^{7}Li，由于库仑位垒阻挡，合成过程$^3\mathrm{H} + {}^4\mathrm{He} \to {}^7\mathrm{Li} + \gamma$的截面很低，其丰度当然小几个量级.SBBN 基于 $t \sim 400$ s 时刻系统的核子和光子的热平衡体系，因此聚合的轻核素的相对丰度与系统的重子(核子)光子数密度比密切相关.定义参数

$$\eta_{10} = 10^{10}\frac{n_B}{n_\gamma} \tag{11.22}$$

根据 SBBN 模型，可以预测宇宙的初始轻核素相对于氢的丰度随参数 η_{10}的变化，如图 11.4 所示.根据 CMB 涨落以及宇宙大尺度结构(LSS)的观测精度，可以在 95%置信水平上给出 η_{10}限定区间如下

$$5.7 \leqslant \eta_{10} \leqslant 6.5$$

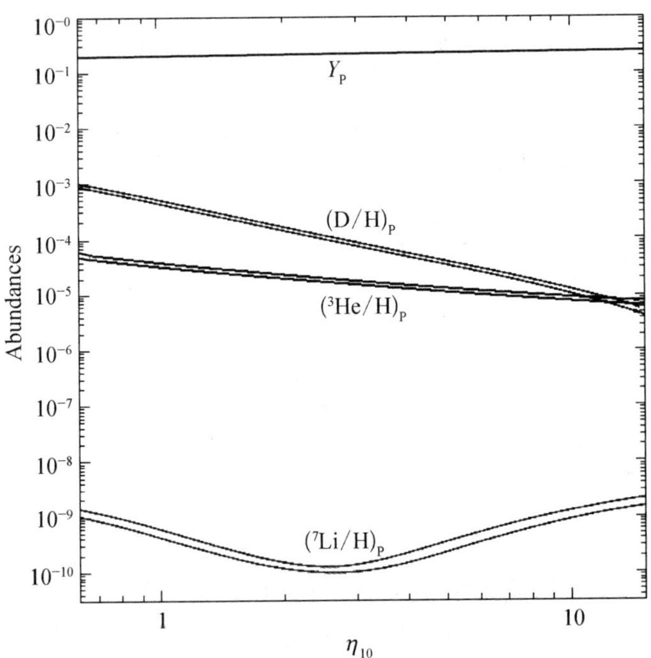

图 11.4　SBBN 预测的大爆炸轻核素相对丰度与参数 η_{10}的依赖关系[2]

Y_P 为质量比，其他为数密度比.

在该区间,SBBN 核素的丰度可用含 η_{10} 参数函数拟合[2]

$$\left.\begin{aligned} y_{\mathrm{D}} &\equiv 10^5\left(\frac{\mathrm{D}}{\mathrm{H}}\right) = 2.68(1 \pm 0.03)\left(\frac{6}{\eta_{10}}\right)^{1.6} \\ y_3 &\equiv 10^5\left(\frac{{}^3\mathrm{He}}{\mathrm{H}}\right) = 1.06(1 \pm 0.03)\left(\frac{6}{\eta_{10}}\right)^{0.6} \\ Y_{\mathrm{p}} &\equiv 0.248\,3 \pm 0.000\,5 + 0.001(\eta_{10} - 6) \\ y_{\mathrm{Li}} &\equiv 10^{10}\left(\frac{{}^7\mathrm{Li}}{\mathrm{H}}\right) = 4.30(1 \pm 0.1)\left(\frac{\eta_{10}}{6}\right)^2 \end{aligned}\right\} \tag{11.23}$$

SBBN 发生在宇宙演化的早期($t \sim 10^2$ 秒),作为大爆炸的遗迹的轻核素,经过近 10 Gyr 的变迁,当今在宇宙某区域测量的“遗迹”核素的丰度是否能代表 SBBN 的核素的丰度,或者说在多大的程度上反映 SBBN 时刻的状态,这是一个非常重要非常复杂的问题.

观测某天体的 D、H 的光谱线 DI、HI 的强度反映它们的丰度.依据某一模型,把“遗迹”D 放在该天体形成演化过程中的燃烧、聚合、逸出的整个循环中,从而推出 SBBN 时刻的 D/H 观测值.可见尽管测量的比值有高的精度,但是推出的 SBBN 的丰度是模型相关的.系统的不确定性(系统误差)是主要的.其他核素^{3}He、^{4}He 和^{7}Li 过程更复杂,因此系统不确定性问题更突出.下面是由实验观测推出的一组数据[2]

$$\left.\begin{aligned} &10^5\left(\frac{\mathrm{D}}{\mathrm{H}}\right)_{\mathrm{p}} = y_{\mathrm{dp}} = 2.68^{+0.27}_{-0.25} \\ &10^5\left(\frac{{}^3\mathrm{He}}{\mathrm{H}}\right)_{\mathrm{p}} = y_{3\mathrm{p}} = 1.1 \pm 0.2 \\ &Y_{\mathrm{p}} = 0.240 \pm 0.006(< 0.251 \pm 0.002) \\ &12 + \log\left(\frac{{}^7\mathrm{Li}}{\mathrm{H}}\right)_{\mathrm{p}} = 2 + \log(y_{\mathrm{Li}})_{\mathrm{p}} = 2.1 \pm 0.1(2.5 \pm 0.1) \end{aligned}\right\} \tag{11.24}$$

由图 11.4 可见^{4}He 的质量相对丰度对参数 η_{10}的依赖不敏感,D 的相对丰度对 η_{10}最敏感,而且 D 相对丰度的测定的系统误差相比之下要小得多,被称为重子计(Baryometer).下面是近期实验观测给出的一组重子、光子密度比的参数.

$$\left.\begin{aligned} &\text{CMB/LSS}:\ \eta_{10} = 6.11 \pm 0.20 \\ &\text{D(重子计)}:\ \eta_{10} = 6.0 \pm 0.4 \\ &{}^3\text{He}:\ \eta_{10} = 5.6^{+2.2}_{-1.4} \\ &{}^7\text{Li}:\ \eta_{10} = 5.4 \pm 0.6 \end{aligned}\right\} \tag{11.25}$$

2. 重子-反重子湮灭导致宇宙的重子反重子物质和光子相比极端稀薄

假设重子数守恒,宇宙早期由 GeV 的光子产生的是零重子密度的夸克胶子等离子体(QGP),由它们强子化产生的是总重子数为零的强子气,即重子-反重子对称的系统.大部分强子是不稳定的,它们先后衰变.最后余下核子-反核子的系统.当 $kT > 1\ \mathrm{GeV}$,过程

$$\mathrm{B} + \bar{\mathrm{B}} \rightleftharpoons \gamma + \gamma \tag{11.26}$$

处于化学平衡和热平衡状态.重子、反重子服从在温度 kT 下的 Fermi-Dirac(简为F-D)分布.其数密度

$$n_B = n_{\bar{B}} = \frac{(kT)^3}{\pi^2(\hbar c)^3}\int \frac{\left(\frac{pc}{kT}\right)^2 \mathrm{d}\left(\frac{pc}{kT}\right)}{\exp\left(\frac{E}{kT}\right)+1} \tag{11.27}$$

在高温条件下($kT \gg \mathrm{GeV}$)核子是相对论性粒子,光子和核子、反核子的数密度相当,随着温度下降 $kT \sim \mathrm{GeV}$,两个因素使得重子、反重子密度迅速下降:① 式(11.26)湮灭和产生失衡,重子、反重子的密度快速下降.② 式(11.27)的分母中的 E 指数中的能量 $E \sim M$ 比 kT 大得多,使得核子、反核子的密度比相同温度下光子密度(式(11.16))小得多.此外,膨胀的宇宙使粒子密度按 R^{-3} 减小,到达某一温度,过程(11.26)的湮灭率 $n_B\sigma v$(n_B 重子、反重子密度;σ 湮灭截面;v 相对速度)小于膨胀率.湮灭停止-重子反重子逸出.根据式(11.14)和(11.27)通过数值求解得到重子-反重子逸出的条件和逸出时的重子-反重子数相对于光子数的比例

$$kT_c \simeq 20\ \mathrm{MeV},\ \frac{n_{\mathrm{B}}}{n_\gamma} = \frac{n_{\bar{\mathrm{B}}}}{n_\gamma} \simeq 10^{-18} \tag{11.28}$$

11.1.4 宇宙学中的“疑难”

大爆炸模型能解释宇宙演化的重要现象和规律,但是存在几个疑难:① 所谓“视界”问题;② 所谓“平直性”问题;③ 重子反重子不对称问题;④ 物质巨大缺失问题.解决这些疑难需要借助粒子物理.前面讨论宇宙演化过程,忽略了宇宙演化的 10^{-11} 秒以前的最初的一瞬.揭示这一瞬的秘密,可以回答、或者部分回答上述四个疑难.

1. 宇宙暴胀(Inflation)

宇宙暴胀回答“宇宙视界”(Horizon)和“宇宙平直”(Flatness)疑难.所谓“宇宙视界”疑难是宇宙惊人的均匀和各向同性,即,为什么在超出“宇宙视界”以外的两个(光信号不能触及)区域的背景辐射的温度在 10^{-5} 的精度上相一致?

在膨胀的宇宙空间,一个光源离观察者如此遥远,它发射的光到达观察者的红移参数 $z = \infty$,即该光源发出的任何光,观察者都看不到.此遥远光源到观察者之

间的距离 D_h 定义为"宇宙视界".假设我们今天观测到的 CMB 是在辐射与物质退耦合的时刻的光子火球演化来的,在退耦时刻光子火球的"视界" $D_h(t_d) \approx ct_d$ 内,各个部分可以通过"最后的散射"达到各部分"精确一致".退耦以后光子火球不再和物质粒子散射,保持原有的"精确一致"按宇宙膨胀的标尺来膨胀.在光与物质退耦时刻,$t_d \sim 10^{13}$ s ($T_d \sim 3\,000$ K) 的"视界" $D_h(t_d) \approx ct_d$ 随着宇宙的热膨胀按如下规律膨胀

$$d_h(t_0)/R(t_0) = D_h(t_d)/R(t_d) \xrightarrow{R(t) \propto T_t^{-1}} d_h(t_0)T(t_0) = D_h(t_d)T(t_d) \tag{11.29}$$

把退耦时刻宇宙的温度 ($T_d \sim 3\,000$ K) 和今天宇宙温度参数($t_0 \sim 3$ K)代入式(11.29),$d_h(t_0) \sim 10^3 ct_d$.如果相距小于等于 $d_h(t_0)$ 的两个区域表现出 CMB 温度相同,是可以理解的,不存在视界的疑难.可是在我们今天的视界 $D_h(t_0 \sim 10^{17}\text{s}) \sim ct_0$ 内测得的 CMB 的均匀度高达 10^{-5}.也就是说,退耦时刻超出"视界" $D_h(t_d)$以外 10 倍的没有任何因果关系的区域的温度会如此均匀?这就是所谓"宇宙视界"疑难.

第二个疑难是宇宙在演化过程中几乎完全平直的,是什么机制来调控演化过程的平直程度的.平直度是用闭合参数 Ω 对 1 的偏离来描述.系统的实际物质密度对临界密度的相对偏离 $\Delta\rho/\rho$,由式(11.10)

$$\Omega = \frac{\rho}{\rho_c} = 1 + \frac{Kc^2}{H^2R^2} = 1 + \frac{3Kc^2}{8\pi G_N\rho R^2}$$

得

$$\left|\frac{\Delta\rho}{\rho_c}\right| = \frac{3|K|c^2}{8\pi G_N R^2\rho} \propto |K| \times R^2 (\text{辐射为主 } \rho \propto R^{-4}) \tag{11.30a}$$

假设今天 ($t_0 = 10^{17}$ s) 的平直度 $(\Delta\rho/\rho) \equiv \varepsilon_0$,宇宙早期普朗克时期 ($t_{pk} = 10^{-43}$ s) 的平直度 ε_{pk},根据式(11.30a)有

$$\frac{\varepsilon_0}{\varepsilon_{pk}} \approx \frac{R^2(t_0)}{R^2(t_{pk})} \approx \frac{t_0}{t_{pk}} = 10^{60} \tag{11.30b}$$

式(11.30b)要求,如果今天闭合参数偏离 1 的精度好于 1%,普朗克时期的闭合参数调控精度好于 10^{-62}.对于一个如此巨大的各种随机过程相互交错的宇宙系统,如何把一个物理量调控在这样难于想象的精度,是另一个"宇宙学疑难".

为解决这两个疑难,粒子物理理论家 Guth1981 年提出暴胀机制(Inflation).认为在宇宙极早期,$t < 10^{-35}$ s,$kT > M_{\text{GUT}}$ (大统一,GUT 能标),宇宙真空被"暴胀"标量介子场 ϕ 占有(类似电弱统一中 Higgs 标量场,参见第 8 章).在 $kT \gg$

M_{GUT} 时，标量场拉氏量密度中的位能在 $\phi = 0$ 处取极小值，具有对称的真空，GUT 具有完美的对称性，电弱和 QCD 的强作用力大统一；当 $kT \sim M_{GUT}$ 时对称性自发破缺，描述暴胀的标量场拉氏密度含的位能项的极小值转移到

$$\phi_{min} = \pm v = \pm \sqrt{\frac{-\mu^2}{\lambda}}$$

宇宙随机选择其中一个极小状态（失去对称性）. 类似于图 8.38，温度 $kT \gg M_{GUT}$ 能标时系统处于 $\phi = 0$ 的正常真空状态，系统能量密度 $\rho_{vac} \approx T^4 \approx M_{GUT}^4$，当温度膨胀而降低到 $kT \sim M_{GUT}$ 时，应该触发从正常真空（$\phi = 0$）到破缺真空（$\phi = v$）的跃迁，由于势垒的阻挡，跃迁不能立刻发生，系统继续膨胀降温，使得尚未相变的 ϕ 场进入过冷状态. 这时真空能量密度保持 $\rho_{vac} \approx M_{GUT}^4$，而辐射的能量密度 ρ_r 因过冷而变得可以忽略，对称真空和破缺真空的能量差成为系统的潜能. 在稍后相变发生时，潜能瞬间释放，重新加热系统. 下面考察相变过程的 Friedmann 方程，忽略 Λ 和 K 项的贡献，能量密度主要由 $\rho_{vac} \approx M_{GUT}^4$ 决定，即

$$\left(\frac{\dot{R}}{R}\right)^2 = \frac{8\pi G_N M_{GUT}^4}{3} = H^2 \tag{11.31a}$$

解 R 的微分方程

$$R_2 = R_1 e^{Ht} \tag{11.31b}$$

假设 $M_{GUT} \approx 10^{15}$ GeV，求得 $H \approx 10^{35}\ s^{-1}$，宇宙在 $t_1 \approx 10^{-35}$ s 进入过冷状态相变开始，持续到 $t_2 \approx 10^{-33}$ s. 把上述量代入(11.31b)得到 $R_2/R_1 \approx e^{99} \approx 10^{43}$. 也就是说，在经历 9.9×10^{-34} s 的时间间隔的相变，“婴儿”宇宙的尺度暴胀了 10^{43} 倍. 系统的潜能释放重新加热暴胀的宇宙，使它回归热膨胀进程.

这样一种“暴胀机制”是如何破解“宇宙视界”疑难的，“视界”是随宇宙年龄 t 而变的，宇宙的尺度是按宇宙的膨胀标尺而变的. 比如，宇宙在大统一(GUT)时刻（$t \sim 10^{-35}$ s）的“视界”只有今天（$t_0 \sim 10^{17}$ s）“宇宙视界”的 $1/10^{52}$. 一般的热膨胀给出宇宙尺度 $R \propto t^{1/2}$，即 GUT 时期的宇宙尺度是今天宇宙尺度的（$\approx \sqrt{10^{17}/10^{-35}} =$）$1/10^{26}$，可见热膨胀宇宙历史的任一瞬间“宇宙视界”总是小于宇宙的几何边界的，必定存在“视界疑难”. 引入暴胀机制，GUT 时刻之前的宇宙引入的宇宙几何尺度的反暴胀因子 10^{43}，使得 GUT 时刻之前的宇宙尺度只有今天宇宙尺度的（$10^{26} \times 10^{43} =$）$1/10^{69}$. 因此暴胀以前的“婴儿宇宙”的“视界”远远大于其几何边界. “婴儿宇宙”的各个角落都是因果关联的，今天“视界”内观察的 CMB 的均匀性是“婴儿宇宙”火球均匀性的正确反映.

也正是由于暴胀机制，用曲率参数 K 描述的更加弯曲的普朗克宇宙（$\varepsilon_{t_0}/\varepsilon_{pk}\approx10^{60}$）因暴胀拉平了 $(R_2/R_1)^2 = e^{86}$ 倍，由此破解了宇宙平直疑难.

暴胀机制还可说明大尺度宇宙产生的"种子"——微小的涨落.相变的瞬间的时间过程的不确定性 $\Delta t\sim10^{-34}$ s，导致系统能量涨落 ΔE.由量子理论的不确定性原理，

$$\Delta E\approx\frac{\hbar}{\Delta t}\approx10^{10}\ \text{GeV}\xrightarrow{E\ =\ M_{\text{GUT}}\ =\ 10^{15}\ \text{GeV}}\frac{\Delta E}{E\approx10^{-5}}\tag{11.32}$$

系统存在 10^{-5} 量级的涨落，这正是大尺度宇宙诞生的"种子".

2. Sakharov 假设和重子、反重子的不对称性

11.1.3 节指出，标准宇宙大爆炸模型给出重子、反重子相对于光子的数密度比相同，在 10^{-18} 的量级，而实验观测结果为

$$\frac{n_{\text{B}}}{n_{\gamma}}\sim6\times10^{-10},\ \frac{n_{\bar{\text{B}}}}{n_{\text{B}}}<10^{-4}\tag{11.33}$$

反重子、重子比值，是根据在宇宙线中没有观测到反核素事件，也没有在宇宙中观测到由于远距离星系中由反物质和物质湮灭产生的强的 γ 辐射，据此给出反重子、重子设定式(11.33)上限.上述数据表明实际观测到的重子相对于光子的数密度比标准的大爆炸模型预测高 10^9 倍；现实宇宙是物质宇宙，不存在标准的大爆炸模型预测的反物质宇宙.如何解释重子和反重子的不对称性是标准大爆炸宇宙模型的另一个疑难.极高温度的时空奇点，充满光子、胶子的辐射为主的"点"宇宙.由重子数守恒，演化过程中光子、胶子只能成对产生夸克、反夸克.形成零重子数的 QGP 系统，零重子数的 QGP 只能产生等量的重子、反重子，即应该存在一个与物质宇宙相对应的反物质宇宙.没有观测到反物质宇宙，一定是在宇宙演化的某一环节存在重子数不守恒.1966 年著名的苏联物理学家 Sakharov，在假定初始宇宙重子数 $B=0$ 的条件下，提出三个基本假设，认为在大爆炸宇宙的演化过程中，① 存在重子数不守恒的相互作用；② 存在非热平衡的状态；③ CP 和 C 不守恒.

在宇宙的演化过程的某一瞬间引入上述三个物理机制就可以解释今天观测到的重子、反重子的不对称性.

重子数不守恒是粒子物理的 Grand Unification Theory(GUT)模型的自然结果，下面简要介绍一下 GUT.第 8 章讨论的电弱统一理论和 QCD 的理论合并，前者是 SU(2)×U(1)的规范理论，后者为 SU(3)色规范场.有很多可能方案把 SU(2)×U(1)和 SU(3)规范对称群归并为一个整体对称群.其中之一 Georgi 和 Glashow 于 1974 年建议的方案 SU(5)，它把三代轻子和三代夸克按它们的螺旋度

组成15重态.下面是第一代轻子、夸克的左螺旋的15重态的成员,分别是"$\bar{5}$"的基础表示和"10"的基础表示.前者包括的左螺旋SU(2)的电子轻子两重态的两个加上$\bar{d}_L$的左螺旋SU(2)单态的"红、蓝、绿-RGB"三个,共五个成员;后者包括左螺旋SU(2)的u、d夸克两重态的RGB的六个、左螺旋反$\bar{u}_L$SU(2)单态RGB三个,外加反电子SU(2)单态一个,共十个成员.SU(5)规范玻色子有24个,除传递色荷相互作用的8种不同色胶子、传递弱电流的$W^{\pm}$和弱中性流的Z^0以及传递电磁作用的光子外,还有传递夸克-轻子之间相互作用的X和Y传播子,它们的电荷态分别是$(Q/e)_Y=-1/3$和$(Q/e)_X=-4/3$.它们的质量~10^{17}GeV.X,Y和轻子夸克有如图11.5的耦合方式,在今天的能标下($\ll M_P=10^{19}$ GeV)XY的耦合引起重子数不守恒的质子衰变,衰变率非常低,给出的质子的寿命长达$10^{31\sim33}$年.

$$\bar{5}=(2,1^c)+(1,\bar{3}^c);\ 10=(1,1^c)+(2,3^c)+(1,3^c)$$

$$\begin{bmatrix}\nu_e\\ e^-\end{bmatrix}_L \qquad \bar{d}_L \qquad\qquad \bar{e}_L \qquad \begin{bmatrix}u\\ d\end{bmatrix}_L \qquad \bar{u}_L$$

在大爆炸宇宙的早期$t\sim10^{-38}$ s,$kT\sim10^{19}$ GeV.XY可以通过成对产生

$$X\bar{X}\rightleftharpoons\gamma\gamma,\ Y\bar{Y}\rightleftharpoons\gamma\gamma$$

X($\bar{X}$)和Y($\bar{Y}$)可以通过图11.5下的方程所示的到达轻子(反轻子)+夸克(反夸克)的违背重子数和轻子数守恒的衰变.例如X可以衰变到重子数为$B_1=+1/3$的末态,也可以到达重子数为$B_2=-2/3$的末态.假设第一衰变道的分支比为b,第二衰变道的分支比为$1-b$;$\bar{X}$也同样,第一衰变道的末态为重子数为$\bar{B}_1=-1/3=-B_1$,分支比为$\bar{b}$,第二衰变道末态重子数为$\bar{B}_2=2/3=-B_2$,分支比为$1-\bar{b}$.CPT定理给出光生的$N_X=\bar{N}_X$,每产生一对X $\bar{X}$系统净得的重子、反重子数差$A_{B\bar{B}}$为

$$\begin{aligned}A_{B\bar{B}}&=bB_1+(1-b)B_2+\bar{b}\ \bar{B}_1+(1-\bar{b})\ \bar{B}_2\\&=bB_1+(1-b)B_2-\bar{b}B_1-(1-\bar{b})B_2=(b-\bar{b})(B_1-B_2)\end{aligned}\tag{11.34}$$

由于XY质量很大,它们的产生随温度下降,很快停止.产生后的XY寿命极短,衰变过程的逆过程截面很小,逆过程速率远小于系统膨胀率,XY的衰变失去热平衡,式(11.34)的不对称就保持下来.可见重子数不守恒($B_1\neq B_2$)和CP不守恒

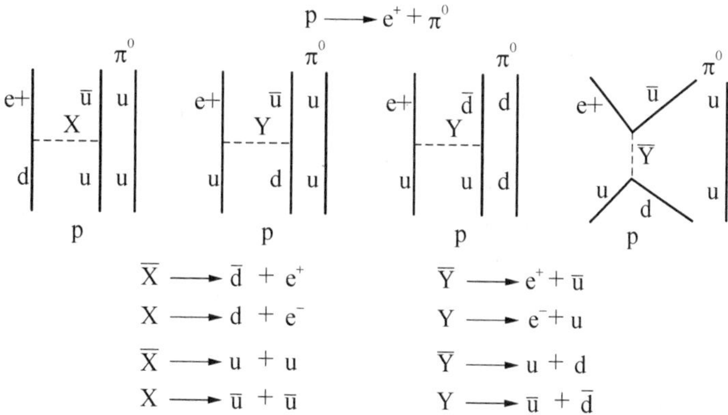

图 11.5　GUT 的 XY 传播子与轻子、夸克的耦合示意图

$(b \neq \bar{b})$ 是重子-反重子不对称的条件.今天存在的重子、反重子的不对称性(不存在反物质宇宙)正是发生在宇宙的极早期的初始宇宙的夸克反夸克的不对称的结果.这种不对称可以用 GUT 模型和系统的瞬间失去热平衡以及 *CP* 和 *C* 破缺和重子数不守恒来解释.

11.2　天体形成、演化过程中的核与粒子物理

本节讨论与核物理相关的天体形成演化的现象和规律.

11.2.1　形成宇宙块结构的"种子"-极早期宇宙的起伏

暴胀解释了宇宙从宏观上看惊人的均匀和平直性.从微观看,大爆炸产生的时空微泡充满量子的闪烁,在 $t \sim 10^{-35}$ s"婴儿宇宙"发生暴胀式的相变,随着能量的释放,巨大的暴胀力把初始的"时空泡"胀大 e^{35} 倍.随机的量子起伏互相牵扯叠加,被巨大的暴胀放大捕获,保持量子起伏不被淹没.在 $t \sim 10^{-32}$ s 暴胀瞬时停止,此时"婴儿宇宙"约为乒乓球的大小.时空不再是平滑的而是充满暴胀的闪烁,播种下宇宙块结构的"种子".引力使"种子"发育成长.引力是单向的,总是把物质拉到一块,逐渐地像滚雪球一样越滚越大,发展为今天的星系.早在 1979 年英国理论物理学家 Ted Harrison 和苏联的宇宙学家 Yakov Zeldovich 指出所有量子起伏

(Quantum blips)经受同样的暴胀，量子起伏之间的距离以不变的布局被胀大. 宇宙辐射背景也具有同样的量子起伏的布局. 上世纪 90 年代，George Smoot 领导的 COBE 卫星观测组，利用微分式微波辐射仪观测到 CMB 的微小起伏(Ripples)，天空 CMB 的热点和冷点相差十万分之三. 这是 20 世纪的重大科学发现.

11.2.2 天体的形成和演化

1. 恒星的形成和演化

在早期宇宙 $t \sim (100 \sim 250)$ s 时 BBN 过程合成宇宙的初始核素，它们随宇宙膨胀一直到 $t \sim 3 \times 10^5$ 年形成^{1}H，^{4}He 和少量的^{2}H，^{3}H 和^{3}He 原子，其中占压倒优势的是氢原子和氦原子(图 11.7 和式(11.24)). 氢和氦是构建各种天体的基本材料，万有引力是宇宙块结构的"粘合剂". 按照暴胀宇宙播下的"种子"的布局，在万有引力作用下，每一个"种子"发育生长为宇宙的气团. 根据气团的规模(质量和尺度)演化为不同的星体. 不同的星体在内部动力学的支配下，从年轻到衰老走完它们生命的历程. 决定其命运的关键在于各个气团的初始质量. 关于不同星体的形成和演化可参考专门的文献和资料[3,4]. 恒星的演化过程是一系列核聚变的过程(核燃烧过程). 一个质量足够大的恒星先后经历氢燃烧、氦燃烧、碳燃烧、氖燃烧、氧燃烧以及硅燃烧等核反应过程. 其中氢、氦、碳、氧各核素都是通过同类核素聚变的放热反应过程，氖和硅是由光核反应诱导的核素的重新组合. 由于核素库仑势垒的阻挡，不同聚变反应的发生必须有足够高的热动能，即环境温度要超过某一个阈值 T_{th}(点火温度值). 计算表明，氢燃烧的 $T_{th} \sim 7 \times 10^6$ K，氦燃烧的 $T_{th} \sim 1.5 \times 10^8$ K. 点火温度的环境是由星体的引力塌缩过程，引力势能的释放来创建的. 一般来说质量越大的星体核心温度越高，核心的物质密度越大，文献[4] 给出如下的近似公式，

$$T_c \propto M^t \quad (t \sim (1/3 \sim 1/2))$$

例如，太阳 ($M_\odot \sim 2 \times 10^{30}$ kg) 的核心温度约为 1.5×10^7 K，而对大质量的恒星，例如 $M \sim (30 \sim 50)\ M_\odot$ 的 Wolf-Rayet 星，其核心温度约为 $\sim 10^8$ K. 当初始气团质量足够大，例如 $M \geqslant M_\odot$，点燃质子和质子聚变反应，聚变能是星体发光的能源，也是维持星体稳定生存的能源. 这种星体称为恒星(主序星).

氢的燃烧是太阳一类主序星的最基础的核过程，包括所谓的"pp 反应链"

$$\left.\begin{array}{l} {}^1\mathrm{H} + {}^1\mathrm{H} \to {}^2\mathrm{H} + \gamma + (\mathrm{e}^+\ \nu_e) \\ {}^1\mathrm{H} + {}^2\mathrm{H} \to {}^3\mathrm{He} + \gamma \\ {}^3\mathrm{He} + {}^3\mathrm{He} \to {}^4\mathrm{He} + 2\,{}^1\mathrm{H} \end{array}\right\} \tag{11.35a}$$

上述反应总的效果是

$$4\,^{1}\mathrm{H} \rightarrow {}^{4}\mathrm{He} + 26.73\ \mathrm{MeV}$$

还有另外两个带有不同中间产物的 pp 反应链，一个伴随 Li、Be 核素产生，另一个伴随 Be、B 核素的产生. 上述反应过程包括核聚合、轻子对产生，光子辐射的强、弱电相互作用过程. 从式(11.35a)的反应前后质量的平衡关系可得到 4 个氢核聚合成一个氦核，可释放能量 26.73 MeV 的能量，其中约 25 MeV 用来加热星球，其余的被中微子带走. 简单的计算表明在太阳的聚变"堆"内每秒燃烧 10^9 t 的氢. 相当于一个 6×10^{23} W 的电炉. 聚变产生的热辐射压抗衡引力压缩力，使太阳成为稳定的光芒四射的火球. 这个火球已经燃烧了 4.6×10^9 年，它储存的氢燃料还可以继续运行 $\sim5\times10^9$ 年. 可以说太阳还是一颗中年的恒星. pp 反应链是太阳和氢燃烧的占优势的过程(80%以上). 其余能量是通过 CNO-循环释放的. CNO-过程：

$$^{12}\mathrm{C} + {}^{1}\mathrm{H} \rightarrow {}^{13}\mathrm{N} + \gamma$$
$$^{13}\mathrm{N} \rightarrow {}^{13}\mathrm{C} + e^{+} + \nu_e$$
$$^{13}\mathrm{C} + {}^{1}\mathrm{H} \rightarrow {}^{14}\mathrm{N} + \gamma$$
$$^{14}\mathrm{N} + {}^{1}\mathrm{H} \rightarrow {}^{15}\mathrm{O} + \gamma$$
$$^{15}\mathrm{O} \rightarrow {}^{15}\mathrm{N} + e^{+} + \nu_e$$

CNO-Ⅰ

$$^{15}\mathrm{N} + {}^{1}\mathrm{H} \rightarrow {}^{12}\mathrm{C} + {}^{4}\mathrm{He}$$

CNO-Ⅱ

$$^{15}\mathrm{N} + {}^{1}\mathrm{H} \rightarrow {}^{16}\mathrm{O} + \gamma$$
$$^{16}\mathrm{O} + {}^{1}\mathrm{H} \rightarrow {}^{17}\mathrm{F} + \gamma$$
$$^{17}\mathrm{F} \rightarrow {}^{17}\mathrm{O} + e^{+} + \nu_e$$
$$^{17}\mathrm{O} + {}^{1}\mathrm{H} \rightarrow {}^{14}\mathrm{N} + {}^{4}\mathrm{He} \qquad (11.35\mathrm{b})$$

CNO-Ⅰ循环中的 C、N、和 O 起类似催化作用，净结果是 4 个质子聚合为 ^{4}He 外加两对电子轻子 ($e^+\ \nu_e$) 和三个 γ 光子. 释放约 25 MeV 的能量. CNO-Ⅱ过程在一个循环中烧掉 4 个质子生成 ^{4}He 外释放约 25 MeV 能量，有 ^{12}C 和 ^{14}N 出现，后两个核素继续参与新的 CNO-循环.

对于质量比太阳小得多，例如 $M<0.08M_\odot$ 的星体，核心温度不足以点燃氢的燃烧. 它们在自身引力的作用下，核心密度增加，引力势能转变为热运动的动能，使核心温度增加. 但是热运动产生的向外压力抵挡不住星体自身的万有引力，核心物质密度快速增加到大大超过物质中电子的简并密度 ($2.8\times10^4[T(\mathrm{K})/10^8]^{3/2}\ \mathrm{g\cdot cm^{-3}}$). 此时电子的简并压足以抗衡自身的引力，核心温度和密度趋于稳定. 内存的热能可以维持相当的时间，保持其辐射. 这种光度很低的恒星称为褐矮星(Brown Star).

$M<2.3M_\odot$ 的小质量恒星，中心区氢燃烧后，形成一个富氦的核心和富氢的外层. 中心温度不足以点燃氦的聚变反应，外层氢燃烧维持. 由于内部压力不足导

致引力塌缩,引力能注入到氢外层,引起氢外层膨胀.膨胀引起表面温度降低,光度下降,恒星离开主序星转向亚巨星.

中等质量($2.3M_{\odot} < M < 8M_{\odot}$)恒星.和小质量恒星类似,氢燃烧形成的氦核心,因为更强的引力塌缩的加热而点燃稳定的氦燃烧,下面是描述氦燃烧的过程

$$^{4}\mathrm{He} + {}^{4}\mathrm{He} \rightarrow {}^{8}\mathrm{Be},\ {}^{8}\mathrm{Be}^{*} + {}^{4}\mathrm{He} \rightarrow {}^{12}\mathrm{C} \tag{11.36}$$

总的效果

$$3{}^{4}\mathrm{He} \rightarrow {}^{12}\mathrm{C},\ Q = 7.28\ \mathrm{MeV}$$

和小质量恒星不同,氦燃烧不经过氦闪而直接进入稳定的氦燃烧.还有一定数量的氧生成过程($^{12}\mathrm{C} + {}^{4}\mathrm{He} \rightarrow {}^{16}\mathrm{O} + \gamma$)发生.演化过程通常经过所谓 AGB(Asymptotic Giant Branch)阶段:由于对流增强,中心区的氦被搬运到核心表面.形成富含碳、氧的核心区和核心表面的双燃烧壳层,内为氦燃烧壳层,外为氢燃烧壳层.中等质量的恒星在 AGB 阶段表现出一些重要特殊现象,例如:在碳、氧核心区可以有大量的中微子产生,这类恒星的氦燃烧壳层通常是中子俘获反应合成更重的核素的场所,热脉动和造父脉动产生的非常巨大的超星风导致的物质的损失率可达每年 $10^{-5} \sim 10^{-4} M_{\odot}$,形成行星状星云.它们大部分演化为碳-氧白矮星.质量大的可能演化为超新星.

经过氢、氦燃烧后的大质量恒星($M > 8M_{\odot}$),核心的氦耗尽,形成碳、氧核心($r \sim 0.1R_{\odot}$),和氦壳层($r \sim 0.3R_{\odot}$,$\rho \sim 10^{3}\ \mathrm{cm}^{-3}$),还有一个富氢的包层($r \sim 10^{3}R_{\odot}$).核心温度高达 10^{9} K,点燃碳的燃烧

$$^{12}\mathrm{C} + {}^{12}\mathrm{C} \rightarrow \begin{cases} {}^{23}\mathrm{Na} + \mathrm{p} + 2.238\ \mathrm{MeV} \\ {}^{20}\mathrm{Ne} + {}^{4}\mathrm{He} + 4.617\ \mathrm{MeV} \\ {}^{24}\mathrm{Mg} + \gamma + 13.93\ \mathrm{MeV} \end{cases} \tag{11.37}$$

碳燃烧后引力塌缩的势能释放把核心温度提升到氧的点火温度,氧燃烧进行

$$^{16}\mathrm{O} + {}^{16}\mathrm{O} \rightarrow \begin{cases} {}^{28}\mathrm{Si} + {}^{4}\mathrm{He} + 9.593\ \mathrm{MeV} \\ {}^{31}\mathrm{P} + {}^{1}\mathrm{H} + 7.676\ \mathrm{MeV} \\ {}^{31}\mathrm{S} + \mathrm{n} + 1.459\ \mathrm{MeV} \\ {}^{32}\mathrm{S} + \gamma + 16.539\ \mathrm{MeV} \end{cases} \tag{11.38}$$

上述氧燃烧后引力塌缩的势能释放先后开始镁、硅的燃烧,最后生成铁核素,形成一个富铁元素的核心,由核心向外,元素由重到轻依次分布.

2. *超新星*(supernova)

超新星是一些大质量的、退出恒星队伍的"老年的"超红巨星(氦核燃烧后的

碳－氧核心和多壳层燃烧的铁核心的超巨星等)，由于一些不稳定因素导致激烈的爆发而重新活动起来，“改头换面”再现在宇宙的大舞台上.它们通常以两种类型出现：一种是无氢型的所谓Ⅰ型超新星；另一种有氢型的所谓Ⅱ型超新星.Ⅰa 型超新星一种可能的形成机制是近密双星之间的吸积作用所致：大质量 $(3 \sim 8M_{\odot})$ 的晚年星体形成的碳－氧核心，密度高达 2×10^{6} kg · cm^{-3}，星核心中的电子处于简并状态，成为一颗碳－氧白矮星.邻近的子星的吸积作用把该白矮星的富氢外壳物质吸走(无氢化)，这裸的碳-氧白矮星核心又反过来吸积另一颗伴星的物质，当质量积聚到超出 Chandrasekhar 极限 ($M_{ch} = 5.84 Y_e^2 M_{\odot}$，$Y_e$ = 每核子的电子数)，广义相对论效应产生的引力大大超出牛顿引力.强大的引力又导致塌缩，产生强大的激波，同时再次点燃碳燃烧.激波所到之处的物质进一步被升温压缩，点燃新的核燃烧.这种瞬间的极高物质密度的引力塌缩的激波引发的全面的核燃烧，就如一个难以想象的巨核爆炸.爆炸涉及的各种核过程产生大量的放射性同位素，例如，^{56}Ni，^{56}Co 等.这些放射性的 γ 衰变，成为超新星爆发的主要光辐射源.因为 Ia 型超新星是其质量吸积到 M_{ch} 阈时爆发，因此它们辐射的能量是确定的，Ia 型超新星爆发可以作为理想的标准烛光(绝对星等为 -19.3^{m}).

Ⅱ型超新星(包括Ⅰb 和Ⅰc 型)，是一些大质量的恒星演化来的，它们核心是铁核素，依次向外有^{32}S、^{28}Si、^{24}Mg、^{20}Ne、^{16}O 等包层，分析认为引起它们爆发的不稳定因素有：铁核心的密度达到～10^{7}kg · cm^{-3}，在如此高的物质密度下，电子的费米能超出铁及比铁轻的核素的轨道电子俘获的阈能，即通过，$e^- + {}^{A}_{Z}X \longrightarrow \nu_e + {}^{A}_{Z-1}Y$ 过程瞬间大量的电子被各种核素吸入原子核，核素经历一个中子化过程，芯部电子的简并压陡降；引力塌缩释放的能量高达平均每核子 100 MeV，可以把铁核拆散.游离的质子进一步俘获电子，中子化过程又产生大量的中微子.中子化过程的吸热反应使核心温度降低，引力继续塌缩.一个中子化的密度高达 10^{8}kg · cm^{-3}的核心被密集的携带大量能量的中微子包围.其外部形成的铁壳在塌缩过程中以极高自由落体的加速度撞击中子化的内芯，内芯密度高达～10^{12} kg · cm^{-3}，比常温核物质密度还高.形成的巨大的激波横扫之处引燃新的核燃烧，爆炸发生，巨大能量的中微子包层喷射出来. SN1987A 在光度峰值后光度衰减与^{56}Co 的半衰期(78.6 天)一致，说明超新星高亮度光辐射来源于伴随级联核燃烧产生的大量放射性同位素的 γ 发射.1987 年 2 月，日本的 Kamiokande 和美国的 IBM 地下水切伦科夫探测器同时观测到 SN1987A (Sanduleak－69202)(离地球 17 万光年)的一次中微子暴.根据两个切伦科夫探测器记录的中微子的事例特征：能量和到达时间的信息，估算此次爆发发射的总能量～2×10^{59} MeV.根据中微子到达时间随中微子能量的分散，给出中微子质量的上限 $m < 20$ eV. 这次超新星爆发事件开辟了中微子天文学的新纪元.

3. 中子星和黑洞

中子星,类似Ⅱ型超新星爆炸留下来的中子化的内芯,密度高达 $10^{12}\ \mathrm{kg \cdot cm^{-3}}$. 完全依靠中子的简并压来来抗衡引力.根据第 9 章关于简并中子气的中子数密度计算,中子星的中子数密度可达 $10^{39}\ \mathrm{cm^{-3}}$,中子星中的中子完全是一个个紧紧的挨在一起,完全靠核力的排斥芯来抵挡引力,它们可能是重子密度超过 QCD 预测相变的临界密度的夸克胶子等离子体(QGP)物质.普遍认为,静态中子星的质量不会超过 $2.2M_\odot$,旋转的中子星也不能超过 $2.9M_\odot$ 的质量限,否则,引力塌缩将毁灭中子星.虽然中子星有辐射,但因为尺度太小而看不见.由磁矩为 $-1.91\mu_{\mathrm{N}}$ 的中子排列一起快速旋转的中子星,表面呈现很强的磁场,形成一个大的粒子加速器.产生不同能段的辐射束,依照中子星的自转周期射向宇宙,中子星正是 1967 年被天文学家发现的脉冲星.今天超过 600 个脉冲星被发现,它们不仅有射频段的辐射,还观测到 X 和 γ 的脉冲星(位于著名的蟹状星云).自旋频率有的快到每秒旋转 600 次.旋转周期的抖动小到每世纪 6×10^{-11} s.

每个星体由于本身引力质量不同,逃逸速度不同,从地球的逃逸速度 $11\ \mathrm{km \cdot s^{-1}}$,从太阳的逃逸速度 $620\ \mathrm{km \cdot s^{-1}}$.万有引力定律给出逃逸速度,$v^2 = 2G_N M/R$.广义相对论给出,光在引力场中传播被扭曲,当引力源的质量 M_{core} 和光线离引力源的距离 R_s 满足 Schwarzschild(德国天文物理学家名字)关系

$$R_S = 2G_N(M_{\mathrm{core}}/c^2) \tag{11.39}$$

任何物态包括光子都将被它吞噬.称为“黑洞”.黑洞的疆界(视界),称 Schwarzschild 半径.如果超新星爆发后的核心质量为 2 倍的太阳质量,黑洞的作用半径 $R_S \sim 5$ km.任何物体包括光辐射进入或者通过此半径以内都将被黑洞吞噬.

超新星内核有丰富的铁核素和中子,一系列的中子俘获反应以及与之相间的 β 衰变是生成宇宙重核素($A>60$)的主要物理过程.在超新星内部和它的爆发喷出物(星尘)中含有宇宙各种不同丰度的核素.爆发喷出的大量富含各种元素星际物质、星尘是形成新天体的原材料.据推断,我们居住的地球是在 4.6×10^9 年前我们银河系的两次超新星爆发喷射的星尘堆积而成的.这些星尘物质包含今天地球上的人类、动植物所有必要的组成元素和各种矿产等.

4. 暗物质

闭合宇宙预测的宇宙的引力质量比目前观测到的“发光”(光学、射电等常用手段可以观测到的)物质大两个量级,观测实验也确实暗示有不发光的“暗”天体存在.

观测表明,绝大部分发光的星体——恒星(质量一般比太阳大)集中在星系的中心部分(芯部,例如图 11.6 中的大椭圆内),芯部外少数发光的行星.假设质量为 m

的某星体“浸泡”在总质量为 M_0 的均匀星际物质中(图 11.6 中的 B),它受到的星系芯部的引力质量正比于它的轨道半径的立方,$M(<R)\sim R^3$;芯部外质量为 m 的某星体(图 11.6 中的 A)受到的芯部的引力质量 M 与轨道半径无关 $M(<R)=M_0$. 对于 A 星体,回旋轨道速度反比于轨道半径的方根;对于 B 星体的回旋轨道速度正比于轨道半径.

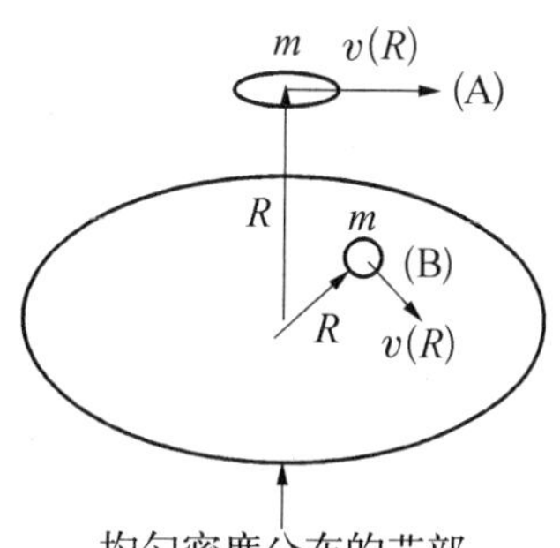

图 11.6　星体轨道运动的切向速度随轨道半径的变化规律和星系物质分布的两种不同情况

$$\frac{mv^2}{R}=\frac{mM(\leqslant R)G_N}{R^2}$$

(A) $M(<R)=M_0$, $v\propto R^{-1/2}$ 星系芯部外的星体

(B) $M(<R)\propto R^3$, $v\propto R$　星系芯部内的星体

实际观测的许多星系的芯部外一直到星系的边沿,看起来是空空的,没有什么发光星体,在边沿的一些星体,本应按(A)的预期其轨道速度反比于轨道半径的方根,实际发现,它们的轨道运行速度随轨道半径增大,与情况(B)相似.说明从发光的芯部一直到星系的边沿(晕区)也填满均匀的引力物质,只是通常的光学观测手段没有发现它们的存在.为区别于发光物质,称通常光学观测手段发现不了的物质为暗物质.实验观测我们所在的银河系,暗物质占总星系物质的 90%.一般来讲,尺度越大的星系团暗物质占的份额越大.

式(11.11)表明宇宙各种物质对宇宙闭合参数 Ω 的贡献,物质部分为 $\Omega_{\mathrm{m}}>0.3$,其中,发光物质部分,$\Omega_{\mathrm{lum}}\sim 0.003\ h_0^{-2}$,重子物质部分为 $\bar{\Omega}_{\mathrm{bary}}\sim(0.01\sim 0.03)h_0^{-2}$. 可见重子物质只占总物质的百分之几,大部分重子物质构成不发光的天体.

下面介绍若干暗物质的候选者,它们的性质需要粒子物理的理论模型来阐明;它们的辨认需要借助核与粒子物理实验和技术.

● 重子型的暗物质.相当部分的重子物质构成不发光的星体,例如前面提到的 BD(Brown dwarfs),还有些是燃料耗尽的恒星(白矮星、中子星、黑洞)等,此外,有相当一部分分布在星系的芯部的外围(晕环内),它们自己失去发光的能力,且不反射恒星的光,称它们为 MACHO(重的致密的“暗”天体),典型的质量为0.01~0.1太阳质量.它们具有引力质量,远处的星光(引力质量 $m_\gamma=p/c$) 从其附近经过会被偏转汇聚.这些“暗”天体具有引力透镜的功能,通过它们附近的遥远的星体的光,受到的动量变化量 $\Delta p\sim p$,偏转角 $\Delta\theta\sim\Delta p/p$,因此不同波长的光在引力透镜作用下不发生色散. 如图 11.7 所示.亮度变化的周期依赖于致密的“暗”天体的质量以及它相对于视线的接近和离去的速度.根据周期可以推出“暗”天体的质量.地球观测站观测到很多“暗”天体的微引力透镜事件,人们认为银河系存在不发光的重子物质的大部分是由致密的“暗”天体组成.

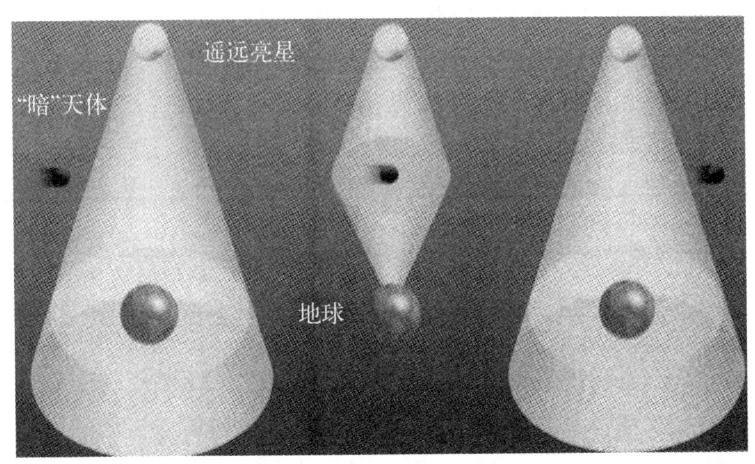

图 11.7 MACHOs 作为引力透镜,当它拦截远方发光星体和地球观测站之间视线(中)时,把发散的光锥汇聚到观测仪中,星光增强

取自 Gordon Fraser, et al. *The Search for Infinity*, Reed International Books Ltd.

● 非重子暗物质.普遍认为非重子暗物质是在炽热的早期宇宙产生的粒子组成的,它们足够稳定,比宇宙的寿命还长,在宇宙演化过程中生存下来.下面讨论几种候选非重子暗物质.

① 中微子

中微子在极早期宇宙产生 ($t \sim 10^{-32}$ s),与系统退耦于 $t \sim 10^{-2} \sim 1$ s(见图 11.3).我们知道中微子是弱作用的粒子,一般的天文观测手段是“看不见”它们的.它的数密度与 CMB 光子的数密度可比,因为光子在中微子退耦之后的 ($t_d \sim 10^{13}$ s, 3×10^5 yr) 才退耦,光子在宇宙演化后期与系统的相互作用过程($e^- + e^+ \to \gamma\gamma$)温度被提高,今天观测到的 CMB 光子的温度比中微子要高一点.计算得到[1]

$$n_\nu = 113\ \mathrm{cm}^{-3} \quad T_\nu = 1.9\ \mathrm{K} \tag{11.40}$$

n_ν 是中微子和反中微子的数密度.可见中微子的数密度和光子同量级,是重子数密度的 10^9 倍.只要中微子质量是重子质量的一亿分之一(10 eV),中微子就可以相当于 10 倍于宇宙重子的质量.简单的估算得到只要 3 种味道中微子质量和为

$$\sum_{e,\mu,\tau} m_\nu \approx 50 h_0^2\ \mathrm{eV} \tag{11.41}$$

就足以给出闭合参数 $\Omega = 1$.中微子作为暗物质的候选者似乎可以解决宇宙“物质

缺失”疑难.问题不那么简单,在中微子退耦前 $kT \sim 3$ MeV,中微子是相对论的粒子,称热暗物质,它们在引力作用下会流向宇宙的任何角落,熨平宇宙早期的“量子起伏”,摧残“块状”宇宙“种子”的生长和发育.因此中微子不能是暗物质的全部,只能占暗物质的一小部分.

② 轴子(Axion)

是假设的轻的中性的赝标粒子,质量约为微电子伏.为解决 QCD 的强 CP 问题而引入的粒子.QCD 预期的 CP 破缺的水平引出的中子的电偶极矩比实验测得的上限还高出 9 个量级.这问题可以借助对称性的新的自发破缺来解决,新的自发破缺要用 Axion 来实现.Axion 如果存在,应该以很高的丰度,以沉积物的形式出现在早期宇宙中.Axion 构成“冷”暗物质.如 Axion 质量在 1～100 μeV,它可以贡献与临界密度 ρ 相当的暗物质密度.Axion 原则上可用强磁场中的微波腔来观测.Axion 在强磁场下转换为微波光子.实验必须低温(≪1 K)以压低微波本底的干扰.至今还没有实验支持 Axion 的存在.

③ WIMP

在我们银河系中,“暗”天体只能填补晕区部分暗物质,另外还必须有非重子暗物质存在.WIMP 被认为是最有可能的候选者.它是 Weakly Interacting Massive Particles(弱相互作用的重粒子)的简称.有很多种 WIMP 的候选者,最合适的候选 δ 粒子是稳定的最轻的超对称粒子,是 SUSY 理论模型[6] 预言的 Photino 和 Higgsino 组合的中性微子(Neutralino).这种粒子退耦以后是非相对论的,它们是“冷”的暗物质,既没有辐射压又不会把系统的“量子起伏”熨平.它们在大爆中($t \sim 10^{-32}$s)产生并和别的粒子处于热平衡态.它们的丰度取决于它们湮灭成夸克-反夸克对以及轻子-反轻子对的截面

$$\delta\,\bar{\delta} \rightarrow \mathrm{q}\,\bar{\mathrm{q}},\ \mathrm{l}\,\bar{\mathrm{l}}$$

根据加速器寻找结果(LEP),最轻的 δ 粒子质量也大于 100 GeV.当湮灭率($N_\delta \sigma \nu$)大于系统的膨胀率,所产生的 δ 粒子和反粒子湮灭光,不能是暗物质的候选者;如果 σ 太小,相对快的膨胀会稀释 WIMP,宇宙中将有过量的 WIMP,使闭合参数 $\Omega > 1$.在宇宙中由下面的关系来估算 WIMP 的合适湮灭截面.假定 δ 粒子(质量为 M_δ)在宇宙中的密度 N_δ,使宇宙临界物质密度 $\rho_c = N_\delta M_\delta$,根据模型和实验对 M_δ 粒子质量的限制值带入,定出宇宙 N_δ,令 δ 粒子反粒子的湮灭率和宇宙膨胀率相等,$N_\delta \sigma v = t^{-1}$.由此估计湮灭截面为 10^{-36} cm^2,是典型的质量为若干 GeV 的弱作用粒子的截面.

对 WIMP 的探测在理论上以及在探测方法和探测技术上都是富有挑战性的.

WIMP 的质量、作用截面与粒子物理中的超对称理论的模型参数有关，它在我们银河系晕区的分布、通量又与银河系物质分布的宇宙学模型有关. 在上述模型的假设条件下，设计 WIMP 的探测系统. 因为是弱作用粒子，发生的事件率很低，因而探测器灵敏度必须很高，如何从巨大的背景事件中选出非常稀有的 WIMP 信号，要求粒子探测方法和技术有一个突破. "Cryogenic"暗物质(CDM)探测器是当前看好的一种探测器，它可以同时测量反冲晶格振动声子引起介质升温和反冲核的电离效应[6]. 由于模型设定的 WIMP 质量很重(加速器直接寻找给定 $M_{SUSY} >$ 100 GeV) 它们撞击晶格引起的振动发射的声子信号强度比本底放射性(光子、电子和中子)引起晶格振动的声子信号强度要强得多. 另一方面本底放射性的电离效应在很多情况下比 WIMP 大，因此，同时测量事件产生的声子信号和电离信号(电荷-半导体;荧光-闪烁体)，将大大提高对 WIMP 粒子的分辨能力. 下面以 CDM 探测系统为例作简要介绍[6].

设计实验的物理基础，假定 WIMP 构成我们银河系晕区的非重子暗物质的一部分；它们按 Maxwell 分布，速度 $v_{rms} = 270\ \mathrm{km \cdot s^{-1}}$. 假定质量密度为 0.4 GeV · cm^{-3}，估算出地球上的 WIMP 通量为 $\sim 10^7/M_\delta \mathrm{cm^{-2} \cdot s^{-1}}$，$M_\delta$ 为 δ 粒子反粒子的质量. 假定 δ 粒子反粒子与探测器和核素的弹性散射截面小于 $10^{-41}\ \mathrm{cm^2}$，意味 WIMP 在探测器中的反冲事例率在 $0.001 \sim 1$ 事例($\mathrm{kg^{-1} \cdot day^{-1}}$)($M_\delta \sim (1 \sim 1\ 000)$ GeV). 显然，增加探测器靶物质的量可以线性提高 WIMP 作用的事例率；应该注意的是随着探测靶物质量的增加，本底事例率也线性增加. 因此，消除和区分本底事例就成为关键. 本底，主要来自宇宙线本底和周围的天然放射性本底，其中宇宙线在周围物质，包括靶物质和屏蔽体引发的中子是难以处置的本底. 因为它引起的声子信号比其他来源的本底产生的声子信号强，比较难以和 WIMP 的信号区分开来. 尽管在世界范围内人们已经做出相当大的努力，今天还没有观测到真正 WIMP 粒子的信号. 有些探测器的设计目标只是显示出它对 WIMP 的探测能力，但因为运行时间还不够长，还没有结果. 图 11.8 是世界上几个地下实验室的寻找暗物质 WIMP 的实验装置给出暗物质参数的限制，以及它们可达到 的目标. 图中的阴影部分是 MSSM 模型的 WIMP 为主要暗物质对应的区间. 可见未来的 CDM(Stanford)和 CDM(Soudan)是很有希望找到 WIMP 的探测器. 2004 年[4]报道了如下的结果：Soudan 地下实验室的 CDMs 的 4 个 Ge 和 2 个 Si 探测器运行有效事件 52.6 天，截取反冲能区间在 10 和 40 keV，得到 19.4 $\mathrm{kg^{-1} \cdot day^{-1}}$的净照射量. 根据刻度数据定义系统的能量阈和判选反冲候选事例规则对事例进行分析. 采用标准暗物质晕模型和核物理- WIMP 模型，由实验数据设定了目前世界上最低的关于相干 WIMP -核子与自旋无关的散射截面

（对 $M_\delta > 15$ GeV 的所有 WIMP）的限，把 SUSY 的中性微子的一个相当的参数区间排除在外．限制曲线的最小值（90% C. L）对应于 $M_\delta = 60$ GeV，截面为 4×10^{-43} cm^2．

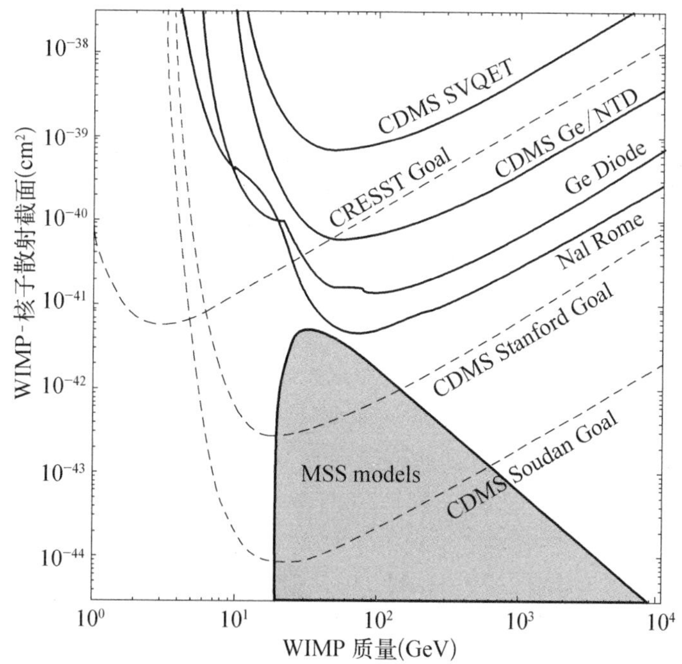

图 11.8　在模型假定的 WIMP 粒子和靶核子的弹性散射截面（纵坐标）和模型假定的 WIMP 质量（横坐标）的两维参数空间内，已经运行的（实线）和设计目标（点线）的探测器可达到的参数限

5．暗能量

根据式（11.9）$\Omega_m + \Omega_\Lambda + \Omega_K = 1$，我们假定 $\Lambda = 0$ 的 Friedmann 方程描述宇宙的演化，给出宇宙闭合参数 $\Omega = \Omega_m = 1$ 的平直均匀宇宙，在相当好的程度上解释一些重要观察结果．当人们正在忙于揭示暗物质之谜，探测寻找宇宙暗物质时，新的观测暗示着宇宙在加速膨胀．包括加速膨胀和红移等综合数据，给出在式（11.9）中最佳的 Ω 取值为 $\Omega_m \approx 0.3$，$\Omega_\Lambda \approx 1$．得到一个 $\Lambda \neq 0$ 的平直宇宙．Friedmann 方程给出

$$\left(\frac{\dot{R}}{R}\right)^2 = \frac{8\pi G_N}{3}(\rho_m + \rho_\Lambda),\ \rho_\Lambda \equiv \frac{\Lambda}{8\pi G_N}$$

宇宙常数 $\Lambda \neq 0$ 贡献一个恒定的能量密度，由于物质密度项反比于 R^3，随着膨胀

的继续，$\rho_m \ll \rho_\Lambda$ 此后宇宙将按类似于暴胀的方式扩展

$$R(t) \propto \exp(t\sqrt{\Lambda/3})$$

宇宙在加速膨胀.关于暗能量的本质，人们了解还很少.

参考文献：

[1] Perkins D H. Introduction to high energy physics[M]. 4th ed. Cambridge: Cambridge University Press, 2000.

[2] Steigman G. Primordial Nucleosynthesis in the Precision Cosmology Era[J]. Annu. Rev. Nucl. Part. Sci., 2007, 57: 463.

[3] 向守平. 天体物理概论[M]. 合肥：中国科学技术大学出版社，2008.

[4] 彭秋和. 恒星演化和超新星爆发理论中的某些重要问题的核物理问题[J]. 物理学进展，2001，21：225.

[5] Akerib D S, Alvaro-Dean J, Armel-Funkhouser M S, et al. First Results from the Cryogenic Dark Matter Search in the Soudan Underground Laboratory[J]. Phys. Rev. Lett., 2004, 93: 21301.

习　题

11-1 写出提供太阳能源的氢燃烧的热核聚变链，计算每秒燃烧10亿顿氢释放的功率，其中太阳中微子带走多大部分的燃烧能.产生的中微子的能谱区间和中微子总数目.

11-2 质量为 4×10^{33} 克的晚年星体，如果把它视为一个巨核物质，它的半径是多大？它的质量为太阳质量的2倍，引力塌缩释放引力能达到核心质量的10%，求黑洞的Schwarzschild半径.

11-3 SN1987A超新星爆发产生的中微子暴(～毫秒的短脉冲).它们经过17万光年的长距离飞行到地球上的水切伦科夫计数器，中微子能量在10～20 MeV到达时间先后差10秒.根据上述观测数据，为中微子质量设个合理的上限.

11-4 从玻色爱因斯坦分布和狄拉克费米分布出发推导光子和相对论电子正电子(自由度 g_e)在温度为 T 的平衡态的能量密度分别为 $\rho_\gamma = \frac{\pi^2 T^4}{15}$，$\rho_e = \frac{7}{8}\left(\frac{\pi^2 T^4}{15}\right)\left(\frac{g_f}{2}\right)$.要用到下面的积分公式：

$$\int \frac{x^3 \mathrm{d}x}{e^x - 1} = \frac{\pi^4}{15},\ \int \frac{x^2 \mathrm{d}x}{e^x - 1} = 2.404$$

$$\int \frac{x^3 \mathrm{d}x}{e^x + 1} = \frac{7}{8} \times \frac{\pi^4}{15},\ \int \frac{x^2 \mathrm{d}x}{e^x + 1} = \frac{3}{4} \times 2.404)$$

第 12 章 相对论粒子碰撞运动学

高能物理实验室,同时也是研究相对论力学的最好实验室.相对论原理在高能物理实验中处处体现.光速不变原理的一个令人信服的实验证明是 1964 年在西欧核子中心——CERN 做的.实验利用高能质子(19.2 GeV)打靶,产生的中性介子 π^0 具有速度 $v_s = 0.999\,75c$(由 $\pi^{\pm}$ 粒子的飞行时间推出),π^0 立即($\tau_0 = 0.8\times10^{-16}$ s)衰变为光子.光子从产生靶处飞到光子探测器(电磁量能器及定时探测器组成)路程长达 80 m.记录 π^0 产生和到达光子探测器的时间($\Delta t \sim 267$ ns).结果表明:由 $v_s = 0.999\,75c$ 的光源发射的光的速度还是光速 c.经过实验分析,将静止系测得的光速 $\left(c' = \dfrac{l}{\Delta t}\right)$ 表示为:$c' = c + kv_s$,在实验精度范围内,$k = 0(k = (0\pm1.3)\times10^{-4})$.这是在实验室规模上第一次精确证明了狭义相对论的第二个基本假设——光速不变性原理.

12.1 洛仑兹(Lorentz)变换

相对论不变性是粒子物理中各个过程必须满足的基本对称性之一.描述系统的基本方程对于所有的惯性系应具有相同的形式.用四矢量来表示粒子物理学中的物理量,使用它们表示的运动方程在不同的惯性系中具有不变的形式.高速粒子运动学中经常遇到的时空四矢量和能量动量四矢量-四动量,在粒子物理中常将它们表示为($\hbar = c = 1$)

$$x^{\mu} = (t,\ \boldsymbol{x}) \quad P^{\mu} = (E,\ \boldsymbol{P}) \tag{12.1}$$

称它们为逆变矢量,其协变矢量为

$$x_{\mu} = (t, -\boldsymbol{x}) \quad P_{\mu} = (E, -\boldsymbol{P}) \tag{12.2}$$

四矢量的标积为

$$x^{\mu}x_{\mu} = t^2 - x^2 \quad P^{\mu}P_{\mu} = E^2 - P^2 \tag{12.3}$$

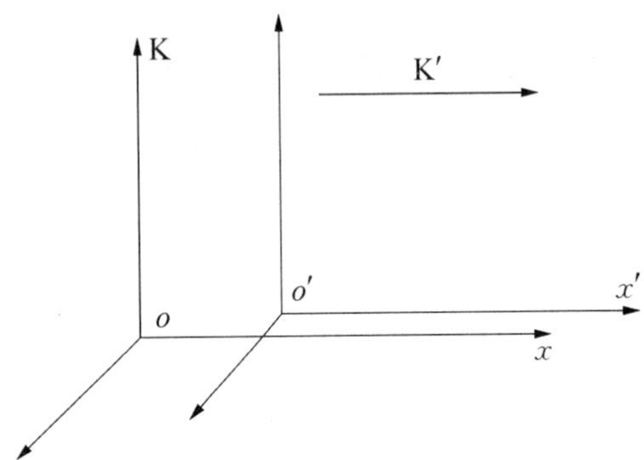

图 12.1　两个惯性系 K 和 K′

现有两个参考系 K 和 K′，如图12.1，K′ 以速度 $\beta(\gamma)$ 沿着 x 轴相对于 K 系运动，在 $t=0$ 时刻两个坐标的原点重合. 在 K 系中描述的四矢量 x^{μ}，在 K′ 系中变成 $(x^{\mu})'$. 同理，P^{μ} 变成 $(P^{\mu})'$. 它们之间用洛仑兹变换 L 来联系

$$L = \begin{bmatrix} \gamma & -\beta\gamma & 0 & 0 \\ -\beta\gamma & \gamma & 0 & 0 \\ 0 & 0 & 1 & 0 \\ 0 & 0 & 0 & 1 \end{bmatrix} \tag{12.4}$$

$$\beta = \frac{v}{c} \qquad \gamma = (1-\beta^2)^{-\frac{1}{2}}$$

引入快度 Y

$$\left.\begin{aligned} \text{ch}\ Y &= \gamma = \frac{1}{2}(\mathrm{e}^{-Y} + \mathrm{e}^{Y}) \\ \text{sh}\ Y &= \beta\gamma = \frac{1}{2}(\mathrm{e}^{Y} - \mathrm{e}^{-Y}) \end{aligned}\right\} \tag{12.5}$$

用快度表示的洛仑兹变换，有

$$L = \begin{bmatrix} \text{ch}\,Y & -\text{sh}\,Y & 0 & 0 \\ -\text{sh}\,Y & \text{ch}\,Y & 0 & 0 \\ 0 & 0 & 1 & 0 \\ 0 & 0 & 0 & 1 \end{bmatrix} \tag{12.6}$$

$$(x^{\mu})' = Lx^{\mu} \quad (P^{\mu})' = LP^{\mu}$$

各分量关系如下(L 具有式(12.4)的表示)

$$\left.\begin{aligned} t' &= \gamma(t - \beta x) \quad & x' &= \gamma(x - \beta t) \\ y' &= y & z' &= z \end{aligned}\right\} \tag{12.7}$$

$$\left.\begin{aligned} E' &= \gamma(E - \beta P_x) \quad & P_x' &= \gamma(P_x - \beta E) \\ P_y' &= P_y & P_z' &= P_z \end{aligned}\right\} \tag{12.8}$$

当 L 取式(12.6)形式，则

$$\left.\begin{aligned} t' &= t\text{ch } Y - x\text{sh } Y \\ x' &= - t\text{sh } Y + x\text{ch } Y \\ y' &= y \quad z' = z \end{aligned}\right\} \tag{12.9}$$

$$\left.\begin{aligned} E' &= E\text{ch } Y - P_x\text{sh } Y \\ P'_x &= - E\text{sh } Y + P_x\text{ch } Y \\ P'_z &= P_z \quad P'_y = P_y \end{aligned}\right\} \tag{12.10}$$

即洛仑兹变换用一个广义的转动变换式(12.6)来表示.

12.1.1　光锥,固有时及时间延缓效应

四矢量在四维空间(闵可夫斯基空间)的转动(洛仑兹变换),其绝对长度不变,换言之,四矢量的标积式(12.3)为一个不变量,它们不依赖于坐标系的选择.

1. 光锥和事件的分类

图 12.2 表示四空间中 x 轴(普通空间)和时间轴 t. 在时空原点 $O(t = 0, x = 0)$,一个粒子产生,粒子传播到时空点 $B(t, x)$,在四维空间中描绘一条轨迹,称为粒子的世界线(World Line). 如果粒子是质量为零的光子,世界线与 x 轴成 45° 或135° 的斜线传播($\hbar = c = 1$,斜率为:$\dfrac{\mathrm{d}t}{\mathrm{d}x} = \dfrac{1}{\frac{\mathrm{d}x}{\mathrm{d}t}} = \dfrac{1}{\beta}$),这两条斜线绕轴旋转得到一个锥面,称为光锥. 质量不为零的粒子($\beta < 1$),其世界点只能在光锥里面.

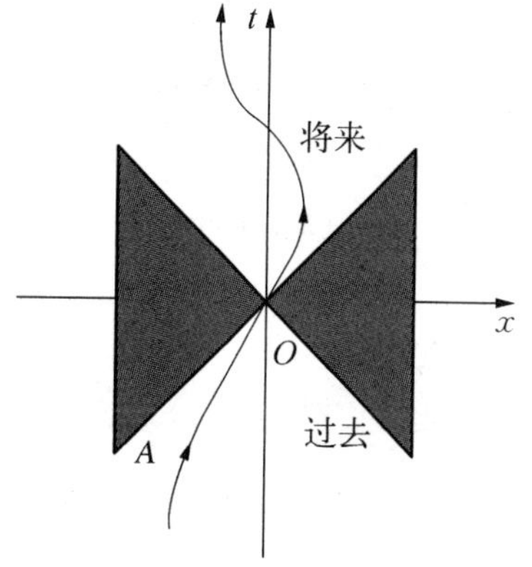

图 12.2　光锥与世界线

光锥面将整个四维空间分成过去-将来区和其他区. 各区的时空间隔各有特点. $Q_1(t_1, x_1)$ 和 $Q_2(t_2, x_2)$ 两事件的时空间隔定义为:$\Delta^\mu = (t_1 - t_2, x_1 - x_2)$,间隔的绝对长度的平方为

$$s_{12}^2 = \Delta^\mu \Delta_\mu = (t_1 - t_2)^2 - (x_1 - x_2)^2 \tag{12.11}$$

若事件 Q_1, Q_2 发生在光锥上(光子的运动,或以光速传播的事件),则

$$s_{12}^2 = 0 \tag{12.12a}$$

称这类事件为类光(light-like)事件;若事件 Q_1, Q_2 发生在光锥内,即发生在过去-将来区内,则

$$s_{12}^2 > 0 \tag{12.12b}$$

将过程变换到一个新的惯性系 K′ 内，在该系中，事件 1，2 发生在同一位置（$x_1 = x_2$）. 这时 $s_{12}^2 = (t_1 - t_2)^2 > 0$，称这类事件为类时（time-like）事件；若事件 Q_1，Q_2 发生在其他区（图的阴影线区），则

$$s_{12}^2 < 0 \tag{12.12c}$$

同样可以找到一个新的坐标系，在其中 $t_1 - t_2 = 0$，因而 $s_{12}^2 = -(x_1 - x_2)^2 < 0$，称这类事件为类空（space-like）事件.

2. 固有时及时间延缓效应

考虑在惯性系 K 中，一个粒子在时间 $t \to t + \mathrm{d}t$ 内以速度 $v(t)$ 相对于 K 运动，相应的空间移动 $\mathrm{d}x = v(t)\mathrm{d}t$. 在时空内对应两个世界点的时空间隔为

$$\mathrm{d}s^2 = \mathrm{d}t^2 - \mathrm{d}x^2 = \mathrm{d}t^2(1 - \beta^2(t))$$

若 $\beta < 1$，$\mathrm{d}s^2 > 0$，在粒子的动量中心系（$\beta = 0$）上有 $\mathrm{d}s^2 = \mathrm{d}\tau^2$，因为 $\mathrm{d}s^2$ 是洛仑兹不变量，所以 K 系中的 $\mathrm{d}s^2$ 和动量中心系中的 $\mathrm{d}\tau^2$ 相等，即 $\mathrm{d}t^2[1 - \beta^2(t)] \equiv \mathrm{d}\tau^2$，因此有

$$\mathrm{d}\tau = \mathrm{d}t[1 - \beta^2(t)]^{\frac{1}{2}} = \frac{\mathrm{d}t}{\gamma(t)} \text{ 或 } \mathrm{d}t = \gamma(t)\mathrm{d}\tau \tag{12.13}$$

τ 称为固有时（proper time），即在系统的动量中心系中观测到的时间间隔. 在相对于动量中心运动的坐标系 K（具有相对速度）测得的时间间隔为 $t_2 - t_1 = \int_{\tau_1}^{\tau_2} \gamma(\tau)\mathrm{d}\tau$，若 K 系统的运动是匀速的，则

$$t_2 - t_1 = \gamma(\tau_2 - \tau_1) \tag{12.14}$$

式(12.14)表明，用与运动物体固定在一起的钟测量该物体变化过程的时间间隔（$\tau_2 - \tau_1$），比相对于运动物体运动的钟测量的时间间隔（$t_2 - t_1$）要短. 这称为时间延缓效应.

例 1 图 12.2 给出两个过程在四维空间（t，x）中的"世界线"，它们分别满足 $x = v_0 t$ 和 $x = \frac{1}{2}a_0 t^2$，v_0，a_0 均为常数. 计算在事件 A 和 B 之间，两个过程所经过的固有时，并比较它们的大小.

解： 两过程均属于类时事件（$v_0 < c$），$\mathrm{d}\tau = \mathrm{d}t\sqrt{1 - \beta^2(t)}$.

过程 1，$\beta = \frac{v_0}{c}$

过程 2，$\beta = \frac{1}{c}\frac{\mathrm{d}x}{\mathrm{d}t} = \frac{a_0}{c}t$

$$\tau_{AB}^{(1)} = \int_0^{t_0} \frac{\mathrm{d}t}{\gamma_0} = \frac{t_0}{\gamma_0},\ \gamma_0 = 1/\sqrt{1 - \beta_0^2}$$

$$\tau_{AB}^{(2)} = \int_0^{t_0} \mathrm{d}t \left(1 - \frac{a_0^2}{c^2} t^2\right)^{\frac{1}{2}} = \frac{1}{2} \sin^{-1}\left(\frac{a_0 t}{c}\right) + \frac{1}{2} \frac{a_0}{c} \sqrt{1 - a_0^2 t^2 / c^2}$$

当 $v_0 \to c$，固有时趋向于零－类光事件，即"世界线"越接近光锥面，固有时越小．因此，"世界线"的固有时长．

12.1.2　运动中的尺子缩短

要确定某一个线段固定在 K′ 系统中的一把尺子的长度，K′ 相对于 K 以速度 β 沿 x 方向运动，在 K′ 系中尺子长度 $l' = x_1' - x_2'$．相对论原理把时空联系起来．在 K 系中测量两端点的距离，就是"同时"（在时刻 t）测定两点坐标 x_1，x_2，由洛仑兹变换式(12.7)，得 $x_1' = \gamma(x_1 - \beta t)$，$x_2' = \gamma(x_2 - \beta t)$．相减得

$$x_1' - x_2' = \gamma(x_1 - x_2) \tag{12.15}$$

这表明，若和尺子相对静止的观察者测得的尺子长度为 $x_1' - x_2' = l'$．那么，相对于尺子运动的观察者测得的尺子的长度缩短为 $x_1 - x_2 = \frac{1}{\gamma} l'$．

12.2　相对论粒子碰撞运动学

能量动量守恒在四空间中表示为四动量守恒，系统的初态四动量为 $P_i^\mu = (E_i, \boldsymbol{P}_i)$，末态四动量为 $P_f^\mu = (E_f, \boldsymbol{P}_f)$．四动量守恒表示为 $P_i^\mu = P_f^\mu$．

12.2.1　两个常用的惯性系

在处理粒子碰撞过程中，常遇到两个惯性系，实验室系(LAB)和动量中心系(CMS)．如一个质量为 m 的粒子，以速度 β 相对于探测器运动，探测器固定在实验室中，是实验室系的观察者．在运动粒子上建一个惯性系 K′，粒子相对于 K′ 静止($P = 0$)，称为动量中心系(质心系)．K′ 以速度相对于实验室系 K 运动(沿着粒子运动的方向)，在 K 系中，粒子四动量为 $(E, \boldsymbol{P})$，在 K′ 系中为 $(m, 0)$，由洛仑兹变换式(12.8)的逆变换得

$$\boldsymbol{P} = \gamma \boldsymbol{\beta} m, E = \gamma m \tag{12.16}$$

其中，β 为粒子的运动速度．粒子碰撞过程中，实验室观察仪器固定在实验室系上，动量中心系定义为粒子系统的总动量为零的参考系，即

$$\sum \boldsymbol{P}_i = 0 \tag{12.17}$$

空间平移不变性给出，动量中心的平移不应该影响过程的动力学(Dynamics)特征，结果只产生运动学(Kinematics)的效应.实验观察的现象(LAB 系)包括了 K′系的运动学效应和过程的动力学的结果.为寻找物理过程的固有特征，在分析中必须设法消除运动学的效应.动量中心系得到的粒子的行为才真正包含了相互作用的动力学机制.图 12.3 给出粒子碰撞过程在 LAB 系及 CMS 系的表示，粒子 1 和 2 碰撞，得到末态粒子 3 和 4.

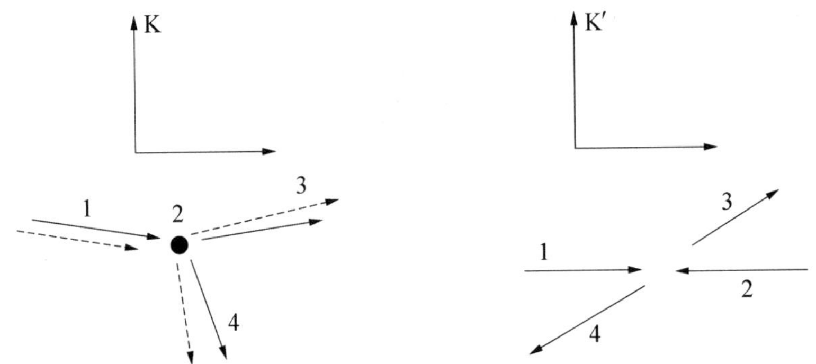

图 12.3　粒子碰撞运动学表示

虚线为伽利略变换的结果.

粒子的三动量 $\boldsymbol{P}(\boldsymbol{P}')$ 分解成为沿 $z(z')$ 方向的纵动量 $P_L(P'_L)$ 和横动量 $P_T(P'_T)$. 粒子的纵速度和纵向的 Lorentz 因子分别为

$$\beta_L = \frac{P_L}{E}\left(\beta'_L = \frac{P'_L}{E'}\right)$$

$$\gamma_L = E(E^2 - P_L^2)^{-\frac{1}{2}} \qquad \gamma'_L = E'(E'^2 - P'^2_L)^{-\frac{1}{2}}$$

粒子的纵向快度 $Y(Y')$ 为

$$\text{sh } Y = \beta_L\gamma_L = \frac{P_L}{(E^2 - P_L^2)^{\frac{1}{2}}},\ \text{sh } Y' = \beta'_L\gamma'_L = \frac{P'_L}{(E'^2 - P'^2_L)^{\frac{1}{2}}} \tag{12.18}$$

根据 Lorentz 变换(12.8)

$$\left.\begin{aligned} P_T &= P'_T \text{ 或者 } P\sin\theta = P'\sin\theta' \\ E^2 - P_L^2 &= E^2 - P^2 + P_T^2 = m^2 + P_T^2 \equiv \Omega^2 \\ E'^2 - P'^2_L &= E'^2 - P'^2 + P'^2_T = m^2 + P'^2_T \equiv \Omega'^2 \end{aligned}\right\} \tag{12.19}$$

$\Omega = \Omega'$ 称为粒子的横质量，是一个 Lorentz 不变量.下面把快度用粒子的横质量

来表示

$$\left.\begin{aligned} &\mathrm{sh}\ Y = \frac{P_L}{\Omega} \quad \mathrm{ch}\ Y = \frac{E}{\Omega} \\ &\mathrm{sh}\ Y' = \frac{P'_L}{\Omega} \quad \mathrm{ch}\ Y' = \frac{E'}{\Omega} \end{aligned}\right\} \tag{12.20}$$

可以证明,和速度的合成不同,快度合成服从下面的简单关系

$$Y = Y' + Y_c \quad \mathrm{sh}\ Y_c = \beta_c \gamma_c \tag{12.21a}$$

Y_c 为动量中心系本身运动的快度.实验室系和动量中心系的粒子快度分布形状完全一样,不同在于实验室系的快度分布是动量中心系的分布平移一个 Y_c.在分析碰撞末态粒子时,粒子的横动量(横质量)携带着相互作用机制的重要信息.

在实验分析和应用中,常引入称为赝快度的物理量 η,

$$\mathrm{sh}\ \eta = \frac{P_L}{P_T} = \frac{1}{\tan\theta}, \eta = -\ln\tan\frac{\theta}{2} \tag{12.21b}$$

12.2.2　几个重要的运动学关系式

一个碰撞过程其作用截面,粒子的发射方向等动力学特性可以根据相互作用的性质、机制来做理论的预言,这种预言在系统的动量中心系来进行最为简洁明了.实验的研究,测量过程的微分截面,相应的角分布等都是在实验室中进行的.为进行实验和理论作比较,必须寻找这两个坐标系之间一些物理量的变换关系:

1. 系统不变质量和反应阈能

系统的四动量的标积不依坐标系的选取,即实验室系系统的四动量的标积和动量中心系系统四动量标积相同,若系统是由单个粒子 m 组成,它在实验室系中以动量 $\boldsymbol{P}$ 运动, $P^\mu = (E, \boldsymbol{P})$ 在粒子的动量中心系中,粒子是静止的, $P^{\mu'} = (m, 0)$,于是有

$$P^\mu P_\mu = P^{\mu'} P_{\mu'} = E^2 - P^2 = m^2 \tag{12.22}$$

单粒子的四动量标积就是它的静止质量的平方.多粒子系统四动量标积等于系统的不变质量的平方(用 s 表示)

LAB. 系: $E_1, E_2, \cdots, E_n; \boldsymbol{P}_1, \boldsymbol{P}_2, \cdots, \boldsymbol{P}_n \qquad P^\mu = (\sum E_i, \sum \boldsymbol{P}_i)$

CMS. 系: $E'_1, E'_2, \cdots, E'_n; \boldsymbol{P}'_1, \boldsymbol{P}'_2, \cdots, \boldsymbol{P}'_n \qquad P'^\mu = (\sum E'_i, \sum \boldsymbol{P}'_i)$

由 CMS. 定义给出 $\sum \boldsymbol{P}'_i = 0$,有

$$s = (\sum E_i)^2 - (\sum \boldsymbol{P}_i)^2 = (\sum E'_i)^2 \tag{12.23}$$

$\sqrt{s}$ 就是系统的质心系总能量.因为 $E'_i = T'_i + m_i$,所以 $\sqrt{s} = \sum m_i + T'_i \geqslant \sum m_i$,系统的不变质量大于系统各粒子静止质量之和,除非各粒子的都是静止的

(相对于动量中心),动量中心相对于实验室的运动学参数为

$$\beta_c = \frac{\sum \boldsymbol{P}_i}{\sum E_i} \quad \gamma_c = \frac{\sum E_i}{\sqrt{s}}$$

一个系统相对于实验室系的运动,可以看成质量为 $\sqrt{s}$ 的粒子,具有动量为 $\sum \boldsymbol{P}_i$,能量为 $\sum E_i$ 的单粒子运动.反应阈能是实现某一个反应的入射粒子的最小能量

$$a + A \rightarrow b_1 + b_2 + \cdots + b_i + \cdots$$

$$P_a^{\mu}(E_a, \boldsymbol{P}_a) \quad P_A^{\mu}(M_A, 0) \quad P_{b_i}^{\mu}(E_{b_i}, \boldsymbol{P}_{b_i})$$

$$P_{initial}^{\mu} = (E_a + M_A, \boldsymbol{P}_a) \quad P_{final}^{\mu} = (\sum E_{b_i}, \sum \boldsymbol{P}_{b_i})$$

四动量守恒要求.根据反应阈能定义和四动量守恒要求,当末态粒子在动量中心系中都静止时,其不变质量最小,所以求最小入射能量的条件为

$$(E_{ath} + M_A)^2 - \boldsymbol{p}_a^2 = (\sum m_{bi})^2$$

$$E_{ath} = \frac{(\sum m_{bi})^2 - (m_a^2 + M_A^2)}{2M_A} \tag{12.24}$$

$$T_{ath} = \frac{(\sum m_{bi})^2 - (m_a + M_A)^2}{2M_A}$$

2. 粒子动量之间的变换关系

利用洛仑兹变换(12.8),寻找实验室系的三动量 $\boldsymbol{P}$ 和动量中心系中 $\boldsymbol{P}'$ 之间的关系,假定动量中心相对于实验室运动速度 β_c,方向沿着 x 轴,由式(12.8)

$$P_x = \gamma_c(P_x' + \beta_c E') \quad P_y = P_y' \quad P_z = P_z' \tag{12.25}$$

设 $\boldsymbol{P}$ 与 x 轴成 θ 角,$\boldsymbol{P}'$ 与 x' 轴成 θ' 角.

在动量中心系中,$\boldsymbol{P}'$ 的末端在空间轨迹为一个球,其半径为 $|\boldsymbol{P}'|$

$$P_x'^2 + P_y'^2 + P_z'^2 = |P'|^2$$

由式(12.25)将带撇的量用不带撇的量取代得

$$\frac{(P_x - \beta_c\gamma_c E')^2}{(\gamma_c P')^2} + \frac{P_y^2 + P_z^2}{|P'|^2} = 1 \tag{12.26}$$

它是以 (P_x, P_y, P_z) 为坐标架的一个旋转对称的椭球.在 P_x 轴上,离原点(粒子发射点) $\beta_c\gamma_c E'$ 处是椭球的中心,长轴为 $\gamma_c P'$,短轴为 P',图 12.4 给出三种不同情况下的动量矢量的变换关系.

$\gamma_c P' < \beta_c\gamma_c E'$,即 $\beta' < \beta_c$ (因为 $\gamma_c P' = \gamma_c\beta' E'$).动量中心系粒子速度小于动量中心的速度.这类粒子在实验室系中有几个明显的特点:

● 集中在前向区半锥角 θ_{max} 范围内. 根据下式

$$P'\sin\theta' = P\sin\theta, \gamma_c(P'\cos\theta' + \beta_c E') = P\cos\theta \tag{12.27}$$

得

$$\tan\theta = \frac{\sin\theta'}{\gamma_c\left(\cos\theta' + \frac{\beta_c}{\beta'}\right)} \tag{12.28}$$

(12.28)式求极值得

$$(\tan\theta)_{max} = \frac{\beta'}{\gamma_c(\beta_c^2 - \beta'^2)^{\frac{1}{2}}} \tag{12.29}$$

● 在 θ_{max} 角度内有两群不同动量的粒子 $|\boldsymbol{P}_1|$ 和 $|\boldsymbol{P}_2|$，分别与 θ'_1 和 θ'_2 对应，在 $\theta = 0$ 的方向的两群粒子分别为

$$P_{max} = \gamma_c(\beta_c E' + P') \quad \theta' = 0^\circ$$
$$P_{min} = \gamma_c(\beta_c E' - P') \quad \theta' = 180^\circ$$

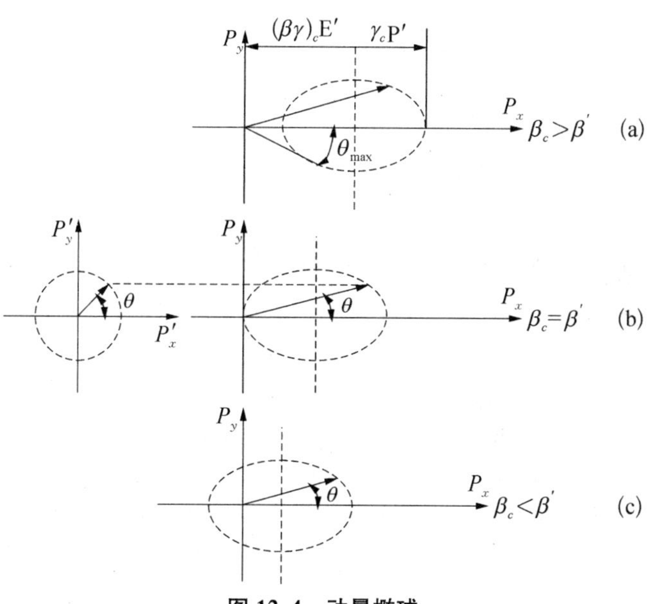

图 12.4　动量椭球

$\gamma_c P' = \beta_c\gamma_c E'$，$\beta_c = \beta'$（图 12.4(b)）. $\beta_c = \beta'$ 的粒子集中在前向 2π 立体角内. 在实验室系中，存在着静止不动的粒子：$\beta' = \beta_c$，$\theta' = 180^\circ$，$\boldsymbol{P} = 0$. 在 θ 角方向出射的是单一动量的粒子，θ' 与 θ 具有一一对应的关系.

$\gamma_c P' > \beta_c\gamma_c E'$，$\beta' > \beta_c$（图 12.4(c)），$\beta' > \beta_c$ 的粒子在运动学上可以到达 4π 立体角的各个区内，当然还是以前向为主. 末态的光子或中微子可以在背向 2π 立

体角内出现.

由于运动学的效应,在静止靶实验中,多数粒子,尤其是重的粒子都集中在靶的前向区.实验上多用前向谱仪.如用来寻找J粒子的谱仪就是一种前向的双臂谱仪,是以靶为顶点半张角为14°的两臂组成(参见图2.23).在对撞实验中,实验室系就是动量中心系.谱仪采用4π谱仪(全立体角).

3. 微分截面的变换关系

一个过程发生的几率应与惯性系的选择无关.

$$\left(\frac{d\sigma}{d\Omega}\right)d\Omega = \left(\frac{d\sigma}{d\Omega}\right)'d\Omega'$$

因此

$$\frac{d\sigma}{d\Omega} = \left(\frac{d\sigma}{d\Omega}\right)'\left|\frac{d\Omega'}{d\Omega}\right| = \left(\frac{d\sigma}{d\Omega}\right)'\left|\frac{d\cos\theta'}{d\cos\theta}\right|$$

带撇号的表示动量中心系的量.其他的为实验室系中的量,由式(12.27)的逆变换及

$$\frac{dE'}{d\cos\theta} = \frac{dP'}{d\cos\theta} = 0$$

推出

$$\frac{d\cos\theta'}{d\cos\theta} = \frac{P}{\gamma_c P'\left(1-\dfrac{\beta_c\cos\theta}{\beta}\right)} \tag{12.30}$$

$\beta = \dfrac{P}{E}$ 是粒子相对于K系速度,由式(12.27)及

$$E = \gamma_c(E' + \beta_c P'\cos\theta')$$

出发,可以推得

$$\frac{d\cos\theta'}{d\cos\theta} = \frac{P^3}{\gamma_c P'^3(1+\beta_c\cos\theta/\beta')}$$

4. 角分布的变换关系

微分截面是理论模型推出的过程发生几率在空间的分布.实验仪器记录是该过程出射粒子在空间中的强度分布.它们之间存在着如下的联系

$$I(\cos\theta)d\cos\theta \equiv \frac{1}{\sigma}\left(\frac{d\sigma}{d\Omega}\right)d\cos\theta$$

$$\sigma = \int\left(\frac{d\sigma}{d\Omega}\right)d\Omega = \int\left(\frac{d\sigma}{d\Omega}\right)'d\Omega' \tag{12.31}$$

因此

$$I(\cos\theta) = I(\cos\theta')\frac{d\cos\theta'}{d\cos\theta} \tag{12.32}$$

5. *动量分布 $W(\theta, P)$ 和能量分布 $W(\theta, E)$*

$W(\theta, P)$ 表示末态某特定粒子具有动量大小为 P 方向为 θ 的几率. $W(\theta, E)$ 表示末态某特定粒子具有能量 E，出射方向为 θ 的几率，由归一条件得

$$\int W(\theta, P)\mathrm{d}P\mathrm{d}\theta = \int W(\theta', P')\mathrm{d}P'\mathrm{d}\theta' = 1$$

$$\int W(\theta, E)\mathrm{d}E\mathrm{d}\theta = \int W(\theta', E')\mathrm{d}E'\mathrm{d}\theta' = 1 \tag{12.33}$$

将极轴选为入射粒子的方向，分布方位对称，对 ϕ 积分给出 2π 因子. 为找到 $\mathrm{d}P\mathrm{d}\theta$ 和 $\mathrm{d}P'\mathrm{d}\theta'$ 的联系，需要利用洛仑兹不变量

$$\frac{\mathrm{d}\boldsymbol{P}}{E} = \frac{\mathrm{d}\boldsymbol{P}'}{E'} \tag{12.34a}$$

及关系

$$\mathrm{d}\boldsymbol{P} = \mathrm{d}P_x\mathrm{d}P_y\mathrm{d}P_z = 2\pi P^2\mathrm{d}P\sin\theta\mathrm{d}\theta$$

$$\mathrm{d}\boldsymbol{P}' = \mathrm{d}P'_x\mathrm{d}P'_y\mathrm{d}P'_z = 2\pi P'^2\mathrm{d}P'\sin\theta'\mathrm{d}\theta'$$

由关系式 $P\sin\theta = P'\sin\theta'$ 和式(12.34a)

$$\frac{P\mathrm{d}P\mathrm{d}\theta}{E} = \frac{P'\mathrm{d}P'\mathrm{d}\theta'}{E'} \tag{12.34b}$$

整理得

$$\mathrm{d}\theta\mathrm{d}P = \frac{P'E}{PE'}\mathrm{d}P'\mathrm{d}\theta' \tag{12.35}$$

代入式(12.33)左边，求得

$$W(\theta, P) = \frac{PE'}{P'E}W(\theta', P') \tag{12.36}$$

由式(12.35)有：$\mathrm{d}E\mathrm{d}\theta = \dfrac{P}{E}\mathrm{d}P\mathrm{d}\theta = \dfrac{P'}{E'}\mathrm{d}P'\mathrm{d}\theta' = \mathrm{d}E'\mathrm{d}\theta'$，代入式(12.33)得

$$W(\theta,E) = W(\theta',E')$$

12.3 典型过程的运动学

两体末态和三体末态是粒子相互作用的常见的过程的末态. 根据能动量守恒定律可以解析地表示过程中运动学参数之间的关系.

12.3.1 过程的部分宽度

根据量子力学的基本原理,过程 $a + A \rightarrow b + B + \cdots$ 的部分宽度表示:单位体积中有一个粒子和单位体积中一个靶粒子之间由于某种相互作用,单位时间内到达某一特定的相体积元的末态的几率,即

$$d\Gamma \sim 2\pi \langle \mu \rangle^2 \rho_f \tag{12.37}$$

μ 是 a 与 A 相互作用的矩阵元,其中包含相互作用的动力学信息,ρ_f 为末态的相空间因子.

1. 初态粒子密度的洛仑兹不变形式

$d\Gamma$ 是过程发生的概率,这不应随惯性系的选择而变化.因此,应把式中的跃迁矩阵元、末态的相体积元以及隐含在式中的初态的粒子密度写成具有洛仑兹变换不变的形式.粒子的波函数归一在体积为 V 的盒子中,初态粒子的密度包括了 V^{-1} 的因子.当粒子运动时,随粒子运动的盒子沿运动方向的线度将收缩($\gamma = E/m$),因而盒子的体积将由 V 变成 $V(m/E)$. 因此,粒子密度随坐标系选择而变.式(12.37)中 a 粒子和 A 粒子选为粒子静止的坐标系的密度因子,取为1.当粒子具有能量 E_a 和 E_A,其密度变成 $\frac{E_a}{m_a}$ 和 $\frac{E_A}{M_A}$. 为了使 $d\Gamma$ 密度因子具有洛仑兹不变性.在式中引入归一化因子 $\frac{m_a}{E_a}$ 和 $\frac{M_A}{E_A}$. 来抵消密度因子保持洛仑兹不变,在实际应用中,将波函数的归一化因子写成 $(2E_i)^{-\frac{1}{2}}$. 这样有式(12.38)

$$d\Gamma = \frac{2\pi}{\prod_i 2E_i} \langle \mu \rangle^2 \rho_f \tag{12.38}$$

2. 末态相空间因子 ρ_f

$\rho_f = \frac{dn}{dE}$, $dn = V \frac{d^3 \boldsymbol{P}_1 d^3 \boldsymbol{P}_2 \cdots d^3 \boldsymbol{P}_{n-1}}{(2\pi \hbar)^{3(n-1)}}$, dn 为动量空间体元中的态数,和前面一样讨论,在 ρ_f 中引入末态粒子的能量因子,使末态的相空间元具有洛仑兹不变性. ρ_f 的一般形式为

$$\rho_f = \frac{d^3 \boldsymbol{P}_1 d^3 \boldsymbol{P}_2 \cdots d^3 \boldsymbol{P}_{n-1}}{(2\pi)^{3(n-1)} dE \prod_f 2E_f} \tag{12.39}$$

这里取体积 $V = 1$, $\hbar = c = 1$.

12.3.2 二体衰变运动学

母粒子 $(E, \boldsymbol{P})$,衰变成两个粒子 $(E_1, \boldsymbol{P}_1)$ 和 $(E_2, \boldsymbol{P}_2)$. 图 12.5 表示粒子

M 的衰变，相应的运动学参数在图中给出.

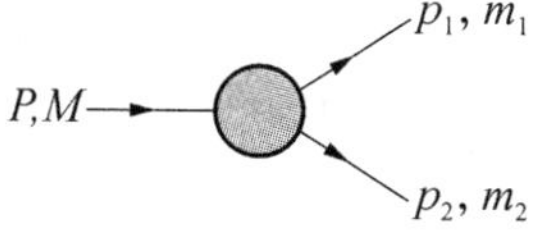

图 12.5　两体衰变图示

将系统的参考系选在粒子 M 上. 动量中心速度为:

$$\boldsymbol{\beta}_c = \frac{\boldsymbol{P}}{E} = \frac{\boldsymbol{P}}{\sqrt{P^2 + M^2}} \quad \gamma_c = \frac{E}{M} = \frac{\sqrt{P^2 + M^2}}{M} \tag{12.40}$$

由能动量守恒，推出末态粒子在上述参考系中的能量和动量分别为

$$E'_1 = \frac{M^2 + m_1^2 - m_2^2}{2M}$$

$$|\boldsymbol{P}'_1| = |\boldsymbol{P}'_2| = \left\{\frac{[M^2 - (m_1 + m_2)^2][M^2 - (m_1 - m_2)^2]}{4M^2}\right\}^{\frac{1}{2}} \tag{12.41}$$

由式(12.38)、(12.39)得到部分宽度为

$$\mathrm{d}\Gamma = \frac{2\pi}{2M}\langle\mu\rangle^2 \rho_f(2) \tag{12.42}$$

其中 $\rho_f(2) = \dfrac{\mathrm{d}^3 P'_1}{(2\pi)^3 4E'_1 E'_2 \mathrm{d}E'} = \dfrac{P'^2_1 \mathrm{d}\Omega \mathrm{d}P'_1}{(2\pi)^3 4E'_1 E'_2 \mathrm{d}E'}$，由 $E' = E'_1 + E'_2$，$|\boldsymbol{P}'_1| = |\boldsymbol{P}'_2|$，$\dfrac{\mathrm{d}P'_1}{\mathrm{d}E'} = \dfrac{1}{P'_1}\dfrac{E'_1 E'_2}{E'}$，得

$$\rho_f(2) = \frac{P'_1 \mathrm{d}\Omega}{(2\pi)^3 4E'}$$

$$E' = M$$

二体衰变的部分宽度为

$$\mathrm{d}\Gamma = \frac{\langle\mu\rangle^2}{32\pi^2 M^2} P'_1 \mathrm{d}\Omega$$

12.3.3　三体衰变运动学

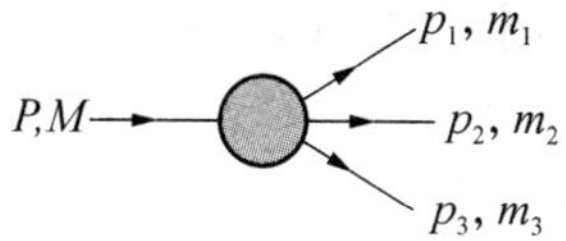

图 12.6　三体衰变示意图

母粒子 $(E, \boldsymbol{P})$ 质量为 M，衰变成三个粒子 m_1，m_2，m_3，$(E_1, \boldsymbol{P}_1)$，$(E_2, \boldsymbol{P}_2)$，$(E_3, \boldsymbol{P}_3)$ 表示末态粒子的四动量. 图 12.6 表示其衰变的过程.

1. 独立的运动学变量的选择

能量动量守恒，规定了三体末态的独立变量只有两个. 在任意惯性坐标系中，下述方程成立

$$E = E_1 + E_2 + E_3$$

$$\boldsymbol{P}_1 + \boldsymbol{P}_2 + \boldsymbol{P}_3 = \boldsymbol{P} \quad E^2 - P^2 = M^2 \tag{12.43}$$

在母粒子 M 静止的坐标系中

$$E'_1 + E'_2 + E'_3 = M \quad \boldsymbol{P}'_1 + \boldsymbol{P}'_2 + \boldsymbol{P}'_3 = 0 \tag{12.44}$$

$$T'_1 + T'_2 + T'_3 = M - (m_1 + m_2 + m_3) \equiv Q$$

为末态粒子的动能.为研究三体衰变中,某种中间过程的关联,如共振态的产生等,常选用末态粒子的组合的不变质量做为运动学独立变量

$$P^\mu_{ij} = P^\mu_i + P^\mu_j = (E_i + E_j, \boldsymbol{P}_i + \boldsymbol{P}_j)$$

在任意参考系中:$m^2_{ij} = (P^\mu_i + P^\mu_j)^2 = m^2_i + m^2_j + 2P^\mu_i P_{j\mu}$,所以

$$m^2_{12} = m^2_1 + m^2_2 + 2P^\mu_1 P_{2\mu} \tag{1}$$

$$m^2_{23} = m^2_2 + m^2_3 + 2P^\mu_2 P_{3\mu} \tag{2}$$

$$m^2_{31} = (P^\mu_3 + P^\mu_1)^2$$

因为 $P^\mu_3 = P^\mu - (P^\mu_1 + P^\mu_2)$

$$\begin{aligned} m^2_{31} &= (P^\mu - P^\mu_2)^2 = M^2 + m^2_2 - 2P^\mu P_{2\mu} \\ &= M^2 + m^2_2 - 2(P^\mu_1 + P^\mu_2 + P^\mu_3)P_{2\mu} \\ &= M^2 + m^2_2 - 2P^\mu_1 P_{2\mu} - 2m^2_2 - 2P^\mu_3 P_{2\mu} \end{aligned} \tag{3}$$

(1) + (2) + (3) 整理后可以得到

$$m^2_{12} + m^2_{23} + m^2_{31} = m^2_1 + m^2_2 + m^2_3 + M \tag{12.45}$$

在分析三体衰变末态粒子的运动学过程中,可以选用 T_1, T_2, T_3 中的任意两个做为独立变量,也可以选取 m_{12}, m_{23}, m_{31} 中的任意两个做为独立变量.

2. 达里兹(Dalitz)图

由能动量守恒对末态粒子运动学参数的变化范围加以限制,用图示的方法将这种限制表示出来,就构成了所谓 Dalitz 图.运动学的限制(即衰变的部分宽度中的末态相空间因子)规定了衰变末态只能落在 Dalitz 图限制范围内.而在此范围内态密度的分布受衰变的矩阵元(过程的动力学机制)的调制.因此,Dalitz 图是研究衰变末态运动学和动力学机制的重要的方法.根据式(12.38)及式(12.39),三体衰变的部分宽度为:$\mathrm{d}\Gamma = \dfrac{2\pi}{2M}\langle\mu\rangle^2\rho_f$, $\rho_f = \dfrac{\mathrm{d}P_1\mathrm{d}P_2\mathrm{d}\Omega_1\mathrm{d}\Omega_2 P_1^2 P_2^2}{(2\pi)^6 8E_1E_2E_3\mathrm{d}E}$,在粒子静止的坐标系中,初态未极化的粒子,末态产物对空间的分布是各向同性的,取粒子 1 的发射方向为 z 轴,粒子 2 与 1 之间的夹角为 θ_{12},即:$\int \mathrm{d}\Omega_1 = 4\pi$, $\mathrm{d}\Omega_2 = 2\pi\mathrm{d}(\cos\theta_{12})$,粒子 1 的发射是各向同性的,粒子 2 相对粒子 1 的分布受运动学及动力学机制的限制.因为

$$E_1^2 = P_1^2 + m_1^2$$
$$E_2^2 = P_2^2 + m_2^2$$
$$E_3^2 = m_3^2 + P_3^2 = m_3^2 + P_1^2 + P_2^2 + 2P_1P_2\cos\theta_{12}$$

所以

$$E_1\mathrm{d}E_1 = P_1\mathrm{d}P_1$$
$$E_2\mathrm{d}E_2 = P_2\mathrm{d}P_2$$
$$E_3\mathrm{d}E_3 = P_1P_2\mathrm{d}(\cos\theta_{12})\big|_{P_1,P_2=\mathrm{Cosnt.}}$$
$$\mathrm{d}E = \mathrm{d}E_3\big|_{P_1,P_2=\mathrm{Cosnt.}}$$

最后给出

$$\left.\begin{aligned}\rho_f(3) &= \frac{(2\pi)^{-4}}{4}\mathrm{d}E_1\mathrm{d}E_2\\ \mathrm{d}\Gamma &= \frac{(2\pi)^{-3}}{8M}\langle\mu\rangle^2\mathrm{d}E_1\mathrm{d}E_2\end{aligned}\right\} \tag{12.46}$$

由 $E_1 = T_1 + m_1, E_2 = T_2 + m_2$ 得

$$\mathrm{d}\Gamma = \frac{(2\pi)^{-3}}{8M}\langle\mu\rangle^2\mathrm{d}T_1\mathrm{d}T_2 \tag{12.47}$$

由式 $m_{ij}^2 = M^2 + m_k^2 - 2ME_k$，$\mathrm{d}m_{ij}^2 = -2M\mathrm{d}E_k(i, j, k \Rightarrow 1, 2, 3)$，可得到部分宽度的另一有用的表达式

$$\mathrm{d}\Gamma = \frac{(2\pi)^{-3}}{32M^2}\langle\mu\rangle^2\mathrm{d}m_{12}^2\mathrm{d}m_{23}^2 \tag{12.48}$$

例 2　以衰变为三个等质量末态粒子的动能为运动学变量给出 Dalitz 图

解：

$$M \to 3m$$

由于在母粒子静止坐标系中讨论，故

$$T_1 + T_2 + T_3 = Q = M - 3m \tag{12.49}$$

满足上述式子的点的集合，构成以 Q 为高的正三角形，动量守恒：

$$\boldsymbol{P}_1 + \boldsymbol{P}_2 + \boldsymbol{P}_3 = 0$$

该等边三角形的三条高代表三粒子的动能坐标轴 T_1，T_2，T_3. 等边三角形的三个顶点表示全部动能 Q 被一个粒子携带，而其他两个粒子都是静止的. 这种状态是违背动量守恒的. 因此，三角形的三个顶点及其邻近的一个区间应该排除在外.

由动量守恒得：$P_3^2 = P_1^2 + P_2^2 + 2P_1P_2\cos\theta_{12}$，$|\cos\theta_{12}| \leqslant 1$. 所以：

$$4P_1^2P_2^2 \geqslant (P_3^2 - P_1^2 - P_2^2)^2 \tag{12.50}$$

式(12.49)及(12.50)给出末态三个粒子运动学的完全描述，下面分两种情况加以

讨论.

● 非相对论性末态粒子

$P_i^2 = 2m_iT$，$m_1 = m_2 = m_3 = m$. 代入式(12.51)得：

$$4T_1T_2 \geqslant (T_3 - T_1 - T_2)^2 \tag{12.51}$$

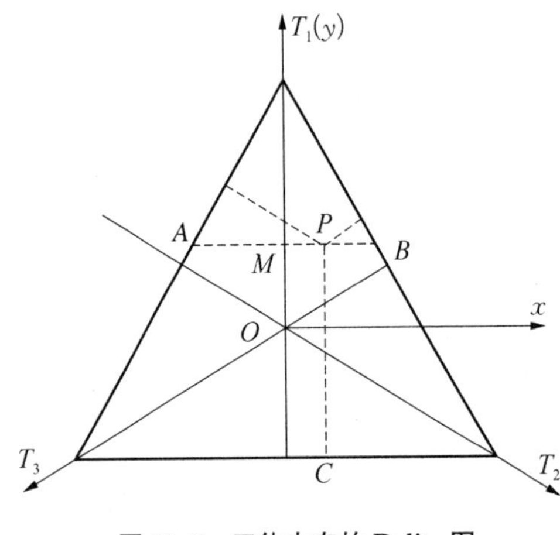

图 12.7　三体末态的 Dalitz 图

AB 为过点 *P* 平行于底边的辅助线，交 *y* 轴于 *M* 点.

式(12.51)中的等号是动量守恒给区域的外边界加一限制. 图 12.7 将直角坐标 $x - y$ 的原点选在等边三角形的中心 o，相当于 (T_1, T_2, T_3) 的值为 $\left(\frac{Q}{3}, \frac{Q}{3}, \frac{Q}{3}\right)$，由简单的几何关系，点 $P(xy)$ 的坐标 x, y 与 T_1，T_2，T_3 的关系可以表示如下：

$$T_2 = AP\cos 30^\circ = (AM + x)\cos 30^\circ$$

$$T_3 = PB\cos 30^\circ = (AM - x)\cos 30^\circ$$

$$T_1 = y + \frac{Q}{3}$$

$$AM = \frac{1}{\sqrt{3}}\left(\frac{2}{3}Q - y\right)$$

将上述表达式代入式(12.51)，有：$x^2 + y^2 \leqslant \left(\frac{Q}{3}\right)^2$ 是高为 Q 的正三角形的内切圆方程，如图 12.8(a)所示.

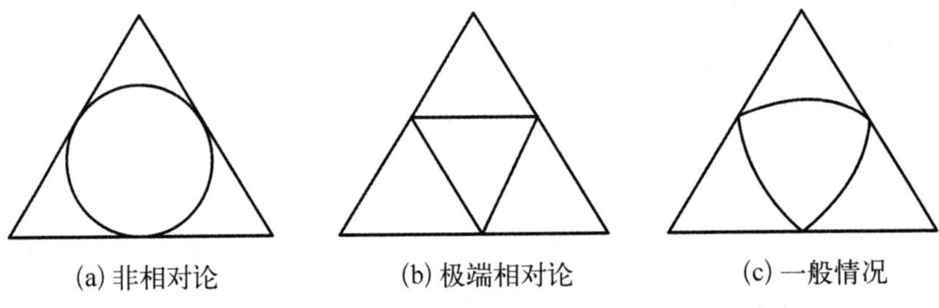

(a) 非相对论　(b) 极端相对论　(c) 一般情况

图 12.8　$m_1 = m_2 = m_3$ 的三体末态的 Dalitz 图

● 极端相对论情况

$P_i = E_i = T_i$ 由动量守恒给出下列极端情况：

这给出以 Q 为高的正三角形中的一个内接正三角形，如图 12.8(b)，图12.8(c)给出介于极端相对论和非相对论之间的情况. 式(12.49)中，若 $\langle\mu\rangle^2$ 与能量无关. 过程衰变

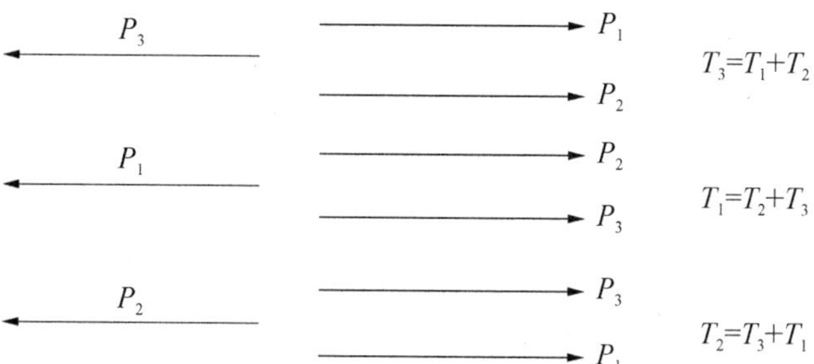

几率与 $dT_1dT_2 \propto dxdy$ 成正比.即在 Dalitz 图规定的范围内,物理态出现的频数应是均匀的.若跃迁矩阵元与能量有关,即动力学机制使得末态粒子某种运动学参数组合更优越,将使末态 Dalitz 图物理态出现的频数分布不均匀.

例 3　根据 $K^+ \to \pi^+ + \pi^+ + \pi^-$ 衰变产物的动能测量,给出末态 3π 介子的 Dalitz 图的频数分布如图 12.9(b).试确定介子的自旋.

解:
$$Q = M_x - 3m_\pi \approx 75 \text{ MeV}$$

末态粒子接近于非相对论,可以推断 3π 介子的动能分布的物理态的点集应落在以 75 MeV 为高的等边三角形的内接圆内.如果 K 介子具有不为零的自旋,$J_K \neq 0$,末态 3π 的总角动量为 J_K,$\boldsymbol{J}_K = \boldsymbol{l}^+ + \boldsymbol{l}^-$.$\boldsymbol{l}^+$ 为 π^+,π^+ 的相对运动的轨道角动量,$\boldsymbol{l}^-$ 为 π^- 相对于(π^+,π^+)系统的轨道角动量,π^+,π^+ 为全同的玻色子($s = 0$),$l^+ = 0, 2, \cdots$.假定 l^+ 不为零,即图 12.9(a)中的 S 区应为禁区,因为该区对应于两个 π^+ 相对静止,$l^+ = 0$.假定 l^- 不为零,即图 12.9(a)的 R 区为禁区,因为该区的 π^- 近乎静止.从实验结果看,实际的物理点分布基本上是均匀的图(12.9(b)所示),因此可以推断:$l^+ = l^- = 0$, $J_K = 0$.

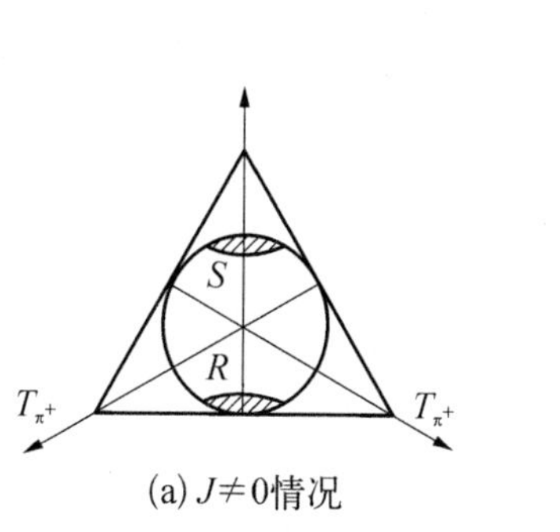

(a) $J \neq 0$情况

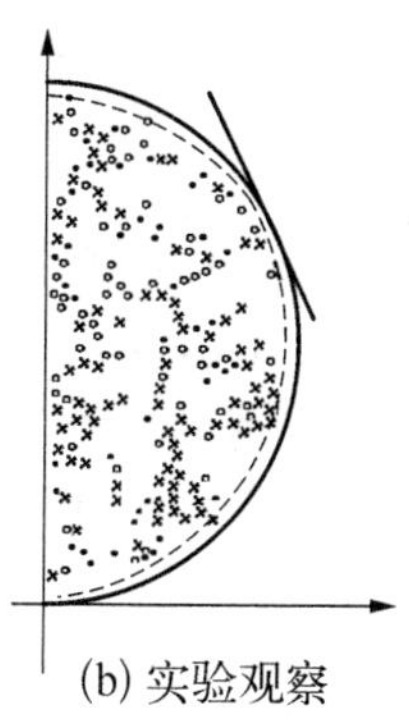
(b) 实验观察

图 12.9　$K^+ \to \pi^+ + \pi^+ + \pi^-$ **衰变的 Dalitz 分析**

习　题

12-1 利用合肥国家同步辐射环中的 800 MeV 电子束，与 Ar 离子激光器产生的激光束($\lambda = 514.5\,\text{nm}$) 对撞(电子和光子的 Compton 的散射)，求散射光子的能量随散射角的关系.

12-2 求光子在原子核 ($M_A \gg E_\gamma$) 场中产生正负电子对的阈能；求光子在电子的库仑场产生的正负电子对的阈能.

12-3 宇宙空间充满着 2.7 K 的背景辐射，太空中穿行的宇宙线将和宇宙背景光子发生互相作用. 这限制了不同成分的宇宙线能量的上限. 例如宇宙线的高能量光子和背景光子的碰撞可以产生电子对. 当宇宙的光子能量达到产生电子对的阈时，这种高能光子迟早要消失掉. 因而宇宙线中找不到这种能量限以上的光子. 按照这种物理模型，计算宇宙线光子的能量的高能截断限.

12-4 假设存在着违背重子数守恒的质子衰变

$$p \to \pi^0 + e^+ \quad \pi^0 \to \gamma + \gamma$$

(1) 求在相对 π^0 静止的参考系中观察的衰变末态光子的能量；

(2) 假如在相对 π^0 静止的参考系中的光子的角分布是各向同性的，求在相对质子为静止的参考系中：末态光子的角分布(选择 π^0 的运动方向为极轴). 在后一个参考系中观察到的末态光子的最大和最小能量分别是多大?

12-5 2 GeV 的 μ 型中微子和“超级神冈” 地下实验装置中的水介质中的核子发生反应

$$\nu_\mu + n \to \mu^- + p$$

求沿 μ 型中微子入射方向发射的 μ^- 动量，计算 μ^- 在离作用区 5 米的光敏成像平面形成的切伦科夫光环半径. 推导出用出射带电 μ^- 子的能量、动量表示的入射中微子的能量.

12-6 证明，在惯性系 K 和 K′ 中运动的粒子的快度分别为 Y 和 Y' 的关系为

$$Y = Y' + Y_c$$

K′相对于 K 以速度 β_c 运动.

12-7 动量为 10 GeV/c 的 π 与 z 轴分别成 $\theta = 20, 30, 40, 50, 60, 70, 80, 90$ 度角，求它们对应的快度 $Y(\theta)$ 赝快度 $\eta(\theta)$和横质量 Ω.

12-8 动量为 2 GeV 的 $\Lambda(M_\Lambda = 1.114\,\text{GeV})$，求衰变顶点相对于产生顶点的分布($\tau_0 = 2.6 \times 10^{-10}\,\text{s}$).

附录 A　常用物理数据表

引自 *Review of Particle Physics*. J. Phys. G，2006，33：97，296，104，105.

表 A.1　物 理 常 数

物 理 量	符号,表达式	数　值	不确定度(ppb)
真空光速	c	$299\ 792\ 458\ \mathrm{m\cdot s^{-1}}$	准确(定义)
普朗克常数	h	$6.626\ 068\ 76(52)\times10^{-34}\ \mathrm{J\cdot s}$	78
约化普朗克常数	$\hbar\equiv h/2\pi$	$1.054\ 571\ 596(82)\times10^{-34}\ \mathrm{J\cdot s}$	78
		$=6.582\ 118\ 89(26)\times10^{-22}\ \mathrm{MeV\cdot s}$	39
基本电荷	e	$1.602\ 176\ 462(63)\times10^{-19}\ \mathrm{C}=4.803\ 204\ 20(19)\times10^{-10}\ \mathrm{esu}$	39,39
转化系数	$\hbar e$	$197.326\ 960\ 2(77)\ \mathrm{MeV\cdot fm}$	39
转化系数	$(\hbar c)^2$	$0.389\ 379\ 292(30)\ \mathrm{GeV^2\cdot mbarn}$	78
电子质量	m_e	$0.510\ 998\ 902(21)\ \mathrm{MeV}/c^2=9.109\ 381\ 88(72)\times10^{-31}\ \mathrm{kg}$	40,79
质子质量	m_p	$938.271\ 998(38)\ \mathrm{MeV}/c^2=1.672\ 621\ 58(13)\times10^{-27}\ \mathrm{kg}$	40,79
		$=1.007\ 276\ 466\ 88(13)\ \mathrm{u}=1\ 836.152\ 667\ 5(39)\ m_e$	0.13,2.1
氘核质量	m_d	$1\ 875.612\ 762(75)\ \mathrm{MeV}/c^2$	40
原子质量单位	(mass ^{12}C atom)/12=(1 g)/(N_A mol)	$931.494\ 013(37)\ \mathrm{MeV}/c^2=1.660\ 538\ 73(13)\times10^{-27}\ \mathrm{kg}$	40,79
真空介电常数	$\varepsilon_0=1/\mu_0c^2$	$8.854\ 187\ 817\ldots\times10^{-12}\ \mathrm{F\cdot m^{-1}}$	准确(定义)
真空磁导率	μ_0	$4\pi\times10^{-7}\ \mathrm{N\cdot A^{-2}}=12.566\ 370\ 614\ldots\times10^{-7}\ \mathrm{N\cdot A^{-2}}$	准确(定义)
精细结构常数	$\alpha=e^2/4\pi\varepsilon_0\hbar c$	$7.297\ 352\ 533(27)\times10^{-3}=1/137.035\ 999\ 76(50)$	3.7,3.7
电子经典半径	$r_e=e^2/4\pi\varepsilon_0m_ec^2$	$2.817\ 940\ 285(31)\times10^{-15}\ \mathrm{m}$	11
电子康普顿波长/2π	$\lambda\!\!\!^{-}_e=\hbar/m_ec=r_e\alpha^{-1}$	$3.861\ 592\ 642(28)\times10^{-13}\ \mathrm{m}$	7.3
玻尔半径($m_{nucleus}=\infty$)	$a_\infty=4\pi\varepsilon_0\hbar^2/m_ee^2=r_e\alpha^{-2}$	$0.529\ 177\ 208\ 3(19)\times10^{-10}\ \mathrm{m}$	3.7
1 eV/c 粒子的波长	$hc/(1\ \mathrm{eV})$	$1.239\ 841\ 857(49)\times10^{-6}\ \mathrm{m}$	39
里德堡常数	$hcR_\infty=m_ee^4/2(4\pi\varepsilon_0)^2\hbar^2=m_ec^2\alpha^2/2$	$13.605\ 691\ 72(53)\ \mathrm{eV}$	39
汤姆孙散射截面	$\sigma_T=8\pi r_e^2/3$	$0.665\ 245\ 854(15)\ \mathrm{barn}$	22
玻尔磁子	$\mu_b=e\hbar/2m_e$	$5.788\ 381\ 749(43)\times10^{-11}\ \mathrm{MeV\cdot T^{-1}}$	7.3
核磁子	$\mu_n=e\hbar/2m_p$	$3.152\ 451\ 238(24)\times10^{-14}\ \mathrm{MeV\cdot T^{-1}}$	7.6
电子回旋频率	$\omega_{cycl}^{e}/B=e/m_e$	$1.758\ 820\ 174(71)\times10^{11}\ \mathrm{rads^{-1}\cdot T^{-1}}$	40
原子回旋频率	$\omega_{cycl}^{p}/B=e/m_p$	$9.578\ 834\ 08(38)\times10^{7}\ \mathrm{rads^{-1}\cdot T^{-1}}$	40

(续表)

物理量	符号,表达式	数值	不确定度(ppb)
万有引力常数	G_n	$6.673(10)\times10^{-11}\ \mathrm{m^3\cdot kg^{-1}\cdot s^{-2}}$	1.5×10^6
		$=6.707(10)\times10^{-39}\ \hbar c(\mathrm{GeV}/c^2)^{-2}$	1.5×10^6
重力加速度	g_n	$9.80665\ \mathrm{m\cdot s^{-2}}$	准确(定义)
阿伏伽德罗常数	N_A	$6.02214199(47)\times10^{23}\ \mathrm{mol^{-1}}$	79
玻尔兹曼常数	k	$1.3806503(24)\times10^{-23}\ \mathrm{J\cdot K^{-1}}$	1 700
		$=8.617342(15)\times10^{-5}\ \mathrm{eV\cdot K^{-1}}$	1 700
标准状态下理想气体的摩尔体积	$N_A k(273.15\ \mathrm{K})/(101325\ \mathrm{Pa})$	$22.413996(39)\times10^{-3}\ \mathrm{m^3\cdot mol^{-1}}$	1 700
维恩位移常数	$b=\lambda_{max}T$	$2.8977686(51)\times10^{-3}\ \mathrm{m\cdot K}$	1 700
斯特藩-玻尔兹曼常数	$\sigma=\pi^2k^4/60\hbar^3c^2$	$5.670400(40)\times10^{-8}\ \mathrm{W\cdot m^{-2}\cdot K^{-4}}$	7 000
费米耦合常数	$G_F/(\hbar c)^3$	$1.16639(1)\times10^{-5}\ \mathrm{GeV^{-2}}$	9 000
弱混合角	$\sin^2\hat{\theta}(M_Z)(\overline{MS})$	$0.23113(15)$	6.5×10^5
$W^\pm$ 质量	m_W	$80.423(39)\ \mathrm{GeV}/c^2$	4.8×10^5
Z^0 质量	m_Z	$91.1876(21)\ \mathrm{GeV}/c^2$	2.3×10^4
强耦合常数	$\alpha_s(m_Z)$	$0.1172(20)$	1.7×10^7

$\pi=3.141\,592\,653\,589\,793\,238$　　$e=2.718\,281\,828\,459\,045\,235$　　$\gamma=0.577\,215\,664\,901\,532\,861$

$1\ \mathrm{in}\equiv0.0254\ \mathrm{m}$	$1\mathrm{G}\equiv10^{-4}\ \mathrm{T}$	$1\ \mathrm{eV}=1.602176462(63)\times10^{-19}\ \mathrm{J}$	$kT(300\ \mathrm{K})=[38.681686(67)]^{-1}\ \mathrm{eV}$
$1\ \text{Å}\equiv0.1\ \mathrm{nm}$	$1\ \mathrm{dyn}\equiv10^{-5}\ \mathrm{N}$	$1\ \mathrm{eV}/c^2=1.782661731(70)\times10^{-36}\ \mathrm{kg}$	$0^\circ\mathrm{C}\equiv273.15\ \mathrm{K}$
$1\ \mathrm{barn}\equiv10^{-28}\ \mathrm{m^2}$	$1\ \mathrm{erg}\equiv10^{-7}\ \mathrm{J}$	$2.99792458\times10^9\ \mathrm{esu}=1\ \mathrm{C}$	$1\ \mathrm{atm}\equiv760\ \mathrm{Torr}\equiv101325\ \mathrm{Pa}$

表 A.2 常用放射源

核素	半衰期	衰变类型	粒子		光子	
			能量(MeV)	发射几率	能量(MeV)	发射几率
$^{22}_{11}$Na	2.603 年	β^+,EC	0.545	90%	0.511 1.275	Annih, 100%
$^{54}_{25}$Mn	0.855 年	EC			0.835 CrK X	100% rays 26%
$^{55}_{26}$Fe	2.73 年	EC			Mn K X 0.005 90 0.006 49	rays: 24.4% 2.86%
$^{57}_{27}$Co	0.744 年	EC			0.014 0.122 0.136 Fe K X	9% 86% 11% rays 58%
$^{60}_{27}$Co	5.271 年	β^-	0.316	100%	1.173 1.333	100% 100%
$^{68}_{32}$Ge	0.742 年	EC			Ga K X	rays 44%
→$^{68}_{31}$Ga		β^+,EC	1.899	90%	0.511 1.077	Annih. 3%
$^{90}_{38}$Sr	28.5 年	β^-	0.546	100%		
→$^{90}_{39}$Y		β^-	2.283	100%		
$^{106}_{44}$Ru	1.020 年	β^-	0.039	100%		
→$^{106}_{45}$Rh		β^-	3.541	79%	0.512 0.622	21% 10%
$^{109}_{48}$Cd	1.267 年	EC	0.063e$^-$ 0.084e$^-$ 0.087e$^-$	41% 45% 9%	0.088 Ag K X	3.6% rays 100%
$^{113}_{50}$Sn	0.315 年	EC	0.364e$^-$ 0.388e$^-$	29% 6%	0.392 In K X	65% rays 97%
$^{137}_{55}$Cs	30.2 年	β^-	0.514e$^-$ 1.176e$^-$	94% 6%	0.662	85%

(续表)

核素	半衰期	衰变类型	粒子		光子	
			能量 (MeV)	发射几率	能量 (MeV)	发射几率
$^{133}_{56}Ba$	10.54年	EC	$0.045e^-$ $0.075e^-$	50% 6%	0.081 0.356 Cs K X	34% 62% rays 121%
$^{207}_{83}Bi$	31.8年	EC	$0.481e^-$ $0.975e^-$ $1.047e^-$	2% 7% 2%	0.569 1.063 1.770 Pb K X	98% 75% 7% rays 78%
$^{228}_{90}Th$	1.912年	6α: $3\beta^-$:	5.341 to 8.785 0.334 to 2.246		0.239 0.583 2.614	44% 31% 36%
	(→$^{224}_{88}Ra$	→$^{220}_{86}Rn$	→$^{216}_{84}Po$ →$^{212}_{82}Pb$	→$^{212}_{83}Bi$	→$^{212}_{84}Po$	
$^{241}_{95}Am$	432.7年	α	5.443 5.486	13% 85%	0.060 Np L X	36% rays 38%
$^{241}_{95}Am/Be$	432.2年	6×10^{-5}neutrons (4 ～ 8 MeV) and 4×10^{-5} γ's (4.43 MeV) per Am decay				
$^{244}_{96}Cm$	18.11年	α	5.763 5.805	24% 76%	Pu L X	rays～9%
$^{252}_{98}Cf$	2.645年	α(97%)	6.076 6.118	15% 82%		

Fission (3.1%)

≈ 20 γ's/fission; 80% < 1 MeV

≈ 4 neutrons/fission; (E_n) = 2.14 MeV

发射几率表示某一特定的射线在一次衰变事件中产生的概率,由于级联衰变,产生的总概率可能超过100%.表中只列出主要衰变分支.符号EC表示电子俘获,e^-表示单能的内转换(俄歇)电子.e^+e^-湮灭的0.511 MeV的强度与被阻止的正电子数有关,$\beta^{\pm}$的最大能量也标注出来.对于γ射线,当能量相差不大时,标出平均能量.有时把相关的短寿命的子核素的衰变也标出.

半衰期、能量和强度等参数取自:E. Browne and R. B. Firestone *Table of Radoactive Isotopes*, John Wiley & Sons, New York, 1986; *Nuclear Data sheets*, *X-ray and Gamma-ray Standards for Detector Calibration*, IAEA-TECDOC-619, 1991.

中子数据取自:*Neutron Sources for Basic Physics and Applications*, Pergamon Press, 1983.

表 A.3 材料的原子和原子核参数

材料	Z	A	$\langle Z/A\rangle$	核碰撞自由程[a] λ_T ($g\cdot cm^{-2}$)	核相互作用自由程[a] λ_I ($g\cdot cm^{-2}$)	$dE/dx\vert_{min}$[b] $\left(\frac{MeV}{g\cdot cm^{-2}}\right)$	辐射长度[c] X_0 ($g\cdot cm^{-2}$)	辐射长度[c] X_0 (cm)	密度($g\cdot cm^{-3}$)（气体密度为 $g\cdot L^{-1}$）	1 atm 时液体沸点	折射系数 n（对气体为 $(n-1)\times10^6$）
H_2 气态	1	1.007 94	0.992 12	43.3	50.8	(4.103)	61.28[d]	(731 000)	(0.083 8)[0.089 9]		[139.2]
H_2 液态	1	1.007 94	0.992 12	43.3	50.8	4.034	61.28[d]	866	0.070 8	20.39	1.112
D_2	1	2.014 0	0.496 52	45.7	54.7	(2.052)	122.4	724	0.169[0.179]	23.65	1.128[138]
He	2	4.002 602	0.499 68	49.9	65.1	(1.937)	94.32	756	0.124 0[0.178 6]	4.224	1.024[34.9]
Li	3	6.941	0.432 21	54.6	73.4	1.639	82.76	155	0.534		
Be	4	9.012 182	0.443 84	55.8	75.2	1.594	65.19	35.28	1.848		—
C	6	12.011	0.499 54	60.2	86.3	1.745	42.70	18.8	2.265[e]		
N_2	7	14.006 74	0.499 76	61.4	87.8	(1.825)	37.99	47.1	0.807 3[1.250]	77.36	1.205[298]
O_2	8	15.999 4	0.500 02	63.2	91.0	(1.801)	34.24	30.0	1.141[1.428]	90.18	1.22[296]
F_2	9	18.998 403 2	0.473 72	65.5	95.3	(1.675)	32.93	21.85	1.507[1.696]	85.24	[195]
Ne	10	20.179 7	0.495 55	66.1	96.6	(1.724)	28.94	24.0	1.204[0.900 5]	27.09	1.092[67.1]
Al	13	26.981 539	0.481 81	70.6	106.4	1.615	24.01	8.9	2.70		—
Si	14	28.085 5	0.498 48	70.6	106.0	1.664	21.82	9.36	2.33	3.95	
Ar	18	39.948	0.450 59	76.4	117.2	(1.519)	19.55	14.0	1.396[1.782]	87.28	1.233[283]
Ti	22	47.867	0.459 48	79.9	124.9	1.476	16.17	3.56	4.54		—

（续表）

材料	Z	A	$\langle Z/A\rangle$	核碰撞自由程[a] λ_T $(g\cdot cm^{-2})$	核相互作用自由程[a] λ_I $(g\cdot cm^{-2})$	$dE/dx\|_{min}$[b] $\left(\frac{MeV}{g\cdot cm^{-2}}\right)$	辐射长度[c] X_0 $(g\cdot cm^{-2})$	(cm)	密度$(g\cdot cm^{-3})$（气体密度为$g\cdot L^{-1}$）	1 atm 时液体沸点	折射系数 n（对气体为$(n-1)\times 10^6$）
Fe	26	55.845	0.465 56	82.8	131.9	1.451	13.84	1.76	7.87		—
Cu	29	63.546	0.456 36	85.6	134.9	1.403	12.86	1.43	8.96		—
Ge	32	72.61	0.440 71	88.3	140.5	1.371	12.25	2.30	5.323		—
Su	50	118.710	0.421 20	100.2	163	1.264	8.82	1.21	7.31		—
Xe	54	131.29	0.411 30	102.8	169	(1.255)	8.48	2.87	2.953[5.858]	165.1	[701]
W	74	183.84	0.402 50	110.3	185	1.145	6.76	0.35	19.3		—
Pt	78	195.08	0.399 84	113.3	189.7	1.129	6.54	0.305	21.45		—
Pb	82	207.2	0.395 75	116.2	194	1.123	6.37	0.56	11.35		—
U	92	238.028 9	0.386 51	117.0	199	1.082	6.00	≈0.32	≈18.95		—
空气，(20℃，1 atm.)			0.499 19	62.0	90.0	(1.815)	36.66	[30 420]	(1.205)[1.293 1]	78.8	(273)[293]
H_2O			0.555 09	60.1	83.6	1.991	36.08	36.1	1.00	373.15	1.33
CO_2 气态			0.499 89	62.4	89.7	(1.819)	36.2	[18 310]	11.977 1		[410]
CO_2 固态（干冰）			0.499 89	62.4	89.7	1.787	36.2	23.2	1.563	sublimes	—
屏蔽水泥块[f]			0.502 74	67.4	99.9	1.711	26.7	10.7	2.5		—
SiO_2（熔融石英）			0.499 26	66.5	97.4	1.699	27.05	12.3	2.20[g]	1.458	
二甲醚，$(CH_3)_2O$			0.547 78	59.4	82.9	—	38.89	—	—	248.7	—
甲烷，CH_4			0.623 33	54.8	73.4	(2.417)	46.22	[64 850]	0.4224[0.717]	111.7	[444]

(续表)

材料	Z	A	⟨Z/A⟩	核碰撞自由程[a] λ_T (g·cm^{-2})	核相互作用自由程[a] λ_I (g·cm^{-2})	$dE/dx\|_{min}$[b] $\left(\frac{MeV}{g\cdot cm^{-2}}\right)$	辐射长度[c] X_0 (g·cm^{-2})	(cm)	密度(g·cm^{-3})(气体密度为g·L^{-1})	1 atm时液体沸点	折射系数 n (对气体为 $(n-1)\times10^6$)
乙烷,C_2H_6			0.598 61	55.8	75.7	(2.304)	45.47	[34 035]	0.509(1.356)[h]	184.5	(1.038)[h]
丙烷,C_3H_8			0.589 62	56.2	76.5	(2.262)	45.20	—	(1.879)	231.1	—
异丁烷,$(CH_3)_2CHCH_3$			0.584 96	56.4	77.0	(2.239)	45.07	[16 930]	12.671	261.42	[1 900]
辛烷,液态,$CH_3(CH_2)_6CH_3$			0.577 78	56.7	77.7	2.123	44.86	63.8	0.703	398.8	1.397
固体石蜡,$CH_3(CH_2)_{n\approx23}CH_3$			0.572 75	56.9	78.2	2.087	44.71	48.1	0.93	—	
尼龙6型[i]			0.547 90	58.5	81.5	1.974	41.84	36.7	1.14		—
聚碳酸酯(Lexan)[j]			0.526 97	59.5	83.9	1.886	41.46	34.6	1.20		—
聚对苯二甲酸乙二酯(Mylar)[k]			0.520 37	60.2	85.7	1.848	39.95	28.7	1.39		—
聚乙烯[l]			0.570 34	57.0	78.4	2.076	44.64	≈17.9	0.92—0.95		—
聚酰亚胺绝缘膜(Kapton)[m]			0.512 64	60.3	85.8	1.820	40.56	28.6	1.42		—
合成树脂,树脂玻璃[n]			0.539 37	59.3	83.0	1.929	40.49	≈34.4	1.16—1.20		≈1.49
聚苯乙烯,荧光材料[o]			0.537 68	58.5	81.9	1.936	43.72	42.4	1.032	1.581	
聚四氟乙烯(Teflon)[p]			0.479 92	64.2	93.0	1.671	34.84	15.8	2.20		—
聚乙烯基甲苯,荧光材料[q]			0.541 55	58.3	81.5	1.956	43.83	42.5	1.032		—
氧化铝(Al_2O_3)			0.490 38	67.0	98.9	1.647	27.94	7.04	3.97	1.761	
氟化钡(BaF_2)			0.422 07	92.0	145	1.303	9.91	2.05	4.89	1.56	
锗酸铋(BGO)[r]			0.420 65	98.2	157	1.251	7.97	1.12	7.1	2.15	

（续表）

材料	Z	A	$\langle Z/A\rangle$	核碰撞自由程[a] λ_T $(\mathrm{g\cdot cm^{-2}})$	核相互作用自由程[a] λ_I $(\mathrm{g\cdot cm^{-2}})$	$\mathrm{d}E/\mathrm{d}x\vert_{\min}$[b] $\left(\dfrac{\mathrm{MeV}}{\mathrm{g\cdot cm^{-2}}}\right)$	辐射长度[c] X_0 $(\mathrm{g\cdot cm^{-2}})$	(cm)	密度 $(\mathrm{g\cdot cm^{-3}})$（气体密度为 $\mathrm{g\cdot L^{-1}}$）	1 atm 时液体沸点	折射系数 n（对气体为 $(n-1)\times10^6$）
碘化铯(CsI)			0.415 69	102	167	1.243	8.39	1.85	4.53	1.80	
氟化锂(LiF)			0.462 62	62.2	88.2	1.614	39.25	14.91	2.632	1.392	
氟化钠(NaF)			0.476 32	66.9	98.3	1.69	29.87	11.68	2.558	1.336	
碘化钠(NaI)			0.426 97	94.6	151	1.305	9.49	2.59	3.67	1.775	
气凝硅胶[s]			0.500 93	66.3	96.9	1.740	27.25	$136@\rho=0.2$	0.04～0.6	$1.0+0.21\rho$	
G10 板[t]			62.6	90.2	1.87	33.0	19.4	1.7		—	

a. σ_T，λ_T 和 λ_I 与能量有关.表中引用的数值适用于高能区，高能区能量依赖弱.碰撞(λ_T)或非弹性相互作用(λ_I)的平均自由程由公式 $\lambda^{-1}=N_A\sum w_j\sigma_j A_j^{-1}$ 计算，N_A 为阿伏伽德罗常数，w_j 是化合物或混合物中第 j 种元素的质量份额.在 80～240 GeV 能段 σ_{total}（中子和质子相近）取自 Murthy et al.，Nucl. Phys，1975，B92：269.截面按 $A^{0.77}$ 变化.$\sigma_{\text{inelastic}}=\sigma_{\text{total}}-\sigma_{\text{elastic}}-\sigma_{\text{quasielastic}}$；能量在 60～375 GeV 的中子数据可从文献 Roberts et al.，Nucl. Phys. 1979，B159：56.质子和其他粒子的数据参见 Carroll et al.，Phys Lett.，1979，80B：319.注意：$\sigma_I(p)\approx\sigma_I(n)$，$\sigma_I$ 近似按 $A^{0.71}$ 变化.

b. 对最小电离的 μ^- 子(不同类型的例子有所不同)

c. 由文献 Y. S. Tsai，Rev. Mod. Phys. 1974，46：815.包括直到铀的所有元素的 X_0 数据.对分子态的氢和氘的分子结合能修正数据也包括.原子氢的 $X_0=63.047\ \mathrm{g\cdot cm^{-2}}$

d. 对分子态的氢(氘).

e. 对纯的石墨，工业石墨密度：2.1～2.3 $\mathrm{g\cdot cm^{-3}}$

f. 标准屏蔽水泥块，典型成分 O_2 52%，Si 32.5%，Ca 6%，Na 1.5%，Fe 2%，Al 4%，再加上加强钢筋.衰减长度 $l=115\pm5\ \mathrm{g\cdot cm^{-2}}$ 也适用于地层(密度～2.15)

g. 指典型的熔融石英，特殊重晶石石英为 2.64

h. −60℃的固态乙烯；零度时，压力为 546 mm 汞柱时的折射系数

i. 尼龙 6 型，$(NH(CH_2)_5CO)_n$

j. 聚碳酸酯(Lexan) $(C_{16}H_{14}O_3)_n$

k. 聚对苯二甲酸乙二酯，单体 $C_5H_4O_2$

l. 聚乙烯，单体 $CH_2=CH_2$

m. 聚酰亚胺绝缘膜(Kapton) $(C_{22}H_{10}N_2O_5)_n$

n. 聚甲基丙烯酸甲酯，有机玻璃，单体 $CH_2=C(CH_3)CO_2CH_3$

o. 聚苯乙烯，单体 $C_6H_5CH=CH_2$

p. 聚四氟乙烯，单体 $CF_2=CF_2$

q. 聚乙烯基甲苯，单体 $2-CH_3C_6H_4CH=CH_2$

r. 锗酸铋(BGO)，$(Bi_2O_3)_2(GeO_2)_3$

s. 97% SiO_2 + 3% H_2O 重量比，参见 A. R. Buzykaevet al.，Nucl. Instrum. Methods，A433(1999)396.密度为 0.04～0.06 $\mathrm{g\cdot cm^{-3}}$ 的气凝硅胶已用于做切伦科夫辐射体.

t. G10 板，典型是 60%的 SiO_2 和 40%的环氧树脂组成

附录B　核素的性质

元素符号	Z	A	丰度%	$\Delta(Z, A)$ MeV	J^P	μ(nm)	Q(barn)	MHz
n	0	1*	—	8.071 4	$1/2^+$	−1.913 1	0	29.2
H	1	1	99.965	7.269 0	$1/2^+$	+2.792 7	0	42.576
	1	2	0.015	13.135 9	1^+	+0.857 4	+0.002 8	6.54
	1	3*	—	14.950 0	$1/2^+$	+2.978 9	0	45.4
He	2	3	$\sim10^{-4}$	14.931 3	$1/2^+$	−2.157 6	0	32.4
	2	4	100	2.424 8	0^+	0	0	—
Li	3	6	7.42	14.088	1^+	+0.822 0	−0.008	6.27
	3	7	92.58	14.907	$3/2^-$	+3.256 4	−0.04	16.6
Be	4	9	100	11.351	$3/2^-$	−1.177 6	+0.05	5.98
B	5	10	19.78	12.052	3^+	+1.800 7	+0.08	4.58
	5	11	80.22	8.667 7	$3/2^-$	+2.688 5	+0.04	13.7
C	6	12	98.89	0	0^+	0	0	—
	6	13	1.11	3.125	$1/2^-$	+0.702 4	0	10.7
N	7	14	99.63	2.863 7	1^+	+0.403 6	+0.016	3.08
	7	15	0.37	0.100	$1/2^-$	−0.283 1	0	4.32
O	8	16	99.759	−4.736 6	0^+	0	0	
	8	17	0.037	−0.808	$5/2^+$	−1.893 7	0.026	5.77
	8	18	0.204	−0.782 4	0^+	0	0	—
F	9	19	100	−1.486	$1/2^+$	+2.628 8	0	40.1
Ne	10	20	90.92	−7.047	0^+	0	0	—
	10	21	0.257	−5.730	$3/2^+$	−0.661 8	+0.09	3.36
	10	22	8.88	−8.025	0^+	0	0	—
Na	11	23	100	−9.528	$3/2^+$	+2.217 5	+0.14	11.3

(续表)

元素符号	Z	A	丰度%	$\Delta(Z, A)$ MeV	J^P	μ(nm)	Q(barn)	MHz
Mg	12	24	78.70	−13.933	0^+	0	0	—
	12	25	10.13	−13.191	$5/2^+$	−0.855 1	+0.22	2.61
	12	26	11.17	−15.214	0^+	0	0	—
Al	13	27	100	−17.196	$5/2^+$	+3.641 4	+0.15	11.1
Si	14	28	92.21	−21.490	0^+	0	0	—
	14	29	4.70	−21.894	$1/2^+$	−0.555 3	0	8.47
	14	30	3.09	−24.439	0^+	0	0	—
P	15	31	100	−24.438	$1/2^+$	+1.131 7	0	17.2
S	16	32	95.0	−26.013	0^+	0	0	—
	16	33	0.76	−26.583	$3/2^+$	+0.643 3	−0.06	3.27
	16	34	4.22	−29.934	0^+	0	0	—
	16	36	0.014	−30.66	0^+	0	0	—
Cl	17	35	75.53	−29.015	$3/2^+$	+0.821 3	−0.08	4.18
	17	37	24.47	−31.765	$3/2^+$	+0.684 1	−0.032	3.48
Ar	18	36	0.337	−30.232	0^+	0	0	—
	18	38	0.63	−34.718	0^+	0	0	—
	18	40	99.60	−35.038	0^+		0	—
K	19	39	93.10	−33.803	$3/2^+$	+0.391 4	+0.055	1.99
	19	40	0.011 8	−33.533	4^+	−1.298	−0.07	2.47
	19	41	6.88	−35.552	$3/2^+$	+0.214 9	+0.067	1.09
Ca	20	40	96.97	−34.848	0^+	0	0	—
	20	42	0.64	−38.540	0^+	0	0	—
	20	43	0.145	−38.396	$7/2^-$	−1.317	—	2.87
	20	44	2.06	−41.460	0^+	0	0	—
	20	46	0.003 3	−43.14	0^+	0	0	—
	20	48	0.18	−44.22	0^+	0	0	—
Sc	21	45	100	−41.061	$7/2^-$	+4.756 4	−0.22	10.4
Ti	22	46	7.93	−44.123	0^+	0	0	—

（续表）

元素符号	Z	A	丰度%	$\Delta(Z, A)$ MeV	J^P	μ(nm)	Q(barn)	MHz
	22	47	7.28	−44.927	$5/2^-$	−0.788 3	+0.29	2.40
	22	48	73.94	−48.483	0^+	0	0	—
	22	49	5.51	−48.558	$7/2^-$	−1.103 9	+0.24	2.40
	22	50	5.34	−51.431	0^+	0	0	—
V	23	50*	0.24	−49.216	6^+	+3.347	0.06	4.25
		51	99.76	−52.199	$7/2^-$	+5.149	−0.05	11.2
Cr	24	50	4.31	−50.249	0^+	0	0	—
		52	83.76	−51.411	0^+	0	0	—
		53	9.55	−55.281	$3/2^-$	−0.474 3	0.03	2.41
		54	2.38	−56.931	0^+	0	0	—
Mn	25	55	100	−57.705	$5/2^-$	+3.444	+0.4	10.6
Fe	26	54	5.82	−56.246	0^+	0	0	—
		56	91.66	−60.605	0^+	0	0	—
		57	2.19	−60.176	$1/2^-$	−0.090 2	0	1.39
		58	0.33	−62.147	0^+	0	0	—
Co	27	59	100	−62.233	$7/2^-$	+4.62	+0.4	10.1
Ni	28	58	67.88	−60.23	0^+	0	0	—
		60	26.23	−64.471	0^+	0	0	—
		61	1.19	−64.22	$3/2^-$	−0.748 7	+0.16	3.80
		62	3.66	−66.75	0^+	0	0	—
		64	1.08	−67.11	0^+	0	0	—
Cu	29	63	69.09	−65.583	$3/2^+$	+2.223	−0.2	11.3
		65	30.91	−67.27	$3/2^+$	+2.382	−0.2	12.1
Zn	30	64	48.89	−66.000	0^+	0	0	—
		66	27.18	−68.85	0^+	0	0	—
		67	4.11	−67.86	$5/2^-$	+0.8754	+0.17	2.67
		68	18.57	−69.99	0^+	0	0	—
		70	0.62	−69.55	0^+	0	0	—

（续表）

元素符号	Z	A	丰度%	Δ(Z，A) MeV	J^P	μ(nm)	Q(barn)	MHz
Ga	31	69	60.4	−69.326	$3/2^-$	+2.016	+0.19	10.2
		71	39.6	−70.135	$3/2^-$	+2.562	+0.12	13.0
Ge	32	70	20.52	−70.558	0^+	0	0	—
Ge	32	72	27.43	−72.579	0^+	0	0	—
	32	73	7.76	−71.293	$9/2^+$	−0.879 2	−0.28	1.49
	32	74	36.54	−73.419	0^+	0	0	—
	32	76	7.76	−73.209	0^+	0	0	—
As	33	75	100	−723.031	$3/2^-$	+1.439	+0.3	7.31
Se	34	74	0.87	−72.212	0^+	0	0	—
	34	76	9.02	−75.26	0^+	0	0	—
	34	77	7.58	−74.60	$1/2^-$	+0.534	0	8.15
	34	78	23.52	−79.021	0^+	0	0	—
	34	80	49.82	−77.753	0^+	0	0	—
	34	82	9.19	−77.59	0^+	0	0	—
Br	35	79	50.54	−76.075	$3/2^-$	+2.106	+0.31	10.7
	35	81	49.46	−77.97	$3/2^-$	+2.270	+0.26	11.5
Kr	36	78	0.35	−74.14	0^+	0	0	—
	36	80	2.27	−77.89	0^+	0	0	—
	36	82	11.56	−80.589	0^+	0	0	—
	36	83	11.55	−79.985	$9/2^+$	−0.970	+0.26	1.64
	36	84	56.90	−82.433	0^+	0	0	—
	36	86	17.37	−83.259	0^+	0	0	—
Rb	37	85	72.15	−82.16	$5/2^-$	+1.352 4	+0.26	4.13
	37	87*	27.85	−84.591	$3/2^-$	+2.750 0	+0.12	14.0
Sr	38	84	0.56	−80.638	0^+	0	0	—
	38	86	9.36	−84.499	0^+	0	0	—
	38	87	7.02	−84.865	$9/2^+$	−1.093	+0.3	1.85
	38	88	32.56	−87.89	0^+	0	0	—

(续表)

元素符号	Z	A	丰度%	$\Delta(Z, A)$ MeV	J^P	μ(nm)	Q(barn)	MHz
Y	39	89	100	−87.678	$1/2^-$	−0.137 3	0	2.10
Zr	40	90	51.46	−88.770	0^+	0	0	—
	40	91	11.23	−87.893	$5/2^+$	−1.303	—	3.97
	40	92	17.11	−88.462	0^+	0	0	—
	40	94	17.40	−87.267	0^+	0	0	—
	40	96	2.80	−85.430	0^+	0	0	—
Nb	41	93	100	−87.204	$9/2^+$	+6.167	−0.2	10.5
Mo	42	92	15.84	−86.804	0^+	0	0	—
	42	94	9.04	−88.407	0^+	0	0	—
	42	95	15.72	−87.709	$5/2^+$	−0.913 3	+0.12	2.76
	42	96	16.53	−88.794	0^+	0	0	—
	42	97	9.46	−87.539	$5/2^+$	−0.932 5	+1.1	2.84
	42	98	23.78	−88.110	0^+	0	0	—
	42	100	9.63	−86.185	0^+	0	0	—
Tc	43	99*	—	−87.33	$9/2^+$	+5.68	+0.3	9.62
Ru	44	96	5.51	−86.07	0^+	0	0	—
	44	98	1.87	−88.222	0^+	0	0	—
Ru	44	99	12.72	−87.619	$5/2^+$	−0.63	—	1.9
	44	100	12.62	−89.219	0^+	0	0	—
	44	101	17.07	−87.953	$5/2^+$	−0.69	—	2.1
	44	102	31.61	−89.098	0^+	0	0	—
	44	104	18.58	−88.090	0^+	0	0	—
Rh	45	103	100	−88.014	$1/2^-$	−0.088 3	0	1.35
Pd	46	102	0.96	−87.92	0^+	0	0	—
	46	104	10.97	−89.41	0^+	0	0	—
	46	105	22.23	−88.43	$5/2^+$	−0.642	+0.8	1.94
	46	106	27.33	−89.91	0^+	0	0	—
	46	108	26.71	−89.52	0^+	0	0	—

（续表）

元素符号	Z	A	丰度%	$\Delta(Z, A)$ MeV	J^P	μ(nm)	Q(barn)	MHz
	46	110	11.81	−88.34	0^+	0	0	—
Ag	47	107	51.82	−88.403	$1/2^-$	−0.113 5	0	1.73
	47	109	48.18	−88.717	$1/2^-$	−0.130 5	0	1.99
Cd	48	106	1.22	−87.128	0^+	0	0	—
	48	108	0.88	−89.248	0^+	0	0	—
	48	110	12.38	−90.342	0^+	0	0	—
	48	111	12.75	−89.246	$1/2^+$	−0.594 3	0	9.03
	48	112	24.07	−90.575	0^+	0	0	—
	48	113	12.26	−89.041	$1/2^+$	−0.621 7	0	9.49
	48	114	28.86	−90.018	0^+	0	0	—
	48	116	7.58	−88.712	0^+	0	0	—
In	49	113	4.28	−89.342	$9/2^+$	+5.523	+0.82	9.36
	49	115*	95.72	−88.584	$9/2^+$	+5.534	+0.83	9.38
Sn	50	112	0.96	−88.64	0^+	0	0	—
	50	114	0.66	−90.57	0^+	0	0	—
	50	115	0.35	−90.03	$1/2^+$	−0.918	0	14.0
	50	116	14.30	−91.523	0^+	0	0	—
	50	117	7.61	−90.392	$1/2^+$	−1.000	0	15.2
	50	118	24.03	−91.652	0^+	0	0	—
	50	119	8.58	−90.062	$1/2^+$	−1.046	0	15.9
	50	120	32.85	−91.100	0^+	0	0	—
	50	122	4.72	−89.943	0^+	0	0	—
	50	124	5.94	−88.237	0^+	0	0	—
Sb	51	121	57.25	−89.593	$5/2^+$	+3.359	−0.3	10.2
	51	123	42.75	−89.224	$7/2^+$	+2.547	−0.37	5.55
Te	52	120	0.089	−89.40	0^+	0	0	—
	52	122	2.46	−90.29	0^+	0	0	—
	52	123	0.87	−89.16	$1/2^+$	−0.736 9	0	11.2

（续表）

元素符号	Z	A	丰度%	$\Delta(Z,A)$ MeV	J^P	μ(nm)	Q(barn)	MHz
	52	124	4.61	−90.50	0^+	0	0	—
	52	125	6.99	−89.03	$1/2^+$	−0.887 1	0	13.6
	52	126	18.71	−90.05	0^+	0	0	—
Te	52	128	31.79	−88.98	0^+	0	0	—
	52	130	34.48	−87.34	0^+	0	0	—
I	53	127	100	−88.984	$5/2^+$	+2.808	−0.79	8.56
Xe	54	124	0.096	−87.5	0^+	0	0	—
	54	126	0.090	−89.15	0^+	0	0	—
	54	128	1.92	−89.85	0^+	0	0	—
	54	129	26.44	−88.692	$1/2^+$	−0.776 93	0	11.8
	54	130	4.08	−89.88	0^+	0	0	—
	54	131	21.18	−88.411	$3/2^+$	+0.690 8	−0.12	3.51
	54	132	25.39	−89.272	0^+	0	0	—
	54	134	10.44	−88.121	0^+	0	0	—
	54	136	8.87	−86.42	0^+	0	0	—
Cs	55	133	100	−88.16	$7/2^+$	+2.578	−0.003	5.62
Ba	56	130	0.101	−87.33	0^+	0	0	—
	56	132	0.097	−88.4	0^+	0	0	—
	56	134	2.42	−88.85	0^+	0	0	—
	56	135	5.59	−88.0	$3/2^+$	+0.836 5	+0.18	4.25
	56	136	7.81	−89.1	0^+	0	0	—
	56	137	11.32	−88.0	$3/2^+$	+0.935 8	+0.28	4.75
	56	138	71.66	−88.5	0^+	0	0	—
La	57	138*	0.089	−86.7	5^+	+3.707	0.8	5.65
	57	139	99.911	−87.43	$7/2^+$	+2.778	+0.22	6.05
Ce	58	136	0.193	−86.6	0^+	0	0	—
	58	138	0.250	−87.7	0^+	0	0	—
	58	140	88.48	−88.13	0^+	0	0	—

（续表）

元素符号	Z	A	丰度%	$\Delta(Z,A)$ MeV	J^P	μ(nm)	Q(barn)	MHz
	58	142	11.07	−84.63	0^+	0	0	—
Pr	59	141	100	−86.07	$5/2^+$	+4.3	−0.07	12
Nd	60	142	27.11	−86.01	0^+	0	0	—
	60	143	12.17	−84.04	$7/2^-$	−1.08	−0.48	2.34
	60	144	23.85	−83.80	0^+	0	0	—
	60	145	8.30	−81.47	$7/2^-$	−0.66	−0.25	1.4
	60	146	17.22	−80.96	0^+	0	0	—
	60	148	5.47	−77.44	0^+	0	0	—
	60	150	5.63	−73.67	0^+	0	0	—
Sm	62	144	3.09	−81.98	0^+	0	0	—
	62	147*	14.97	−79.30	$7/2^-$	−0.813	−0.20	1.8
	62	148	11.24	−79.37	0^+	0	0	—
	62	149	13.83	−77.15	$7/2^-$	−0.670	+0.06	1.46
	62	150	7.44	−77.06	0^+	0	0	—
	62	152	26.72	−74.75	0^+	0	0	—
	62	154	22.71	−72.39	0^+	0	0	—
Eu	63	151	47.82	−74.67	5/2+	+3.464	+1.1	10.6
Eu	63	153	52.18	−73.36	$5/2^+$	+1.530	+3.0	4.65
Gd	64	152	0.20	−74.71	0^+	0	0	—
	64	154	2.15	−73.65	0^+	0	0	—
	64	155	14.43	−72.04	$3/2^-$	−0.254	−1.3	1.2
	64	156	20.47	−72.49	0^+	0	0	—
	64	157	15.68	−70.77	$3/2^-$	−0.39	+1.5	1.9
	64	158	24.87	−70.63	0^+	0	0	—
	64	160	21.90	−67.89	0^+	0	0	—
Tb	65	159	100	−69.53	$3/2^+$	+1.99	+1.3	10.1
Dy	66	156	0.052	−70.9	0^+	0	0	—
	66	158	0.090	−70.37	0^+	0	0	—

（续表）

元素符号	Z	A	丰度%	$\Delta(Z, A)$ MeV	J^P	μ(nm)	Q(barn)	MHz
	66	160	2.29	−69.67	0^+	0	0	—
	66	161	18.88	−68.05	$5/2^+$	−0.46	+2.3	1.4
	66	162	25.53	−68.18	0^+	0	0	—
	66	163	24.97	−66.36	$5/2^-$	+0.64	+2.46	2.0
	66	164	28.18	−65.95	0^+	0	0	—
Ho	67	165	100	−64.81	$7/2^-$	+4.12	+3.0	9.00
Er	68	162	0.136	−66.4	0^+	0	0	—
	68	164	1.56	−65.87	0^+	0	0	—
	68	166	33.41	−64.92	0^+	0	0	—
	68	167	22.94	−63.29	$7/2^+$	−0.564	+2.83	1.13
	68	168	27.07	−62.98	0^+	0	0	—
	68	170	14.88	−60.0	0^+	0	0	—
Tm	69	169	100	−61.25	$1/2^+$	−0.232	0	3.54
Yb	70	168	0.135	−61.3	0^+	0	0	—
	70	170	3.03	−60.5	0^+	0	0	—
	70	171	14.31	−59.2	$1/2^-$	+0.491 9	0	7.50
	70	172	21.82	−59.3	0^+	0	0	—
	70	173	16.13	−57.7	$5/2^+$	−0.677 6	+3.0	2.07
	70	174	31.84	−57.1	0^+	0	0	—
	70	176	12.73	−53.4	0^+	0	0	—
Lu	71	175	97.41	−55.3	$7/2^+$	+2.23	+5.6	4.86
	71	176*	2.59	−53.4	(7)	+3.18	+8.0	3.4
Hf	72	174	0.18	−55.6	0^+	0	0	—
	72	176	5.20	−54.4	0^+	0	0	—
	72	177	18.50	−52.7	$7/2^-$	+0.61	+3	1.3
	72	178	27.14	−52.3	0^+	0	0	—
	72	179	13.75	−50.3	$9/2^+$	−0.47	+3	0.80
	72	180	35.24	−49.5	0^+	0	0	—

（续表）

元素符号	Z	A	丰度%	$\Delta(Z, A)$ MeV	J^P	μ(nm)	Q(barn)	MHz
Ta	73	180	0.012 3	−48.6	—	—	—	—
	73	181	99.988	−48.43	$7/2^+$	+2.36	+4.2	5.13
W	74	180	1.14	−49.37	0^+	0	0	—
W	74	182	26.41	−48.16	0^+	0	0	—
	74	183	14.40	−46.27	$1/2^-$	+0.117	0	1.78
	74	184	30.64	−45.62	0^+	0	0	—
	74	185	28.41	−42.44	0^+	0	0	—
Re	75	185	37.07	−43.73	$5/2^+$	+3.172	+2.7	9.67
	75	187*	62.93	−41.14	$5/2^+$	+3.204	+2.7	9.77
Os	76	184	0.018	−44.0	0^+	0	0	—
	76	186	1.59	−43.0	0^+	0	0	—
	76	187	1.64	−41.14	$1/2^-$	+0.064 3	0	0.9
	76	188	13.3	−40.91	0^+	0	0	—
	76	189	16.1	−38.8	$3/2^-$	+0.656 6	+0.8	3.33
	76	190	26.4	−38.5	0^+	0	0	—
	76	192	41.0	−35.9	0^+	0	0	—
Ir	77	191	37.3	−36.7	$3/2^+$	+0.145	+1.3	0.731
	77	193	62.7	−34.45	$3/2^+$	+0.158	+1.2	0.808
Pt	78	190	0.012 7	−37.3	0^+	0	0	—
	78	192	0.78	−36.2	0^+	0	0	—
	78	194	32.9	−34.72	0^+	0	0	—
	78	195	33.8	−32.78	$1/2^-$	+0.606 0	0	9.24
	78	196	25.3	−32.63	0^+	0	0	—
	78	198	7.21	−29.91	0^+	0	0	—
Au	79	197	100	−31.17	$3/2^+$	+0.144 86	+0.58	+0.735
Hg	80	196	0.146	−31.84	0^+	0	0	—
	80	198	10.02	−30.97	0^+	0	0	—
	80	199	16.84	−29.55	$1/2^-$	+0.502 7	0	7.67

(续表)

元素符号	Z	A	丰度%	$\Delta(Z, A)$ MeV	J^P	μ(nm)	Q(barn)	MHz
	80	200	23.13	−29.50	0^+	0	0	—
	80	201	13.22	−27.66	$3/2^-$	−0.556 7	+0.45	2.83
	80	202	29.80	−27.35	0^+	0	0	—
	80	204	6.85	−24.69	0^+	0	0	—
Tl	81	203	29.50	−25.75	$1/2^+$	+1.611 5	0	24.6
	81	205	70.50	−23.81	$1/2^+$	+1.627 4	0	24.8
Pb	82	204	1.48	−25.11	0^+	0	0	—
	82	206	23.6	−23.79	0^+	0	0	—
	82	207	22.6	−22.45	$1/2^-$	+0.589 5	0	8.99
	82	208	52.3	−21.75	0^+	0	0	—
Bi	83	209	100	−18.26	$9/2^-$	+4.080	−0.35	6.91
Th	90	232*	100	35.47	0^+	0	0	—
Pa	91	231*	—	33.44	$3/2^-$	1.98	—	10.1
U	92	233*	—	36.94	$5/2^+$	0.54	3.5	1.6
	92	234*	0.0057	38.16	0^+	0	0	—
	92	235*	0.72	40.93	$7/2^-$	−0.35	+4.1	0.75
	92	238*	99.27	47.33	0^+	0	0	—
Np	93	237*	—	44.89	$5/2^+$	+3.3	—	11
Pu	94	239*	—	48.60	$1/2^+$	+0.200	0	3.1
Am	95	243*	—	57.18	$5/2^-$	1.4	+4.9	4.3

说明：1. 核素质量数 A 的右上标的 * 号表明该核素为不稳定核素.

2. 最后一列给出在 1 Tesla 磁场下该核素核磁共振的射频频率.

3. $\Delta(Z, A)$ 为该核素的质量差额 $\Delta(Z, A) = M_a(Z, A) - A$.

4. 更加完整(包括不稳定核素)的数据可从网站 http://www.webelements.com 查到.

附录 C　一些重子、介子的衰变特性

引自 *Review of Particle Physics*. J. Phys. G，2006，33：1.

表 C.1　规范矢量玻色子

玻色子	J^P	$m(\mathrm{GeV}/c^2)$	$\Gamma(\mathrm{GeV})$
胶子	1^-	0	0 （稳定）
光子	1^-	0	0 （稳定）
$W^{\pm}$	1^-	80.2	2.08
Z^0	1^-	91.2	2.49

* Higgs 标量粒子未发现.

表 C.2　三 代 轻 子

	质量 MeV	$\tau(\mathrm{s})$	J-自旋	作用荷
e^-	0.511	稳定	1/2	电、弱
ν_e	<3 eV	稳定	1/2	弱
μ	105.7	2.20×10^{-6}	1/2	电、弱
ν_μ	<0.19	稳定	1/2	弱
τ	1 777	291×10^{-15}	1/2	电、弱
ν_τ	<18.2	稳定	1/2	弱

表 C.3　强子的基本组分——夸克
夸克的重要量子数

自旋	$J^P=1/2^+$	所有夸克
重子数	$B=1/3$	所有夸克
同位旋	$I=1/2$	ud 夸克
	$I=0$	cstb 夸克

名　称	符号	质量(GeV)	Q/e	奇异数 S	粲数 C	美数 B	真数 T
Up	u	～0.3	2/3	0	0	0	0
Down	d	～0.3	−1/3	0	0	0	0
Strange	s	0.5	−1/3	−1	0	0	0
Charm	c	1.5	2/3	0	+1	0	0
Beauty	b	4.5	−1/3	0	0	−1	0
True	t	175	2/3	0	0	0	+1

表 C.4　一些重子的主要弱衰变特性

重子	主要衰变方式	分支比(%)	平均寿命(s)
n	$\to p\ e^-\ \bar{\nu}_e$	100	887.0
Λ	$\to p\ \pi^-$	63.9	2.632×10^{-10}
	$\to n\ \pi^0$	35.8	
Σ^+	$\to p\ \pi^0$	51.57	0.799×10^{-10}
	$\to n\ \pi^+$	48.31	
Σ^0	$\to \Lambda\ \gamma$	100	7.4×10^{-20}
Σ^-	$\to n\ \pi^-$	99.848	1.479×10^{-10}
Ξ^-	$\to \Lambda\ \pi^-$	99.887	1.629×10^{-10}
Ξ^0	$\to \Lambda\ \pi^0$	99.54	2.90×10^{-10}
Ω	$\to \Lambda\ K^-$	67.8	0.822×10^{-10}
	$\to \Xi\ \pi^-$	23.6	

表 C.5　一些介子的主要衰变特性

介　子	主要衰变方式	分支比(%)	平均寿命(s)
π^-，(π^+)	$\to\mu^-\ \bar{\nu}_\mu$，($\mu^+\nu_\mu$)	99.987	2.60×10^{-8}
	$\to e^-\ \bar{\nu}_\mu$，($e^+\nu_\mu$)	1.230×10^{-2}	
π^0	$\to\gamma\ \gamma$	98.798	0.84×10^{-16}
	$\to e^+\ e^-\ \gamma$	1.198	
K^-，(K^+)	$\to\mu^-\ \bar{\nu}_\mu$，($\mu^+\nu_\mu$)	63.51	1.238×10^{-10}
	$\to e^-\ \bar{\nu}_\mu$，($e^+\nu_\mu$)	1.55×10^{-3}	
	$\to\pi^-\ \pi^0$　($\pi^-\pi^0$)	21.16	
	$\to\pi^-\pi^-\pi^+$　($\pi^-\pi^+\pi^-$)	5.59	
K_S	$\to\pi^-\ \pi^+$	68.61	0.893×10^{-10}
	$\to\pi^0\ \pi^0$	31.39	
	$\to\pi^-\ \pi^0\ \pi^+$	$3.9^{+5.5}_{-1.9}\times10^{-5}$	
K_L	$\to\pi^0\ \pi^0\ \pi^0$	21.12	5.17×10^{-8}
	$\to\pi^-\ \pi^0\ \pi^+$	12.56	
	$\to\pi^+\ \mu^-\ \bar{\nu}_\mu\ \ \pi^-\ \mu^+\ \nu_\mu$	27.17	
	$\to\pi^+\ e^-\ \bar{\nu}_e\ \ \pi^-\ e^+\ \nu_e$	38.78	
η	$\to\gamma\ \gamma$	39.33	$\Gamma=1.18\pm0.11$ keV
	$\to\pi^0\ \pi^0\ \pi^0$	32.24	
	$\to\pi^-\ \pi^0\ \pi^+$	23.0	
	$\to\pi^-\ \pi^+\ \gamma$	4.75	
$\rho^\pm$；ρ^0	$\to\pi^\pm\pi^0\ \ \pi^+\pi^-$	100	$\Gamma=150.2$ MeV

附录D　C-G系数、球谐函数和d-函数表

引自 *Review of Particle Physics*, J. Phys. G, 2006, 33: 318.

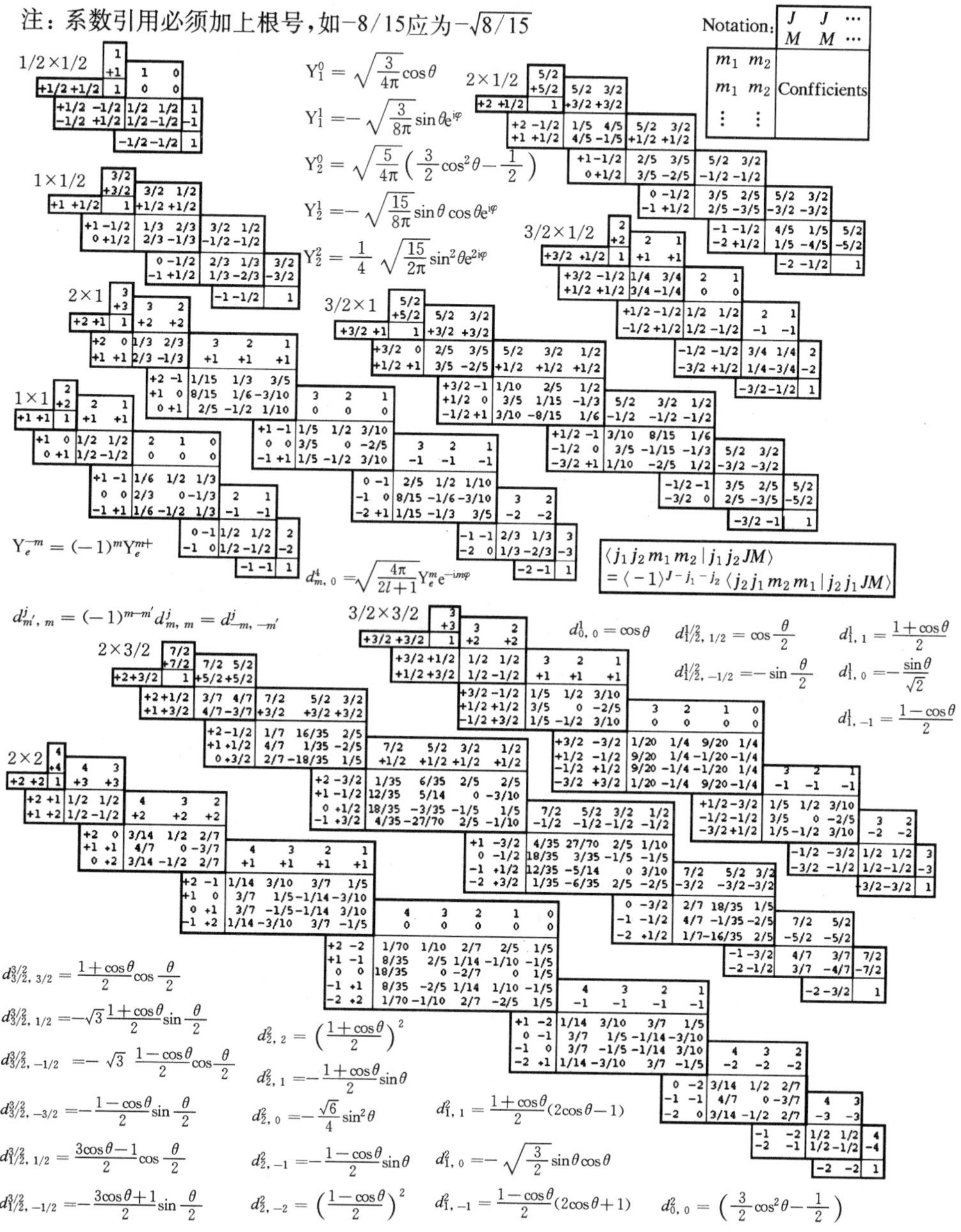

注：系数引用必须加上根号，如$-8/15$应为$-\sqrt{8/15}$

Notation:

m_1 m_2 \ J M	J M …
m_1 m_2	Conficients
⋮ ⋮	

1/2×1/2

m_1 m_2	J=1, M=+1		
+1/2 +1/2	1		
m_1 m_2	J=1, M=0	J=0, M=0	
+1/2 −1/2	1/2	1/2	
−1/2 +1/2	1/2	−1/2	
m_1 m_2	J=1, M=−1		
−1/2 −1/2	1		

1×1/2

m_1 m_2	J=3/2	J=1/2
M=+3/2: +1 +1/2	1	
M=+1/2: +1 −1/2	1/3	2/3
M=+1/2: 0 +1/2	2/3	−1/3
M=−1/2: 0 −1/2	2/3	1/3
M=−1/2: −1 +1/2	1/3	−2/3
M=−3/2: −1 −1/2	1	

2×1/2

m_1 m_2	J=5/2	J=3/2
M=+5/2: +2 +1/2	1	
M=+3/2: +2 −1/2	1/5	4/5
M=+3/2: +1 +1/2	4/5	−1/5
M=+1/2: +1 −1/2	2/5	3/5
M=+1/2: 0 +1/2	3/5	−2/5
M=−1/2: 0 −1/2	3/5	2/5
M=−1/2: −1 +1/2	2/5	−3/5
M=−3/2: −1 −1/2	4/5	1/5
M=−3/2: −2 +1/2	1/5	−4/5
M=−5/2: −2 −1/2	1	

3/2×1/2

m_1 m_2	J=2	J=1
M=+2: +3/2 +1/2	1	
M=+1: +3/2 −1/2	1/4	3/4
M=+1: +1/2 +1/2	3/4	−1/4
M=0: +1/2 −1/2	1/2	1/2
M=0: −1/2 +1/2	1/2	−1/2
M=−1: −1/2 −1/2	3/4	1/4
M=−1: −3/2 +1/2	1/4	−3/4
M=−2: −3/2 −1/2	1	

2×1

m_1 m_2	J=3	J=2	J=1
M=+3: +2 +1	1		
M=+2: +2 0	1/3	2/3	
M=+2: +1 +1	2/3	−1/3	
M=+1: +2 −1	1/15	1/3	3/5
M=+1: +1 0	8/15	1/6	−3/10
M=+1: 0 +1	2/5	−1/2	1/10
M=0: +1 −1	1/5	1/2	3/10
M=0: 0 0	3/5	0	−2/5
M=0: −1 +1	1/5	−1/2	3/10
M=−1: 0 −1	2/5	1/2	1/10
M=−1: −1 0	8/15	−1/6	−3/10
M=−1: −2 +1	1/15	−1/3	3/5
M=−2: −1 −1	2/3	1/3	
M=−2: −2 0	1/3	−2/3	
M=−3: −2 −1	1		

1×1

m_1 m_2	J=2	J=1	J=0
M=+2: +1 +1	1		
M=+1: +1 0	1/2	1/2	
M=+1: 0 +1	1/2	−1/2	
M=0: +1 −1	1/6	1/2	1/3
M=0: 0 0	2/3	0	−1/3
M=0: −1 +1	1/6	−1/2	1/3
M=−1: 0 −1	1/2	1/2	
M=−1: −1 0	1/2	−1/2	
M=−2: −1 −1	1		

3/2×1

m_1 m_2	J=5/2	J=3/2	J=1/2
M=+5/2: +3/2 +1	1		
M=+3/2: +3/2 0	2/5	3/5	
M=+3/2: +1/2 +1	3/5	−2/5	
M=+1/2: +3/2 −1	1/10	2/5	1/2
M=+1/2: +1/2 0	3/5	1/15	−1/3
M=+1/2: −1/2 +1	3/10	−8/15	1/6
M=−1/2: +1/2 −1	3/10	8/15	1/6
M=−1/2: −1/2 0	3/5	−1/15	−1/3
M=−1/2: −3/2 +1	1/10	−2/5	1/2
M=−3/2: −1/2 −1	3/5	2/5	
M=−3/2: −3/2 0	2/5	−3/5	
M=−5/2: −3/2 −1	1		

3/2×3/2

m_1 m_2	J=3	J=2	J=1	J=0
M=+3: +3/2 +3/2	1			
M=+2: +3/2 +1/2	1/2	1/2		
M=+2: +1/2 +3/2	1/2	−1/2		
M=+1: +3/2 −1/2	1/5	1/2	3/10	
M=+1: +1/2 +1/2	3/5	0	−2/5	
M=+1: −1/2 +3/2	1/5	−1/2	3/10	
M=0: +3/2 −3/2	1/20	1/4	9/20	1/4
M=0: +1/2 −1/2	9/20	1/4	−1/20	−1/4
M=0: −1/2 +1/2	9/20	−1/4	−1/20	1/4
M=0: −3/2 +3/2	1/20	−1/4	9/20	−1/4
M=−1: +1/2 −3/2	1/5	1/2	3/10	
M=−1: −1/2 −1/2	3/5	0	−2/5	
M=−1: −3/2 +1/2	1/5	−1/2	3/10	
M=−2: −1/2 −3/2	1/2	1/2		
M=−2: −3/2 −1/2	1/2	−1/2		
M=−3: −3/2 −3/2	1			

2×3/2

m_1 m_2	J=7/2	J=5/2	J=3/2	J=1/2
M=+7/2: +2 +3/2	1			
M=+5/2: +2 +1/2	3/7	4/7		
M=+5/2: +1 +3/2	4/7	−3/7		
M=+3/2: +2 −1/2	1/7	16/35	2/5	
M=+3/2: +1 +1/2	4/7	1/35	−2/5	
M=+3/2: 0 +3/2	2/7	−18/35	1/5	
M=+1/2: +2 −3/2	1/35	6/35	2/5	2/5
M=+1/2: +1 −1/2	12/35	5/14	0	−3/10
M=+1/2: 0 +1/2	18/35	−3/35	−1/5	1/5
M=+1/2: −1 +3/2	4/35	−27/70	2/5	−1/10
M=−1/2: +1 −3/2	4/35	27/70	2/5	1/10
M=−1/2: 0 −1/2	18/35	3/35	−1/5	−1/5
M=−1/2: −1 +1/2	12/35	−5/14	0	3/10
M=−1/2: −2 +3/2	1/35	−6/35	2/5	−2/5
M=−3/2: 0 −3/2	2/7	18/35	1/5	
M=−3/2: −1 −1/2	4/7	−1/35	−2/5	
M=−3/2: −2 +1/2	1/7	−16/35	2/5	
M=−5/2: −1 −3/2	4/7	3/7		
M=−5/2: −2 −1/2	3/7	−4/7		
M=−7/2: −2 −3/2	1			

2×2

m_1 m_2	J=4	J=3	J=2	J=1	J=0
M=+4: +2 +2	1				
M=+3: +2 +1	1/2	1/2			
M=+3: +1 +2	1/2	−1/2			
M=+2: +2 0	3/14	1/2	2/7		
M=+2: +1 +1	4/7	0	−3/7		
M=+2: 0 +2	3/14	−1/2	2/7		
M=+1: +2 −1	1/14	3/10	3/7	1/5	
M=+1: +1 0	3/7	1/5	−1/14	−3/10	
M=+1: 0 +1	3/7	−1/5	−1/14	3/10	
M=+1: −1 +2	1/14	−3/10	3/7	−1/5	
M=0: +2 −2	1/70	1/10	2/7	2/5	1/5
M=0: +1 −1	8/35	2/5	1/14	−1/10	−1/5
M=0: 0 0	18/35	0	−2/7	0	1/5
M=0: −1 +1	8/35	−2/5	1/14	1/10	−1/5
M=0: −2 +2	1/70	−1/10	2/7	−2/5	1/5
M=−1: +1 −2	1/14	3/10	3/7	1/5	
M=−1: 0 −1	3/7	1/5	−1/14	−3/10	
M=−1: −1 0	3/7	−1/5	−1/14	3/10	
M=−1: −2 +1	1/14	−3/10	3/7	−1/5	
M=−2: 0 −2	3/14	1/2	2/7		
M=−2: −1 −1	4/7	0	−3/7		
M=−2: −2 0	3/14	−1/2	2/7		
M=−3: −1 −2	1/2	1/2			
M=−3: −2 −1	1/2	−1/2			
M=−4: −2 −2	1				

$Y_1^0=\sqrt{\frac{3}{4\pi}}\cos\theta$

$Y_1^1=-\sqrt{\frac{3}{8\pi}}\sin\theta e^{i\varphi}$

$Y_2^0=\sqrt{\frac{5}{4\pi}}\left(\frac{3}{2}\cos^2\theta-\frac{1}{2}\right)$

$Y_2^1=-\sqrt{\frac{15}{8\pi}}\sin\theta\cos\theta e^{i\varphi}$

$Y_2^2=\frac{1}{4}\sqrt{\frac{15}{2\pi}}\sin^2\theta e^{2i\varphi}$

$Y_\ell^{-m}=(-1)^m Y_\ell^{m*}$

$d_{m,0}^{\ell}=\sqrt{\frac{4\pi}{2\ell+1}}Y_\ell^m e^{-im\varphi}$

$\langle j_1 j_2 m_1 m_2 | j_1 j_2 JM\rangle = (-1)^{J-j_1-j_2}\langle j_2 j_1 m_2 m_1 | j_2 j_1 JM\rangle$

$d_{m',m}^{j}=(-1)^{m-m'}d_{m,m'}^{j}=d_{-m,-m'}^{j}$

$d_{0,0}^{1}=\cos\theta$　　$d_{1/2,1/2}^{1/2}=\cos\frac{\theta}{2}$　　$d_{1/2,-1/2}^{1/2}=-\sin\frac{\theta}{2}$

$d_{1,1}^{1}=\frac{1+\cos\theta}{2}$　　$d_{1,0}^{1}=-\frac{\sin\theta}{\sqrt{2}}$　　$d_{1,-1}^{1}=\frac{1-\cos\theta}{2}$

$d_{3/2,3/2}^{3/2}=\frac{1+\cos\theta}{2}\cos\frac{\theta}{2}$

$d_{3/2,1/2}^{3/2}=-\sqrt{3}\frac{1+\cos\theta}{2}\sin\frac{\theta}{2}$

$d_{3/2,-1/2}^{3/2}=\sqrt{3}\frac{1-\cos\theta}{2}\cos\frac{\theta}{2}$

$d_{3/2,-3/2}^{3/2}=-\frac{1-\cos\theta}{2}\sin\frac{\theta}{2}$

$d_{1/2,1/2}^{3/2}=\frac{3\cos\theta-1}{2}\cos\frac{\theta}{2}$

$d_{1/2,-1/2}^{3/2}=-\frac{3\cos\theta+1}{2}\sin\frac{\theta}{2}$

$d_{2,2}^{2}=\left(\frac{1+\cos\theta}{2}\right)^2$

$d_{2,1}^{2}=-\frac{1+\cos\theta}{2}\sin\theta$

$d_{2,0}^{2}=\frac{\sqrt{6}}{4}\sin^2\theta$

$d_{2,-1}^{2}=-\frac{1-\cos\theta}{2}\sin\theta$

$d_{2,-2}^{2}=\left(\frac{1-\cos\theta}{2}\right)^2$

$d_{1,1}^{2}=\frac{1+\cos\theta}{2}(2\cos\theta-1)$

$d_{1,0}^{2}=-\sqrt{\frac{3}{2}}\sin\theta\cos\theta$

$d_{1,-1}^{2}=\frac{1-\cos\theta}{2}(2\cos\theta+1)$

$d_{0,0}^{2}=\left(\frac{3}{2}\cos^2\theta-\frac{1}{2}\right)$

符号是 Wigner 的约定(*Group Theory*, Academic Press, New York, 1959.)

附录 E 射线与物质相互作用

引自 *Review of Particle physics*. J. Phys G，2006，33：259，264，265.

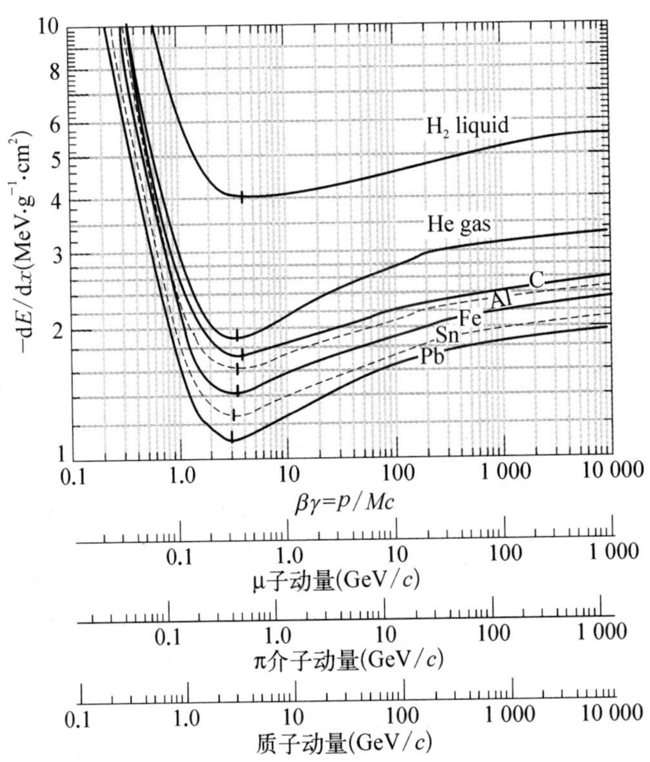

图 E.1 重带电粒子（$M \gg m_e$）的比电离损失

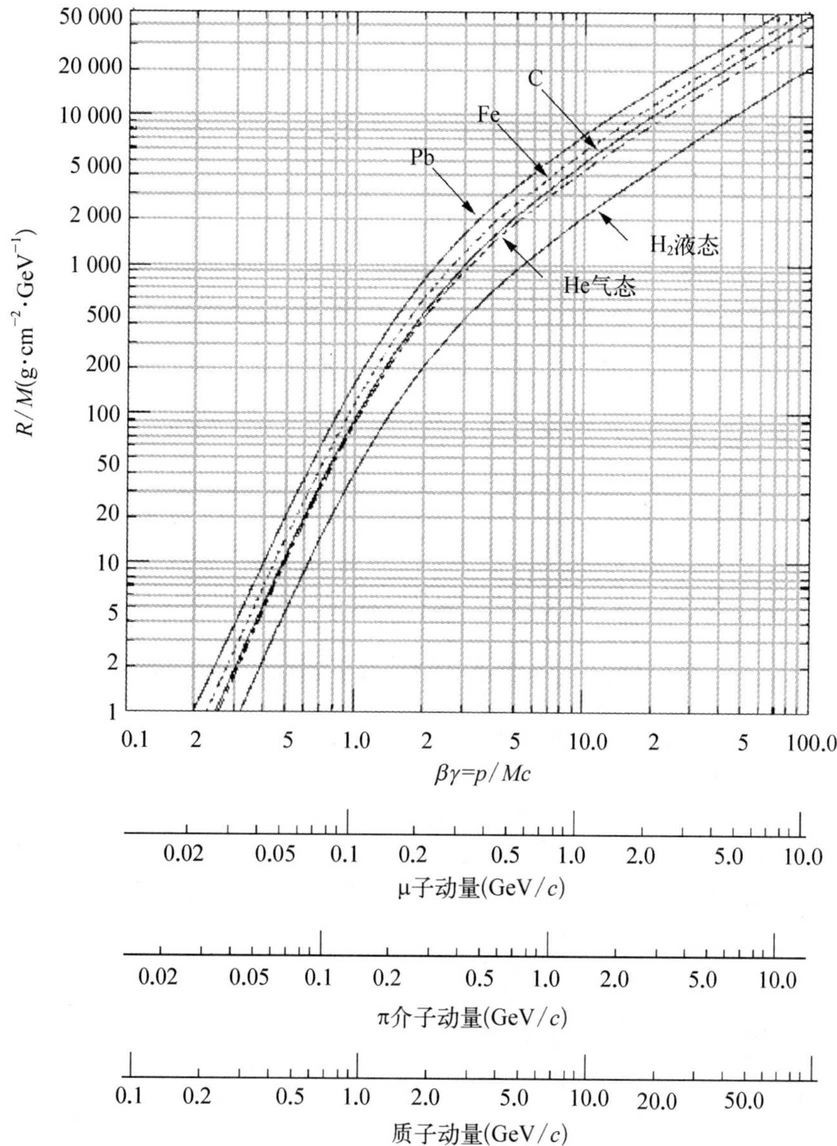

图 E.2　重带电粒子在液氢、氦气以及碳、铁、铅中的射程随粒子的 βγ 变化

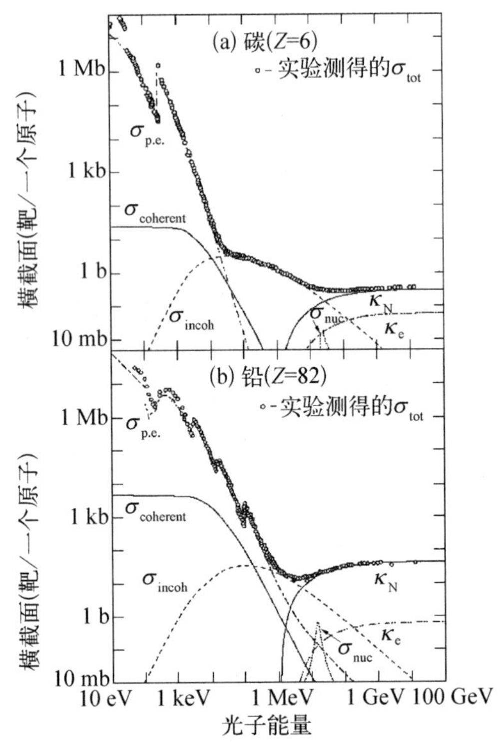

图 E.3　光子在铅和碳中的相互作用截面随能量的变化

$\sigma_{p.e.}$—光电效应截面，$\sigma_{coherent}$—相干散射（Reyleigh 散射，光子与原子的弹性散射），σ_{incoh}—非相干散射（康普顿散射）κ_N—核场中的正负电子对产生，κ_e—电子场中的正负电子对产生，σ_{nuc}—光核反应（伴随电子或其他粒子的发射）.

γ射线与物质相互作用

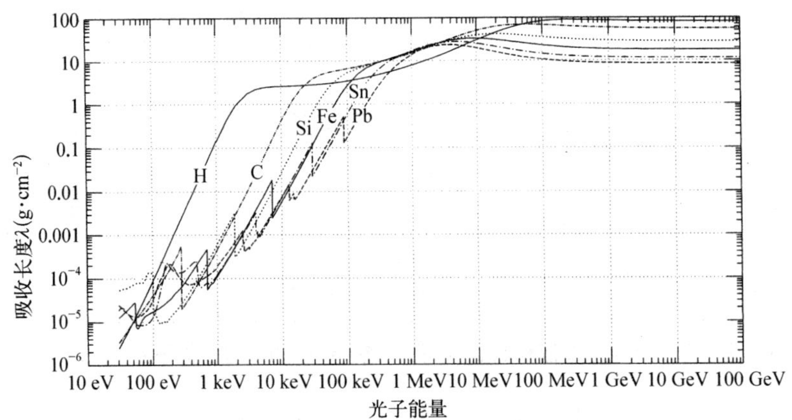

图 E.4　γ射线的吸收长度随能量的变化

附录 F　Higgs 粒子的发现

欧洲核子中心大型强子对撞机(LHC)的主要物理目标之一是发现 Higgs 粒子.根据标准模型,在质心系能量为 10 TeV 附近的质子-质子(pp)碰撞过程中,质量为 125 GeV 的 Higgs 粒子单举产生截面约几十皮巴(10^{-12}巴),例如,pp 对撞在 $\sqrt{s}=7$ TeV 和$\sqrt{s}=8$ TeV 时,$M_H=125$ GeV 的标准模型的 Higgs 粒子的产生截面分别为 17.5 和 22.3 pb.而且主要(>85%)通过胶子(对撞的质子包含大量的胶子(gluon)聚合过程产生:

$$gg \to H \tag{F.1}$$

产生的质量为 110～150 GeV 的标准模型的 H,实验上易于辨认和重建的衰变道为:

$$H \to \gamma\gamma \tag{F.2}$$

$$H \to Z_1Z_2,\quad Z_1 \to \bar{l}l(\mu^-\ \mu^+ \text{ 或 } e^-\ e^+),\quad Z_2 \to \bar{l}l(\mu^-\ \mu^+ \text{ 或 } e^-\ e^+) \tag{F.3}$$

它们的衰变分支比随 H 的质量变化而变化,如果用产生截面和它通过给定衰变道的分支比的乘积来衡量标准模型 Higgs 粒子被发现的截面,计算得到在$\sqrt{s}=7$ TeV和$\sqrt{s}=8$ TeV 的 pp 对撞中,通过过程(F.3)发现 $M_H=125$ GeV 的标准模型 Higgs 粒子的截面分别为 2.2 fb 和 2.8 fb.通过过程(F.2)发现 $M_H=125$ GeV 的标准模型 Higgs 粒子的截面可约达到 40 fb. 图 F.1 是 pp 对撞中胶子聚合产生 Higgs (a)、Higgs 通过两光子(b)和 4 轻子(c)衰变的 Feynman 图.

2011～2012 年,在 LHC 上的两台大型磁谱仪 ATLAS 和 CMS 并行运行在动量中心系能量$\sqrt{s}=7$ TeV 和$\sqrt{s}=8$ TeV 下,ATLAS 谱仪从积分量度为 4.8 fb^{-1} (7 TeV) 和 5.8 fb^{-1} (8 TeV))的数据样本中重建末态 $\gamma\gamma$,ZZ,WW,$\tau\tau$ 和 bb 的事件,发现[1]类似标准模型 Higgs 粒子 H.从新粒子的两个衰变道:$H\to\gamma\gamma$ 以及 $H\to ZZ^*\to 4l$ 的不变质量谱清晰地表明(图 F.2),类标准模型的 Higgs 粒子的质量为 126.0±0.4(Stat.)±0.4(Syst.),显著度为 5.9σ,对应于背景涨落的概率为 1.7×10^{-9}.

CMS 谱仪从积分量度为 5.1 fb^{-1}(7 TeV) 和 5.3 fb^{-1}(8 TeV))的数据样本中重建末态 $\gamma\gamma$,ZZ,WW,$\tau\tau$ 和 bb 的事件,发现新的粒子[2].新粒子信号以 5.0σ

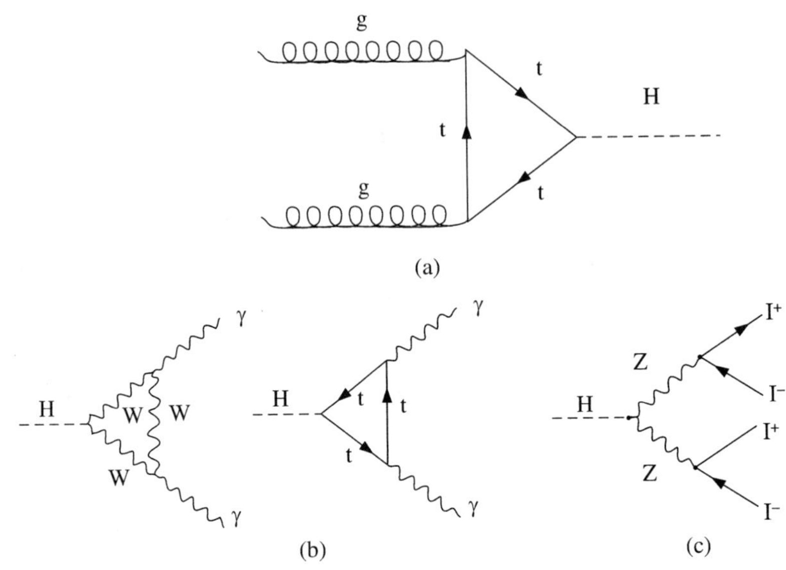

图 F.1 Higgs 胶子聚合产生及其两光子和 4 轻子衰变 Feynman 图

的显著度超出背景信号. 其中两个显著度最强的、质量分辨最好的衰变道 γγ, ZZ→4l的不变质量谱(图 F.3)的重建给出新粒子的质量为 125.3 ± 0.4(Stat.) ± 0.5(Syst.)GeV. 在标准模型的框架内,测量了新粒子和矢量玻色子、费米子、胶子以及光子的耦合. 在实验的不确定度区间内,所有的结果和标准模型的 Higgs 粒子的预期一致.

标准模型的 Higgs 粒子的自然宽度为几 MeV 量级. 实验观测到的不变质量谱呈现的共振峰的宽度完全取决于磁谱仪的质量分辨率(GeV 量级).

CMS 合作组[3]从$\sqrt{s}=7$ TeV 和$\sqrt{s}=8$ TeV 的 pp 对撞、积分亮度为 17.3 fb^{-1} 的数据分析研究了 $H\to ZZ^*\to 4l$ 的不变质量谱进一步确认 $M_H=126.2\pm0.6$(Stat.) ± 0.2(Syst.)GeV. 根据轻子对(重建 ZZ^*)的角分布,给出新粒子的自旋宇称应该是 0^+ 标量玻色子,不是赝标量粒子. ATLAS 磁谱仪[4]利用采集的$\sqrt{s}=8$ TeV,积分亮度为 20.7 fb^{-1} 的 pp 对撞数据,通过新粒子到 γγ, $WW^*\to l\nu l\nu$, $ZZ^*\to 4l$(包括$\sqrt{s}=7$ TeV 的 4.8 fb^{-1}的数据)的衰变道,研究新粒子的自旋宇称,结果有力地支持 $J^P=0^+$ 的假设.

由于数据量的限制,标准模型预言的 Higgs 粒子的其他衰变道还没有被研究,科学家的结论是:在实验的不确定度区间内,若干重要衰变道的研究表明,质量为

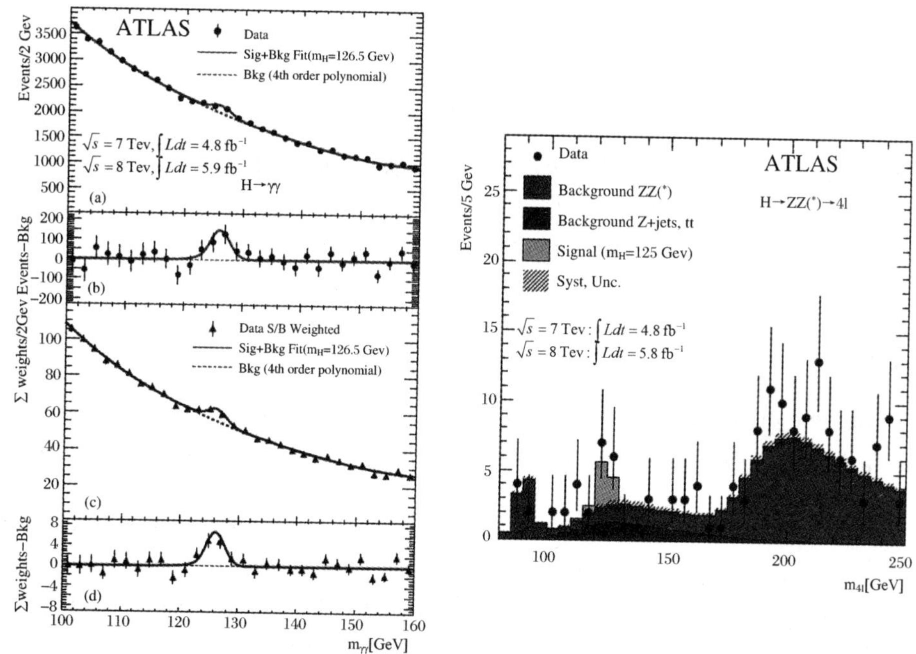

图 F.2　ATLAS 发布末态 2γ(左)和 4l 的不变质量谱(右)

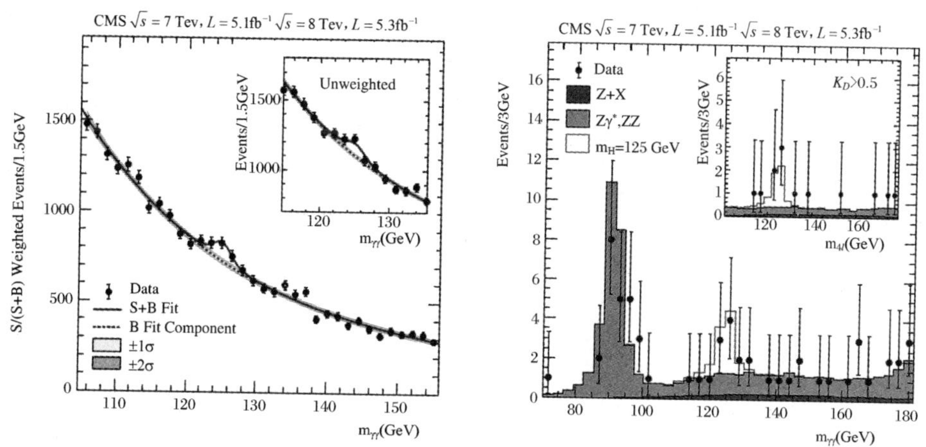

图 F.3　CMS 重建的末态 2γ(左)和 4l 的不变质量谱(右)

125 GeV的新粒子和标准模型的 Higgs 粒子的预期一致. 2012 年 7 月 4 日，欧洲核子中心宣布发现类 Higgs 粒子(Higgs-like Particle)，一年以后正式宣布发现 Higgs 粒子[5,6]，并确认其$J^P=0^+$[7].

Higgs粒子的实验发现催生了 2013 年 Nobel 物理学奖的问世. 1964 年提出粒子质量来源的 Higgs 机制的理论家弗朗索瓦·恩格勒(F. Englert)和彼得·希格斯(P. Higgs)分享了 2013 年物理学奖. 2013 年 10 月瑞典皇家科学院宣读获奖理由，称他们“帮助我们理解亚原子粒子质量起源机制，而且欧洲核子中心的大型强子对撞机发现的新粒子证实了他们的理论”.

参考文献:

[1] ATLAS Collaboration. Observation of a new particle in the search for the Standard Model Higgs boson with the ATLAS detector at the LHC [J]. Physics Letter, 2012, B716:1-29.

[2] CMS Collaboration. Observation of a new boson at mass of 125 GeV with the CMS experiment at the LHC [J]. Physics Letter, 2012, B716:30-61.

[3] CMS Collaboration. Study of the mass and spin-parity of the Higgs boson candidate via its decay to boson pairs [J]. Phys. Rev. Letter, 2013, 110, 081803.

[4] ATLAS Collaboration. Evidence for the spin-0 nature of the Higgs boson using ATLAS data [J]. Physics Letters, 2013, B726:120-144.

附录G 习 题 解 答

绪论

0-2 $E_c(\lambdabar_c)/mc^2 = Z\alpha$

0-3 $V_G/V_c = 4.4\times10^{-40}$

0-4 给出质量为 m_i 的奇特原子的第一轨道半径和K结合能

	μ(折合质量)	λc(cm)	a_0(cm)	ε_K(MeV)
H原子	0.511	3.86×10^{-11}	0.529×10^{-8}	1.36×10^{-5}
μ奇特原子	94.998	2.08×10^{-13}	2.85×10^{-11}	2.53×10^{-3}
π奇特原子	121.520	1.62×10^{-13}	2.22×10^{-11}	3.24×10^{-3}
K奇特原子	323.491	0.61×10^{-13}	0.84×10^{-11}	8.62×10^{-3}

0-5 $\sigma[\mathrm{m}^2] = (\hbar c)^2\times\sigma[\mathrm{MeV}^{-2}]$，$7.79\times10^{-33}[\mathrm{m}^2]$；

$\tau[\mathrm{s}] = \hbar\times\tau[\mathrm{MeV}^{-1}]$，$6.582\times10^{-24}[\mathrm{s}]$；

$\lambdabar_c[\mathrm{m}] = \hbar c\times\lambdabar_c[\mathrm{MeV}^{-1}]$，$0.197\times10^{-15}[\mathrm{m}]$.

第1章

1-1 $A(1911) = 6.11\times10^8$ Bq $= 0.016$ Ci，$M(2008) = 16.11$ mg.

1-2 $A(^{14}\mathrm{C}) = 3\,115.8(\mathrm{s}^{-1})$，$A(^{40}\mathrm{K}) = 47\,650[\mathrm{s}^{-1}]$，1.42 mGy (mSV) · yr^{-1}.

1-3 $t = 0.5\times10^{10}$ yr.

1-4 $A = 4.66\times10^8$ Bq.

1-5 $t = 141.2$ 天.

1-6 $p_m = 8.5$ GeV.

1-7 2.5×10^7.

1-8 (1) $A_\beta(t) = N_0 2^{-t/66.02}$，$A_\gamma(t) = \dfrac{\ln 2}{60}N_0[2^{-t/66.02} - 2^{-t/6.02}]t[\mathrm{hrs}]$；
(2) $t_m = 22.8$ hr.

第 2 章

2-1 $\Delta E_{\mu} = 1.44\ \text{MeV}$，$\Delta E_{\pi} = 2.17\ \text{MeV}$，能.

2-2 $\Delta E_{\alpha} > \Delta E_{p}$，$\Delta E_{\alpha}/\Delta E_{p} = 16$

2-3 (1) $E'_{\gamma}(\theta = 60^{\circ}) = 401.4\ \text{keV}$，$T_{e}(\theta = 60^{\circ}) = 259.6\ \text{keV}$；

(2) $\psi = 37.06^{\circ}$，(3) $\theta = 90^{\circ}$，$\Delta\lambda = \lambda_{e}$，$\theta = 180^{\circ}$，$\Delta\lambda = 2\lambda_{e}$.

2-4～2-8 为射线探测的基本原理和方法的叙述，请参考第 2 章相关部分.

第 3 章

3-1 $M = (496.5 \pm 3.5)\ \text{MeV}$.

3-2 $Z = 29$.

3-3 $2I + 1 = 6$，$I = 5/2$.

3-4 $g(^{7}\text{Li}) = 2.18$；$+3/2$，$+1/2$，$-1/2$，$-3/2$.

3-5 $\langle Q\rangle \neq 0 \to J \neq 0, 1/2$；$\xi = 0.0967$；长旋转椭球对称的形变核素.

3-6 参见 3.1.1 节.

3-7 参见 3.3.3 节.

磁分裂：$\Delta_{1} = \Delta_{2} = 2.703 \times 10^{-7}\ \text{eV}$，电四极劈裂：$\Delta = 2.15 \times 10^{-11}\ \text{eV}$；

磁、电同加入：$\Delta'_{1} = 2.702 \times 10^{-7}\ \text{eV}$，$\Delta'_{2} = 2.703 \times 10^{-7}\ \text{eV}$.

第 4 章

4-1 (1) $F = 1.99 \times 10^{13}(\text{cm}^{2}\cdot\text{s})^{-1}$；(2) $L = 9.89 \times 10^{34}(\text{cm}^{2}\cdot\text{s})^{-1}$；

(3) $(\text{d}\sigma/\text{d}\Omega)_{\pi/4} = 28\ \text{mb}\cdot\text{Sr}^{-1}$；(4) $\Delta N = 9.7\times 10^{4}\ \text{s}^{-1}$，$E(\pi/4) = 199.9\ \text{MeV}$.

4-2 参见 4.2 节

4-3 参见 4.3.4 节.

4-4 $G_{D}(q^{2}) = (1 + |q^{2}|/|q_{0}^{2}|)^{-2}$，$|q_{0}^{2}| = 0.71\ \text{GeV}^{2}$；

$$\rho(r) = \frac{q_{0}^{3}}{8\pi}\text{e}^{-q_{0}r} = \frac{1}{8\pi a_{0}^{3}}\text{e}^{-\frac{r}{a_{0}}}；\ a_{0} = \hbar c(q_{0}c)^{-1} = 0.23\ \text{fm}.$$

4-5

θ	10	15	20	25	30
$\sin(\theta/2)$	0.087 156	0.130 526 2	0.173 648 2	0.216 439 6	0.258 819 0
$(\text{d}\sigma/\text{d}\Omega)_{R}$(mb)	63.950	12.713	4.058	1.681	0.820
$(\text{d}\sigma/\text{d}\Omega_{M}$(mb)	63.464	12.496	3.936	1.602	0.765

4-6 $R(s^{-1}) = L\Delta\sigma = 5\times 10^{31}(0.203 + 0.000\,47)\times 10^{-27}$

$= 10\,150 + 23.5 = 10\,173.5$ Hz.

4-7 参考课本4.4.3.

第5章

5-1 $|1, +1\rangle = \frac{1}{2}\left|\frac{1}{2}+\frac{1}{2}\right\rangle\left|\frac{3}{2}+\frac{1}{2}\right\rangle - \frac{\sqrt{3}}{2}\left|\frac{1}{2}-\frac{1}{2}\right\rangle\left|\frac{3}{2}+\frac{3}{2}\right\rangle$

$|1, -1\rangle = -\frac{1}{2}\left|\frac{1}{2}-\frac{1}{2}\right\rangle\left|\frac{3}{2}-\frac{1}{2}\right\rangle + \frac{\sqrt{3}}{2}\left|\frac{1}{2}+\frac{1}{2}\right\rangle\left|\frac{3}{2}-\frac{3}{2}\right\rangle$

$|1, 0\rangle = -\frac{1}{\sqrt{2}}\left|\frac{1}{2}-\frac{1}{2}\right\rangle\left|\frac{3}{2}+\frac{1}{2}\right\rangle + \frac{1}{\sqrt{2}}\left|\frac{1}{2}+\frac{1}{2}\right\rangle\left|\frac{3}{2}-\frac{1}{2}\right\rangle$

$|2, +2\rangle = \left|\frac{1}{2}+\frac{1}{2}\right\rangle\left|\frac{3}{2}+\frac{3}{2}\right\rangle$；$|2, -2\rangle = \left|\frac{1}{2}-\frac{1}{2}\right\rangle\left|\frac{3}{2}-\frac{3}{2}\right\rangle$

$|2, \pm 1\rangle = \frac{1}{\sqrt{2}}\left|\frac{1}{2}\mp\frac{1}{2}\right\rangle\left|\frac{3}{2}\pm\frac{3}{2}\right\rangle + \frac{\sqrt{3}}{2}\left|\frac{1}{2}\pm\frac{1}{2}\right\rangle\left|\frac{3}{2}\pm\frac{1}{2}\right\rangle$

$|2, 0\rangle = \frac{1}{\sqrt{2}}\left[\left|\frac{1}{2}-\frac{1}{2}\right\rangle\left|\frac{3}{2}+\frac{1}{2}\right\rangle + \left|\frac{1}{2}+\frac{1}{2}\right\rangle\left|\frac{3}{2}-\frac{1}{2}\right\rangle\right]$

$\left|\frac{1}{2}+\frac{1}{2}\right\rangle\left|\frac{3}{2}+\frac{1}{2}\right\rangle = \frac{1}{2}|1+1\rangle + \frac{\sqrt{3}}{2}|2+1\rangle$

$\left|\frac{1}{2}-\frac{1}{2}\right\rangle\left|\frac{3}{2}+\frac{3}{2}\right\rangle = -\frac{\sqrt{3}}{2}|1+1\rangle + \frac{1}{2}|2+1\rangle$

$\left|\frac{1}{2}-\frac{1}{2}\right\rangle\left|\frac{3}{2}+\frac{1}{2}\right\rangle = -\frac{1}{\sqrt{2}}|10\rangle + \frac{1}{\sqrt{2}}|20\rangle$

$\left|\frac{1}{2}+\frac{1}{2}\right\rangle\left|\frac{3}{2}-\frac{1}{2}\right\rangle = +\frac{1}{\sqrt{2}}|10\rangle + \frac{1}{\sqrt{2}}|20\rangle$

$\left|\frac{1}{2}+\frac{1}{2}\right\rangle\left|\frac{3}{2}-\frac{3}{2}\right\rangle = +\frac{\sqrt{3}}{2}|1-1\rangle + \frac{1}{2}|2-1\rangle$

$\left|\frac{1}{2}-\frac{1}{2}\right\rangle\left|\frac{3}{2}-\frac{1}{2}\right\rangle = -\frac{1}{2}|1-1\rangle + \frac{\sqrt{3}}{2}|2-1\rangle$

$\left|\frac{1}{2}+\frac{1}{2}\right\rangle\left|\frac{3}{2}+\frac{3}{2}\right\rangle = |2+2\rangle$；$\left|\frac{1}{2}-\frac{1}{2}\right\rangle\left|\frac{3}{2}-\frac{3}{2}\right\rangle = |2-2\rangle$；

5-2　两体：线谱，$T_e = 0.788\,\text{MeV}$，$p = 1.194\,\text{MeV}/c$；三体：连续谱，T_e：$(0\sim0.788)\,\text{MeV}$.

5-3　$T_\pi = 194.48\,\text{MeV}$；$I = 3/2$，$l = 1$；

$W(\theta) = \frac{1}{4}(1 + 3\cos^2\theta)_{\text{polar}}$，$W(\theta) = \frac{1}{2}(1 + 3\cos^2\theta)_{\text{unpolar}}$.

5-4　$\frac{\sigma_a}{\sigma_b} = \frac{1}{2}$.

5-5　参照 5.2.2 的讨论.

5-6

顶点对应的方程	V0 顶点的守恒量子数					
$V5, V6: \gamma + (ZA) \to e^+ e^- + (ZA)$		K^-	$+\,p$	$\to X(\Omega^-)$	$+\,K^+$	$+\,K^0$
$V3: \Lambda \to \pi^- p$	Q	-1	$+1$	-1	$+1$	0
$V2: Y(\Xi^0) \to \pi^0(\gamma\gamma) + \Lambda$	B	0	$+1$	$+1$	0	0
$V1: X(\Omega^-) \to Y(\Xi^0) + \pi^-$	S	-1	0	-3	$+1$	$+1$
$V0: K^- + p \to X(\Omega^-) + K^+ K^0$	I	$1/2$	$1/2$	$0(1)$	$1/2$	$1/2$
	I_3	$-1/2$	$+1/2$	0	$+1/2$	$-1/2$

5-7　从相加性量子数(B、L、S、Y)来判断.

第 6 章

6-1　$L = 0, 1$；$\eta_P(\Sigma^0)\eta_P(\Lambda) = + \to M1$.

6-2　$|1, 2\rangle_{l_{12}}|3\rangle_{l_3}$，$J$ 守恒 $\to \boldsymbol{l}_{12} + \boldsymbol{l}_3 = 0$；$l_{12} = l_3 = l$

$\eta_P(1,2,3) = \eta_P^3(\text{内禀})(-1)^{l_{12}+l_3} = -1(-1)^{2l} = (-)$

6-3　${}^1S_0(\Xi p)$：${}^1S_0(\Lambda\Lambda)$，$\eta_P(\Xi) = (-1)^0 = +$

${}^3P_0(\Lambda\Lambda)$，$\eta_P(\Xi) = (-1)^1 = -$

${}^3S_1(\Xi p)$：${}^3P_1(\Lambda\Lambda)$，$\eta_P(\Xi) = (-1)^1 = -$

6-4　(1) ${}^4H_\Lambda(p + 2n + \Lambda)$；(2) $\eta_P(K^-) \equiv \eta_P(\pi^0)$.

6-5　$\eta_{CP}(\pi^+\pi^-) \equiv +$；$\eta_{CP}(\pi^+\pi^-\pi^0) = (-1)^{L_{12}+1}$；$\eta_{CP}(3\pi^0) = (-1)^{L_{12}+1} = -1(J = 0)$.

6-6　释放的能量(1.4 MeV)不足以使 π^0 以 P 波发射(>10 MeV).

6-7　K_1^0 的自旋为偶数(0, 2…)空间和电荷共轭宇称不限制，它们的联合宇称为偶.

6-8 $^1S_0(e^- e^+) \to 2\gamma$; $^3S_1(e^- e^+) \to 3\gamma$.

6-9 可到达偶数 π 的 $p\bar{p}$态有 $I=0$: $^1S_0$ 和$^3P_{012}$ 以及 $I=1$ 的$^3S_1$ 和$^1P_1$;可到达奇数 π 的 $p\bar{p}$态有 $I=0$ 的$^3S_1$ 和$^1P_1$ 以及 $I=1$ 的$^1S_0$和$^3P_{012}$.

$I=0$: $^3S_1(p\bar{p}) \to {}^1P_1(K\bar{K})$, $^3P_2(p\bar{p}) \to {}^1D_2(K\bar{K})$;

$I=1$: $^3S_1(p\bar{p}) \to {}^1P_1(K\bar{K})$, $^3P_2(p\bar{p}) \to {}^1D_2(K\bar{K})$.

6-10 $L=0$,容许的 pp 态: $^1S_0$;容许的 $\rho^0\rho^0$ 态: $^1S_0$, $^5S_2$,

$L=1$,容许的 pp 态: $^3P_{012}$;容许的($\rho^0\rho^0$)态: $^3P_{012}$,

$L=2$,容许的 pp 态: $^1D_2$;容许的($\rho^0\rho^0$)态: $^1D_2$, $^5D_{01234}$.

6-11 $|np\rangle_d = |l=0_{96\%} + l=2_{4\%}\rangle_l \, |S=1\rangle_S \, |I\rangle_I$;

$P_{np}|np\rangle_d = (-1)^l(-1)^{S+1}(-1)^{I+1}|np\rangle_d \equiv -|np\rangle_d$;

$(-1)^{I+1} = -1$, $I=0$, $|\text{Isospin}\rangle = |0,0\rangle_I$.

6-12 $^1S_0$, $^1D_2$.

6-13 (1)、(4)由于总同位旋波函数要求交换对称,而排除 $I=1$ 反对称的同位旋波函数;(3) 同位旋 I 不能小于它的投影 I_3 的绝对值;(2)、(5) 不受限制.

6-14 $\eta_{CP}(p\bar{p}) = (-1)^{S+1}$;

$\eta_{CP}(K_1^0K_2^0) = (-1)^{l+1}, \xrightarrow{l=S} \eta_{CP}(p\bar{p}) = \eta_{CP}(K_1^0K_2^0)$;

$\eta_{CP}(2K_1^0) = \eta_{CP}(2K_2^0) = (-1)^l \xrightarrow{l=S} \eta_{CP}(p\bar{p}) = -\eta_{CP}(2K_1^0) = -\eta_{CP}(2K_2^0)$.

6-15 $W(\theta) \sim 1 - \alpha\delta_\Lambda\cos\theta$; δ_Λ - 为 Λ 粒子的横向极化;

$\alpha = \dfrac{2a_s\text{Re}(a_p)}{a_s + |a_p|^2}$, a_s, a_p分别为 S-,P-波的振幅.

第7章

7-1 (1) $|baryon\rangle_{10} = |space_l\rangle_s \, |spin_S\rangle_S \, |flavour_F\rangle_S \, |colour\rangle_{AS}$;

(2) $|colour\rangle_{AS} = \dfrac{1}{\sqrt{6}}(RGB - RBG + BRG - BGR + GBR - GRB)$.

7-2 $\eta_P(q\bar{q}) = \begin{cases}(-1)^{L+1} = (-1)^J (J = L \pm 1); \\ (-1)^{J+1} (J = L).\end{cases}$

$$\eta_C(q\bar{q}) = (-1)^{L+S} = \begin{cases}(-1)^J (S=1,\ J=L\pm 1); \\ (-1)^{J+1} (S=1,\ J=L); \\ (-1)^J (S=0,\ J=L).\end{cases}$$

$J=0$: $^1S_0$, $^3P_0$

0^{-+}, 0^{++} 允许, 0^{+-}, 0^{--} 禁戒;

$J=1$: $^3S_1$, $^1P_1$, $^3P_1$, $^3D_1$

1^{--} 1^{+-} 1^{++} 1^{--} 允许, 1^{-+} 禁戒;

$J=2$: $^3P_2$, $^1D_2$, $^3D_2$, $^3F_2$

2^{++}, 2^{-+}, 2^{--}, 2^{++} 允许, 2^{+-} 禁戒;

$J=3$: $^3D_3$, $^1F_3$, $^3F_3$, $^3G_3$

3^{--}, 3^{+-}, 3^{++}, 3^{--} 允许, 3^{-+} 禁戒.

7-3 $J=0$: $^1S_0$, $^3P_0$; $J=1$: $^3S_1$, $^1P_1$, $^3P_1$, $^3D_1$

0^{-+}, 0^{++} 1^{--} 1^{+-} 1^{++} 1^{--}

$J=2$: $^3P_2$, $^1D_2$, $^3D_2$, $^3F_2$; $J=3$: $^3D_3$, $^1F_3$, $^3F_3$, $^3G_3$

2^{++}, 2^{-+}, 2^{--}, 2^{++} 3^{--}, 3^{+-}, 3^{++}, 3^{--}

7-4 $L=0$: $^1S_0$, $^3S_1$;

$I^G(J^{PC})$: $1^-(0^{-+})\pi$; $0^+(0^{-+})\eta\eta'$ $1^+(1^{--})\rho$; $0^-(1^{--})\omega\phi$;

$L=1$: $^3P_0$ $1^-(0^{++})a$; $0^+(0^{++})ff'$; $^3P_1$ $1^-(1^{++})a_1$; $0^+(1^{++})f_1f_1'$

$^3P_2$, $1^-(2^{++})a_2$; $0^+(2^{++})f_2f_2'$; $^1P_1$ $1^+(1^{+-})b$; $0^-(1^{+-})hh'$

$L=2$: $^3D_1 1^+(1^{--})\rho$; $0^-(1^{--})\omega\phi$; $^3D_2$, $1^+(2^{--})\rho_2$; $0^-(2^{--})\omega_2\phi_2$

$^3D_3$, $1^+(3^{--})\rho_3 0^-(3^{--})\omega_3\phi_3$; $^1D_2$, $1^-(2^{-+})\pi_2$; $0^+(2^{-+})\eta_2\eta_2'$

$L=3$: $^3F_2$, $1^-(2^{++})a_2$; $0^+(2^{++})f_2f_2'$; $^3F_3$, $1^-(3^{++})a_3$; $0^+(3^{++})f_3f_3'$

$^3F_4$, $1^-(4^{++})a_4$; $0^+(4^{++})f_4f_4'$; $^1F_3$, $1^+(3^{+-})b_3$; $0^-(3^{+-})h_3h'_3$

7-5 $$\boldsymbol{s}_u\cdot\boldsymbol{s}_d=\frac{1}{2}\left[J(J+1)-2\left(\frac{1}{2}\left(\frac{1}{2}+1\right)\right)\right]\hbar^2=\begin{cases}-(3/4)\hbar^2(J=0)\\+(1/4)\hbar^2(J=1)\end{cases}$$

$$m_\pi(J=0)=2m_n-\frac{3}{4}\hbar^2\frac{1}{m_n^2}\left(\frac{2m_n}{\hbar}\right)^2 160=620-480=140\ \text{MeV}$$

$$m_\rho(J=1)=2m_n+\frac{1}{4}\hbar^2\frac{1}{m_n^2}\left(\frac{2m_n}{\hbar}\right)^2 160=620+160=780\ \text{MeV}$$

7-6

	1^1S_0	2^1S_0	1^3S_1	2^3S_1	1^3P_0	1^3P_1	1^3P_2
I^GJ^{PC}	$0^+(0^{-+})$	$0^+(0^{-+})$	$0^-(1^{--})$	$0^-(1^{--})$	$0^+(0^{++})$	$0^+(1^{++})$	$0^+(2^{++})$

7-7 (a) ab(uds) $+\ c$

$u^{\downarrow} d^{\uparrow} c^{\downarrow}$，$J(ud) = 0$，$I(ud) = 0$，$\to \Lambda_c^+ : 0(1/2^+)$

$u^{\downarrow} s^{\uparrow} c^{\downarrow}$，$J(us) = 0$，$I(us) = 1/2$，$\to \Xi_c^+ : 1/2(1/2^+)$

$d^{\downarrow} s^{\uparrow} c^{\downarrow}$，$J(ds) = 0$，$I(ds) = 1/2$，$\to \Xi_c^0 : 1/2(1/2^+)$

(b) $ab(uds) + c$

$u^{\downarrow} u^{\downarrow} c^{\uparrow}$，$J(uu) = 1$，$I(uu) = 1$，$\to \Sigma_c^{++} : 1(1/2^+)$

$u^{\downarrow} d^{\downarrow} c^{\uparrow}$，$J(ud) = 1$，$I(ud) = 1$，$\to \Sigma_c^+ : 1(1/2^+)$

$d^{\downarrow} d^{\downarrow} c^{\uparrow}$，$J(dd) = 1$，$I(dd) = 1$，$\to \Sigma_c^0 : 1(1/2^+)$

$u^{\downarrow} s^{\downarrow} c^{\uparrow}$，$J(us) = 1$，$I(us) = 1/2$，$\to \Xi_c^+ : 1/2(1/2^+)$

$d^{\downarrow} s^{\downarrow} c^{\uparrow}$，$J(ds) = 1$，$I(ds) = 1/2$，$\to \Xi_c^0 : 1/2(1/2^+)$

$s^{\downarrow} s^{\downarrow} c^{\uparrow}$，$J(ss) = 1$，$I(ss) = 0 \to \Omega_c^0 : 0(1/2^+)$

(c) $ab(uds) + c$

$u^{\uparrow} u^{\uparrow} c^{\uparrow}$，$I(uu) = 1$，$\to \Sigma_c^{++} : 1(3/2^+)$

$u^{\uparrow} d^{\uparrow} c^{\uparrow}$，$I(ud) = 1$，$\to \Sigma_c^+ : 1(3/2^+)$

$d^{\uparrow} d^{\uparrow} c^{\uparrow}$，$I(dd) = 1$，$\to \Sigma_c^0 : 1(3/2^+)$

$u^{\uparrow} s^{\uparrow} c^{\uparrow}$，$I(us) = 1/2$，$\to \Xi_c^+ : 1/2(3/2^+)$

$d^{\uparrow} s^{\uparrow} c^{\uparrow}$，$I(ds) = 1/2$，$\to \Xi_c^0 : 1/2(3/2^+)$

$s^{\uparrow} s^{\uparrow} c^{\uparrow}$ $I(ss) = 0 \to \Omega_c^0 : 0(3/2^+)$

第8章

8-1

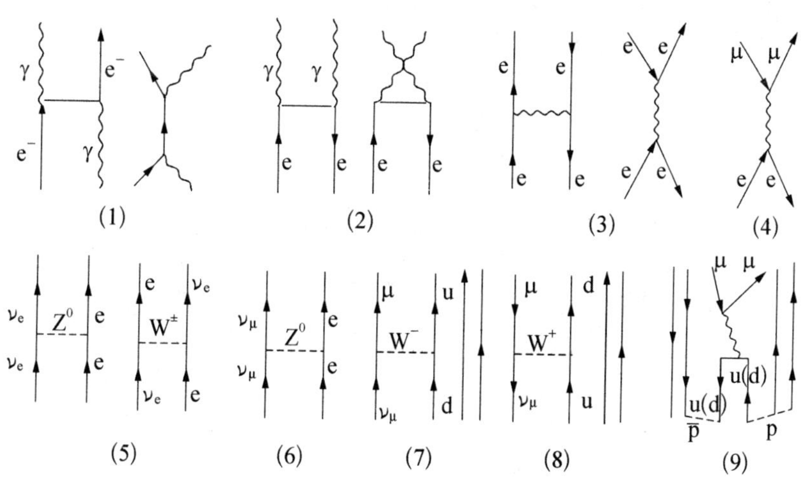

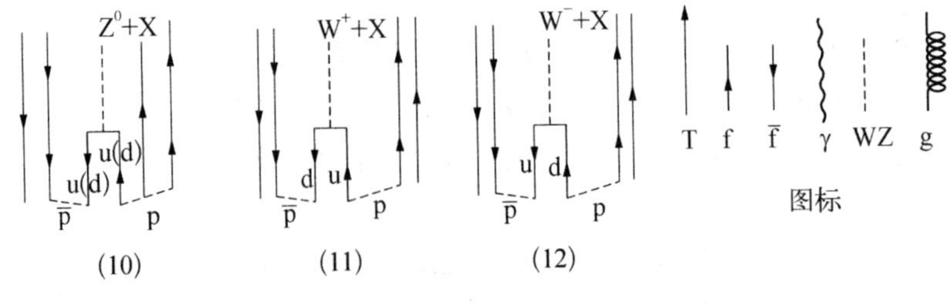

8－2

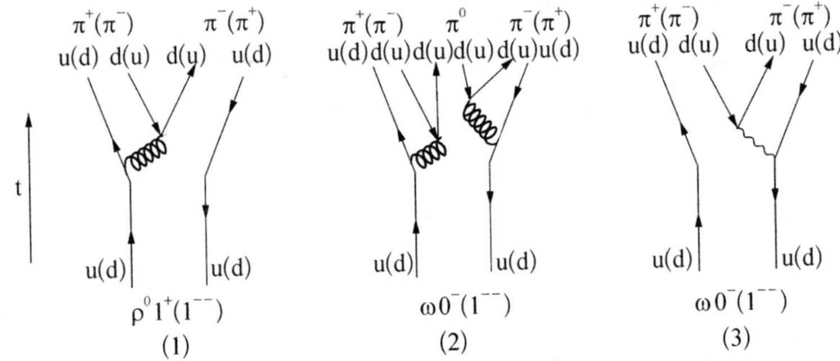

8－3 (1) OZI 压低；

(2) $\Gamma_i \sim \left(\dfrac{p_i}{m_i}\right)^{2L+1}$；$\dfrac{\Gamma_{(1)}}{\Gamma_{(2)}} = \left(\dfrac{p_{\pm}\, m_{00}}{p_{00}\, m_{\pm}}\right)^3 = 1.55$；$\left(\dfrac{\Gamma_{(1)}}{\Gamma_{(2)}}\right)_{\exp} = \dfrac{49}{34} \sim 1.4$.

8－4 J/ψ(3095)只能通过 OZI 压低过程到非粲介子，而 ψ(3770)的超过粲介子对阈，OZI 增强.

8－5 Λ(udc)中的 ud 是处于同位旋单态，味量子数交换反对称；Σ(udc)中的 ud 处于同位旋三重态，味 ud 交换对称. 它们的三个成员为

	Σ_c^0(ddc)	Σ_c^+(duc)	Σ_c^{++}(uuc)
I	1	1	1
I_3	－1	0	＋1

8－6

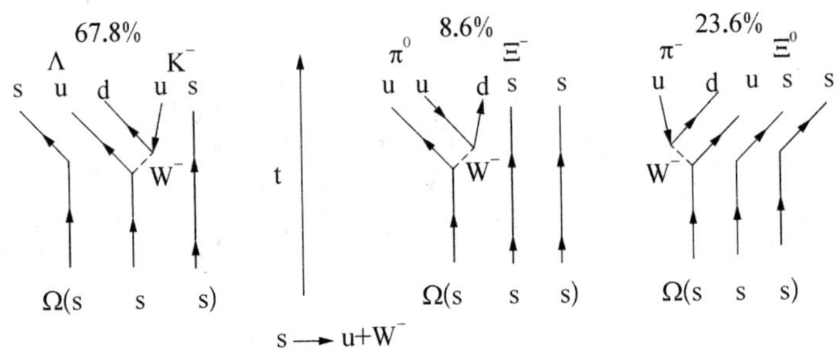

8-7 Feynman图同习题8.1的图(5)和(6).(5)的带电流和中性流都满足电子轻子数守恒.图(6)不可能有带电流的过程,因为它将违背电子、μ轻子数守恒.

8-8 其中的一种可能的图示如下:

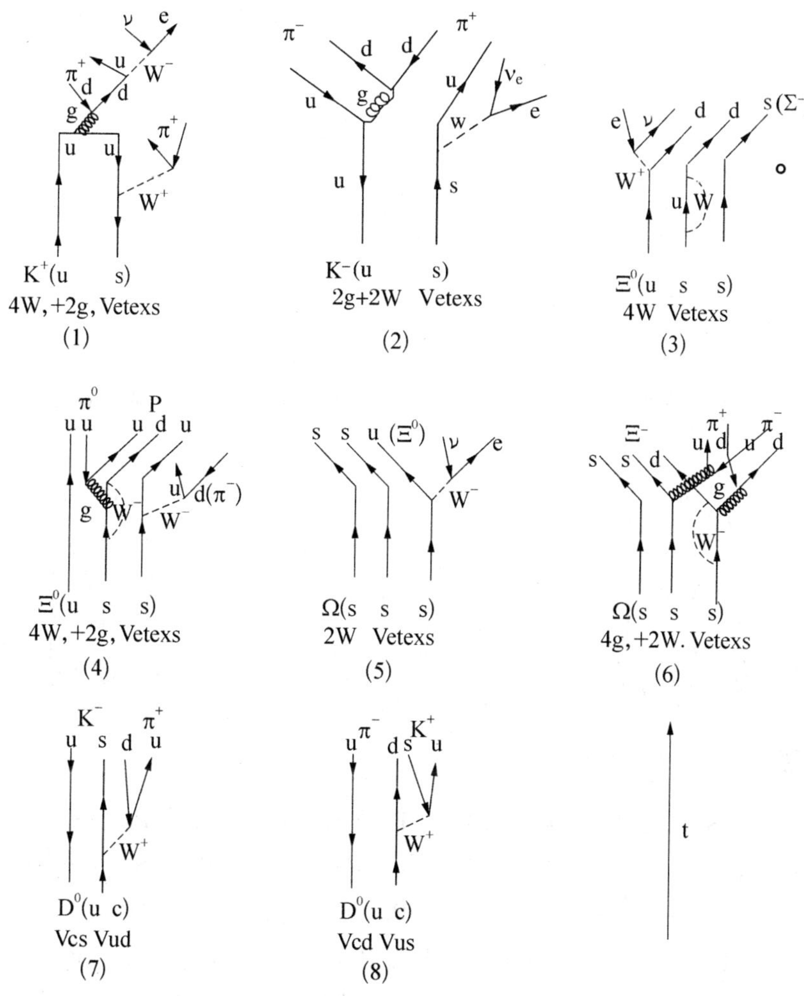

8-9　其中的一种可能的图示如下：

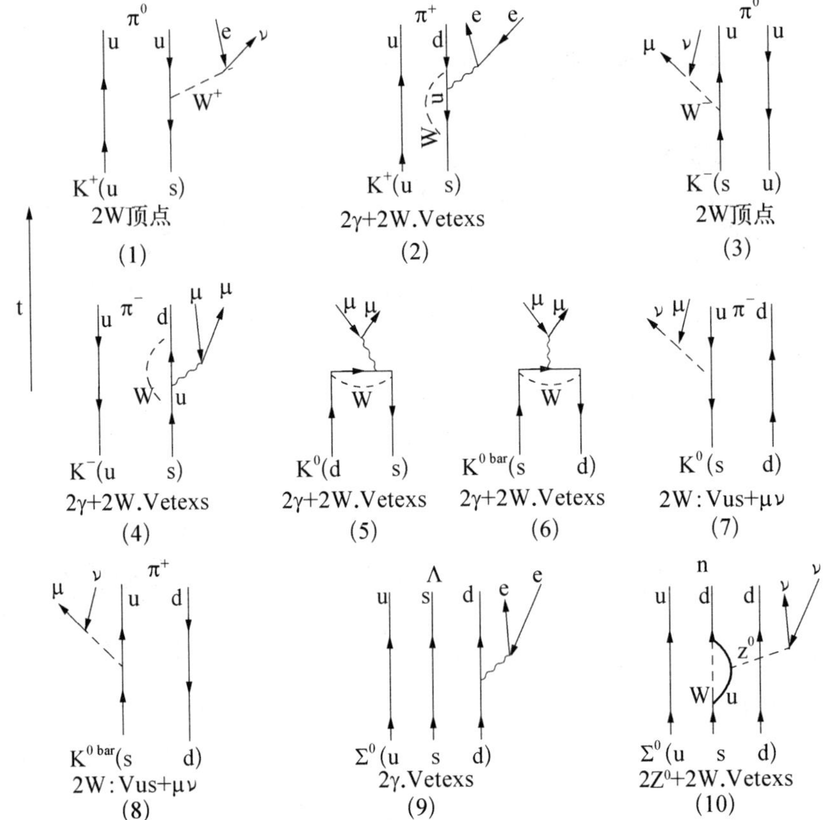

第9章

9-1　$\langle {}^1S_0 | {}^{\sigma}P_{12} | {}^1S_0 \rangle = -1$，$\langle {}^1S_0 | {}^{r}P_{12} | {}^1S_0 \rangle = +1$，$\langle {}^1S_0 | {}^{\tau}P_{12} | {}^1S_0 \rangle = +1$；

$\langle {}^3S_1 | {}^{\sigma}P_{12} | {}^3S_1 \rangle = +1$，$\langle {}^3S_1 | {}^{r}P_{12} | {}^3S_1 \rangle = +1$，$\langle {}^3S_1 | {}^{\tau}P_{12} | {}^3S_1 \rangle = -1$；

$\langle {}^1P_1 | {}^{\sigma}P_{12} | {}^1P_1 \rangle = -1$，$\langle {}^1P_1 | {}^{r}P_{12} | {}^1P_1 \rangle = -1$，$\langle {}^1P_1 | {}^{\tau}P_{12} | {}^1P_1 \rangle = -1$；

$\langle {}^3P_{012} | {}^{\sigma}P_{12} | {}^3P_{012} \rangle = +1$，$\langle {}^3P_{012} | {}^{r}P_{12} | {}^3P_{012} \rangle = -1$，$\langle {}^3P_{012} | {}^{\tau}P_{12} | {}^3P_{012} \rangle = +1$.

9-2　$V_c(r) = -V_w(r) - V_M(r) - V_\sigma(r) - V_\tau(r)$.

9-3　结果表明核力的自旋轨道相互作用和原子能级的自旋轨道相互作用(Na光谱的精细劈裂)显著区别是：1. 核子自旋和轨道角动量平行同向比反向有更强的吸引力；2. 核力的自旋轨道耦合强度比电磁力的自旋轨道相互作用要强～10^9倍.

9－4 ^{9}B(3/2$^-$) 球：π【2】$(1P_{3/2})^3$ + ν【2】$(1P_{3/2})^2$；

^{13}N(1/2$^-$) 球：π【2】$(1P_{3/2})^4(1P_{1/2})^1$ + ν【2】$(1P_{3/2})^4$；

^{23}Mg(3/2$^+$) 球：π【2】【8】$(1d_{5/2})^4$ + ν【2】【8】$(1d_{5/2})^3$；(5/2$^+$?)

椭球，$\delta_D > 0.3$ 个中子布居于$([220+]1/2^+)^2 + ([221+]3/2^+)^1(3/2^+)$

^{25}Mg(5/2$^+$) 椭球，ν【8】$+ ([220+]1/2^+)^2 + ([221+]3/2^+)^2 + ([222+]5/2^+)^1$

^{25}Al(5/2$^+$) 椭球，π【8】$+ ([220+]1/2^+)^2 + ([221+]3/2^+)^2 + ([222+]5/2^+)^1$

9－5 参见正义第 305 页“单粒子壳层模型的实验检验”

9－6 用式(9.51)(9.52)计算并作图.

第 10 章

10－1 (1) $Q_\alpha(2^-) = 1.75$ MeV，$Q_\alpha(2^+) = 2.68$ MeV；

(2) $\lambda(2^-)/\lambda(2^+) = 0.81$，实际比值为 10^{-13}，是因为：$^{16}O(2^-) \to {}^{12}C(0^+)$ 的 α 衰变违背宇称守恒，α 粒子在母核中的形成通过弱作用来实现的. 形成几率 (10^{-13})，而$^{16}O(2^+) \to {}^{12}C(0^+)$是通过强作用形成 α 粒子. 满足宇称守恒.

10－2 (1) $E_{\beta max}(^{137}Cs,\ 7/2^+ \to {}^{137}Ba^*,11/2^-)$

$= \Delta(^{137}Cs) - [\Delta(^{137}Ba) + 0.662] = -86.827 - [-88 + 0.662] = 0.511\,2$ MeV，

$E_{\beta max}(^{137}Cs,\ 7/2^+ \to {}^{137}Ba,3/2^+) = \Delta(^{137}Cs) - \Delta(^{137}Ba) = -86.827 - (-88) = 1.173$ MeV；

(2) β $7/2^+ \to 11/2^-$，$\Delta J = 2, 3, \cdots, 8$，$l(e\nu) = 1$，$S = 1$，属于唯一一级禁戒型 β 跃迁(95%)

β $7/2^+ \to 3/2^+$ $\Delta J = 2, 3, \cdots, 5$，$l(e\nu) = 2$，$S = 0, 1$ 属于二级禁戒型 β 跃迁(Fermi + GT)5%

^{137}Csβ 衰变后 95%布居在^{137}Ba* (11/2$^-$ 0.662)态上，它到基态(3/2$^+$,0)通过电磁跃迁：

(3) γ 11/2－→3/2+，85% $E_\gamma = 0.662$ MeV，M4(E5) γ 跃迁

e 11/2－→3/2+，15% $E_e = 0.662 - \varepsilon(K, L, \cdots)$，内转换电子，伴随 Ba 的 KX 射线～32 keV.

10－3 β^+ 过程，$Q_{\beta^+} = \Delta(Z,A) - \Delta(Z-1,A) - 2m(e)$，由子核素、$e^+$ 和 ν 分配，子核素对应的原子体系处于被扰动的负离子态；

EC 过程，$Q_{EC} = \Delta(Z,A) - \Delta(Z-1,A) - \varepsilon(K, L, \cdots)$ 由子核素和 ν 分配，

子核素对应的原子体系处于K(L)空位的中性原子态.伴随KX射线或者俄歇电子发射.

10－4 刘运祚主编,《常用放射性核素衰变纲图》,原子能出版社,1982.

第32页^{60}Co

β1, $5^+(^{60}Co) \to 4^+(^{60}Ni^*)$99.89%, $E_{\beta max} = 318.3$keV.容许型纯GT跃迁;

γ1, $4^+(^{60}Ni^*) \to 2^+(^{60}Ni^*)$99.89% $E_\gamma = 1\,173.328$ keV.E2γ跃迁;

γ2, $2^+(^{60}Ni^*) \to 0^+(^{60}Ni)$99.89% $E_\gamma = 1\,332.513$ keV.E2γ跃迁.

第21页^{55}Fe

EC过程$3/2^-(^{55}Fe) \to 5/2^-(^{55}Mn)E_\nu \sim 231$ keV,容许型纯GT跃迁;

核素Mn原子处于激发态KX射线$E_X = 5.95$ keV.

第96页^{99}Mo-^{99}Tc

β1, $1/2^+(^{99}Mo) \to (1/2,3/2)^+(^{99}Tc^*)$, 16.8%, $E_{\beta max} = 452$ keV.容许型β跃迁;

β2, $1/2^+(^{99}Mo) \to (1/2)^-(^{99}Tc^*)$, 83.4%, $E_{\beta max} = 1\,230$ keV. 一级禁戒β跃迁;

γ1, $(1/2, 3/2)^+(^{99}Tc^*) \to (5/2)^-(^{99}Tc^*)$, 4.36% $E_\gamma = 777.8$ keV.($M2$, $E1$)γ跃迁;

γ2, $(1/2,3/2)^+(^{99}Tc^*) \to (1/2)^-(^{99}Tc^*)$, 12.4% $E_\gamma = 739.5$ keV.$E1\gamma$跃迁;

由^{99}Mo(β1,β2)衰变到达^{99}Tc不同激发态,经γ级联,97.9%布居在[$(1/2)^-$, 142.63 keV]的^{99}Tc第二激发态上.用化学方法把$^{99}Tc^*$和母体分离.得到$T_{1/2} =$ 6.02hs的同质异能素,如下是纯$^{99}Tc^*$的射线;

γ3, [$(1/2)^-$, 142.63 keV] → [$9/2^+$, 0.0], ～1%, $E_\gamma = 142.63$ keV, M4(E5)γ跃迁;

e, [$(1/2)^-$, 142.63 keV] → [$(7/2)^+$, 140.51], 96.9%,内转换电子,$E3$电磁过程;

γ4, [$(7/2)^+$, 140.51] → [$9/2^+$, 0.0], 89.9%, $E_\gamma = 140.51$ keV;e, 10.7%.M1电磁跃迁.

10－5 $(\Delta E_\gamma)/E_\gamma \sim 1.08 \times 10^{-18} H$

14.4 keV ^{56}Fe γ射线从地面向处于比它高20 m的铁吸收体发射,在到达吸收体时的能量减小了$\Delta E_\gamma = 1.08 \times 10^{-18} \times 2\,000 \times 14.4 = 3.136 \times 10^{-14}$ keV.

采用机械振子,使得发射体相对于吸收体运动,调节瞬时速度$(v/c) \sim$

2.16×10^{-15}. 实际上振子的速度范围与普通的共振谱仪无差别,只要求机械振子的速度分辨好于 $\Delta v\sim6\times10^{-7}\ \mathrm{m\cdot s^{-1}}$.

10-6 β1, $^{64}\mathrm{Cu}(1^+)\to0+(^{64}\mathrm{Zn})$, $E_{\beta\max}=578.2\,\mathrm{keV}$, 37.1%,容许型GT跃迁;

EC1, $^{64}\mathrm{Cu}(1^+)\to2^+(^{64}\mathrm{Ni}^*)$, $E_\nu=327.1\,\mathrm{keV}$, 0.48%,容许型 GT 跃迁;

EC2, $^{64}\mathrm{Cu}(1^+)\to1^+(^{64}\mathrm{Ni})$ $E_\nu=1\,672.9\,\mathrm{keV}$, 44.5%,容许型GT+Fermi 跃迁;

β+1 $^{64}\mathrm{Cu}(1^+)\to1^+(^{64}\mathrm{Ni})$ $E_{\beta+\max}=652.9\,\mathrm{keV}$, 17.9%,容许型 GT+Fermi 跃迁;

$^{64}\mathrm{Ni}^*(2^+)\to1^+(^{64}\mathrm{Ni})$ $E_\gamma=1\,345.8\,\mathrm{keV}$, 0.48%, $M1\gamma$ 跃迁.

10-7 $E_\mathrm{i}=\sim T_\mathrm{i}A/(A+1)+B_\mathrm{n}$,由此不同入射动能中子的共振能级的对应关系列在下表:

48 keV	100 keV	150 keV	210 keV
7 772	7 822	7 871	7 928

10-8 $E(\theta=0)=14\times0.511\,\mathrm{MeV}=7.1\,\mathrm{MeV}$.

第 11 章

11-1 6.4×10^{26} W;中微子强度 $3\times10^{38}\cdot\mathrm{s}^{-1}$;到地球通量 $\sim10^{11}\ \mathrm{cm^{-2}\cdot s^{-1}}$;中微子带走能量约占燃烧总能量的 1%(pp) ~ 2%(CNO).

11-2 R(中子星)~16 km;R(黑洞)~6 km.

11-3 观测数据, $E_1\sim10\,\mathrm{MeV}$, $E_2\sim20\,\mathrm{MeV}$, $\Delta t<10\,\mathrm{s}$. 带入求得, $m<20\,\mathrm{eV}$. 与 $^3\mathrm{H}$ 实验直接测量结果不矛盾.

11-4 $$\rho_\gamma=\frac{g_\gamma T^4}{2\pi^2}\int\frac{x^3\mathrm{d}x}{\mathrm{e}^x-1}=\left(\frac{g_\gamma}{2}\right)\frac{\pi^2T^4}{15}\xrightarrow{g_\gamma=2}\rho_\gamma=\frac{\pi^2T^4}{15}$$

$$\rho_\mathrm{e}=\frac{g_\mathrm{e}T^4}{2\pi^2}\int\frac{x^3\mathrm{d}x}{\mathrm{e}^x+1}=\left(\frac{g_\mathrm{e}}{2}\right)\frac{7}{8}\left(\frac{\pi^2T^4}{15}\right)$$

第 12 章

12-1 $\omega(\theta)=\dfrac{\omega_0(E_0+p_0)}{(E_0+\omega_0)-(p_0-\omega_0)\cos\theta}$; $\omega(0)=22.8\,\mathrm{MeV}$; $\omega(90^\circ)=4.8\times10^{-6}\,\mathrm{MeV}$.

12 - 2 $E_{\gamma_{th}} = p_{\gamma_{th}} = \frac{(2m_e + M)^2 - M^2}{2M} = \frac{4m_e^2}{2M} + \frac{4m_e M}{2M} \sim 2m_e$

$= 1.02$ MeV（重核为靶）

$E_{\gamma_{th}} = p_{\gamma_{th}} = 2m_e + 2m_e = 4m_e = 2.04$ MeV（电子为靶）

12 - 3 211 TeV；

$\lambda = (n\sigma)^{-1} = (411 \times 5.62 \times 10^{-24})^{-1}$ cm $= 4.3 \times 10^{20}$ cm $= 457$ ly $\ll 10^{10}$ ly

12 - 4 （1）67.5 MeV；（2）$\frac{\mathrm{d}N}{\mathrm{d}\cos\theta} = \frac{1}{2\gamma_c^2(1-\beta_c\cos\theta)^2}$，$E_{\max} = 469.00$ MeV，$E_{\min} = 9.82$ MeV.

12 - 5 $p_\mu(\theta = 0) = 1.9985$ GeV，$R = 3.76$ m，$k_\nu = \frac{m_p^2 - m_n^2 + 2m_n E_\mu - m_\mu^2}{2(m_n - E_\mu + p_\mu\cos\theta)}$

12 - 6 从定义出发证明等式.

12 - 7

θ	20	30	40	50	60	70	80	90
Ω(GeV)	3.423 07	5.001 96	6.429 4	7.661 7	8.661 39	9.397 97	9.849 07	10.000 98
η	1.735 42	1.316 96	1.010 68	0.762 91	0.549 31	0.356 38	0.175 43	0
Y	1.734 63	1.316 62	1.010 50	0.762 81	0.549 24	0.356 34	0.175 41	0

12 - 8 $P(d) = \mathrm{e}^{-d/\bar{d}}$，$\bar{d} \sim 14$ cm.